雷达技术丛书

雷达目标特性

黄培康　殷红成　许小剑　白杨　编著

電子工業出版社
Publishing House of Electronics Industry
北京 · BEIJING

内 容 简 介

本书以雷达目标作为雷达的被测对象，系统地阐述了雷达目标特征、特性、测量和仿真技术。其主要内容包括：雷达散射截面理论基础、各类目标的雷达散射截面、雷达散射截面起伏统计模型、雷达散射截面的减缩、雷达目标噪声、雷达目标极化特性、雷达目标宽带特性、雷达目标特性测量和雷达目标仿真。书中给出了在雷达工程设计中常用的大量曲线、图表和数据。

本书概括了雷达目标研究领域的最新进展，物理概念清晰，理论公式推导严谨、简明，大量内容取材于实践，对测量数据进行了数理统计与模型化，是一本具有先进性和实用性的雷达目标著作。

本书作为"雷达技术丛书"之一，其主要读者对象为从事雷达系统、防空体系、微波遥感、电磁场散射和飞行器隐身等研究、制造、维护、使用的工程技术人员，以及雷达部队官兵，同时也可作为高等学校相关专业研究生和高年级本科生的教材和参考书。

图书在版编目（CIP）数据

雷达目标特性 / 黄培康等编著. —北京：电子工业出版社，2024.1
（雷达技术丛书）
ISBN 978-7-121-46544-4

Ⅰ.①雷… Ⅱ.①黄… Ⅲ.①雷达目标－特性 Ⅳ.①TN951

中国国家版本馆 CIP 数据核字（2023）第 195375 号

责任编辑：董亚峰　　特约编辑：刘宪兰
印　　刷：天津千鹤文化传播有限公司
装　　订：天津千鹤文化传播有限公司
出版发行：电子工业出版社
　　　　　北京市海淀区万寿路 173 信箱　邮编：100036
开　　本：720×1 000　1/16　印张：28　字数：641 千字
版　　次：2024 年 1 月第 1 版
印　　次：2024 年 7 月第 2 次印刷
定　　价：160.00 元

凡所购买电子工业出版社图书有缺损问题，请向购买书店调换。若书店售缺，请与本社发行部联系，联系及邮购电话：（010）88254888，88258888。

质量投诉请发邮件至 zlts@phei.com.cn，盗版侵权举报请发邮件至 dbqq@phei.com.cn。
本书咨询联系方式：（010）88254754。

“雷达技术丛书”编辑委员会

总　序

雷达在第二次世界大战中得到迅速发展，为适应战争需要，交战各方研制出从米波到微波的各种雷达装备。战后美国麻省理工学院辐射实验室集合各方面的专家，总结第二次世界大战期间的经验，于 1950 年前后出版了雷达丛书共 28 本，大幅度推动了雷达技术的发展。我刚参加工作时，就从这套书中得益不少。随着雷达技术的进步，28 本书的内容已趋陈旧。20 世纪后期，美国 Skolnik 编写了《雷达手册》，其版本和内容不断更新，在雷达界有着较大的影响，但它仍不及麻省理工学院辐射实验室众多专家撰写的 28 本书的内容详尽。

我国的雷达事业，经过几代人 70 余年的努力，从无到有，从小到大，从弱到强，许多领域的技术已经进入了国际先进行列。总结和回顾这些成果，为我国今后雷达事业的发展做点贡献是我长期以来的一个心愿。在电子工业出版社的鼓励下，我和张光义院士倡导并担任主编，在中国电子科技集团有限公司的领导下，组织编写了这套“雷达技术丛书”（以下简称“丛书”）。它是我国雷达领域专家、学者长期从事雷达科研的经验总结和实践创新成果的展现，反映了我国雷达事业发展的进步，特别是近 20 年雷达工程和实践创新的成果，以及业界经实践检验过的新技术内容和取得的最新成就，具有较好的系统性、新颖性和实用性。

“丛书”的作者大多来自科研一线，是我国雷达领域的著名专家或学术带头人，“丛书”总结和记录了他们几十年来的工程实践，挖掘、传承了雷达领域专家们的宝贵经验，并融进新技术内容。

“丛书”内容共分 3 个部分：第一部分主要介绍雷达基本原理、目标特性和环境，第二部分介绍雷达各组成部分的原理和设计技术，第三部分按重要功能和用途对典型雷达系统做深入浅出的介绍。“丛书”编委会负责对各册的结构和总体内容审定，使各册内容之间既具有较好的衔接性，又保持各册内容的独立性和完整性。“丛书”各册作者不同，写作风格各异，但其内容的科学性和完整性是不容置疑的，读者可按需要选择读取其中的一册或数册。希望此次出版的“丛书”能对从事雷达研究、设计和制造的工程技术人员，雷达部队的干部、战士以及高校电子工程专业及相关专业的师生有所帮助。

“丛书”是从事雷达技术领域各项工作专家们集体智慧的结晶，是他们长期工作成果的总结与展示，专家们既要完成繁重的科研任务，又要在百忙中抽出时间保质保量地完成书稿，工作十分辛苦，在此，我代表“丛书”编委会向各分册作者和审稿专家表示深深的敬意！

本次“丛书”的出版意义重大，它是我国雷达界知识传承的系统工程，得到了业界各位专家和领导的大力支持，得到参与作者的鼎力相助，得到中国电子科技集团有限公司和有关单位、中国航天科工集团有限公司有关单位、西安电子科技大学、哈尔滨工业大学等各参与单位领导的大力支持，得到电子工业出版社领导和参与编辑们的积极推动，借此机会，一并表示衷心的感谢！

中国工程院院士

2012 年度国家最高科学技术奖获得者

王小谟

2022 年 11 月 1 日

前　言

《雷达目标特性》作为“雷达技术丛书”中的一册，其主要内容为研究与分析各类雷达目标电磁参数的特征和特性，为雷达设计者提供设计依据。在整套“雷达技术丛书”中，本书具有通用性。

现代雷达理论和技术正处于一个日新月异的高速发展阶段。随着雷达技术的不断进步，传统雷达中“点目标”的概念已经远远不能反映雷达所能够获取的目标信息，人们不仅希望取得雷达目标的位置与轨道参数，还期望获得目标的形状、结构、体积、质量，以及表面材料电磁参数等更多特征；不但知道目标在哪里，还能告诉是什么样的目标。雷达设计者的任务就是从自然与人为的复杂电磁环境中获取目标更精确、更多的信息。从本质上讲，雷达设计参数应与雷达目标电磁参数相匹配，雷达目标研究也应与雷达同步，甚至先于雷达系统的技术发展。

为配合先进雷达的设计，本书较详尽地阐述了目标雷达散射截面（Radar Cross-Section，RCS）的新一代起伏模型、雷达目标的角噪声与多普勒噪声、雷达目标宽带极化散射矩阵、雷达目标宽带特性等内容。在目标 RCS 理论建模与测量技术方面，更多地融入了现代雷达所面临的隐身目标、宽带高分辨目标特性等内容。例如，引入了对典型耦合结构散射机理的讨论，分析了任意多次反射/绕射机理的频率依赖关系，并给出了若干典型二次、三次耦合结构 RCS 的频率变化特性；从麦克斯韦方程出发，讨论了更具一般性的非金属目标缩比关系，进而给出了理想导电目标时其缩比关系的简化；增加了“弹跳射线法”高频渐近建模技术的相关内容，以满足实际工程问题中经常遇到的需要计算多次反射贡献的技术需求；增加了极化散射矩阵校准测量，目标一维、二维和三维高分辨诊断成像测量及多输入多输出（MIMO）雷达诊断成像测量，扩展目标角闪烁测量，以及用于 RCS 校准测量的短粗圆柱定标体、双站极化散射矩阵校准体等最新技术内容。此外，雷达目标仿真技术也与先进体制的雷达仿真相结合。总之，所有这些都尽量反映雷达目标近十多年来的最新研究成果，使本书内容保持先进性。

本书取材以实践为背景，对大量测量数据进行模型化，对理论推导公式进行实验验证，因此概念清晰并结果可信。书中给出了在工程设计中常用的大量曲线、图表和数据，如金属定标球雷达散射截面的精确数据和常用的计算程序、短粗金属圆柱定标体的后向散射快速精确计算程序等，力图使本书具有实用性和设计性。

全书共 10 章。其中，第 1、4、6 章和部分第 3 章由黄培康编写，第 2、5、7 章和部分第 3 章由殷红成编写，第 8、10 章由许小剑编写，第 9 章由白杨等人联合编写，黄培康对全书进行了统稿和修改。在本书撰写过程中，有关雷达目标研究的方向，得到了我国雷达界前辈冯世章先生和张履谦先生的指教，“雷达技术丛书”主编王小谟院士和张光义院士对本书的主要章节及其内容的增删与修改给予了指导，中国航天科工集团公司二院科技委的陈军文、中国航天科工集团公司二院 207 所的肖志河、巢增明、张向阳、徐晓燕、黄恺、闫锦、冯孝斌、任红梅、韦笑、闫华、董纯柱、陈勇，以及苏州大学的刘学观、郭辉萍等同志为本书有关数据的计算和测量给予了大量的帮助，中国电子科技集团公司电子科学研究院的邱荣钦高级工程师和电子工业出版社的刘宪兰首席策划编辑为本书的编辑与出版付出了辛勤的努力。这里一并向他们表示衷心的感谢。

限于作者的学识、水平和时间等原因，本书无法做到面面俱到，或存在诸多不足和谬误，恳望读者批评指正。

黄培康

2022 年 8 月于北京

目 录

第1章
概　论

雷达与雷达目标是紧密相关的。雷达的最终目的是获取雷达目标信息，包括雷达目标的运动与轨迹信息，还包括雷达目标的几何形状与物理参数等特征信息。因此，雷达界学者和雷达工程设计者都需要了解并掌握雷达目标特性。

从雷达的观点看雷达目标，可以把目标分为两大类：合作目标与非合作目标。由于合作目标与雷达的配合，使雷达发展获得一个分支——微波遥感，合成孔径雷达（SAR）、微波散射计与高度表等微波遥感设备在国民经济发展中起着重大促进作用；而非合作目标采取“多、假、小、低”措施，即具有多目标、诱饵、隐身与低空等性能与雷达对抗，迫使雷达产生了相控阵、多（双）基地、脉冲多普勒等先进雷达体制。当然，雷达技术的发展也给雷达目标特征的研究提供了先进测量与诊断手段。例如，隐身目标强散射部位的精确诊断。因此，在雷达发展的半个多世纪中，雷达目标特性研究促进了雷达的发展，或者可以说，雷达与雷达目标是相互促进与不断发展的。

本章首先阐述雷达目标特性的含义及其内容，由此引出本书所涉及的以下各章节的主要内容；其次，通过对雷达与雷达目标之间匹配性质的介绍，从机理上阐明雷达如何获取雷达目标的最多信息；接着又从逆散射原理出发阐述了雷达能够获得雷达目标的形体特征信息；最后，对本书结构与内容作一简要介绍。

1.1 雷达目标特性的含义及其内容[1]

早期的雷达都将探测对象看作点目标，雷达两字原是英文 Radio Detection and Ranging 缩写词 RADAR 的译音，意思是“无线电探测与测距”。随着高分辨率宽带雷达的问世，已将雷达目标当作体目标来研究，通过雷达探测，不但告诉目标在哪里，而且告诉是什么样的目标，雷达不仅是一部望远镜，而且是一台显微镜。因此，现代雷达较为确切的定义可以这样说：雷达是对远距离目标进行“无线电探测、定位、测轨和识别”的一种遥感设备。

从测量雷达目标参数的观点可以将雷达分为两大类：第一类为尺度测量（Metric Measurement）雷达，它能获得目标的三维位置坐标、速度、加速度以及运动轨迹等参数，其单位分别是 m、m/s 与 m/s^2 等，它们均与米尺度有关；第二类为特征测量（Signature Measurement）雷达，它能获得雷达散射截面（RCS）及其统计特征参数、角闪烁及其统计特征参数、极化散射矩阵、散射中心分布等参量，从中可以推导出目标形状、体积、姿态、表面材料电磁参数与表面粗糙度等物理量，从而达到对遥远目标进行分类、辨识与识别的目的。从原理上讲，上述两类测量可以在同一部雷达中实现，可是由于对发射波形、接收系统线性动态范围、变极化、幅度与相位标定等要求不同，特征测量与精密自动跟踪测量相互矛盾。因此对一部具体雷达来说，要求它完成的功能只能有所侧重。

本书书名定为“雷达目标特性”。而雷达目标特性包含了雷达目标尺度（位置与轨迹）信息与雷达目标特征信息两部分。

为获取雷达目标的尺度信息，雷达需对目标进行距离与两维角度的精密跟踪，把目标看作点目标来处理，而实际目标都是扩展目标，它们将产生回波的幅度噪声、角闪烁噪声、多普勒噪声与距离噪声等，这正是本书所要研究与分析的部分内容（第 6 章内容）。

雷达目标特征信息隐含于雷达回波（复数值）之中，通过特定的波形设计和对回波幅度与相位的处理、分析与变换，可以得到 RCS 及其起伏统计模型、目标极化散射矩阵、目标多散射中心分布和目标成像等参量，它们表征了雷达目标的固有特征。在著名的韦氏字典（Webster’s Dictionary）中，对特征（Signature）一词的解释为“一种识别特征或者是一种识别标记”。因此特征信息主要用于对遥远目标进行分类（Classification）、辨认（Recognition）与识别（Identification）的目的。这些雷达目标特征信息正是本书所要研究和分析的主要内容。

1.2　雷达与雷达目标的匹配

雷达与雷达目标的匹配是指雷达的设计参数要与雷达目标特性相互匹配。

雷达产生无线电辐射信号，通过雷达目标散射，得到雷达回波，因此雷达目标是雷达系统中的一个重要环节。雷达设计者的任务就是使雷达从目标回波中获取目标的最多最确定的信息，这就要求雷达性能及其设计参数一定要与雷达目标特性相互达到最佳匹配。

雷达检测目标的信号流程如图 1.1 所示，它包括雷达、雷达目标及其周围环境。雷达又分为发射和接收两大部分，雷达目标及其周围环境则介于发射与接收之间，因此要评估一部具体雷达性能的优劣，掌握目标特性和环境特性是重要因素之一。

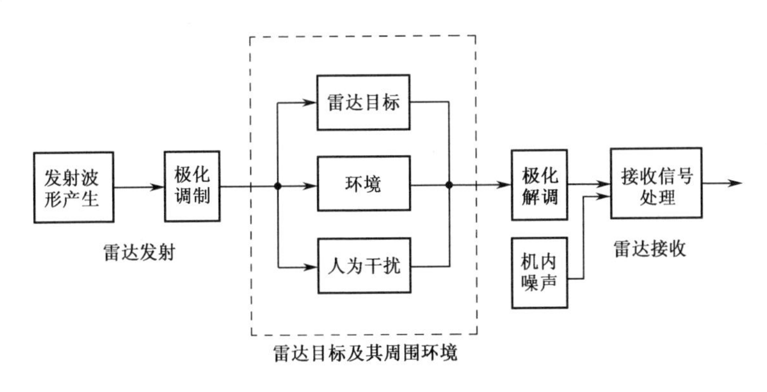

图 1.1　雷达检测目标的信号流程

从能量观点来分析雷达检测目标的信号过程，由图 1.1 可知，当发射波形函数为$e(\tau)$时，接收机输入端信号函数则为

$$s(t)=\int_{-\infty}^{+\infty}e(\tau)h(t-\tau)\mathrm{d}\tau \tag{1.1}$$

式中，$h(t)$为目标的冲激响应函数。

当接收系统的冲激响应函数为$k(t)$时，接收系统终端输出信号为

$$r(t)=\int_{-\infty}^{+\infty}s(t)k(t-\tau)\mathrm{d}\tau \tag{1.2}$$

当接收机输入端同时输入环境的杂波信号时，接收系统输出端的信号干扰能量比（即信号功率S与机内噪声功率N加杂波功率C之比）为[2-3]

$$\frac{S}{N+C}=\frac{\left|\int_{-\infty}^{+\infty}As(t)k^{*}(t)\mathrm{d}t\right|^{2}}{2N_{0}\int_{-\infty}^{+\infty}\left|k(t)\right|^{2}\mathrm{d}t+\frac{1}{2}\iint_{-\infty}^{+\infty}k^{*}(t)c(t,t')k(t')\mathrm{d}t\mathrm{d}t'} \tag{1.3}$$

式中，$c(t,t')$为环境与干扰杂波的自相关函数；N_0为机内平稳白噪声的功率谱密度；$k^{*}(t)$为$k(t)$的复共轭。

式（1.3）中的分子项表示有用目标信号的输出能量，分母中第 1 项为由机内噪声产生的输出能量，第 2 项为环境与干扰杂波的输出能量。

雷达设计者的任务是使式（1.3）的值最大。当目标冲激函数对发射波形函数不产生失真时，获得最大信噪比的最佳接收系统冲激函数应是发射波的共轭镜像；如果这时存在外来杂波，则接收系统冲激函数还与杂波自相关函数$c(t,t')$有关，这时需采用两维模糊函数图来设计发射波形；当目标冲激函数对发射波形函数产生失真时（如宽带高分辨雷达波形），由于目标对照射谱的非均匀散射响应，因此最佳接收系统的冲激响应则应由发射波形、杂波环境与目标冲激响应三者优化后产生。

由此而见，仅从最佳接收而言，雷达设计者必须了解并掌握目标特性和环境特性。

1.3 测量目标形体特征

雷达测量目标的位置、速度与轨道等尺度信息是大家所熟知的，而对雷达能测量目标的形体特征信息可能比较生疏。

通过对雷达散射场的波矢量的分析[1]和通过电磁逆散射原理分析[4]，均可推导得到如下归一化公式

$$\sigma(\boldsymbol{R},t)=\iiiint_{V_{\boldsymbol{K},\omega}}A(\boldsymbol{K},\omega)\exp[\mathrm{j}(\omega t+\boldsymbol{K}\cdot\boldsymbol{R})]\mathrm{d}\omega\mathrm{d}^{3}\boldsymbol{K} \tag{1.4}$$

式中，$\sigma(\boldsymbol{R},t)$为目标几何形状特征函数；$A(\boldsymbol{K},\omega)$为归一化散射场矢量函数，可从测量回波中得到；$\boldsymbol{R}$为体目标相对雷达的位置矢量；$\boldsymbol{K}$为与自由空间波数

$2\pi/\lambda$ 有关的波矢量；ω 为雷达工作角频率。

式（1.4）表明，如果在 $\boldsymbol{K}$ 波矢量三维空间（目标两个欧拉角内全观察）和雷达工作角频率全谱域内进行目标测量，则理论上可以重构雷达目标的三维形状与体积。而实际应用时，雷达的瞬时带宽总是有限的，雷达观察目标的姿态角也只能在有限的欧拉角之内，因此雷达是在缺维状态下获取有限的目标形体特征和识别能力。但是只要雷达是宽带雷达，那么能获取雷达目标的有限但却是丰富的形体信息，以及其他特征信息是毋庸置疑的。

1.4 本书各章节简介

本书作为“雷达技术丛书”的一册，其内容主要服务于各类雷达的研究与设计。因此本书在阐明雷达目标基本理论与原理的基础上，尽量为各类雷达的研究与设计提供实用的公式、数据、曲线与图表。

全书共分 10 章。

第 1 章为概论，主要介绍雷达目标特性的含义及其主要内容。雷达目标特性包含雷达目标尺度信息和特征信息两部分，精密跟踪雷达主要获取目标三维位置及其运动轨迹（通称尺度信息），成像雷达和目标特征测量雷达主要获取目标形体、姿态以及表面物理参数等特征信息。本章还介绍了雷达与雷达目标之间具有匹配关系的基本概念，使本书成为支撑各类雷达研究与设计并具有共性的实用书籍。

第 2 章从雷达工作者的角度出发，对 RCS 计算的基本理论与方法做了简明介绍。还给出了常用定标体的 RCS 精确值，便于雷达标定威力时使用。

第 3 章详细介绍各类目标的 RCS。由于 RCS 是雷达设计的重要依据，因此该章详尽介绍了大气层内、大气层外、海面与地面各类目标 RCS 值及其对雷达工作频率的响应关系。

第 4 章介绍了 RCS 起伏特性及其统计模型。在介绍新一代 RCS 统计模型的基础上，重点叙述目标检测概率与 RCS 模型的定量关系，给出了曲线和图表，使雷达设计者能根据目标对象估算出目标发现概率与虚警概率，以及所需的信号积累数。该章还介绍了根据目标轨迹计算 RCS 时间谱模型的方法。

第 5 章为雷达散射截面（RCS）的减缩。主要阐述隐身目标的隐身机理和基本的技术，这有益于启发雷达工作者在设计雷达时考虑反隐身技术与方法。

第 6 章叙述雷达目标噪声。当雷达测量目标的尺度信息时，均把目标看作点目标，进行距离、两维角度和多普勒等四维跟踪，获取位置、速度和轨迹信息，这时由于实际目标（除标准导电球等定标体外）有两个以上散射中心，而且存在非刚体及目标上具有活动部件等因素，因此它们会产生角闪烁（角噪声）、多普勒噪声与距离噪声。所有目标噪声均是目标本身产生的，雷达采取各种技术可以将它们抑制到最低限度，但不能完全消除它们。

第 7 章详细阐述了雷达目标极化特性。该章在介绍极化表征和目标极化散射矩阵理论的基础上，给出了可用于散射矩阵标定的几种简单目标的散射矩阵，总结了若干典型目标的极化特性，分析了宽带极化散射矩阵随姿态的不敏感性问题，阐述了散射矩阵的极化不变量和目标分解定理，最后简单介绍了极化检测和极化滤波。雷达工作者掌握目标极化散射矩阵的目的：一是提高目标检测概率，进行全极化接收；二是进行目标识别。宽带目标极化矩阵具有更丰富的特征信息，使目标极化识别技术有了新的发展，这些都将在第 7 章中进行系统的叙述，并尽量给出曲线和定量数据。

第 8 章是雷达目标宽带特性。当目标尺度远大于雷达工作波长（至少 4 倍波长）时，目标的多散射中心是客观存在的，而宽带雷达的高距离分辨能力就能在雷达径向上测得目标高分辨距离像（HRRP）。该章以此为基础，详细叙述了宽带目标的检测特性、跟踪特性和识别性能，定量阐述了典型目标宽带的 RCS 值与宽带检测概率，并与第 4 章 4.2 节的窄带 RCS 与检测概率做比较，供读者在宽带雷达检测性能研究设计中参考。

第 9 章介绍雷达目标特性测量技术。利用与被测目标相匹配的测量系统和测试方法，在适当的条件下开展测量实验，以直接获取具体目标的电磁散射特性。本章围绕雷达目标特性定量测量的关键原理、重要条件和重点技术，详细叙述了远场测试条件与定标原理，描述了典型测量系统、目标支撑机构和专业测试场的技术特点和构建方法，介绍了 RCS、极化散射矩阵、散射中心、角闪烁等不同特性参量的具体测量技术，最后针对定量化结果准确性问题阐述了测量不确定度分析与评价的方法。

第 10 章为雷达目标仿真。在叙述了雷达目标数字仿真的基础上，重点提出了目标模型的统计概率密度与谱密度两种检验方法，这是一般雷达目标仿真器设计者和使用者容易忽视的两种置信度检验。本章还重点补充了宽带雷达目标的仿真方法和仿真器的构造，这是随宽带雷达产生而发展起来的内容。

参考文献

[1] 黄培康. 雷达目标特征信号[M]. 北京：宇航出版社, 1993.

[2] 黄培康, 张志德. 外层箔条云团再入时的雷达抗干扰分析[J]. 系统工程与电子技术, 1982, 04(04):21-32.

[3] DELONG D, HOFSTETTER E. On the Design of Optimum Radar Waveforms for Clutter Rejection[J]. IEEE Transactions on Information Theory, 1967, 13(3): 454-463.

[4] 葛德彪. 电磁逆散射原理[M]. 西安：西北电讯工程学院出版社, 1987.

第2章
雷达散射截面理论基础

目标的雷达散射截面（Radar Cross Section，RCS）是表征雷达目标对于照射电磁波散射能力的一个物理量。早在雷达出现之前，人们就已经求得了几种典型形状完纯导体目标的电磁散射精确解。例如，球、无限长圆柱、椭圆柱、法向入射抛物柱面以及无限长直劈等。20 世纪 30 年代雷达出现后，雷达目标成为雷达收/发闭合回路中的一个重要环节，人们就需要了解雷达目标的更多信息，RCS 便是其中最重要、最基本的一个参数。60 年代初发展的识别与反识别洲际导弹真假弹头，以及 80 年代隐身飞行器的隐身与反隐身技术使 RCS 的研究出现了两次高潮。人们对各类目标进行了大量的静态与动态的测量研究和理论分析。先进的雷达技术也为目标特征测量提供了良好手段，为了深入研究雷达目标特性，电磁场理论的学者也纷纷转向目标散射理论研究。目前有关 RCS 方面已有不少著作，雷达目标已成为雷达领域中的一个独立分支。

本章首先介绍目标 RCS 的定义与分类，以及单、双站 RCS 之间的等效关系和目标电磁缩比关系，然后概述 RCS 的预估方法，包括近些年来的新进展。由于对 RCS 计量时需要相对标定，本章给出了几种定标体的 RCS 精确理论值、标定用的曲线和数据表，以向读者提供实用资料。

2.1 RCS 的定义和分类

RCS（雷达散射截面，简称为散射截面），度量了雷达目标对照射电磁波的散射能力。

2.1.1 RCS 定义

对 RCS 的定义有两种观点：一种是基于电磁散射理论的观点，另一种是基于雷达测量的观点，但两者的基本概念是统一的，均定义为：单位立体角内目标朝接收方向散射的功率与从给定方向入射于该目标的平面波功率密度之比的 4π 倍。

基于电磁散射理论的观点解释为[1-2]：雷达目标散射的电磁能量可以表示为目标的等效面积与入射功率密度的乘积，它是基于在平面电磁波照射下，目标散射具有各向同性的假设。对于这样一种平面波，其入射功率密度为

$$\boldsymbol{W}_{\mathrm{i}}=\frac{1}{2}\boldsymbol{E}_{\mathrm{i}}\times\boldsymbol{H}_{\mathrm{i}}^{*}=\frac{\left|\boldsymbol{E}_{\mathrm{i}}\right|^{2}}{2\eta_{0}}\hat{\boldsymbol{e}}_{\mathrm{i}}\times\hat{\boldsymbol{h}}_{\mathrm{i}}^{*}；\ \left|\boldsymbol{W}_{\mathrm{i}}\right|=\frac{\left|\boldsymbol{E}_{\mathrm{i}}\right|^{2}}{2\eta_{0}} \tag{2.1}$$

式中，$\boldsymbol{E}_{\mathrm{i}}$ 和 $\boldsymbol{H}_{\mathrm{i}}$ 分别为入射电场强度与磁场强度；“*”表示复共轭；$\hat{\boldsymbol{e}}_{\mathrm{i}}=\boldsymbol{E}_{\mathrm{i}}/\left|\boldsymbol{E}_{\mathrm{i}}\right|$；$\hat{\boldsymbol{h}}_{\mathrm{i}}=\boldsymbol{H}_{\mathrm{i}}/\left|\boldsymbol{H}_{\mathrm{i}}\right|$；$\eta_0=377\Omega$ 为自由空间波阻抗。

借鉴天线口径有效面积的概念，目标截取的总功率为入射功率密度与目标等效面积 σ 的乘积，即

$$P = \sigma|\boldsymbol{W}_{\rm i}| = \frac{\sigma}{2\eta_0}|\boldsymbol{E}_{\rm i}|^2 \tag{2.2}$$

假设功率是各向同性且均匀地向四周立体角散射，则在距离目标 R 处的目标散射功率密度为

$$|\boldsymbol{W}_{\rm s}| = \frac{P}{4\pi R^2} = \frac{\sigma|\boldsymbol{E}_{\rm i}|^2}{8\pi\eta_0 R^2} \tag{2.3}$$

然而，类似于式（2.1），散射功率密度又可用散射场强 $\boldsymbol{E}_{\rm s}$ 来表示，即

$$|\boldsymbol{W}_{\rm s}| = \frac{1}{2\eta_0}|\boldsymbol{E}_{\rm s}|^2 \tag{2.4}$$

由式（2.3）与式（2.4）得

$$\sigma = 4\pi R^2 \frac{|\boldsymbol{E}_{\rm s}|^2}{|\boldsymbol{E}_{\rm i}|^2} \tag{2.5}$$

式（2.5）符合 RCS 的定义。当距离 R 足够远时，照射目标的入射波近似为平面波，这时 σ 与 R 无关（因为散射场强 $\boldsymbol{E}_{\rm s}$ 与 R 成反比、与 $\boldsymbol{E}_{\rm i}$ 成正比），因而定义远场 RCS 时，R 应趋向无限大，即要满足远场条件。

根据电场与磁场的储能互相可转换的原理，远场 RCS 的表达式应为

$$\sigma = 4\pi \lim_{R\to\infty} R^2 \frac{\boldsymbol{E}_{\rm s}\cdot\boldsymbol{E}_{\rm s}^*}{\boldsymbol{E}_{\rm i}\cdot\boldsymbol{E}_{\rm i}^*} = 4\pi \lim_{R\to\infty} R^2 \frac{\boldsymbol{H}_{\rm s}\cdot\boldsymbol{H}_{\rm s}^*}{\boldsymbol{H}_{\rm i}\cdot\boldsymbol{H}_{\rm i}^*} \tag{2.6}$$

基于雷达测量观点定义的 RCS 是由雷达方程式推导出来的。雷达系统由发射机、发射天线到目标的传播途径、目标、目标到接收天线的传播途径，以及接收机等几部分组成。由雷达方程式推导出的接收功率的表达式为

$$P_{\rm r} = \frac{P_{\rm t}G_{\rm t}}{L_{\rm t}} \cdot \frac{1}{4\pi r_{\rm t}^2 L_{\rm mt}} \cdot \sigma \cdot \frac{1}{4\pi r_{\rm r}^2 L_{\rm mr}} \cdot \frac{G_{\rm r}\lambda_0^2}{4\pi L_{\rm r}} \tag{2.7}$$

（发射）　（传播）（目标）（传播）（接收）

式（2.7）中，$P_{\rm r}$ 为接收机输入端功率（W）；$P_{\rm t}$ 为发射机功率（W）；$G_{\rm r},G_{\rm t}$ 分别为接收天线与发射天线的增益（无因次）；$L_{\rm t},L_{\rm mt}$ 分别为发射机内馈线与发射天线到目标传播途径的损耗（无因次）；$L_{\rm r},L_{\rm mr}$ 分别为接收机内馈线与目标到接收天线传播途径的损耗（无因次）；σ 为目标散射截面（$\rm m^2$）；$r_{\rm t},r_{\rm r}$ 分别为发射天线到目标与目标到接收天线的距离（m），当单站（收与发同一地点）时，$r_{\rm t}=r_{\rm r}$；λ_0 为雷达工作波长。

当忽略各种损耗，即 $L_{\rm t},L_{\rm mt},L_{\rm r},L_{\rm mr}$ 均为 1 时，式（2.7）简化为

$$P_{\rm r} = \frac{P_{\rm t}G_{\rm t}}{4\pi r_{\rm t}^2}\frac{\sigma}{4\pi}\frac{A_{\rm r}}{r_{\rm r}^2} \tag{2.8}$$

式（2.8）中，$A_{\mathrm{r}}=\dfrac{G_{\mathrm{r}}\lambda_0^2}{4\pi}$为接收天线有效面积（$\mathrm{m}^2$）。式（2.8）的物理概念是：右边第一分式为目标处的照射功率密度（W/m²），前两分式乘积为目标各向同性散射功率密度（W/球面 rad）；右边第三分式为接收天线有效口径所张的立体角。式（2.8）还可整理为

$$\begin{aligned}\sigma &= 4\pi\cdot\frac{P_{\mathrm{r}}}{A_{\mathrm{r}}/r_{\mathrm{r}}^2}\cdot\frac{1}{\dfrac{P_{\mathrm{t}}G_{\mathrm{t}}}{4\pi r_{\mathrm{t}}^2}}\\ &= 4\pi\cdot[\text{接收天线所张立体角内的散射功率（W）}]/\\ &\quad[\text{目标处照射功率密度（W/单位面积）}]\end{aligned}\tag{2.9}$$

式（2.9）就是基于雷达测量观点由雷达方程式导出来的，它与基于电磁散射理论得出的 RCS 定义[式（2.6）]是一致的。式（2.6）适用于理论计算，而式（2.9）适用于用相对标定法来测量目标 RCS。将待测目标和已知精确 RCS 值的定标体轮换置于同一距离上，当测量雷达的威力系数（即 $P_{\mathrm{t}},G_{\mathrm{t}}$ 与 A_{r} 均不变）相同时，分别测得接收功率 P_{r} 与 P_{r_0}，则

$$\sigma=\frac{P_{\mathrm{r}}}{P_{\mathrm{r}_0}}\sigma_0\tag{2.10a}$$

式（2.10a）中，σ_0 的下标 0 表示定标体的 RCS 值，因此目标 RCS 值与 $r_{\mathrm{t}},r_{\mathrm{r}}$ 无关。

RCS 的量纲是面积单位，可是它与实际目标的物理面积几乎没有关系，因此不主张将 RCS 称为雷达截面积。RCS 常用单位是 m²，通常用符号 σ 表示。为了归一化地表示各类目标 RCS 随波长的变化关系，归一化 RCS 曲线图的纵坐标为 σ/λ^2，横坐标为 $ka=2\pi a/\lambda$（a 为目标特征尺寸），因此这时两维坐标都无因次。又由于目标 RCS 变化的动态范围很大，常用其相对于 1m² 的分贝数来表达，即分贝平方米，符号为 dBm²，表示为

$$\sigma(\mathrm{dBm}^2)=10\lg\left[\frac{\sigma(\mathrm{m}^2)}{1(\mathrm{m}^2)}\right]\tag{2.10b}$$

从广义上来说，在不满足远场条件下，即不满足平面波照射与接收状态下，测量得到的 RCS 值会与测量距离有关，这时可引出近场 RCS 的定义。

2.1.2 宽带 RCS

在常规雷达中，目标散射的雷达回波频率等于雷达发射频率。可是在宽带高分辨雷达中，目标照射波不是单色波，而且频谱很宽，由于目标对照射频谱内各频率分量的响应不同，其散射回波的谱分布特性与发射谱分布有较大差别，因此为了研究并表征在任意照射谱下目标散射特性，需要引入时域的目标冲激响应概

念，并通过它来定义宽带 RCS。

学者凯纳夫（Kennaugh）于 1958 年首先提出目标冲激响应的概念[3-4]。如图 2.1 所示。

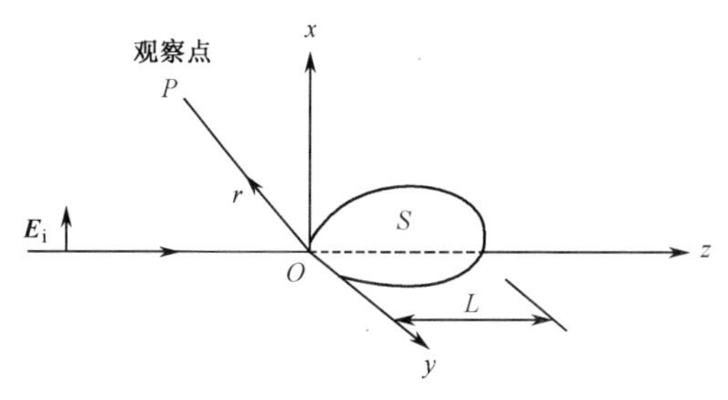

图 2.1　冲激平面波照射目标

入射平面波为

$$\boldsymbol{E}_{\mathrm{i}} = \hat{\boldsymbol{x}} E_{\mathrm{i}}(t - z/c) \tag{2.11}$$

式中，c 为光速，t 为时间，z 为目标到坐标原点的距离。

当规定入射波和散射波的极化以及传播方向后，入射波 E_{i} 与空间任意点 P 的目标散射波场强 E_{s} 之间的关系是一维的线性系统关系。如果目标姿态角不变，则系统是时不变的，因此可以将目标看成一个时不变线性网络，其特性可用网络的冲激响应 $h(t)$ 来表征。

当用入射平面波 $E_{\mathrm{i}}(t) = \delta(t)$（Dirac-函数）照射一个有限尺寸目标时，其回波就是目标冲激响应 $h(t)$，它具有如下特性：

（1）当目标处于 xy 平面后半空间时，且 $t<0$，则 $h(t)=0$；

（2）当 $t - r/c$ 为大数值时，$h(t)$ 按指数律随时间衰落，这里 r 是坐标原点到观察点 P 的距离；

（3）当远距离，即 $r \gg L$（目标最大尺寸）时，对散射场的横向分量，在给定的散射方向上，$h(t)$ 随 r 按 $r^{-1} f(t - r/c)$ 的形式变化。

用归一化 $h_{\mathrm{I}}(t)$ 表示为

$$h_{\mathrm{I}}(t - r/c) = \lim_{r \to \infty} (2r/c) h(r,t) \tag{2.12}$$

式中，$h(r,t)$ 为 T^{-1} 因次，归一化后 $h_{\mathrm{I}}(t - r/c)$ 的量纲为无因次。

当入射平面波为任意波形 $E_{\mathrm{i}}(t)$ 时，它与目标冲激响应的卷积给出目标输出散射场强 E_{s} 为

$$E_{\mathrm{s}}(t) = \int_0^{\infty} h(\tau) E_{\mathrm{i}}(t - \tau) \mathrm{d}\tau \tag{2.13}$$

如图 2.2 所示。

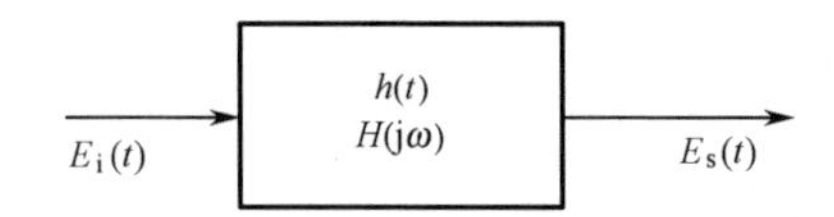

图 2.2　目标的冲激响应和传递函数

由信号分析理论可知，任意瞬态响应波形可以用正弦波的谐波合成来表达，故也可在频率域定义远场区入射和散射场的关系，即

$$E_s(\omega) = H(j\omega)E_i(\omega) \tag{2.14}$$

式（2.14）中，频域传递函数 $H(j\omega)$ 与时域冲激响应函数 $h(t)$ 构成傅里叶变换对，即

$$H(j\omega) = F\{h(t)\} = \int_0^{\infty} h(t)e^{-j\omega t}dt \tag{2.15a}$$

$$h(t) = \frac{1}{2\pi}\int_0^{\infty} H(j\omega)e^{j\omega t}d\omega \tag{2.15b}$$

由式（2.12）可得归一化频域传递函数 $H_I(j\omega)$ 与频域传递函数 $H(j\omega)$ 的关系为

$$H_I(j\omega)e^{-j\omega c} = \lim_{r\to+\infty}\frac{2r}{c}H(j\omega) \tag{2.16}$$

因此，可用功率谱响应特性将 RCS 表征为

$$\begin{aligned}\sigma &= \lim_{r\to\infty} 4\pi r^2 \frac{|E_s(\omega)|^2}{|E_i(\omega)|^2} \\ &= \pi c^2 \lim_{r\to+\infty}\frac{4r^2}{c^2}|H(j\omega)|^2 \\ &= \pi c^2 |H_I(j\omega)|^2\end{aligned} \tag{2.17}$$

式（2.17）可作为目标宽带 RCS 的计算公式。$H_I(j\omega)$ 的单位为 s，所以 σ 的单位为 m^2。式（2.17）表明，宽带波照射下的目标 RCS 可用目标散射场的频域传递函数的平方来表征，亦即目标对功率的频率响应。

由宽带定义的 RCS，它在频域上综合了目标对照射频率谱的响应，而在时域上它给出了目标沿视线方向上散射功率强度的分布，即目标散射中心的分布。

举一个完纯导电球的例子，如图 2.3 所示[5]。

在图 2.3 中，除图（a）外其他图均为包含不同谱的实测导电球的近似冲激响应，由扫频信号源产生照射波，接收回波经快速傅里叶变换而得。图 2.3（b）与图 2.3（c）中的高频振荡均是由于 11.99GHz 高频波截断点所致，而图 2.3（b）与图 2.3（c）之间差异则是由于带通时 1GHz 前的截断点所产生的低频波动，图 2.3（d）与图 2.3（e）是对图 2.3（b）与图 2.3（c）的谱幅度加窗后的响应，这里加的是凯泽-贝塞尔（Kairser-Bessel）窗，其窗函数表达式为

$$W(n)=\frac{\mathrm{I}_0\left[\pi a\sqrt{1-(2n/N)^2}\right]}{\mathrm{I}_0(\pi a)}\qquad 0\leqslant|n|\leqslant N/2 \tag{2.18}$$

式（2.18）中，I_0 为第一类零阶修正贝塞尔函数，a 为球半径。

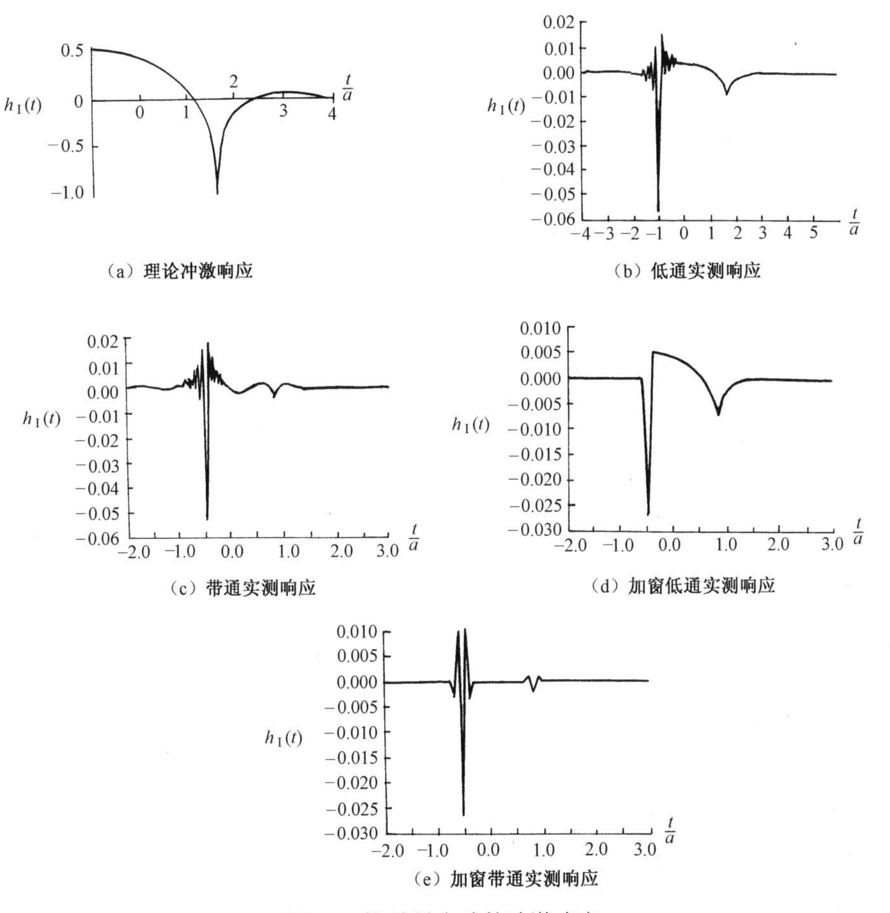

（a）理论冲激响应　（b）低通实测响应

（c）带通实测响应　（d）加窗低通实测响应

（e）加窗带通实测响应

图 2.3　完纯导电球的冲激响应

在主波瓣宽度相同情况下，凯泽-贝塞尔窗的旁瓣要低于汉宁（Hanning）窗。

导电球冲激响应曲线解释如下：它包含一个有限镜面反射回波和一个蠕动波回波。镜面反射响应由一个很大的负尖峰脉冲与紧接着的一个正阶跃所组成，其高频解析式可表示为伦伯格-克兰（Luneburg-Kline）展开式[5]

$$E_{\mathrm{s}}(\omega)=-\frac{a}{2}\left(1+\mathrm{j}\frac{1}{2a}\right)\frac{\exp(\mathrm{j}\omega t)\exp[\mathrm{j}k(2a-r)]}{r} \tag{2.19}$$

其时域表达式为

$$e_{\mathrm{s}}(t)=-\frac{a}{2}\left[\delta\left(t+\frac{2a}{c}\right)-\frac{1}{2}u\left(t+\frac{2a}{c}\right)\right] \tag{2.20}$$

式(2.20)中，第一项为冲激脉冲，第二项为阶跃回波，其冲激高度正比于谱的宽度。图 2.3 中曲线的横坐标是以球半径 a 归一化后的时间轴，相位基准点（即 $t=0$）位于球心，因此镜面反射回波出现在 $t=-\dfrac{2a}{c}$ 处，归一化后的时间轴出现在 $\dfrac{t}{a}\dfrac{c}{2}=-1$ 处（1ns 的双程传播为 15cm，正好是球直径）。从镜面反射点开始经过一个半径长的距离传播后，电磁波沿球阴影边界面绕球表面蠕动，如图 2.4 所示，最后蠕动波返回雷达接收端，该蠕动波距冲激脉冲的暂态位置应为

$$2\left(a+\frac{\pi a}{2}\right)\approx 2.57a \tag{2.21}$$

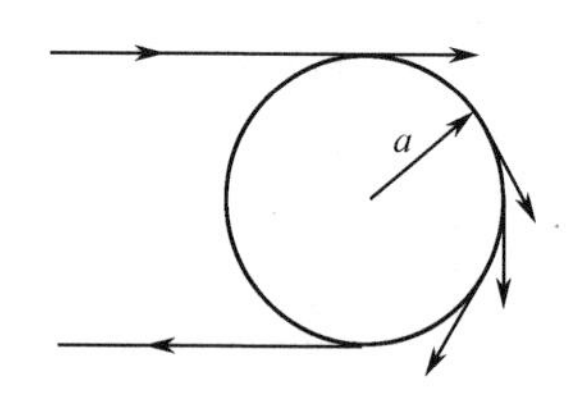

图 2.4　导电球蠕动波传播途径

蠕动波传播时沿表面不断散发能量，频率愈高，相对电长度愈长，能量散发愈多，蠕动波衰减愈快。当 $ka=\dfrac{2\pi}{\lambda}a>20$ 时，蠕动波几乎全部被衰减，导电球这时的 RCS 值几乎不随频率而变化。

2.1.3　RCS 分类

RCS 的分类方法有多种。例如，按场区来分，有远场 RCS 与近场 RCS，后者是距离的函数；按入射波频谱来分，有点频 RCS 与宽带 RCS（这些已在上两节中涉及）；按雷达站接收、发射位置来分，有单站 RCS、准单站 RCS 与双站 RCS。如图 2.5 所示，在目标坐标系中，以 $\theta_{\mathrm{i}},\phi_{\mathrm{i}}$ 代表入射波方向，$\theta_{\mathrm{s}},\phi_{\mathrm{s}}$ 代表散射接收方向，当 $\theta_{\mathrm{i}}=\theta_{\mathrm{s}},\phi_{\mathrm{i}}=\phi_{\mathrm{s}}$ 时称单站（也称单基地）散射，也称后向散射；如果收/发不用同一天线，但相互很靠近，如 $|\theta_{\mathrm{i}}-\theta_{\mathrm{s}}|$ 与 $|\phi_{\mathrm{i}}-\phi_{\mathrm{s}}|$ 均在 $5°$ 以内，则称为准单站散射；当收与发分得很开时，称为双站（即双基地）散射，也称非后向散射，发射入射波与接收散射波之间在目标坐标系中的夹角称为双站角 β（双基地角）。

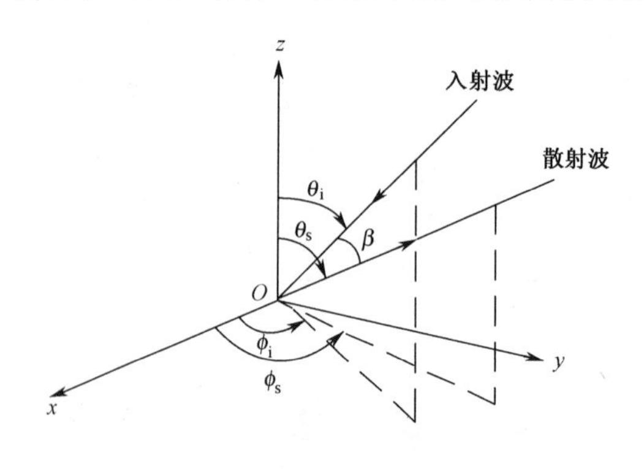

图 2.5　双站 RCS 的表示

波长对目标RCS值的影响很大，因此下面重点叙述按波长对RCS分类的方法。

引入一个表征由波长归一化的目标特征尺寸大小的参数，称为 ka 值，即

$$ka = 2\pi \frac{a}{\lambda} \tag{2.22}$$

式（2.22）中，$k = 2\pi/\lambda = 2\pi f/c$ 称为波数；a 是目标的特征尺寸，通常取目标垂直于雷达视线横截面中的最大尺寸的一半。例如，对球目标，则取球半径为 a；对锥体与柱目标，则取底部或柱截面半径为 a。以 ka 变化为横坐标，几种形状的完纯导电目标的归一化 RCS 的比较如图 2.6 所示。各种目标的特征尺寸 a 如表 2.1 所示。该图中球目标为理论值，其他目标均为实验值。球的 RCS 与垂直入射下薄圆盘的 RCS 有很大差别，所以当 $ka \leqslant 1$ 时，除振子目标外，其他目标的 RCS 相差不到 4dB，因此按目标后向电磁散射特性的不同，将 ka 分为三个区域：瑞利区、谐振区和光学区。

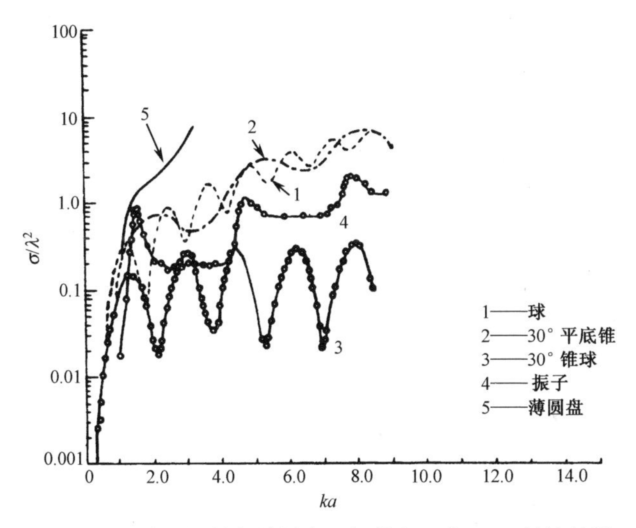

图 2.6　几种形状的完纯导电目标的归一化 RCS 的比较[6]

表 2.1　几种形状目标的特征尺寸 a

曲线号	目标	目标姿态角	特征尺寸 a
1	球	任意	半径
2	30° 平底锥	锥尖	平底锥底半径
3	30° 锥球	锥尖	底球半径
4	振子 $d/\lambda = 0.0035$	法线	振子长度
5	薄圆盘	法线	圆盘半径

注：d 为振子直径。

1）瑞利区

瑞利区的特点是工作波长大于目标特征尺寸，一般取 $ka < 0.5$ 的范围。在这

个区域内，RCS 一般与波长的 4 次方成反比。对旋转物体的 RCS，当沿旋转轴方向观测时的一般方程式为

$$\sigma = \frac{4}{\pi} k^2 V^2 \left[1 + \frac{\exp(-y)}{\pi y} \right] \tag{2.23}$$

式（2.23）中，$k = 2\pi/\lambda$ 为波数；V 为目标的体积；y 为形状指数，一个系数乘上目标的长宽比。

目标长度与传播方向目标最大尺寸相联系，其宽度与传播方向目标最大尺寸有关。表 2.2 给出了几种典型目标的体积和形状指数 y 的近似计算公式。

表 2.2　几种典型目标的体积和形状指数[6]

形状	体积	形状指数
圆平板	$\pi a^2 h$	$h/(4a)$
半球	$2\pi a^3/3$	1/2
球	$4\pi a^3/3$	1
平底锥	$\pi a^2 h/3$	$h/(4a)$
锥球	$\pi a^2 h/3 + 2\pi a^3/3$	$h/(4a) + 1/2$
圆柱	$\pi a^2 h$	$3h/(4a)$
a —半径，h —高度		

应该指出，对于像再入飞行器一类物体，y 总是大于 1。因此，式（2.23）中括弧内的指数项可以忽略，所以，在瑞利区目标 RCS 的决定因素是波长归一化的物体体积。

如果观测的方向不是沿对称轴，而是沿其他方向，这些物体的 RCS 大都会下降。在偏离轴线的小角度方向上，这种变化缓慢，在多数姿态角内，由式（2.23）算出的 RCS 误差不会超过几分贝。

2）谐振区

谐振区的 ka 值一般在 $0.5 \leqslant ka \leqslant 20$ 范围内。在这个范围内，由于各个散射分量之间的干涉，RCS 随频率变化产生振荡性的起伏，RCS 的近似计算非常困难，一些简单形状物体可以参考如图 2.6 所示的数值。由该图可见，给定目标归一化 RCS 的值（σ/λ^2）预计在 10dB 范围内起伏。在典型谐振区，当垂直于传播方向的物体尺寸近似为半波长整数倍时，RCS 呈最小值，对锥球类尤为正确。对半锥角 $10^\circ \sim 40^\circ$ 范围的锥体，其最小 RCS 约 $0.01\lambda^2$，最大 RCS 约 $0.4\lambda^2$，平均 RCS 约为 $0.2\lambda^2$。

严格地求解谐振区的散射场，需要有矢量波动方程的严格解或良好的近似解，一般飞机与导弹目标的计算是很复杂的，因此仍主要靠测量来求得。由于

RCS 随目标姿态角与频率变化迅速，会产生许多尖峰和深谷，因此读者需非常小心，有时仅在几度姿态角内进行统计平均，也会丢掉大起伏的信息。

谐振区的上界为光学区，二者之间的界限是不明确的。对球体，$ka=20$；对飞机类目标，$ka>20$，有时可达 30 以上。

3）光学区（又称高频区）

光学区的 ka 值一般取 $ka>20$。目标 RCS 主要取决于其形状和表面粗糙度。目标外形的不连续导致 RCS 值的增大。对于光滑凸形导电目标，其 RCS 常近似为雷达视线方向的轮廓截面。然而当目标含有棱边、拐角、凹腔或介质等情况时，再用轮廓截面的概念是不正确的，图 2.6 中平底锥与锥球的 RCS 差别就说明这一点，由于平底锥的锥体与底部间连续区的不连续性使 RCS 显著增大。

表 2.3 给出了光学区典型散射结构 RCS 与频率的关系。

表 2.3　光学区典型散射结构 RCS 与频率的关系

散射结构	RCS 与频率的关系
角反射器（二面角或三面角）	f^2
平板	f^2
圆柱（或任何单曲表面）	f^1
顶帽结构	f^1
球（或任何双曲表面）	f^0
直边缘	f^0
曲边缘	f^{-1}
锥尖或拐角	f^{-2}

从表 2.3 可以看出，各典型散射结构 RCS 与频率的关系满足幂函数关系，且指数为整数，除角反射器和顶帽结构外，都是非耦合（单次）散射结构。可是，实际目标中还可能存在具有多次反射/绕射贡献的耦合散射结构，针对这些结构，上述幂函数关系仍然成立。

可以证明[7]，任意多次反射/绕射机理贡献的频率依赖关系如下式所示，即

$$\sigma_N \sim f^{\alpha} = f^{2\alpha_c+\sum_{i=1}^{N}(d_i-2)} \tag{2.24}$$

式（2.24）中，α 为频率依赖因子；N 为多次散射机理的散射次数；d_i 为反射几何元素的维数，对面、边缘和尖顶/角三种情形，分别为 2、1 和 0；α_c 为焦散修正因子，对无焦散、一重焦散和二重焦散三种情形，分别为 0、0.5 和 1。

基于式(2.24)，可以得到任意多次反射/绕射耦合结构的 RCS 频率关系。表 2.4 列举了若干典型二次、三次反射/绕射耦合结构 RCS 与频率的关系。

表 2.4　典型二次、三次反射/绕射耦合结构 RCS 与频率的关系

散射机理类型	组合体名称	RCS 与频率的关系
镜面反射-镜面反射	平板-平板（垂直）	f^{2}
	圆柱-平板（垂直、平行）	f^{1}
	球-平板	f^{0}
	圆柱-圆柱（垂直、平行）	f^{1}
	球-圆柱	f^{0}
	球-球	f^{0}
边缘绕射-镜面反射	直劈-平板（垂直、平行）	f^{0}
	直劈-圆柱（垂直、平行）	f^{0}
	直劈-球	f^{-1}
	曲劈-平板	f^{-1}
	曲劈-圆柱	f^{-1}
	曲劈-球	f^{-1}
边缘绕射-边缘绕射	直劈-直劈（垂直、平行）	f^{-1}
	曲劈-直劈	f^{-2}
	曲劈-曲劈	f^{-2}
三次镜面反射	三面角结构	f^{2}
	双顶帽结构	f^{1}

2.1.4　单、双站 RCS 的等效关系

研究单、双站 RCS 之间的等效关系有明显的理论价值和实际应用[8]。例如，对电磁散射的理论研究者来说，当通过数值法（如矩量法）求解 RCS 时，计算双站 RCS 要比计算单站 RCS 节省很多时间，因此，如果能利用双站 RCS 来计算单站 RCS，无疑是很有价值的。而对雷达设计者来说，往往也试图通过单站 RCS 了解双站 RCS 的规律。

当目标被频率为 f 、电场矢量为 $\boldsymbol{E}_{\mathrm{i}}$ 的平面波照射时，其双站 RCS 可用散射电场 $\boldsymbol{E}_{\mathrm{s}}$ 表示为

$$\sigma(f,\alpha_{\mathrm{v}},\alpha_{\mathrm{i}})=\lim_{r\to\infty}4\pi r^{2}\frac{\left|\boldsymbol{E}_{\mathrm{s}}(f,\alpha_{\mathrm{v}})\right|^{2}}{\left|\boldsymbol{E}_{\mathrm{i}}(f,\alpha_{\mathrm{i}})\right|^{2}} \tag{2.25}$$

式（2.25）中，α_{i} 是入射角；α_{v} 是观察角。利用单个散射中心的二次辐射波瓣方向图的概念，Kell[9]指出，双站 RCS 可以用在双站角的平分线处和在实际频率的 $\cos\dfrac{\beta}{2}$ 倍处测量的单站 RCS 来近似，即

$$\sigma\left(f,\alpha-\frac{\beta}{2},\alpha+\frac{\beta}{2}\right)\approx\sigma\left(f\cos\frac{\beta}{2},\alpha,\alpha\right) \tag{2.26}$$

下面需要找出 β 必须多小才能在频率 f 和 $f\cos\dfrac{\beta}{2}$ 处给出相近的 RCS。对长度为 L 的目标，在频率 f 处入射场和散射场之间最大的相位迟延 P 为

$$P=\frac{4\pi L}{c}f \tag{2.27}$$

式（2.27）中，c 是光速，L 为目标长度，f 为频率，且考虑了双程。如果在频率 f 和 $f\cos\dfrac{\beta}{2}$ 之间最大相差为 ΔP，则

$$\frac{4\pi fL}{c}\left(1-\cos\frac{\beta}{2}\right)<\Delta P \tag{2.28}$$

利用 $\cos\dfrac{\beta}{2}$ 的小宗量近似，得

$$\beta<\sqrt{\frac{2c\Delta P}{\pi Lf}} \tag{2.29}$$

如果选择 $\Delta P=11^\circ$，则 $\beta\approx\dfrac{20}{\sqrt{L/\lambda}}$（°）。例如，对 L/λ 为 4 和 16，β 应分别为 10° 和 5°。如果满足式（2.29），则可用双站 RCS 来近似单站 RCS，即

$$\sigma(f,\alpha,\alpha)\approx\sigma\left(f,\alpha-\frac{\beta}{2},\alpha+\frac{\beta}{2}\right) \tag{2.30}$$

式（2.30）表明，当双站角不大时，双站 RCS 与位于发射和接收方向之间的双站角平分线处的单站 RCS 相同。这与 Crispin 等人[10]提出的基于物理光学近似的单-双站等效定理是一致的。可以推断，如果收/发位置互换的话，RCS 不变。

文献[11]还给出了一个由目标单站 RCS 快速计算其双站 RCS 的经验公式，将双站 RCS 表示为目标的单站 RCS 和双站角的函数，即

$$\sigma=\sigma_0[1+\exp(K|\alpha|-2.4K-1)] \tag{2.31}$$

式（2.31）中，σ_0 是目标的单站 RCS（以 m^2 为单位）；K 是由目标结构和复杂程度确定的经验系数；α 是双站角（以弧度为单位），且

$$K=\frac{\ln[4\pi A^2/(\lambda^2\sigma_0)]}{\pi-2.4}$$

这里，A 为在垂直于雷达波束方向上投影的目标面积，λ 为波长。

2.1.5　目标电磁缩比关系

在室内散射测量中，受暗室尺寸、全尺寸目标加工成本等因素的限制，绝大多数暗室常用于缩比目标模型的测量，为此必须找出全尺寸目标与目标缩比模型之间应满足的电磁关系，即确定目标尺寸、系统时间尺度（工作频率）、电磁场强度、材料参数等物理量在什么样的条件下，能够实现系统的精确缩比，以便对模型制造和测量提出要求，开展实验，再由模型实验结果推出原型结果。本节从麦

克斯韦（Maxwell）方程出发，针对一般性目标推导电磁缩比关系[12]，然后退化到理想导体情况，讨论材料目标缩比关系复杂化的问题。

实际（原型）系统中的电磁场由下面的方程描述，即

$$\nabla \times \boldsymbol{H}(\boldsymbol{r},t) = \sigma_{\mathrm{c}}(\boldsymbol{r})\boldsymbol{E}(\boldsymbol{r},t) + \varepsilon(\boldsymbol{r})\frac{\partial}{\partial t}\boldsymbol{E}(\boldsymbol{r},t) \tag{2.32}$$

$$\nabla \times \boldsymbol{E}(\boldsymbol{r},t) = -\mu(\boldsymbol{r})\frac{\partial}{\partial t}\boldsymbol{H}(\boldsymbol{r},t) \tag{2.33}$$

式中，$\boldsymbol{E}$ 和 $\boldsymbol{H}$ 分别为电场强度矢量和磁场强度矢量；$\varepsilon,\mu,\sigma_{\mathrm{c}}$ 分别为介电常数、磁导率和电导率；$\boldsymbol{r},t$ 分别为位置矢量和时间。

缩比（模型）系统中的电磁场与式（2.32）和式（2.33）类似，只是相关量用带撇的符号表示如下

$$\nabla' \times \boldsymbol{H}'(\boldsymbol{r}',t') = \sigma_{\mathrm{c}}'(\boldsymbol{r}')\boldsymbol{E}'(\boldsymbol{r}',t') + \varepsilon'(\boldsymbol{r}')\frac{\partial}{\partial t'}\boldsymbol{E}'(\boldsymbol{r}',t') \tag{2.34}$$

$$\nabla' \times \boldsymbol{E}'(\boldsymbol{r}',t') = -\mu'(\boldsymbol{r}')\frac{\partial}{\partial t'}\boldsymbol{H}'(\boldsymbol{r}',t') \tag{2.35}$$

在笛卡儿坐标系下，假定实际系统和缩比系统的坐标对应关系为

$$\boldsymbol{r} = s\boldsymbol{r}' \tag{2.36}$$

式（2.36）中，s 定义为尺寸缩比因子。式（2.36）所施加的条件代表了目标尺寸缩比的要求，即在相同量纲下，坐标系统 x,y,z 中的各点按因子 s 缩比到对应的 x',y',z' 系统。要进行精确缩比，还需考虑如下条件，即

$$t = \gamma t' \tag{2.37}$$

$$\boldsymbol{E}(\boldsymbol{r},t) = \alpha \boldsymbol{E}'(\boldsymbol{r}',t') \tag{2.38}$$

$$\boldsymbol{H}(\boldsymbol{r},t) = \beta \boldsymbol{H}'(\boldsymbol{r}',t') \tag{2.39}$$

式中，γ,α,β 分别为时间、电场强度和磁场强度的缩比因子。四个缩比因子 γ,α,β,s 都是必须的，因为它们能够量化包括质量、长度、时间和电荷在内的任何电磁场参数。已知这四个缩比因子，就能确定实际系统和缩比系统中的电磁场参数关系，当然还必须满足麦克斯韦方程。

将式（2.37）～式（2.39）代入式（2.34）和式（2.35）中，且由式（2.36）和式（2.37）可知，$\nabla' = s\nabla$，$\partial t / \partial t' = \gamma$，于是，可将缩比系统中的麦克斯韦方程变换为

$$\frac{s}{\beta}\nabla \times \boldsymbol{H}(\boldsymbol{r},t) = \frac{1}{\alpha}\sigma_{\mathrm{c}}'(\boldsymbol{r}')\boldsymbol{E}(\boldsymbol{r},t) + \frac{\gamma}{\alpha}\varepsilon'(\boldsymbol{r}')\frac{\partial}{\partial t}\boldsymbol{E}(\boldsymbol{r},t) \tag{2.40}$$

$$\frac{s}{\alpha}\nabla \times \boldsymbol{E}(\boldsymbol{r},t) = -\mu'(\boldsymbol{r}')\frac{\gamma}{\beta}\frac{\partial}{\partial t}\boldsymbol{H}(\boldsymbol{r},t) \tag{2.41}$$

为实现这两个系统的严格等效，式（2.40）和式（2.41）必须与式（2.32）和式（2.33）相同，因此有

$$\sigma_c' = \frac{s\alpha}{\beta}\sigma_c \tag{2.42}$$

$$\varepsilon' = \frac{s\alpha}{\beta\gamma}\varepsilon \tag{2.43}$$

$$\mu' = \frac{s\beta}{\alpha\gamma}\mu \tag{2.44}$$

以上三个关系式即为精确缩比时材料需要满足的条件。由式（2.36）～式（2.39）、式（2.42）～式（2.44），根据有关参量的定义，可以导出所有电磁物理参量的相似关系[12]，表 2.5 给出了与 RCS 测量有关的一些参量的绝对缩比条件。

表 2.5　与 RCS 测量有关的一些参量的绝对缩比条件

参数	实际系统	缩比系统
长度	l	$l' = l / s$
时间	t	$t' = t / \gamma$
频率	f	$f' = f\gamma$
波长	λ	$\lambda' = \lambda / s$
电场强度	$\boldsymbol{E}$	$\boldsymbol{E}' = \boldsymbol{E} / \alpha$
磁场强度	$\boldsymbol{H}$	$\boldsymbol{H}' = \boldsymbol{H} / \beta$
电导率	σ_c	$\sigma_c' = \sigma_c s\alpha / \beta$
电阻	R	$R' = R\beta / \alpha$
电抗	X	$X' = X\beta / \alpha$
电容	C	$C' = C\alpha \div \beta \div \gamma$
电感	L	$L' = L\beta \div \alpha \div \gamma$
介电常数	ε	$\varepsilon' = \varepsilon s\alpha \div \beta \div \gamma$
磁导率	μ	$\mu' = \mu s\beta \div \alpha \div \gamma$
相位速度	v	$v' = v\gamma / s$
波数	k	$k' = sk$
天线增益	g	$g' = g$
RCS	σ	$\sigma' = \sigma / s^2$

理论上，只要满足绝对缩比条件，缩比因子可以任意选取，但在实际问题中总是存在一些限制条件。就 RCS 缩比测量而言，由于测量通常是在空气（可以近似看成自由空间）中进行的，而在自由空间中要求 $\varepsilon'(\boldsymbol{r}') = \varepsilon(\boldsymbol{r}) = \varepsilon_0$，$\mu'(\boldsymbol{r}') = \mu(\boldsymbol{r}) = \mu_0$，于是由式（2.43）和式（2.44）可得

$$\alpha = \beta \tag{2.45}$$

$$s = \gamma \tag{2.46}$$

上述条件需要电导率满足以下关系，即

$$\sigma_c'(\boldsymbol{r}') = s\sigma_c(\boldsymbol{r}) \tag{2.47}$$

因此，对于实际系统，只有 α 和 s 两个参数能被任意选取。通常电导率相似变换式（2.47）限制的条件并不需要严格满足，因为若实际模型和缩比模型都在空气中，尽管空气的电导率会随频率变化，但空气电导率非常小，基本可以当成绝缘体，因此由电导率导致的误差非常小。当然，除了在空气中，式（2.45）～式（2.47）在目标中也是需要满足限制条件才行。

由式（2.45）～式（2.47）和表 2.5，可得 RCS 测量时全尺寸目标与缩比目标模型的电磁缩比关系如表 2.6 所示。

表 2.6　全尺寸目标与缩比目标模型的电磁缩比关系

参数	全尺寸模型	缩比模型
长度	l	$l' = l / s$
时间	t	$t' = t / s$
频率	f	$f' = fs$
波长	λ	$\lambda' = \lambda / s$
电导率	σ_c	$\sigma_c' = \sigma_c s$
电阻	R	$R' = R$
电抗	X	$X' = X$
电容	C	$C' = C / \gamma$
电感	L	$L' = L / \gamma$
介电常数	ε	$\varepsilon' = \varepsilon$
磁导率	μ	$\mu' = \mu$
相位速度	v	$v' = v$
波数	k	$k' = sk$
天线增益	g	$g' = g$
RCS	σ	$\sigma' = \sigma / s^2$

根据表 2.6，1:s 缩比模型的 RCS(σ') 与折算成 1:1 真实尺寸时目标的 RCS(σ) 有如下关系

$$\sigma = \sigma' + 20\lg s \quad (\text{dB})$$

而缩比模型的测试频率 f' 应为实际目标测试频率 f 的 s 倍。

对于理想导体（$\sigma_c, \sigma_c' \to \infty$）目标，式（2.47）是必然成立的，并且考虑到电磁波无法进入目标内部，目标自身的 ε 和 μ 的取值对缩比问题没有实际影响，而目标外部空气是可以满足介电常数和磁导率不变的要求的。因此，理想导体目标能满足表 2.6 所示所有电磁量的缩比关系，这些关系可以由尺寸缩比系数 s 唯一确定。

对于无导电损耗介质（$\sigma_c, \sigma_c' \to 0$）目标，式（2.47）同样成立。因此，理论上

只要满足介电常数与磁导率不变，它与理想导体一样，能够满足所有电磁量（包括 RCS）的缩比关系。但考虑到缩比频率与原始频率并不相等，而是满足 $f' = sf$ 的关系，若要求介电常数在缩比频率和原始频率上保持不变，而原型目标上采用的材料（如吸波材料）通常是色散的，不同频率下介电常数是变化的，这就要求缩比模型中必须采用不同的材料以保证介电常数不变的要求。可是，在实际情况中制作一种具有指定介电常数的材料还是比较困难的。

对于具有导电损耗的介质目标，σ_c, σ_c' 是非零有限值，缩比模型的电导率与实际目标的电导率之间必须严格满足式（2.47），这在实际情况中也是难以实现的，极大地限制了包含复合吸波材料之类的低散射目标的缩比测量，因此一直是目标电磁散射特性研究的一个难点问题[13]。对此，有学者从其他角度出发探讨有耗介质目标电磁缩比关系近似得到满足的条件，如刘铁军等人[14]，提出了三个对有耗介质目标进行散射缩比测量时所应遵循的相似法则，只要满足其中一个相似法则，就可以将所测模型的 RCS 变换为原模型的 RCS；时振栋等人[15-16]将目标等效成若干基本简单体的组合，然后基于由物理光学和驻相法获得的简单体散射的解析公式，给出了目标 RCS 随几何长度和频率变化的依赖公式，从而完成由缩比涂覆飞弹模型 RCS 测量数据向全尺寸目标 RCS 数据的推算。

2.2　RCS 的预估方法

在雷达应用中，经常要计算多种目标的 RCS，范围从简单目标（导体球、无限长圆柱等），到稍微复杂的目标（有限长圆柱、有限弯板等），再到复杂目标（飞机、舰船等）。构成目标的材料可能是金属，也可能是介质或磁性材料，或是全部或部分这样的材料涂覆层。尽管这样的外形和材料的组合为目标 RCS 的控制提供了更多的自由度，但是也增加了解析和数值计算的复杂性。

已经提出了多种解析方法用于确定外形、尺寸和材料变化很宽的目标的 RCS。这些方法大致可以分为两大类：精确方法和近似方法。精确方法用公式描述边值问题，并利用满足合适的精确边界条件的波动方程的精确解来获得问题的答案。由于精确方法在权威的文献[17-18]中已做详尽的讨论，因此这里将不再赘述。然而，即便是精确方法，最后的数值结果也要通过做某些形式的近似（如无限级数的截断）而得到。在这种意义上，所谓精确方法其实也是近似的，尽管对特定的问题它们可以给出足够准确的结果。

可是，在电磁学中，实际感兴趣的问题很少能用精确方法求解，这是因为精确方法仅适用于具有符合坐标系使得波动方程可以分离的一类几何结构的散射问题。于是，在过去的几十年间，人们提出了大量近似而准确的方法进行求解。这些方法一般建立在麦克斯韦方程[19]的一些渐近解或者与边界条件有关的一些简化假定的基础之上。近似方法虽被用于求解绝大多数实际感兴趣的问题，但是其中一些方法具有严重的局限性，必须进行修正以适应特殊问题的需要，如考虑结构的有限性和相关的边缘影响或表面行波（或爬行波）和多次绕射效应。

尽管有多种近似方法可供使用，然而，没有哪种单一的方法对所有的问题都是够用的，因此人们提出了组合两种或更多方法优点的混合方法[20-21]。许多实际感兴趣的复杂目标的散射一般并不适合于用近似解析方法求解，为此又常采用数值法，通过数值求解包含在积分方程中的未知感应电磁流来获得问题的解。

一些已出版的书籍[17-19,22-27]很好地讨论了目标 RCS 的预估方法（包括解析的和数值的），1965 年和 1989 年出版的两本 RCS 专辑[28-29]，为了解 RCS 的预估方法提供了极好的信息来源，本节的部分内容参考或引用了这些内容。本节的目的不是发展各种近似的解析和数值方法，而是将它们进行简要归纳，并比较它们的优缺点，以方便阅读者能够对于具体的目标决定采用哪一种方法进行计算更能获得满足要求的结果。

2.2.1 几何光学法

几何光学（Geometrical Optics，GO）法是一种高频（或零波长）近似，它用经典的射线管来说明散射机理和能量传播，因此，又被称为射线光学法。可将与横向电磁（TEM）波相关的复电场或磁场写成

$$u = u_0 \mathrm{e}^{-\mathrm{j}ks} \tag{2.48}$$

式（2.48）中，u_0 是复幅度；$k = 2\pi/\lambda$（λ 为波长）是自由空间波数；s 是沿着射线测量的观察面和参考面之间的距离。

当目标被窄波束雷达发射的电磁波照射时，如果目标的尺寸与雷达波长相比足够大，那么雷达回波似乎来自目标上的一些特殊点。这些点（有时称为反射点）是波经历镜面反射（即入射角等于反射角）的点，可以看成散射中心。在这种近似下，可以不必考虑整个目标的贡献，只需对这些散射中心进行适当组合就足以描述在给定方向上的散射。如果给定了目标、入射面和观察面以及双站角，则可以用点 a 和 b 之间的最短路径的费马原理确定散射中心，即

$$\delta \int_a^b n \mathrm{d}l = 0 \tag{2.49}$$

式（2.49）中，δ 表示变分；n 为介质的折射率。

在射线管起始端和结束端的场之间的关系可通过能量守恒定律得到。如图 2.7 所示，在观察端的电场强度 $\boldsymbol{E}(s)$ 可用参考端（$s=0$）的电场强度 $\boldsymbol{E}(0)$ 表示为

$$\boldsymbol{E}(s) = \boldsymbol{E}(0) A \mathrm{e}^{-\mathrm{j}ks} \tag{2.50}$$

式（2.50）中，扩散因子为

$$A=\sqrt{\frac{R_1R_2}{(R_1+s)(R_2+s)}} \tag{2.51}$$

式（2.51）中，R_1 和 R_2 为射线管结束端波形的主曲率半径。不难看出，满足 R_1+s 或 R_2+s 等于零的点或线段构成了所谓的“焦散”。在焦散处，式（2.50）表示的场是无效的。对平面波，$R_1=R_2=\infty$，由式（2.51），$A=1$；类似地，对球面波，$R_1=R_2=R$，且 $A=R/(R+s)$；对柱面波，$R_1=\infty$，$R_2=\rho$，故 $A=\rho/\sqrt{\rho+s}$。这里，ρ 是柱面波前的曲率半径。扩散因子考虑了波传播过程中能量的扩散和场强的衰减，而这些在反射和传输系数中通常不予考虑。

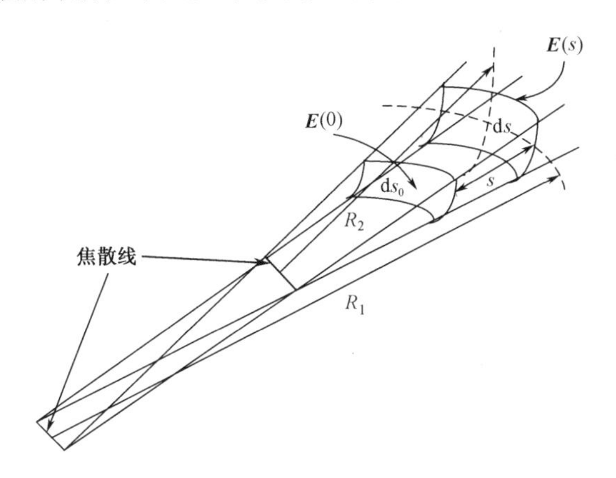

图 2.7　主曲率半径为 R_1 和 R_2 的波前

Luneberg-Kline[19]将场表示成 ω 的负幂级数展开式，即

$$\boldsymbol{E}(\boldsymbol{r},\omega)=\mathrm{e}^{\mathrm{j}k\psi(\boldsymbol{r})}\sum_{n=0}^{\infty}(\mathrm{j}\omega)^{-n}\boldsymbol{E}_n(\boldsymbol{r}) \tag{2.52}$$

式（2.52）中，$\psi(\boldsymbol{r})$ 是相位因子。很显然，几何光学场就是 Luneberg-Kline 级数的首项（$n=0$）。在几何光学近似中，将空间区域划分成照明区和阴影区，因此该方法不能考虑任何绕射效应。

2.2.2　物理光学法

在所有的散射表述中，一个基本问题是确定目标上的感应电磁流，只要求得感应电磁流，散射场和其他的量就可以用标准的方法进行计算。物理光学（Physical Optics，PO）法是一种高频方法，它用充当散射场激励源的感应表面电磁流来代替目标。为获得表面电磁流，将做下列基本假定：①表面的曲率半径与波长相比足够大；②表面电磁流仅存在于被入射波直接照明的区域，且照明表面上的电磁流和入射点处与目标表面相切的无限大平面上的电磁流有相同的特性。

对理想导体目标，目标照明面的物理光学电流为

$$\boldsymbol{J}_{\mathrm{s}}(\boldsymbol{r}') = 2\hat{\boldsymbol{n}} \times \boldsymbol{H}^{\mathrm{i}}\Big|_S \tag{2.53}$$

对于一般的目标，所要求的电磁流可以根据上面给出的两个基本物理假定用 Schelkunoff 等效原理[17]获得。

基于目标表面电磁流分布的选择以及其他的特性，文献[30]讨论了物理光学法的 12 种形式。目标表面电磁流的三种可能选择是

$E-H-$ 公式： $$\boldsymbol{J}_{\mathrm{s}} = \hat{\boldsymbol{n}} \times (\boldsymbol{H}^{\mathrm{i}} + \boldsymbol{H}^{\mathrm{s}});\ \boldsymbol{M}_{\mathrm{s}} = (\boldsymbol{E}^{\mathrm{i}} + \boldsymbol{E}^{\mathrm{s}}) \times \hat{\boldsymbol{n}} \tag{2.54}$$

$H-$ 公式： $$\boldsymbol{J}_{\mathrm{s}} = 2\hat{\boldsymbol{n}} \times \boldsymbol{H}^{\mathrm{i}};\ \boldsymbol{M}_{\mathrm{s}} = 0 \tag{2.55}$$

$E-$ 公式： $$\boldsymbol{J}_{\mathrm{s}} = 0;\ \boldsymbol{M}_{\mathrm{s}} = 2\boldsymbol{E}^{\mathrm{i}} \times \hat{\boldsymbol{n}} \tag{2.56}$$

式中，$\boldsymbol{E}^{\mathrm{i}},\boldsymbol{H}^{\mathrm{i}}$ 和 $\boldsymbol{E}^{\mathrm{s}},\boldsymbol{H}^{\mathrm{s}}$ 分别是目标表面上的入射场和散射场，通过适当的边界条件相联系。

一般来说，物理光学流是作为未知量出现在积分方程（见 2.2.7 节）中的，积分方程的解提供了场计算所需要的电磁流。根据这一观点，忽略沿观察方向的任何表面流的影响，由 Stratton-Chu 方程（见 2.2.7 节）可得远区（$r \to \infty$）散射场[25]为

$$\boldsymbol{E}^{\mathrm{s}} = \frac{\mathrm{j}k}{4\pi}\frac{\mathrm{e}^{-\mathrm{j}kr}}{r}\int_S \hat{\boldsymbol{s}} \times (\boldsymbol{M}_{\mathrm{s}} + \eta_0 \hat{\boldsymbol{s}} \times \boldsymbol{J}_{\mathrm{s}}) \exp[\mathrm{j}k\boldsymbol{r}' \cdot (\hat{\boldsymbol{s}} - \hat{\boldsymbol{i}})]\mathrm{d}s' \tag{2.57}$$

$$\boldsymbol{H}^{\mathrm{s}} = -\frac{\mathrm{j}k}{4\pi}\frac{\mathrm{e}^{-\mathrm{j}kr}}{r}\int_S \hat{\boldsymbol{s}} \times \left(\boldsymbol{J}_{\mathrm{s}} - \frac{1}{\eta_0}\hat{\boldsymbol{s}} \times \boldsymbol{M}_{\mathrm{s}}\right) \exp[\mathrm{j}k\boldsymbol{r}' \cdot (\hat{\boldsymbol{s}} - \hat{\boldsymbol{i}})]\mathrm{d}s' \tag{2.58}$$

式中，$\hat{\boldsymbol{i}}$ 和 $\hat{\boldsymbol{s}}$ 是入射方向和观察方向的单位矢量；S 表示目标表面的照明部分，其他参数如图 2.8 所示。注意，在式(2.57)和式(2.58)中，$\boldsymbol{J}_{\mathrm{s}},\boldsymbol{M}_{\mathrm{s}}$ 表示由式(2.54)给定的面 S 上电磁流的矢量幅度，其中的相位因子已经被分离出来，并包含在指数项中。可以将式（2.57）和式（2.58）认为是广义的物理光学公式，用于已知电磁流 $\boldsymbol{J}_{\mathrm{s}}$ 和 $\boldsymbol{M}_{\mathrm{s}}$ 求散射场。但对导体目标，普遍选用式（2.55）。

物理光学法是求解高频 RCS 问题的常用方法，因为它不要求对焦散和阴影边界做特殊处理。物理光学解中所包含的表面积分可以通过将表面离散为一定数量的多边形面元，再利用 Gardon[31]的处理办法就很容易解决。文献[32]给出了经过这种处理的任意各向异性材料涂覆导体目标散射的物理光学解析表达式。通过改进假定的电流分布能够改善物理光学法的准确性。物理光学法不能考虑目标上存在的不连续性，不能预估简单散射体的单站散射退极化效应。但是，对单站多次散射，它是能预估退极化效应的。一般来说，用物理光学法获得的场是不满足互易性的。可是，两种解（一种是对给定发射机和接收机位置的解，另一种是对

它们的位置互换后的解）的平均，还是满足互易性的。因此，单站或后向散射解自动满足互易性。文献[33]对与复杂目标后向散射有关的一些参量的不同的和特殊的计算进行了讨论。

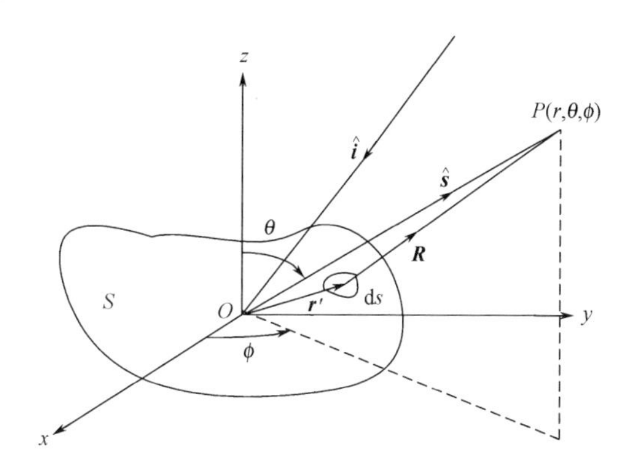

图 2.8　目标表面的电磁散射

2.2.3　几何绕射理论

克服几何光学近似存在的缺陷的第一个主要贡献是由 J. B. Keller 提供的，他从考虑直劈对电磁波的散射出发，推导了几何绕射理论（Geometrical Theory of Diffraction，GTD）的公式，并用于计算绕射和极化效应[34]。按照反射和传输类推的方式，Keller 引入了绕射系数和绕射线，通过将近似场与在对无限长直劈的精确 Sommerfeld 解中的绕射积分进行渐近计算之后获得的场相比较，获得了绕射系数的直观表达式。

Keller 给出的无限长直劈（见图 2.9）绕射系数[34]为

$$D^{\mathrm{s,h}} \sim \frac{(2/n)\sin(\pi/n)}{\sqrt{(8\mathrm{j}\pi k)\sin\beta_0}}\left[\left(\cos\frac{\pi}{n}-\cos\frac{\phi-\phi'}{n}\right)^{-1} \mp \left(\cos\frac{\pi}{n}-\cos\frac{\phi+\phi'}{n}\right)^{-1}\right] \tag{2.59}$$

式（2.59）中，$n=(2\pi-\alpha)/\pi$，α 是内劈角（见图 2.9）；β_0 是在绕射点 Q_{E} 处入射线与直线边缘之间的夹角中较小的一个；$\boldsymbol{\rho}',\boldsymbol{\rho}$（见图 2.9）分别是入射线和绕射线在垂直于边缘的平面上的投影；ϕ',ϕ 分别是入射角和散射角；上标“s”和“h”分别代表软（$E_z=0$）劈和硬（$\partial H_z/\partial n=0$）劈，且分别对应式（2.59）“$\mp$”中的“-”和“+”。

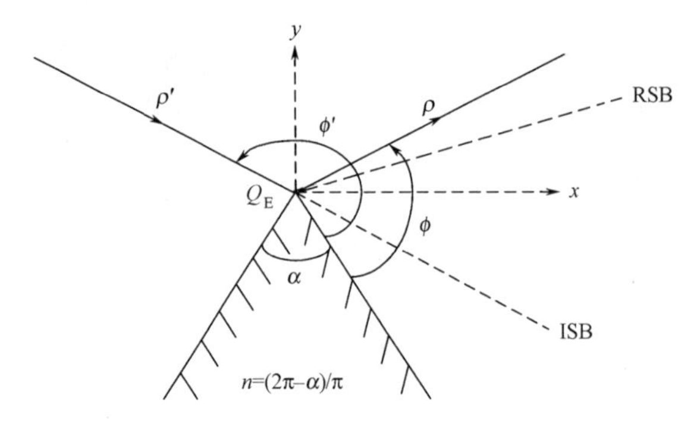

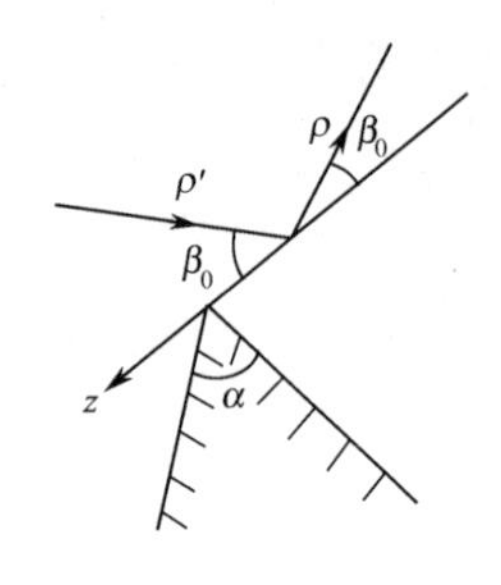

图 2.9　无限长直劈对平面波的绕射

对一般的入射波，绕射场与入射场的关系可以表示为

$$\begin{bmatrix} E_{//}^{\mathrm{d}} \\ E_{\perp}^{\mathrm{d}} \end{bmatrix} = \begin{bmatrix} D^{\mathrm{s}} & 0 \\ 0 & D^{\mathrm{h}} \end{bmatrix} \begin{bmatrix} E_{//}^{\mathrm{i}} \\ E_{\perp}^{\mathrm{i}} \end{bmatrix} \frac{\mathrm{e}^{-\mathrm{j}\rho}}{\sqrt{\rho}} \tag{2.60}$$

式（2.60）中，ρ 是边缘与观察者之间的距离；下角标 // 和 ⊥ 分别表示电场平行和垂直于入射面（入射线与边缘构成的平面）。

Keller 的理论对直角圆锥和圆柱的后向散射[35-36]给出了很好的结果，GTD 的结果比物理光学的结果与实验吻合得更好。尽管 GTD 已成功地用于许多实际感兴趣的问题，但它还是有一些局限性：

（1）当绕射场在入射和反射阴影边界（ISB 和 RSB）时为无穷大；

（2）绕射系数在边缘上为无穷大，因此违反了边缘条件；

（3）仅通过与已有的典型问题的精确解相比较获得绕射系数的表达式，因此不能构成完整的理论体系；

（4）不能确定绕射波表达式的高阶项；

（5）在焦散处的解是奇异的。

尽管如此，Keller 的 GTD 对随后的电磁学中多种渐近绕射理论的发展还是产生了深远的影响。

2.2.4　一致性绕射理论

许多研究着重于改进 2.2.3 节描述的 GTD 的局限性，目的是在阴影边界或接近阴影边界处获得绕射的一致性解，这主要有两种成功的方法。

第一种方法基于边缘绕射问题中场的解，可以用与菲涅耳积分有关的特殊渐近级数展开的假定，由 Ahluwalia, Lewis 和 Boersma[37]三人提出，称为绕射的一致性渐近理论（Uniform Asymptotic Theory，UAT）。文献[37]描述了确定渐近级数中对应波数 k 所有阶次的系数的一种系统化的程序。UAT 的解在接近和远离阴影边界时都是有效的，也已用于曲劈的绕射[38-39]以及三维半平面的绕射[40]。

第二种称为一致性绕射理论（Uniform Theory of Diffraction，UTD）的流行方法是由 Kouyoumjian 和 Pathak[41]提出的。在 UTD 中，Keller 的绕射系数被一个与菲涅耳积分有关的乘法因子所修正，结果被推广到至少有一面是曲面的一般曲劈的情况。当场点趋于阴影边界时，乘法因子趋于零，因此补偿了 Keller 的绕射系数的奇异性，使得场在阴影边界是有限的。

虽然很多文献对 UAT 和 UTD 及其应用都做了很好的阐述，但是相比之下，还是 UTD 应用得更为广泛。因此，这里只简单概述 Kouyoumjian 和 Pathak 的关于 UTD 的基本要点。

图 2.10 所示为曲劈对电磁波的绕射。在阴影边界附近具有一致性的绕射系数[41]为

$$
\begin{aligned}
D^{\mathrm{s,h}}(\phi,\phi',\beta_0)=&\frac{-\mathrm{e}^{-\mathrm{j}\pi/4}}{2n\sqrt{2\pi k}\sin\beta_0}\times\\
&\left(\left\{F\left[kLa^{+}(\phi-\phi')\right]\cot\frac{\pi+(\phi-\phi')}{2n}+\right.\right.\\
&\left.F\left[kLa^{-}(\phi-\phi')\right]\cot\frac{\pi-(\phi-\phi')}{2n}\right\}\mp\\
&\left\{F\left[kLa^{+}(\phi+\phi')\right]\cot\frac{\pi+(\phi+\phi')}{2n}+\right.\\
&\left.\left.F\left[kLa^{-}(\phi+\phi')\right]\cot\frac{\pi-(\phi+\phi')}{2n}\right\}\right)
\end{aligned}
\tag{2.61}
$$

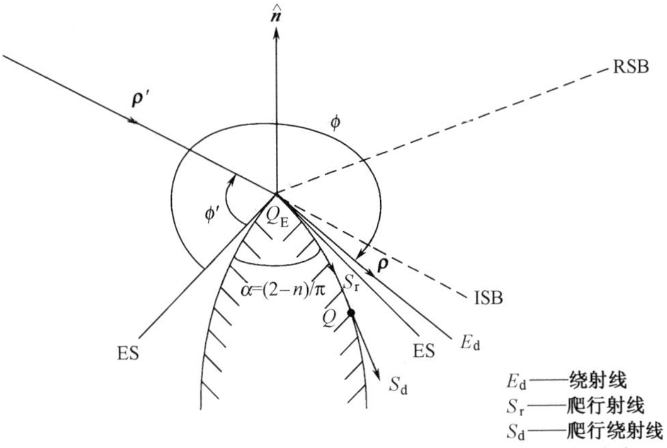

图 2.10　曲劈对电磁波的绕射

式（2.61）中

$$F(x)=2\mathrm{j}\sqrt{x}\mathrm{e}^{\mathrm{j}x}\int_{\sqrt{x}}^{\infty}\mathrm{e}^{-\mathrm{j}\tau^2}\mathrm{d}\tau \tag{2.62}$$

$$a^{\pm}(\beta)=2\cos^2\frac{2n\pi N^{\pm}-(\beta)}{2} \tag{2.63}$$

这里，$N^{\pm}$ 是最接近满足下列方程的整数，即

$$\begin{cases}2\pi nN^{+}-(\beta)=\pi\\2\pi nN^{-}-(\beta)=-\pi\end{cases} \tag{2.64}$$

L 是距离参数，定义为：

对平面波入射，$L=s\sin^2\beta_0$；对柱面波入射，$L=\dfrac{rr'}{r+r'}$；对锥面波和球面波入射，$L=\dfrac{ss'}{s+s'}\sin^2\beta_0$。其中，$r'$ 为垂直入射到边缘上柱面波的曲率半径；r 是场点到边缘的垂直距离；s' 和 s 分别是沿射线从边缘到源点和场点的距离；β_0 是入射线与绕射点 Q_{E} 处边缘切线之间的夹角中较小的一个。

由式（2.62）给出的是修正的菲涅耳积分，可近似为

$$F(x)\approx\left[\sqrt{\pi x}-2x\exp\left(\mathrm{j}\frac{\pi}{4}\right)-\frac{2}{3}x^2\exp\left(-\mathrm{j}\frac{\pi}{4}\right)\right]\exp\left[\mathrm{j}\left(\frac{\pi}{4}+x\right)\right],\quad x\ll 1 \tag{2.65}$$

$$F(x)\approx 1+\frac{\mathrm{j}}{2x}-\frac{3}{4}\frac{1}{x^2}-\mathrm{j}\frac{15}{8}\frac{1}{x^3}+\frac{75}{16}\frac{1}{x^4},\quad x\gg 1 \tag{2.66}$$

当 $x>10$ 时，$F(x)\to 1$。

半平面（$n=2$）绕射是一种特殊的情况，相应的绕射系数很容易通过式（2.61）得到，可参见文献[41-42]。

当源很接近边缘时，绕射系数式（2.61）需要做与入射场强沿劈边缘变化有关的修正，这就是一致性斜率绕射修正[43]。一致性斜率绕射系数[43]为

$$\begin{aligned}\frac{\partial D^{\mathrm{s,h}}(\phi,\phi';\beta_0)}{\partial\phi'}=&-\frac{\mathrm{e}^{-\mathrm{j}\pi/4}}{4n^2\sqrt{2\pi k}\sin\beta_0}\times\\&\left(\left\{F_{\mathrm{s}}\left[kLa^{+}(\phi-\phi')\right]\csc^2\left[\frac{\pi+(\phi-\phi')}{2n}\right]-\right.\right.\\&\left.F_{\mathrm{s}}\left[kLa^{-}(\phi-\phi')\right]\csc^2\left[\frac{\pi-(\phi-\phi')}{2n}\right]\right\}\pm\\&\left\{F_{\mathrm{s}}\left[kLa^{+}(\phi+\phi')\right]\csc^2\left[\frac{\pi+(\phi+\phi')}{2n}\right]-\right.\\&\left.\left.F_{\mathrm{s}}\left[kLa^{-}(\phi+\phi')\right]\csc^2\left[\frac{\pi-(\phi+\phi')}{2n}\right]\right\}\right)\end{aligned} \tag{2.67}$$

式（2.67）中

$$F_{\mathrm{s}}(x)=2\mathrm{j}x+4x^{3/2}\mathrm{e}^{\mathrm{j}x}\int_{\sqrt{x}}^{\infty}\mathrm{e}^{-\mathrm{j}\tau^2}\mathrm{d}\tau$$

或

$$F_s(x) = 2\mathrm{j}x[1 - F(x)]$$

在阴影边界，利用下面的限制有

$$\csc^2\left(\frac{\pi \pm \beta}{2n}\right) F_s\left[kLa^{\pm}(\beta)\right] = 4\mathrm{j}kLn^2\left(1 - \varepsilon\sqrt{\frac{\pi kL}{2}}\mathrm{e}^{\mathrm{j}\pi/4}\right)$$

式中，$\beta = 2\pi nN^{\pm} \mp (\pi - \varepsilon)$，$\varepsilon$ 是一个很小的数。

UTD 已被成功地应用于许多散射和天线问题。事实上，它是在解决实际问题中最流行的高频渐近方法之一。考虑到一致性绕射系数式（2.61）在工程中很常用，附录 A 给出了它的 FORTRAN 计算程序[44]，其中子程序中的输入和输出变量对应如下（其中等式左边表示子程序中的变量，等式右边表示式（2.67）中的变量）：(DS, DH) = $D^{\mathrm{s,h}}$， R = L （以波长为单位），(PH, PHP) = (ϕ,ϕ')，BO = β_0，FN = n。例如，若 R = 3λ，PH = 250°，PHP = 75°，BO = 90°，FN = 2，则 DS = −0.748−j0.19，DH = −0.628+j0.0735。

2.2.5　等效电磁流法

由于射线方法（GTD、UAT 和 UTD）的基本性质，它们在结构的焦平面上要遇到奇异性，因此不能在焦散处提供正确和有限的场。圆口径和圆盘或旋转体上的环形斜率不连续处的轴线方向都是焦散的例子。焦散处的场必须单独计算，有几种不同的方法可以完成这种计算。

首先，通过将标量波动方程的渐近展开式与用绕射系数和射线光学得到的发散结果进行比较，Keller[45]提出了一个修正因子，用 GTD 的解乘以这个修正因子之后可以得到焦散处场的合理估计。

第二种方法用 2.2.2 节描述的物理光学法。

第三种方法用边缘等效电磁流法[46]，这也是应用很广泛的方法。这种方法直接组合等效电磁流来移去 GTD 解的奇异性。如图 2.11 所示，考虑平面波从 xz 面入射到位于 xy 面上的金属圆盘的情况，等效边缘电磁流 I_e 和 I_m 分别为[46]

$$I_\mathrm{e} = \frac{2\mathrm{j}}{\eta_0 k}\left[T(n,\psi^-) - T(n,\psi^+)\right]\left(-E_x^\mathrm{i}\sin\phi' + E_y^\mathrm{i}\cos\phi'\right)\mathrm{e}^{\mathrm{j}ka\sin\theta\cos\phi'} \tag{2.68}$$

$$I_\mathrm{m} = \frac{2\eta_0\mathrm{j}}{k}\left[T(n,\psi^-) + T(n,\psi^+)\right]\left(H_y^\mathrm{i}\cos\phi' - H_x^\mathrm{i}\sin\phi'\right)\mathrm{e}^{\mathrm{j}ka\sin\theta\cos\phi'} \tag{2.69}$$

式中

$$T(n,\psi^{\pm}) = \frac{1}{n}\sin\frac{\pi}{n}\frac{1}{\cos(\pi/n) - \cos(\psi^{\pm}/n)} \tag{2.70}$$

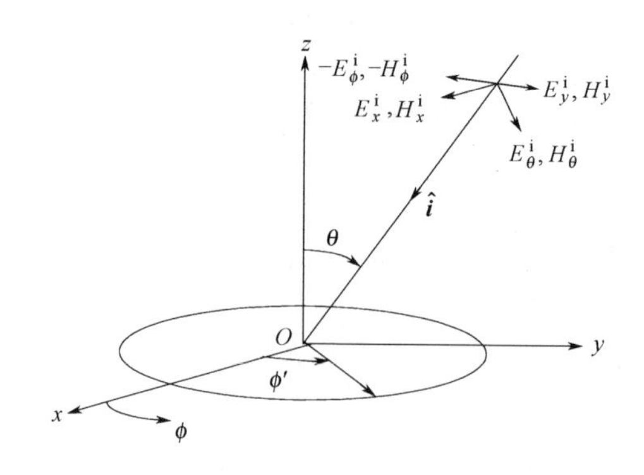

图 2.11　载有等效边缘电磁流的导线环

式中，n 是前面定义的劈角；$\eta_0 = 377\Omega$；$E_x^i, E_y^i, H_y^i, H_x^i$ 是在边缘上入射点处的入射场的直角坐标分量。这些电流不包括几何光学项。对实际情况，沿着口径或圆盘的边缘利用这些电磁流可以确定所希望的焦散场。例如，如图 2.11 所示，通过利用环上的电流 I_e，可以得到平面波照射的圆环的后向散射场为

$$E_\theta^r = -\frac{j\omega\mu a\cos\theta}{4\pi r}e^{-jkr}\int_0^{2\pi} I_e(\phi')\sin(\phi-\phi')e^{jka\cos(\phi-\phi')\sin\theta}d\phi' \tag{2.71}$$

$$E_\phi^r = -\frac{j\omega\mu a}{4\pi r}e^{-jkr}\int_0^{2\pi} I_e(\phi')\cos(\phi-\phi')e^{jka\cos(\phi-\phi')\sin\theta}d\phi' \tag{2.72}$$

载有磁流的环的场可以通过二重性原理[18]而获得。

虽然边缘等效电磁流法的提出最初是为了计算焦散处的边缘绕射场，但是它也可以用来计算任意边缘的绕射场。等效边缘电磁流有多种形式，其中以 Mitzner[47]的增量长度绕射系数和 Michaeli[48]给出的等效电磁流较为常用，这里考虑 Michaeli 的表达。对边缘为 C 的任意劈，它的远区边缘绕射场可表示为

$$\boldsymbol{E}^d \approx \frac{jk}{4\pi}\frac{e^{-jkr}}{r}\int_C \{\eta_0\hat{\boldsymbol{s}}\times[\hat{\boldsymbol{s}}\times\boldsymbol{J}(\boldsymbol{r}')]+\hat{\boldsymbol{s}}\times\boldsymbol{M}(\boldsymbol{r}')\}e^{jk\hat{\boldsymbol{s}}\cdot\boldsymbol{r}'}dl \tag{2.73}$$

式（2.73）中，$\boldsymbol{J}(\boldsymbol{r}') = I_e(\boldsymbol{r}')\hat{\boldsymbol{t}}$ 和 $\boldsymbol{M}(\boldsymbol{r}') = I_m(\boldsymbol{r}')\hat{\boldsymbol{t}}$ 分别是等效边缘电磁流；$\hat{\boldsymbol{t}}$ 是 C 的切向单位矢量；$\hat{\boldsymbol{s}}$ 是观察方向的单位矢量；$\boldsymbol{r}'$ 是从原点到边缘上某点的径向矢量；dl 是沿 C 的弧长增量。参考图 2.12 中有关定义，文献[48]给出的 $I_e(\boldsymbol{r}')$ 和 $I_m(\boldsymbol{r}')$ 的表达式为

$$I_e(\boldsymbol{r}') = I_1^f - I_2^f$$
$$I_m(\boldsymbol{r}') = M_1^f - M_2^f$$

式中，$I_i^f = I_i - I_i^{PO}$，$M_i^f = M_i - M_i^{PO}$，$i = 1,2$，且

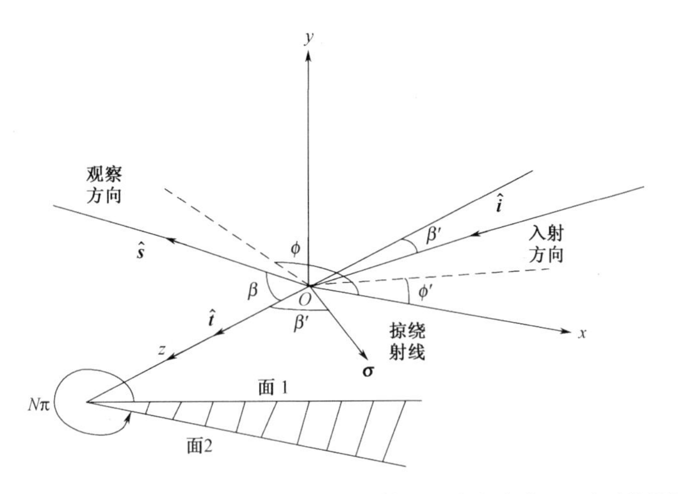

图 2.12 劈散射的几何结构（虚线表示入射和观察方向在 xy 平面的投影）

$$I_1 = \frac{2\mathrm{j}}{k\sin\beta'}\frac{1/N}{\cos(\phi'/N)-\cos[(\pi-\alpha)/N]}\left\{\frac{\sin(\phi'/N)}{\eta_0\sin\beta'}\hat{\boldsymbol{t}}\cdot\boldsymbol{E}^{\mathrm{i}}+\frac{\sin[(\pi-\alpha)/N]}{\sin\alpha}\times\right.$$

$$\left.(\mu\cot\beta'-\cot\beta\cos\phi)\hat{\boldsymbol{t}}\cdot\boldsymbol{H}^{\mathrm{i}}\right\}-\frac{2\mathrm{j}\cot\beta'}{kN\sin\beta'}\hat{\boldsymbol{t}}\cdot\boldsymbol{H}^{\mathrm{i}}$$

$$I_1^{\mathrm{PO}} = \frac{2\mathrm{j}U(\pi-\phi')}{k\sin\beta'(\cos\phi'+\mu)}\left[\frac{\sin\phi'}{\eta_0\sin\beta'}\hat{\boldsymbol{t}}\cdot\boldsymbol{E}^{\mathrm{i}}-(\cot\beta'\cos\phi'+\cot\beta\cos\phi)\hat{\boldsymbol{t}}\cdot\boldsymbol{H}^{\mathrm{i}}\right]$$

$$M_1 = \frac{2\mathrm{j}\eta_0\sin\phi}{k\sin\beta'\sin\beta}\frac{(1/N)\sin[(\pi-\alpha)/N]\csc\alpha}{\cos[(\pi-\alpha)/N]-\cos(\phi'/N)}\hat{\boldsymbol{t}}\cdot\boldsymbol{H}^{\mathrm{i}}$$

$$M_1^{\mathrm{PO}} = \frac{-2\mathrm{j}\eta_0\sin\phi U(\pi-\phi')}{k\sin\beta'\sin\beta(\cos\phi'+\mu)}\hat{\boldsymbol{t}}\cdot\boldsymbol{H}^{\mathrm{i}}$$

式中，$N\pi$ 为外劈角（$N>1$）；$\boldsymbol{E}^{\mathrm{i}}$ 和 $\boldsymbol{H}^{\mathrm{i}}$ 是 O 点处的入射电磁场；$U(\pi-\phi')$ 是单位阶跃函数（当 $\pi-\phi'>0$ 时为 1，当 $\pi-\phi'<0$ 时为 0）；$\alpha=\arccos\mu=-\mathrm{j}\ln(\mu+\mathrm{j}\sqrt{1-\mu^2})$，$\mu=(\cos\gamma-\cos^2\beta')/\sin^2\beta'$，$\cos\gamma=\hat{\boldsymbol{\sigma}}\cdot\hat{\boldsymbol{s}}=\sin\beta'\sin\beta\cos\phi+\cos\beta'\cos\beta$。在以上各式中，只要应用下列代换

$$\hat{\boldsymbol{t}}\to-\hat{\boldsymbol{t}},\quad \beta\to\pi-\beta,\quad \beta'\to\pi-\beta'$$
$$\phi\to N\pi-\phi,\quad \phi'\to N\pi-\phi'$$

就可得到下标为“2”的量，即 I_2^{f} 和 M_2^{f}。

式（2.73）中的线积分一般要用数值方法求解。可是，如果将边缘 C 用若干根直线段来逼近，则对每段直线边缘，该积分是解析可积的。通过叠加所有被照明直线边缘的绕射场就可以得到劈边缘的绕射场。上述表达式具有通用性，因此对每一种形状无须重新处理。

以图 2.13 所示的金属平板作为式（2.57）和式（2.73）的应用计算举例，图 2.14 给出了 $\phi^{\mathrm{i}}=30^\circ$ 时该金属平板后向 RCS 随 θ^{i} 的变化曲线。

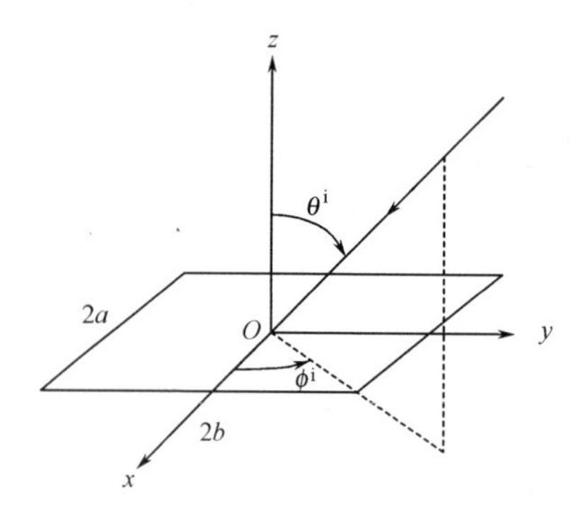

图 2.13　金属平板

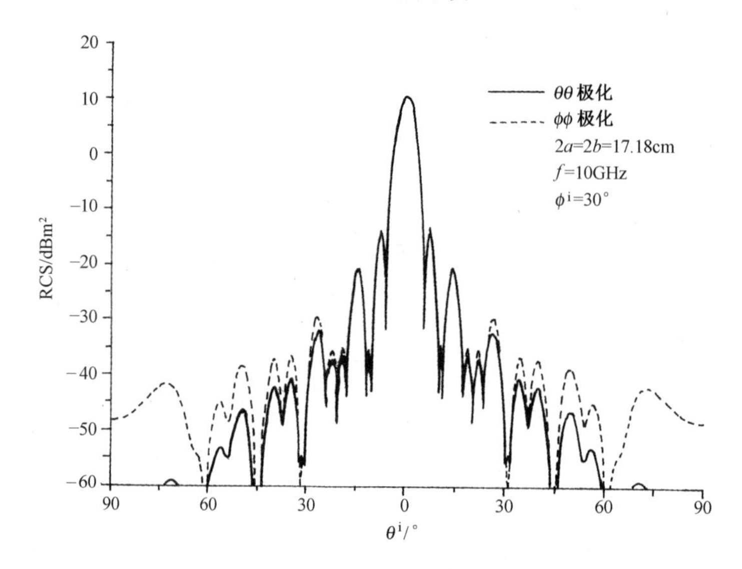

图 2.14　$\phi^{\mathrm{i}}=30^{\circ}$ 时金属平板后向 RCS 随 θ^{i} 的变化曲线

2.2.6　弹跳射线法

弹跳射线（Shooting and Bouncing Ray，SBR）法最初是由 S. W. Lee 等人[49-50]提出用于计算腔体目标 RCS 的一种高频方法，后来被推广到包括复杂目标（含材料）在内的一般性目标的多次反射计算[51-53]中。为了计算多次反射效应，Lee 的方法[50]将电磁波等效成图 2.15 所示的一条条射线管，按几何光学原理分别追踪每条入射到口径面（口面）$\sum_A$ 上的射线管，直到这条射线管在腔体内经过多次反射后再次投射到口径面，即射线管离开散射体为止。在追踪射线过程中，由于极化、腔壁损耗、扩散因子、相位滞后等因素的影响，需要对每根

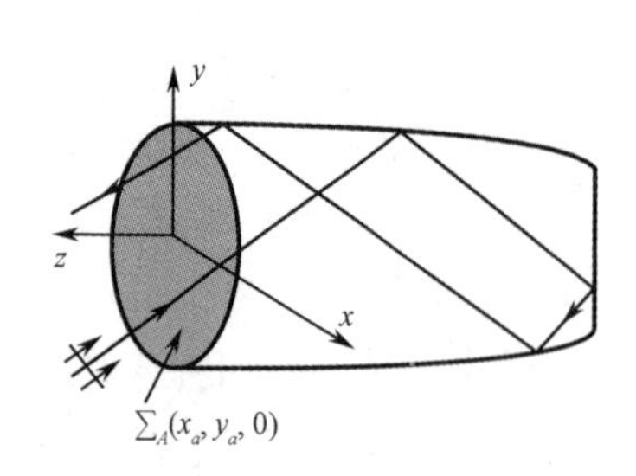

图 2.15　弹跳射线法示意图

射线进行场强追踪，最后在返回口面的射线管上进行口面积分[49]，求出它的远区散射场。对每条射线管做积分计算得到它的远区散射场，再对所有射线管的远区散射场求和，即为总的远区散射场。具体计算过程主要分为三步：一是给定腔体的几何结构和入射场，通过射线追踪寻找射线路径，这部分问题仅与目标的几何结构有关；二是根据几何光学定理确定口面上出射射线场的幅度，这部分问题涉及计算射线管的扩散因子和反射系数；三是用 Kirchhoff 近似（物理光学近似）确定后向散射场和 RCS。

对于复杂目标而言，上述 SBR 方法在实际使用中存在以下难点：

（1）复杂目标的外形一般无法用解析式表达，这给传统意义上的射线与目标表面的求交运算，以及扩散系数的准确求解等运算带来很大困难。

（2）为了保证计算精度，射线管的面积必须足够小，射线管的边长一般取为入射波长的 1/10 左右。因此，电大尺寸复杂目标的射线追踪计算量将非常巨大，常规通过数值解法求交的运算效率很低，基本不能胜任。

（3）复杂目标一般并不存在明确的口面 $\sum_A$，因此选择在目标口面上划分射线管并进行射线追踪，再利用口面积分计算射线管散射贡献的方法实现起来并不容易。

随着有限元技术的快速发展，采用三角/四边形小平面元网格来分片拟合复杂曲面，可以实现对任意形状复杂目标的精确描述，再利用针对面元模型的曲率重构方法[54]，则能有效解决具有复杂曲面结构的目标扩散系数计算时，准确获取所需曲率信息的难题。因此，基于平面元模型的 SBR 方法是目前被广泛采用的一种计算多次反射的有效方法，解除了 Lee 的方法中模型需要解析表达的限制，大大拓展了能够求解复杂目标的范围[55-57]。该方法首先将入射平面电磁波离散为若干密集的射线管，然后通过射线追踪确定各弹跳射线的路径，再利用几何光学法计算各个射线管的场，最后选择射线管在目标表面投射区域上进行物理光学积分求出射线管的散射场。下面就这种方法涉及的四个关键问题加以详细讨论。

（1）**射线管的自动划分**。考虑到复杂目标一般没有明确的口面，为确定射线发射的源点需要确定一个“等效的发射面”，再在该发射面上进行射线管划分，进而完成射线追踪过程。

这里选择一种较为简便的方法自动划分射线管。如图 2.16 所示，将平面元模型的包围盒沿入射方向 $\hat{\boldsymbol{i}}$ 的反方向投影到目标体外的一个垂直于 $\hat{\boldsymbol{i}}$ 的平面上，投影区域通常为一凸多边形（例如，图 2.16 中的五边形 $P_1P_2P_3P_4P_5$），将该多边形用一个最小的长方形包围，以确定“等效发射面”的范围，同时建立相应的局部坐标系 $x_c y_c z_c$，选择长方形的一个角点作为坐标原点 O_c，最后根据多次反射计算精度的要求，一般按 $l_p = \lambda/10$ 的间隔（也可根据目标的复杂程度进行调整）在发射面上划分出射线管。由于“等效发射面”垂直于入射方向，这与入射平面波的假定一致，因此有利于多次反射中相位延迟的处理。

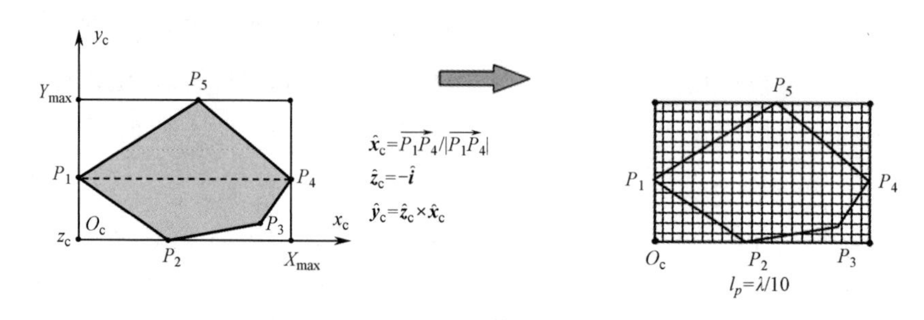

图 2.16　射线管的自动划分

（2）**幅度追踪和相位处理**。确定射线源点后，可以通过快速射线追踪方法准确获得射线在目标内的弹跳路径。对某一射线管而言，一旦射线管各顶点处射线的路径确定后，射线管的弹跳路径也随之确定，然后通过几何光学方法，可以很方便地由入射场强度确定出射线管中心射线在传播过程中的幅度。假定入射平面波（具有 $e^{j\omega t}$ 的时间因子）可以表达为

$$\boldsymbol{E}_i^0 = A_i^0 \hat{\boldsymbol{e}}_i^0 e^{j\varphi_0} \tag{2.74}$$

式（2.74）中，A_i^0 为初始入射电场强度。为简化相位追踪过程，将 $\boldsymbol{E}_i^0$ 的初始相位分离出来包含在式（2.57）中的相位积分项中，这样由传输路程差造成的入射电场附加相位 φ_0 的初值为

$$\varphi_0 = 0 \tag{2.75}$$

$\hat{\boldsymbol{e}}_i^0$ 为入射电场极化方向的单位矢量，根据雷达入射波的极化不同而不同，即

$$\hat{\boldsymbol{e}}_i^0 = \begin{cases} (\cos\theta_i\cos\phi_i, \cos\theta_i\sin\phi_i, -\sin\theta_i) & \theta\text{极化（V 极化）} \\ (-\sin\phi_i, \cos\phi_i, 0) & \phi\text{极化（H 极化）} \end{cases} \tag{2.76}$$

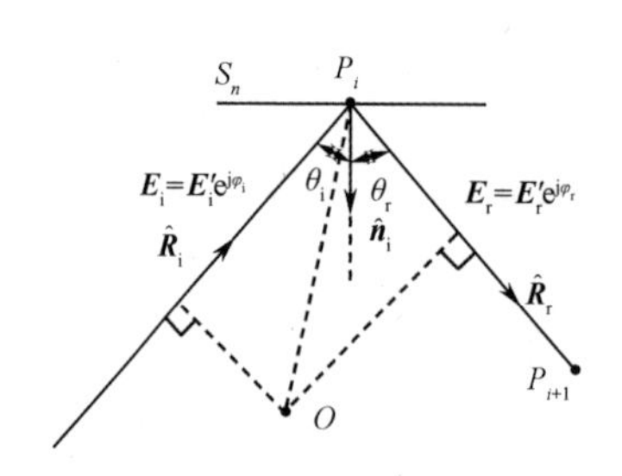

图 2.17　射线追踪多次反射示意图

图 2.17 所示为射线管中心射线在目标的某个三角形面元 S_n 上发生第 i 次反射的示意图。图中 $\hat{\boldsymbol{R}}_i$ 和 $\hat{\boldsymbol{R}}_r$ 分别为入射方向和反射方向的单位矢量，θ_i 和 θ_r 分别为入射角和反射角，P_i 和 P_{i+1} 分别为第 i 次和第 $i+1$ 次反射的反射点，$\hat{\boldsymbol{n}}_i$ 为 S_n 的外法向单位矢量。

由 Snell 定理可知

$$\theta_{\mathrm{r}}=\theta_{\mathrm{i}}, \quad \hat{\boldsymbol{R}}_{\mathrm{r}}=\hat{\boldsymbol{R}}_{\mathrm{i}}-2(\hat{\boldsymbol{R}}_{\mathrm{i}}\cdot\hat{\boldsymbol{n}}_{\mathrm{i}}) \tag{2.77}$$

相应地，反射电场矢量 $\boldsymbol{E}_{\mathrm{r}}'(\overrightarrow{OP_i})$ 可以由入射电场矢量 $\boldsymbol{E}_{\mathrm{i}}'(\overrightarrow{OP_i})$ 通过下式确定，即

$$\boldsymbol{E}_{\mathrm{i}}'(\overrightarrow{OP_i})=E_{\mathrm{e}\perp}\hat{\boldsymbol{e}}_{\perp}+E_{\mathrm{e}//}\hat{\boldsymbol{e}}_{\mathrm{i}//}; \quad \boldsymbol{E}_{\mathrm{r}}'(\overrightarrow{OP_i})=(\mathrm{DF})_i\left(R_{\perp}E_{\mathrm{e}\perp}\hat{\boldsymbol{e}}_{\perp}+R_{//}E_{\mathrm{e}//}\hat{\boldsymbol{e}}_{\mathrm{r}//}\right) \tag{2.78}$$

式（2.78）中，$\hat{\boldsymbol{e}}_{\perp}=\hat{\boldsymbol{n}}_{\mathrm{i}}\times\hat{\boldsymbol{R}}_{\mathrm{i}}/\left|\hat{\boldsymbol{n}}_{\mathrm{i}}\times\hat{\boldsymbol{R}}_{\mathrm{i}}\right|$，$\hat{\boldsymbol{e}}_{\mathrm{i}//}=\hat{\boldsymbol{R}}_{\mathrm{i}}\times\hat{\boldsymbol{e}}_{\perp}$，$\hat{\boldsymbol{e}}_{\mathrm{r}//}=\hat{\boldsymbol{R}}_{\mathrm{r}}\times\hat{\boldsymbol{e}}_{\perp}$；$R_{//}$ 为入射电场矢量平行于入射面时（平行极化），面元表面的反射系数；$R_{\perp}$ 为入射电场矢量垂直于入射面时（重直极化），面元表面的反射系数；$(\mathrm{DF})_i$ 为射线管在 P_i 处的扩散因子，具体计算公式将在后面给出；图 2.17 中的附加相位 φ_{r} 可以表示为

$$\begin{aligned}\varphi_{\mathrm{r}}&=\varphi_{\mathrm{i}}+k(\hat{\boldsymbol{R}}_{\mathrm{r}}-\hat{\boldsymbol{R}}_{\mathrm{i}})\cdot\overrightarrow{OP_i}\\&=\varphi_{\mathrm{i}}-2k(\hat{\boldsymbol{R}}_{\mathrm{i}}\cdot\hat{\boldsymbol{n}}_{\mathrm{i}})\cdot\overrightarrow{OP_i}\end{aligned} \tag{2.79}$$

（3）**平面元模型的扩散因子计算。**对于具有曲面外形的复杂目标，被平面元化后将会缺失诸如曲率之类的重要微分几何信息，而曲面的曲率是场追踪过程中计算射线管扩散因子 $(\mathrm{DF})_i$ 的重要参量，为此，可以采用文献[54]的曲率重构方法获取模型各顶点处的曲率信息。

模型三角面元上任意点 $P_i(x,y,z)$ 处的曲率可以利用面元顶点处的曲率通过线性插值的方法获得，从而计算出目标表面的曲率矩阵 $\boldsymbol{C}$ 。入射波前曲率矩阵 $\boldsymbol{Q}_{\mathrm{i}}$ 则根据入射方向 $\hat{\boldsymbol{R}}_{\mathrm{i}}$、反射面外法向矢量 $\hat{\boldsymbol{n}}_{\mathrm{i}}$ 和反射面曲率矩阵 $\boldsymbol{C}$ 建立，然后由 $\boldsymbol{Q}_{\mathrm{i}}$ 计算反射波前曲率矩阵 $\boldsymbol{Q}_{\mathrm{r}}$ 。具体推导可参考文献[58-59]，这里仅给出最终的计算表达式。假设 P_i 点反射波前曲率矩阵 $\boldsymbol{Q}_{\mathrm{r}}$ 为

$$\boldsymbol{Q}_{\mathrm{r}}=\begin{bmatrix}Q_{11}^{\mathrm{r}} & Q_{12}^{\mathrm{r}}\\ Q_{21}^{\mathrm{r}} & Q_{22}^{\mathrm{r}}\end{bmatrix} \tag{2.80}$$

则 P_i 点反射波前的主曲率半径为

$$\frac{1}{R_{1,2}^{\mathrm{r}}}=\frac{1}{2}\left[Q_{11}^{\mathrm{r}}+Q_{22}^{\mathrm{r}}\pm\sqrt{\left(Q_{11}^{\mathrm{r}}+Q_{22}^{\mathrm{r}}\right)^2-4\left(Q_{11}^{\mathrm{r}}Q_{22}^{\mathrm{r}}-Q_{12}^{\mathrm{r}}Q_{21}^{\mathrm{r}}\right)}\right] \tag{2.81}$$

而射线管经过 P_i 所在曲面反射后到达下一个反射点 P_{i+1} 的扩散因子 $(\mathrm{DF})_i$ 为

$$(\mathrm{DF})_i=\frac{R_1^{\mathrm{r}}}{\sqrt{R_1^{\mathrm{r}}+s}}\frac{R_2^{\mathrm{r}}}{\sqrt{R_2^{\mathrm{r}}+s}} \tag{2.82}$$

式（2.82）中，$s=\left|\overline{P_iP_{i+1}}\right|$ 为 P_i 到 P_{i+1} 的距离。

（4）**射线管多次反射贡献的物理光学积分计算。**Lee 的方法是沿射线管波前利用口面积分[49]计算射线管的多次反射贡献。为了尽量减少射线管形状对积分结果的影响，从而提高数值求解的精度，可采用在目标表面对射线管进行物理光学积分的方法计算射线管的多次反射贡献。

利用上述三角形射线管进行射线追踪时，射线管在目标表面的投射区域也为

一系列的三角形区域 S_i（射线管焦散为一个点或一条线时除外），这样同样可以利用式（2.57）进行物理光学积分计算出射线管的散射场。值得注意的是，式（2.57）的积分要求在目标表面的照明区域进行，相应地，只有位于目标表面、对接收雷达可见的区域的三角形区域 S_i 才能产生多次反射贡献。这一点对于利用物理光学法正确获得目标的多次反射场至关重要。

上述基于面元模型的 SBR 方法通过追踪射线管在离散面元上的弹跳来解决电磁波与目标的相互作用问题，充分发挥了高频近似方法的局部性优势。理论上，射线密度越高，计算结果就越准确，但随之而来的是计算效率变低，因此这也成为复杂目标散射工程化计算面临的主要挑战。比如，对于大型舰船目标，如果严格按 1/10 波长来剖分射线管，在 X 波段（波长 3cm）的射线管将有数以亿计，单角度计算时长在 10 小时以上。海量射线追踪带来的计算量虽然限制了 SBR 方法的实际应用，但也推动了该方法的发展。当前对算法的优化主要体现在三个方面：一是优化射线管的划分方式，二是精确处理射线管分裂，三是提升射线追踪的效率。

射线管划分方式主要包括前向追踪和后向追踪两种思路，如图 2.18 所示。前向追踪是在目标外确定射线的路径，图 2.16 所示即为一种典型的实现方式。后向追踪是在目标表面入射方向可见的面元上确定射线管与面元的交点（如图 2.19 所示），可以根据目标结构精确定制每一条射线管的尺寸和位置。后向追踪在不考虑射线管分裂的情况下优势明显，其射线数量始终与可见面元数成正比，并且可以避免射线与目标的第一次求交运算，在保证对目标表面的照射区域进行全覆盖的同时不会产生多余射线，进一步结合离散射线等效计算技术[60]，通过追踪单根射线和建立等效积分区间来实现对射线场的传播计算，可将舰船类目标的单角度计算时间提升到秒级[61]。

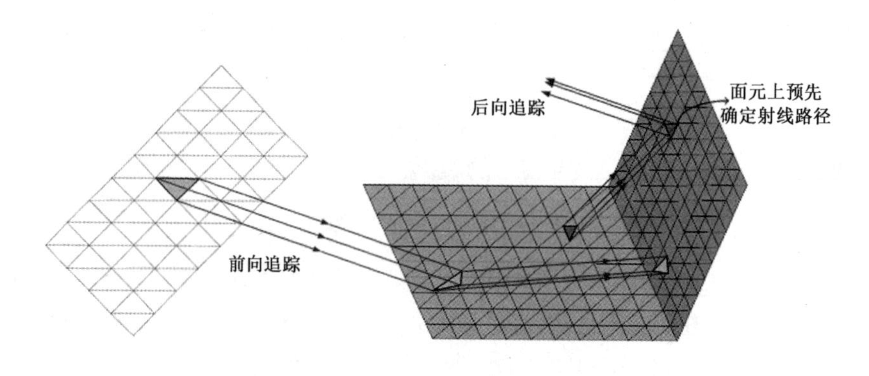

图 2.18　两种射线追踪方式

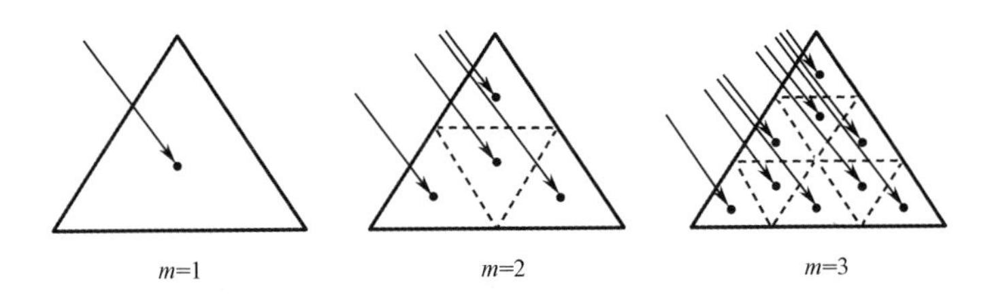

图 2.19　可见面元上射线初始化示意图（m 为射线密度控制量）

射线管分裂处理的前提是射线管尺寸不满足 1/10 波长的密度要求，必须将弹跳后的射线管细分为更多的射线管才能保证计算精度。随着射线管的分裂，追踪的射线数会递增，但对于多尺度非均匀面元模型而言，计算效率优势显著，因为对于大尺寸平板结构而言，适度稀疏的射线密度并不影响计算精度。以基于不规则三角网模型的自适应射线管分裂方法为例[62]，总体思路是利用不规则三角网模型动态生成较粗的非均匀初始射线管，经过与模型三角面元求交，进行多边形裁剪和三角化处理，将初始射线管自动分裂成多个子射线管，然后进行迭代计算。

针对平面元模型，射线追踪涉及巨大数量的射线与面元相交运算，常常采用八叉树、K-D 树[63-64]等算法，优化和提高射线追踪计算效率。随着 GPU 硬件能力的显著提升，使得基于 NVIDIA OptiX 光线追踪引擎的金属与介质复合，甚至以材料为主的目标的复杂动态场景实时射线追踪技术得到长足发展，从而使弹跳射线法日益成熟，并得以在复杂介质目标和动态群目标的高频电磁散射高效求解中得到广泛应用[65-66]。

2.2.7　积分方程法

人们经常用关于未知场量的积分方程来描述电磁散射问题。事实上，许多很好的近似解析和流行的数值方法，如当前用于求解散射问题的矩量法（Method of Moments，MoM），就是建立在这种或那种积分方程基础之上的。

如图 2.20 所示，考虑受已知电磁场 $\boldsymbol{E}^{\mathrm{i}},\boldsymbol{H}^{\mathrm{i}}$ 照射的具有封闭表面 S 的任意散射体，其入射场可以由 S 外的一些局部源产生，也可以是平面电磁波。一般地，一部分入射场可以到达场点 P，另一部分在被 S 散射后也可到达场点 P。这样，P 点处的总场可写成

$$\begin{aligned}\boldsymbol{E}(\boldsymbol{r})&=\boldsymbol{E}^{\mathrm{i}}(\boldsymbol{r})+\boldsymbol{E}^{\mathrm{s}}(\boldsymbol{r})\\\boldsymbol{H}(\boldsymbol{r})&=\boldsymbol{H}^{\mathrm{i}}(\boldsymbol{r})+\boldsymbol{H}^{\mathrm{s}}(\boldsymbol{r})\end{aligned}\tag{2.83}$$

式（2.83）中，$\boldsymbol{E}^{\mathrm{i}},\boldsymbol{H}^{\mathrm{i}}$ 是不存在散射体时的 P 点处的入射电磁场，$\boldsymbol{E}^{\mathrm{s}},\boldsymbol{H}^{\mathrm{s}}$ 是 P 点处的散射电磁场。

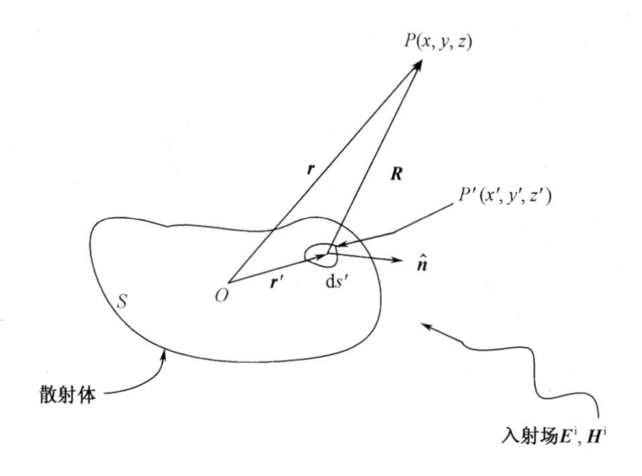

图 2.20　散射的几何关系

P 点处的散射场[67]可表示为

$$\begin{aligned}\boldsymbol{E}^{\mathrm{s}}(\boldsymbol{r}) &= \boldsymbol{E}(\boldsymbol{r}) - \boldsymbol{E}^{\mathrm{i}}(\boldsymbol{r}) \\ &= \oint_S \left\{ -\mathrm{j}\omega\mu\left[\hat{\boldsymbol{n}} \times \boldsymbol{H}(\boldsymbol{r}')\right]G + \left[\hat{\boldsymbol{n}} \times \boldsymbol{E}(\boldsymbol{r}')\right] \times \nabla' G + \left[\hat{\boldsymbol{n}} \cdot \boldsymbol{E}(\boldsymbol{r}')\right]\nabla' G \right\} \mathrm{d}s'\end{aligned} \tag{2.84}$$

$$\begin{aligned}\boldsymbol{H}^{\mathrm{s}}(\boldsymbol{r}) &= \boldsymbol{H}(\boldsymbol{r}) - \boldsymbol{H}^{\mathrm{i}}(\boldsymbol{r}) \\ &= \oint_S \left\{ \mathrm{j}\omega\varepsilon\left[\hat{\boldsymbol{n}} \times \boldsymbol{E}(\boldsymbol{r}')\right]G + \left[\hat{\boldsymbol{n}} \times \boldsymbol{H}(\boldsymbol{r}')\right] \times \nabla' G + \left[\hat{\boldsymbol{n}} \cdot \boldsymbol{H}(\boldsymbol{r}')\right]\nabla' G \right\} \mathrm{d}s'\end{aligned} \tag{2.85}$$

式中，$G = \dfrac{\mathrm{e}^{-\mathrm{j}kR}}{4\pi R}$，$R = \sqrt{(x-x')^2 + (y-y')^2 + (z-z')^2}$。$\nabla'$ 表示对带撇的坐标进行运算，$P(x,y,z)$ 和 $P(x',y',z')$ 分别是场点和源点，所有其他的符号参照图 2.20 所示的解释。式（2.84）和式（2.85）称为 Stratton-Chu 方程，它表明散射场完全可由散射体表面上总场的切向和法向分量确定。若散射体是良导体，则在 S 上有 $\hat{\boldsymbol{n}} \times \boldsymbol{E} = 0$ 和 $\hat{\boldsymbol{n}} \cdot \boldsymbol{H} = 0$，式（2.85）表明，要确定 $\boldsymbol{H}^{\mathrm{s}}$，仅用 S 上的切向 $\boldsymbol{H}$ 就足够了，但对式（2.84）还是要求知道 S 上的 $\boldsymbol{E}$ 的法向分量。不过，可以利用麦克斯韦方程由 $\boldsymbol{H}^{\mathrm{s}}$ 获得 $\boldsymbol{E}^{\mathrm{s}}$，因此，$S$ 上的 $\hat{\boldsymbol{n}} \cdot \boldsymbol{E}$ 是不必要的。

在式（2.84）和式（2.85）中，习惯上将表面 S 上的切向电场和磁场分别解释为表面电流和磁流。物理光学近似假定表面场（流）仅仅存在于 S 的照明部分，而在其他地方为零，然后通过利用上述方程以及用切平面近似获得的表面场确定散射场。

1. 积分方程

对于入射到光滑导体表面上给定的场 $\boldsymbol{E}^{\mathrm{i}}$ 和 $\boldsymbol{H}^{\mathrm{i}}$，感应表面电流 $\boldsymbol{J}_{\mathrm{s}}$ 可通过解两个积分方程中的一个来确定。这两个积分方程就是众所周知的电场积分方程（Electric Field Integral Equation，EFIE）和磁场积分方程（Magnetic Field Integral

Equation，MFIE）[68-69]，可推自 Stratton-Chu 方程和边界条件

$$\begin{cases}\hat{\boldsymbol{n}}\times(\boldsymbol{E}^{\mathrm{i}}+\boldsymbol{E}^{\mathrm{s}})=0\\ \hat{\boldsymbol{n}}\times(\boldsymbol{H}^{\mathrm{i}}+\boldsymbol{H}^{\mathrm{s}})=\boldsymbol{J}_{\mathrm{s}}\end{cases}\tag{2.86}$$

利用电场边界条件、式（2.84）和电流连续性方程，有

$$\nabla\cdot\boldsymbol{J}_{\mathrm{s}}=-\mathrm{j}\omega\varepsilon\hat{\boldsymbol{n}}\cdot\boldsymbol{E}\tag{2.87}$$

可得 EFIE 为（以下定义 $⨍$ 为主值积分号）

$$\hat{\boldsymbol{n}}\times\boldsymbol{E}^{\mathrm{i}}(\boldsymbol{r})=\hat{\boldsymbol{n}}\times⨍_{S}\left[\mathrm{j}\omega\mu\boldsymbol{J}_{\mathrm{s}}(\boldsymbol{r}')G+\frac{1}{\mathrm{j}\omega\varepsilon}\nabla'\cdot\boldsymbol{J}_{\mathrm{s}}(\boldsymbol{r}')\nabla'G\right]\mathrm{d}s'\tag{2.88}$$

利用磁场边界条件和式（2.85），可得 MFIE 为

$$\boldsymbol{J}_{\mathrm{s}}(\boldsymbol{r})=2\hat{\boldsymbol{n}}\times\boldsymbol{H}^{\mathrm{i}}(\boldsymbol{r})+2\hat{\boldsymbol{n}}\times⨍_{S}\left[\boldsymbol{J}_{\mathrm{s}}(\boldsymbol{r}')\times\nabla'G\right]\mathrm{d}s'\tag{2.89}$$

式（2.88）和式（2.89）右边的积分指的是不包括源点和场点重合的那些位置的主值积分。EFIE 是第一类积分方程，其中未知电流仅出现在积分内部；而 MFIE 是第二类积分方程，其中电流既出现在积分的内部，也出现在积分的外部。

除了对应于目标内谐振的一些频率点，EFIE 或 MFIE 都能用来确定表面电流。对于闭合的光滑导体表面，通常使用 MFIE。可是，当表面变得很薄（如薄导线和薄圆柱）时，必须使用 EFIE，因为此时在 MFIE 中要恰当地表示 $\nabla'G$ 是很困难的。

当 S 的曲率半径比工作波长大得多时，式（2.89）中 $\boldsymbol{J}_{\mathrm{s}}(\boldsymbol{r})$ 的主要贡献来自右边的第一项，第二项的贡献通常很小。因此，忽略式（2.89）中的第二项，可得在物理光学近似中用到的切平面近似，即

$$\boldsymbol{J}_{\mathrm{s}}(\boldsymbol{r})\approx\boldsymbol{J}_{\mathrm{s}}^{0}=2\hat{\boldsymbol{n}}\times\boldsymbol{H}^{\mathrm{i}}(\boldsymbol{r})\tag{2.90}$$

式（2.90）中，$\boldsymbol{J}_{\mathrm{s}}^{0}$ 指的是由入射场感应的电流中的均匀部分。后面讨论的物理绕射理论的基础是式（2.89），它的研究重点主要是解析确定由式（2.89）右边第二项产生的电流的非均匀部分。

2. 矩量法

对于许多实际的电磁散射和天线问题，所希望的电流分布可以通过数值求解上述积分方程来获得。矩量法（Method of Moments，MoM）是用于这种目的最常用的方法之一。MoM 实质上是将积分方程转化为一组代数方程，也就是能用标准的矩阵求逆算法求解的矩阵方程。由于矩量法在 Harrington[70]的经典著作中已详细讨论，因此这里仅简要地概括分析所涉及的基本步骤。

将关于未知电流强度 $\boldsymbol{J}_{\mathrm{s}}(\boldsymbol{r})$ 的 MFIE 用算子形式写成

$$L(\boldsymbol{J}_{\mathrm{s}})=2\hat{\boldsymbol{n}}\times\boldsymbol{H}^{\mathrm{i}}(\boldsymbol{r})\tag{2.91}$$

式（2.91）中，右边是已知的，$L(\boldsymbol{J}_{\rm s})$是积分微分线性算子，定义为

$$L(\boldsymbol{J}_{\rm s})=\boldsymbol{J}_{\rm s}(\boldsymbol{r})-2\hat{\boldsymbol{n}}\times\fint_S \boldsymbol{J}_{\rm s}(\boldsymbol{r}')\times\nabla' G{\rm d}s' \tag{2.92}$$

为了简化讨论，下面讨论标量算子方程的求解，即

$$L(f)=g \tag{2.93}$$

式（2.93）中，$f=f(x)$是待确定的未知函数；$g(x)$是已知函数；L是线性算子。尽管式（2.93）比式（2.91）简单得多，但是求解的基本步骤同样适用于式（2.91）。

首先将f展开为

$$f=\sum_{n=1}^{N}\alpha_n f_n \tag{2.94}$$

式（2.94）中，α_n是未知复系数；f_n是x的已知函数，称为展开函数或基函数。然后将式（2.94）代入式（2.93）中，得

$$\sum_{n=1}^{N}\alpha_n L(f_n)=g \tag{2.95}$$

定义在x的值域l内的内积$\langle f,g\rangle$为

$$\langle f,g\rangle=\int_l f(x)g(x){\rm d}x \tag{2.96}$$

并在值域l内定义一组权函数或测试函数$w_m(m=1,2,\cdots,N)$。用每一个权函数w_m与式（2.95）做内积可得

$$\sum_{n=1}^{N}\alpha_n\langle w_m,L(f_n)\rangle=\langle w_m,g\rangle \quad m=1,2,\cdots,N \tag{2.97}$$

将式（2.97）给出的代数方程组写成矩阵形式为

$$[h_{mn}][\alpha_n]=[g_m] \tag{2.98}$$

式（2.98）中

$$[h_{mn}]=\begin{bmatrix}\langle w_1,L(f_1)\rangle & \langle w_1,L(f_2)\rangle & \cdots & \langle w_1,L(f_N)\rangle\\ \langle w_2,L(f_1)\rangle & \langle w_2,L(f_2)\rangle & \cdots & \langle w_2,L(f_N)\rangle\\ \vdots & \vdots & \ddots & \vdots\\ \langle w_N,L(f_1)\rangle & \langle w_N,L(f_2)\rangle & \cdots & \langle w_N,L(f_N)\rangle\end{bmatrix}$$

$$[\alpha_n]=\begin{bmatrix}\alpha_1\\ \alpha_2\\ \vdots\\ \alpha_N\end{bmatrix},\quad [g_m]=\begin{bmatrix}\langle w_1,g\rangle\\ \langle w_2,g\rangle\\ \vdots\\ \langle w_N,g\rangle\end{bmatrix}$$

假定$[h_{mn}]$是非奇异的，由式（2.98）利用标准的矩阵求逆算法确定$[\alpha_n]$，即

$$[\alpha_n]=[h_{mn}]^{-1}[g_m] \tag{2.99}$$

最后便可利用式（2.94）确定未知函数f。

上面假定了基函数和权函数是不同的。如果两个函数是相同的，则相应的解称为伽辽金（Galerkin）解。

尽管上面归纳的数值方法是直接的，可是，由于涉及矩阵求逆的要求，可处理问题的尺寸严重受限于计算机的能力。一般认为，单纯的 MoM 最多只能提供具有几个至数十个波长尺寸的目标的散射解。为拓展 MoM 处理电大尺寸目标散射问题的能力，可以考虑将 MoM 与其他一些快速算法结合起来使用，如多层快速多极子算法[71-72]（Multilevel Fast Multipole Algorithm）。

2.2.8 物理绕射理论

另一种不用边缘绕射系数或一致性渐近展开的用于求解与散射计算有关的边缘不连续问题的方法是由 Ufimtsev 提出的物理绕射理论（Physical Theory of Diffraction，PTD）。在文献[73-74]中可以找到对 PTD 的概述。Ufimtsev 发现，导体表面上的表面总电流等于下面两种电流之和

$$\boldsymbol{J}_{\mathrm{s}}^{\mathrm{t}}=\boldsymbol{J}_{\mathrm{s}}^{0}+\boldsymbol{J}_{\mathrm{s}}^{1} \tag{2.100}$$

式(2.100)中，$\boldsymbol{J}_{\mathrm{s}}^{0}$是式(2.90)讨论的物理光学电流，称为总电流的一致性部分；$\boldsymbol{J}_{\mathrm{s}}^{1}$是边缘电流或由某些形式的不连续性导致的电流的非一致性部分。

一旦求得$\boldsymbol{J}_{\mathrm{s}}^{1}$，$\boldsymbol{J}_{\mathrm{s}}^{\mathrm{t}}$就构成了对精确的表面总电流比$\boldsymbol{J}_{\mathrm{s}}^{0}$更好的近似，于是得到比单独用物理光学近似更准确的结果。用 PTD 近似的优点是，对给定的有限总电流，场在包含入射和反射阴影边界以及焦散处的任何一处都是有限的。这种方法的缺点是，对劈绕射，需要计算$\boldsymbol{J}_{\mathrm{s}}^{1}$及其产生的场。边缘场$\boldsymbol{E}^{1}$通常表示为

$$\boldsymbol{E}^{1}(\boldsymbol{r})=\int_{\Sigma_{12}}\overline{\overline{\boldsymbol{G}}}\cdot\boldsymbol{J}_{\mathrm{s}}^{1}\mathrm{d}s' \tag{2.101}$$

式(2.101)中，Σ_{12}是与产生$\boldsymbol{J}_{\mathrm{s}}^{1}$有关的表面；$\overline{\overline{\boldsymbol{G}}}$是与几何结构有关的并矢格林函数。

在场计算当中，Ufimtsev 仅用了阶数为$k^{-1/2}$的主要项[75]。一般来说，确定$\boldsymbol{E}^{1}(\boldsymbol{r})$是很棘手的，这里不予讨论。

2.2.9 混合法

迄今为止，已经讨论了多种求解电磁散射问题的高频近似解析方法，描述了用于获得大量散射问题数值解的一种普遍的数值方法——矩量法。这些方法中的每一种都有其应用范围及优缺点。混合法（Hybrid Method，HM）通常将一种方法的优点与另一种方法的优点组合起来以便有效地确定问题的解。一些学者已经提出了多种类似的方法[21,76]，这里仅简要介绍其中的两种。

MoM 常用于电尺寸不太大的目标，而 GTD 一般可对尺寸比 1 个波长大得多

的目标给出好的结果，因此，可以将这两种方法组合使用，以有效求解中等尺寸或尺寸在谐振区或超过谐振区的目标的辐射和散射问题。文献[76]提出的 MoM 和 GTD 方法组合确定了与辐射或散射问题有关的阻抗矩阵。矩量法通常得到光滑表面的阻抗矩阵，但当光滑表面包含某些不连续性时，一般利用 GO 和 GTD 对 MoM 矩阵进行修正。文献[76]给出了该方法的细节，其对诸如在导体圆盘中心上的单极子、接近导体劈的单极子，以及在四边或八边形导体板中心处的单极子之类的天线获得了较好的结果。文献[21]则通过以另一种形式组合 GTD 和 MoM 来获得电磁散射问题的数值解。文献[77]组合 Fock 理论和 MoM 求解多表面阻抗加载凸导体柱的电磁散射。文献[78]讨论了组合 PO、PTD、Fock 理论和 MoM 的混合法在导体目标、部分或完全涂覆目标中的应用。可是，不像 MoM，混合法应用于 RCS 问题时与具体的目标几何结构有关，因此没有专门的结果适用于所有目标。

下面将通过考虑如图 2.21 所示的直角导体劈结构对平面波的散射来描述这种方法。在这种方法中[76]，其边缘周围要求用 MoM 电流，GTD 场在一些点上进行匹配，由此充分减小了要求解的 MoM 电流样本的数量。这种程序产生了一组联立方程，通过求解该方程组，可以得到 MoM 电流的复幅度和 GTD 的数值系数。

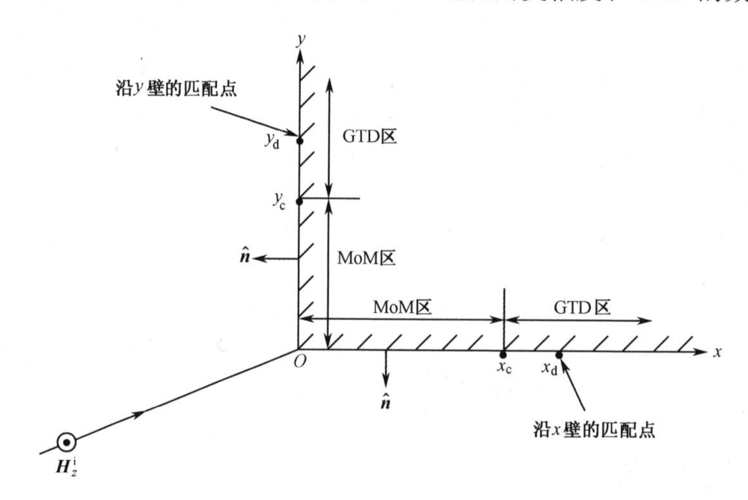

图 2.21　直角导体劈对平面波散射的几何关系

考虑磁场沿 z 方向极化的平面波入射到如图 2.21 所示的直角导体劈上。在 GTD 近似下，劈表面的总电流为

$$\begin{aligned} \boldsymbol{J}^{\mathrm{GTD}} &= (\hat{\boldsymbol{n}}\times\hat{\boldsymbol{z}})\left(\boldsymbol{H}^{\mathrm{i}}+\boldsymbol{H}^{\mathrm{r}}+\boldsymbol{H}_z^{\mathrm{d}}\right) \\ &\approx \boldsymbol{J}^{\mathrm{i}}+\boldsymbol{J}^{\mathrm{r}}+(\hat{\boldsymbol{n}}\times\hat{\boldsymbol{z}})C\frac{\mathrm{e}^{-\mathrm{j}k\rho}}{\sqrt{\rho}} \qquad \rho\geqslant\lambda/4 \end{aligned} \tag{2.102}$$

式(2.102)中，$\boldsymbol{H}^{\mathrm{i}},\boldsymbol{H}^{\mathrm{r}},\boldsymbol{H}_{z}^{\mathrm{d}}$分别是劈表面上的入射、反射和绕射磁场；$\boldsymbol{J}^{\mathrm{i}},\boldsymbol{J}^{\mathrm{r}}$分别是由磁场的入射和反射部分产生的表面电流；$C$ 是待确定的未知常数，在目前的情况下代表绕射系数 D_x 和 D_y；其他参数如图 2.21 所示。

关于表面总电流适合的 MFIE[70]为

$$\boldsymbol{J}_{\mathrm{s}}=-\boldsymbol{H}_{\mathrm{z}}^{\mathrm{i}}-\hat{z}\cdot\nabla\times\int_{S}\boldsymbol{J}_{\mathrm{s}}\frac{1}{4\mathrm{j}}\mathrm{H}_{0}^{(2)}(k\left|\boldsymbol{\rho}-\boldsymbol{\rho}'\right|)\mathrm{d}l' \tag{2.103}$$

式（2.103）中，$\mathrm{H}_{0}^{(2)}$是第二类零阶汉开尔函数。表面总电流假定为如下分量形式

$$\boldsymbol{J}_{\mathrm{s}}=\begin{cases}J_{y}^{\mathrm{MoM}}, & 0\leqslant y\leqslant y_{\mathrm{c}},x=0\\ J_{y}^{\mathrm{GTD}}, & y_{\mathrm{c}}<y\leqslant\infty,x=0\\ J_{x}^{\mathrm{MoM}}, & 0\leqslant x\leqslant x_{\mathrm{c}},y=0\\ J_{x}^{\mathrm{GTD}}, & x_{\mathrm{c}}<x\leqslant\infty,y=0\end{cases} \tag{2.104}$$

从式（2.104）中可以看出，用 MoM 获得的电流在$0\leqslant x\leqslant x_{\mathrm{c}}$和$0\leqslant y\leqslant y_{\mathrm{c}}$范围内，式（2.102）给出的 GTD 电流在远离绕射边缘的地方（也即在这两个区域之外）是有效的。

现在，边缘周围电流的 MoM 分量可由简单的基函数确定，即

$$J^{\mathrm{MoM}}=\sum_{m=1}^{N}\alpha_{m}P_{m}(l-l_{m}) \tag{2.105}$$

式(2.105)中，$P_{m}(l-l_{m})$是以α_{m}为展开系数的正交脉冲函数。利用点配置，得到一组联立方程为

$$L_{n}(J_{\mathrm{s}})=\sum_{m=1}^{N}h_{mn}\alpha_{m}+L_{n}(J_{x}^{\mathrm{GTD}})+L_{n}(J_{y}^{\mathrm{GTD}})=g_{n}\,,\quad 1\leqslant n\leqslant N \tag{2.106}$$

式（2.106）中，$L_{n}(J^{\mathrm{GTD}}),h_{mn},g_{n}$在文献[76]中给出。

为了确定分别与J_{x}^{GTD}和J_{y}^{GTD}有关的两个绕射系数D_x和D_y［在式（2.102）中用C表示］，需要选择两个另外的匹配点，如图 2.21 中的$(x_{\mathrm{d}},0)$和$(0,y_{\mathrm{d}})$，它们都在 GTD 区域，因而产生了与式（2.106）类似的另外两个方程。在这种方式下，对$N+2$个未知数获得了$N+2$个方程［式（2.106）中 N 个电流脉冲系数加上两个绕射系数］。

2.2.10　时域方法

1. 时间步进法

尽管频域积分方程可以通过矩阵求逆或迭代方法来求解，然而，时域积分方程由于具有时间滞后的特点使其可以通过更直接的方法进行求解[79]。对于实导体目标，时域积分方程为

$$
\begin{aligned}
\boldsymbol{J}_{\mathrm{s}}(\boldsymbol{r},t) = & 2\hat{\boldsymbol{n}}\times\boldsymbol{H}^{\mathrm{i}}(\boldsymbol{r},t) + \\
& \frac{1}{2\pi}\hat{\boldsymbol{n}}\times \fint_S \left\{\left[\frac{1}{c}\frac{\partial}{\partial\tau}+\frac{1}{R}\right]\boldsymbol{J}_{\mathrm{s}}(\boldsymbol{r}',\tau)\times\frac{\boldsymbol{R}}{R^2}\right\}_{\tau=t-R/c}\mathrm{d}s' \qquad \boldsymbol{r}\in S
\end{aligned} \tag{2.107}
$$

式（2.107）中，$\boldsymbol{r}'$ 和 $\boldsymbol{r}$ 分别是从坐标原点到积分点和观察点的位置矢量；$\fint_S$ 表示柯西主值积分；$R=|\boldsymbol{r}-\boldsymbol{r}'|$，$\boldsymbol{R}=\boldsymbol{r}-\boldsymbol{r}'$；$c$ 为光速；t 为时间；$\hat{\boldsymbol{n}}$ 是在 $\boldsymbol{r}$ 处的单位法向矢量；S 为目标的表面；$\boldsymbol{H}^{\mathrm{i}}$ 为入射磁场；$\boldsymbol{J}_{\mathrm{s}}$ 为表面电流密度。

式（2.107）的首项给出了众所周知的物理光学电流，积分项表示在表面其他点上的电流对 $(\boldsymbol{r},t)$ 处电流的影响。这里关键的一点是积分内的电流 $\boldsymbol{J}_{\mathrm{s}}$ 比时间 t 滞后 R/c。由于 $R=0$ 的点在主值积分中已经排除，所以 R/c 不会为零，这样，τ 总是小于 t。由式（2.107）不难看出，未知电流相当于已知的物理光学项与由已知的 $\boldsymbol{J}_{\mathrm{s}}$ 的历史值构成的积分项的和，这种特点便构成了用所谓的时间步进法（Marching-on-in-Time Method，MTM）的迭代方法求解时域积分方程的基础。在因果关系假设的前提下，所有的电流和场在 $t<0$ 时都为零。P 点处的电流 $\boldsymbol{J}_{\mathrm{s}}$ 可以按时间步进直接计算，从时刻 $t=0$ 开始，直到所要求的时间 t 为止。计算是直接的但又是迭代的，在 $t=t_1,t_2,\cdots$ 时刻上进行。这种程序其实是下三角矩阵方程的递归解，即不需要复矩阵求逆的简单直接的矩量法。

一旦获得了电流密度，就能计算出空间任一点处的场以及双站 RCS。例如，区散射场为

$$
\boldsymbol{H}^{\mathrm{s}}(\boldsymbol{r},t)=\int_S\left\{\frac{1}{c}\frac{\partial\boldsymbol{J}_{\mathrm{s}}(\boldsymbol{r}',\tau)}{\partial\tau}+\frac{1}{R}\boldsymbol{J}_{\mathrm{s}}(\boldsymbol{r}',\tau)\right\}_{\tau=t-R/c}\times\frac{\hat{\boldsymbol{R}}}{R}\mathrm{d}s' \tag{2.108}
$$

对入射场和散射场做傅里叶变换后可得 RCS。

2. 时域有限差分法

时域有限差分（Finite Difference Time Domain，FDTD）法是由 K. S. Yee[80]于 1966 年首次提出的一种直接求解时域麦克斯韦旋度方程的电磁场数值计算方法。具体地说，对电磁场 $(\boldsymbol{E},\boldsymbol{H})$ 分量在空间和时间上采取交替抽样的离散方式，每一个 $\boldsymbol{E}$（或 $\boldsymbol{H}$）场分量周围有 4 个 $\boldsymbol{H}$（或 $\boldsymbol{E}$）场分量环绕，应用这种后来被称为 Yee 元胞（如图 2.22 所示）的离散方式，对电场和磁场的空间和时间导数采用简单的二阶中心差分近似，可将含时间变量的麦克斯韦旋度方程转化为一组差分方程，由电磁问题的初始值和边界条件就可以在时间轴上逐步推进地求解空间电磁场分布。计算中只要将空间某一样本点的电场（或磁场）与周围各点的磁场（或电场）直接相关联，且将相应的材料参数赋值于空间每一个元胞，使得 FDTD

法可以统一地处理具有复杂形状和包含不均匀材料的体目标的电磁散射问题。

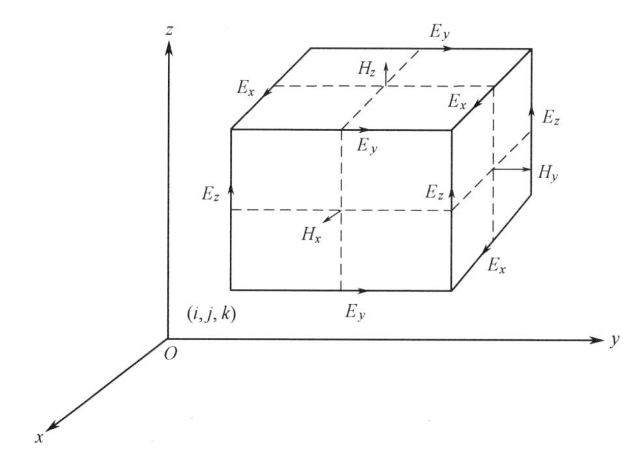

图 2.22　Yee 元胞

表 2.7 列出了在笛卡儿坐标系中构成麦克斯韦方程的 6 个电磁场旋度方程。表 2.8 列出了对在离散时间步上和在离散元胞位置上采样的场矢量分量所假定的时-空符号，表示对麦克斯韦方程的空间和时间偏导数的中心差分近似。表 2.9 提供了时间步场矢量分量的有限差分表达式的例子。不难发现，每一个时间步表达式的右边的所有量都是已知的（存储在计算机内存中），因此表达式完全是显式的，可以在时间上迭代求解，不需要矩阵求逆运算。

表 2.7　在笛卡儿坐标系中构成麦克斯韦方程的 6 个电磁场旋度方程

$\frac{\partial H_x}{\partial t}=\frac{1}{\mu}\left(\frac{\partial E_y}{\partial z}-\frac{\partial E_z}{\partial y}-\rho' H_x\right)$ $\frac{\partial H_y}{\partial t}=\frac{1}{\mu}\left(\frac{\partial E_z}{\partial x}-\frac{\partial E_x}{\partial z}-\rho' H_y\right)$ $\frac{\partial H_z}{\partial t}=\frac{1}{\mu}\left(\frac{\partial E_x}{\partial y}-\frac{\partial E_y}{\partial x}-\rho' H_z\right)$	$\frac{\partial E_x}{\partial t}=\frac{1}{\varepsilon}\left(\frac{\partial H_z}{\partial y}-\frac{\partial H_y}{\partial z}-\sigma E_x\right)$ $\frac{\partial E_y}{\partial t}=\frac{1}{\varepsilon}\left(\frac{\partial H_x}{\partial z}-\frac{\partial H_z}{\partial x}-\sigma E_y\right)$ $\frac{\partial E_z}{\partial t}=\frac{1}{\varepsilon}\left(\frac{\partial H_y}{\partial x}-\frac{\partial H_x}{\partial y}-\sigma E_z\right)$
E_x, E_y, E_z = 电场的笛卡儿分量（V/m） ε = 介电常数（F/m） μ = 磁导率（H/m）	H_x, H_y, H_z = 磁场的笛卡儿分量（A/m） σ = 电导率（S/m） ρ' = 等效磁损耗（Ω/m）

表 2.8　对麦克斯韦方程的空间和时间偏导数的中心差分近似

$(i,j,k)=(i\Delta x, j\Delta y, k\Delta z)$ $F^n(i,j,k)=F(i\Delta x, j\Delta y, k\Delta z, n\Delta t)$ $\frac{\partial F^n(i,j,k)}{\partial x}\approx\frac{F^n(i+1/2,j,k)-F^n(i-1/2,j,k)}{\Delta x}$ $\frac{\partial F^n(i,j,k)}{\partial t}\approx\frac{F^{n+1/2}(i,j,k)-F^{n-1/2}(i,j,k)}{\Delta t}$
对立方体元胞，$\Delta x=\Delta y=\Delta z=\delta$

表 2.9　时间步场矢量分量的有限差分表达式的例子

$$H_x^{n+1/2}(i,j+1/2,k+1/2)=\frac{1-\frac{\rho'(i,j+1/2,k+1/2)\Delta t}{2\mu(i,j+1/2,k+1/2)}}{1+\frac{\rho'(i,j+1/2,k+1/2)\Delta t}{2\mu(i,j+1/2,k+1/2)}}H_x^{n-1/2}(i,j+1/2,k+1/2)+\frac{\Delta t}{\mu(i,j+1/2,k+1/2)}\frac{1}{1+\frac{\rho'(i,j+1/2,k+1/2)\Delta t}{2\mu(i,j+1/2,k+1/2)}}\times\left[\frac{E_y^n(i,j+1/2,k+1)-E_y^n(i,j+1/2,k)}{\Delta z}+\frac{E_z^n(i,j,k+1/2)-E_z^n(i,j+1,k+1/2)}{\Delta z}\right]$$
$$E_z^{n+1}(i,j,k+1/2)=\frac{1-\frac{\sigma(i,j,k+1/2)\Delta t}{2\varepsilon(i,j,k+1/2)}}{1+\frac{\sigma(i,j,k+1/2)\Delta t}{2\varepsilon(i,j,k+1/2)}}E_x^n(i,j,k+1/2)+\frac{\Delta t}{\varepsilon(i,j,k+1/2)}\frac{1}{1+\frac{\sigma(i,j,k+1/2)\Delta t}{2\varepsilon(i,j,k+1/2)}}\times\left[\frac{H_y^{n+1/2}(i+1/2,j,k+1/2)-H_y^{n+1/2}(i-1/2,j,k+1/2)}{\Delta x}+\frac{H_x^{n+1/2}(i,j-1/2,k+1/2)-H_x^{n+1/2}(i,j+1/2,k+1/2)}{\Delta y}\right]$$

由于准确性和算法稳定性的原因，要求适当选择 δ 和 Δt 。为了保证计算的电磁场的空间导数的准确性，δ 必须比波长小。$\delta \leqslant \lambda/10$ 足以实现由空间导数近似所导致的近场 FDTD 解的不确定性小于±7%（±0.6dB）[81]。对 $\delta \leqslant \lambda/20$，这种不确定性下降到小于±2% （±0.2dB）。

为了保证以表 2.7 为例的时间步进算法的稳定性，Δt 选择满足下面的不等式[81]

$$\Delta t \leqslant \left(\frac{1}{\Delta x^2}+\frac{1}{\Delta y^2}+\frac{1}{\Delta z^2}\right)^{-1/2} c_{\max}^{-1} \leqslant \frac{\delta}{c_{\max}\sqrt{3}} \quad \text{（对一个立方体元胞）} \tag{2.109}$$

式（2.109）中，$c_{\max}$ 是模型内最大的波相速。

FDTD 方法将计算区域划分为总场区和散射场区，如图 2.23（a）所示。这种划分是很有用的，因为它允许在总场区对任意入射角、极化、时域波形和持续时间[82-83]的入射平面波进行有效模拟。

这种划分可以带来如下三个额外的好处：

1）大的近场计算动态范围

由于感兴趣的目标放在总场区，因此直接计算在屏蔽区域或屏蔽物内的低总场电平不会遭受减法噪声（在这样的区域中，时间步进的散射场与对消的入射场相加而获得低的总场电平就会产生减法噪声）。避免减法噪声是获得超过 60dB 近场计算动态范围的关键[81]。

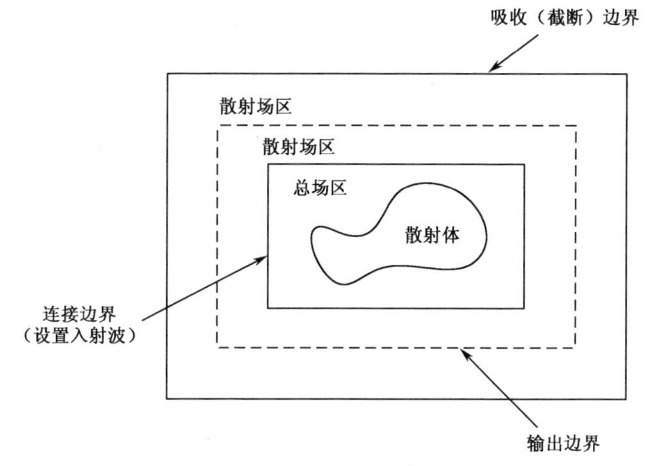

（a）总场区和散射场区

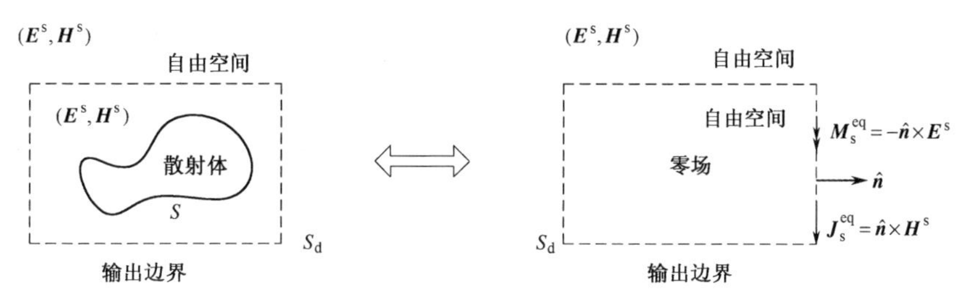

（b）位于散射场区的近场到远场的积分表面（输出边界）

图 2.23　FDTD 区域的划分

2）自然满足电磁边界条件

将目标放在总场区保证了自然满足穿过介质界面时切向场的连续性，而无须对每种具体的目标沿着复杂介质界面上成千上万个点分别计算入射场。如图 2.23（a）所示，这种分区安排要求入射场的计算仅沿着总场区和散射场区之间的矩形连接表面进行。这个表面是固定的，与包围的待模化目标的形状和组成无关。因此，在计算机的运行时间方面获得了得益，这种得益随目标的复杂性增加而增加。

3）双站 RCS 的系统计算

在图 2.23 中，在散射场区通过选择合适的 FDTD 网格可以很容易地由近场求得远场，该网格也就是输出边界，如图 2.23 中的虚线所示。在这个虚拟表面上对由 FDTD 方法计算的切向散射 $\boldsymbol{E}$ 和 $\boldsymbol{H}$ 场用自由空间格林函数进行加权并积分，可以得到远场响应和双站的 RCS[83-85]。近场积分表面是一个固定的矩形，因此与包围的待模化目标的形状和组成无关。

图 2.23（a）用“截断边界”表示包围散射区的最外层的矩形表面。由于在截

断边界外侧场的数据是未知的，因此，在这些平面上的场不能用前面讨论的中心差分法进行计算。可是，这些数据需要形成中心差分，故必须引入辅助的截断边界条件（又称吸收边界条件），而这一条件又必须满足麦克斯韦方程，即入射到截断边界上的外行散射波应该穿过截断边界而无明显的非物理反射，就好像截断边界是无形的。

上面要求的吸收边界条件其实就是近场区的辐射条件[86-88]。从简单的插值边界开始，至今已经发展了多种吸收边界条件。目前比较广泛采用的有Mur吸收边界[82]，以及完全匹配层（Perfectly Matched Layer，PML）吸收边界条件[89-91]。

用FDTD方法计算目标的散射问题所需要的计算机存储量正比于待模化的体积中的电磁场未知量的个数N，因此当N值很大时，该方法要受计算机存储量和计算时间的限制。可是，如果仔细观察表2.7所示的方程，就会发现FDTD方法具有局域性的特点，即只与上一时刻以及周围空间的场有关，故FDTD方法特别适合并行计算。将FDTD区域分割成若干个子区域分别进行计算，各个子区域只需在边界处与相邻的其他子区域进行切向场值的数据交换，就可以使整个迭代计算进行下去，从而实现对电大尺寸目标FDTD的计算[92]。

2.2.11 不同方法的比较

前面各节讨论了RCS预估的不同方法及其应用，虽然对一个给定的实际问题，根据前面各节的讨论，具体选择什么方法是很清楚的，但是，为了方便起见，下面还是以表格的形式对这些方法的优缺点、应用范围和局限性进行归纳，如表2.10所示。

表2.10　RCS预估方法的比较

方法	优点和应用	局限性和注释	建议
几何光学法（GO）	• 用于计算射线管中的射线光学场 • 用于计算对弯曲和平面表面做切平面近似的反射场 • 适用于未遇到阴影边界和焦散的射线追踪	• 不能用于曲率半径与波长相比不很大的表面 • 不能处理场的相位、绕射影响、焦散区域、阴影边界或阴影区的场	• 预估均匀介质中波束的射线场 • 预估无限大平面或曲面的平面波反射 • 对给定结构的射线进行追踪
物理光学法（PO）	• 用于对表面或天线的近区或远区散射场计算 • 根据经验，在偏离垂直入射±40°的范围内给出好的结果 • 能处理焦散和阴影区的场而没有奇异性	• 传统的物理光学法不能预估由物体上的不连续产生的电磁流 • 对单站简单散射体不能处理退极化问题 • 不能预估绕射的影响 • 对宽角波束预估是不准确的	• 在偏离法线较小的角度范围内，可以用于准确获得由源或流产生的场 • 可能用于一阶交叉极化的预估

续表

方法	优点和应用	局限性和注释	建议
Keller 的几何绕射理论（Keller's GTD）	• 首次将散射场计算需要的绕射系数提供给使用者 • 对单站计算有较好的结果	• 不能处理入射和反射阴影边界或焦散区域 • 不能预估交叉极化 • 违反边缘条件	• 用于单站计算，在较大的观察角范围内有一定的准确度 • 避免在出现入射阴影边界、反射边界的区域使用 • 接近边缘时其结果不准确
一致性绕射理论（UTD、UAT）	• 克服了 Keller 的 GTD 在入射阴影边界和反射边界附近的局限 • UTD 用绕射系数，UAT 用渐近场 • GTD 的应用范围被大大扩展	• 不能处理焦散问题 • 对双劈问题（如掠入射时的平板），当边缘 1 位于边缘 2 的阴影边界时，入射到边缘 1 的场是非光学场，因此不能直接应用该理论，需要做特殊处理 • 当边缘接近源，导致边缘照射的非均匀性时，UTD 需要用斜率绕射进行修正 • 不能处理交叉极化问题	• 可以应用于很多的辐射、散射和耦合问题
等效电磁流法（EEC）	• 在 GTD、UTD 存在焦散的地方仍能给出有限的边缘绕射场 • 给出的绕射场不限于 Keller 锥 • 在阴影边界及其周围，场是有限的	• 对阻抗边缘和尖顶等结构，目前难以得到等效电磁流的表达式，因此难以用于此类结构绕射场的计算	• 能用于金属直/曲边缘绕射场的计算 • 可配合 PO 用于计算边缘绕射场
弹跳射线法（SBR）	• 将 GO 和 PO 相结合，既避免了 GO 在焦散区场发散的问题，又显著降低了完全 PO 计算的高复杂度 • 可用于计算金属、薄层涂覆表面或均匀介质体等复杂目标的多次反射贡献	• 射线管在边缘、角点等几何不连续处存在分裂现象，精细处理的计算量和难度均较大 • 射线追踪误差随弹跳射线次数增多而增大，对以曲面为主且存在较大弹跳次数的复杂目标，SBR 法的精度有限 • 交叉极化的计算不满足互易性	• 能用于电大尺寸复杂目标多次反射的预估 • 能扩展用于对目标-环境耦合散射贡献的预估 • 对电大尺寸结构，需要追踪的射线数量庞大，要求大的计算机内存和足够长的计算时间，因此要用快速射线追踪算法
物理绕射理论（PTD）	• 不要求绕射系数 • 一旦得到棱边电流就可给出很好的结果 • 在阴影边界及其周围，场是有限的	• 在许多情况下难以得到棱边电流的表达式	• 能用于包括宽角和交叉极化预估在内的很多情况
积分方程法和矩量法（IE and MoM）	• 利用这种方法，任何频域问题都可根据未知场量来描述 • 可以用矩量法进行求解 • 不要求处理入射、反射阴影边界和焦散问题	• 对电大尺寸结构，要求大的计算机内存和足够长的计算时间，因此要用专门的快速方法	• 应用到无法用绕射系数的地方 • 用于电尺寸不太大的目标

续表

方法	优点和应用	局限性和注释	建议
混合法（HM）	• 减少了计算时间和对内存的要求 • 即使绕射系数未知，仍可使用该方法 • 对涉及 GTD 的混合法，可得到数值绕射系数	• 不同方法的组合随问题的类型和复杂性而变化	• 虽然在有限的问题中得到验证，但仍可用于中等尺寸或尺寸在谐振区或之上的目标辐射、散射问题
时间步进法（MTM）	• 利用这种方法，任何时域问题都可根据未知场量来描述 • 可以用迭代方法在时间域上直接求解，不需要矩阵求逆运算	• 对电大尺寸结构，要求具有大的计算机内存和足够长的计算时间	• 用于电小尺寸目标的时域散射问题
时域有限差分法（FDTD）	• 可直接求解时域麦克斯韦旋度方程 • 有限差分表达式完全是显式的，可以在时间上迭代求解，不需要矩阵求逆运算 • 计算方法与目标复杂性无关 • 适合并行计算	• 对电大尺寸结构，要求大的计算机内存和足够长的计算时间	• 用于电小尺寸具有复杂结构和复杂材料组成的体目标的时域散射问题

2.3 常用定标体的 RCS 精确值

在用测量方法求得各种目标 RCS 时，需要有一个已知 RCS 的定标体进行相对标定，因此必须掌握几种不同量级的定标体 RCS 精确值，这在工程上具有很大的实用价值。

2.3.1 金属导体球

不论在瑞利区、谐振区或光学区，金属导电球是最有用的定标体。下面列出精确级数解的公式，利用计算机进行精确的数值计算，给出金属导电球后向 RCS 的粗精曲线图。因为它很有用，所以将其数据表列于本书附录 B。有关公式推导从略，读者可参阅文献[18, 93]。

略去时谐因子 $\exp(-\mathrm{j}\omega t)$ 后，金属导电球的后向 RCS 计算公式为

$$\sigma = \lambda^2/\pi\left|\sum_{n=1}^{\infty}(-1)^n(n+0.5)(b_n-a_n)\right|^2 \tag{2.110}$$

式（2.110）中，a 为导电球半径；λ 为雷达工作波长，且

$$a_n = \frac{\mathrm{j}_n(ka)}{\mathrm{h}_n^{(1)}(ka)} \tag{2.111a}$$

$$b_n = \frac{ka\mathrm{j}_{n-1}(ka)-n\mathrm{j}_n(ka)}{ka\mathrm{h}_{n-1}^{(1)}(ka)-n\mathrm{h}_n^{(1)}(ka)} \tag{2.111b}$$

式中，$k=2\pi/\lambda$ 为波数；$\mathrm{h}_n^{(1)}(x)=\mathrm{j}_n(x)+\mathrm{j}\mathrm{y}_n(x)$ 为第一类球汉开尔函数；$\mathrm{j}_n(x)$ 为

第一类球贝塞尔函数；$y_n(x)$ 为第二类球贝塞尔函数。无量纲 RCS 是以球面积 πa^2 进行的归一化，表示为 NRCS，又称为后向散射有效因子，其表达式为

$$\mathrm{NRCS}=\frac{\sigma}{\pi a^2}=\left(\frac{2}{ka}\right)^2\left|\sum_{n=1}^{\infty}(-1)^n(n+0.5)(b_n-a_n)\right|^2 \tag{2.112}$$

由式（2.112）精确计算 NRCS 随 ka 的变化情况，ka 值从 0.02 增到 20，计算间距为 0.02。图 2.24（a）所示为瑞利区导电球的 NRCS 值，其 $ka=0\sim2$，一般文献上没有给出这样精确的值。尤其对在 $ka\approx1$ 附近的数据做标定非常有用。例如，从附录 B 数据中查得，第一个峰值处于 $ka=1.02$，其相应 NRCS 最大值为 3.6535。图 2.24（b）可用于求谐振区导电球的 NRCS 值，其 $ka=0\sim20$，它也比一般文献上给出的值精确。

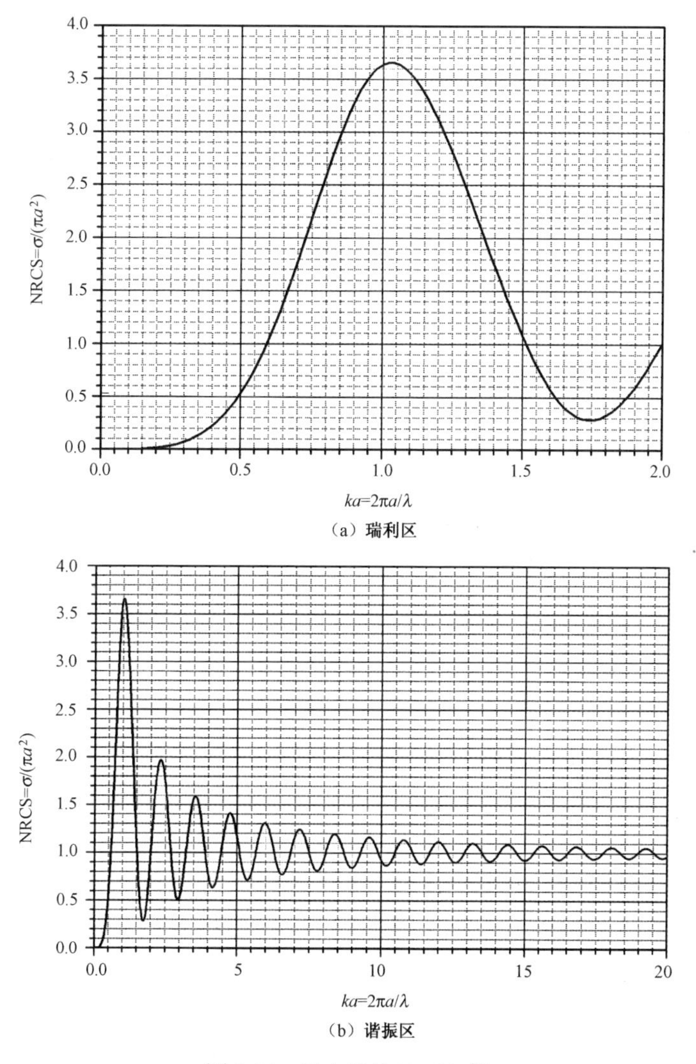

（a）瑞利区

（b）谐振区

图 2.24　导电球的 NRCS 值

导电球的相位信息也是相当有用的，在微波成像和识别、角闪烁等研究中都需要用到，而在一般文献中很少给出。图 2.25 给出了导电球相位随 ka 的变化曲线。

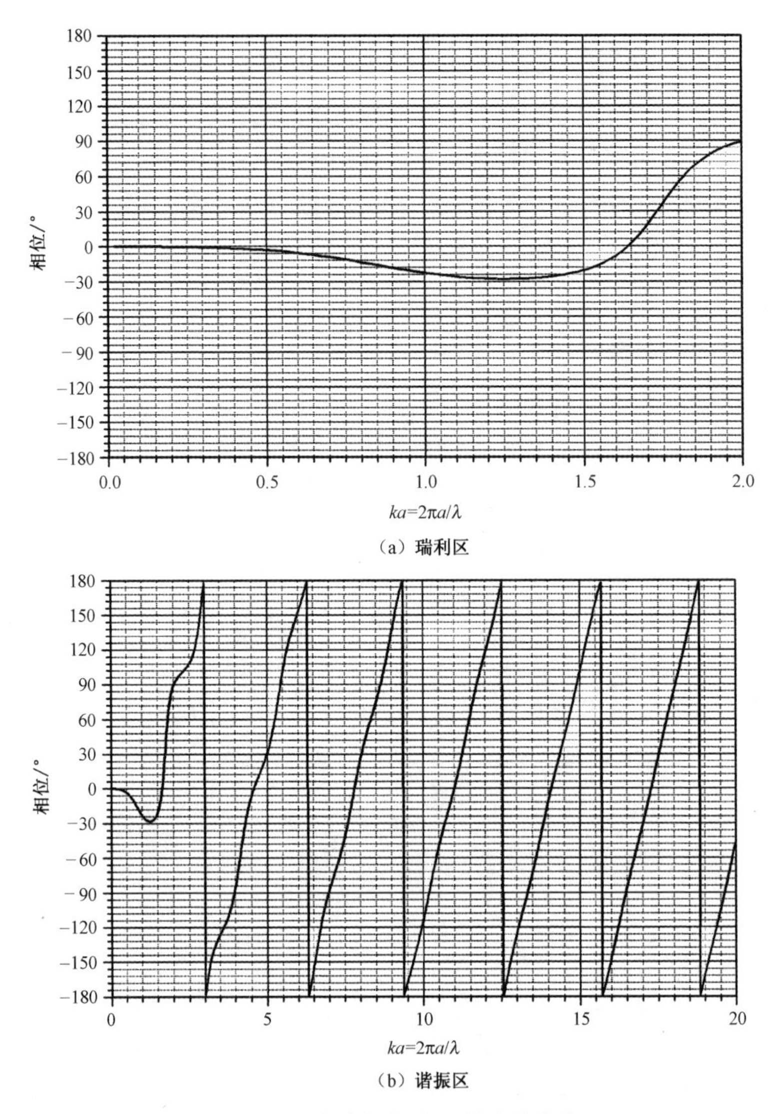

（a）瑞利区

（b）谐振区

图 2.25　导电球相位随 ka 的变化曲线

为了便于读者自行利用计算机数值求解金属球的后向 RCS 和相位，附录 C 给出了利用 FORTRAN 语言编写的计算机程序，有关的输入和输出量在程序注释中已说明。

2.3.2　金属平板

在测量诸如舰船等大散射截面目标时，需要用角反射器或金属平板作为定标体。在相同尺度下，平板要比球的 RCS 大好几个数量级。在测平板雷达吸波材料反射率时，也需要以同样大小的金属平板为基准。金属平板定标体的主要缺点是散射方向图太窄，因此在实际测量中要用一台 1.06μm 波长的激光仪作为法向瞄准工具。

即使对有限尺寸的金属平板，其后向 RCS 也不易精确计算。这里仅考虑在 xOy 平面内入射的情况，如图 2.26 所示。下面给出了几种高频区金属平板后向RCS的计算公式[94]，其中，垂直（V）和水平极化（H）分别表示入射电场垂直和平行于 xOy 平面。

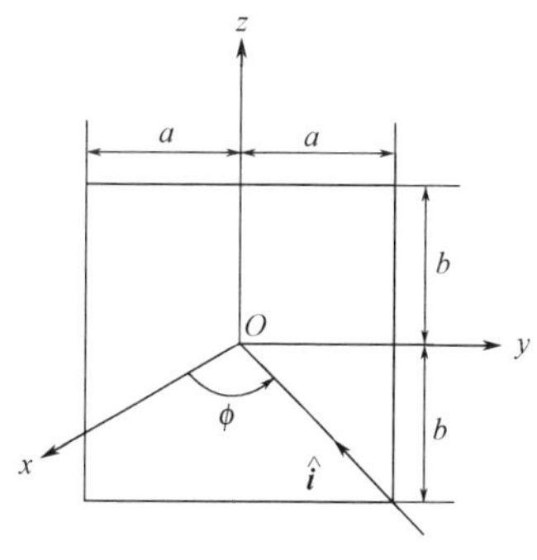

图 2.26　金属平板的几何关系

（1）物理光学（PO）解，即

$$\sigma_{\mathrm{PO}}=\frac{64\pi}{\lambda^2}a^2b^2\cos^2\phi\left[\frac{\sin(2ka\sin\phi)}{2ka\sin\phi}\right]^2 \tag{2.113}$$

式（2.113）与极化无关。

（2）几何绕射理论（GTD）解，即

$$\sigma_{\mathrm{V,H}}^{\mathrm{GTD}}=\frac{4b^2}{\pi}\left|k_{\mathrm{V,H}}\right|^2 \tag{2.114}$$

式（2.114）中，

$$\begin{aligned}
k_{\mathrm{V}}=&\cos(2ka\sin\phi)+2\mathrm{j}ka\frac{\sin(2ka\sin\phi)}{2ka\sin\phi}-\\
&\left[1+\frac{\exp(-\mathrm{j}k4a)}{256\mathrm{j}\pi k^3a^3}\right]^{-1}\left\{\frac{\exp(-\mathrm{j}2ka)}{\sqrt{8\mathrm{j}\pi k2a}}\frac{1}{\mathrm{j}ka\cos\phi}-\right.\\
&\frac{1}{8a^2k^2}\left[\frac{\exp(-\mathrm{j}k2a)}{\sqrt{8\mathrm{j}\pi k2a}}\right]^2\left[\frac{1-\sin\phi}{(1+\sin\phi)^2}\exp(-2\mathrm{j}ka\sin\phi)+\right.\\
&\left.\left.\frac{1+\sin\phi}{(1-\sin\phi)^2}\exp(2\mathrm{j}ka\sin\phi)\right]\right\}
\end{aligned} \tag{2.115a}$$

$$\begin{aligned}
k_{\mathrm{H}}=&\cos(2ka\sin\phi)-2\mathrm{j}ka\frac{\sin(2ka\sin\phi)}{2ka\sin\phi}-\\
&\frac{8\exp(-\mathrm{j}k2a)}{\sqrt{8\pi\mathrm{j}k2a}}\left[1-\frac{\exp(-\mathrm{j}k4a)}{4\mathrm{j}\pi ka}\right]^{-1}\left\{\frac{1}{\cos\phi}-\right.\\
&\left.\frac{\exp(-\mathrm{j}k2a)}{\sqrt{8\pi\mathrm{j}k2a}}\left[\frac{\exp(2\mathrm{j}ka\sin\phi)}{1-\sin\phi}+\frac{\exp(-2\mathrm{j}ka\sin\phi)}{1+\sin\phi}\right]\right\}
\end{aligned} \tag{2.115b}$$

（3）一致性渐近理论（UTD）解，其中：

垂直极化状态的 RCS 为

$$\sigma_{\mathrm{V}}^{\mathrm{UTD}}=\frac{4b^2}{\pi}\left|\cos(2ka\sin\phi)+2\mathrm{j}ka\frac{\sin(2ka\sin\phi)}{2ka\sin\phi}\right|^2 \tag{2.116}$$

水平极化状态的 RCS 为

$$\sigma_{\mathrm{H}}^{\mathrm{UTD}}=8kb^2\left|Q\right|^2 \tag{2.117}$$

式（2.117）中，

$$\begin{aligned}Q=&-\frac{1}{\sqrt{2\pi\mathrm{j}k}}\left[\cos(2ka\sin\phi)-\frac{2\mathrm{j}ka\sin(2ka\sin\phi)}{2ka\sin\phi}\right]+\\&C_1D^{\mathrm{m}}\left(2a,\frac{\pi}{2}+\phi,0,\frac{\pi}{2}\right)\exp(\mathrm{j}ka\sin\phi)+\\&C_3D^{\mathrm{m}}\left(2a,\frac{\pi}{2}-\phi,0,\frac{\pi}{2}\right)\exp(-\mathrm{j}ka\sin\phi)\end{aligned} \tag{2.118}$$

式中，

$$C_1=\frac{X+ZY}{1-Z^2}$$

$$C_3=\frac{Y+ZX}{1-Z^2}$$

$$X=\exp(-\mathrm{j}ka\sin\phi)D^{\mathrm{m}}\left(2a,0,\frac{\pi}{2}-\phi,\frac{\pi}{2}\right)\frac{\exp(-\mathrm{j}k2a)}{\sqrt{2a}}$$

$$Y=\exp(\mathrm{j}ka\sin\phi)D^{\mathrm{m}}\left(2a,0,\frac{\pi}{2}+\phi,\frac{\pi}{2}\right)\frac{\exp(-\mathrm{j}k2a)}{\sqrt{2a}}$$

$$Z=D^{\mathrm{m}}\left(a,0,0,\frac{\pi}{2}\right)\frac{\exp(-\mathrm{j}k2a)}{\sqrt{2a}}$$

这里，$D^{\mathrm{m}}(L,\phi,\phi',\beta_0)$ 是半平面的硬边界绕射系数，可参见式（2.61），其中，$n=2$，$\beta_0=\dfrac{\pi}{2}$。

图 2.27 所示为利用物理光学法［见式（2.113）］计算的正方形金属平板的法向后向 RCS 随 ka 变化的曲线，其纵坐标 RCS 值用波长 λ^2 进行归一化，并取常用对数，因此单位为 dB。

图 2.28 给出了两种极化状态下正方形金属平板后向 RCS 随入射角变化的曲线。纵坐标 RCS 用其相对于 $1\mathrm{m}^2$ 的分贝数来表达，即分贝平方米（dBm^2）。金属平板尺寸为 30cm×30cm。实验数据由北京环境特性研究所的实验给出。在法向入射角 20° 范围内，PO 解计算尚精确。超过这个入射角时，必须考虑金属平板

前后面间的多次绕射。虽然用 GTD 和 UTD 都可以得到比 PO 法更好的结果，但在接近掠入射（$\phi=90°$）时，GTD 解是奇异的，因此建议用 UTD 来求解金属平板的 RCS。可以注意到，当 ϕ 超过大约 40° 以后，理论解与测量值存在一定的差距，其原因在于实际金属平板是有厚度的，以及多次绕射的影响。特别是对水平极化的情况，后一影响更为显著。

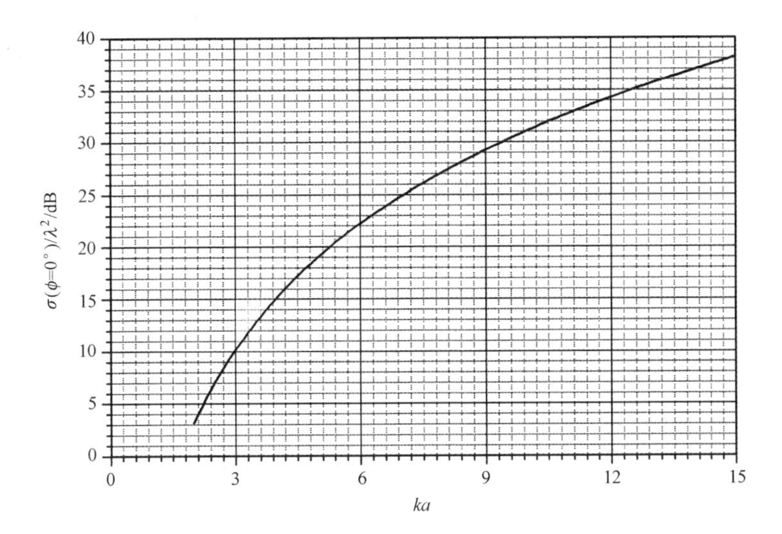

图 2.27　正方形金属平板的法向后向 RCS 随 ka 的变化曲线

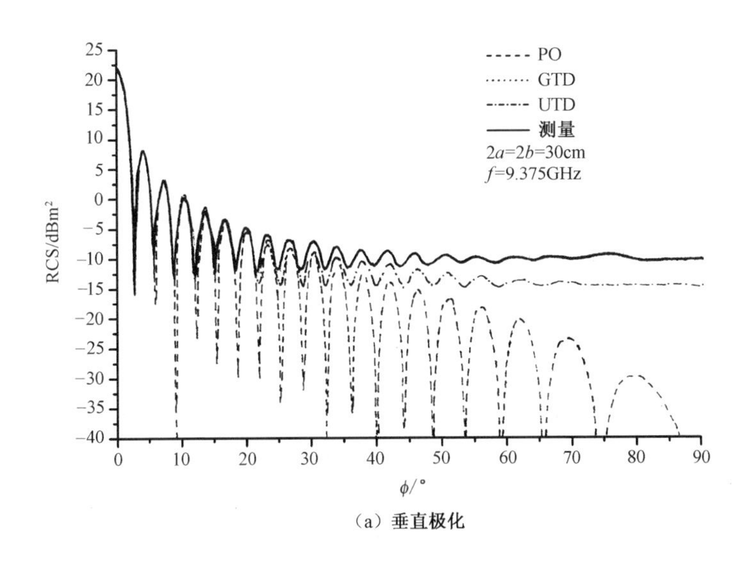

（a）垂直极化

图 2.28　正方形金属平板后向 RCS 随入射角变化的曲线

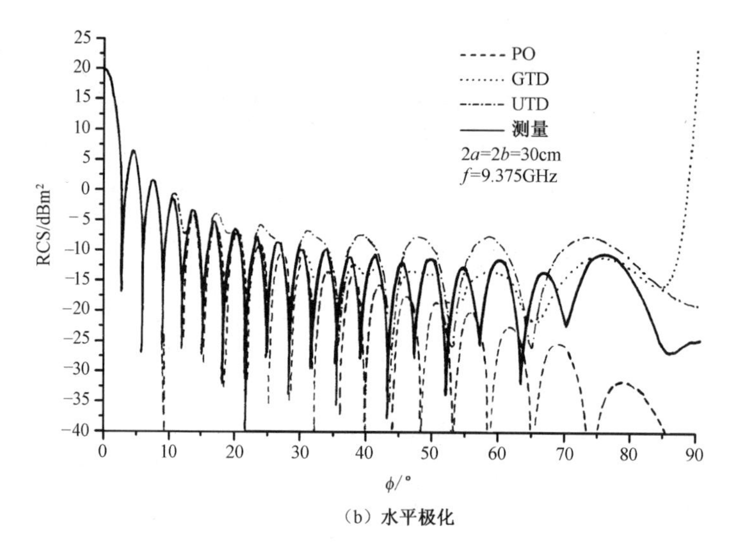

（b）水平极化

图 2.28　正方形金属平板后向 RCS 随入射角变化的曲线（续）

2.3.3　光学类反射器

本节介绍两类基于光学原理设计的可用于 RCS 标定的反射器，它们分别是各种二面、三面角反射器和龙伯（Luneberg）球透镜反射器，通过镜面反射、透射与聚集等作用将电磁波从来波方向原路反射回去，而且得到增强。

各种三面角反射器和龙伯球透镜反射器如图 2.29 所示，它们的 RCS 计算公式、半功率点宽度和全姿态角平均 RCS 参数均列于表 2.11 之中[95]。

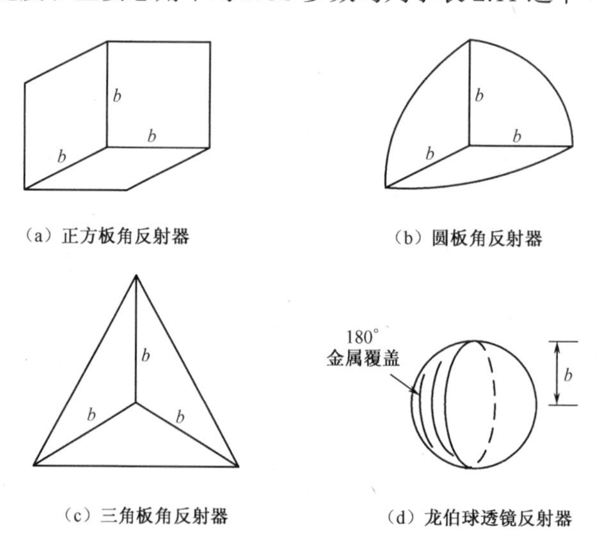

（a）正方板角反射器　（b）圆板角反射器

（c）三角板角反射器　（d）龙伯球透镜反射器

图 2.29　各种三面角反射器和龙伯球透镜反射器

表 2.11　各类反射器的 RCS 参数

名　称	RCS_{max}	半功率点宽度	全姿态平均 RCS
正方板角反射器	$12\pi b^4/\lambda^2$	25°	$0.7b^4/\lambda^2$
圆板角反射器	$15.6b^4/\lambda^2$	32°	$0.47b^4/\lambda^2$
三角板角反射器	$4\pi b^4/(3\lambda^2)$	40°	$0.17b^4/\lambda^2$
龙伯球透镜反射器	$\approx 2\pi b^4/\lambda^2$	≈150°	$\approx 2b^4/\lambda^2$

RCS 最大值也可由曲线查出，如图 2.30 所示。例如 $\lambda = 0.1\text{m}$，$b = 1\text{m}$，对正方板角反射器，由图中曲线查出 $\sigma = 3800\text{m}^2$，该值与表 2.11 算出的 $\sigma = 3768\text{m}^2$ 非常接近。如果采用圆板角反射器，则仅需将图 2.30 的 σ 乘以 0.414。如果采用三角板角反射器，则需将图 2.30 的 σ 数据乘以 0.111。但该表不适用于 $b < \lambda$ 的情况。

角反射器的方向图可用极坐标系内栅格来衡量，如图 2.31 所示。图中 θ 角表示由 z 轴算起的俯仰角，ϕ 角表示垂直于 z 轴的 xy 平面上由 x 轴算起的方位角。栅格中的变参量为以出现在 $\theta \approx 54.74°$ 和 $\phi \approx 45°$ 处的最大 RCS 值做归一化后的方向图电平。

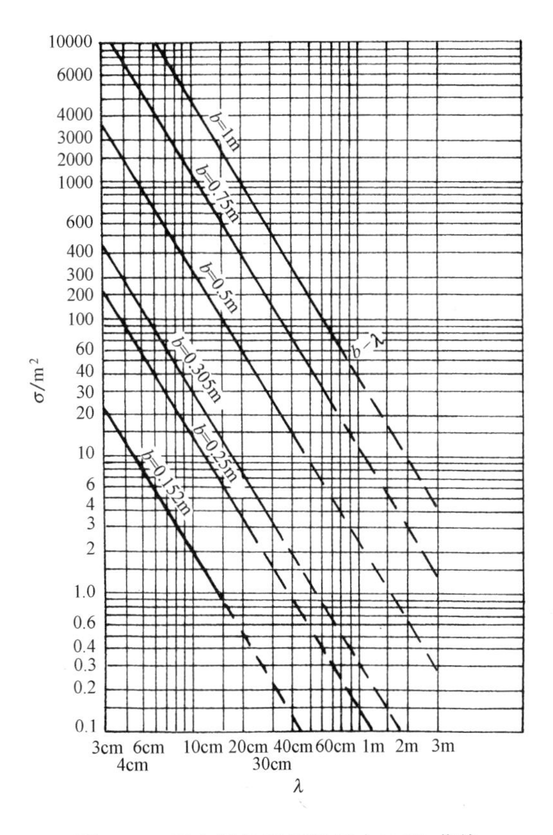

图 2.30　正方板角反射器最大 RCS 曲线

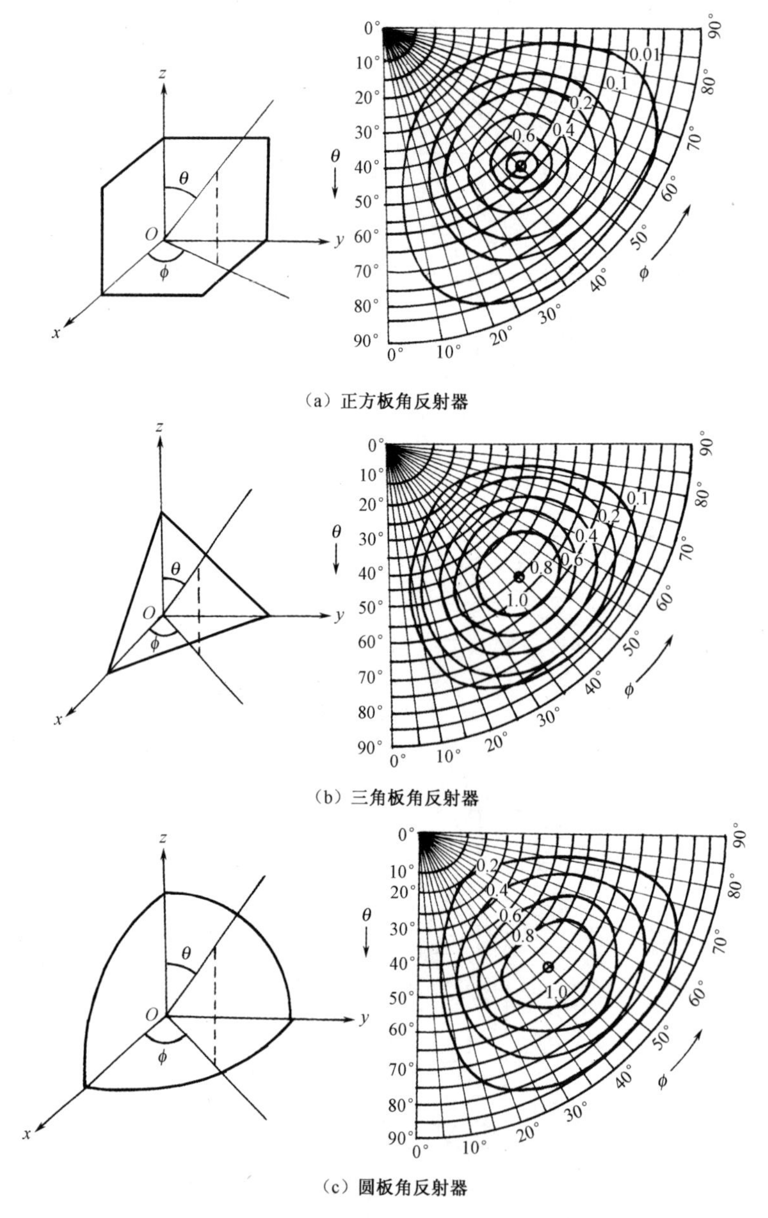

（a）正方板角反射器

（b）三角板角反射器

（c）圆板角反射器

图 2.31　角反射器的方向图曲线

图 2.32 以另一种形式给出了上述 4 种角反射器的最大后向 RCS 值随 b/λ 变化的曲线。

由于反射器加工制作时的误差，尤其三面体的相互垂直度不准确，因此实际反射器的 RCS 值略小于理论计算值，一般误差在 1dB 之内。图 2.33 给出了 $b=$ 73.6cm 的三角板角反射器在 15.2GHz 频率点两种极化的后向 RCS 测量结果（三角板角反射器的口径垂直于地面，其中，HH：尖头着地，VV：一条边着地）。有时为了获得更宽角度范围内的大 RCS，需要将多个三角板角反射器进行适当组合。图 2.34 给出了三个 $b=73.6\text{cm}$ 的三角板角反射器的一种排列组合方式，其中三角板角反射器沿圆弧排列，左右两个的中线偏离中心线都是 20°。图 2.35 所示为该组合反射器在 15.2GHz 频率上的后向 RCS 的 HH 极化测量结果。

以上各类角反射器对极化是逆转 180° 的，因此当入射波为线极化时，回波与入射波具有同样方向；而当入射波为左旋圆极化波时，则回波为右旋圆极化波。由于一般飞行器也具有类似特性，因此通常单脉冲雷达抛物面天线也是这样设计的，即左旋发，右旋收。但当雷达指定用同一种圆极化发射接收时，则它将接收不到上述各角发射器的发射回波；如角反射器要满足入射波与反射波是同一圆极化波，则有两种形式[95]：一种如图 2.36 所示，称为介质板角反射器，其相对频带宽度为±10%，按表 2.11 计算约有 2dB 误差；另一种为介质填充角反射器，如图 2.37 所示，介质的相对介电常数 $2.3 \leqslant \varepsilon_r \leqslant 4.0$，按表 2.11 计算有 1.5dB 误差，它具有与原来不填充介质的角反射器同样的频带宽度。

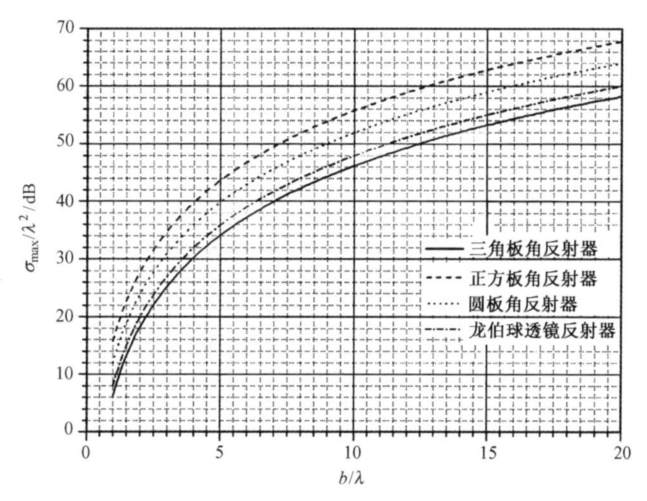

图 2.32　4 种角反射器的最大后向 RCS 值随 b/λ 变化的曲线

（a）三角板角反射器

图 2.33　三角板角反射器的后向 RCS 测量结果

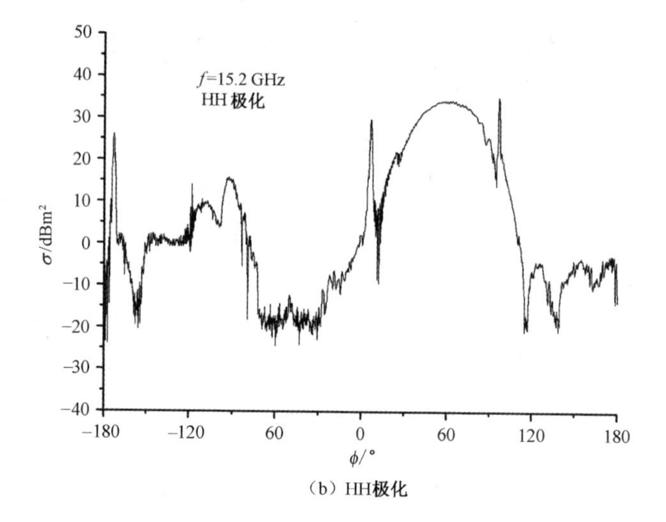

（b）HH极化

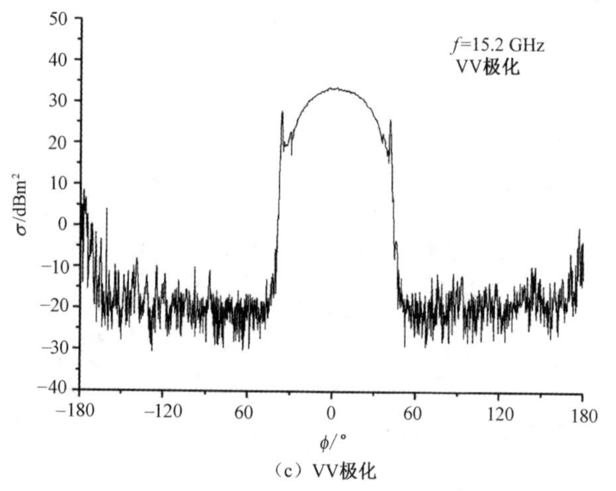

（c）VV极化

图 2.33　三角板角反射器的后向 RCS 测量结果（续）

图 2.34　三个三角板角反射器的组合

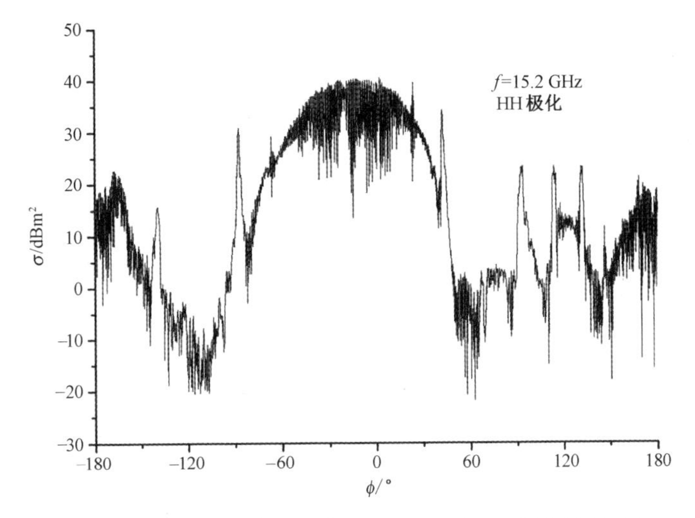

图 2.35　三个三角板角反射器后向 RCS 的 HH 极化测量结果

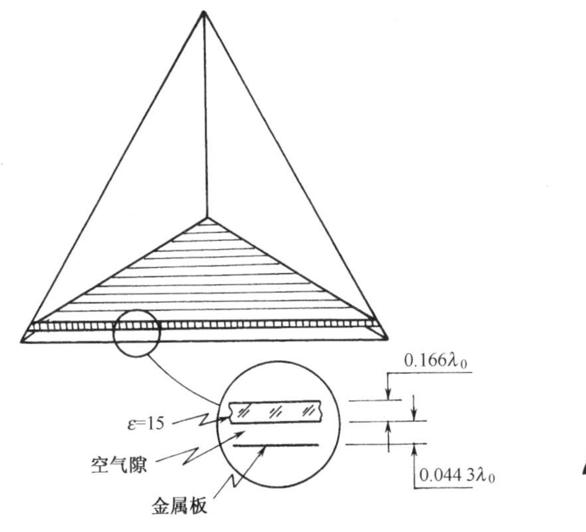

图 2.36　介质板角反射器

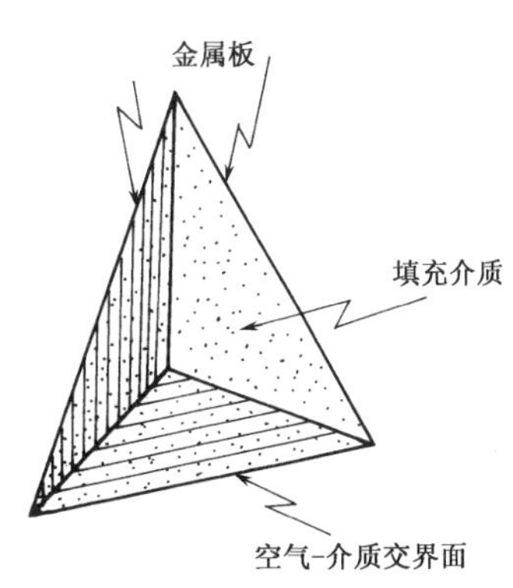

图 2.37　介质填充角反射器

当在三角板角反射器的一个内表面上按规定的尺寸和取向加上金属片或矩形槽纹时，如图 2.38 所示，对于垂直和平行场分量相等的线极化入射波，它可以提供圆极化或 90° 扭转极化的反射波。图 2.39 给出了在 $\theta \approx 54.74^\circ$ 和 $\phi \approx 45^\circ$ 的视线上产生 90° 扭转极化和圆极化反射波的金属片或矩形槽纹的设计曲线。关于这种角反射器更详细的讨论可参见文献[96]。

由两块矩形板正交形成的金属二面角反射器也可用于 RCS 的标定，如图 2.40 所示。用做定标体的二面角反射器的宽度 w 一般要求不小于 5λ[97]。与三角板角反射器类似，二面角反射器的散射方向图在一个主平面（方位面）上是宽的，但在另外一个主平面（俯仰面）却表现出与矩形平板类似的 $\sin x / x$ 的散射特性。尽管后一种散射特性是人们所不希望出现的，但二面角反射器具有三角板角反射器所没有的一种有用特性：通过适当取向，二面角反射器是一种强的交叉极化回波源。当将二面角旋转 45° 时，它既可用于同极化 RCS 的标定，也可用于交叉极化 RCS 的标定，这一点将在 7.2.2 节说明。

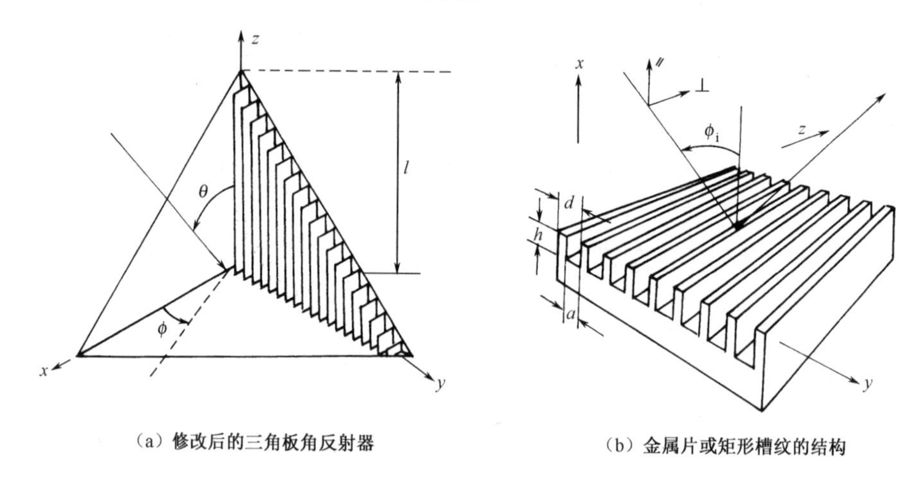

（a）修改后的三角板角反射器　（b）金属片或矩形槽纹的结构

图 2.38　内表面加有金属片或矩形槽纹的三角板角反射器

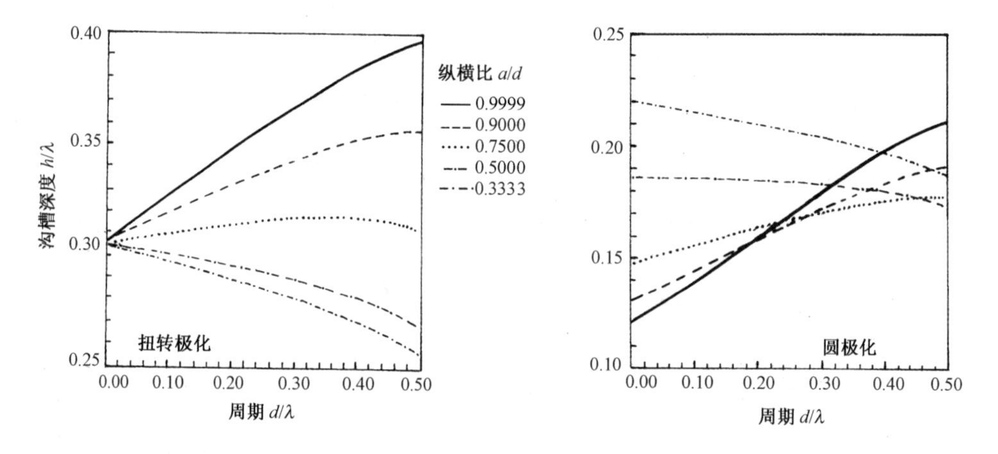

图 2.39　产生 90° 扭转极化和圆极化反射波的金属片或矩形槽纹的设计曲线

直角二面角反射器的最大后向 RCS 为

$$\sigma(\phi = 45^\circ) = 8\pi\left(\frac{wh}{\lambda}\right)^2 \tag{2.119}$$

图 2.41 给出了不同 h/λ 值时二面角反射器的最大后向 RCS 随 w/λ 变化的曲线。

在双基地雷达状态下使用时，为了加宽角反射器的方向图宽度，可以设计成非直角状的角反射器，其计算方法可参照文献[98]第 4 章中非正交两面角反射器的有关推导。

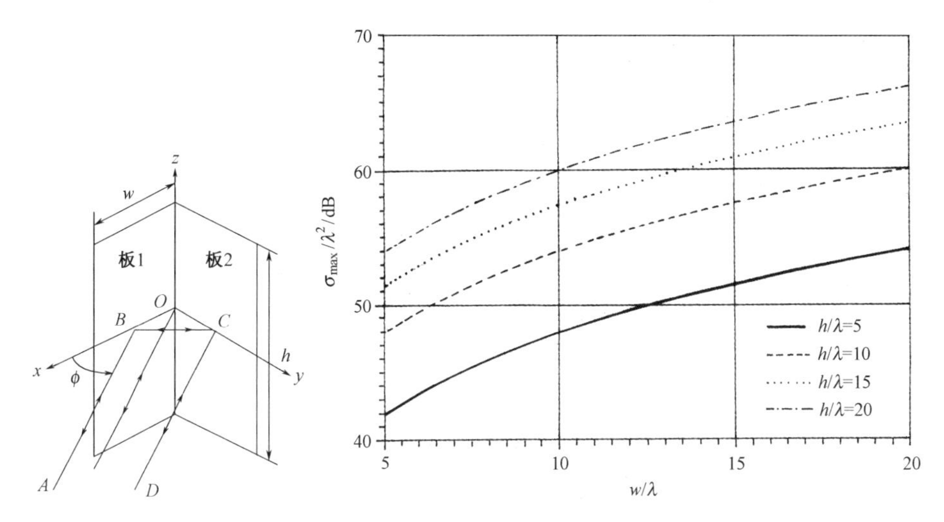

图 2.40　金属二面角反射器

图 2.41　不同 h/λ 时二面角反射器的最大后向 RCS 随 w/λ 变化的曲线

2.3.4　短粗金属圆柱体

对于采用低散射金属支架的 RCS 测试场，传统的金属球定标体安装到支架上时，会与低散射支架产生很强的耦合散射，无法完成 RCS 的精确标定测量。因此，目前国际上普遍采用短粗圆柱体作为 RCS 定标体[99-100]，多数实验室采用了高度与直径之比为 7/15（0.4667）的一组金属圆柱体，其尺寸参数列于表 2.12。在高频区，对圆柱体光滑平整的底部同低散射金属支架之间的耦合散射效应可以忽略不计。图 2.42 所示为直立的短粗金属圆柱定标体的几何外形，以及在低散射支架上的安装示意图。

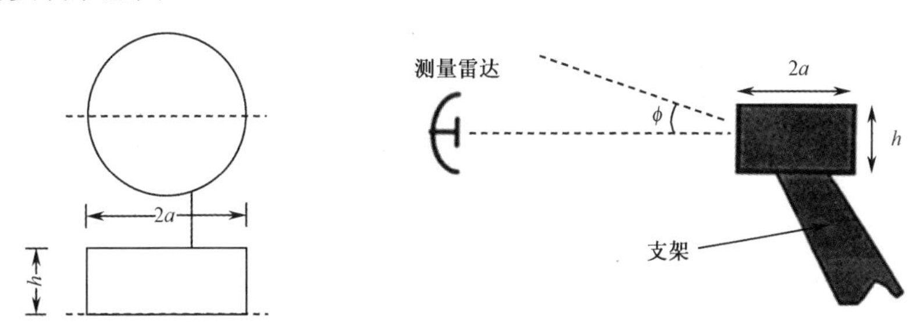

（a）短粗金属圆柱定标体的几何外形示意图　（b）在低散射支架上的安装示意图

图 2.42　金属圆柱定标体的几何外形及其在低散射支架上的安装示意图

与金属球的散射场具有精确 Mie 级数解析解不同，对于金属圆柱体，仅当圆柱为无限长时其散射场才有解析解。国际和国内学者已对这样一组金属圆柱体的精确 RCS 计算和测量进行了广泛的研究[99-102]。研究表明，为了得到短粗圆柱体 RCS 的幅度和相位的精确值，一般应采用矩量法（MoM）进行数值计算。

表 2.12　目前国际上广泛采用的一组短粗金属圆柱定标体参数

代号	直径		高度	
	公制/mm	英制/inch	公制/mm	英制/inch
J_1800	457.2	18.0	213.4	8.4
K_1500	381.0	15.0	177.8	7.0
L_900	228.6	9.0	106.7	4.2
M_750	190.5	7.5	88.9	3.5
N_450	114.3	4.5	53.3	2.1
O_375	95.3	3.75	44.5	1.75

直立金属圆柱体的物理光学近似计算公式为

$$\sigma_{\mathrm{PO}}^{\mathrm{cyl}}(ka)=\frac{2\pi}{\lambda}ah^{2}=ka\cdot h^{2} \tag{2.120}$$

式（2.120）中，a 和 h 分别为圆柱体的半径和高度；$\lambda=c/f$ 为雷达波长，f 为雷达频率，c 为传播速度；$k=\dfrac{2\pi}{\lambda}$ 为空间波数。

但是，仅当 ka 值足够大时，采用物理光学公式计算才足够精确。很多情况下，物理光学公式的计算精度并不足以用于 RCS 的标定。对短粗圆柱体的 RCS 精确计算，基本上都是采用基于矩量法的不同 RCS 计算代码。北京航空航天大学基于矩量法对标准圆柱体的 RCS 进行了精确数值计算，并基于短粗圆柱体的散射机理，结合数值计算数据，发明了一套可用于不同尺寸的标准圆柱定标体的精确 RCS 计算的参数化模型方法[101]。该方法已获得国家发明专利，其软件代码也已由北京航空航天大学遥感特征实验室公开，并列于本书附录 D，可供采用高度与直径之比为 7/15 的短粗圆柱体作为定标体的各种 RCS 测试场使用。

1. 圆柱定标体的电磁散射机理分析

在 RCS 的标定中，圆柱体一般直立安装在低散射支架上，圆柱体的平整面朝向上下，圆弧面垂直指向雷达视线。

为了分析短粗圆柱定标体的电磁散射机理，采用矩量法计算得到圆柱体的超宽带 RCS 的幅度和相位数据，并对数据进行时频分析。研究发现，短粗圆柱定标体的主要散射机理包括两种：一种是镜面反射分量（PO 散射分量），另一种是表面波（包括行波与爬行波）分量。图 2.43 和图 2.44 所示分别为 VV 和 HH 极化下短粗圆柱定标体电磁散射机理[100]。图中标示为 1～6 的各种不同散射机理，详细列于表 2.13，表中 $d=2a$ 为圆柱体直径。

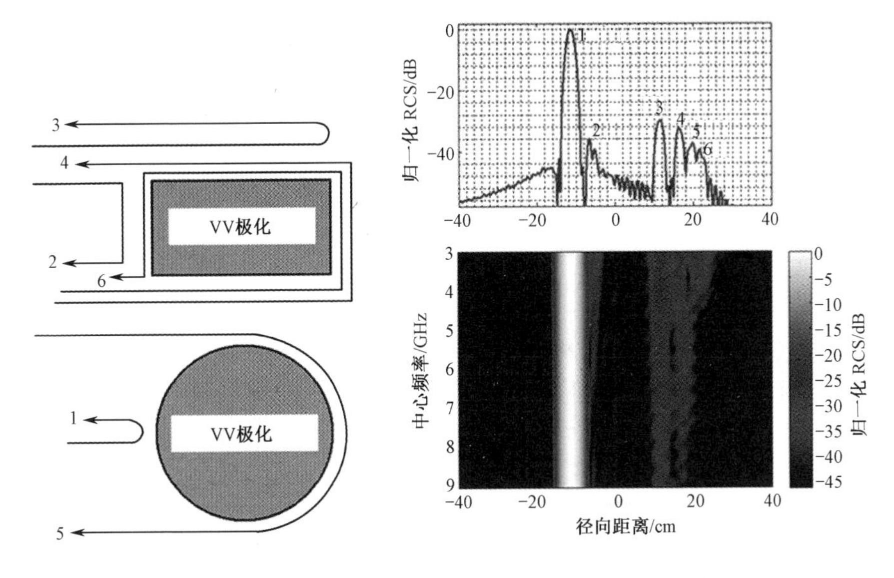

图 2.43　短粗圆柱定标体的电磁散射机理，VV 极化

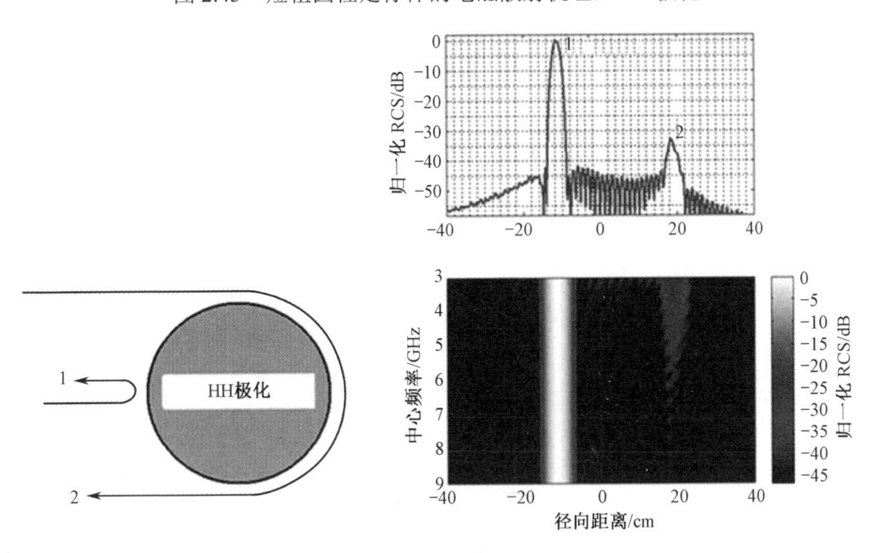

图 2.44　短粗圆柱定标体的电磁散射机理，HH 极化

图 2.43 和图 2.44 的右侧图分别为对直径 9inch（228.6mm）的圆柱体宽带散射 MoM 计算数据进行时频分析的结果。根据电磁散射理论，当电磁波入射到金属表面时，仅当入射电场存在平行于或垂直于入射平面的电场分量时才会激发表面波[103]，其中入射平面定义为表面法线与入射线共同构成的平面。因此，如表 2.13 所示，对于 VV 极化，因在直立圆柱的圆弧面和上、下表面均满足激发表面波的条件，故其后向散射至少存在 5 个不同的表面波分量；而对于 HH 极化，则由于仅在柱面的圆弧面上激发出表面爬行波，上、下表面不会激发表面

波，其主要散射机理只有两种。VV 极化和 HH 极化下的这些散射机理在时频分析图中可以清晰地显示出来。同时，由于表面波散射电平随着雷达频率的升高而快速下降，使得短粗圆柱体在高频区成为一种优良的 RCS 定标体。

表 2.13　不同极化下短粗圆柱定标体的主要散射机理

VV 极化		
序号	位置计算	散射机理
1	$r_1 = -d/2$	前柱面的镜面反射
2	$r_2 = -d/2 + h/2$	前柱面向上和向下传播的表面行波
3	$r_3 = d/2$	被后边缘所反射的顶部和底部表面行波
4	$r_4 = (d+h)/2$	先沿顶部、底部表面传播，然后沿圆弧面从阴影区爬行向上、下传播的表面行波
5	$r_5 = \pi d/4$	沿圆柱面经阴影区爬行的表面爬行波
6	$r_6 = (d+2h)/2$	先沿顶部、底部表面传播，然后沿阴影区弧面爬行，再沿顶部、底部表面传播，最后沿前弧面上、下传播的表面行波
HH 极化		
序号	位置计算	散射机理
1	$r_1 = -d/2$	前柱面的镜面反射
2	$r_2 = \pi d/4$	沿圆柱面经阴影区爬行的表面爬行波

图 2.45 所示为直径 228.6mm 圆柱体的 RCS 幅度和相位随频率变化特性的计算结果。该图中，实线表示 VV 极化，虚线表示 HH 极化，点划线则表示经物理光学法高频近似的计算结果。

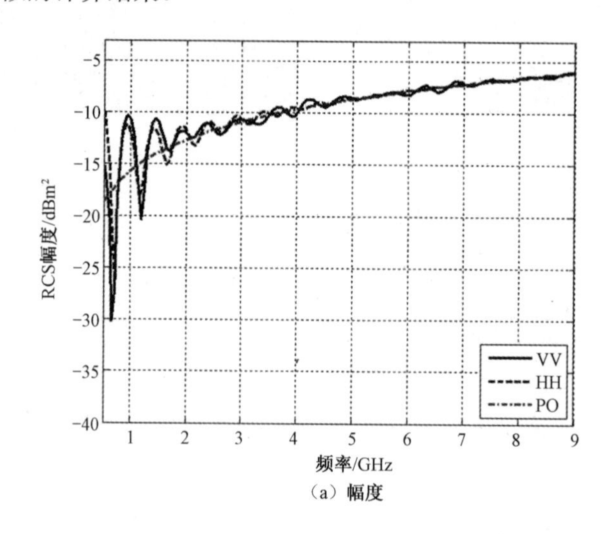

（a）幅度

图 2.45　直径 228.6mm 圆柱体的 RCS 幅度和相位随频率变化特性的计算结果

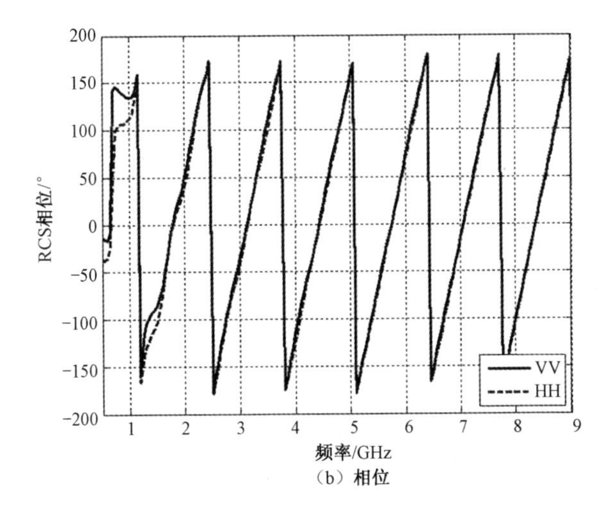

（b）相位

图 2.45　直径 228.6mm 圆柱体的 RCS 幅度和相位随频率变化特性的计算结果（续）

用 PO 散射分量归一化的圆柱散射场随频率的变化特性可表示为

$$\sqrt{\tilde{\sigma}_{\text{cyl}}(f)} = \frac{\sqrt{\sigma_{\text{cyl}}(f)}}{\left|\sqrt{\sigma_{\text{PO}}(f)}\right|} \tag{2.121}$$

式（2.121）中，$\sqrt{\sigma_{\text{cyl}}(f)}$ 为圆柱定标体的散射函数；$\sqrt{\tilde{\sigma}_{\text{cyl}}(f)}$ 为经 PO 散射分量归一化后的散射函数；$\sqrt{\sigma_{\text{PO}}(f)}$ 表示圆柱定标体的 PO 散射分量。

式（2.121）中若将频率变量用 $kd = \dfrac{2\pi}{\lambda} \cdot d$ 代替，则有

$$\sqrt{\tilde{\sigma}_{\text{cyl}}(kd)} = \frac{\sqrt{\sigma_{\text{cyl}}(kd)}}{\left|\sqrt{\sigma_{\text{PO}}(kd)}\right|} \tag{2.122}$$

式（2.122）中，

$$\left|\sqrt{\sigma_{\text{PO}}(kd)}\right| = \sqrt{kd} \cdot h \tag{2.123}$$

直径分别为 228.6mm 和 114.3mm 的金属圆柱定标体的归一化散射函数随频率的变化特性如图 2.46 所示。从图中可以发现，除了频率轴具有 2 倍缩比关系，经 PO 散射分量归一化后，两者的所有其他变化特性都是完全一样的。其中，对于 228.6mm 的圆柱体，频率范围为 0.5～9GHz；而对于 114.3mm 的圆柱体，频率范围则为 1～18GHz，正好是前者的 2 倍。

由此可见，对于任何尺寸的圆柱体，只要其高度与直径比保持为 7/15 或者其他常数，若以 kd 值作为横坐标参变量，则经 PO 散射分量归一化后的散射函数 $\sqrt{\tilde{\sigma}_{\text{cyl}}(kd)}$ 是不随圆柱体缩比尺寸变化的。也就是说，对于任何 kd 值，标准圆柱定标体的归一化散射函数是确定的、唯一的。

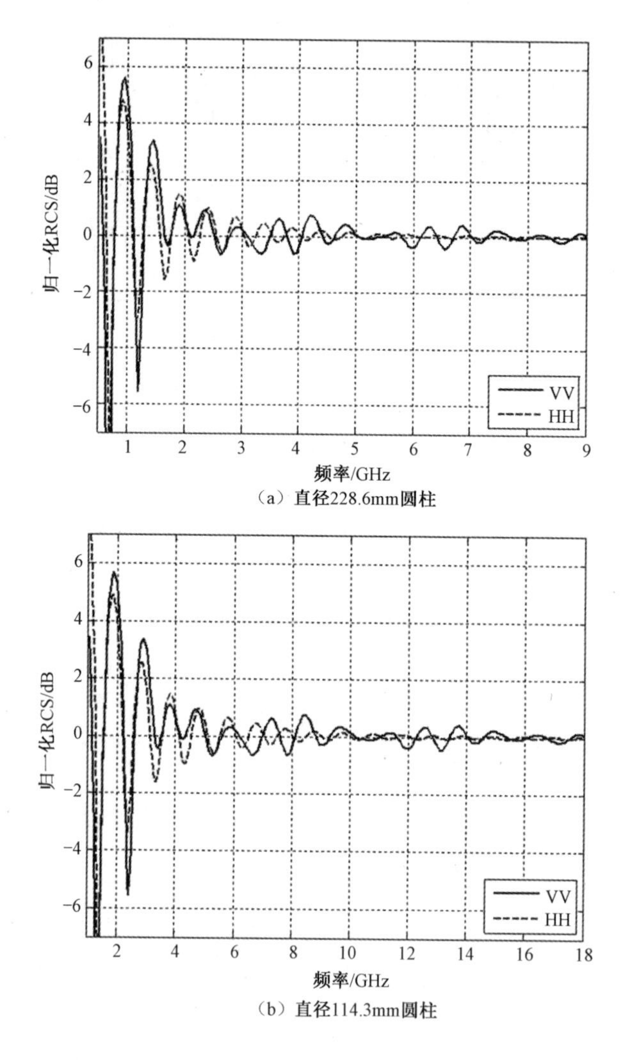

（a）直径228.6mm圆柱

（b）直径114.3mm圆柱

图 2.46　不同尺寸圆柱定标体的归一化散射函数随频率的变化特性

从图 2.45 和图 2.46 还可看到，爬行波随频率升高而衰减的速度比行波分量要快得多。因为 HH 极化下，金属圆柱定标体的表面波散射分量仅由爬行波组成；而 VV 极化下，多种行波、爬行波散射分量并存，因此，VV 极化下 PO 散射分量归一化后的散射函数，其振荡特性随频率衰减要比 HH 极化的慢得多。此外，电磁散射理论分析还表明，无论对于 HH 极化还是 VV 极化，金属圆柱定标体上被激发的各种表面波分量幅度均与镜面反射（也即 PO 散射分量）成正比，而相位则与传播路径长度成正比，后者取决于圆柱的直径和高度。

由此可见，只要给定高度和直径比，无论圆柱定标体尺寸如何改变，在给定极化下的归一化散射函数 $\sqrt{\tilde{\sigma}_{\mathrm{cyl}}(kd)}$ 均是确定的函数，因此可以用同一个参数化模型来建模。为此，可通过 MoM 数值计算得到任何一个圆柱定标体的超宽带散射数据，然后采用复指数（CE）模型建立其参数化模型，根据缩比关系，该模型可推广用于任何其他具有相同高度和直径比的圆柱定标体的散射计算。上述原理构成了金属圆柱定标体 RCS 快速精确计算的核心基础。

2. 圆柱定标体散射计算的 CE 模型

CE 模型[104-105]可以用于建立目标散射快速精确计算的参数化模型，其基本思想是采用多个复正弦信号之和来表征复杂目标的散射函数，每个信号分量的幅度受到随雷达频率增长或衰减的色散因子的调制。

圆柱体的散射由镜面反射（PO 散射分量）和表面波散射分量所构成，所有表面波分量均随频率升高而衰减。由此，经 PO 散射分量归一化后的圆柱体散射函数，随着频率升高其幅度终将等于 1，故非常适合采用 CE 模型来建立其参数化模型。

金属圆柱定标体散射特性计算的 CE 模型可表示为

$$\sqrt{\tilde{\sigma}_{\text{cyl\_CE}}(f)} = \sum_{i=1}^{p} a_i \mathrm{e}^{-\left(\alpha_i + \mathrm{j}4\pi\frac{r_i}{c}\right)\cdot f} \tag{2.124}$$

式（2.124）中，a_i、α_i 和 r_i 分别表示复散射幅度、频率色散因子以及目标上第 i 个散射分量到目标参考中心的距离；c 为传播速度；p 为模型阶数，也即散射分量的个数（注意单个散射中心可能需要由多个分量来建模）；f 为雷达频率。

给定一组经矩量法数值计算得到的圆柱定标体超宽带散射数据，CE 模型的阶数可以通过文献[106-108]中的方法来确定，CE 模型的参数可采用基于状态空间法（SSA）的算法[106,108]进行估计。关于模型阶数估计和参数估计的详细处理流程可参考文献[106]，此处不再赘述。

3. 基于 CE 模型的圆柱定标体的散射计算

根据式（2.122）～式（2.124），圆柱定标体的后向散射函数可由下式计算，即

$$\sqrt{\sigma_{\text{cyl}}(kd)} = \left|\sqrt{\sigma_{\text{PO}}(kd)}\right| \cdot \sqrt{\tilde{\sigma}_{\text{cyl\_CE}}(kd)} \tag{2.125}$$

如前面所讨论的，对于给定的高度直径比，式（2.125）可用于任何尺寸的圆柱定标体的后向散射函数的精确计算，其 RCS 计算流程如图 2.47 所示。注意，无论采用多少个标准圆柱定标体，只需对其中一个给定尺寸的圆柱定标体的散射用矩量法数值计算，得到其精确超宽带散射数据，然后建立 CE 参数化模型，则该模型可以用于具有任何尺寸的同类圆柱定标体的散射计算。这样，最终有

$$\sqrt{\sigma_{\text{cyl}}(f)} = \sqrt{\frac{2\pi f}{c} d} \cdot h \cdot \sum_{i=1}^{p} a_i \mathrm{e}^{-\left(\alpha_i + \mathrm{j}4\pi\frac{r_i}{c}\right)\cdot\frac{d}{d_0} f} \tag{2.126}$$

式（2.126）中，d 和 h 分别为圆柱定标体的直径和高度；d_0 为建立 CE 模型时所采用的矩量法计算数据所对应的圆柱的直径；a_i、α_i 和 r_i $(i=1,2,\cdots,p)$ 为 CE 模型的参数，分别为复幅度、频率色散因子和到参考中心的距离；p 为模型阶数。

根据以上计算流程，对于给定高度和直径比（如 7/15）的一组圆柱定标体，一旦建立了其参数化模型，则后续应用中只需利用该 CE 模型参数并根据缩比原理，完成任何同类圆柱定标体的散射计算，且可以保证计算的实时性。

同时，要注意 HH 和 VV 极化下，圆柱定标体的散射机理差异很大，因此，需要根据不同极化下的矩量法计算数据，建立不同的 CE 模型，分别用于 HH 和 VV 极化的散射计算。

必须指出，如果采用传统矩量法计算一个短粗圆柱定标体在 0.5～40GHz 频段内的精确 RCS 幅度和相位值，在常见的计算机服务器平台上可能至少耗费数周时间，而采用 CE 参数化模型，其计算时间仅在 ms 量级，且当 $kd \geqslant 5$ 时，计算不确定度在±0.03dB 以内[109]。可见，这种参数化模型方法不但可以达到实时计算，而且计算结果的不确定度完全能够满足工程应用中对 RCS 测试标定的精度要求。

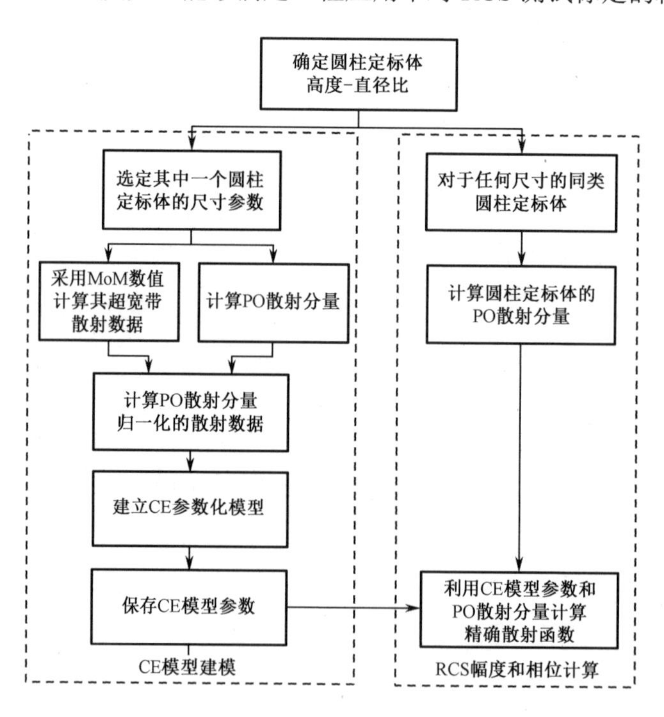

图 2.47　圆柱定标体散射快速计算的 CE 模型建模和 RCS 计算流程

本书附录 D 中列出了对高度直径比为 7/15 的标准圆柱定标体散射计算的 CE 模型的 MATLAB 代码，尽管采用了参数化模型，但其计算精度足够高，且计算速度可达到准实时，完全可满足一般 RCS 测试工程的应用要求。

参考文献

[1] BOWMAN J J, SENIOR T B A, USLENGHI P L E. Electromagnetic and Acoustic Scattering by Simple Shapes[M]. Rev. ed. New York: Hemisphere Publishing Corporation, 1987.

[2] KNOTT E F, SHAEFFER J F, TULEY M T. Radar Cross Section[M]. Dedham: Artech House, 1985.

[3] KENNAUGH E, COSGRIFF R. The Use of Impulse Response in Electromagnetic Scattering Problems[C]. 1958 IRE International Convention Record, 1966, 6: 72-77.

[4] KENNAUGH E M, MOFFATT D L. Transient and Impulse Response Approximations[C]. Proceedings of the IEEE, 1965, 53(8): 893-901.

[5] DOMINEK A. Scattering Mechanism Identification and Isolation[C]// Symposium of Measurement, Processing and Analysis of Radar Target Signatures, Ohio State University, 1985, 2: 1-57.

[6] 康斯坦特. 防御雷达系统工程导论[M]. 陈瑞源, 等译. 北京：国防工业出版社, 1977.

[7] 闫华, 张磊, 陆金文, 等. 任意多次散射机理的 GTD 散射中心模型频率依赖因子表达[J]. 雷达学报, 2021, 10(3): 370-381.

[8] CHEW W C, et al. Fast and Efficient Algorithms in Computational Electromagnetics[M]. Norwood: Artech House, 2001.

[9] KELL R E. On the Derivation of Bistatic RCS from Monostotic Measurements[C]. Proceedings of the IEEE, 1965, 53(8): 983-988.

[10] CRISPIN Jr J W, Goodrich R F, Siegel K M. A Theoretical Method for the Calculation of the Radar Cross Sections of Aircraft and Missiles: Report 2591-1-H[R]. Ann Arbor: University of Michigan, 1959.

[11] LEONOV S A, LEONOV A I. Handbook of Computer Simulation in Radio Engineering, Communications, and Radar: vol.1[M]. Norwood: Artech House, 2001.

[12] SINCLAIR G. Theory of Models of Electromagnetic Systems[C]. Proceedings of the IRE, 1948, 36(11): 1364-1370.

[13] 殷红成, 郭琨毅. 目标电磁散射特性研究的若干热点和难点问题[J]. 电波科学学报, 2020, 35(1): 128-134.

[14] 刘铁军, 张向阳. 有耗目标电磁散射缩比测量的相似律研究[J]. 电子学报, 1992, 20(12): 12-19.

[15] SHI Z D, LI Q. Effects of Variance in the Size of the Scatterer on Its Radar Cross Section[J]. Microwave and Optical Technology Letters, 1993, 6(5): 301-304.

[16] 刘宏伟, 时振栋, 武哲, 等. 隐身目标 RCS 缩比测量的数据处理及反演计算技术[J]. 微波学报, 1997, 13(1): 15-19.

[17] HARRINGTON R F. Time-Harmonic Electromagnetic Fields[M]. New York: McGraw-Hill, 1968.

[18] BOWMAN J J, et al. Electromagnetic and Acoustic Scattering by Simple Shapes[M]. Amsterdam: North-Holland Publishing, 1969.

[19] KLINE M, KAY I W. Electromagnetic Theory and Geometrical Optics[M]. New York: John Wiley and Sons, 1965.

[20] BURNSIDE W, YU C, MARHEFKA R. A Technique to Combine the Geometrical Theory of Diffraction and the Moment Method[J]. IEEE Transactions on Antennas and Propagation, 1975, 23(4): 551-558.

[21] SAHOLOS J N, THIELE G A. On the Applications of the GTD-MM Techniques and Its Limitations[J]. IEEE Transactions on Antennas and Propagation, 1981(5): 780-876.

[22] RUCK G T. Radar Cross Section Handbook[M]. New York: Plenum Press, 1970.

[23] CRISPIN J W. Method of Radar Section Analysis[M]. New York: Academic Press, 1968.

[24] KELL R E, ROSS R A. Radar Cross Section of Targets[M]//Skolnik M I. Radar Handbook: Chapter 27. New York: McGraw-Hill, 1970.

[25] KNOTT E F, et al. Radar Cross Section[M]. Dedham: Artech House, 1985.

[26] BHATTACHARYYA A K, SENGUPTA D L. Radar Cross Section Analysis and Control[M]. Norwood: Artech House, 1991.

[27] WANG J J H. Generalized Moment Methods in Electromagnetics[M]. New York: John-Wiley and Sons, 1991.

[28] FRITCH P C. Special Issue on Radar Reflectivity[C]. Proceedings of the IEEE, 1965, 53(8): 14.

[29] STONE W R. Special Issue on Radar Cross Sections of Complex Objects[C]. Proceedings of the IEEE, 1989, 77(5): 635-638.

[30] LEE S W, BALDAUF J, LING H, et al. Twelve Versions of Physical Optics: How do they compare?[C]. IEEE International Symposium on Antennas and Propagation, Syracuse, New York, 1988: 408-411.

[31] GORDON W B. Far-field Approximations to the Kirchoff-Helmholtz Representations of Scattered fields[J]. IEEE Transactions on Antennas and Propagation, 1975, 23(4): 590-592.

[32] YIN H C, HUANG P K, LIU X G, et al. PO Solution for Scattering by the Complex Object Coated With Anisotropic Materials[J]. Journal of Systems Engineering and Electronics, 2003, 14(2): 1-7.

[33] KLEMENT D, PREISSNER J, STEIN V. Special Problems in Applying the Physical Optics Method for Backscatter Computations of Complicated Objects[J]. IEEE Transactions on Antennas and Propagation, 1988, 36(2): 228-237.

[34] KELLER J B. Geometrical Theory of Diffraction[J]. Journal of the Optical Society of America, 1962, 52(2): 116-130.

[35] KELLER J B. Backscattering from a Finite Cone-Theory and Experiment[J]. IEEE Transactions on Antennas and Propagation, 1960(2): 411-412.

[36] BECHTEL M E, ROSS R A. Radar Scattering Analysis: Report No. ER/RIS-10[R]. New York: Cornell Aeronautical Laboratory, 1966.

[37] AHLUWALIA D S, LEWIS R M, BOERSMA J. Uniform Asymptotic Theory of Diffraction by a Plane Screen[J]. SIAM Journal on Applied Mathematics, 1968, 16(4): 783-807.

[38] AHLUWALIA D S. Uniform Asymptotic Theory of Diffraction by the Edge of a Three-Dimensional Body[J]. SIAM Journal on Applied Mathematics, 1970, 18(2): 287-301.

[39] LEE S W, DESCHAMPS G. A Uniform Asymptotic Theory of Electromagnetic Diffraction by a Curved Wedge[J]. IEEE Transactions on Antennas and Propagation, 1976, 24(1): 25-34.

[40] DESCHAMPS G, BOERSMA J, LEE S W. Three-Dimensional Half-Plane Diffraction: Exact Solution and Testing of Uniform Theories[J]. IEEE Transactions on Antennas and Propagation, 1984, 32(3): 264-271.

[41] KOUYOUMJIAN R G, PATHAK P H. A Uniform Geometrical Theory of Diffraction for an Edge in a Perfectly Conducting Surface[C]. Proceedings of the IEEE, 1974, 62(11): 1448-1461.

[42] MCNAMARA D A, et al. Introduction to the Uniform Geometrical Theory of Diffraction[M]. Norwood: Artech House, 1990.

[43] CASHMAN J D. Comments on “A Uniform Geometrical Theory of Diffraction for

an Edge in a Perfectly Conducting Surface"[J]. IEEE Transactions on Antennas and Propagation, 1977(3): 447-449.

[44] STUTZMAN W L, THIELE G A. Antenna Theory and Design[M]. 1st ed. New York: John Wiley and Sons, 1981: 591-594.

[45] KELLER J B. Diffraction by an Aperture[J]. Journal of Applied Physics, 1957, 28(4): 426-444.

[46] RYAN C, PETERS L. Evaluation of Edge-Diffracted Fields Including Equivalent Currents for the Caustic Regions[J]. IEEE Transactions on Antennas and Propagation, 1969, 17(3): 292-299.

[47] MITZNER K M. Incremental Length Diffraction Coefficients: Technical Report No. AFAL-TR-73-296[R]. Hawthorne: Northrop Corporation, 1974.

[48] MICHAELI A. Elimination of Infinities in Equivalent Edge Currents, Part I: Fringe Current Components[J]. IEEE Transactions on Antennas and Propagation, 1986, 34(7): 912-918.

[49] LEE S W, LING H, CHOU R. Ray-Tube Integration in Shooting and Bouncing Ray Method[J]. Microwave and Optical Technology Letters, 1988, 1(8): 286-289.

[50] LING H, CHOU R C, LEE S W. Shooting and Bouncing Rays: Calculating the RCS of an Arbitrarily Shaped Cavity[J]. IEEE Transactions on Antennas and Propagation, 1989, 37(2): 194-205.

[51] KIM H, LING H. Electromagnetic Scattering From an Inhomogeneous Object by Ray Tracing[J]. IEEE Transactions on Antennas and Propagation, 1992, 40(5): 517-525.

[52] HAZLLET M A, ANDERSH D J, LEE S W, et al. XPATCH: A High Frequency Electromagnetic Scattering Prediction Code Using Shooting and Bouncing Rays[C]. Proceedings of SPIE, 1994(2469): 266-275.

[53] WEINMANN F. Ray Tracing With PO/PTD for RCS Modeling of Large Complex Objects[J]. IEEE Transactions on Antennas and Propagation, 2006, 54(6): 1797-1806.

[54] TAUBIN G. Estimating the Tensor of Curvature of a Surface from a Polyhedral Approximation[C]. Proceedings of 5th IEEE International Conference on Computer Vision, 1995: 902-907.

[55] 董纯柱. 典型环境中复杂目标的电磁散射建模与应用研究[D]. 北京：中国航天第二研究院, 2007.

[56] 王超. 高频电磁散射建模方法及工程应用[D]. 北京：中国传媒大学, 2009.
[57] 董纯柱. 地海场景 SAR 回波仿真方法研究[D]. 北京：中国传媒大学, 2015.
[58] DESCHAMPS G A. Ray Techniques in Electromagnetics[C]. Proceedings of the IEEE, 1972, 60(9): 1022-1035.
[59] 汪茂光, 几何绕射理论[M]. 2 版. 西安：西安电子科技大学出版社, 1994.
[60] DIDASCALOU D, SCHAFER T M, WEINMANN F, et al. Ray-Density Normalization for Ray-Optical Wave Propagation Modeling in Arbitrarily Shaped Tunnels[J]. IEEE Transactions on Antennas and Propagation, 2000, 48(9): 1316-1325.
[61] 陈勇. 舰船目标与海面复合电磁散射建模方法研究[D]. 北京：中国航天第二研究院, 2008.
[62] 朱国庆. 大规模场景 SAR 回波快速仿真技术研究[D]. 北京：中国航天第二研究院, 2011.
[63] 孙家广, 许隆文. 计算机图形学[M]. 北京：清华大学出版社, 1986.
[64] RESHETOV A. Omnidirectional Ray Tracing Traversal Algorithm for Kd-Trees[C]. IEEE Symposium on Interactive Ray Tracing. Salt Lake City, UT, USA, 2006: 57-60.
[65] 张磊. 均匀介质目标高频电磁散射建模方法研究[D]. 北京：中国航天第二研究院, 2016.
[66] 徐高贵. 群目标动态高频电磁散射快速建模与实现[D]. 北京：中国传媒大学, 2021.
[67] STRATTON J A. Electromagnetic Theory[M]. New York: McGraw-Hill, 1941.
[68] MILLER E K, POGGIO A J. Moment Method Techniques in Electromagnetics from an Application Viewpoint[M]//Uslenghi P L E. Electromagnetic Scattering: Chapter 9. New York: Academic Press, 1978.
[69] BLADEL J Van. Electromagnetic Fields[M]. New York: McGraw-Hill, 1964.
[70] HARRINGTON R F. Field Computation by Moment Methods[M]. New York: Macmillan, 1968.
[71] SONG J M, CHEW W C. Multilevel Fast-Multipole Algorithm for Solving Combined Field Integral Equations of Electromagnetic Scattering[J]. Microwave and Optical Technology Letters, 1995, 10(1): 14-19.
[72] SONG J, LU C C, CHEW W C. Multilevel Fast Multipole Algorithm for Electromagnetic Scattering by Large Complex Objects[J]. IEEE Transactions on

Antennas and Propagation, 1997, 45(10): 1488-1493.

[73] KNOTT E F. A Progression of High-Frequency RCS Prediction Techniques[C]. Proceedings of the IEEE, 1985, 73(2): 252-264.

[74] LEE S W. Comparison of Uniform Asymptotic Theory and Ufimtsev's Theory of Electromagnetic Edge Diffraction[J]. IEEE Transactions on Antennas and Propagation, 1977, 25(2): 162-170.

[75] UFIMTSEV P Y. Method of Edge Waves in the Physical Theory of Diffraction (Translated from Russian): Document ID No. FTD-HC-23-259-71[R]. Wright-Patterson AFB: U. S. Air Force Foreign Technology Division, 1971.

[76] THIELE G A, NEWHOUSE T M. A Hybrid Technique for Combining Moment Methods with the Geometrical Theory of Diffraction[J]. IEEE Transactions on Antennas and Propagation, 1975, 23(1): 62-69.

[77] YIN H C, ZHANG W X. Electromagnetic Scattering from a Large Convex Conducting Cylinder Loaded by Multiple Surface Impedances[C]. IEEE International Symposium on Antennas and Propagation, Chicago, 1992: 1873-1876.

[78] MEDGYESI-MITSCHANG L N, WANG D S. Hybrid Methods for Analysis of Complex Scatterer[C]. Proceedings of the IEEE, 1989, 77(5): 770-779.

[79] WANG J J H. Generalized Moment Methods in Electromagnetics: Formulation and Computer Solution of Integral Equations[M]. New York: John-Wiley and Sons, 1991: 412-414.

[80] YEE K S. Numerical Solution of Initial Boundary Value Problems Involving Maxwell's Equations in Isotropic Media[J]. IEEE Transactions on Antennas and Propagation, 1966, 14(3): 302-307.

[81] TAFLOVE A, UMASHANKAR K R. Review of FD-TD Numerical Modeling of Electromagnetic Wave Scattering and Radar cross Section[C]. Proceedings of the IEEE, 1989, 77(5): 682-699.

[82] MUR G. Absorbing Boundary Conditions for the Finite-Difference Approximation of the Time-Domain Electromagnetic-Field Equations[J]. IEEE Transactions on Electromagnetic Compatibility, 1981, 23(4): 377-382.

[83] UMASHANKAR K, TAFLOVE A. A novel Method to Analyze Electromagnetic Scattering of Complex Objects[J]. IEEE Transactions on Electromagnetic Compatibility, 1982, 24(4): 397-405.

[84] TAFLOVE A, UMASHANKAR K. Radar Cross Section of General Three-

Dimensional Scatterer[J]. IEEE Transactions on Electromagnetic Compatibility, 1983, 25(4): 433-440.

[85] TAFLOVE A, UMASHANKAR K, JURGENS T. Validation of FD-TD Modeling of the Radar Cross Section of Three-Dimensional Structures Spanning up to Nine Wavelengths[J]. IEEE Transactions on Antennas and Propagation, 1985, 33(6): 662-666.

[86] ENGQUIST B, MAJDA A. Absorbing Boundary Conditions for Numerical Simulation of Waves[J]. Mathematics of Computation, 1977, 31(139): 629-651.

[87] KRIEGSMANN G A, MORAWETZ C S. Solving the Helmholtz Equation for Exterior Problems with Variable Index of Refraction: I[J]. SIAM Journal on Scientific Computing, 1980, 1(3): 371-385.

[88] BAYLISS A, TURKEL E. Radiation Boundary Conditions for Wave-Like Equations[J]. Communications on Pure and Applied Mathematics, 1980, 33(6): 707-725.

[89] BERENGER J P. A Perfectly Matched Layer for the Absorption of Electromagnetic Waves[J]. Journal of Computational Physics, 1994, 114(2): 185-200.

[90] BERENGER J P. Three-Dimensional Perfectly Matched Layer for the Absorption of Electromagnetic Waves[J]. Journal of Computational Physics, 1996, 127(2): 363-379.

[91] BERENGER J P. Perfectly Matched Layer for the FDTD Solution Of Wave-Structure Interaction Problems[J]. IEEE Transactions on Antennas and Propagation, 1996, 44(1): 110-117.

[92] 葛德彪, 闫玉波. 电磁波的时域有限差分方法[M]. 西安：西安电子科技大学出版社, 2002.

[93] 李柱贞, 吕婴, 向家武. 雷达散射截面常用计算法[Z]. 北京：目标特性研究编辑部, 1981.

[94] ANDERSON W C. The Radar Cross Section of Perfectly-Conducting Rectangular Flat Plates and Rectangular Cylinders-A Comparison of PO, GTD and UTD Solutions: AD A 161540[R]. Adelaide: Electronics Research Laboratory, 1985.

[95] BACHMAN C G. Radar Target[M]. Chapter 3. Lexington: Lexington Books, 1982.

[96] MICHELSON D G, JULL E V. Depolarizing Trihedral Corner Reflectors for Radar Navigation and Remote Sensing[J]. IEEE Transactions on Antennas and Propagation, 1995, 43(5): 513-518.

[97] KNOTT E F. Radar Cross Section Measurements[M]. New York: Van Nostrand Reinhold, 1993: 187-207.

[98] 黄培康. 雷达目标特征信号[M]. 北京：宇航出版社, 1993.

[99] KENT B M, HILL K C, WOOD W D. Accuracy and Calculation Sensitivity for AFRL Squat Cylinder RCS Calibration Standards[C]. Antenna Measurements Techniques Association 22th Meeting and Symposium, Philadelphia, Pennsylvania, 2000.

[100] XU X J, XIE Z J, HE F Y. Fast and Accurate RCS Calculation for Squat Cylinder Calibrators [Measurements Corner][J]. IEEE Antennas and Propagation Magazine, 2015, 57(1): 33-41.

[101] 许小剑, 贺飞扬, 谢志杰. 金属圆柱定标体雷达散射截面计算方法：201210483182.3[P]. 2014.

[102] WEI P S P, REED A W, ERICKSEN C N, et al. Measurements and Calibrations of Larger Squat Cylinders[J]. IEEE Antennas and Propagation Magazine, 2009, 51(2): 205-212.

[103] KNOTT E F, SCHAEFFER J F, TULLEY M T. Radar Cross Section[M]. 2nd Edition. Raleigh, NC: SciTech Publishing, 2004.

[104] NAISHADHAM K, PIOU J E. A Robust State Space Model for the Characterization of Extended Returns in Radar Target Signatures[J]. IEEE Transactions on Antennas and Propagation, 2008, 56(6): 1742-1751.

[105] HE F Y, XU X J. A Comparative Study of Two Target Scattering Center Models[C]. IEEE 11th International Conference on Signal Processing, Beijing, 2012, 3: 1931-1935.

[106] 贺飞扬. 分布式多波段雷达超分辨率成像技术研究[D]. 北京：北京航空航天大学, 2012.

[107] STOICA P, SELEN Y. Model-Order Selection: A Review of Information Criterion Rules[J]. IEEE Signal Processing Magazine, 2004, 21(4): 36-47.

[108] AKAIKE H. A New Look at the Statistical Model Identification[J]. IEEE Transactions on Automatic Control, 1974, 19(6): 716-723.

[109] 许小剑. 雷达目标散射特性测量与处理新技术[M]. 北京：国防工业出版社, 2017.

第 3 章
各类目标的雷达散射截面

针对各类目标的 RCS 在实际应用中的需要，本章提供了包括大气层内目标、大气层外目标、海面目标和地面目标等的RCS及其频率响应的大量数据曲线，供读者参考使用。除非特殊说明，本章所提 RCS 均指后向散射的 RCS。

3.1 大气层内目标 RCS 及其频率响应

3.1.1 各类飞机

各类飞机目标的 RCS 显著地依赖于被观察飞机的类型、照射频率和姿态角，同时也与照射波极化有关，因此需要一种规范性的描述。

1. 典型飞机 RCS 统计平均值

下面给出 3 种典型飞机在不同频段上的 RCS 随方位角的变化曲线，分别如图 3.1、图 3.2 和图 3.3 所示。

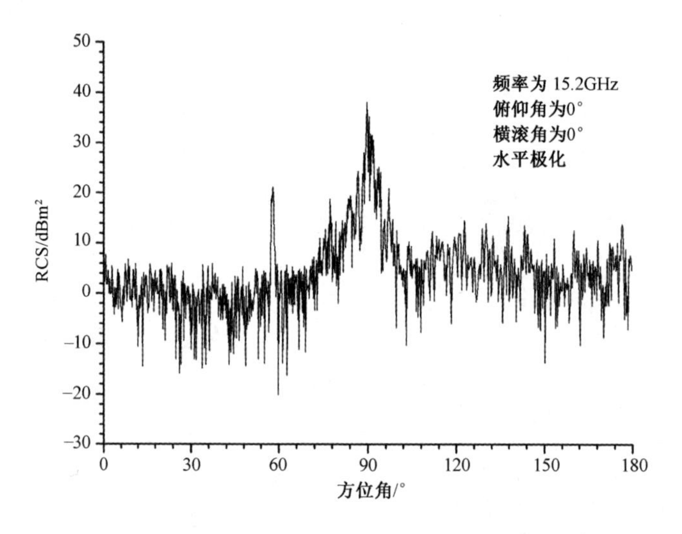

图 3.1　某飞机在 15.2GHz 时的 RCS 随方位角的变化曲线

图 3.1 中横坐标方位角 0° 表示飞机鼻锥方向对准雷达来波，纵坐标 RCS 的单位为分贝平方米（dBm^2），即相对于 $1m^2$ 的分贝数。例如，$0dBm^2$ 表示 RCS 为 $1m^2$，$10dBm^2$ 为 $10m^2$，$20dBm^2$ 为 $100m^2$。由图 3.1、图 3.2 和图 3.3 所示的 3 条曲线可以得到如下规律性结论：

（1）频率越高，RCS 对姿态角越为敏感。经计算，$f>10GHz$ 时自相关姿态角小于 1°；$f>1GHz$ 时，计算雷达检测概率时可以认为飞机属快起伏目标；在 200～800MHz 内，典型飞机处于目标谐振区高端，具有谐振现象，并起伏缓慢。

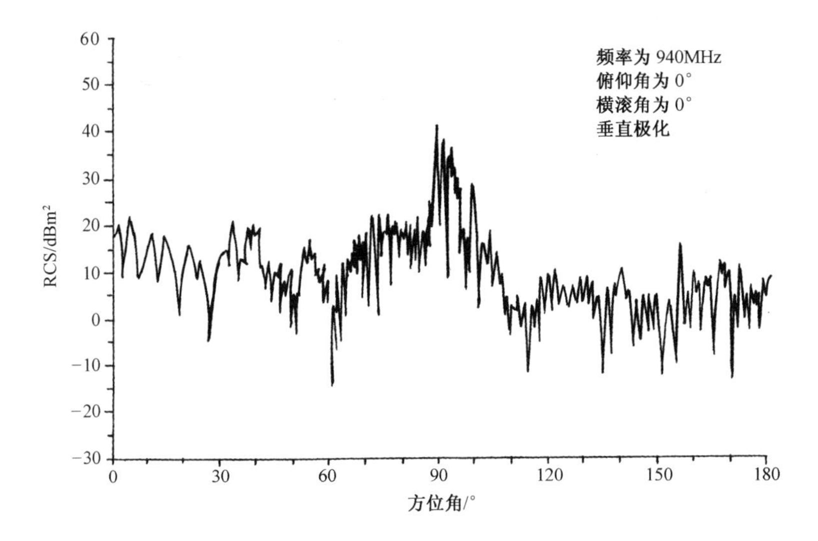

图 3.2　波音 727-100C 飞机在 940MHz 时的 RCS 随方位角的变化曲线[1]

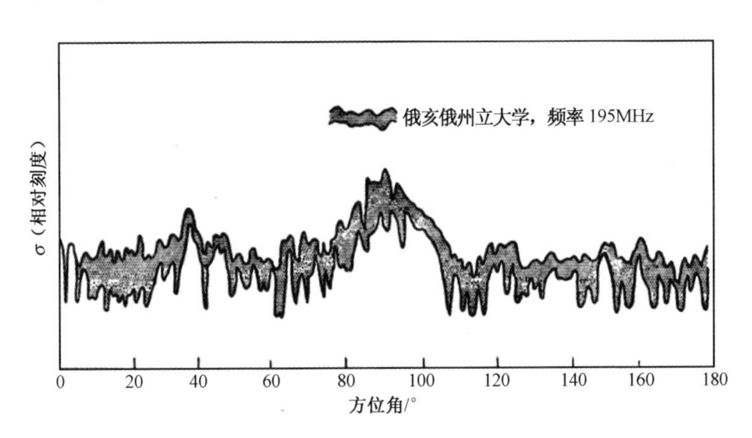

图 3.3　B-47 飞机在 195MHz 时的 RCS 随方位角的变化曲线[2]

（2）RCS 随方位角有规律地变化，通常最小值在 5°～20° 内（非 0° 时最小）；方位角处于飞机后掠翼前缘法线方向时 RCS 曲线呈现突增，被称为“突增线”（如图 3.1 在方位 60° 处），可用于对飞机翼后掠角的识别；通常在正侧向（方位角 90°）RCS 最大，可达几百平方米，因此一个飞机目标的 RCS 起伏动态范围可达 40dB。

（3）为规范性描述飞机的 RCS，通常以飞机水平状态时，鼻锥方向方位角在 0°～45° 内统计平均值作为典型 RCS 值给出。

表 3.1 给出了工作波长 $\lambda = 5\text{cm}$ 时各类飞机 RCS 的典型统计平均值。20 世纪 50 年代开始，各国在设计防空雷达时，其雷达实际作用距离一般按典型飞机目标 RCS 为 4m^2 来确定。随着隐身飞机的工程化和实用化，从 20 世纪 80 年代开

始，防空雷达设计时的典型飞机目标的 RCS 一般定为 0.4m²（相当于准隐身战斗机）。

表 3.1 各类飞机 RCS 的典型统计平均值（λ=5cm 时）

序号	机 型	RCS 值/m²	
		鼻锥向（±45°）	正侧向（90°±5°）
1	远程轰炸机 B-52	100	1000
2	战斗机 F-15	4	400
3	准隐身战斗机 F-16S	0.4	10
4	侦察飞机（侦察兵系列）	0.2	—
5	隐身轰炸机 B-2	0.1	—
6	隐身侦察/强击机 F-117A	0.02	0.1
7	隐身无人侦察机 CM-30, CM-44	0.001	0.1

2. 飞机 RCS 的频率响应

标准散射体与锥球体等目标的 RCS 明显依赖于频率，可参考图 2.6 和表 2.3。而飞机属于复杂结构形状目标，后向散射较为复杂。由于飞机的低可见度设计一般针对常用的微波频段，因此飞机 RCS 的频率响应通常两端高，中间低。图 3.4 所示为一架典型隐身强击/侦察机（类似 F-117A 型）RCS 的频率响应趋势曲线。如图 3.4 所示，当频率低于 200MHz 时，RCS 有迅速增大的趋势。而在高端，高于 16GHz 后，RCS 也有增大的趋势。

表 3.2 给出了两种典型飞机 RCS 统计平均值（鼻锥向±45°）与波段的关系。该表中数值以 C 波段 RCS 为准，并参考图 3.4 的实测曲线经理论估算和验证而得。用该表与表 3.1 一起可查到其他各类飞机 RCS 的频率响应变化范围的估值。

表 3.2 两种典型飞机 RCS 统计平均值（鼻锥向±45°）与波段的关系

单位：m²

飞机	波段						
	VHF	UHF	L	S	C	X	Ku
F-16S	6～40	4～6	0.4～1.2	0.4	0.4	0.4	0.4～0.8
F-117A	7～75	1～7	0.1～1.0	0.02～0.1	0.02	0.02	0.02～0.1

值得注意的是，在频率 50～400MHz 内，飞机目标有可能产生 RCS 谐振现象，谐振产生的 RCS 振幅可达 10dB 左右，但其谐振频率点则随飞机大小与形状而不同。因此有人建议，雷达可采取频率搜索方式探测低可见度飞机目标，一旦探测到，频率搜索停止。图 3.5 为苏联作者发表的鼻锥向飞行的小型喷气式飞机 RCS 随频率变化的谐振曲线（对原图坐标单位做了修改）[3]。对特征尺度大于 10m 的飞机，其 RCS 谐振特性发生在小于 100MHz 的地方。

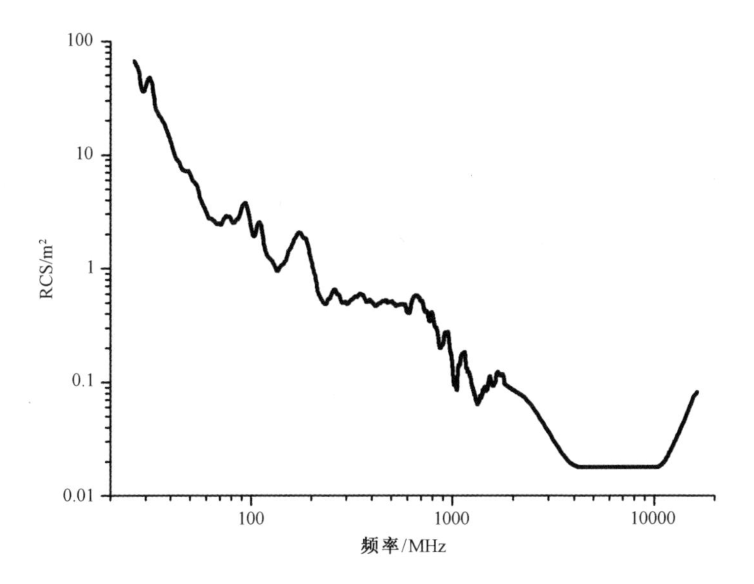

图 3.4　一架典型隐身强击/侦察机 RCS 的频率响应趋势曲线

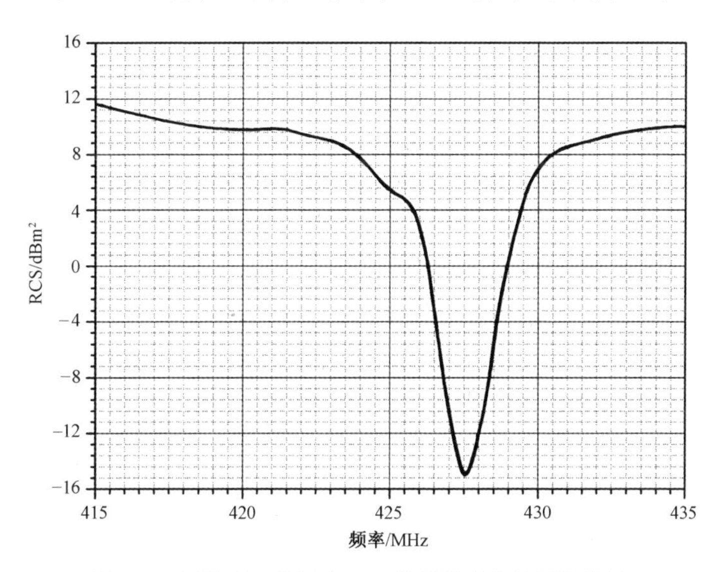

图 3.5　小型喷气式飞机 RCS 随频率变化的谐振曲线

3. 飞机 RCS 的俯仰姿态角响应

由于隐身飞机的低可见度设计不可能在两个欧拉角内均达到隐身，尤其在俯仰平面内有可能观察到大 RCS 值，因此对于弹载导引头和机载雷达来说，选择俯视观察目标有可能取得良好的反隐身效果。图 3.6 为一架典型隐身强击/侦察机（类似 F-117A 型）的 RCS 测量值随俯仰姿态角的变化曲线。该图中，横坐标俯仰角 0° 表示飞机鼻锥正视雷达方向。当俯仰角达到 52° 时，RCS 将增大 240 倍（相对于俯仰角 0°）。

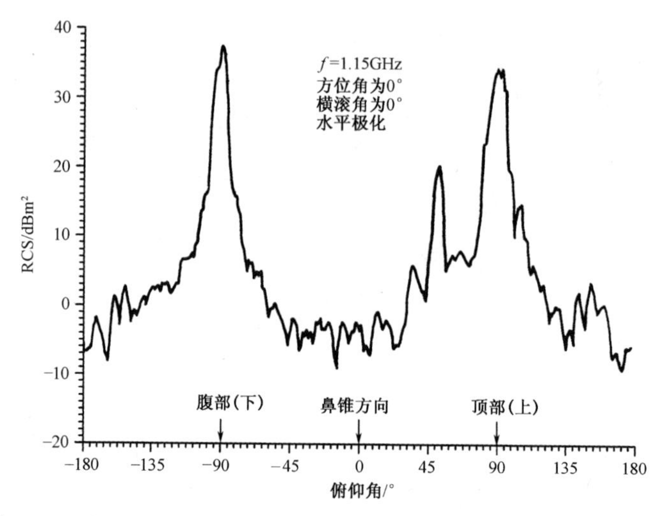

图 3.6　一架典型隐身强击/侦察机的 RCS 测量值随俯仰角的变化曲线

4. 飞机 RCS 的双基地特性

对低可见度飞机目标探测时，有时要采取大双基地角来反隐身。图 3.7 所示为一架典型隐身强击/侦察机（类似 F-117A 型）双基地 RCS 随双基地角变化的计算曲线。由该图可见，当双基地角大于 120° 后，双基地 RCS 值显著地增大，这是由于产生前向散射机理的缘故。该图表示，一架单基地 RCS 为 0.9m² 的隐身飞机，在双基地角 $\beta = 130°$ 时，其双基地 RCS 可达 14.7m²。

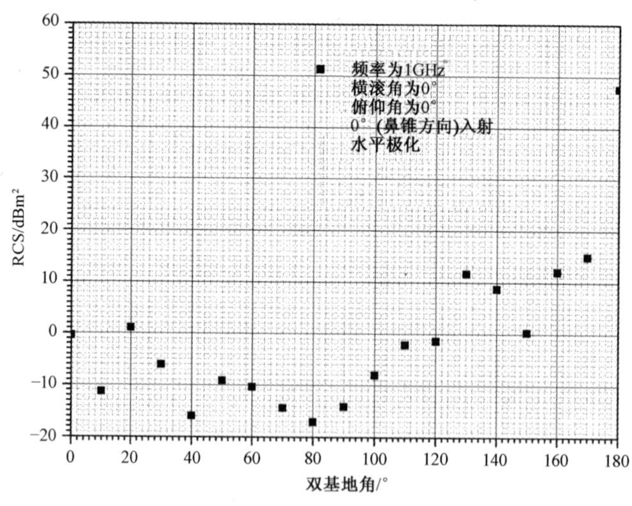

图 3.7　一架典型隐身强击/侦察机双基地 RCS 随双基地角变化的计算曲线

3.1.2　空地导弹

图 3.8 以曲线方式给出了在 C、Ku 和 X 波段，对俯仰角为 0° 时测量的“哈姆”反辐射导弹模型的两种极化 RCS 随方位角变化的情况。注意 $\phi = 180°$ 代表鼻

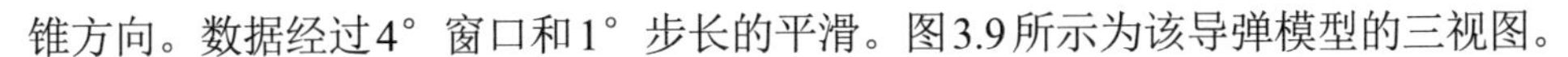

锥方向。数据经过4°窗口和1°步长的平滑。图3.9所示为该导弹模型的三视图。

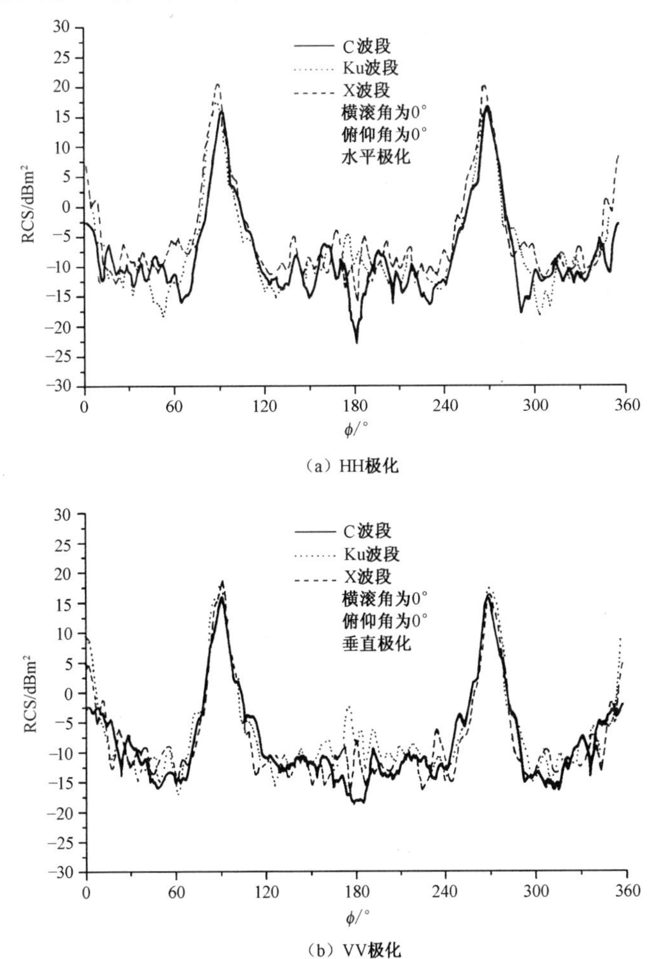

（a）HH极化

（b）VV极化

图3.8 “哈姆”反辐射导弹模型的两种极化RCS随方位角变化的情况

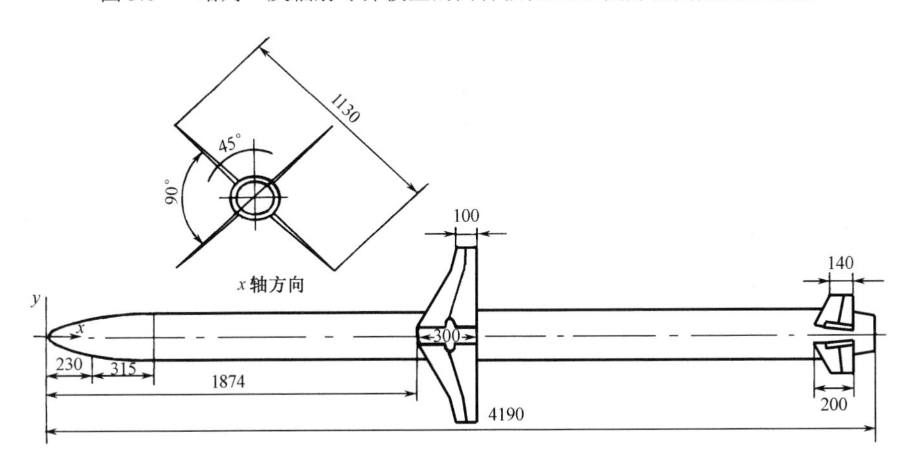

图3.9 “哈姆”反辐射导弹模型的三视图（尺寸单位为mm）

图 3.10 和图 3.11 以曲线方式分别给出了在 C、S 和 Ku 及 X 波段上，对俯仰角为 0° 时测量的“幼畜”空地导弹模型的两种极化 RCS 随方位角变化的情况。方位角 $\phi=180°$ 代表鼻锥方向。数据经过 4° 窗口和 1° 步长的平滑。图 3.12 所示为该导弹模型的三视图。

为了便于利用，表 3.3 给出了由图 3.8、图 3.10 和图 3.11 归纳的俯仰角为 0° 时“哈姆”反辐射导弹和“幼畜”空地导弹头部（$\phi=180°$）和正侧部（$\phi=90°$）RCS（±45° 平均）的参考值。

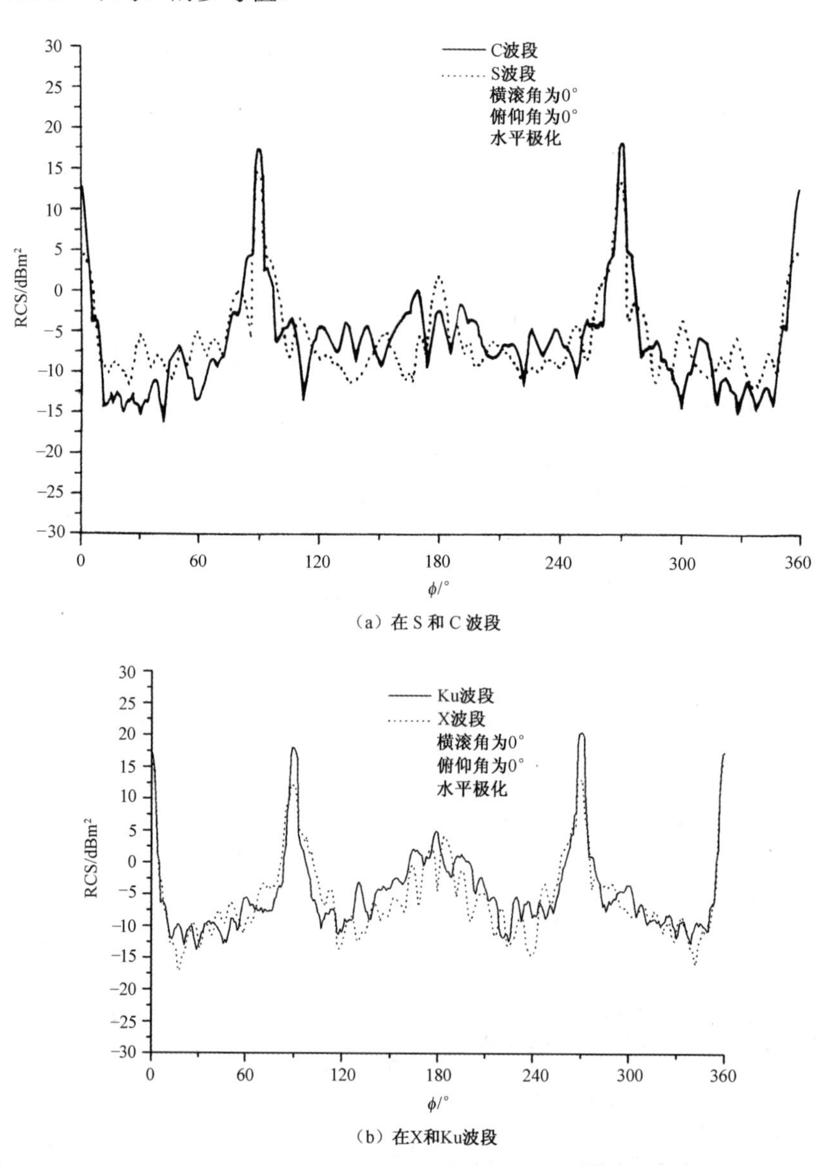

（a）在 S 和 C 波段

（b）在X和Ku波段

图 3.10 “幼畜”空地导弹模型的 HH 极化 RCS 随方位角变化的情况

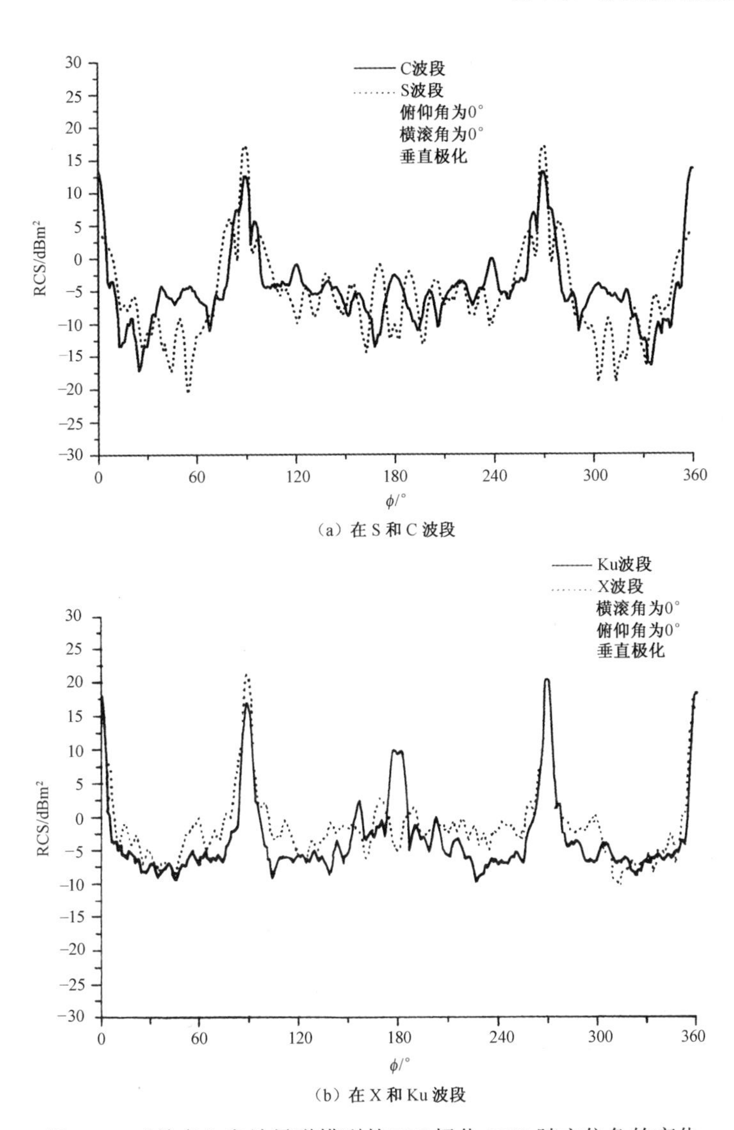

（a）在 S 和 C 波段

（b）在 X 和 Ku 波段

图 3.11　“幼畜”空地导弹模型的 VV 极化 RCS 随方位角的变化

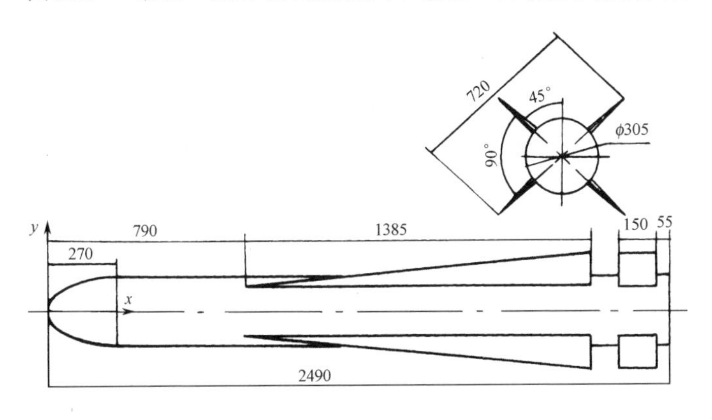

图 3.12　“幼畜”空地导弹模型的三视图（尺寸单位为 mm）

表 3.3 “哈姆”反辐射导弹和“幼畜”空地导弹头部/正侧部 RCS 的参考值

单位：m^2

波段	“哈姆”反辐射导弹		“幼畜”空地导弹	
	HH 极化	VV 极化	HH 极化	VV 极化
S	—	—	0.27/1.65	0.29/3.11
C	0.08/2.86	0.05/3.10	0.32/2.90	0.26/1.62
X	0.13/7.45	0.06/5.31	0.54/1.56	0.75/7.14
Ku	0.10/4.19	0.12/4.78	0.79/3.34	1.44/2.87

由表 3.3 可见，对于受攻击的雷达（处于头部），空地导弹目标 RCS 在主要微波波段范围内应按 0.1m^2 设计，侧向观察可按 2～4m^2 设计。

3.1.3 巡航导弹

图 3.13 以曲线方式给出了在 C、S、Ku 和 X 波段上对俯仰角为 0° 时，测量的“战斧”巡航导弹模型的两种极化 RCS 随方位角变化的情况，其数据经过 4° 窗口和 1° 步长的平滑。表 3.4 给出了归纳的“战斧”巡航导弹头部（ϕ=180°）和正侧部（ϕ=90°）RCS（±45° 平均）的参考值。请注意，由于模型是完纯导体，所以该表中的结果应该认为是没有隐身吸波涂层贡献的结果。吸波涂层可能使 RCS 再降低 5～8dB。因此，对于受攻击的雷达，巡航导弹 RCS 在主要微波波段范围内应按 0.1m^2 设计，侧向观察按 2m^2 设计。

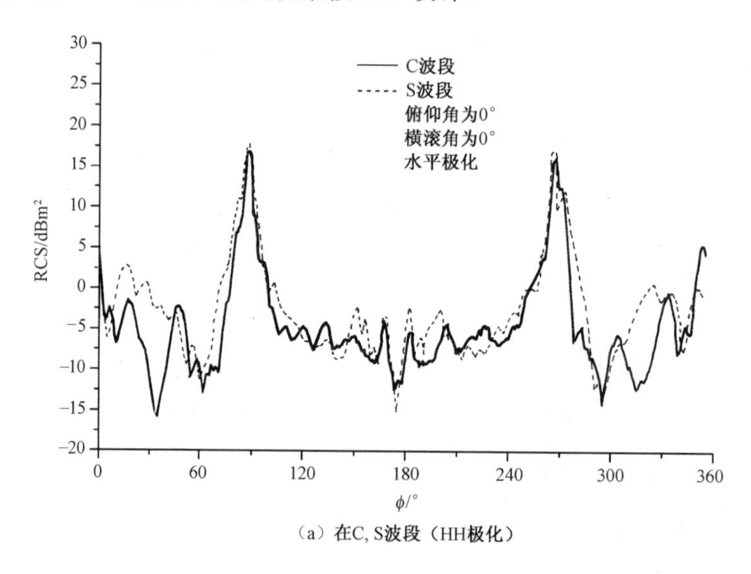

（a）在C, S波段（HH极化）

图 3.13 “战斧”巡航导弹模型的两种极化 RCS 随方位角变化的情况

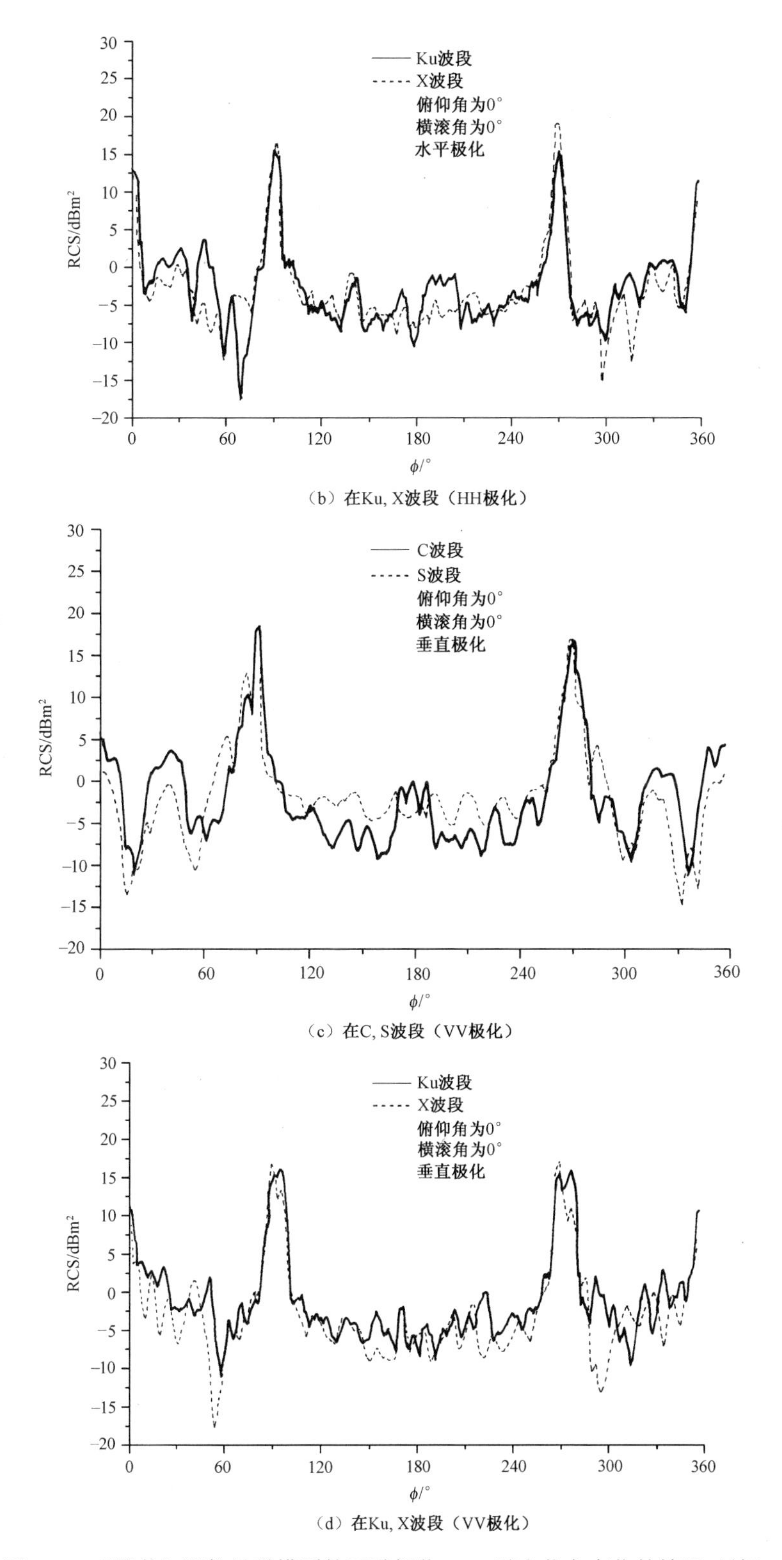

（b）在Ku, X波段（HH极化）

（c）在C, S波段（VV极化）

（d）在Ku, X波段（VV极化）

图 3.13　“战斧”巡航导弹模型的两种极化 RCS 随方位角变化的情况（续）

表 3.4 “战斧”巡航导弹头部/正侧部 RCS（±45° 平均）的参考值

单位：m^2

波段	0° 俯仰角	
	HH 极化	VV 极化
S	0.28/4.64	0.54/4.35
C	0.22/3.32	0.38/4.83
X	0.31/2.88	0.24/3.35
Ku	0.38/2.56	0.33/3.80

注：该数据不包括隐身吸波涂层的贡献。

3.1.4 自然目标

对地基和空基雷达来说，地球表面相当于一种杂波源。因此，必须（至少是粗略地）知道沙漠、耕地、户外树林、有树林的小山等的雷达回波的量级。表 3.5 所示为不同地形类型散射截面的每平方米平均 RCS 的测量值（以 $1m^2$ 为参考值，单位为 dBm^2）[4]。

表 3.5 不同地形类型的每平方米平均 RCS 的测量值

单位：dB

频率	擦地角							
	沙漠		耕地		户外树林		有树林的小山	
	0°～1°	10°	0°～1°	10°	0°～1°	10°	0°～1°	10°
HF (32.8MHz)	—	−65～−55	—	−75～−65	−60	−65～−55	−50～−30	−60～−45
UHF (0.5GHz)	—	−40	−38～−30	−36	—	−23	−34～−24	−22
S (3.0GHz)	—	−25	−25～−35	−21	−33	−23	−47～−32	—
X (9.3GHz)	−38	−26	−36	−20	−30	−23	−36～−30	−25
Ka (35GHz)	—	−22	−20	−20	−25	−19	−17	−19

雷达工程师经常对诸如建筑物，甚至城市之类的城市建筑的散射感兴趣。表 3.6 是对不同频率和擦地角测量的小建筑物和城市每平方米的平均 RCS[4]。该表中的参数是每单位表面面积的平均后向散射截面，用γ表示，以 $1m^2$ 为参考值，单位为 dB。当入射面与两座建筑物中的一座重合时，道路平行和垂直的城市一般比道路不规则城市的 RCS 要大得多，这可能是因为在地面和建筑物的外墙之间形成了角反射器的缘故。

表 3.6 对不同的频率和擦地角测量的小建筑物和城市每平方米的平均 RCS

单位：dB

频率	擦地角			
	小建筑物		城市	
	0°～1°	10°	0°～1°	10°
HF (32.8MHz)	—	—	—	−8
UHF (0.5GHz)	—	−23	−30～−22	−9
S (3.0GHz)	−35	−23	—	−15
X (9.3GHz)	−36～−30	−23	−24	−12

海面也是一种有重要意义的自然目标。海面散射的信息对海背景下雷达目标的检测和识别是必需的。由于风速或海面结冰，海面条件在一天和一年内都会有明显的差别。有关海面散射的文献很多，这里只能涉及其中很少的一部分。海面散射早期的解析模型可在文献[2]中找到，文献[5-7]讨论了严格的解析模型。表 3.7 是在不同的频率和掠射角（或俯角）下，对不同风速测量海面的每单位面积的平均同极化的 RCS[4]（即散射系数）。

表 3.7　对不同的掠射角（或俯角）下对不同风速测量海面的每单位面积的平均同极化的 RCS

单位：dB

频率	极化状态	掠射角					
		0.3°	1.0°	3.0°	10°	30°	60°
海面状态 1（5 节风） HF*：数据见海面状态 3							
UHF (0.5GHz)	VV		−70	−60		−38	−23
	HH		−84	−70			−22
S (3.0GHz)	VV	−62	−56	−52		−40	−24
	HH	−74	−65	−59			−25
X (9.36GHz)	VV	−58	−50	−45	−42	−39	−28
	HH	−66	−51	−48	−51		−26
Ka (35GHz)	VV			−41	−38	−37	−26
	HH		−40	−43			
海面状态 3（14 节风） HF*(32.8MHz)	VV		−40	−41	−42	−40	−40
	HH				−47		
UHF (0.5GHz)	VV		−58	−43	−34	−28	−18
	HH		−76	−61	−50	−40	−21
S (3.0GHz)	VV	−55	−48	−43	−34	−29	−19
	HH	−58	−48	−46	−46	−38	
X (9.36GHz)	VV	−45	−39	−38	−32	−28	−17
	HH	−46	−49	−39	−37	−34	−21
Ka (35GHz)	VV		−34	−34	−31	−23	−14
	HH		−36	−37	−31		
海面状态 5（22 节风） HF*：（无数据）							
UHF (0.5GHz)	VV	−75			−25		
	HH		−65	−53	−46		
S (3.0GHz)	VV	−50	−38	−35	−28		
	HH	−44	−42	−37	−38		
X (9.36GHz)	VV	−39	−33	−31	−26	−20	−10
	HH	−39	−33	−32	−31	−24	−12
Ka (35GHz)	VV		−31	−30	−26	−20	−4
	HH				−27	−20	

*：HF 在海面状态 1 和海面状态 5 的海面回波没有给出海面状态，这里给的数应该是代表海面状态 1 和 3 之间的某个平均状态

图 3.14 和图 3.15 分别是频率为 428MHz 和 4.455GHz 时，两种极化下海面的理论 RCS 和测量 RCS 的比较，单位为 dB，按 1m^2 归一化。这里给出的 RCS 数据来自 Daley 等的测量结果[5]，以及组合表面散射模型的理论结果[6]。两图中指出的条件是雪天。

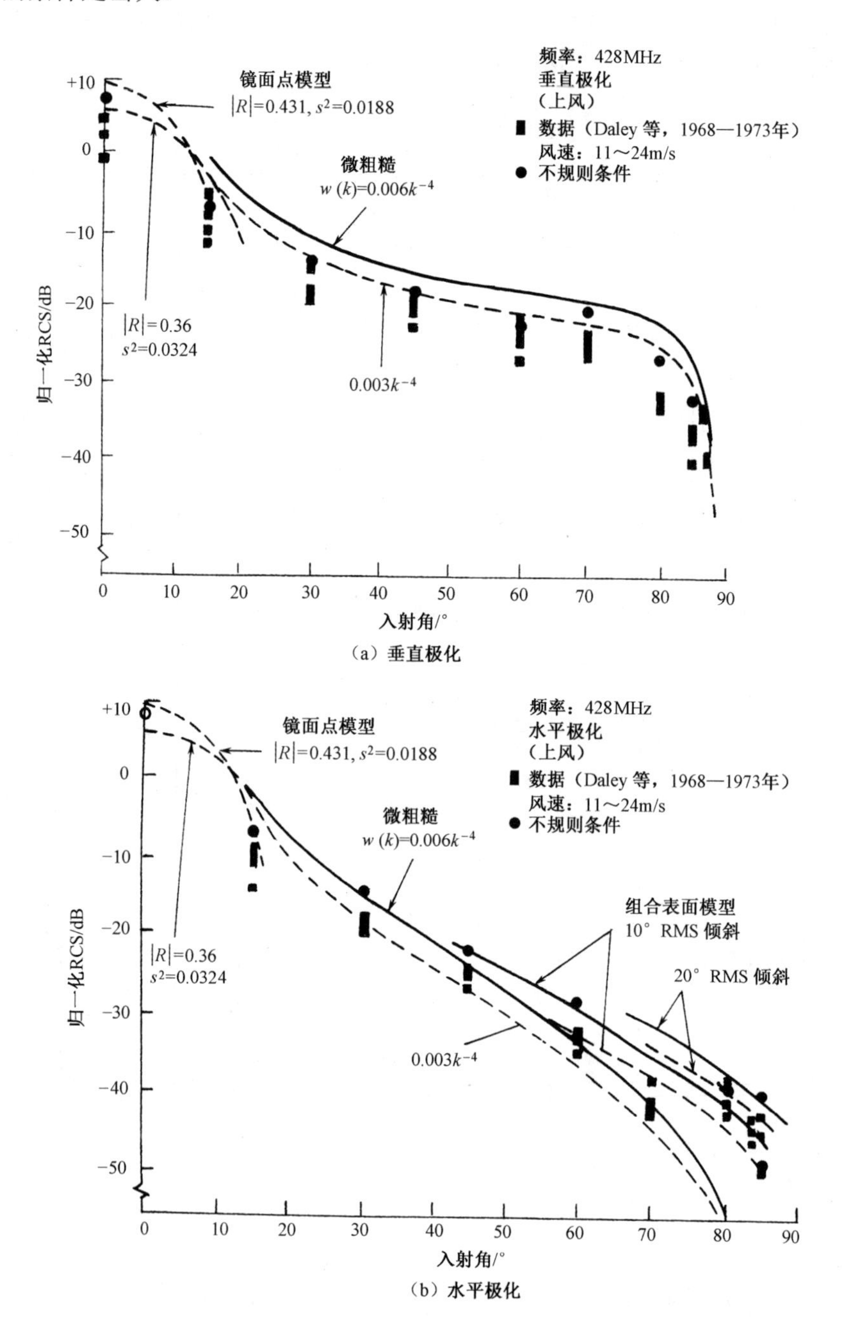

图 3.14 频率为 428MHz 时两种极化下海面的理论 RCS 和测量 RCS 的比较

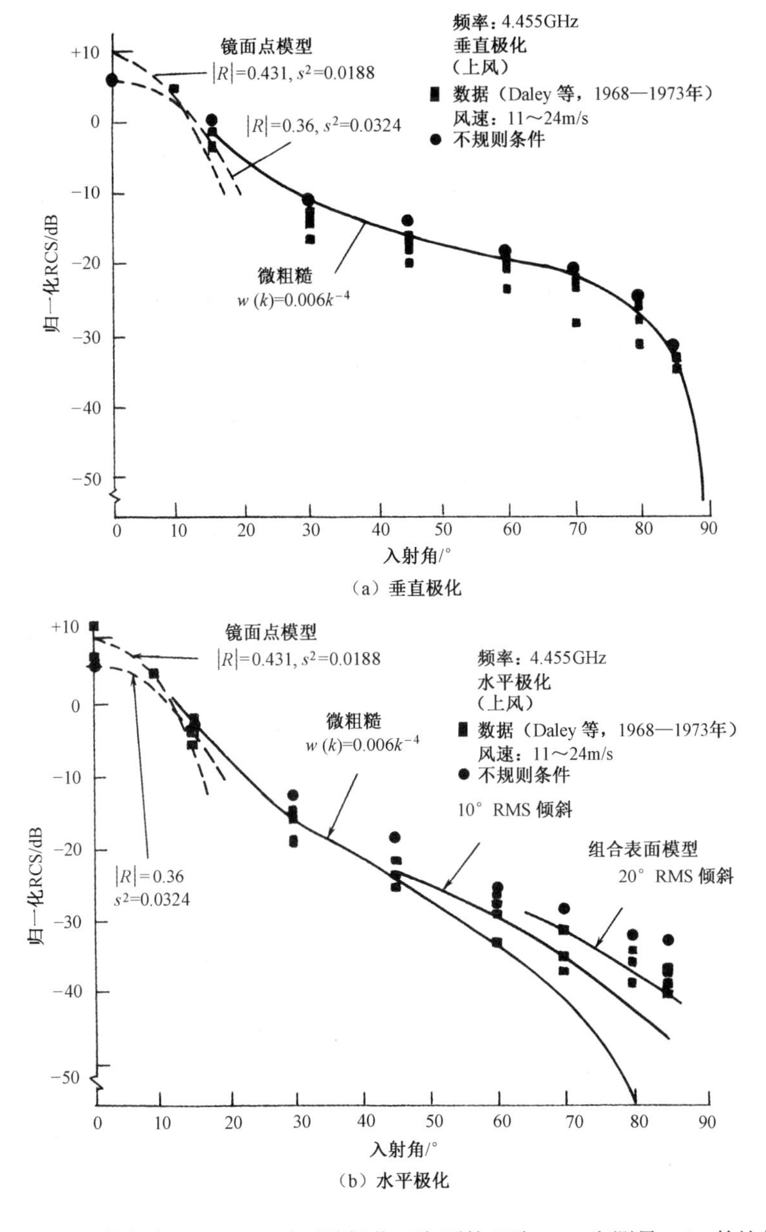

图 3.15　频率为 4.455GHz 时两种极化下海面的理论 RCS 和测量 RCS 的比较

在雷达检测空中目标以及测定目标的位置时，经常会遇到飞鸟的回波出现在雷达显示器上，这使得正确检测变得困难。通过在厘米波段对飞鸟之类的雷达目标进行分析，可以发现，鸟体能反射 70%以上的入射射频（RF）能量，而羽毛消耗其余的能量[3]。在厘米波段鸟羽毛的介电常数大约是 1.34，图 3.16 画出了在 18° 仰角上观察的几种鸟的 RCS 曲线。鸟的 RCS 方向图表明，最大 RCS 出现在侧边角度上，即沿着鸟翅膀看的时候。实验数据显示出翅膀跨度对鸟的 RCS 几乎没有影响[3]。

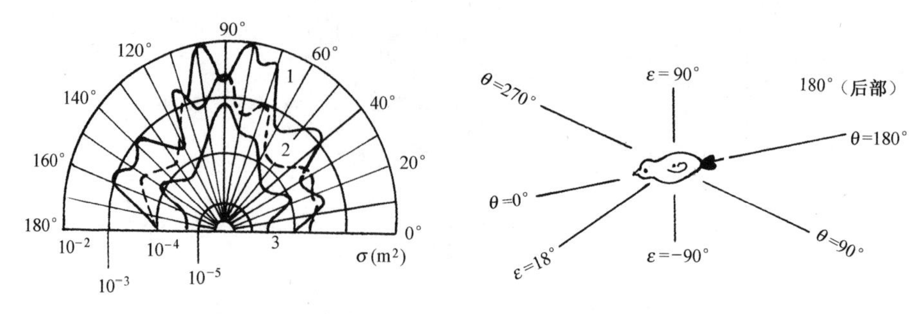

1 代表鸽子，2 代表欧椋鸟，3 代表麻雀

图 3.16　在 18°的仰角上观察的几种鸟的 RCS 曲线

鸟的 RCS 与它们的质量之间存在一种联系[8]：例如，在 S 波段（2～4GHz）的垂直极化测量表明，质量为 70g 的欧椋鸟的平均 RCS 为 $10^{-3}\,\mathrm{m}^2$，而质量为 1kg 的野鸭的平均 RCS 为 $10^{-2}\,\mathrm{m}^2$。

鸟的回波用不同的幅度调制来表征，调制频率反比于鸟的大小。从燕子到苍鹭不同种类的鸟，按鸟大小有 2～10Hz 的翅膀拍动频率[8]。飞行中，在翅膀拍动一定数量之后，有一定的休息时间，即没有翅膀拍动飞行时，对应于无回波起伏。鸟的速度在 32～56km/h（9～15m/s）范围变化。

文献[9]给出了计算单只鸟的 RCS 理论计算公式为

$$\sigma(\mathrm{cm}^2)=\begin{cases}0.55W^{1/3}\lambda, & \lambda/W^{1/3}<5.4\\ 2512W^2\lambda^{-4}, & \lambda/W^{1/3}>5.4\end{cases} \tag{3.1}$$

式（3.1）中，W 是鸟的质量，单位为 g；λ 是波长，单位为 cm。一些成年鸟的典型质量及其 RCS 如表 3.8 所示。图 3.17 给出了频率为 1200MHz 和 400MHz 时单只鸟的平均 RCS 随鸟质量的变化曲线。

表 3.8　一些成年鸟的典型质量及其 RCS

鸟的名称	成年鸟的典型质量/g	RCS/m²	
		λ=25cm	λ=75cm
绒鸭（Eider）	2020	0.0174	0.0324
黑雁（Brant）	1480	0.0157	0.0174
小雪雁（Lesser Snow Goose）	2630	0.0190	0.0549
白雁（White Fronted Goose）	2680	0.0191	0.0573
冰凫（Oldsquaw）	870	0.0131	0.0060
针尾鸭（Pintail）	950	0.0135	0.0072
天鹅（Whistling Swan）	6810	0.0261	0.0782
大雪雁（Greater Snow Goose）	3070	0.0200	0.0600

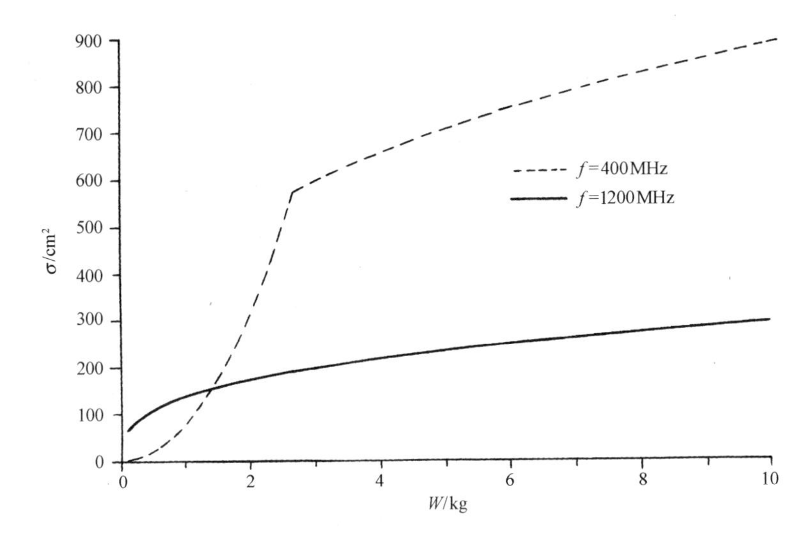

图 3.17　频率为 1200MHz 和 400MHz 时，单只鸟的平均 RCS 随鸟质量的变化曲线

实际上人们更感兴趣的是鸟群的 RCS。表 3.9 给出了通常情况下鸟群的密度（单位分辨率内鸟的数量）。根据鸟群的密度，可以推算鸟群的 RCS。作为最简单的近似，假设鸟的分布是随机的，但取向是朝同一方向飞行，忽略鸟之间的互耦影响，可以认为鸟群的散射场是考虑相对于观察点波程差后各只鸟平均 RCS 的复数和，经取模值后得到鸟群的 RCS。

表 3.9　典型鸟群的密度

鸟的名称	鸟的数量/群（只）
绒鸭（Eider）	25～100
黑雁（Brant）	200～1000
小雪雁（Lesser Snow Goose）	100～1000
白雁（White Fronted Goose）	50～100
冰凫（Oldsquaw）	50～200
针尾鸭（Pintail）	20～70
天鹅（Whistling Swan）	25～100
大雪雁（Greater Snow Goose）	35～400

Blacksmith 和 Mack 对成年鸭子的 RCS 进行了测量[10]。实验结果整理成统计形式如图 3.18 所示。结果表明，一只成年鸭子的 RCS 约为-12dBm^2。

Mack 等在 1166MHz 的频率上对 1.8kg 的鸭子和 4.9kg 的鹅进行了 RCS 测量[11]。结果表明，鸭子的水平 RCS 在 0.02～0.048m^2 之间，垂直 RCS 在 0.001～0.02m^2 之间；鹅的水平 RCS 在 0.07～0.28m^2 之间，垂直 RCS 在 0.0017～0.18m^2 之间。

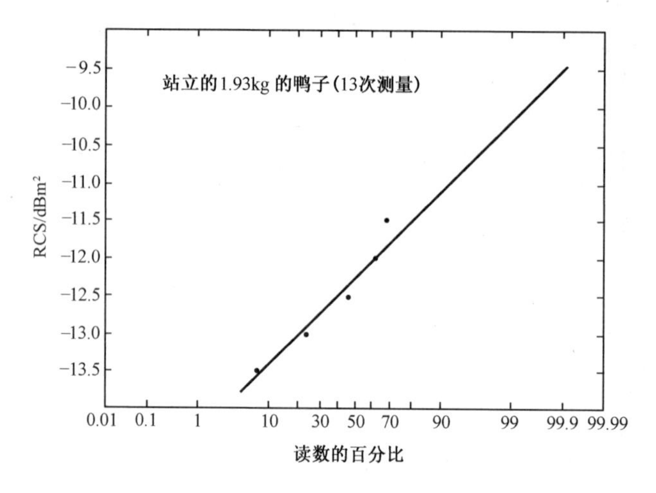

图 3.18　Blacksmith 和 Mack 测得的成年鸭子的 RCS

Hajovsky等人曾在得克萨斯大学进行了一系列的实验[12]，用于确定昆虫回波的大小。实验收集了 10 种不同的昆虫，长度为 5～20cm 不等。实验用的是简单的 CW 测量系统，在 9.4GHz 频率上进行测量。测量结果汇总于表 3.10 中。

表 3.10　9.4GHz 时不同昆虫种类的 RCS

不同昆虫种类	长度/mm	直径/mm	纵向 RCS/dBm²	横向 RCS/dBm²
蓝翅蝗虫	20	4	−30	−40
成群结队毁食谷物的一种虫蛆	14	4	−39	−49
紫花苜蓿幼虫蝴蝶	14	1.5	−42	−57
工蜂	13	6	−40	−45
加州秋蚜蚁	13	6	−54	−57
大蚊蝇	13	1	−45	−57
绿颈苍蝇	9	3	−46	−50
12 斑点黄瓜甲虫	8	4	−49	−53
集聚雌甲虫	5	3	−57	−60
蜘蛛（没有分类）	5	3.5	−50	−52

实验表明，昆虫回波的大小既随昆虫的体长尺寸而增大，也与角度有关。从头部入射和侧边入射测量昆虫的 RCS，对于长而细的昆虫，纵向（侧面）RCS 比横向（顶部）RCS 大 15dB；而对纵横差不多的昆虫，其纵向和头部 RCS 之差不大于 2dB。

作为雷达目标的人，其散射特征经常是值得注意的（见图 3.19）。实验表明，在 RCS 和质量之间存在正比的关系，人体 RCS 也与雷达频率有关系[2]。

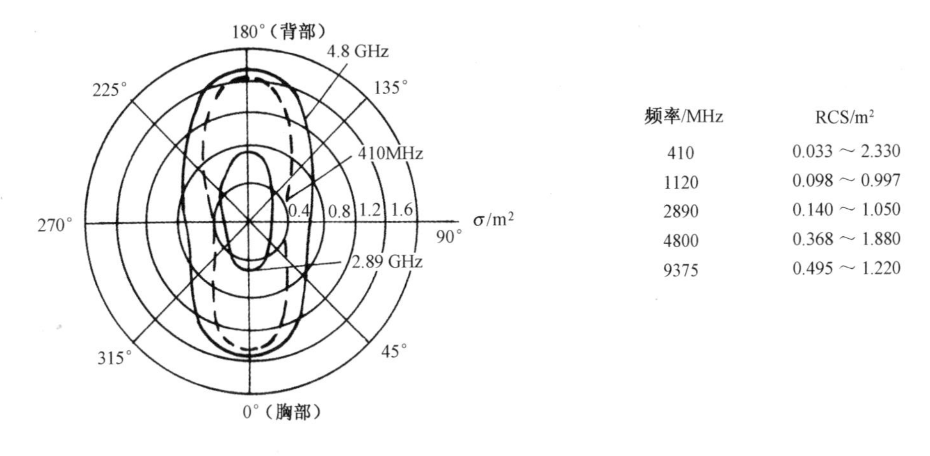

频率/MHz	RCS/m²
410	0.033 ～ 2.330
1120	0.098 ～ 0.997
2890	0.140 ～ 1.050
4800	0.368 ～ 1.880
9375	0.495 ～ 1.220

图 3.19　在不同的频率上人的垂直极化实验的 RCS 方向图

3.2　大气层外目标 RCS 及其频率响应

3.2.1　弹道导弹

战略、战术弹道导弹一般由弹头和弹体两大部分组成，中近程的弹道导弹通常弹头和弹体不分离，而远程或战略弹道导弹为了减少再入大气层时的 RCS，完成助推段后，弹头和弹体分离，并将弹体引爆，形成弹体碎块型假目标。

相对飞机来说，弹道导弹外形简单，常规中近程战术弹道导弹外形如图 3.20 所示。

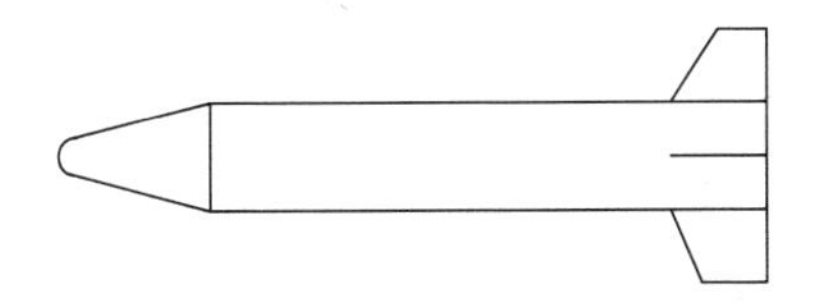

图 3.20　常规中近程战术弹道导弹外形

为了直观地了解导弹的 RCS，假定弹翼和尾翼的 RCS 贡献可以忽略，导弹头 RCS 基本型可分为平底锥弹头、球底锥弹头、平底锥柱头体和球底锥柱头体 4 种，导弹外形的 4 种基本型如图 3.21 所示。此外，还可能用到一种称为锥柱裙的组合体，如图 3.22 所示。

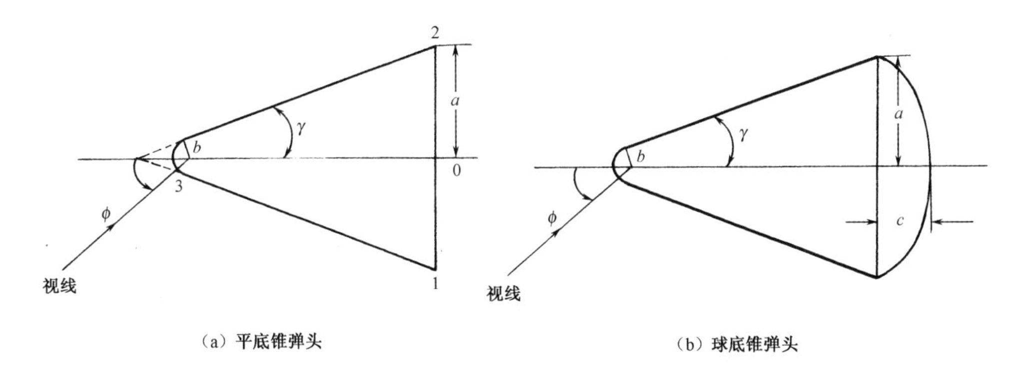

图 3.21　导弹外形的 4 种基本型

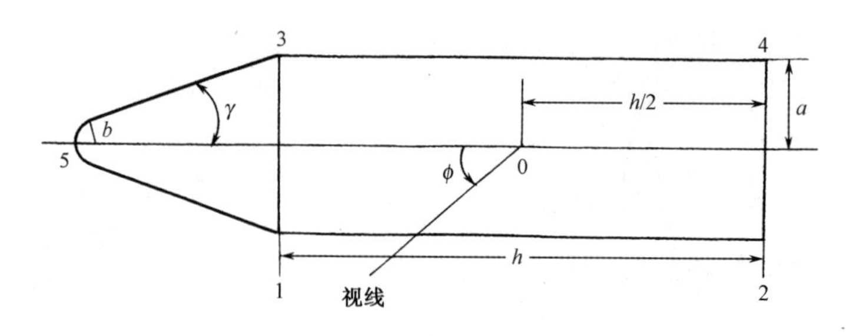

（c）平底锥柱头体

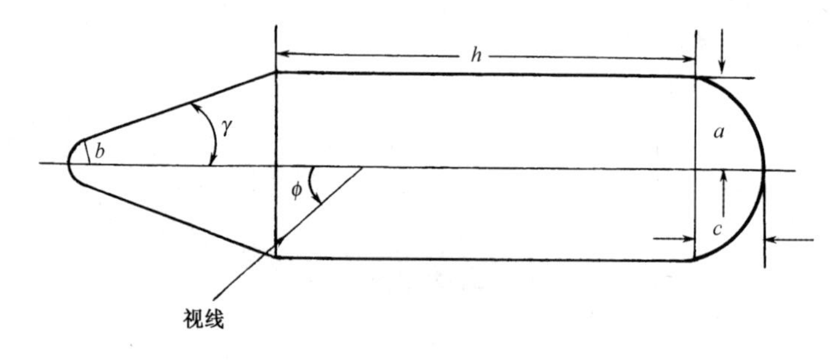

（d）球底锥柱头体

图 3.21　导弹外形的 4 种基本型（续）

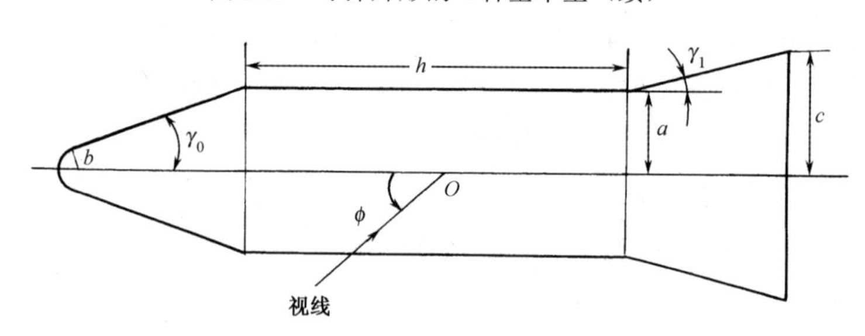

图 3.22　锥柱裙组合体

当导弹的每一部件都远比工作波长大时，目标处于光学区，其 RCS 有一些近似解析公式可供利用[13-14]，这些公式都是基于几何绕射理论推导的，否则就要用数值法（如矩量法）求解。这里给出平底锥弹头和平底锥柱头体的 RCS 高频计算公式。在所有的公式中，$\sigma_{\perp \atop //}$ 的脚标省去了。

1）平底锥弹头

对平底锥弹头，一般认为起主要作用的散射中心分别是球冠和底部边缘上的两点（入射面与底部边缘的交点）。球冠这个散射中心是移动的散射中心，随入射方向不同而在表面上滑动，即入射线过球心而与球面的交点。另外还有一个散射中心（或起作用的因素）即球冠与锥面的连接处，但其 RCS 不大，仅在鼻锥入射方向（$\phi = 0°$）有较显著的影响。因此，一般不把它当成一个散射中心，而仅在

$\phi=0^\circ$ 方向将它的影响和球冠一起考虑。这里选取底部中心为相位参考中心。总的 RCS 为

$$\sigma=\left|\sum_{i=1}^{3}\sqrt{\sigma_i}\mathrm{e}^{\mathrm{j}\psi_i}\right|^2 \tag{3.2}$$

式（3.2）中（公式中角度单位用弧度表示）

$$\sqrt{\sigma_1}=\frac{\sin(\pi/n)}{n}\sqrt{\frac{a}{k_0\sin\phi}}\left[\left(\cos\frac{\pi}{n}-1\right)^{-1}\mp\left(\cos\frac{\pi}{n}-\cos\frac{3\pi-2\phi}{n}\right)^{-1}\right]$$

$$\sqrt{\sigma_2}=\begin{cases}\dfrac{\sin(\pi/n)}{n}\sqrt{\dfrac{a}{k_0\sin\phi}}\left[\left(\cos\dfrac{\pi}{n}-1\right)^{-1}\mp\left(\cos\dfrac{\pi}{n}-\cos\dfrac{3\pi+2\phi}{n}\right)^{-1}\right] & ,\ 0<\phi\leqslant\gamma\\ 0 & ,\ \gamma<\phi<\pi/2\\ \dfrac{\sin(\pi/n)}{n}\sqrt{\dfrac{a}{k_0\sin\phi}}\left[\left(\cos\dfrac{\pi}{n}-1\right)^{-1}\mp\left(\cos\dfrac{\pi}{n}-\cos\dfrac{\pi-2\phi}{n}\right)^{-1}\right] & ,\ \phi\geqslant\pi/2\end{cases}$$

$$\sqrt{\sigma_3}=\begin{cases}\sqrt{\pi}b\left\{1-\dfrac{\sin[2k_0b(1-\sin\gamma)]}{k_0b\cos^2\gamma}\right\}^{1/2} & ,\ \phi=0\\ \sqrt{\pi}b & ,\ 0<\phi<\pi/2-\gamma\\ 0 & ,\ \phi\geqslant\pi/2-\gamma\end{cases}$$

$$n=1.5+\gamma/\pi$$

$$\psi_1=\pi/4-2k_0a\sin\phi$$

$$\psi_2=-\pi/4+2k_0a\sin\phi$$

$$\psi_3=2k_0[(a\cot\gamma-b/\sin\gamma)\cos\phi+b]$$

在 $\phi=0$ 附近，上式中 $\sqrt{\sigma_1}$ 和 $\sqrt{\sigma_2}$ 出现奇异，用下列公式计算，即

$$\sqrt{\sigma_1}\mathrm{e}^{\mathrm{j}\psi_1}+\sqrt{\sigma_2}\mathrm{e}^{\mathrm{j}\psi_2}=\frac{2\sqrt{\pi}a\sin\dfrac{\pi}{n}}{n}\left[\left(\cos\frac{\pi}{n}-\cos\frac{3\pi}{n}\right)^{-1}\mathrm{J}_0(2k_0a\sin\phi)-\right.$$

$$\left.\frac{\mathrm{j}\dfrac{2\tan\phi}{n}\sin\dfrac{3\pi}{n}}{\left(\cos\dfrac{\pi}{n}-\cos\dfrac{3\pi}{n}\right)^2}\mathrm{J}_1(2k_0a\sin\phi)\pm\left(\cos\frac{\pi}{n}-1\right)^{-1}\mathrm{J}_2(2k_0a\sin\phi)\right]$$

平滑的范围为 $0\leqslant\phi\leqslant\gamma$。

在 $\phi=\pi$ 附近，$\sqrt{\sigma_1}$ 和 $\sqrt{\sigma_2}$ 出现奇异，用下列公式计算，即

$$\sqrt{\sigma_1}\mathrm{e}^{\mathrm{j}\psi_1}+\sqrt{\sigma_2}\mathrm{e}^{\mathrm{j}\psi_2}=2\sqrt{\pi}k_0a^2\frac{\mathrm{J}_1(2k_0a\sin\phi)}{2k_0a\sin\phi}\mathrm{e}^{-\mathrm{j}\pi/2}$$

平滑的范围为$\phi > \pi - \phi_{ca}$。ϕ_{ca}由$2k_0 a \sin\phi_{ca} = 2.44$确定。

在$\phi = \pi/2 - \gamma$方向，$\sqrt{\sigma_1}$出现奇异，这时用物理光学的有关结果来计算这一方位的值。在其附近，若几何绕射理论的值大于$\pi/2-\gamma$方向的物理光学值，则以$\pi/2-\gamma$方向的物理光学值为准，向两边较低的几何绕射理论值平滑。即

$$\sqrt{\sigma_1} = \left\{\frac{4}{9}k_0 \cos\gamma \cot^2\gamma \left[a^{3/2} - (b\cos\gamma)^{3/2}\right]^2\right\}^{1/2}$$

根据文献[14]给出的理论计算和测量的比较，利用上述公式计算平底锥弹头的 RCS，在大致 10°～40°的角度范围内，垂直极化的结果比实测的值要低几分贝到十几分贝，因此，下面给出的垂直极化的计算数据（包括后面的平底锥柱头体的计算结果）应该比实际的都低。

图 3.23 给出了沿鼻锥方向±45°，按算术平均计算的平底锥弹头平均 RCS 随不同锥参数b和γ及频率f的变化曲线。其中b称为端头半径，γ称为半锥角。

2）平底锥柱头体

在这种情况下，有 5 个散射中心起主要作用，其中 0 点为相位参考中心。总的 RCS 为

$$\sigma = \left|\sum_{i=1}^{5}\sqrt{\sigma_i}\,e^{j\psi_i}\right|^2 \tag{3.3}$$

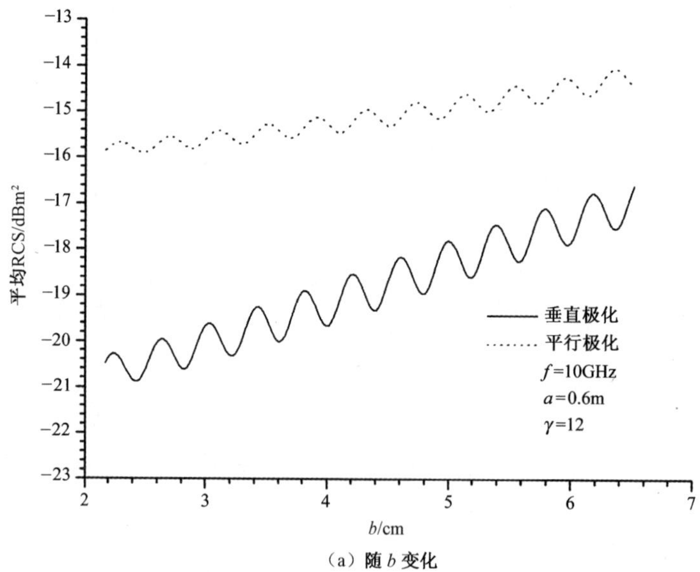

（a）随b变化

图 3.23　按算术平均计算的平底锥弹头平均 RCS 随不同锥参数和频率的变化曲线

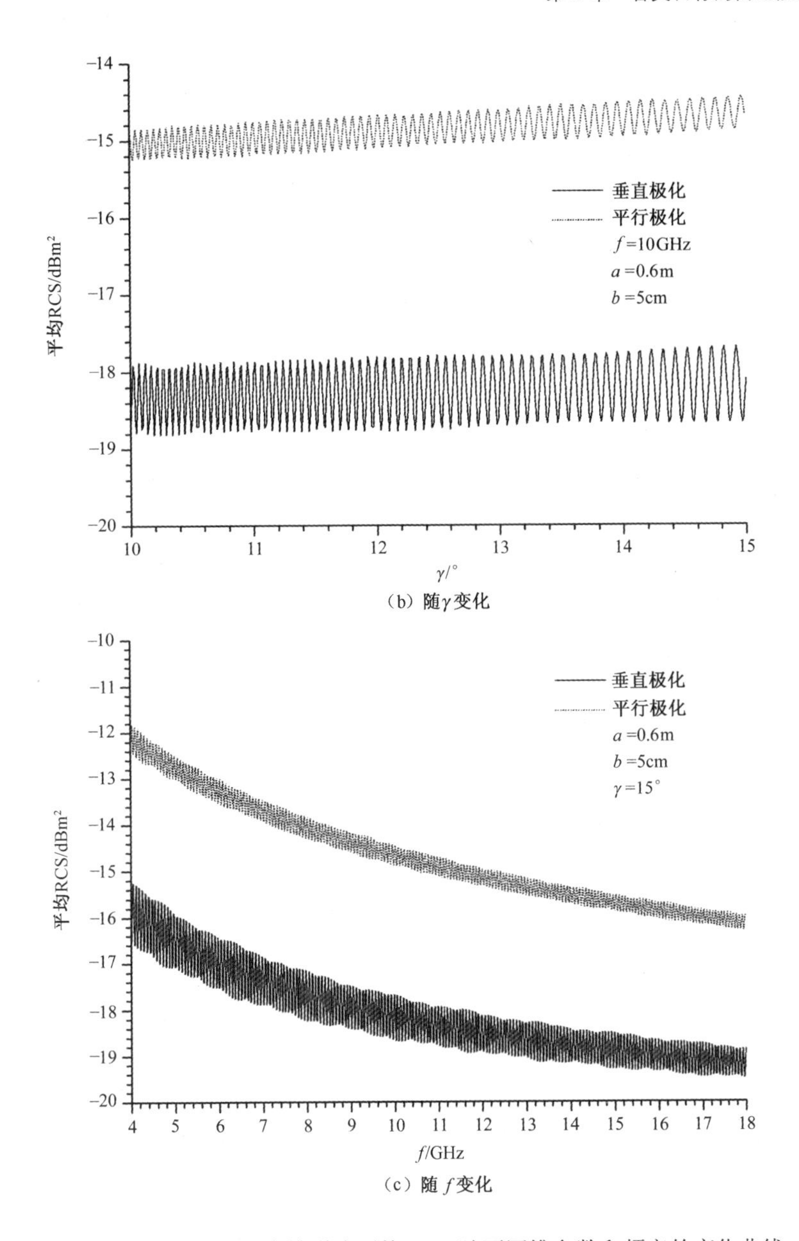

（b）随γ变化

（c）随 f 变化

图 3.23　按算术平均计算的平底锥弹头平均 RCS 随不同锥参数和频率的变化曲线（续）

式（3.3）中

$$\sqrt{\sigma_1} = \frac{\sin(\pi/n_1)}{n_1}\sqrt{\frac{a}{k_0 \sin\phi}}\left[\left(\cos\frac{\pi}{n_1}-1\right)^{-1} \mp \left(\cos\frac{\pi}{n_1}-\cos\frac{2\pi-2\phi}{n_1}\right)^{-1}\right],$$

$$\phi \leqslant \pi - \arcsin\frac{1}{ka}$$

$$\sqrt{\sigma_2}=\frac{\sin(\pi/n_2)}{n_2}\sqrt{\frac{a}{k_0\sin\phi}}\left[\left(\cos\frac{\pi}{n_2}-1\right)^{-1}\mp\left(\cos\frac{\pi}{n_2}-\cos\frac{3\pi-2\phi}{n_2}\right)^{-1}\right],\quad \phi\geqslant\arcsin\frac{1}{ka}$$

$$\sqrt{\sigma_3}=\begin{cases}\dfrac{\sin(\pi/n_1)}{n_1}\sqrt{\dfrac{a}{k_0\sin\phi}}\left[\left(\cos\dfrac{\pi}{n_1}-1\right)^{-1}\mp\left(\cos\dfrac{\pi}{n_1}-\cos\dfrac{2\pi+2\phi}{n_1}\right)^{-1}\right], & \phi\leqslant\gamma\\ 0 & ,\phi>\gamma\end{cases}$$

$$\sqrt{\sigma_4}=\begin{cases}\dfrac{\sin(\pi/n_2)}{n_2}\sqrt{\dfrac{a}{k_0\sin\phi}}\left[\left(\cos\dfrac{\pi}{n_2}-1\right)^{-1}\mp\left(\cos\dfrac{\pi}{n_2}-\cos\dfrac{2\phi-\pi}{n_2}\right)^{-1}\right], & \phi\geqslant\pi/2\\ 0 & ,\phi<\pi/2\end{cases}$$

$$\sqrt{\sigma_5}=\begin{cases}\sqrt{\pi}b\left\{1-\dfrac{\sin[2k_0b(1-\sin\gamma)]}{k_0b\cos^2\gamma}\right\}^{1/2} & ,\phi=0\\ \sqrt{\pi}b & ,\ 0<\phi<\pi/2-\gamma\\ 0 & ,\phi\geqslant\pi/2-\gamma\end{cases}$$

$$n_1=1+\gamma/\pi$$
$$n_2=1.5$$
$$\psi_1=\pi/4-2k_0(a\sin\phi+0.5h\cos\phi)$$
$$\psi_2=\pi/4-2k_0(a\sin\phi-0.5h\cos\phi)$$
$$\psi_3=-\pi/4+2k_0(a\sin\phi-0.5h\cos\phi)$$
$$\psi_4=-\pi/4+2k_0(a\sin\phi+0.5h\cos\phi)$$
$$\psi_5=2k_0[(a\cot\gamma-b/\sin\gamma)\cos\phi+b+0.5h\cos\phi]$$

在鼻锥方向及其附近入射时，上式中$\sqrt{\sigma_1}$，$\sqrt{\sigma_3}$，ψ_1和ψ_3用下列公式计算

$$\sqrt{\sigma_1}e^{j\psi_1}+\sqrt{\sigma_3}e^{j\psi_3}=\frac{2\sqrt{\pi}a\sin\dfrac{\pi}{n_1}}{n_1}\left[\left(\cos\frac{\pi}{n_1}-\cos\frac{2\pi}{n_1}\right)^{-1}J_0(2k_0a\sin\phi)-\right.$$
$$\left.\frac{j\dfrac{2\tan\phi}{n_1}\sin\dfrac{2\pi}{n_1}}{\left(\cos\dfrac{\pi}{n_1}-\cos\dfrac{2\pi}{n_1}\right)^2}J_1(2k_0a\sin\phi)\pm\left(\cos\frac{\pi}{n_1}-1\right)^{-1}J_2(2k_0a\sin\phi)e^{-jk_0h\cos\phi}\right]$$

平滑的范围为$0\leqslant\phi\leqslant\gamma$。

在 $\phi = \pi$ 附近，$\sqrt{\sigma_2}$、$\sqrt{\sigma_4}$、ψ_2 和 ψ_4 用下列公式计算

$$\sqrt{\sigma_2}\mathrm{e}^{\mathrm{j}\psi_2} + \sqrt{\sigma_4}\mathrm{e}^{\mathrm{j}\psi_4} = 2\sqrt{\pi}k_0 a^2 \frac{\mathrm{J}_1(2k_0 a\sin\phi)}{2k_0 a\sin\phi}\mathrm{e}^{-\mathrm{j}\pi/2+\mathrm{j}k_0 h\cos\phi}$$

平滑的范围为 $\pi-\phi_{\mathrm{ca}} \leqslant \phi \leqslant \pi$。$\phi_{\mathrm{ca}}$ 由 $2k_0 a\sin\phi_{\mathrm{ca}} = 2.44$ 确定。

在 $\phi = \pi/2$ 附近，$\sqrt{\sigma_1}$、$\sqrt{\sigma_2}$、ψ_1 和 ψ_2 用下列公式计算

$$\sqrt{\sigma_1}\mathrm{e}^{\mathrm{j}\psi_1} + \sqrt{\sigma_2}\mathrm{e}^{\mathrm{j}\psi_2} = -\sqrt{ak_0}\,h\frac{\sin(k_0 h\cos\phi)}{k_0 h\cos\phi}\mathrm{e}^{\mathrm{j}3\pi/4-\mathrm{j}2k_0 a\sin\phi}$$

平滑的范围为 $\phi_{\mathrm{cb}} \leqslant \phi \leqslant \pi/2$。$\phi_{\mathrm{cb}}$ 由 $k_0 h\cos\phi_{\mathrm{cb}} = 2.25$ 确定。

在 $\phi = \pi/2-\gamma$ 方向，用几何绕射理论计算的 $\sqrt{\sigma_1}$ 会出现较大的值，这与实际情况不符，因此建议按与平底锥类似的方式，采用物理光学法进行处理。在其附近，若几何绕射理论的值大于 $\pi/2-\gamma$ 方向的物理光学值，则以 $\pi/2-\gamma$ 方向的物理光学值为准，向两边较低的几何绕射理论值平滑。即

$$\sqrt{\sigma_1} = \left\{\frac{4}{9}k_0\cos\gamma\cot^2\gamma\,[a^{3/2}-(b\cos\gamma)^{3/2}]^2\right\}^{1/2}$$

此外，当 $\phi < \arcsin\dfrac{1}{ka}$ 时，$\sqrt{\sigma_1}$ 取 $\phi = \arcsin\dfrac{1}{ka}$ 时的值；而当 $\phi > \pi - \arcsin\dfrac{1}{ka}$ 时，$\sqrt{\sigma_1}$ 取 $\phi = \pi - \arcsin\dfrac{1}{ka}$ 时的值。

图 3.24 给出了沿鼻锥方向±45°，按算术平均计算的平底锥柱头体平均 RCS 随不同锥参数 b 和 γ 及频率 f 的变化曲线。

在有些时候，雷达设计者很关心弹头在低频和谐振区的 RCS。图 3.25 给出了用矩量法计算的上述 5 种目标沿鼻锥方向±45°，按算术平均计算的垂直和平行极化（入射电场分别垂直和平行于入射线与目标对称轴构成的平面）RCS 随频率变化的曲线。

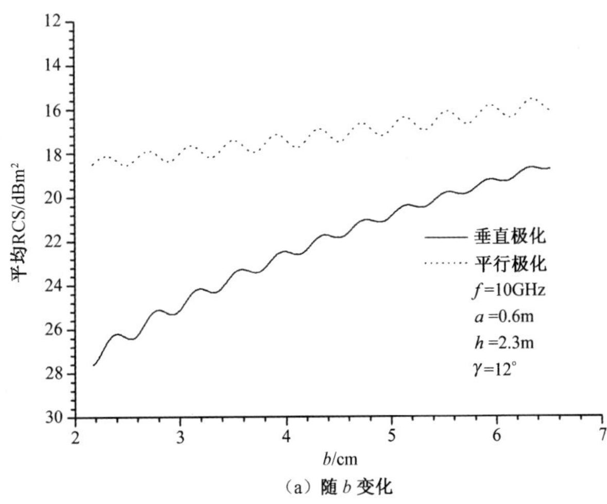

（a）随 b 变化

图 3.24　按算术平均计算的平底锥柱头体平均 RCS 随不同锥参数和频率的变化曲线

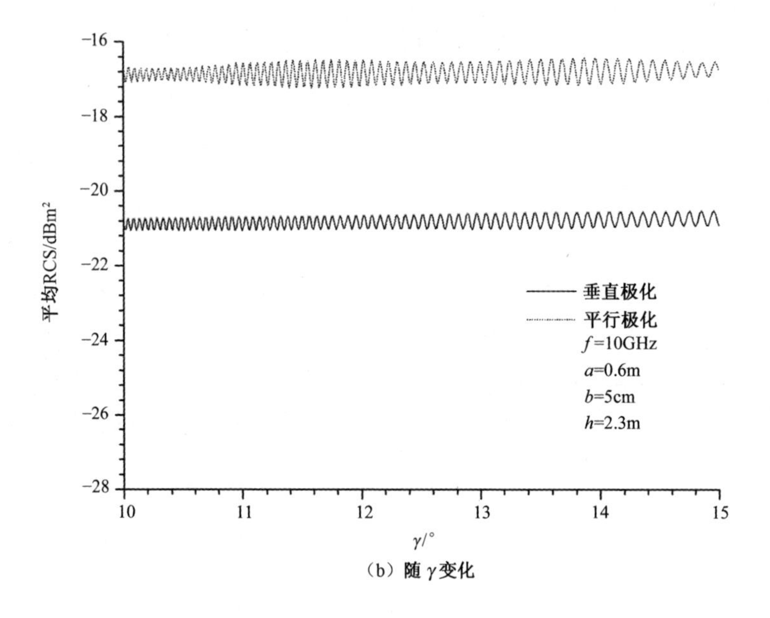

（b）随 γ 变化

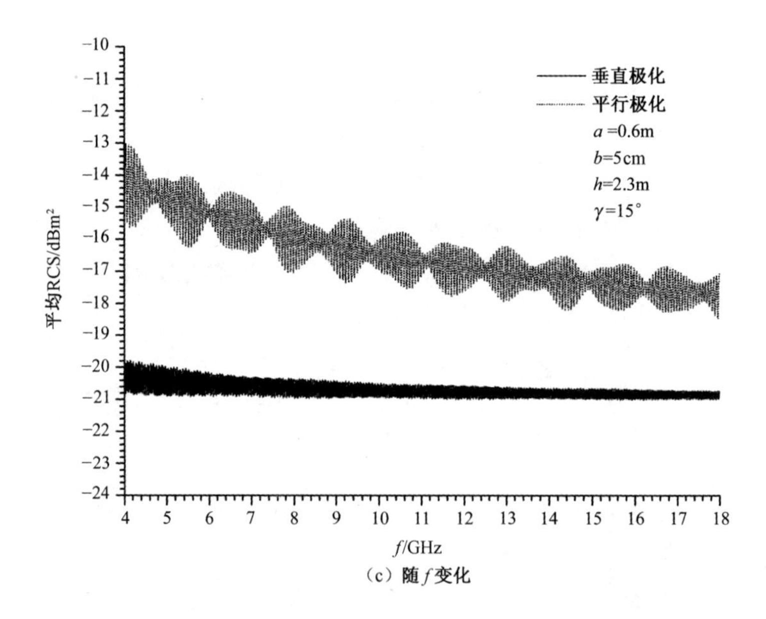

（c）随 f 变化

图 3.24　按算术平均计算的平底锥柱头体平均 RCS 随不同锥参数和频率的变化曲线（续）

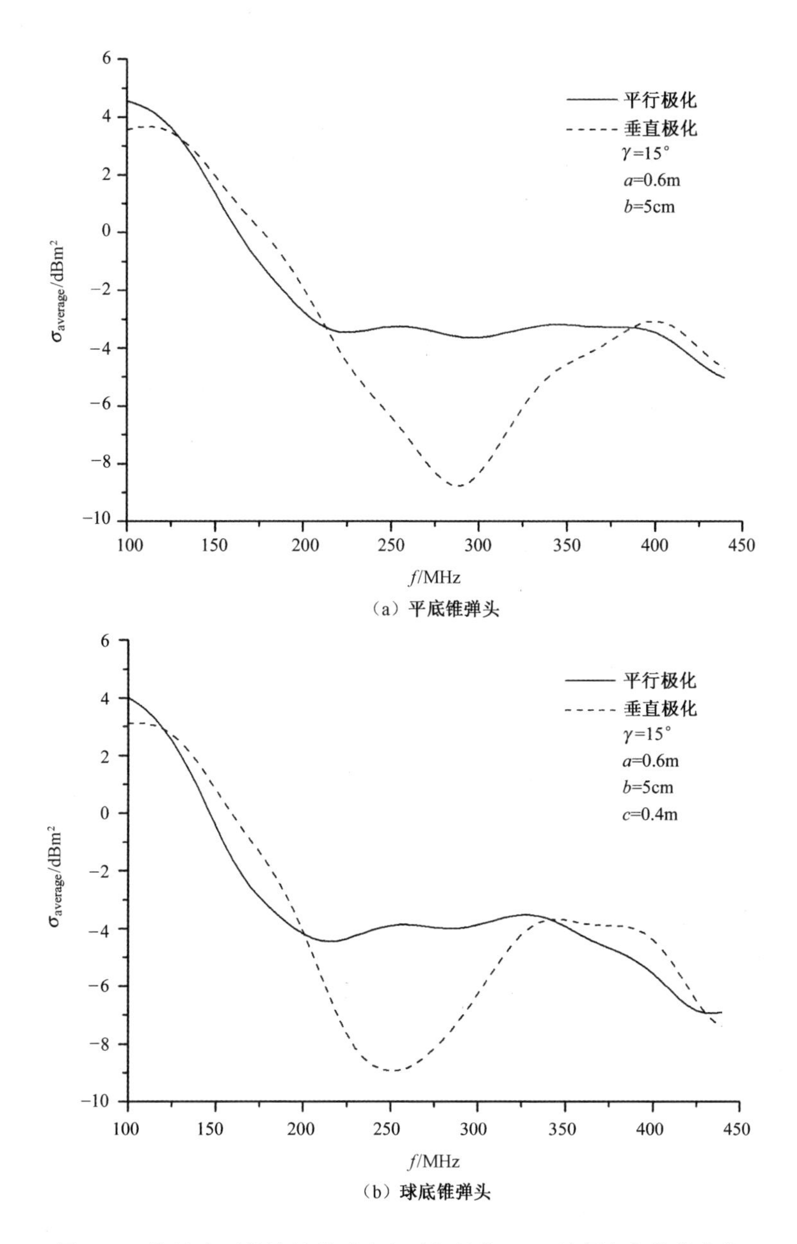

（a）平底锥弹头

（b）球底锥弹头

图 3.25　按算术平均计算的垂直和平行极化 RCS 随频率变化的曲线

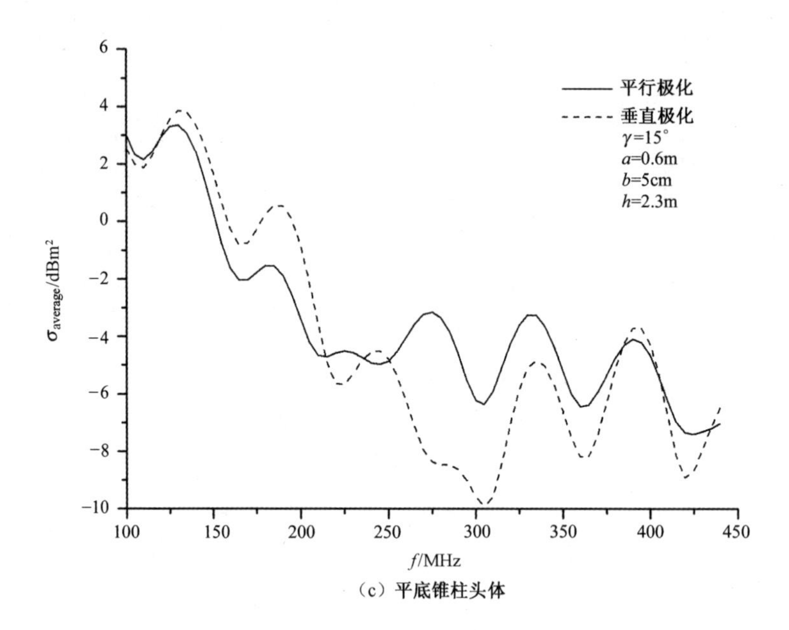

（c）平底锥柱头体

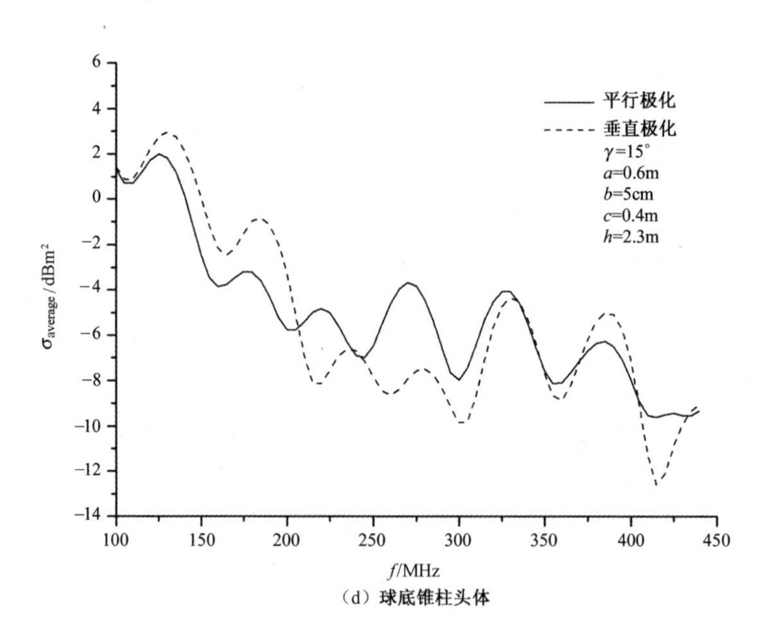

（d）球底锥柱头体

图 3.25　按算术平均计算的垂直和平行极化 RCS 随频率变化的曲线（续）

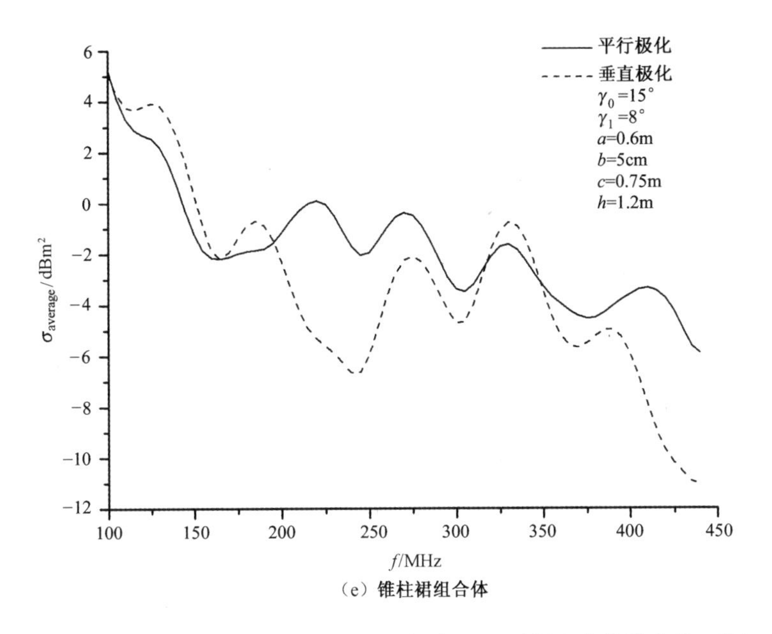

（e）锥柱裙组合体

图 3.25　按算术平均计算的垂直和平行极化 RCS 随频率变化的曲线（续）

3.2.2　各类卫星

图 3.26 所示为在 440MHz 频率上动态测量的实际 1957 Beta 卫星的 RCS（单位为 m^2）随时间变化的曲线[15]。该曲线反映了卫星的旋转和章动情况。

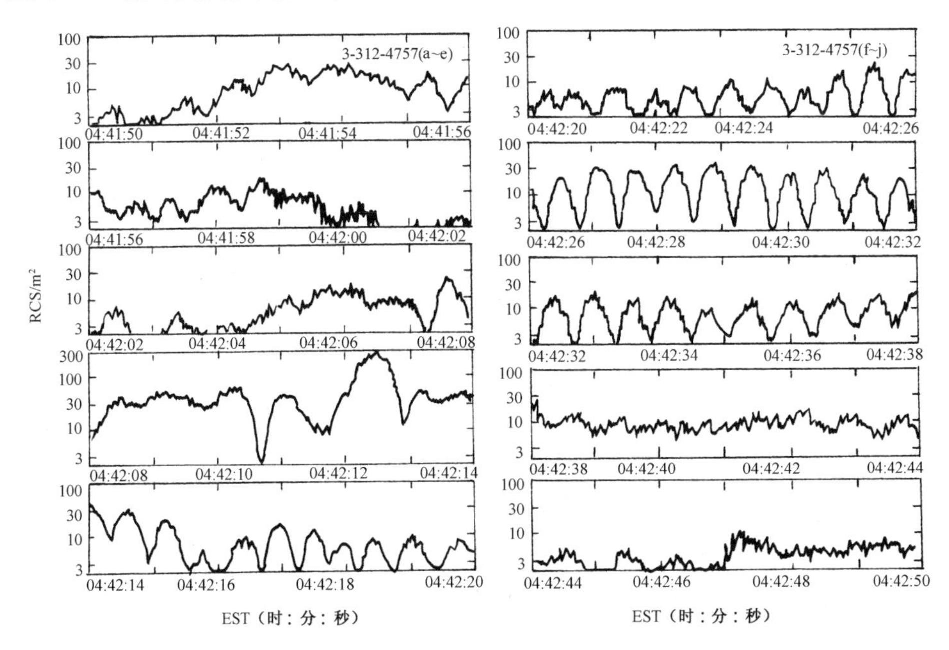

图 3.26　在 440MHz 频率上动态测量的 1957 Beta 卫星的 RCS 随时间变化的曲线

文献[16]给出了全尺寸 Agena B 卫星目标及其缩比目标 RCS 的静态测量结果。图 3.27 和图 3.28 分别示出了全尺寸 Agena B 卫星目标的轮廓外形和后部结构草图。目标后部基本上是由角形板构成的形状独特的金属箱，从箱子的一边凸出的是一对球形油罐。这种复杂的外形产生了远比圆柱的 $\sin x/x$ 方向图复杂的 RCS 方向图。图 3.29 与图 3.30 分别示出两种极化在 170MHz 频率上测量的全尺寸 Agena B 卫星目标的 RCS（实线）和在 425MHz 频率上测量的该目标 1:2.5 缩比模型的 RCS（虚线）。综合曲线数据，该卫星的平均 RCS 约为 5m²。

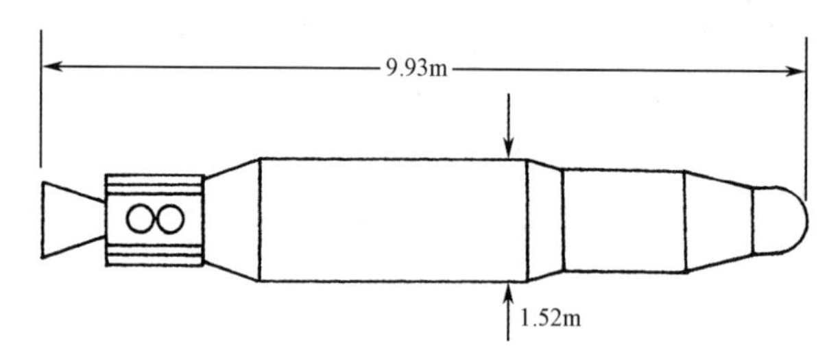

图 3.27　全尺寸 Agena B 卫星目标的轮廓外形

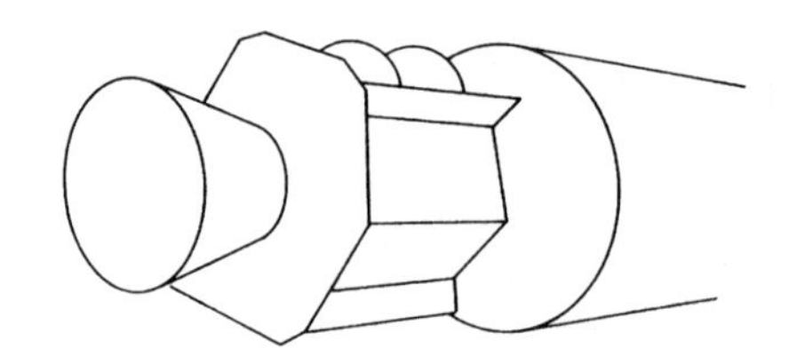

图 3.28　Agena B 卫星目标的后部结构草图

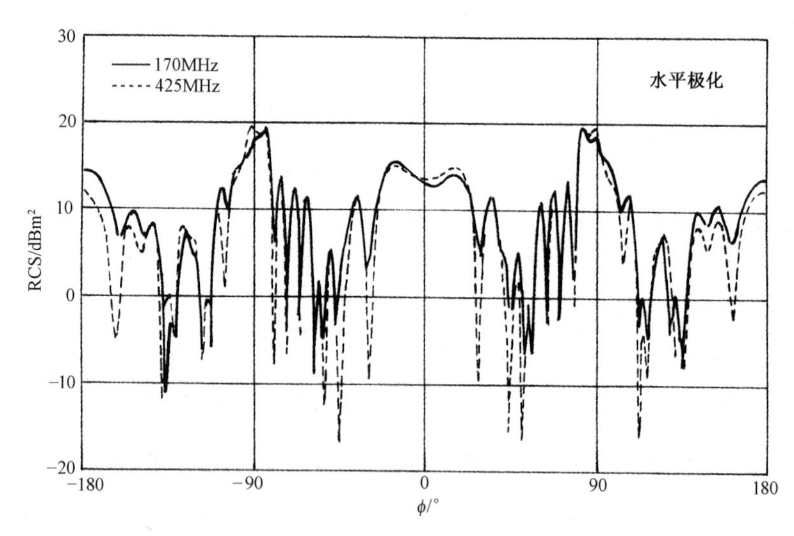

图 3.29　在 170MHz 频率上测量的全尺寸 Agena B 卫星目标和在 425MHz 频率上测量的该目标 1:2.5 的缩比模型的 RCS（水平极化）

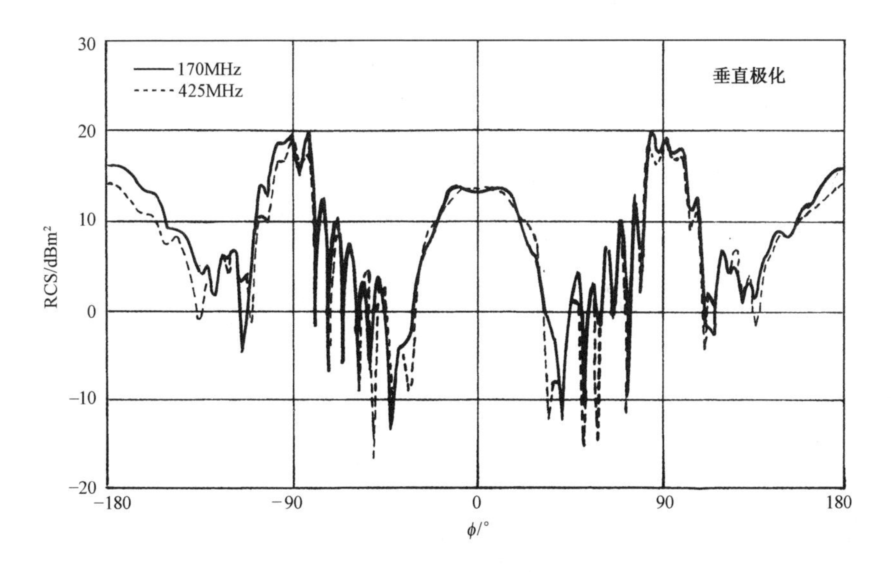

图 3.30　在 170MHz 频率上测量的全尺寸 Agena B 卫星目标和在 425MHz 频率上测量的该目标 1:2.5 的缩比模型的 RCS（垂直极化）

文献[17]给出了 Delta-Ⅱ二级火箭系留卫星（Delta-Ⅱ Second Stage）系统的终端综合仪表舱（End-Mass Payload，EMP）（由 NASA 研制，并于 1993 年 3 月 29 日发射），以及其窄带 RCS 实时测量结果，分别如图 3.31 和图 3.32 所示。测量雷达是位于夸贾林环礁的 Lincoln C 波段圆极化观测雷达（ALCOR），工作频率为 5.664GHz。由图 3.32 可知，最大 RCS 约为 18dBm^2，平均 RCS 约为 6dBm^2，即 4m^2。对 EMP 模型用 Xpatch 3.1 计算和在 LaRC 实验测试场测量的结果可参见文献[17]。

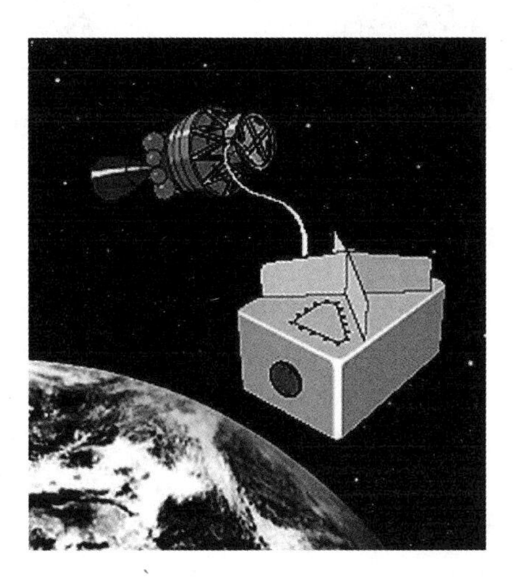

图 3.31　Delta-Ⅱ系留卫星系统与综合仪表舱

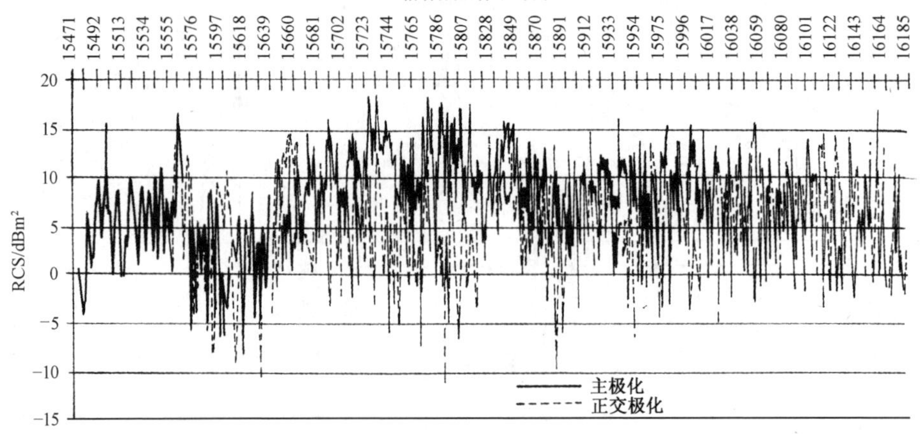

图 3.32　窄带 RCS 实时测量结果

3.2.3　轻、重诱饵

模拟真弹头的诱饵一般都是非常机密的，根据查阅到的少量资料，圆锥形及其变形或球形充气诱饵是较常见的结构，如图 3.33 和图 3.34 所示[18]。因此，这里特别给出圆锥体及其变形体的散射结果，有关球体的散射内容可参见 2.3.1 节。

图 3.33　大气层外膨胀目标（IEO）

图 3.34　2.2m 外涂黑色涂层的气球

小半锥角重诱饵设计可由 3.2.1 节平底锥弹头的结果简化得到，只要令式（3.2）中的端头半径 $b=0$ 即可。

特别地，对 $\phi=0°$，鼻锥方向单站 RCS 与极化无关，为

$$\frac{\sigma}{\lambda^2}=\frac{1}{\pi}\left[\frac{ka\sin(\pi/n)}{n}\right]^2\left(\cos\frac{\pi}{n}-\cos\frac{3\pi}{n}\right)^{-2} \tag{3.4}$$

对 $\phi=\pi/2-\gamma$，也即入射在边射方向，有

$$\frac{\sigma}{\lambda^2}=\frac{8\pi}{9}\left(\frac{a}{\lambda}\right)^3\cos\gamma\cot^2\gamma \tag{3.5}$$

对 $\phi=\pi$，有

$$\frac{\sigma}{\lambda^2}=\frac{(ka)^4}{4\pi} \tag{3.6}$$

式（3.5）和式（3.6）的结果是由物理光学法得到的，与极化无关。

图 3.35 是对一个 4° 半锥角锥体计算和测量的 RCS 结果[19]。由该图可见，为了提高重诱饵的质阻比，力求半锥角 γ 很小，鼻锥向的 RCS 也随之降低。对 $\lambda=$ 10cm 的雷达，RCS 小于 0.01m^2。

图 3.36 和图 3.37 分别是一个 8° 锥角、底部直径为 3.5cm 的锥体在 16.76GHz 频率上，双基地角为 180° 和 70° 时双基地 RCS 随转角的变化曲线[20]。在前向散射（双基地角 180° ）时，RCS 高达 20dB 以上，随视角的变化仅 7dB，且与姿态角几乎无关；而在 70° 双基地角时，RCS 基本满足半双基地角定理，随视角的变化超过 30dB。图 3.38 示出了这个锥体双基地 RCS 随双基地角的变化曲线[20]。由该图可见，当双基地角大于 120° 时，RCS 开始突增。

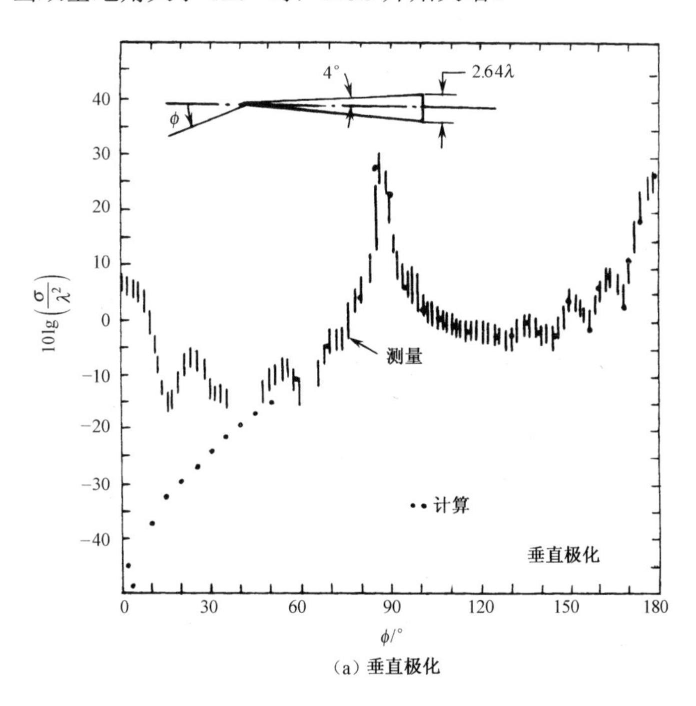

（a）垂直极化

图 3.35　对 $\gamma=4°$ 的半锥角锥体计算和测量的 RCS 结果，（ $ka=8.28$ ）

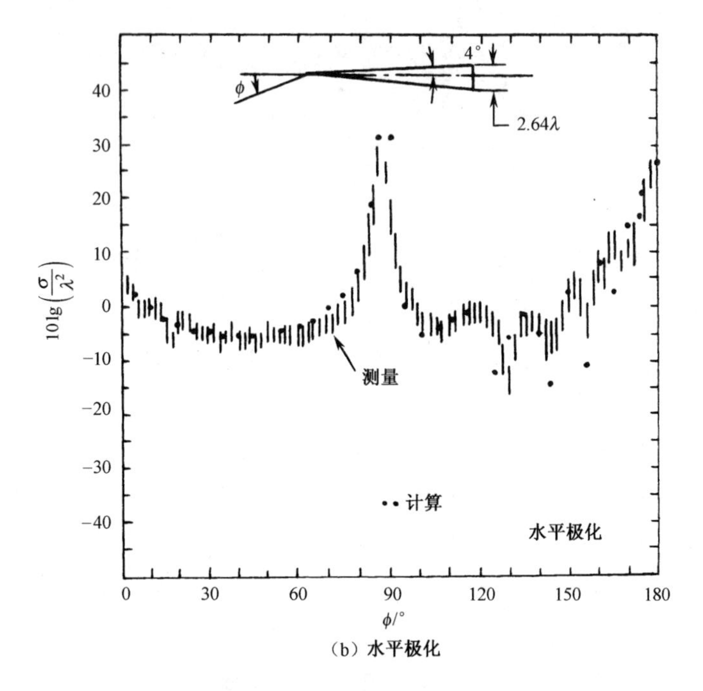

(b) 水平极化

图 3.35　对 $\gamma = 4^\circ$ 的半锥角锥体计算和测量的 RCS 结果，（$ka = 8.28$）（续）

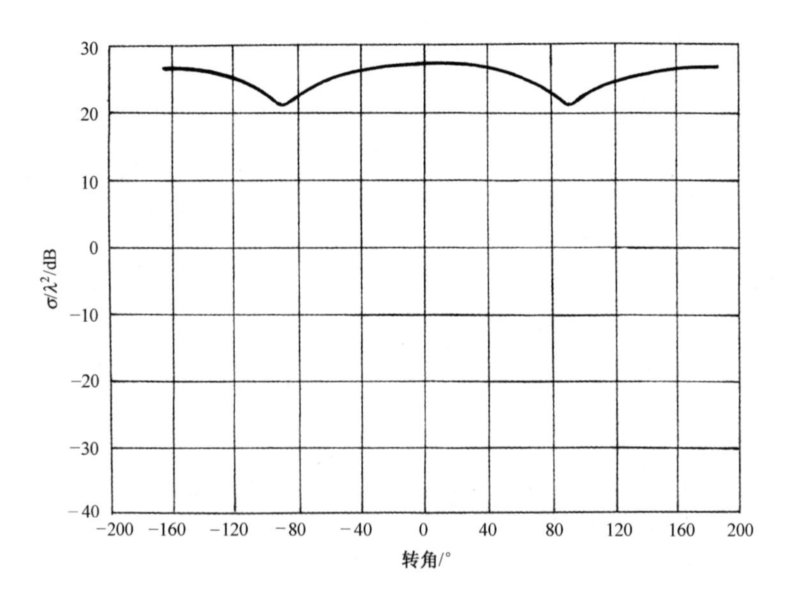

图 3.36　双基地角为 180° 时双基地 RCS 随转角的变化曲线

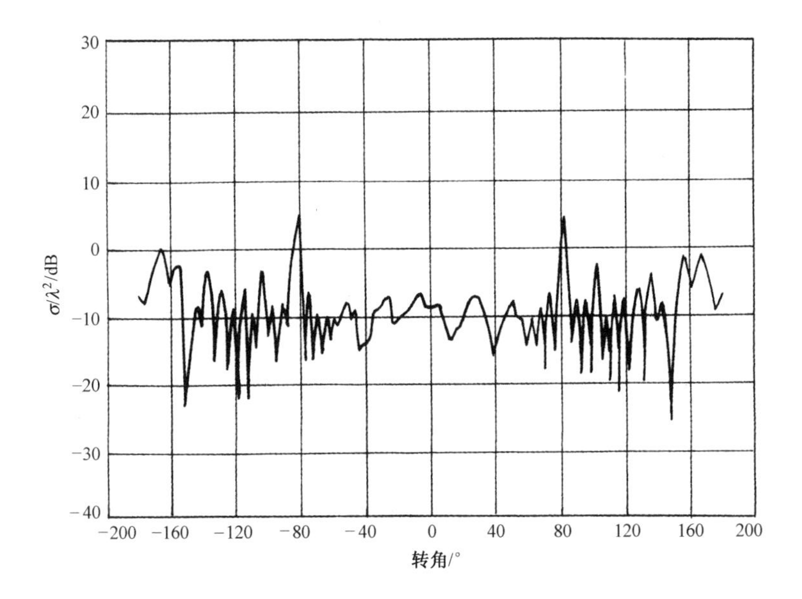

图 3.37　双基地角为 70° 时双基地 RCS 随转角的变化曲线

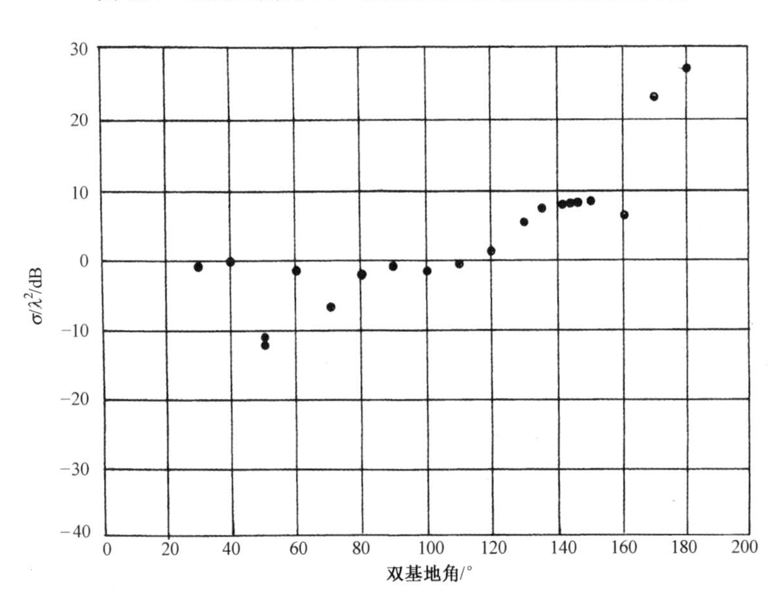

图 3.38　锥体双基地 RCS 随双基地角的变化曲线

3.3 海面目标 RCS 及其频率响应

3.3.1 各类海面舰船

图 3.39 所示为用岸基多频雷达测量的一艘在 Chesapeake 海湾 5～10n mile 的典型范围内，做圆周行驶的大型海军辅助舰在 S 波段和 X 波段上的水平极化

RCS[21]。该图中的 3 条曲线分别代表经统计处理后，在 2° 视线角间隔上回波的 20、50 和 75 个百分点统计值。结果表明，该舰只在全方位统计平均的 RCS 超过 40dBm^2，即 10^{4}m^2。

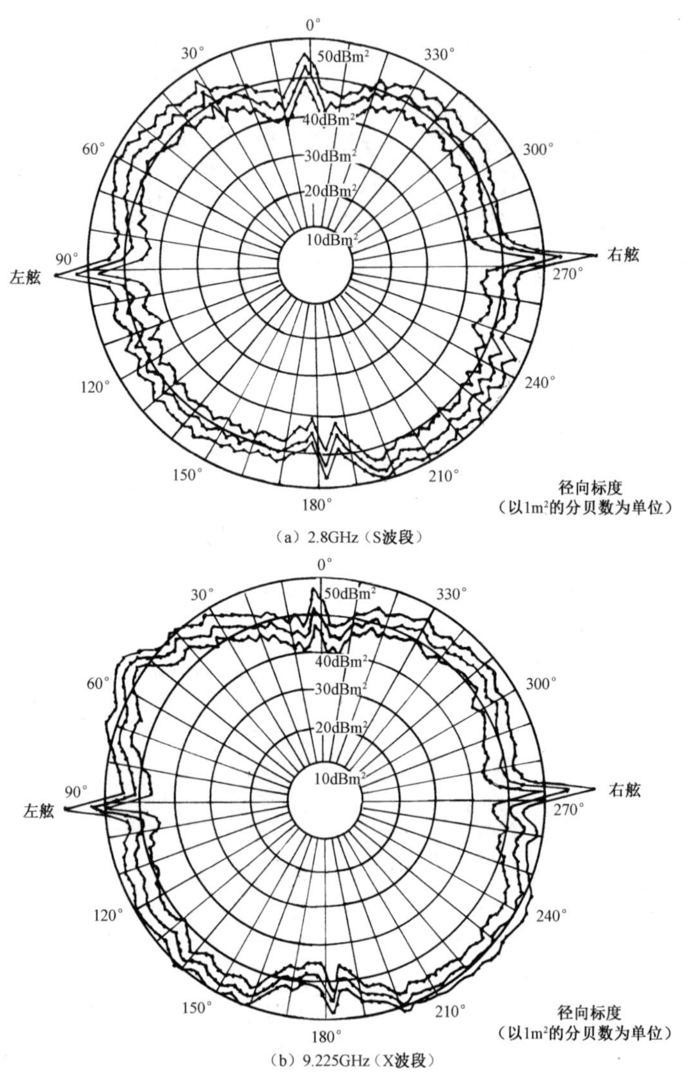

图 3.39　不同雷达频率下测得的一艘大型海军辅助舰水平极化 RCS

图 3.40（a）至图 3.40（c）分别示出了在 S、X 和 Ku 波段下，典型导弹驱逐舰沿±45° 方位角平均的水平极化 RCS 随天顶角 θ（天顶角与俯仰角互为余角）的变化曲线，其中考虑了有无海面的影响，前者单独计算舰体的散射，后者计入海面的后向散射和舰-海双弹反射。由曲线可见，天顶角 θ 小于 35° 时，海面散射贡献很大，垂直极化状态的海面影响会更大，因此，岸基雷达常选择水平极化状态，且俯仰角小于 35°（即天顶角大于 55°）。

图 3.41（a）至图 3.41（b）分别是在 4 种天顶角 θ 下（在无海面和有海面时），一艘典型导弹驱逐舰沿 $\pm 45^\circ$ 方位角平均的水平极化 RCS 随频率的变化曲线。由图 3.41（a）可以看出，舰体的 RCS 随频率的增加而以振荡形式增加，并随 θ 的增加而减小。再看图 3.41（b），当加入海面的贡献之后，小天顶角（10°）时，海面贡献已使舰船 RCS 失去了真实性，仅当天顶角 $\theta > 60^\circ$ 后，海面贡献不明显（与前面结论一致）。典型导弹驱逐舰平均 RCS 约为 36～40dBm^2。

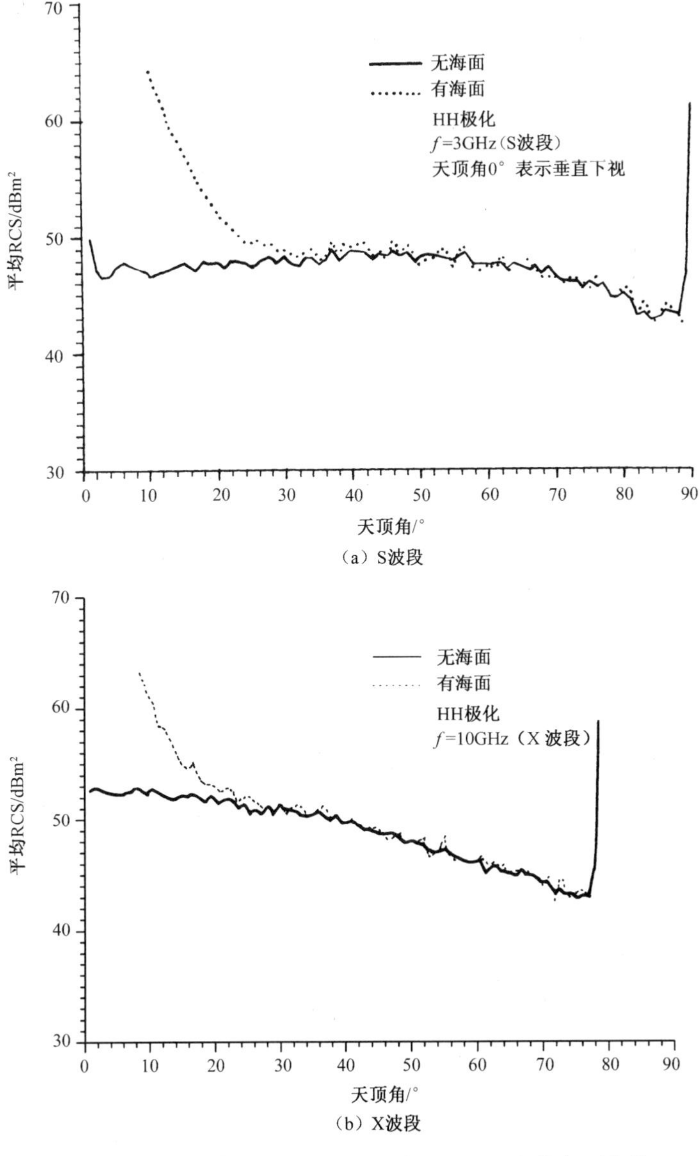

（a）S波段

（b）X波段

图 3.40　3 个波段下典型导弹驱逐舰沿 $\pm 45^\circ$ 方位角平均的水平极化 RCS 随天顶角 θ 的变化曲线

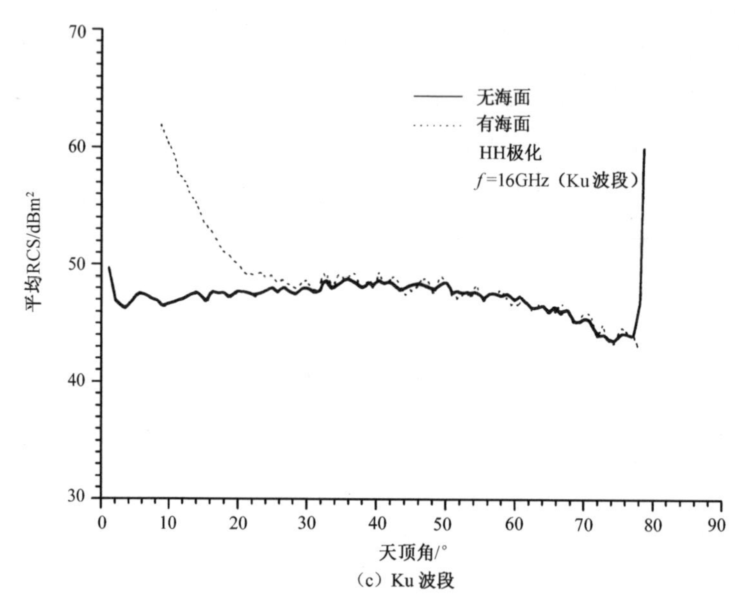

（c）Ku 波段

图 3.40　3 个波段下典型导弹驱逐舰沿±45° 方位角平均的水平极化 RCS 随天顶角 θ 的变化曲线（续）

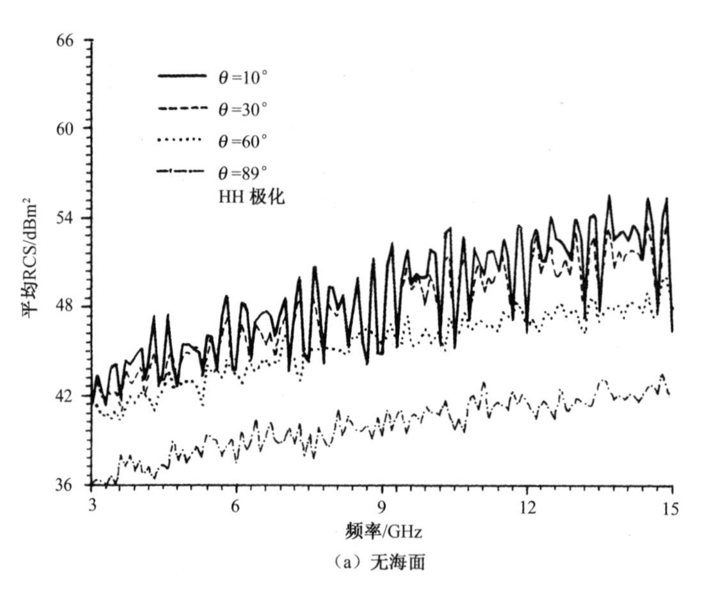

（a）无海面

图 3.41　4 种天顶角 θ 下典型导弹驱逐舰沿±45° 方位角平均的水平极化 RCS 随频率的变化曲线

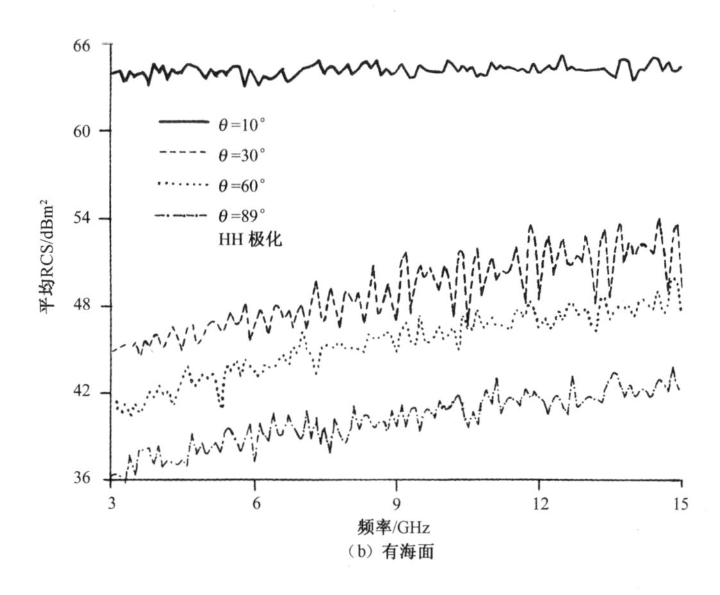

（b）有海面

图 3.41　4 种天顶角 θ 下典型导弹驱逐舰沿 $\pm 45°$ 方位角平均的水平极化 RCS 随频率的变化曲线（续）

3.3.2　航空母舰

迄今为止，航空母舰的电磁散射建模一直是个技术难点，而实验获取航空母舰的散射特性数据也很困难，因此本节仅提供针对缩比模型的数据供读者参考。

图 3.42 所示是 $\lambda = 8\text{mm}$ 、垂直极化条件下俯仰角为 $0°$ 、横滚角为 $0°$ 时，计算和测量的美国“企业号”航母 1:200 缩比模型（甲板上无飞机）的 RCS 随方位角的变化曲线。$\phi = 0°$ 表示正视舰头方向。按缩比规律，其工作波长相当于 1.6m（187.5MHz），纵坐标 RCS 值应相应增加 46dB。因此，“企业号”航母在水平状态正视下，频率为 187.5MHz 时的 RCS 在 $\pm 45°$ 方位角内的平均值约为 40dBm^2，全方位平均值为 36dBm^2。

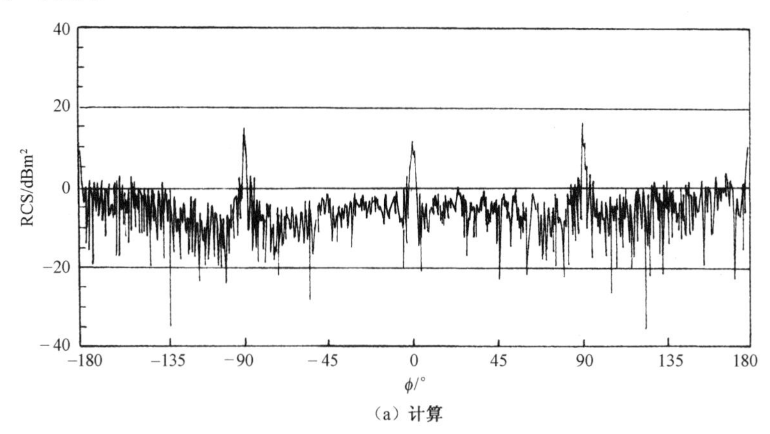

（a）计算

图 3.42　美国“企业号”航母 1:200 缩比模型（甲板上无飞机）的 RCS 随方位角的变化曲线

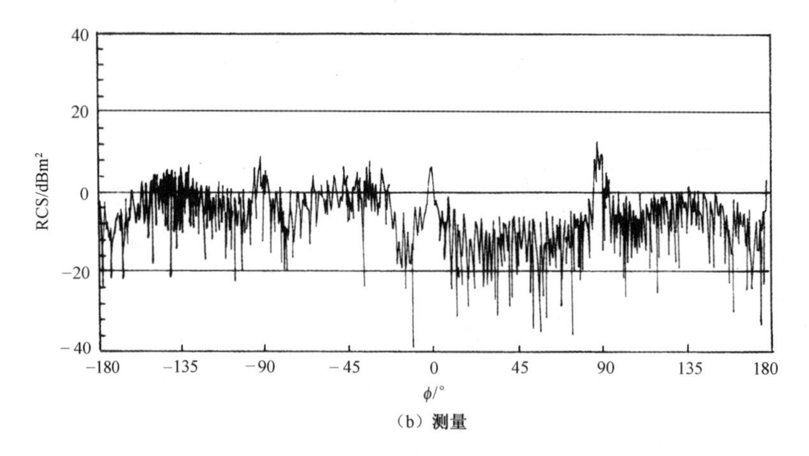

（b）测量

图 3.42 美国“企业号”航母 1:200 缩比模型（甲板上无飞机）的 RCS 随方位角的变化曲线（续）

3.4 地面目标 RCS 及其频率响应

3.4.1 坦克、装甲车

目前可获得的坦克和装甲车的数据大都限于毫米波段，这是由于探测坦克的雷达系统多数工作在毫米波段的缘故。

图 3.43 所示为$\lambda = 8\text{mm}$、雷达俯角（与目标俯仰角互为余角）$\theta = 10°$时测量的某坦克 RCS 随方位角ϕ变化的数据。$\phi = 0°$时对应坦克头部。受测量条件所限，只能给出有限个数据点，这里采样间隔为$10°$，共有 36 个数据点。由图 3.43 可见，坦克背部的 RCS 最大，约达 32dBm²，全方位平均在 25dBm² 左右。

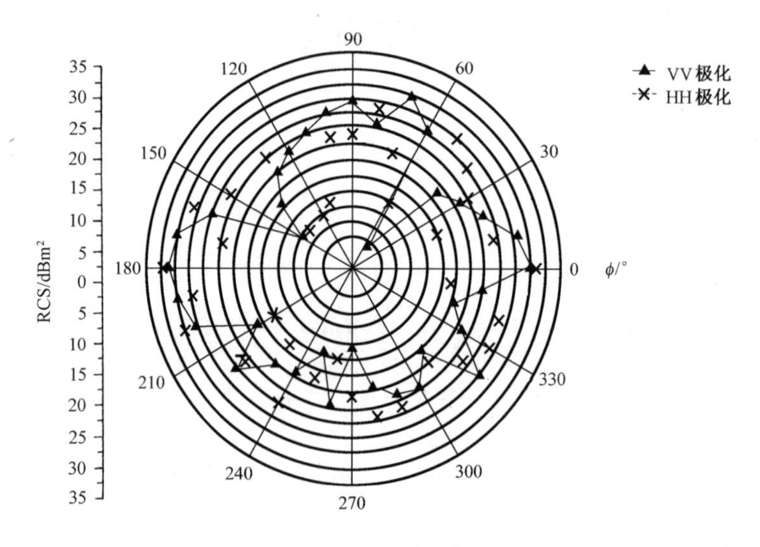

图 3.43 λ=8mm、雷达俯角θ=10° 时测量的某坦克 RCS 随方位角ϕ的变化数据

图 3.44 所示为 $\lambda=8\text{mm}$、雷达俯角 θ 为 $8°$ 和 $10°$ 时测量的某装甲车 RCS 随方位角 ϕ 变化的数据。$\phi=0°$ 时对应装甲车头部。由图 3.44 大约估算可得，装甲车的后向 RCS 平均在 23dBm^2 左右。

综合可见，常规坦克与装甲车平均 RCS 可按 20dBm^2 设计，具有隐身性能新一代坦克、装甲车可按 10dBm^2 设计。

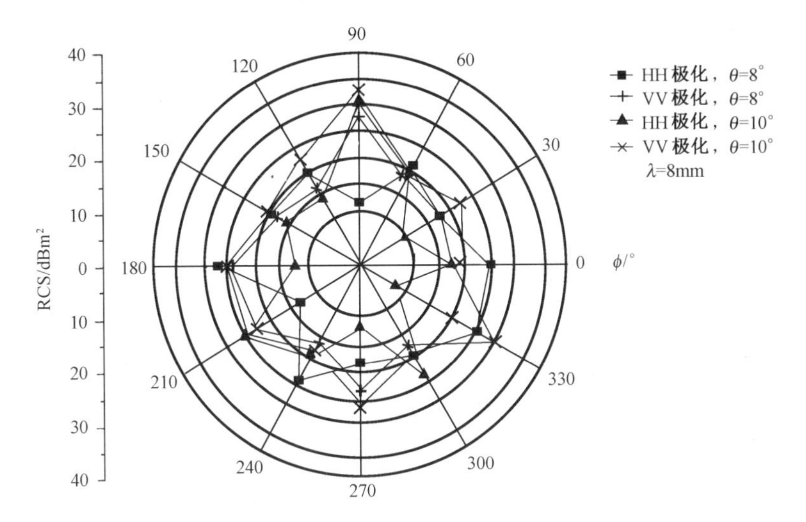

图 3.44　λ=8mm、雷达俯角 θ 为 $8°$ 和 $10°$ 时测量的某装甲车 RCS 随方位角 ϕ 的变化数据

3.4.2　其他人造目标

除坦克和装甲车之外，面包车、军用卡车等也是很典型的人造目标。图 3.45 是典型的面包车放置于测试转台上的照片。图 3.46 和图 3.47 分别是当频率为 9.375GHz（X 波段）时，在方位面内测量的面包车与军用卡车水平极化和垂直极化 RCS 随方位角的变化曲线。图中 $\phi=0°$ 对应车的头部。由于原始数据是高度振荡的，因此对原始数据做了 $4°$ 窗口、$1°$ 步长的平滑处理。由两图曲线可见，对应四面方体的镜面均有 4 个 RCS 的峰值，但角度范围较小，面包车全方位平均 RCS 为 6dBm^2，军用卡车为 17dBm^2。

图 3.45　典型的面包车放置于测试转台上

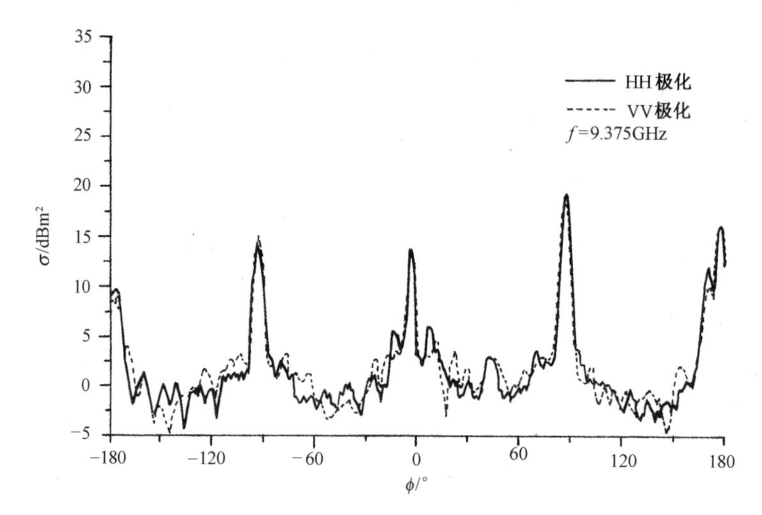

图 3.46　在方位面内测量的面包车的水平极化和垂直极化 RCS 随方位角的变化曲线

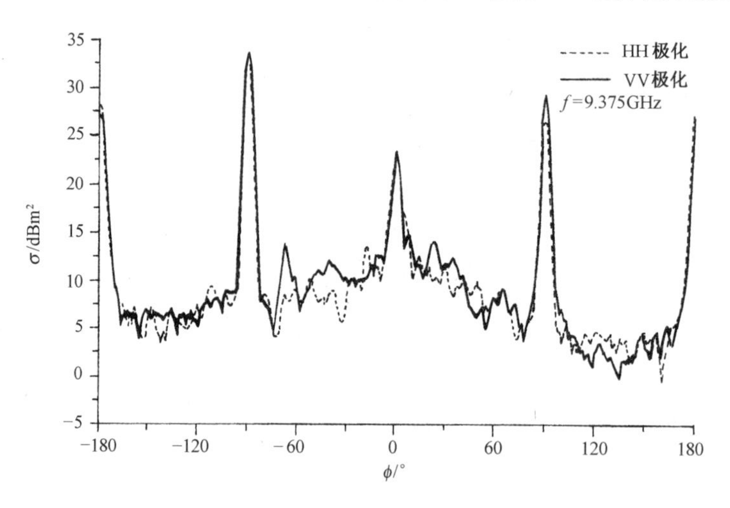

图 3.47　在方位面内测量的军用卡车的水平极化和垂直极化 RCS 随方位角的变化曲线

参考文献

[1] MAFFETT A L. Topics for a Statistical Description of Radar Cross Section[M]. New York: Wiley-Interscience, 1988.

[2] SKOLNIK M I. Radar Handbook[M]. New York: McGraw-Hill, 1970.

[3] MISHENKO Y A. Radar Targets (in Russian) [M]. Moscow: Voyenizdat, 1966.

[4] RUCK G T. Radar Cross Section Handbook[M]. New York: Plenum Press, 1970.

[5] DALEY J C, RANSONE Jr J T, BURKETT J A, et al. Sea-Clutter Measurements on Four Frequencies: Report 6806[R]. Washington D C: Naval Research Laboratory, 1968.

[6] VALENZUELA G R. Theories for the Interaction of Electromagnetic and Oceanic Waves—A Review[J]. Boundary-Layer Meteorology, 1978, 13(1): 61-85.

[7] VALENZUELA G R. Scattering of Electromagnetic Waves from a Tilted Slightly Rough Surface[J]. Radio Science, 1968, 3(11): 1057-1066.

[8] HOUGHTON E W. Radar Echo Areas of Flying Animals[Z]. AGARD Lecture Series, Oslo, Norway, 1973.

[9] ANTONUCCI J. A Statistical Model of Radar Bird Clutter at the DEW Line: AD A242202[R]. New York: Air Force Research Laboratory, 1991.

[10] BLACKSMITH P, MACK R B. On Measuring the Radar Cross Sections of Ducks and Chickens[C]. Proceedings of the IEEE, 1965, 53(8): 1125.

[11] MACK R B, BLACKSMITH P, KERR O E. Measured L-Band Radar Cross Sections of Ducks and Geese: AD A072820[R]. New York: Rome Air Development Center, 1979.

[12] HAJOVSKY R, DEAM A, LAGRONE A. Radar Reflections from Insects in the Lower Atmosphere[J]. IEEE Transactions on Antennas and Propagation, 1966, 14(2): 224-227.

[13] 李柱贞，吕婴，向家武. 雷达散射截面常用计算法[Z]. 北京：目标特性研究编辑部, 1981.

[14] ROSS R A. Investigation of Scattering Principles: Volume 3: Analytical Investigation General Dynamics: AD 856560[R]. Fort Worth, Texas, 1969.

[15] PETTENGILL G H, KRAFT L G. Earth Satellite Observations Made with the Millstone Hill Radar. Avionics Research: Satellite and Problems of Long Range Detection and Tracking[M]. New York: Pergamon Press, 1960.

[16] KNOTT E F. Radar Cross Section Measurements[M]. New York: Van Nostrand Reinhold, 1993.

[17] CRAVEY R L. Radar Cross-section Measurements and Simulation of a Tethered Satellite: The Small Expendable Deployment System End-mass Payload: N95-19781[R]. Washington: National Aeronautics and Space Administration Langley Research Center, 1995.

[18] 安德鲁・M.赛斯勒. NMD 与反制 NMD[M]. 卢胜利, 米建军, 译. 北京：国防大学出版社, 2001.

[19] BECHTEL M E. Application of Geometric Diffraction Theory to Scattering from Cones and Disks[C]. Proceedings of the IEEE, 1965, 53(8): 877-882.

[20] GLASER J I. Some Results in the Bistatic Radar Cross Section (RCS) of Complex Objects[C]. Proceedings of the IEEE, 1989, 77(5): 639-648.

[21] SKOLNIK M I. Introduction to Radar Systems[M]. New York：McGraw-Hill, 1980.

第 4 章
雷达散射截面起伏的统计模型

雷达回波的起伏总与雷达目标的 RCS 相联系。雷达目标由多个散射子组成，且相对雷达视线的姿态角变化，使散射子矢量合成时，各自的相对相位随机变化，从而产生回波幅度起伏。此外，雷达目标是非刚体，还时常有活动部件（除发动机），因此 RCS 起伏是随机的、不规律的。

为定量描述 RCS 起伏的统计模型，本章重点阐述 3 种统计模型，即 χ^2（Chi-square）分布模型、莱斯（Rice）分布模型和对数正态（Log-normal）分布模型，它们基本涵盖了所有现代雷达目标 RCS 的起伏规律；接着叙述目标检测与 RCS 统计模型及其参数的定量关系，以帮助雷达设计者根据 RCS 统计模型及其参数定量计算雷达对特定目标的发现概率、虚警概率和所需的单个积累脉冲的信噪比（S/N）值；最后叙述 RCS 起伏的时间谱模型。由于 RCS 随时间起伏与目标具体运动规律和航迹有关，也与雷达工作频率等参数有关，因此，无法规范化地描述统计模型，但可以掌握其变化规律，RCS 起伏的时间谱模型中已经归一化了雷达距离因子，所以与雷达距离无关。

4.1　RCS 起伏的统计模型

由于雷达目标的 RCS 随目标姿态角变化十分敏感，因此 RCS 是一个起伏量。RCS 起伏模型有两种表述：一种是在限定姿态角范围内 RCS 起伏的概率密度函数；另一种是目标运动时 RCS 起伏的时间谱函数。这两种函数表述都应在雷达目标坐标系内，也就是说以雷达视线在目标坐标系中的变化来描述雷达目标的起伏特性。

下面首先推导 RCS 起伏产生的物理过程，然后叙述 3 类 RCS 起伏的概率密度函数：即 χ^2 分布、莱斯分布与对数正态分布。而 χ^2 分布中包含了斯威林（Swerling）分布。

4.1.1　随机产生 RCS 的物理过程

假设目标由 n 个独立散射子组成，其远场电场强度 $\boldsymbol{E}_{\mathrm{s}}$ 由 n 个独立散射子电场矢量 $\boldsymbol{E}_k = |\boldsymbol{E}_k|\exp(\mathrm{j}\phi_k)$ 合成，即

$$\boldsymbol{E}_{\mathrm{s}} = \sum_{k=1}^{n} \boldsymbol{E}_k \exp\left(\frac{\mathrm{j}4\pi d_k}{\lambda}\right) \tag{4.1}$$

式（4.1）中，d_k 为第 k 个散射子离基准点距离；λ 为波长；n 为散射子数目。

因为雷达散射截面 σ 定义为

$$\sigma = 4\pi \lim_{r\to\infty} r^2 \frac{|\boldsymbol{E}_{\mathrm{s}}|^2}{|\boldsymbol{E}_{\mathrm{i}}|^2}$$

式中，$\boldsymbol{E}_{\mathrm{i}}$为入射电场强度。

所以

$$\sigma = \left| \sum_{k=1}^{n} (\sigma_k)^{1/2} \exp\left[\mathrm{j}\left(\varphi_k + \frac{4\pi d_k}{\lambda} \right) \right] \right|^2 \tag{4.2}$$

合理假定：

（1）相位因子$\varphi_k + 4\pi d_k / \lambda$在$[0, 2\pi]$内均匀分布；

（2）各独立散射子具有相等散射截面$\sigma_k = \sigma_0$。

σ的概率密度分布问题等效于σ在两维空间内均匀游动，其x分量为$(\sigma_0)^{\frac{1}{2}}\cos(4\pi d_k/\lambda + \varphi_k)$，$y$分量为$(\sigma_0)^{\frac{1}{2}}\sin(4\pi d_k/\lambda + \varphi_k)$，而接收波场强概率密度函数表达为[1]

$$p(x, y)\mathrm{d}x\mathrm{d}y = \frac{\exp[-(x^2 + y^2)/(n\sigma_0)]}{\pi n \sigma_0}\mathrm{d}x\mathrm{d}y \tag{4.3}$$

转换到极坐标系为

$$p(l, \theta)\mathrm{d}l\mathrm{d}\theta = \frac{l}{\pi n \sigma_0}\exp\left(-\frac{l^2}{n\sigma_0} \right)\mathrm{d}l\mathrm{d}\theta$$

$$p(l)\mathrm{d}l = \frac{2l}{n\sigma_0}\exp\left(-\frac{l^2}{n\sigma_0} \right)\mathrm{d}l$$

由于

$$\sigma = l^2 = x^2 + y^2, \quad \mathrm{d}\sigma = 2l\mathrm{d}l$$

因此

$$p(\sigma)\mathrm{d}\sigma = \begin{cases} \dfrac{\exp[-\sigma/(n\sigma_0)]}{n\sigma_0}\mathrm{d}\sigma & \sigma > 0 \\ 0 & \sigma \leqslant 0 \end{cases}$$

则由n个独立散射子σ_0组合的目标，其RCS的概率密度函数应为

$$p(\sigma) = \frac{\exp(-\sigma/\bar{\sigma})}{\bar{\sigma}} \tag{4.4}$$

式中$\bar{\sigma} = n\sigma_0$。

通过以上推导，RCS 起伏产生的物理过程可理解是：多个独立且具有相同RCS的散射子组成的组合体，其RCS起伏的概率密度函数$p(\sigma)$如式（4.4）所示，其目标回波电压（即电场强度）是标准瑞利分布，即$p(v) = \dfrac{2v}{\overline{v^2}}\exp(-v^2/\overline{v^2})$，而实际上式（4.4）表示的RCS（相当于回波功率）分布则是指数分布。

4.1.2　χ^2 分布模型

一部雷达的作用距离、定位精度和目标识别功能都与雷达目标的 RCS 有密切关系，而 RCS 又是一个起伏量，因此有必要对目标 RCS 建立统计模型。

自从 20 世纪 50 年代斯威林（Swerling）与马库姆（Marcum）等创建了 Swerling Ⅰ、Ⅱ、Ⅲ和Ⅳ模型以来[2-3]，雷达目标本身有了很大发展，隐身目标、非良导体目标以及高速飞行体等的出现，经典的 4 种 Swerling 模型已经不能精确地表述各类目标的统计性能。这里推荐一种 χ^2 分布模型，它是由 W. Weinstock[4]、D. P. Meyer 与 H. A. Mayer[5]等提出的。

一个 RCS 的随机变量 σ 的 χ^2 概率密度函数为

$$p(\sigma)=\frac{k}{(k-1)!\bar{\sigma}}\left(\frac{k\sigma}{\bar{\sigma}}\right)^{k-1}\exp\left(-\frac{k\sigma}{\bar{\sigma}}\right),\quad \sigma>0 \tag{4.5}$$

式（4.5）中，σ 为 RCS 随机变量，$\bar{\sigma}$ 为 RCS 平均值，k 为双自由度（Double-degrees of Freedom）数值，称 $2k$ 为 χ^2 分布模型的自由度数。

χ^2 分布模型是属于新一代的 RCS 起伏统计模型，它具有通用性，包含更多的雷达目标类型；表达式也比较简洁，变参数只有一个，双自由度 k 值可以不是正整数，因而拟合曲线的精度高；它包含了传统的斯威林Ⅰ、Ⅱ、Ⅲ和Ⅳ模型。下面分别来讨论这些情况。

（1）$k=1$，式（4.5）化为

$$p(\sigma)=\frac{1}{\bar{\sigma}}\exp\left(-\frac{\sigma}{\bar{\sigma}}\right) \tag{4.6}$$

式（4.6）称为 2 自由度 χ^2 分布，即斯威林Ⅰ分布。

它表示由均匀多个独立散射子组合的目标。它的起伏特性为慢起伏，一次扫描中脉冲间相关。典型目标如前向观察小型喷气式飞机等。

（2）$k=2$，式（4.5）化为

$$p(\sigma)=\frac{4\sigma}{(\bar{\sigma})^2}\exp\left(-\frac{2\sigma}{\bar{\sigma}}\right) \tag{4.7}$$

式（4.7）称为 4 自由度 χ^2 分布，即斯威林Ⅲ分布。

它表示由一个占支配地位的大随机散射子与其他均匀独立散射子组合的目标。它的起伏特性为慢起伏，一次扫描中脉冲间相关。典型目标如螺旋桨推进式飞机、直升飞机等。

（3）$k=N$，式（4.5）化为

$$p(\sigma)=\frac{N}{(N-1)!\bar{\sigma}}\left(\frac{N\sigma}{\bar{\sigma}}\right)^{N-1}\exp\left(-\frac{N\sigma}{\bar{\sigma}}\right) \tag{4.8}$$

式（4.8）中，N为一次扫描中脉冲积累数。

式（4.8）称为$2N$自由度χ^2分布，即斯威林II分布。它表示由均匀多个独立散射子组合的目标。它的起伏特性为快起伏，一次扫描中脉冲间不相关。典型目标如喷气式飞机、大型民用客机等。

（4）$k=2N$，式（4.5）化为

$$p(\sigma)=\frac{2N}{(2N-1)!\bar{\sigma}}\left(\frac{2N\sigma}{\bar{\sigma}}\right)^{2N-1}\exp\left(-\frac{2N\sigma}{\bar{\sigma}}\right) \tag{4.9}$$

式（4.9）中，N为一次扫描中脉冲积累数。

式（4.9）称为$4N$自由度χ^2分布，即斯威林IV分布。它表示由一个占支配地位的大随机散射子与其他均匀独立散射子组合的目标。它的起伏特性为快起伏，一次扫描中脉冲间不相关。典型目标如舰船、卫星、侧向观察的导弹与高速飞行体等。

（5）$k=\infty$，σ变为常值，即马库姆（Marcum）分布。它表示非起伏目标，其典型目标如定标球等。

χ^2分布相对斯威林分布来说，最大优点是双自由度 k 值可以不是正整数。对一具体雷达目标来说，测量其 RCS 随姿态方位角变化的数据，经统计后，画出概率密度分布曲线，然后以均方差最小方法拟合出χ^2分布的k参数值。

4.1.3 莱斯分布和对数正态分布模型

一个 RCS 随机变量σ的莱斯分布概率密度函数为[6]

$$p(\sigma)=\frac{1}{\psi_0}\exp\left(-s-\frac{\sigma}{\psi_0}\right)\mathrm{I}_0\left(2\sqrt{\frac{s\sigma}{\psi_0}}\right) \qquad \sigma>0 \tag{4.10}$$

式（4.10）中，$s=\dfrac{\text{稳定体RCS}}{\text{多个瑞利散射子组合平均RCS}}$；$\psi_0$为$\sigma$瑞利分布部分的平均值；$\mathrm{I}_0$为零阶一类修正贝塞尔函数。

莱斯分布具有ψ_0和s共两个统计参数，分别是

平均值：$\bar{\sigma}=\psi_0(1+s)$；（4.11a）

方差：$\sigma^2=\psi_0^2(1+2s)$。（4.11b）

莱斯分布表示由一个定常幅度 RCS 与多个瑞利散射子组合的目标。当$s=0$和$k=1,N$时，就演变为斯威林 I 和II的情况，即无稳定体情况；当$s=\infty$时，即为非起伏目标。s可以不是正整数，0～∞ 任意变化，s值表示稳定体在组合体目标中的权重。莱斯分布能更精确地表述斯威林III与IV的情况，可惜这种分布形式在数学上不易处理，因此可以把莱斯分布拟合到χ^2分布处理，这在下面计算雷达检测概率时将说明。

一个 RCS 随机变量σ的对数正态分布概率密度函数为[7]

$$p(\sigma)=\frac{1}{\sigma\sqrt{4\pi\ln\rho}}\exp\left[-\frac{\ln^2\left(\dfrac{\sigma}{\sigma_0}\right)}{4\ln\rho}\right]\qquad \sigma>0 \tag{4.12}$$

式(4.12)中：σ_0为σ的中值(即出现概率 50%)；ρ为σ的平均中值比，即$\bar{\sigma}/\sigma_0$。

对数正态分布也具有σ_0与ρ共两个统计参数，分别是

平均值：$\bar{\sigma}=\sigma_0\rho$；（4.13a）

方差：$\sigma^2=(\bar{\sigma})^2(\rho^2-1)$。（4.13b）

对数正态分布表示由电大尺寸的不规则外形散射体组合的目标，如大的舰船、卫星与空间飞行器等目标，它们常出现比 RCS 中值σ_0大很多的 RCS，虽然出现的概率很小，即随着平均中值比ρ值增大，其概率密度分布曲线的“尾巴”拖得越长，这些目标的ρ值大致在$\sqrt{2}<\rho<4$范围（而斯威林 I 的$\rho=1.44$，斯威林III的$\rho=1.18$），由于对数正态分布模型的ρ参数可变，因此它能拟合许多类型的目标，可惜通过这种统计模型来求雷达检测概率时也不容易处理，因此也将它等效到χ^2分布来计算单个检测脉冲的信噪比，从而求出检测概率。

典型正态分布与对数正态分布概率密度函数的比较如图 4.1 所示。侧向观察歼 6 飞机于 X 波段的 RCS 概率密度函数实测曲线如图 4.2 所示，由于横坐标是对数坐标，因此它非常符合对数正态分布。

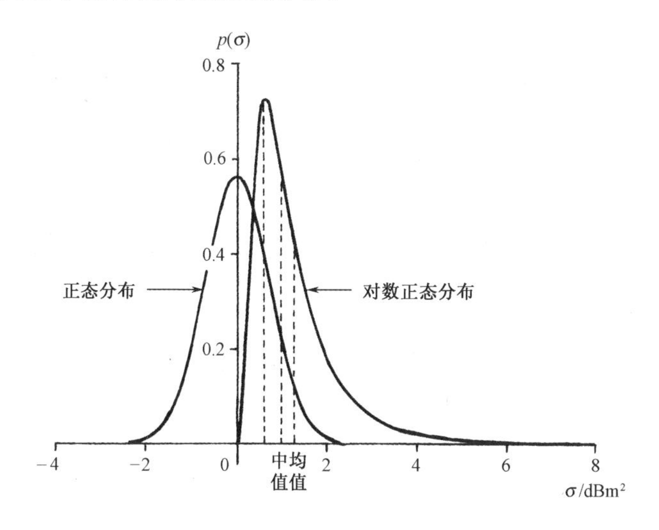

图 4.1　典型正态分布与对数正态分布概率密度函数的比较

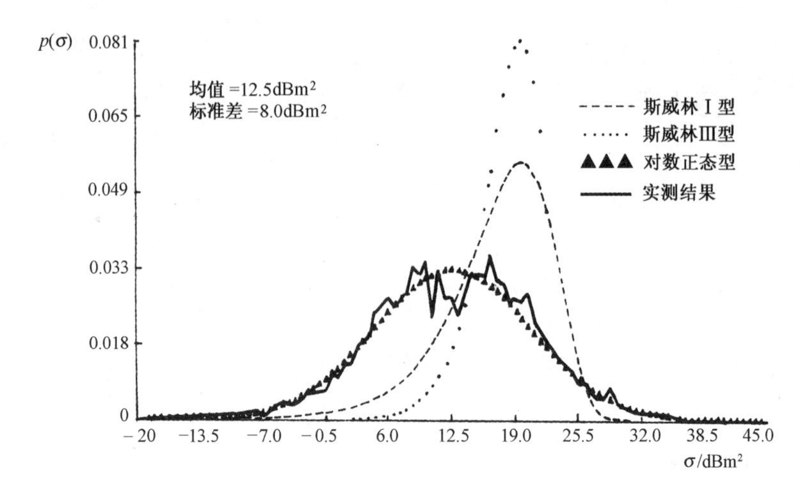

图 4.2 侧向观察歼 6 飞机于 X 波段的 RCS 概率密度函数的实测曲线

4.2 目标检测与 RCS 统计模型关系

对雷达设计者和学者来说，最关心的是 RCS 起伏模型如何定量地应用到雷达对目标的检测计算中。尤其对设计警戒雷达来说，确定雷达目标对象后，如何计算发现概率（P_d）、虚警概率（P_{fa}）、脉冲积累数（N）与最小检测信噪比（S/N）的关系是至关重要的。

设 $p_n(v)$ 为纯噪声概率密度函数，无目标存在时回波超过门限电压 v_t 的概率称为虚警概率 P_{fa}，即

$$P_{fa} = \int_{v_t}^{\infty} p_n(v)\mathrm{d}v \tag{4.14}$$

同样，设 $p_{sn}(v)$ 为目标信号与噪声混合的概率密度函数，回波值超过门限电压 v_t 的概率称为发现概率 P_d，即

$$P_d = \int_{v_t}^{\infty} p_{sn}(v)\mathrm{d}v \tag{4.15}$$

式（4.14）和式（4.15）中，$p_n(v)$ 与 $p_{sn}(v)$ 值与接收机的检波规律及检波后处理电路的非线性有关。当虚警概率确定后，发现概率主要与脉冲积累数 N 及信噪比 S/N 有关。这些计算过程比较复杂，但是经过半个世纪后，许多有用曲线都已经公布了，这些有贡献的学者主要有：马库姆[2]、斯威林[3]、米雅尔与马雅尔[5]、维斯托克[4]、布莱克[9]和斯科尔尼克[8]等。本书以 4 种斯威林分布（相当于 2, 2N, 4, 4N 自由度 χ^2 分布）为基础，并补充 χ^2 自由度不为正整数时自由度 k 与信噪比 S/N 的关系曲线，将莱斯分布与对数正态分布也等效于 χ^2 分布的近似计算关系式。这些曲线是综合参考文献，并经作者折合计算、规范化后得到的。

图 4.3 和图 4.4 分别为目标 RCS 非起伏情况（即马库姆分布），发现概率 P_d

分别为 90%与 95%时，信噪比 S/N（dB）与脉冲积累数 N 的关系曲线，其中虚警概率 P_{fa} 为参变量。

图 4.5 和图 4.6 分别为目标 RCS 按斯威林 I 分布（也即 2 自由度 χ^2 分布），发现概率 P_{d} 分别为 90%和 95%时，信噪比 S/N（dB）与脉冲积累数 N 的关系曲线，其中虚警概率 P_{fa} 为参变量。

图 4.7 和图 4.8 分别为目标 RCS 按斯威林 II 分布（也即 $2N$ 自由度 χ^2 分布），发现概率 P_{d} 分别为 90%和 95%时，信噪比 S/N（dB）与脉冲积累数 N 的关系曲线，其中虚警概率 P_{fa} 为参变量。

图 4.9 和图 4.10 分别为目标 RCS 按斯威林 III 分布（也即 4 自由度 χ^2 分布），发现概率 P_{d} 分别为 90%和 95%时，信噪比 S/N（dB）与脉冲积累数 N 的关系曲线，其中虚警概率 P_{fa} 为参变量。

图 4.11 和图 4.12 分别为目标 RCS 按斯威林 IV 分布（也即 $4N$ 自由度 χ^2 分布），发现概率 P_{d} 分别为 90%和 95%时，信噪比 S/N（dB）与脉冲积累数 N 的关系曲线，其中虚警概率 P_{fa} 为参变量。

由于大多数情况下，雷达使用于高发现概率与低虚警概率状态，因此信噪比都比较高，这时，接收系统的线性检波与平方律检波的效果相差较小，这里就不再注明。

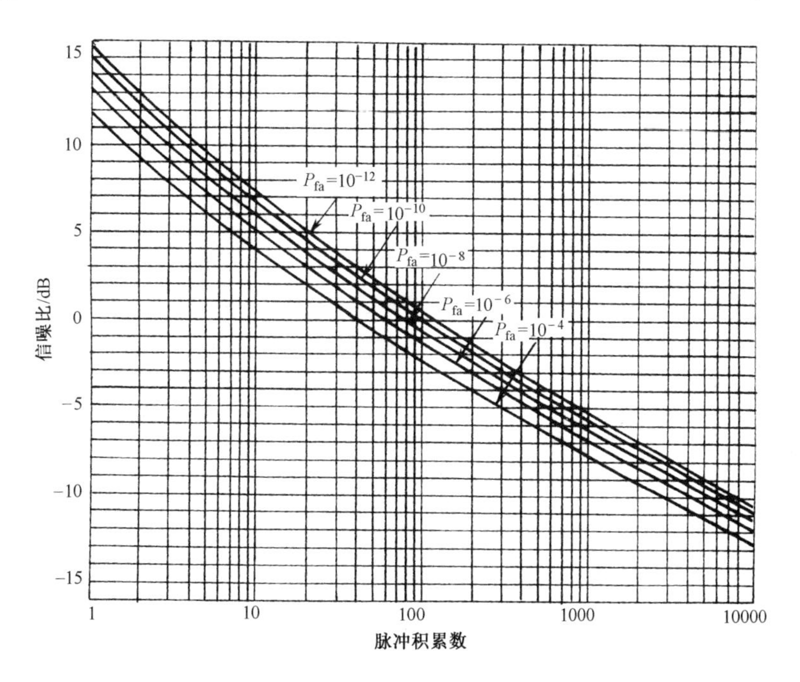

图 4.3　非起伏目标，P_{d}=90%时，信噪比与脉冲积累数的关系曲线[9]

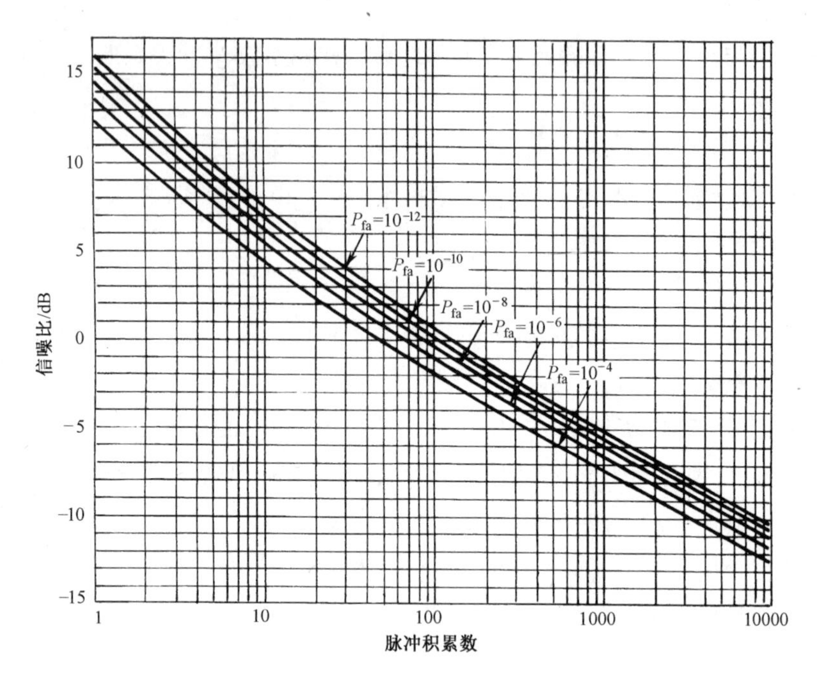

图 4.4　非起伏目标，P_d=95%时，信噪比与脉冲积累数的关系曲线[9]

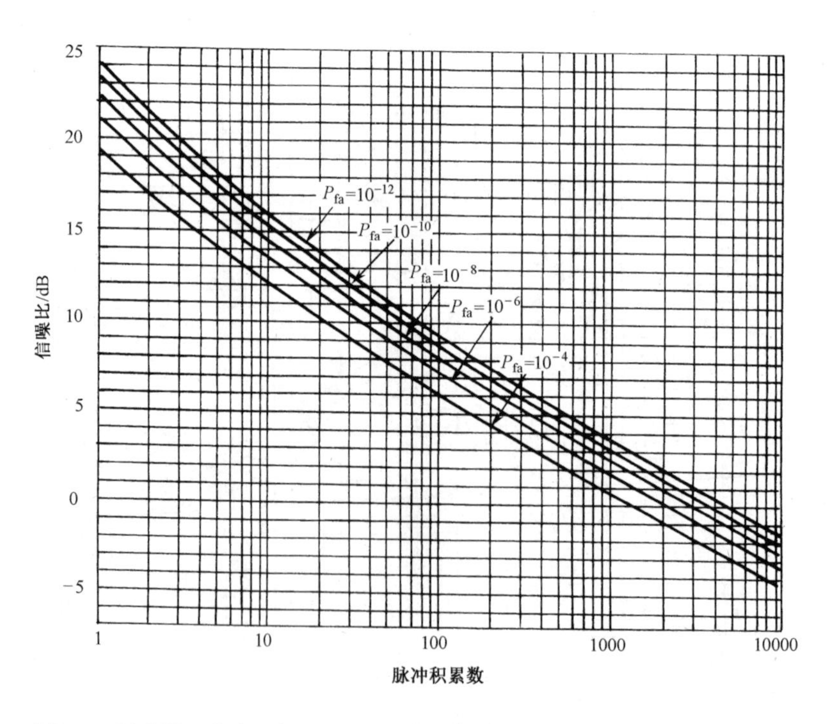

图 4.5　斯威林 I 分布目标，P_d=90%时，信噪比与脉冲积累数的关系曲线[9]

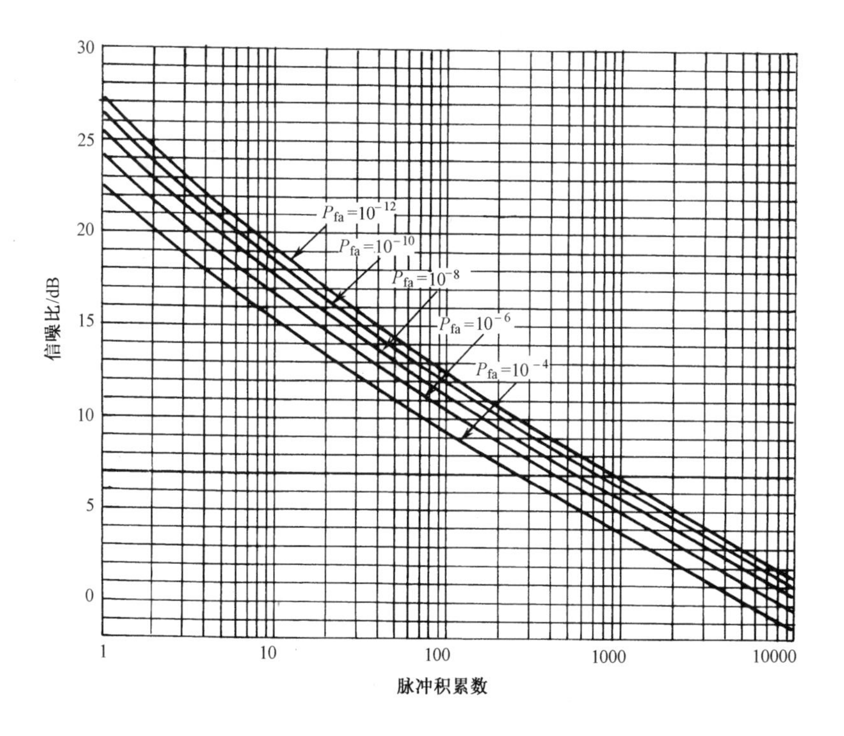

图 4.6　斯威林 I 分布目标，P_d=95%时，信噪比与脉冲积累数的关系曲线[9]

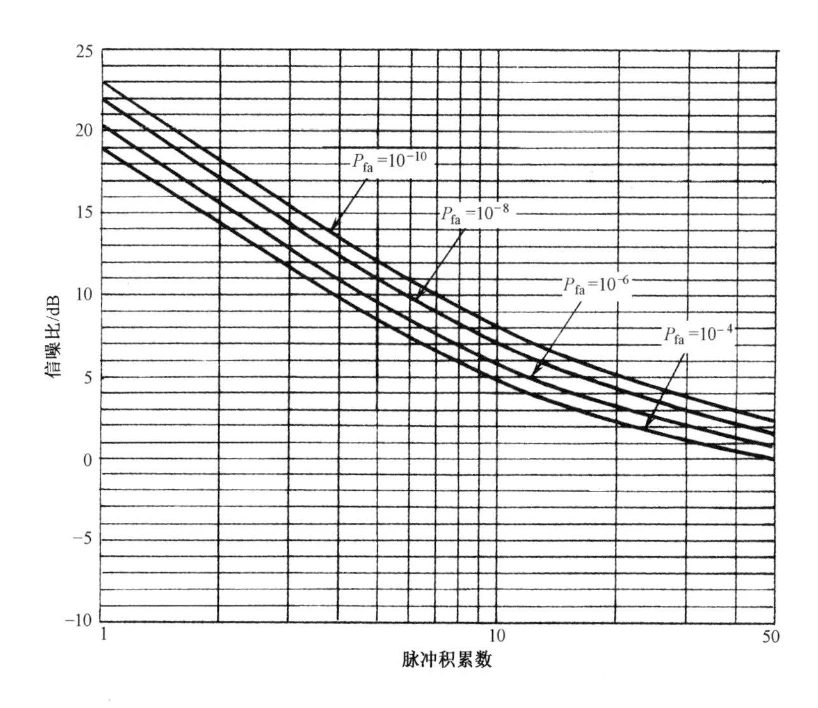

图 4.7　斯威林 II 分布目标，P_d=90%时，信噪比与脉冲积累数的关系曲线

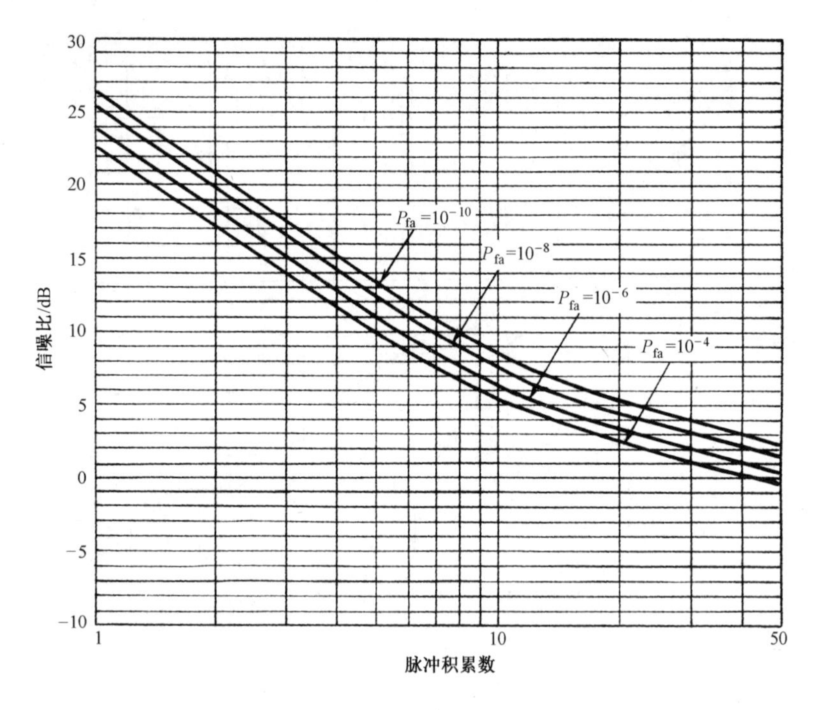

图 4.8　斯威林 II 分布目标，P_d=95%时，信噪比与脉冲积累数的关系曲线

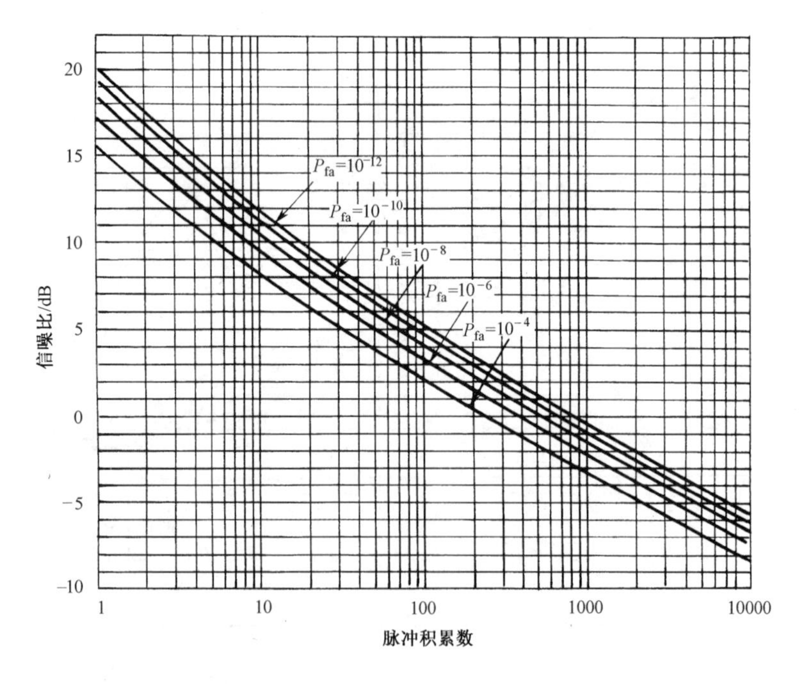

图 4.9　斯威林III分布目标，P_d=90%时，信噪比与脉冲积累数的关系曲线[9]

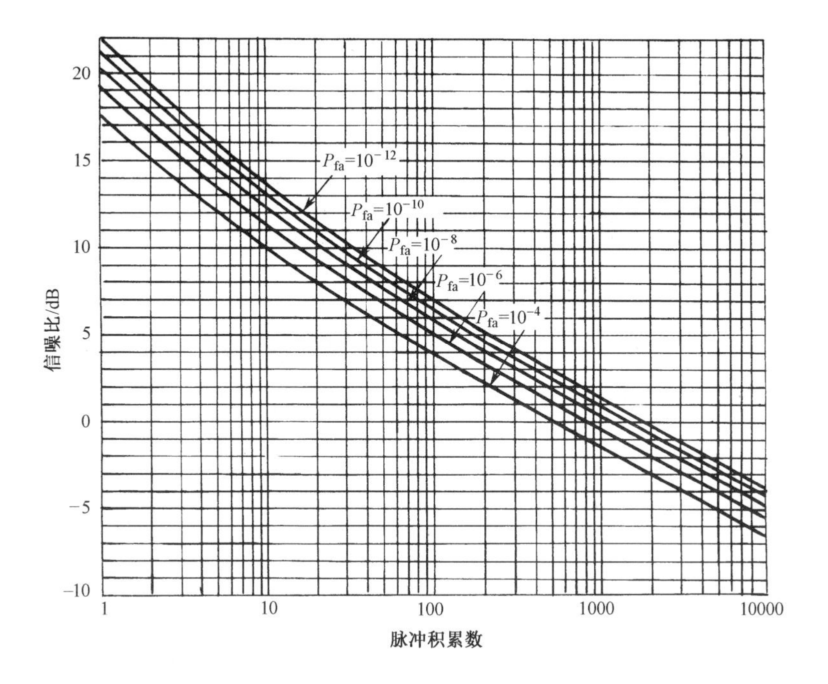

图 4.10　斯威林Ⅲ分布目标，P_d=95%时，信噪比与脉冲积累数的关系曲线[9]

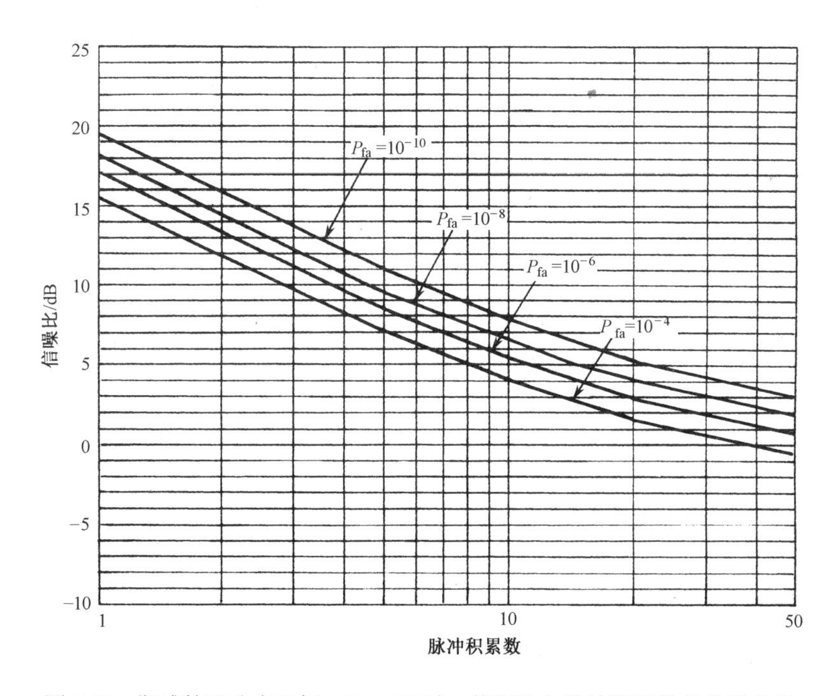

图 4.11　斯威林Ⅳ分布目标，P_d=90%时，信噪比与脉冲积累数的关系曲线

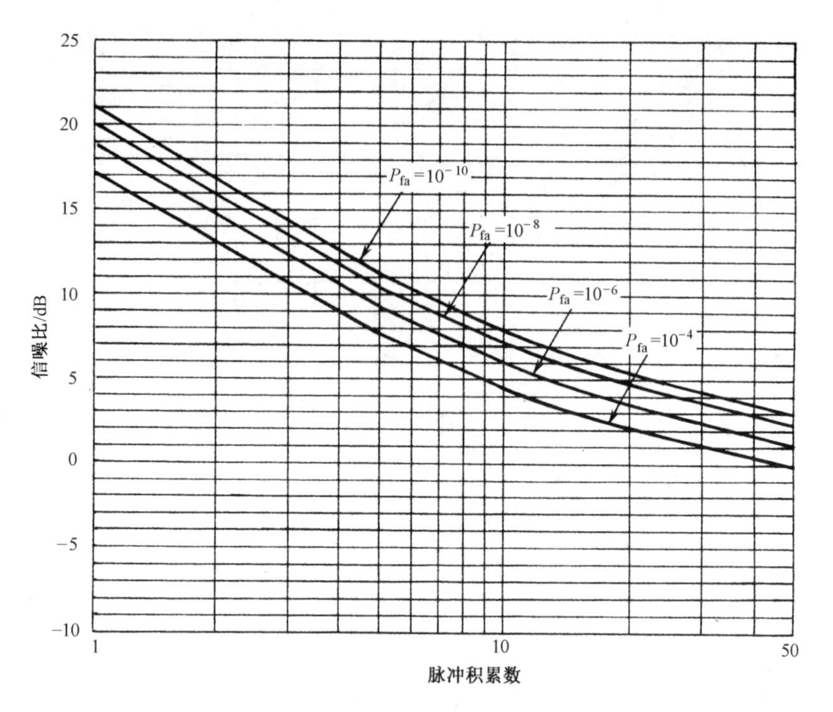

图 4.12 斯威林Ⅳ分布目标，P_d=95%时，信噪比与脉冲积累数的关系曲线

请读者注意，鉴于χ^2分布为双自由度［如式（4.5）所示］，因此斯威林Ⅰ称为2自由度χ^2分布，斯威林Ⅲ称为4自由度χ^2分布，其对应关系如表4.1所示。

表 4.1 χ^2分布与斯威林分布的对应关系

χ^2分布 双自由度k值	斯威林分布	χ^2分布
1	斯威林Ⅰ	2自由度χ^2分布
N	斯威林Ⅱ	$2N$自由度χ^2分布
2	斯威林Ⅲ	4自由度χ^2分布
$2N$	斯威林Ⅳ	$4N$自由度χ^2分布

为了雷达工程设计者能对非正整数k值的目标模型也能计算检测性能，图4.13、图4.14、图4.15及图4.16分别为不同发现概率P_d与虚警概率P_{fa}时，信噪比S/N（dB）与χ^2分布自由度k的关系曲线，其曲线以脉冲积累数N为参变量。读者不难查出，当$k=1, N, 2, 2N$时的4种斯威林分布的特殊情况。当$k\to\infty$时，即为非起伏目标马库姆分布模型。相控阵雷达设计者可以按需要增加每次点扫照射可疑目标的脉冲积累数（假定脉冲不相关），来降低要求的最小检测信噪比S/N（dB）值。

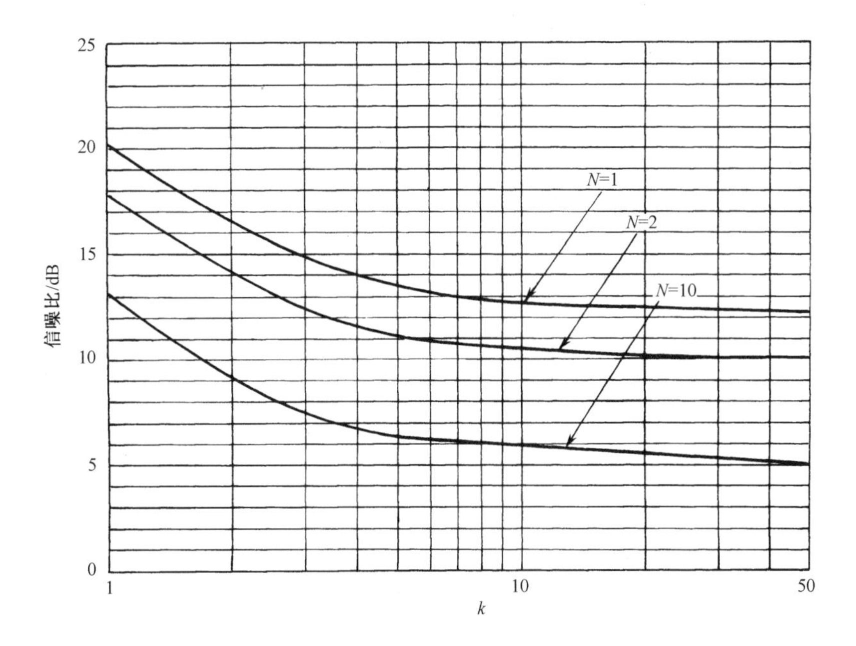

图 4.13　P_d=90%，$P_{fa}=10^{-5}$时，信噪比与 χ^2 分布自由度 k 的关系曲线

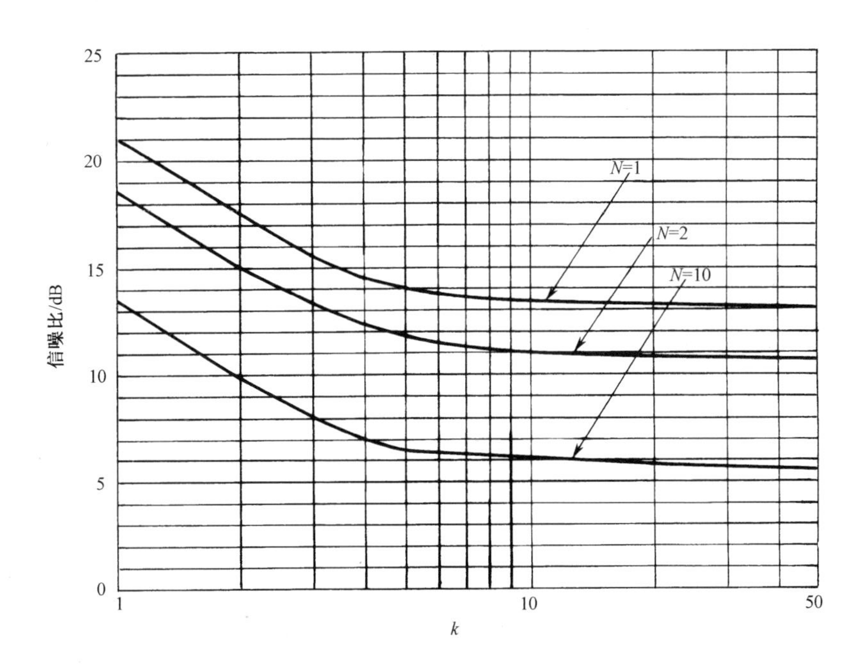

图 4.14　P_d=90%，$P_{fa}=10^{-6}$时，信噪比与 χ^2 分布自由度 k 的关系曲线

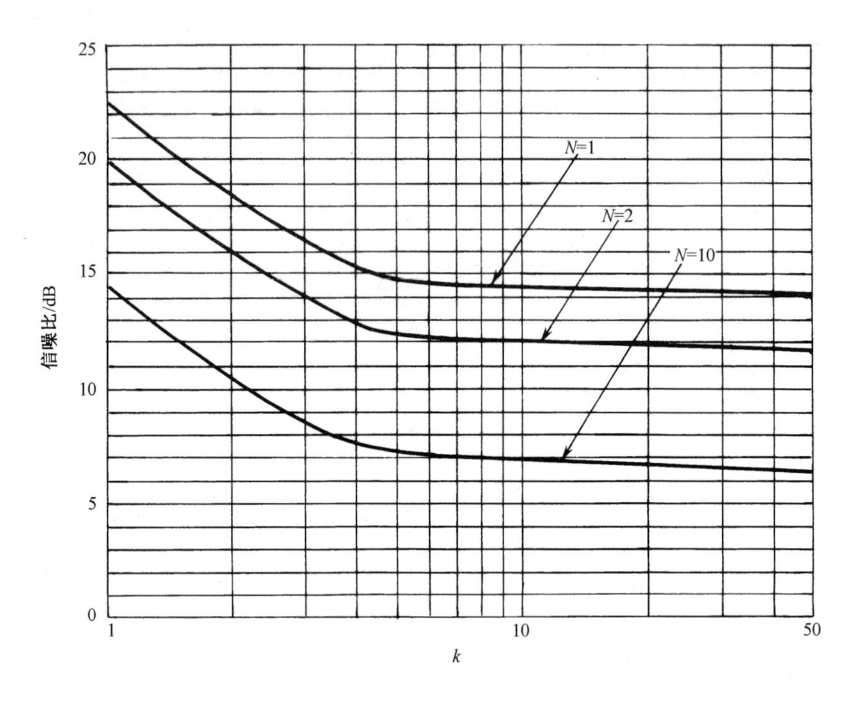

图 4.15　P_d=90%，P_{fa}=10^{-8}时，信噪比与χ^2分布自由度k的关系曲线

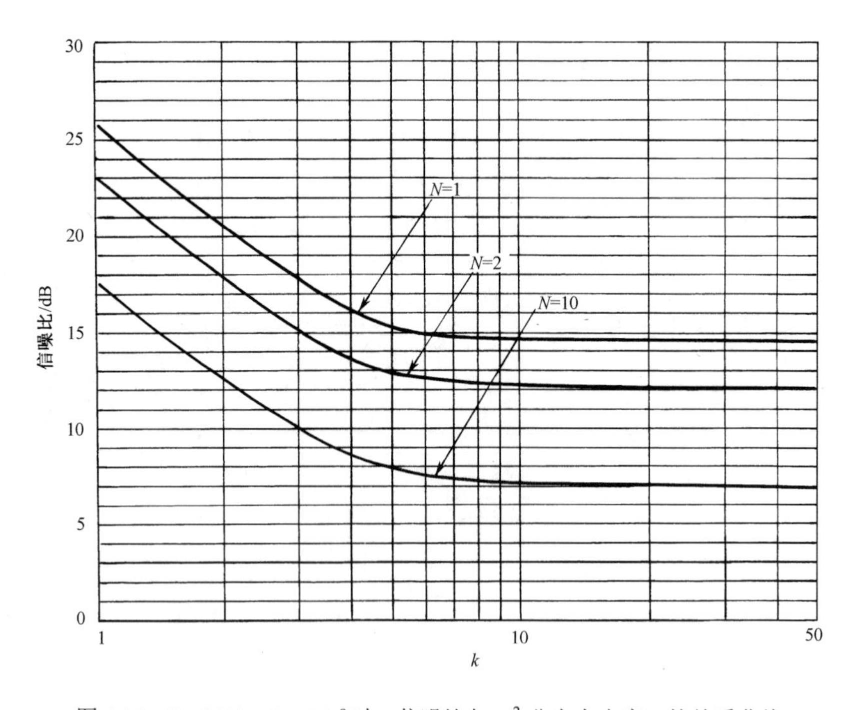

图 4.16　P_d=95%，P_{fa}=10^{-8}时，信噪比与χ^2分布自由度k的关系曲线

1. 莱斯分布模型拟合为 χ^2 分布模型

莱斯分布模型的变参数为(s,ψ_0)［见式（4.10）］，而 χ^2 分布模型的变参数为（$k,\bar{\sigma}$），经过推导[5]，莱斯分布模型与 χ^2 分布模型之间有如下拟合关系式，即

$$\bar{\sigma}(\chi^2)=\bar{\sigma}(\text{莱斯})=\psi_0(1+s) \tag{4.16a}$$

$$k(\chi^2)=1+\frac{s^2}{1+2s} \tag{4.16b}$$

在 P_d=1%～99%之间，式（4.16a）和式（4.16b）的拟合误差小于 1dB。因此，对莱斯分布模型，可按不同 s 值（即目标组合中的稳定体 RCS 与其他多个瑞利散射子组合平均 RCS 的比值），应用式（4.16b）计算出 k 值，然后选择每次（或每圈）扫描时停留在目标上的时间，乘上脉冲重复频率，即转换为积累脉冲数 N 值（设条件不相关），最后根据图 4.13 至图 4.16 不同的 P_d 与 P_{fa} 值，查得所需要单个脉冲信噪比 S/N（dB）值，由于 S/N 变化很有规律，因此其他 P_d, P_{fa} 值可以用插入法得到。

【例 4.1】设 s_1=1，s_2=4 两种情况，分别求出当 P_d=90%, $P_{fa}=10^{-6}$ 和 P_d=95%, $P_{fa}=10^{-8}$ 时，N=1, 2, 10 情况下单个脉冲的信噪比 S/N 值（dB），经查图 4.14 与图 4.16，得 S/N（dB）结果如表 4.2 所示。

表 4.2　莱斯分布模型最小检测信噪比的计算结果

s	每次（圈）扫描积累脉冲数 N	χ^2 自由度 Nk 值	单个脉冲信噪比（S/N）/dB	
			P_d=90%，$P_{fa}=10^{-6}$	P_d=95%，$P_{fa}=10^{-8}$
s_1=1	1（慢起伏）	(4/3)×1≈1.33	20.0	24.0
	2（中起伏）	(4/3)×2≈2.66	13.8	16.0
	10（快起伏）	(4/3)×10≈13.3	6.0	7.2
s_2=4	1	(25/9)×1≈2.78	16.0	18.8
	2	(25/9)×2≈5.56	11.6	12.6
	10	(25/9)×10≈=27.8	5.8	7.0

2. 对数正态模型拟合为 χ^2 模型

对数正态分布模型的变参数为(ρ,σ_0)［见式（4.12）］，而 χ^2 分布模型的变参数为$(k,\bar{\sigma})$。经推导[5]，对数正态分布模型的变参数 ρ 与 χ^2 分布模型的变参数 k 之间的关系曲线如图 4.17 所示。设计时，由不同 ρ 值查出对应的 k 值，再选择每次（圈）扫描内积累脉冲数 N，经过查图 4.14 至图 4.16 曲线，便可以利用线性插入法获得较准确的单个脉冲信噪比（S/N）的值。

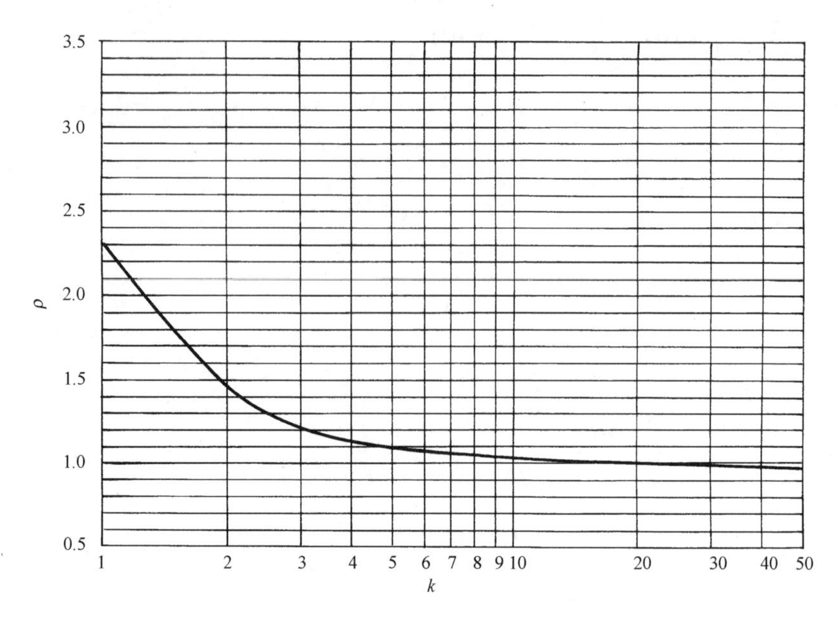

图 4.17　对数正态分布模型的变参数 ρ 与 χ^2 分布的变参数 k 之间的关系曲线

【例 4.2】设 $\rho_1=1$，$\rho_2=1.4$，$\rho_3=2.3$ 共 3 种情况，分别求出当 $P_d=90\%$，$P_{fa}=10^{-6}$ 与 $P_d=95\%, P_{fa}=10^{-8}$ 时，在 $N=1, 10$ 的情况下，单个脉冲信噪比 S/N（dB）的值。经先查图 4.17，然后查图 4.14 与图 4.16，便得到 S/N（dB）的结果，如表 4.3 所示。

表 4.3　对数正态分布模型最小检测信噪比的计算结果

ρ	每次（圈）扫描积累脉冲数 N	χ^2 自由度 Nk 值	单个脉冲信噪比（S/N）/dB	
			$P_{fa}=10^{-6}$，$P_d=90\%$	$P_{fa}=10^{-8}$，$P_d=95\%$
1	1（慢起伏）	$(\infty)\times1=\infty$	13.0	14.5
	10（快起伏）	$(\infty)\times10=\infty$	5.6	6.8
1.4	1	$(1.8)\times1=1.8$	18.0	21.0
	10	$(1.8)\times10=18$	5.8	7.0
2.3	1	$(1.03)\times1=1.03$	21.0	25.8
	10	$(1.03)\times10=10.3$	6.2	7.2

4.3　RCS 起伏的时间谱模型

雷达工作所遇到的是在特定目标运动和轨迹条件下的 RCS 起伏量，其重要特性表征为：一是概率密度函数，即 RCS 统计模型，这在 4.2 节已经讨论；二是频谱密度函数，即 RCS 随时间起伏的频谱模型。其产生的物理过程可以这样描述：当地面雷达不动，目标按一定的航迹朝雷达方向飞行时，目标的运动轨迹变化与姿态变化都使视线（雷达与目标质心的连线）在目标坐标系内连续发生变化。由本章 4.2 节可知，目标 RCS 的值是两个姿态欧拉角的敏感函数，因此产生了 RCS 的值随时间起伏的函数。为了方便雷达工程师们应用需要，还需将目标坐标系中雷达视线随时间变化的 RCS 序列转换为雷达坐标系中随时间变化的 RCS 序列，因此需要坐标转换。

1. 雷达坐标系定义

雷达坐标系 $O_RX_RY_RZ_R$（如图 4.18 所示）固定于雷达之上[10]。它以雷达所在地为坐标原点 O_R，Z_R 轴铅垂向上。X_R 轴和 Y_R 轴位于水平面内，它们的指向可以根据具体情况加以选取，在本书中规定 X_R 轴为正东方向，Y_R 轴为正北方向。

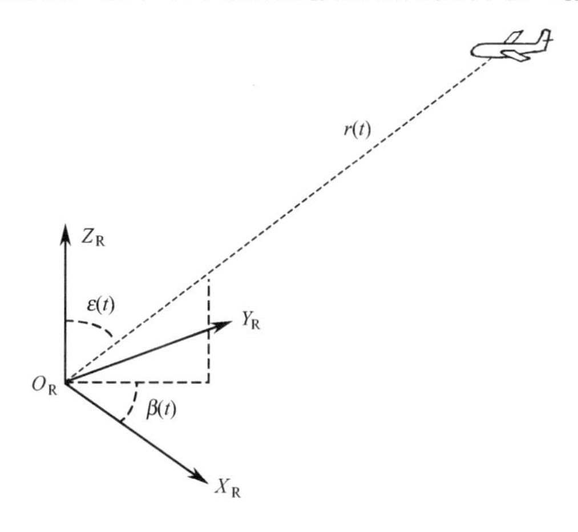

图 4.18 雷达坐标系定义

一般地，雷达以极坐标形式 $r(t), \beta(t), \varepsilon(t)$ 给出目标点迹每一时刻在雷达坐标系中的位置，其中 $r(t)$ 为雷达原点 O_R 至目标中心的距离，$\beta(t)$ 为雷达视线在 $X_RO_RY_R$ 平面的投影与 X_R 轴的夹角（即目标方位角），$\varepsilon(t)$ 为雷达视线与 Z_R 轴的夹角（即目标俯仰角）。可以通过以下关系式将极坐标表示 $r(t), \beta(t), \varepsilon(t)$ 方便地转换为经常使用的直角坐标表示 $x_R(t), y_R(t), z_R(t)$，即

$$x_R(t) = r(t)\cdot\sin[\varepsilon(t)]\cdot\cos[\beta(t)] \tag{4.17a}$$

$$y_R(t) = r(t)\cdot\sin[\varepsilon(t)]\cdot\sin[\beta(t)] \tag{4.17b}$$

$$z_R(t) = r(t)\cdot\cos[\varepsilon(t)] \tag{4.17c}$$

式中，$x_R(t), y_R(t), z_R(t)$ 分别为目标点迹在雷达坐标系中 X_R, Y_R, Z_R 轴上的坐标分量。

2. 目标坐标系定义

目标坐标系 $O_TX_TY_TZ_T$（如图 4.19 所示）固连于目标。它以目标中心为坐标原

点 O_T，X_T 轴平行于机身轴线指向前方，Z_T 轴位于目标对称平面内，垂直于 X_T 轴指向上方，Y_T 轴垂直于目标对称平面，其指向由右手法则确定。

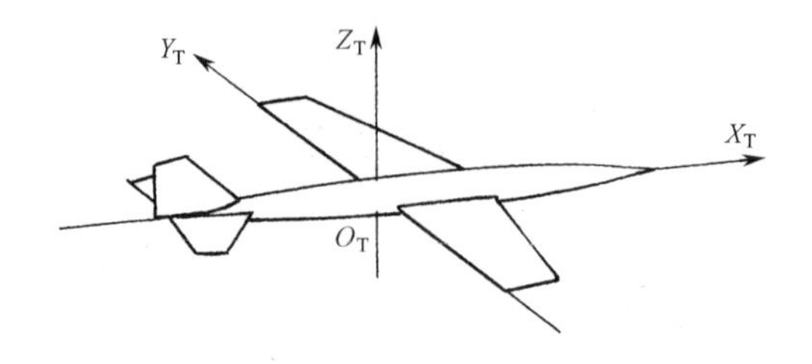

图 4.19　目标坐标系定义

3. 坐标变换

当目标在雷达坐标系中按预定路线飞行时，由雷达给出的 RCS 值是随时间连续变化的，这主要是由于在目标飞行过程中，雷达视线在目标坐标系中随时间变化和目标自身姿态变化所致。因此，必须根据目标在雷达坐标系中航迹和姿态的变化，进行如下坐标变换（如图 4.20 所示）和计算，求出雷达视线在目标坐标系中随时间变化的方位角 $\phi(t)$ 和俯仰角 $\theta(t)$。从雷达坐标系到目标坐标系变换过程如下

$$\begin{bmatrix} x_T(t) \\ y_T(t) \\ z_T(t) \end{bmatrix} = \begin{bmatrix} p_{11} & p_{12} & p_{13} \\ p_{21} & p_{22} & p_{23} \\ p_{31} & p_{32} & p_{33} \end{bmatrix} \cdot \begin{bmatrix} x - x_R(t) \\ y - y_R(t) \\ z - z_R(t) \end{bmatrix} = \boldsymbol{P} \cdot \begin{bmatrix} x - x_R(t) \\ y - y_R(t) \\ z - z_R(t) \end{bmatrix} \tag{4.18}$$

式（4.18）中，(x, y, z) 为雷达坐标系中任意一点坐标；$(x_R(t), y_R(t), z_R(t))$ 为目标点迹在雷达坐标系中的坐标；$(x_T(t), y_T(t), z_T(t))$ 为点 (x, y, z) 在目标坐标系中的坐标。$\boldsymbol{P}$ 为从雷达坐标系到目标坐标系的变换矩阵，其分量分别由以下关系式确定

$$p_{11} = \cos\alpha(t)\cdot\cos\gamma(t) + \sin\alpha(t)\cdot\sin\gamma(t)\cdot\sin\eta(t) \tag{4.19a}$$

$$p_{12} = \sin\alpha(t)\cdot\cos\eta(t) \tag{4.19b}$$

$$p_{13} = -\cos\alpha(t)\cdot\sin\gamma(t) + \sin\alpha(t)\cdot\cos\gamma(t)\cdot\sin\eta(t) \tag{4.19c}$$

$$p_{21} = -\sin\alpha(t)\cdot\cos\gamma(t) + \cos\alpha(t)\cdot\sin\gamma(t)\cdot\sin\eta(t) \tag{4.19d}$$

$$p_{22} = \cos\alpha(t)\cdot\cos\eta(t) \tag{4.19e}$$

$$p_{23} = \sin\alpha(t)\cdot\sin\gamma(t) + \cos\alpha(t)\cdot\cos\gamma(t)\cdot\sin\eta(t) \tag{4.19f}$$

$$p_{31} = \sin\gamma(t)\cdot\cos\eta(t) \tag{4.19g}$$

$$p_{32} = -\sin\eta(t) \tag{4.19h}$$

$$p_{33} = \cos\gamma(t)\cdot\cos\eta(t) \tag{4.19i}$$

上述关系式中，$\alpha(t)$、$\gamma(t)$ 和 $\eta(t)$ 分别为目标偏航角、俯仰角和滚转角。其中，$\alpha(t)$ 为目标机体轴 X_T 在 $O_TX_RY_R$ 平面上的投影线与轴 X_R 之间的夹角；$\gamma(t)$ 为目标

机体轴 X_T 与 $O_TX_RY_R$ 平面的夹角；$\eta(t)$ 为 $O_TX_TZ_T$ 平面与包含 X_T 轴的铅垂面之间的夹角，它们均为时间变量。由这 3 个欧拉角可以完全确定目标在运动过程中姿态的变化。

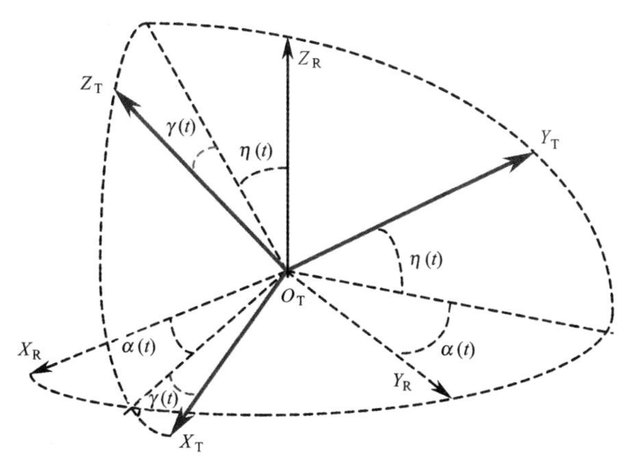

图 4.20　坐标变换示意图

将雷达坐标 (0,0,0) 代入式（4.17），即可算出雷达位置在目标坐标系中的坐标表示，即

$$\begin{bmatrix} x_T^0(t) \\ y_T^0(t) \\ z_T^0(t) \end{bmatrix} = -\boldsymbol{P} \cdot \begin{bmatrix} x_R(t) \\ y_R(t) \\ z_R(t) \end{bmatrix} \tag{4.20}$$

式（4.20）中，$\left[x_T^0(t), y_T^0(t), z_T^0(t)\right]$ 为雷达位置在目标直角坐标系中的坐标。为了将目标相对于雷达运动等价表示为雷达视线在目标坐标系中的姿态角变化，还需将上述直角坐标表示转换为极坐标表示，即

$$r(t) = \sqrt{\left[x_T^0(t)\right]^2 + \left[y_T^0(t)\right]^2 + \left[z_T^0(t)\right]^2} \tag{4.21a}$$

$$\phi(t) = \arctan\frac{y_T^0(t)}{x_T^0(t)} \tag{4.21b}$$

$$\theta(t) = \arccos\frac{z_T^0(t)}{r(t)} \tag{4.21c}$$

$\theta(t)$ 和 $\phi(t)$ 即为雷达视线在目标坐标系中随时间变化的俯仰角和方位角。在求出每一时刻 $\theta(t)$ 和 $\phi(t)$ 后，即可在目标坐标系中计算出与 $\left[\theta(t), \phi(t)\right]$ 相对应的 RCS 值，此 RCS 值即为特定轨迹和姿态下的运动目标在每一时刻的 RCS。

如果对时间变化函数（曲线）进行傅里叶变换，便可得到 RCS 的频谱密度函数。

4. 举例

设某地面固定雷达站，其工作波长为 5cm，某喷气式飞机从离雷达 30km 处朝雷达方向水平飞行，航路捷径为10km，飞行高度为3km，飞行速度为0.5km/s。应用本节所讲的计算公式，即可计算出 RCS 随时间变化的曲线，如图 4.21（a）所示。经傅里叶变换后，其 RCS 的功率谱密度如图 4.21（b）所示。

上述计算没有计入飞行员操纵飞机所产生的航迹随机变化，以及飞机的姿态变化，因此实际飞行状态下，飞机 RCS 起伏的时间谱高端会更高。图 4.22 所示为实测的飞机 RCS 时间序列及其功率谱密度。

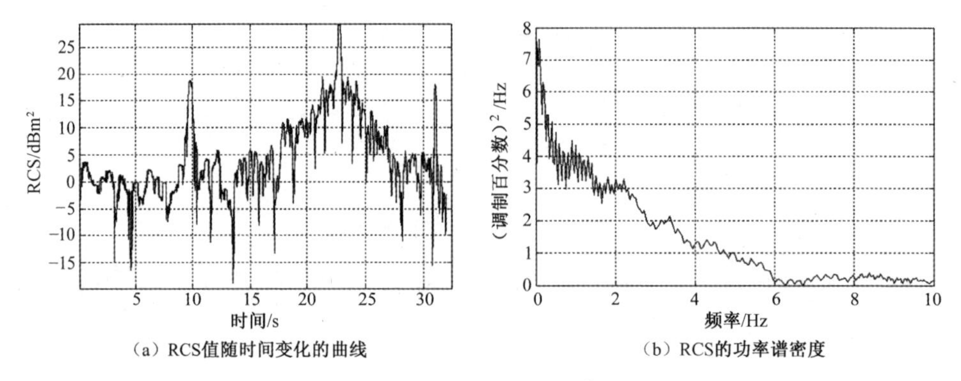

（a）RCS值随时间变化的曲线
（b）RCS的功率谱密度

图 4.21 仿真计算的飞机 RCS 时间序列及其功率谱密度

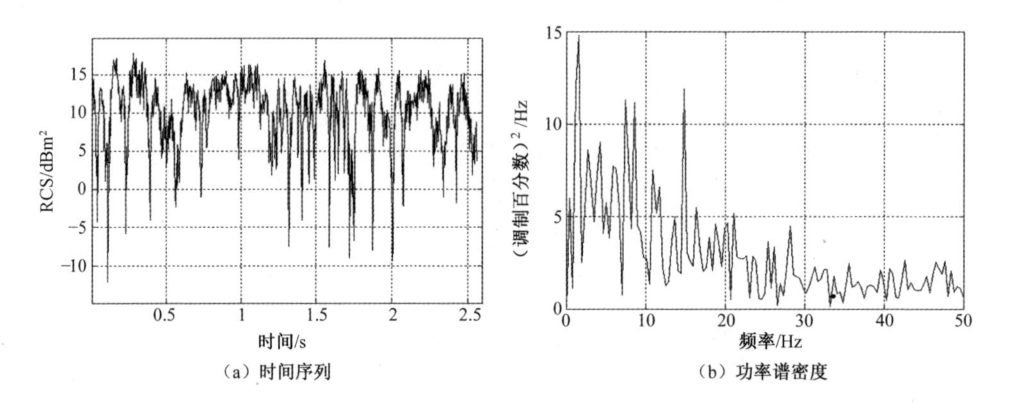

（a）时间序列
（b）功率谱密度

图 4.22 实测的飞机 RCS 时间序列及其功率谱密度

参考文献

[1] LAWSON J L, UHLENBECK G E. Threshold Signals[M]. New York: McGraw-Hill, 1950.

[2] MARCUM J. A Statistical Theory of Target Detection by Pulsed Radar[J]. IRE Transactions on Information Theory, 1960, 6(2): 59-267.

[3] SWERLING P. Probability of Detection for Fluctuating Targets[J]. IRE Transactions on Information Theory, 1960, 6(2): 269-308.

[4] WEINSTOCK W W. Target Cross Section Models for Radar Systems Analysis[D]. Philadelphia: University of Pennsylvania, 1964.

[5] MEYER D P, MAYER H A. Radar Target Detection-Handbook of Theory and Practice[M]. New York: Academic Press, 1973.

[6] SCHOLEFIELD P H R. Statistical Aspects of Ideal Radar Targets[C]. Proceedings of the IEEE, 1967, 55(4): 587-589.

[7] HEIDBREDER G R, MITCHELL R L. Detection Probabilities for Log-Normally Distributed Signals[J]. IEEE Transactions on Aerospace and Electronic Systems, 1967 (1): 5-13.

[8] 斯科尔尼克 M I. 雷达手册[M]. 谢卓, 译. 北京：国防工业出版社, 1978.

[9] BLAKE L V. A Guide to Basic Pulse-Radar Maximum-Range Calculation: Report No. 5868[R]. Washington D C: Naval Research Laboratory, 1962.

[10] 肖业伦. 飞行器运动方程[M]. 北京：航空工业出版社, 1987.

第 5 章
雷达散射截面的减缩

随着现代技术的发展，各类雷达目标的体积大小与它的 RCS 值几乎没有关系。一架 20 多米长的隐身飞机，其 RCS 约与一只鸽子的 RCS 相当；而一个 1m 直径龙伯球散射体，在 3cm 波长上，其 RCS 竟达到约 2000m^2。因此，雷达目标设计者必须掌握雷达散射截面（RCS）的设计方法，而对雷达设计者来说，了解雷达散射截面的减缩方法，对提出创新的反隐身思路、雷达性能评定等工作都是必需的知识与工具。

隐身飞行器的出现使对 RCS 的研究成为一项“热门”课题。过去，为了提高雷达对目标的探测概率，人们往往注重研究目标 RCS 的统计分布特性，并收集回波起伏谱特性，以便设计最佳的虚警阈值，得到最大信噪比和信干比。然而，今天飞行器的 RCS 有 2～3 个数量级的减缩，目标的低可观察性严重威胁着雷达。表 5.1 列出了各类隐身飞行器 RCS 的估值，同时对比地列出了类似非隐身飞行器的原水平 RCS 估值（在微波波段）。

表 5.1　各类隐身飞行器的 RCS 估值

隐身飞行器		非隐身飞行器		隐身水平/−dB
名　称	RCS/m^2	名　称	RCS/m^2	
远程轰炸机 B-2（ATB）	0.1	B-52	100	30
侦察/强击机 F-117A	0.02	F-15	4	23
战斗机 ATF（YF-22）	0.05	F-15	4	19
无人侦察机 CM-30, CM-44	0.001	BQM-34A 侦察兵	0.4 0.2	23～26
巡航导弹（ACM） AGM-129A	0.005	AGM-86B	1	23
战斗机 F-16S 改型	0.2～0.5	F-15	4	9～13

由表 5.1 可见，目前隐身飞行器发展有两个层次：一个层次是对现有飞机和导弹进行隐身性能的技术改造，称为准隐身飞行器，如表 5.1 中的 F-16S 战斗机的 RCS 与非隐身相比，约减缩 9～13dB；另一个层次是新研制的，称为纯隐身飞行器，如 B-2（ATB）, F-117A 与 YF-22A 战斗机等，它们的 RCS 与非隐身相比，减缩了 20～30dB。从隐身难易观点来看，不载人的无人机和巡航导弹更容易获得高水平的隐身性能。

隐身技术是研究如何降低目标（含飞机、导弹、舰船和地面车辆等）被雷达、红外、声呐和可见光等探测系统发现和跟踪能力的各种技术，其中包括诱偏与引偏等技术，RCS 减缩技术是隐身技术中的最重要的一种。

减缩 RCS 大致有 3 种基本方法：

（1）赋形（Shaping）；

（2）雷达吸波材料（RAM）；

（3）有源与无源阻抗加载。

本章对上述 3 种基本方法作概念性叙述。由于没有具体的针对性，因此不是隐身飞行器的设计方法。有关飞行器隐身设计的方法以及对纳米材料、等离子体、超材料等“热门”隐身技术的讨论可参见有关专著和文献[1-2]。

5.1 赋形

飞行器的 RCS 减缩具有 3 种含义：一是后向散射减缩，由于大多数雷达是单基地雷达，即反射与接收部署在一起，因此后向散射减缩，也称单基地 RCS 减缩；二是在主要威胁方向上的减缩，如鼻锥前向±（30°～45°）范围；三是在后向、非后向以及所有方向上都减缩。

飞行器赋形的目的在于通过修整飞行器的形状轮廓、边缘与表面，使其在雷达主要威胁方向上获得后向散射的减缩。对能够确定威胁姿态角区域的飞行器来说，赋形是最好的方法。赋形技术通常是将高散射回波从一个视线角转移到另一个视线角，或者将后向散射变为非后向散射，因而往往在一个角度域内获得 RCS 减缩，同时伴随着另一个角度域的 RCS 增加。如果要求所有方向上都是同等地减缩，那么只能求助于赋形加吸波材料的综合技术。

图 5.1 示出了按同一缩比因子绘出的 10 种美国飞机外形，标出了它们在鼻锥方向±45°范围内后向 RCS 统计平均值（在微波波段范围），并按正确比例，形象地绘出了 RCS 圆形面积的大小[3]。由该图可见，目标 RCS 的大小几乎与目标几何横截面的大小无关，因此飞行器赋形设计具有重要作用（图中 B-2 与 F-117A 等的 RCS 减缩还包含了吸波材料的贡献）。

赋形对减缩某一方向上的尖锐 RCS 峰值有突出作用。如图 5.2 所示，该图中比较了平板、圆柱面和球面三者的后向 RCS 值，它们在光学区的近似解析式为

$$\sigma=\begin{cases}\left[lkw\cos\theta\dfrac{\sin(kw\sin\theta)}{kw\sin\theta}\right]^2/\pi & \text{(平板)}\\ kal^2 & \text{(圆柱面)}\\ \pi a^2 & \text{(球面)}\end{cases} \tag{5.1}$$

式（5.1）中，l 是平板或圆柱的垂直方向尺寸；w 是平板宽度（正方形时，$w=l$），

a 是圆柱或球的半径；θ 是偏离法线的雷达视线角。

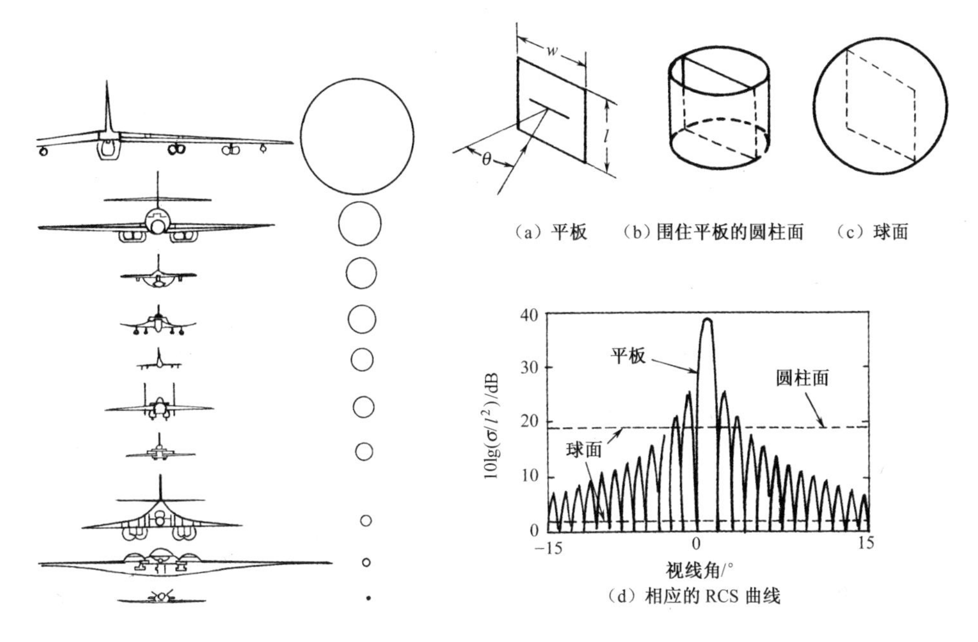

图 5.1　10 种飞机的 RCS 的统计平均值

图 5.2　典型物体 RCS 值

为了围住一个长度为 w 的平板，圆柱半径必须为 $a=w/2$，球的半径必须为 $a=l/\sqrt{2}$（这时 $w=l$）。由于圆柱和球都是围绕垂直于入射平面的轴线旋转对称的，因此 RCS 值与 θ 角变化无关，如图 5.2（d）所示[3]。该图中画出了边长为 25λ 的方形平板的 RCS 方向图，图中纵坐标的 RCS 是对平板长度的平方进行 RCS 归一化。当偏离法向 $\pm15^\circ$ 时，其 RCS 要比法向 $(\theta=0)$ RCS 下降达 30dB 之多，这启示人们，在主要威胁方向上一定要避免飞行器上任何部件有大的镜面反射。与平板反射相对照，圆柱与球的散射是恒定的，并分别保持在比镜面平板反射低大约 20～35dB 的水平。由此可预料，对有限指向范围内 RCS 惊人的减缩是可能达到的。

然而，图 5.2（d）曲线还说明了另一个机理，即在一个角度上，RCS 的减缩总伴随着另一角度 RCS 的增强。该图上平板被圆柱包围后，仅在 $\pm4^\circ$ 范围内圆柱比平板减缩了 19dB，同时即在 $\pm10^\circ$ 大范围增强了 9dB。如此情况，就提出一个问题：是有一个较宽而又较低的 RCS 方向图好呢？还是有一个尖锐而又高的 RCS 方向图好？这只能由实际雷达的部署来确定。

下面分别叙述机翼、机身和尾翼的赋形。

首先讨论机翼[3]。当迎头攻击时，设对方雷达正前方照射飞行器，机翼前缘在前向产生很大散射，其散射方向图的峰值对鼻锥法向的偏离角等于机翼后掠角的两倍。当照射的俯角不为零时，机翼后缘对前向也会产生很大的散射，因此希望采用大后掠角。F-117A 的前缘后掠角约67°。此外，大多数飞机的前后缘都是直线形的，这样它的散射能量都集中在一个很窄的角度范围内，如图 5.3(a)～图 5.3（c）所示。其中图 5.3（a）为普通型，图 5.3（b）为大后掠角机翼，图 5.3（c）为三角机翼，其非后向 RCS 大于 90°，由于它的前缘弦过长，行波分量增大，从而增大非后向 RCS。如果设计成弯曲形前缘，则它扩散了散射能量，减缩峰值的同时又增大了散射的角度范围，如图 5.3（d）所示，称为镰状机翼。

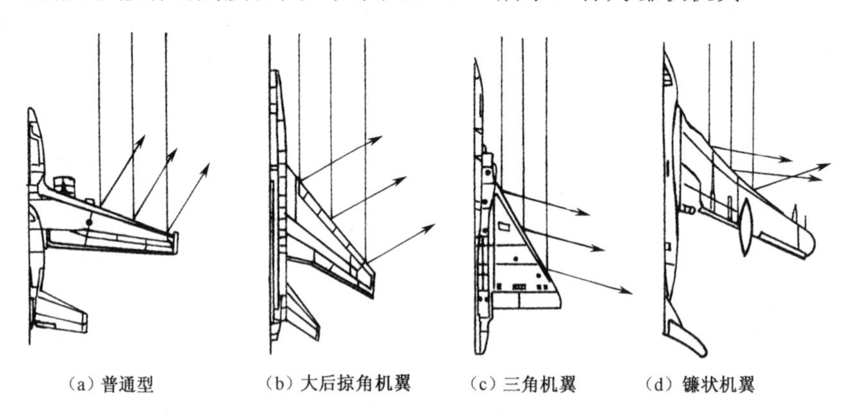

图 5.3　各类机翼的散射效应

其次讨论机身。飞机侧向的 RCS 通常要比鼻锥向大 20～30dB，侧向 RCS 的主要贡献来源于机身、垂直尾翼与外挂物。对机身赋形的主要措施是利用机翼将机身尽可能地遮挡及改变横截剖面。当然也可以采用机身与机翼融合的方法。这些是基于满足物理光学条件下镜面反射正比于弯曲表面的双曲率半径乘积的这一原理。另外，大后掠角和大展弦比都能提供对机身的大面积遮挡，可供参考的机身赋形几种横截剖面图如图 5.4 所示。

图 5.4　机身赋形的几种横截剖面图

最后讨论尾翼。垂直尾翼是侧向 RCS 的主要贡献之一。最普通的办法是采用内倾或外倾的双垂直尾翼，其倾斜角度必须按照飞行高度和突防空域等精心计算。实际测试双倾斜尾翼散射特性时，必须满足远场测量条件（详见文献[4]的 6.3.1 节）。水平或垂直尾翼的前后缘对鼻锥方向的散射也有较大贡献，特别要考虑如何抑制行波和蠕动波。

典型的隐身飞机 F-117A 和 B-2 的示意三面图分别绘于图 5.5 和图 5.6 之中。图 5.7 是一设想的喷气飞行器赋形方案综合后的外貌示意图。

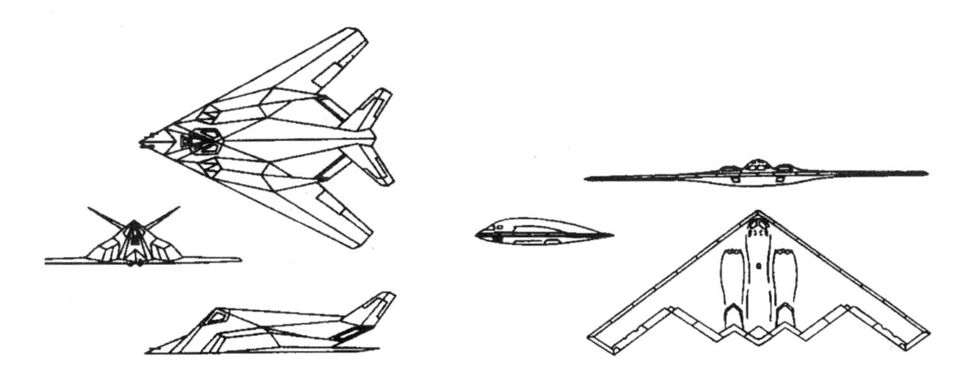

图 5.5　侦察/攻击机 F-117A 的示意三面图　　图 5.6　战略轰炸机 B-2 的示意三面图

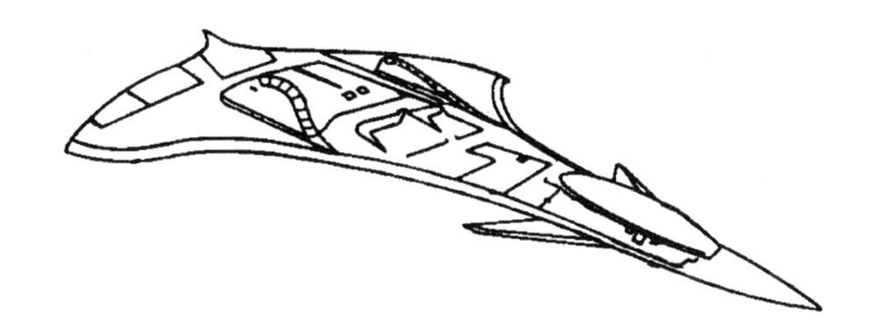

图 5.7　设想的喷气飞行器赋形方案综合后的外貌示意图

5.2　雷达吸波材料[5]

吸波涂层的宏观电磁参数用复介电常数（实部 ε' 和虚部 ε''）和复磁导率（实部 μ' 和虚部 μ''）来表征，它们的数值都有一定范围，不能任意选取，尤其复磁导率大的情况下一般做不大（复值模小于 10，损失角小于 45°），ε 与 μ 值又随频率而变化，因此如何设计一种厚度薄、质量小且吸收频带宽的吸波涂层是一个非常有价值的研究课题，它需要电磁场理论、吸收剂微观吸波机理、计算机多值优化设计，以及材料工艺等多学科的相互渗透并大力协同来完成。

图 5.8 所示为金属板涂覆单层和多层吸波介质的示意图。根据电磁波传输线理论，均匀传输线的输入阻抗为

$$Z_{\text{in}} = Z_{\text{c}} \frac{Z_1 + Z_{\text{c}} \text{th}(\gamma d)}{Z_{\text{c}} + Z_1 \text{th}(\gamma d)} \tag{5.2}$$

式（5.2）中，Z_{c} 为传输线特性阻抗；$Z_{\text{c}} = \sqrt{\mu_0/\varepsilon_0}\sqrt{\mu_{\text{r}}/\varepsilon_{\text{r}}}$；$(\mu_0,\varepsilon_0)$ 和 $(\mu_{\text{r}},\varepsilon_{\text{r}})$ 分别为空气和吸波介质层参数；Z_1 为负载阻抗，对有金属垫板的情况，$Z_1 = 0$；γ 为传播常数，$\gamma = \text{j}2\pi\sqrt{\mu_{\text{r}}\varepsilon_{\text{r}}}/\lambda$；$d$ 为介质层厚度。

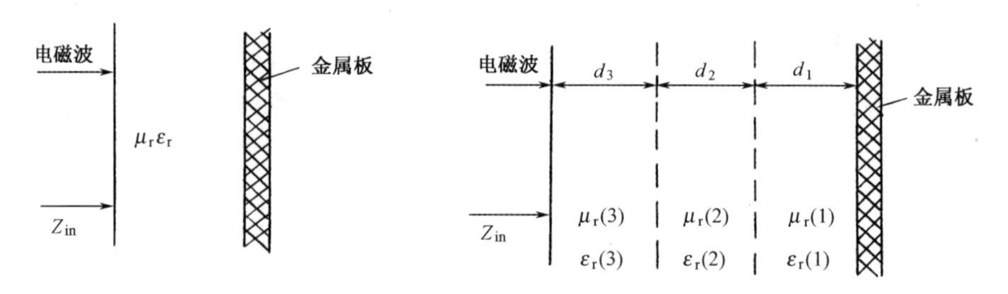

图 5.8　金属板涂覆单层和多层吸波介质示意图

吸波介质层表面的电压反射系数 $\varGamma$ 和反射率 R（即以分贝计的功率反射系数）分别为

$$\varGamma = \frac{Z_{in} - Z_0}{Z_{in} + Z_0} \tag{5.3a}$$

$$R = 20\lg(\varGamma)\,(\mathrm{dB}) \tag{5.3b}$$

式中，Z_0 为空气特性阻抗，$Z_0 = \sqrt{\mu_0/\varepsilon_0} \approx 377(\Omega)$。

由式（5.3a）可知，当输入阻抗等于空气特性阻抗时，$\varGamma = 0$ 表示无反射，按 $\varGamma = 0$，$Z_1 = 0$ 的条件设计单层吸波介质层，其输入阻抗应满足

$$Z_{in} = Z_c \mathrm{th}(\gamma d) = Z_0 \sqrt{\frac{\mu_r}{\varepsilon_r}} \mathrm{th}\left(\mathrm{j}\frac{2\pi d}{\lambda}\sqrt{\mu_r \varepsilon_r}\right) \tag{5.4}$$

合理选择 μ_r、ε_r 和 d 参数，可得到性能较好的单层吸波介质层。

图 5.9 所示为在 $f = 9300\mathrm{MHz}$，$\varepsilon_r'' = 1.0$，$d = 0.4\mathrm{mm}$ 条件下计算得到的 $\mu_r = \mu_r' + \mathrm{j}\mu_r''$ 与 ε_r' 电磁参数制约的关系曲线[6]，满足这些关系就能制备出好的吸波介质层材料。可惜，这些条件很难在频带较宽的范围内被满足，再加上复磁导率和复介电常数本身又是频率的函数，所以通常在 3cm 波段上，2mm 厚度的介质层很难达到大于 4GHz 的频带宽度。这就引出了设计多层吸波介质层的需要。

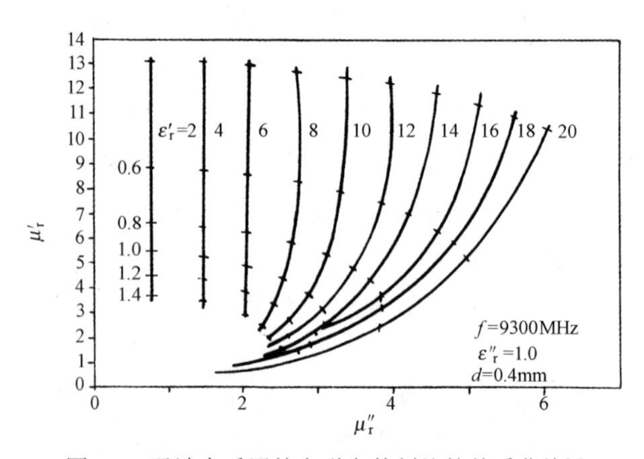

图 5.9　吸波介质层的电磁参数制约的关系曲线[6]

设计多层吸波介质层时仍采用等效传输线理论。第 k 层端面处的输入阻抗为

$$Z_{\text{in}}(k)=Z_{\text{c}}(k)\frac{Z_{\text{in}}(k-1)+Z_{\text{c}}(k)\text{th}[\gamma(k)d(k)]}{Z_{\text{c}}(k)+Z_{\text{in}}(k-1)\text{th}[\gamma(k)d(k)]} \tag{5.5}$$

式（5.5）中，$Z_{\text{c}}(k)=\sqrt{\mu_0/\varepsilon_0}\sqrt{\mu_{\text{r}}(k)/\varepsilon_{\text{r}}(k)}$，$\gamma=\text{j}2\pi\sqrt{\mu_{\text{r}}(k)\varepsilon_{\text{r}}(k)}/\lambda$。

多层吸波介质层的电压反射系数 $\varGamma(k)$ 和反射率 $R(k)$ 分别为

$$\varGamma(k)=\frac{Z_{\text{in}}(k)-Z_0}{Z_{\text{in}}(k)+Z_0} \tag{5.6}$$

$$R(k)=20\lg\left|\varGamma(k)\right|(\text{dB}) \tag{5.7}$$

作为一个例子，设 $k=3$，经迭代推导，得到金属表面 3 层吸波介质层材料的设计公式为

$$\begin{aligned}\frac{Z_{\text{in}}(3)}{Z_0}=&\sqrt{\frac{\mu_{\text{r}}(3)}{\varepsilon_{\text{r}}(3)}}\text{th}\left\{\text{j}\frac{2\pi d(3)}{\lambda}\sqrt{\mu_{\text{r}}(3)\varepsilon_{\text{r}}(3)}+\right.\\&\text{arcth}\left[\sqrt{\frac{\mu_{\text{r}}(3)}{\varepsilon_{\text{r}}(3)}}\sqrt{\frac{\mu_{\text{r}}(2)}{\varepsilon_{\text{r}}(2)}}\text{th}\left(\text{j}\frac{2\pi d(2)}{\lambda}\sqrt{\mu_{\text{r}}(2)\varepsilon_{\text{r}}(2)}+\right.\right.\\&\left.\left.\left.\text{arcth}\sqrt{\frac{\mu_{\text{r}}(2)}{\varepsilon_{\text{r}}(2)}}\sqrt{\frac{\mu_{\text{r}}(1)}{\varepsilon_{\text{r}}(1)}}\text{th}\left(\text{j}\frac{2\pi d(1)}{\lambda}\sqrt{\mu_{\text{r}}(1)\varepsilon_{\text{r}}(1)}\right)\right)\right]\right\}\end{aligned} \tag{5.8}$$

$$R(3)(\text{dB})=20\lg\left|\frac{(Z_{\text{in}}(3)/Z_0)-1}{(Z_{\text{in}}(3)/Z_0)+1}\right| \tag{5.9}$$

按式（5.8）设计存在多峰、多值优化问题。因为约束条件取最大厚度 $d=d(1)+d(2)+d(3)$ 和 $(\mu_{\text{r}},\varepsilon_{\text{r}})$ 工程能达到的范围，其优化的目标函数要满足 $R(3)(\text{dB})$一定门限（如 10dB）下的最大频宽。而这 3 层材料的 μ_{r}、ε_{r} 与 $d(k)$ 加起来共 15 个参数，其中 12 种材料的电磁参数又是频率的函数，使多层介质层的理论优化设计非常复杂。

从物理机理来分析，最接近自由空间的第三层应该是阻抗变换层，最接近金属垫衬板的第一层应该是高损耗层，包括高电损耗和高磁损耗，中间第二层为移相层。可以根据优化设计所得的各层理论参数去寻找接近这些数值的复合吸收剂。

从等效传输匹配原理出发，人们自然想到能用电路模拟（缩写为 CA）吸收体来设计雷达波吸收材料，因为 CA 吸收体可做成很轻很薄的片状，它的设计思路可直接从周期结构的频率选择表面（缩写为 FSS）演变过来。

周期结构的频率选择表面[7]是一种频率滤波器，它可以作为雷达天线的带通天线罩，或者作为双频天线的双工器，如图 5.10 所示。

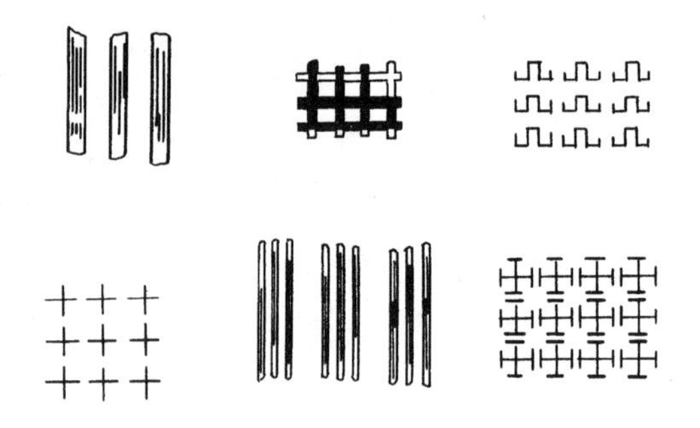

图 5.10　典型的频率选择表面（FSS）的几何形状

当 FSS 应用时，不希望有吸收，所以采用高导电性结构，它等效为纯电抗或纯电纳。如果作为有损耗的导纳或阻抗来设计，它将是一种又轻又薄且容易控制参量的优良吸收体。例如，将它作为两层有耗介质之间的阻抗匹配板，也可将多层 CA 板设计成多谐振峰的宽带 RAM，如图 5.11 所示。

多层 CA 板的优化设计是相当复杂且很费机时的一项工作。鉴于 FSS 的数值分析大部分采用矩阵法，利用有限矩阵近似来求解矢量积分方程[7-8]，下面简单介绍计算多层介质面上散射的一种波矩阵法。波矩阵法是设计 CA 多层板的有用工具。

将入射波与反射系数联系起来的是散射矩阵 $\boldsymbol{S}$，图 5.12 中的并联 CA 单元等效电路 Y 代表在吸收体结合部的一块 CA 板或阻抗薄板，散射矩阵 $\boldsymbol{S}$ 将网络两端的反射波 (b_1,b_2) 与其入射波 (a_1,a_2) 联系起来，该 Y 电路的散射矩阵表达式为

$$\begin{bmatrix} b_1 \\ b_2 \end{bmatrix} = \boldsymbol{S} \begin{bmatrix} a_1 \\ a_2 \end{bmatrix} \tag{5.10}$$

$$\boldsymbol{S} = \frac{1}{2+Y} \begin{bmatrix} -Y & 2 \\ 2 & -Y \end{bmatrix} \tag{5.11}$$

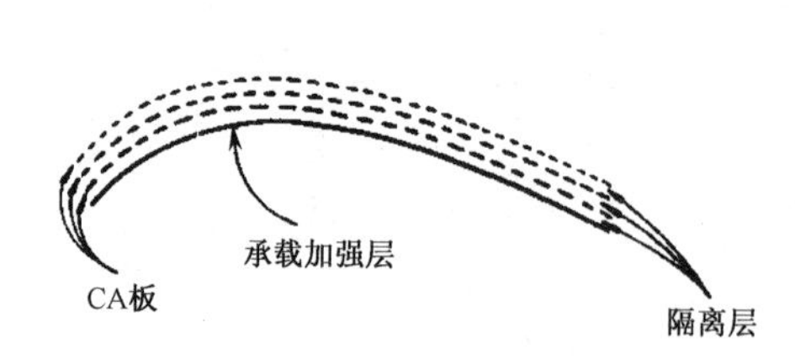

图 5.11　由多层 CA 板组成的 RAM

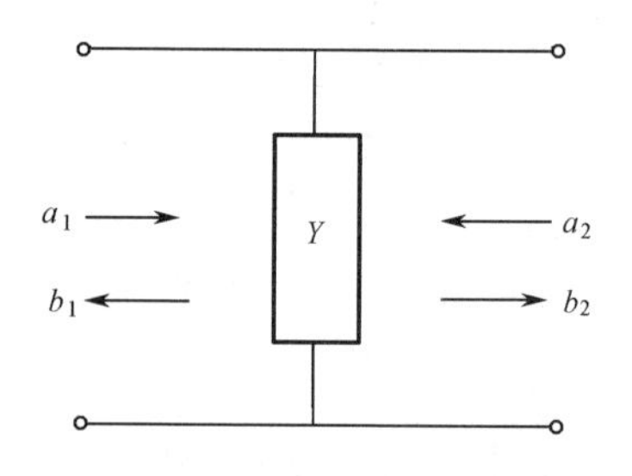

图 5.12　并联 CA 单元等效电路

例如，两层介质之间的界面，其散射矩阵可用界面左边导纳 (Y^{+}) 与右边导纳 (Y^{-}) 来表征。

$$\boldsymbol{S}=\frac{1}{Y^{-}+Y^{+}}\begin{bmatrix}Y^{-}-Y^{+} & 2Y^{-}\\ 2Y^{-} & Y^{+}-Y^{-}\end{bmatrix} \tag{5.12}$$

式（5.12）中，Y^{+} 与 Y^{-} 值均与入射波的方向和极化有关。当电场平行于界面时，有

$$Y_{\mathrm{TM}}/Y_0=\varepsilon_{\mathrm{r}}\Big/\sqrt{\mu_{\mathrm{r}}\varepsilon_{\mathrm{r}}-\sin^2\theta_0} \tag{5.13}$$

当磁场平行于界面时，有

$$Y_{\mathrm{TE}}/Y_0=\sqrt{\mu_{\mathrm{r}}\varepsilon_{\mathrm{r}}-\sin^2\theta_0}\Big/\mu_{\mathrm{r}} \tag{5.14}$$

式中，θ_0 为界面左边的入射角。

又如，厚度为 d 的介质板，这时仅引入一个相移，它的 $\boldsymbol{S}$ 为

$$\boldsymbol{S}=\begin{bmatrix}0 & \exp(-\mathrm{j}kd)\\ \exp(\mathrm{j}kd) & 0\end{bmatrix} \tag{5.15}$$

式（5.15）中，$k=k_0\sqrt{\mu_{\mathrm{r}}\varepsilon_{\mathrm{r}}-\sin^2\theta_0}$。

利用散射矩阵 $\boldsymbol{S}$ 虽然便于测量，但在多层级联设计计算中利用它却不方便，因而可用两端口网络级联矩阵 $\boldsymbol{R}$ 来代替。这时多级并联元件的总级联特性只需简单地将各分量矩阵进行积运算即可。级联矩阵 $\boldsymbol{R}$ 与散射矩阵 $\boldsymbol{S}$ 的转换关系为

$$\boldsymbol{R}=\begin{bmatrix}R_{11} & R_{12}\\ R_{21} & R_{22}\end{bmatrix}=\frac{1}{S_{21}}\begin{bmatrix}(S_{12}S_{21}-S_{11}S_{22}) & S_{11}\\ -S_{22} & 1\end{bmatrix} \tag{5.16}$$

$$\boldsymbol{S}=\begin{bmatrix}S_{11} & S_{12}\\ S_{21} & S_{22}\end{bmatrix}=\frac{1}{R_{22}}\begin{bmatrix}R_{12} & (R_{11}R_{22}-R_{12}R_{21})\\ 1 & -R_{21}\end{bmatrix} \tag{5.17}$$

类似于级联矩阵的还有一种特征矩阵 $\boldsymbol{M}$，用来计算多层介质 RAM 也极为方便。

综上所述，至少从吸波机理的电磁理论上说，设计一种在 3～20GHz 范围内反射率小于−10dB 的多层吸波介质层（厚度小于 2～3mm）是可实现的。寻找相应参数的吸收剂或 CA 板也是可以做到的。当然要达到飞行器上实用的 RAM 性能则应在工艺上下大功夫。因为本章仅研讨 RCS 减缩技术，再深入讨论就超出本书范围，因此在此不多论述。

5.3　有源与无源阻抗加载

在电磁波理论中，以往阻抗加载（Impedance Loading）一词经常应用于中波与超短波天线，引入阻抗加载的目的是改变天线的电流分布，以提高天线辐射效率。在飞行器表面进行开槽、接谐振腔或者周期结构无源阵列等，用以改变飞行器表面电流的分布，减缩给定方向角的后向散射（即二次辐射）的方法称为无源阻抗加载。如果飞行器上加转发器，增添了一个电磁辐射的有源目标，用它来抵消飞行器本体的散射场，则称为有源阻抗加载。不论有源阻抗加载还是无源阻抗

加载，都存在一个如何先验地知道在给定方向上散射场的幅度与相位问题（它随入射场的不同频率、极化与入射角而改变），而对飞行器来说，一般情况下是不知道来波（照射波）的方向和自身的电流分布的。这种要求自适应地调整阻抗加载的机理如图 5.13 所示。

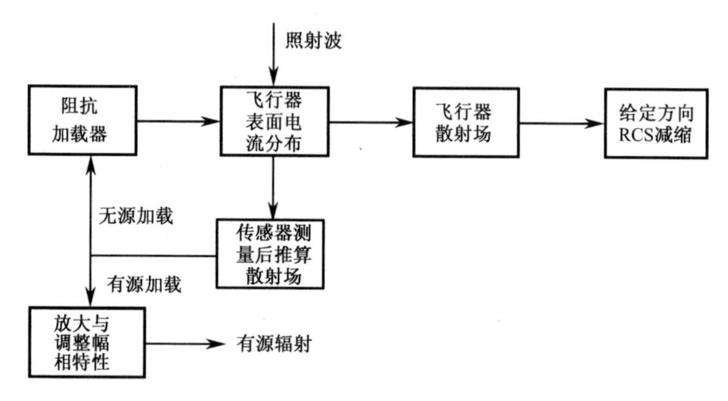

图 5.13　飞行器阻抗加载的自适应调整机理

在高频区，目标 RCS 的幅度和相位随姿态角、频率和极化变化很快，这就决定了阻抗加载器具有频率谐振特性，因而它的频带宽度较窄，如果能依靠传感器测量表面电流分布，并实时地推算散射场的幅度与相位，那么就可以自适应地调整无源阻抗加载器的阻抗或导纳，或者调整有源加载器的幅相特性，从而能加宽隐身的频带宽度。这种设想虽然在原理上很简单，但具体实现起来相当复杂。

早在 20 世纪 60 年代，美国密执安大学辐射实验室的利帕（Liepa）和西尼尔（Senior）教授做过球加载实验[9]，他们明确指出：由于导纳的实部与虚部随频率变化均具有振荡特性，因此不论有源或者无源加载都不可能在大宽频带内平坦地减缩目标的 RCS 值。他们曾做出的实验曲线如图 5.14 所示。

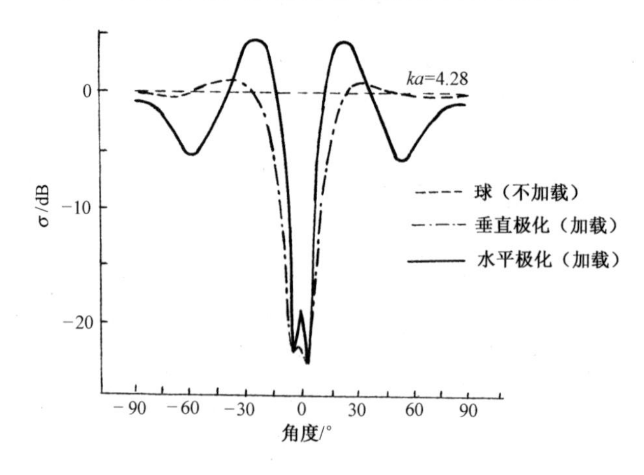

图 5.14　无源加载的球目标的 RCS 随角度变化的实验曲线

有时实际感兴趣的是估计平板表面开缝后 RCS 的减缩。在平板上一个适当放置的单谐振缝隙也能显著地减小整个平板的 RCS。Green[10]最早研究了平板上开缝的情况。图 5.15 所示是一块缝隙加载矩形金属板（$1\lambda_0 \times \lambda_0/2$），在垂直入射时其后向 RCS 随缝隙电长度的变化。它的结果清楚地表明，对 $L \approx 0.5\lambda_0$（即缝隙谐振），RCS 得到相当的减缩。图 5.16 所示是中心有 $\lambda_0/2$ 长的缝隙加载的矩形金属板后向 RCS 随视角的变化，没有开缝的结果也在该图中给出。可以看出，在偏离垂直入射的±30° 的视角范围内，缝隙产生了约 10dB 的 RCS 减缩。

国内、外有学者研究用表面阻抗概念和阻抗边界条件来求解阻抗加载目标的 RCS 值[11-13]，希望该方法能推广到具有复杂形状目标的表面阻抗分布和电尺寸很大的目标。

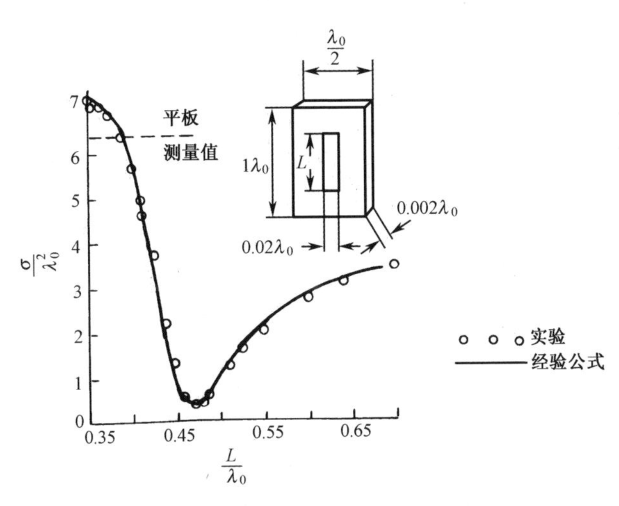

图 5.15　一块缝隙加载矩形金属板在垂直入射时其后向 RCS 随缝隙电长度的变化（垂直极化）

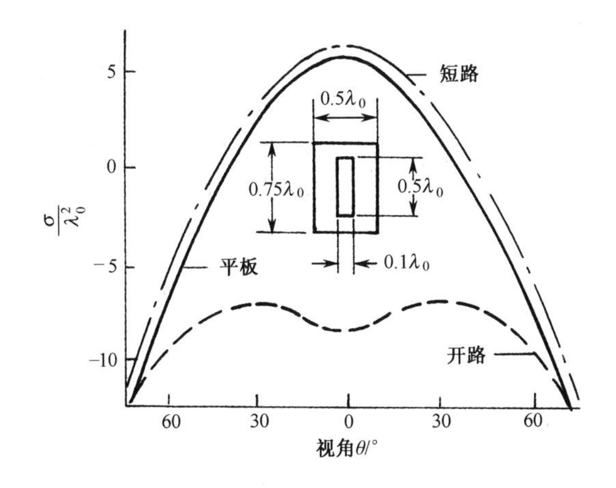

图 5.16　一块缝隙加载矩形金属板后向 RCS 随视角的变化（垂直极化）

除此之外，飞行器头部安装的雷达和雷达天线罩是飞行器前半部 RCS 的强散射源。雷达天线罩 RCS 减缩措施之一是采用周期结构频率选择表面[7]。实验结果表明：在工作通带之外，RCS 减缩可达 8～12dB，其效果取决于入射波的来向；而在工作通带之内，则可采取天线馈源的模匹配法来解决。

5.4 阻抗加载的综合

根据阻抗加载体上的感应电磁流求解目标的电磁散射是阻抗加载的正问题，这也是被广泛考虑的情况，而实际使用时人们常常关心的是如何在一定频带内降低目标某些关键角度范围内的散射，这便涉及阻抗加载的逆问题（称为阻抗加载的综合），它是阻抗加载用于实际目标 RCS 减缩所必需的关键步骤。文献[14-16]通过研究一个具有 N 处表面阻抗加载导体柱的电磁散射，提出了加载阻抗综合的一般程序，即对于给定的多个散射方向或频率，求解在这些方向或频率上导致零散射的最佳加载阻抗。加载阻抗的综合分 3 种情况：①当加载阻抗都是复数，且可取所有正、负值时，在 N 个方向上获得零散射；②当加载阻抗是纯电抗时，在 $N/2$ 个方向上获得零散射；③在 N 个不同频率上对一个方向获得零散射。对情况①，综合程序是直接的，仅涉及线性方程的解；对情况②和③，程序中涉及约束方程是非线性的，因此这些方程的解有可能不存在。加载的位置对加载阻抗的综合来说是一个关键性因素，直接影响着解的形式或存在，因而也影响最后的散射结果。一般来说，阻抗加载的最佳位置是在目标照明区的中心。

文献[16]对加载导体圆柱体给出了阻抗综合的大量数值结果，这里仅引用一个有典型意义的例子，即如图 5.17 所示的双缝加载圆柱缩比模型的理论和实验综合结果。其中，圆柱半径 $a = 31.8\text{mm}$，柱长 $L = 200\text{mm}$；缝隙 1 和缝隙 2 分别位于 0° 和 20° 处，对应的背接腔长度分别为 $l_1 = 7.9\text{mm}$ 和 $l_2 = 10\text{mm}$；宽度 W 均为 2mm。由于在双缝加载圆柱的加载缝隙处存在有端点效应或表面弯曲的影响，因此要准确计算出缝隙处的等效输入阻抗是很困难的，但可以采用间接的比较后向 RCS 的方法。

对在 $\phi^{\text{i}} = 0^\circ$ 方向上入射的 TE 波（即在柱轴方向上入射波只有磁场分量），在微波暗室中通过对双缝加载圆柱进行扫频测量发现，在 $f = 8.75\text{GHz}$ 的频率上得到零后向散射。如果不考虑缝隙背后的腔结构，要获得与测量结果相同的加载电抗，利用纯电抗加载综合理论，可计算出满足这样条件的缝隙处的等效电抗分别为 $Z_{\text{s1}} = \text{j}2133.144\Omega$ 和 $Z_{\text{s2}} = -\text{j}1601.919\Omega$。根据这两个综合得到的加载电抗，利用文献[15]中的式（4）和文献[17]给出的有限长柱体 RCS 与二维柱体 RCS 的等效关系，可计算出双缝加载圆柱的后向散射曲线，其结果与实测数据一起画在图 5.18 上，两者较好的一致性表明了综合出的等效电抗应该就是实际缝隙加载的阻抗值。

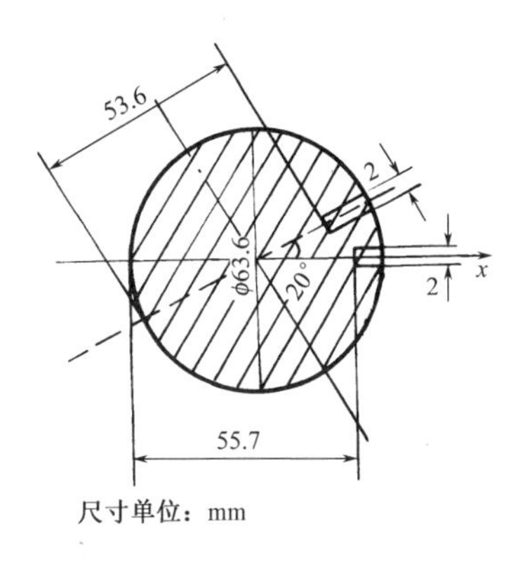

图 5.17　双缝加载圆柱缩比模型

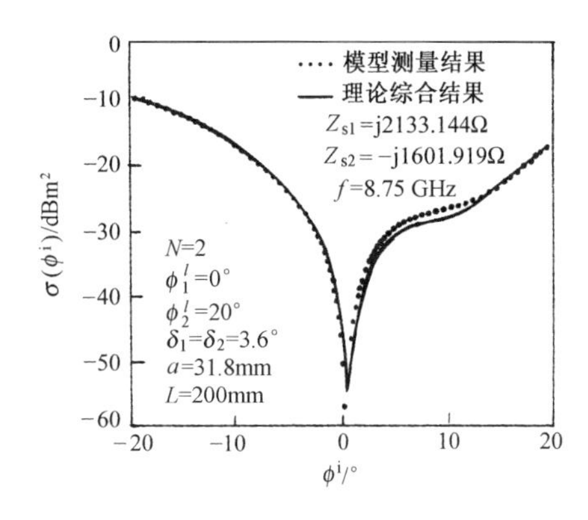

图 5.18　f = 8.75 GHz 时双缝加载圆柱后向 RCS 的理论综合结果与测量数据的比较

5.5　RCS 的减缩作用

雷达目标 RCS 的减缩影响到探测雷达的作用距离、探测方位区域以及空间体积。

由雷达方程可知，RCS 的减缩对雷达作用距离 R 的缩短为 4 次方根规律，即

$$\frac{R_1}{R_0}=\left(\frac{\sigma_1}{\sigma_0}\right)^{0.25} \tag{5.18}$$

式（5.18）中，下标 0 为未减缩前参数，下标 1 为减缩后参数。

当雷达在受干扰条件下对隐身飞行器探测时（飞行器自卫式干扰），RCS 的减缩对雷达作用距离的减缩为平方根规律[18]，即

$$\frac{R_2}{R_0}=\left(\frac{\sigma_2}{\sigma_0}\right)^{0.5} \tag{5.19}$$

式（5.19）中，下标 2 为干扰条件下减缩后参数。

对一维方位搜索的警戒雷达，其雷达防御面积的减缩也是平方根律[3]，即

$$\frac{S_3}{S_0}=\left(\frac{\sigma_3}{\sigma_0}\right)^{0.5} \tag{5.20}$$

式（5.20）中，下标 3 为减缩后的参数，S 表示面搜索域。

对二维搜索的机载或星载雷达，其雷达防御体积的减缩将是3/4 次方规律，即

$$\frac{V_4}{V_0}=\left(\frac{\sigma_4}{\sigma_0}\right)^{0.75} \tag{5.21}$$

举一个例子，假设某隐身飞行器比常规飞行器的 RCS 减缩了 24dB，即减缩为原来的 1/250，这时，雷达作用距离仅是原作用距离的 25%，而干涉条件下仅为原作用距离的 6.4%，其防御面积将减缩为原来的 1/6，而防御体积将减缩为原来的 1/62。这些数据表明，防御雷达如果不采取反隐身措施，则作用几乎失效。

参考文献

[1] 桑建华. 飞行器隐身技术[M]. 北京：航空工业出版社，2013.

[2] 张亚坤，曾凡，戴全辉，等. 雷达隐身技术智能化发展现状与趋势[J]. 战术导弹技术，2019(1): 56-63.

[3] DOUG R. Stealth[M]. London: Orion Books, 1989.

[4] 黄培康. 雷达目标特征信号[M]. 北京：宇航出版社，1993.

[5] BACHMAN C G. Radar Target[M]. Lexington: Lexington Books, 1982.

[6] 尹光俊，廖绍彬. 单层与多层吸波材料设计[J]. 北京大学学报（自然科学版），1990，26(3): 327.

[7] CHEN J W, LIN G S, HUANG P K. Frequency Selective Surface with Modified Loaded Slots and Its Scattering Properties[C]. Proceedings of 2nd International Symposium on Recent Advances in Microwave Technology, Beijing, China, September 4-8, 1989: 216-219.

[8] CHEN C C. Scattering by a Two-Dimensional Periodic Array of Conducting Plates[J]. IEEE Transactions on Antennas and Propagation, 1970, 18(5): 660-665.

[9] LIEPA V V, SENIOR T B A. Modification to the Scattering Behavior of a Sphere by Reactive Loading[C]. Proceedings of the IEEE, 1965, 53(8): 1004-1011.

[10] GREEN R B. The general Theory of Antenna Scattering: Report No.223[R]. Columbus: Antenna Laboratory, The Ohio State University, 1963.

[11] CICCHETTI R, FARAONE A. Exact Surface Impedance/Admittance Boundary Conditions for Complex Geometries: Theory and Applications[J]. IEEE Transactions on Antennas and Propagation, 2000, 48(2): 223-230.

[12] MARCEAUX O, STUPFEL B. High-Order Impedance Boundary Conditions for Multilayer Coated 3-D Objects[J]. IEEE Transactions on Antennas and Propagation, 2000, 48(3): 429-436.

[13] 殷红成，黄培康，肖志河. 利用 MoM 和 LIBC 求解材料涂覆导体平板的后向

散射[J]. 系统工程与电子技术，2000，22(12): 1-3.

[14] 殷红成，张向阳. 减小任意形状导体柱 TE 波散射的加载阻抗综合方法[J]. 电子学报，1998，26(12): 31-36.

[15] YIN H C, XIAO Z H. Synthesis Procedures of Load Impedances to Reduce EM Scattering from a Conducting Cylinder with Arbitrary Cross Section[J]. Microwave and Optical Technology Letters, 1999, 23(4): 226-230.

[16] 殷红成. 目标散射相位特征的研究[D]. 南京：东南大学，1993.

[17] SIEGEL K M. Far Field Scattering From Bodies of Revolution[J]. Applied Scientific Research, Section B, 1959, 7(1): 293-328.

[18] 黄培康. 飞行器隐身技术评述[J]. 系统工程与电子技术，1984，6(1): 1-8.

第6章
雷达目标噪声

6.1 概述

由复杂形状体目标的运动或姿态角变化所产生的雷达目标回波的波动称为雷达目标噪声。

对雷达目标噪声的认识是在雷达不断发展中逐步深入的。例如，20 世纪 50 年代，人们没有认识到目标角闪烁线偏差是目标产生的，也没有理解它与雷达角跟踪体制和距离无关；又如，随着对测速和测距精度要求的提高，目标的多普勒噪声和距离噪声成为达到极限值的主要障碍。也随着对雷达目标特性研究的深入，人们逐步认识到这些雷达目标噪声产生的机理、它的统计特性以及谱密度分布等，雷达研究学者和设计者掌握这些特性，可以有效降低这些噪声对雷达测量的影响[1-2]。

雷达目标噪声首先必须是由复杂形状体目标引起的。复杂目标与点源目标两者回波的区别在于复杂目标各部分散射回波幅度与相对相位变化引起的回波复值的波动。当然严格的点源目标是不存在的，但像导电球这样简单的目标就不存在目标噪声，它在光学区的散射点就是球体表面与照射波前接触的一个点，因此导电球可作为定标体。理论上点源目标不规则、不匀速运动所产生的目标位置与轨迹变化都是有用信息，它们均不是目标噪声。由于雷达距离的变化所引起的回波幅度变化或多普勒频率变化都不属于目标噪声范围。

其次，雷达目标噪声还必须是由复杂形状体目标相对雷达运动所引起的，它包括目标轨迹的变化和目标姿态角的变化两方面。大部分复杂目标虽然是刚体，但是它的散射回波复值（幅度与相位）都是对姿态角敏感的函数，而目标不论是轨迹变化还是姿态变化，都会产生在目标坐标系中雷达视线的二维角变化，因此目标噪声的统计分布不但取决于目标本身形状还取决于运动规律，因而难以规范化地统一建模。此外，目标上活动部件的运动或转动也是产生目标噪声的主要机理之一，典型例子是喷气式发动机调制（Jet Engine Modulation，JEM）及合成孔径雷达下视检测具有活动部件的坦克地面目标的情况，这时目标噪声已作为目标有用信息的特征被提取，以用来识别慢速地面活动目标，因此雷达目标噪声研究引起了人们更多的关注[3]。

雷达目标噪声可分为 4 类。它们分别是幅度噪声、角闪烁噪声、多普勒噪声和距离噪声，分别在以下各节阐述。

6.2 幅度噪声

幅度噪声是指由组成复杂目标的各散射子矢量和引起的回波信号幅度的起伏。虽然称为噪声，但也可以是周期性分量。

按幅度噪声产生的机理，可分为刚体目标、非刚体目标颤动和含活动部件的目标 3 类，分别阐述如下[3-4]。

6.2.1 刚体目标

一部分雷达目标（如弹道导弹的弹头、小型巡航导弹等）虽然复杂但相对波长来说可认为是刚体。它在受控状态下作随机偏航、俯仰与横滚活动，另外，目标运动相当雷达视线在目标坐标系中的慢变化，这些运动和变化都会引起回波幅度的起伏，这种起伏就是第 4 章 4.3 节中叙述的“RCS 起伏的时间谱模型”。为了计算它对测角精度等的影响，其单位由 RCS 的“m^2”改为回波电压起伏幅度调制百分数，其功率谱密度则用“（调制百分数）^{2}/Hz”表示。其理论计算过程可参阅第 4 章 4.3 节。

图 6.1 所示为某小型巡航导弹平飞阶段前向呈现的幅度噪声时间序列，图 6.2 为与图 6.1 相对应的幅度噪声功率谱密度分布。由图可见，幅度噪声调制百分数和频谱成分均随工作波长缩短而提高，这是因为工作波长缩短时，同样的目标航迹与姿态变化产生了较大的幅度起伏和较高的相位变化率。

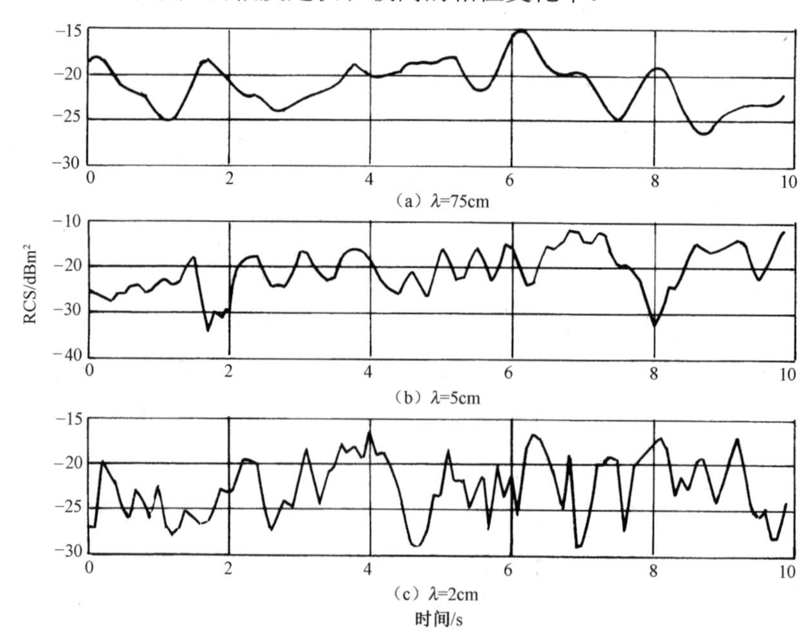

图 6.1　某小型巡航导弹平飞阶段前向呈现的幅度噪声时间序列

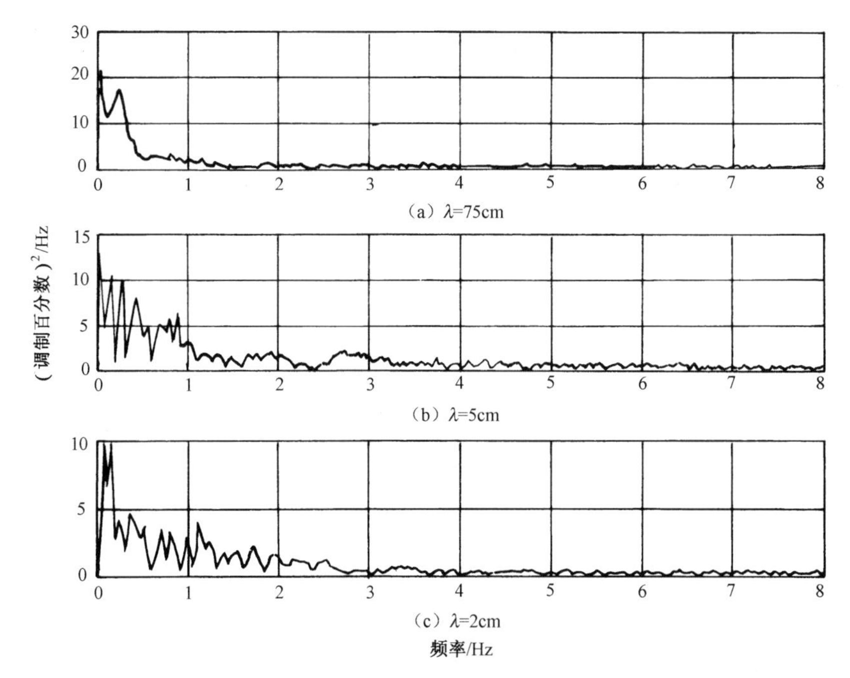

图 6.2　某小型巡航导弹平飞阶段前向呈现的幅度噪声功率谱密度分布

6.2.2　非刚体目标颤动

典型的非刚体目标是大型民航客机，其伸展的翼长尖端可有±10cm 以上的颤动，但其颤动频率较低，约为 0.2～0.4Hz。还有带太阳电池板和大型天线的卫星组合体均为非刚体目标。

非刚体颤动是一种非正弦弹性运动，其幅度与频率除与目标形体、材料与力矩有关外，其在大气层内运动时还与大气密度有关。在功率谱密度分布中除有非刚体颤动产生的基波、谐波分量外，还增大了底部的背景噪声。图 6.3 所示为 22cm 波长雷达呈现的某大型民航客机幅度噪声功率谱密度分布。

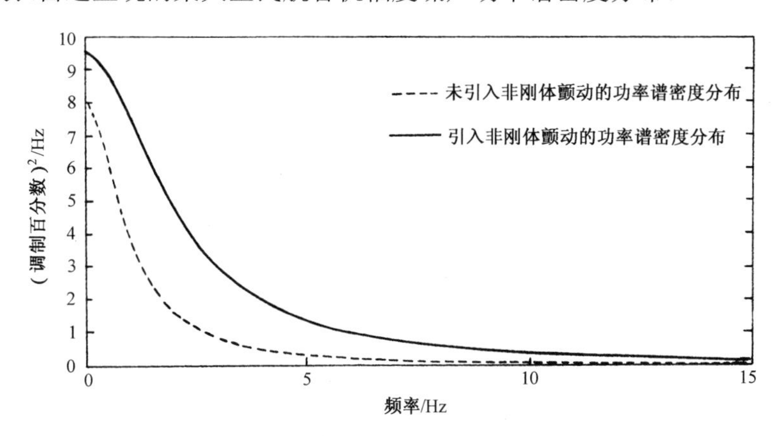

图 6.3　某大型民航客机幅度噪声功率谱密度分布

6.2.3 含活动部件的目标

典型的含活动部件目标是喷气式发动机排气道内腔的叶片调制（所谓 JEM）、螺旋桨飞机的螺旋桨调制，以及直升飞机的旋翼和尾桨调制。这些附加噪声频谱中的尖峰取决于调制频率的基波成分，其频率取决于转速和叶片数的乘积。由于是非正弦调制，因此还有各高次谐波分量，其频谱可平滑地分布于几千赫兹范围内，只要雷达的重复频率足够高，这些谐波都能被检测到。图 6.4 至图 6.6 分别为螺旋桨飞机、直升飞机和具有 JEM 调制的喷气式飞机 3 种带活动部件飞行体实测的幅度噪声功率谱密度分布图。

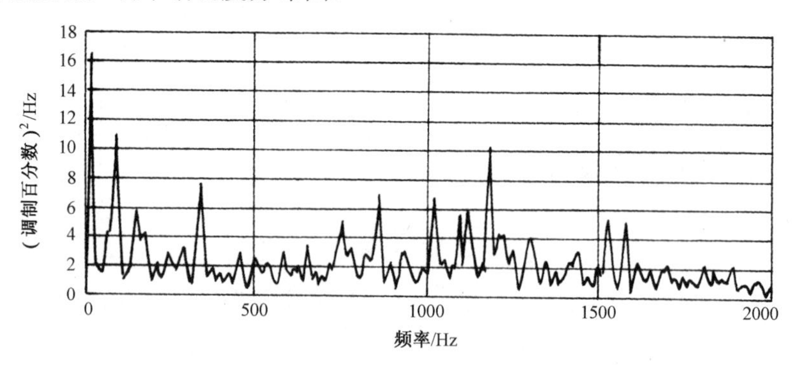

图 6.4 螺旋桨飞机带活动部件的幅度噪声功率谱密度分布

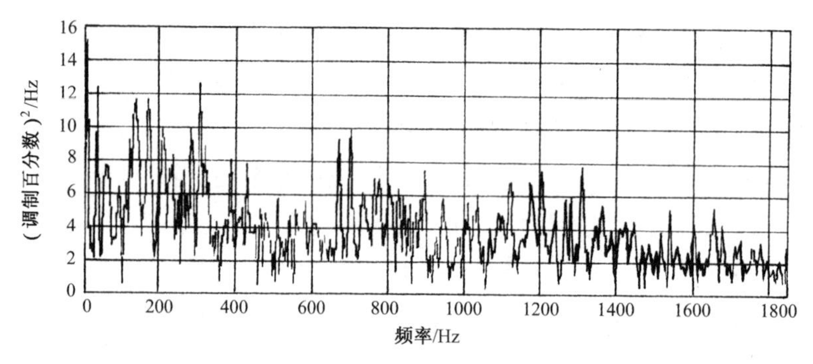

图 6.5 直升飞机带活动部件的幅度噪声功率谱密度分布

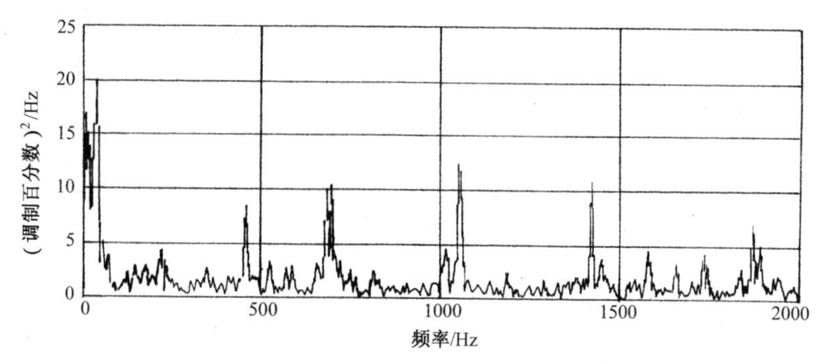

图 6.6 具有 JEM 调制的喷气式飞机带活动部件的幅度噪声功率谱密度分布

幅度噪声对雷达性能的影响如下：

幅度噪声包含了低频至几千赫兹很宽的频谱范围，以不同的机理影响着各种类型的雷达，其中包括预警雷达的检测概率、跟踪雷达的角跟踪精度、搜索雷达的扫描参数以及目标识别等功能。

对预警雷达检测概率的影响可参考第 4 章 4.2 节的计算。与非起伏目标检测相比，幅度噪声可使单个脉冲所需信噪比提高 4～12dB，其付出的代价是不容忽视的。

由于单脉冲跟踪体制的出现，极大地抑制了幅度噪声对角跟踪精度的影响。在工程实现上，要优化选择快速自动增益控制的通带。另外，目标 RCS 起伏与角噪声还具有负相关特性，近距离跟踪目标时，为抑制角噪声的尖峰应该在 RCS 低谷时关闭角跟踪通道（6.3 节角闪烁噪声将叙述）。

环扫雷达或顺序波瓣扫描雷达的测角体制中，高频幅度噪声引起的测角误差均方根值可由下式近似计算[4]

$$\sigma_\theta = \frac{\theta_0}{\sqrt{2}}\sqrt{A^2(f_\text{s})\cdot B} \tag{6.1}$$

式（6.1）中，σ_θ 为测角误差均方根值，单位同 θ_0；θ_0 为扫描天线半功率波束宽度；$A(f_\text{s})$ 为扫描频率 f_s 附近幅度噪声谱密度（调制百分数/$\sqrt{\text{Hz}}$）；B 为伺服带宽（Hz）。

【例 6.1】当 $\theta_0 = 2^\circ \approx 33.3\text{mil}$（密位）时，由曲线查得，当 $f_\text{s} = 100\,\text{Hz}$ 时，飞机的 $A(f_\text{s}) \approx 0.02/\sqrt{\text{Hz}}$，设 $B = 2\,\text{Hz}$，则 $\sigma_\theta = 0.67\text{mil} = 2.4'$，这是个不小的均方根角误差值。

6.3　角闪烁噪声[5]

雷达工程界对目标角闪烁的认识比较晚，人们往往将目标幅度噪声与角噪声混淆在一起，如 20 世纪 50 年代初期出现了单脉冲角跟踪雷达体制，它的测角精度大致比圆锥扫描雷达高一个量级，目标幅度噪声基本上全被抑制，可是当跟踪近距离目标时，尽管信噪比很高，但总还有一种不清楚的成分成为角跟踪的误差源。50 年代末期，D. D. 霍华德（Howard）以及美国海军实验室（NRL）相继提出了角闪烁概念[6]，他们认为：复杂体目标合成回波相位波前的畸变，在雷达接收天线口面上的倾斜与随机摆动产生了角闪烁；60 年代末期，J. E. 林赛（Lindsay）用相位梯度来定量地计算了角闪烁值[7]。J. H. 邓恩（Dunn）等也计算了一个由共线非均匀分布电偶极子组成的目标模型的角闪烁值[3]。本书作者在 20 世纪 90 年代相继发表多篇文章[5,8-9]，证明：角闪烁的相前畸变概念和能流倾斜概念在目标处于几何光学的条件下，且介质各向同性时，两种概念是一致的。后来，作者又从极化的角度进一步补充证明了这两种概念的一致性还应满足雷达是线极化接收的条件[10-11]。本书为了处理方便，在理论计算角闪烁时采用了能流倾斜概念，而在实际测量时采用了相前畸变的概念，理论与实际结果非常吻合。

6.3.1 物理概念

角闪烁噪声的概念是与雷达目标为扩展目标紧密相联系的。凡目标尺度能与波长相比拟，具有两个或两个以上等效散射中心的任何扩展目标，都会产生角闪烁噪声。这种噪声是以离目标几何中心的线偏差值来表征的。在远区，该线偏差值与观察它的雷达距离无关［参见式（6.8），具体证明可参考文献[5]中 4.7.1 节的内容］，其均方根值与雷达工作频率几乎也无关，与目标运动的速度也几乎无关。当然，角闪烁噪声的功率谱分布密度会直接受射频及姿态运动速率的影响，这将在后面叙述。

由于角闪烁噪声的线偏差值与雷达作用距离无关，因此对远程雷达来说，角闪烁噪声所形成的雷达角跟踪误差很小。可是，对导弹弹载的导引头来说，角闪烁噪声将是寻的(或半寻的)制导的主要误差源。例如，当导引头与目标相距 2km 时，目标产生 2m 的角闪烁噪声均方根线偏差就会使导弹产生 1mil 的角偏差，这一般是不允许的。因此，在进行飞行器导引头设计时，总把雷达目标看成扩展目标，非常小心地计算角闪烁对制导精度的影响。

用双反射体（或辐射源）来解释角闪烁产生机理是很清楚的，同时它也被测量所证实。

双源目标几何图如图 6.7 所示，其源 1 与源 2 的激励分别为 $Z_0 I_m$ 与 $I_m e^{j\delta}$，这里 Z_0 和 δ 分别为双源的幅比和初相差。经推导，归一化的角闪烁线偏差（垂直于传播方向的偏差与目标扩展几何长度之比）为[5]

$$\varepsilon_0 = \frac{1 - Z_0^2}{1 + Z_0^2 + 2Z_0 \cos\psi} \tag{6.2}$$

式（6.2）中，$\psi = \frac{2\pi}{\lambda} d \sin q + \delta$。

双源目标归一化角闪烁线偏差随 Ψ 的变化如图 6.8 所示，该图给出了式（6.2）在不同幅比 Z_0 下，ε_0 随相差 Ψ 的变化情况。对大多数 Z_0 值，都存在一个 Δ 值，使 Ψ 在$[\pi - \Delta,\ \pi + \Delta]$内时，归一化角闪烁线偏差绝对值$|\varepsilon_0| > 1$（意味着线偏差大于目标几何长度）。例如，当双源幅比 $Z_0 = 0.5$ 时，只要 $\Delta \leqslant \frac{\pi}{3}$，$|\varepsilon_0|$ 就大于 1。而且理论与测量均证明，等幅双源目标可以使角闪烁线偏差值达到无穷大（即 $Z_0 = 1$，$\Delta = 0$，$\varepsilon_0 = \infty$），但这种概率在实际中是非常小的。可是对近距离工作的导引

头来说，大线偏差的目标角闪烁的出现确是非常难以对付的。

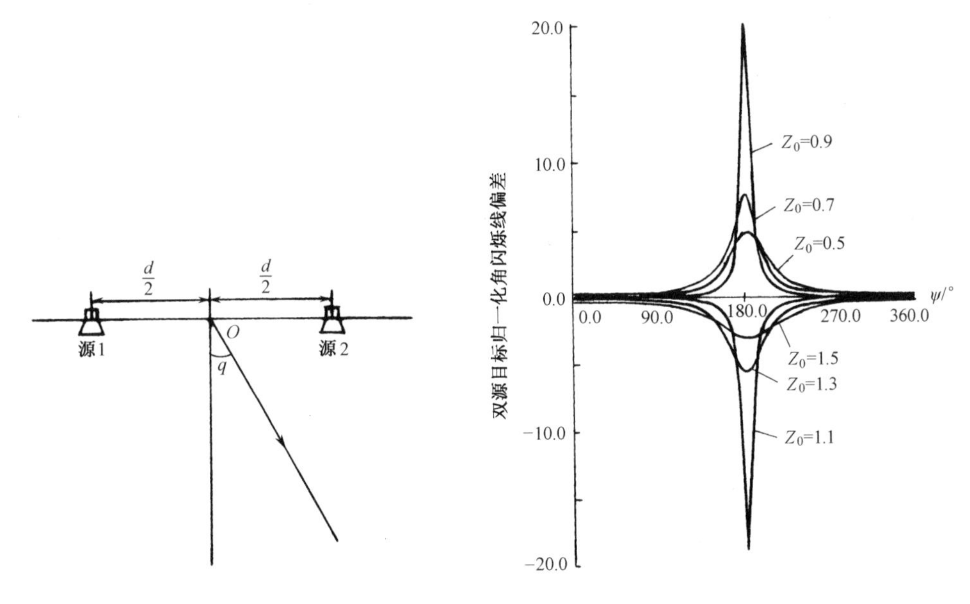

图 6.7　双源目标几何图　　　　图 6.8　双源目标归一化角闪烁线偏差随 ψ 变化

由于目标角闪烁噪声是由散射子的相位干涉与波前畸变所引起，因而定量地描述也比较困难。对雷达设计者来说，作者推荐如下 3 种表达方式供参考：①拟合一种概率密度分布函数，求其角闪烁线偏差的均方根值，并以目标几何长度 L 归一化，即 L 乘以系数；②拟合运动状态下角闪烁线偏差的功率谱密度，雷达设计者可按角跟踪伺服回路通带求取角跟踪回路输出误差值；③关注角闪烁线偏差出现大值的情况，利用角闪烁噪声大值与 RCS 之间的紧密负相关特性来抑制角闪烁尖峰。下面分别叙述。

6.3.2　角闪烁线偏差的均方根值

在高频区，诸如飞机之类的大部分复杂目标均可用许多独立散射子的集合来表征，因此，对大部分飞机类目标的角闪烁统计特性也可归结为一个由 n 个散射中心构成的扩展目标 n 点模型，即沿用第 4 章有关 RCS 幅度统计模型的方法来求角闪烁线偏差统计模型。本书以瑞利目标作为典型例子（即 2 自由度 χ^2 分布，亦即斯威林 I 分布），而对莱斯目标，由于有稳定散射子存在，它的概率密度分布较窄，因此同样情况下，莱斯分布角闪烁会小些。

经理论分析[5,12]，对由 n 个点散射中心构成的瑞利目标，它的归一化角闪烁线偏差相对于其统计中心可以表示成均值为零、方差为 σ_g^2 的随机变量与具有参数为 σ_n^2 的瑞利分布的总信号幅度之比，而它的统计模型可以用 2 自由度的学生

氏t分布来描述，即为

$$p(\xi)=\frac{\mu}{2(1+\mu^2\xi^2)^{3/2}} \qquad -\infty<\xi<\infty \tag{6.3}$$

式（6.3）中，$\mu=\sigma_{\mathrm{n}}/\sigma_{\mathrm{g}}$。

邓恩等人提出用目标的回转半径来描述角闪烁线偏差均方根值[3]。这显然是将物理的质量分布代替电磁散射分布。例如，如果目标 RCS 沿目标扩展L向呈$\cos^2(\pi\alpha/L)$分布，式中α为自变量，目标于垂直视线方向的扩展尺度为L，重心居中，可求得回转半径R_0为$0.29L$，而认为角闪烁线偏差均方根值ε为$R_0/\sqrt{2}$，所以$\varepsilon=0.19L$。按照各类飞机外形和外挂物的大致分布，其角闪烁线偏差均方根ε的估值如图 6.9 所示[13]。

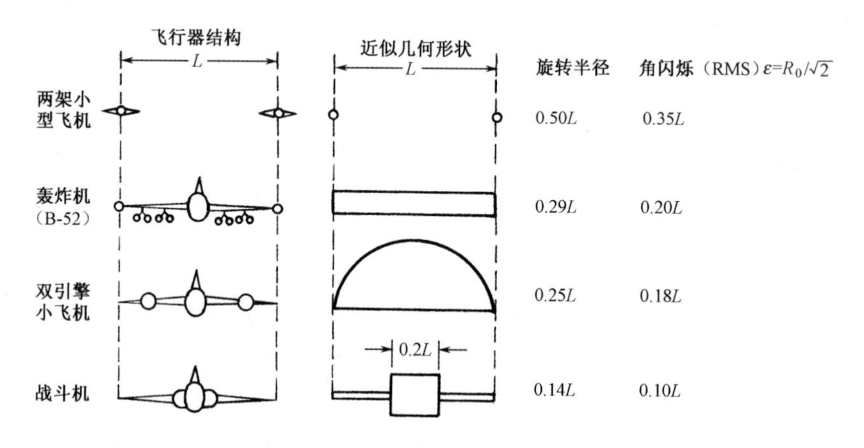

图 6.9　各类飞机角闪烁线偏差均方根ε的估值

邓恩还给出编队飞行时机群角闪烁的情况。假设由 3 架小飞机组成一编队，且在一个雷达距离与角度分辨单元之内。每架飞机翼展$L=20\,\mathrm{m}$（原文为码，改为 m 不影响正确性），左右两架与中间一架的距离分别为 26m 和 20m，每架飞机平均 RCS 为A，则该机群的质心为

$$D_{\mathrm{eg}}=\frac{\sum_{n=1}^{N}A_nL_n}{\sum_{n=1}^{N}A_n}=\frac{A(-26)+A(0)+A(+20)}{3A}=-2\mathrm{m} \tag{6.4}$$

以D_{eg}为中心的等效回转半径的平方（R_0^2），可由每一目标面积与其到D_{eg}的距离之平方的乘积及每一目标的R_0（以各自的重心为基准）的平方与其面积的乘积之和，再将此和除以总面积即可求得。因此等效回转半径R_0的公式为

$$R_0=\left[\frac{\sum_{n=1}^{N}A_nL_n'^2+\sum_{n=1}^{N}A_nL_n^2}{\sum_{n=1}^{N}A_n}\right]^{\frac{1}{2}}=\frac{A(24)^2+A(2)^2+A(22)^2+3A(4.2)^2}{3A}$$
$$=19.3\text{m}$$

$$\varepsilon=R_0/\sqrt{2}=13.6\text{m}\quad(\text{RMS})\tag{6.5}$$

上式中，L_n、L_n' 分别为每架飞机的距离和机群中每架飞机到机群重心的距离，R_n（$n=1,2$）为每架飞机自身回转半径（设为$0.15L\times\sqrt{2}=4.2\text{m}$）。

编队机群扩展长度为 46m，其角闪烁线偏差均方根最大值为$0.5L$，则$\varepsilon_{\max}=0.5\times46\div\sqrt{2}\approx16.26\text{m}$。

从概率角度来讲，角闪烁线偏差总有可能超出目标扩展的几何尺度L。作者曾对由 4 个等效散射中心组成的目标进行散射场计算，对每个等效散射中心给以不同初相以及相互不同间距（电长度），最终得出：有可能超出目标扩展长度的概率为 22.2%～29.5%[5]的结论。

综上所述，作者推荐：由典型对称目标产生的角闪烁线偏差均方根值取在$0.15L\sim0.35L$之间，其中L为目标于垂直视线方向的扩展长度。对于非对称目标，如安装有角反射器（或龙伯球）的人造靶标，则均方根值取在$0.30L\sim0.50L$范围。

6.3.3　角闪烁线偏差的功率谱密度

结合目标运动状态，表征线偏差的另一物理量为功率谱密度，虽然目标角闪烁线偏差的均方根值与工作波长几乎无关，但是其功率谱密度则与工作波长、目标运动速度以及随机运动有关，典型的角噪声功率谱密度公式为[13]

$$N(f)=\varepsilon^2\frac{2B}{\pi(B^2+f^2)}\tag{6.6}$$

式（6.6）中，$N(f)$为角闪烁线偏差功率谱密度（m^2/Hz）；ε为角闪烁线偏差均方根值（m）；B为噪声带宽（Hz）；f为噪声谱瞬时值（Hz）。

经多次测量，典型飞机角闪烁线偏差功率谱密度$\sqrt{N(f)}$分布图如图 6.10 所示。在 X 波段，小飞机的B值约为 2.0Hz；大飞机的B值约为 5.0Hz。波长愈短，B值愈大。与同一运动目标的 RCS 频谱相比，角闪烁功率谱要宽一些。例如，对一个围绕等效中心匀速旋转的均匀分布线目标，其 3dB 角闪烁线偏差谱宽为 RCS 谱的 1.8 倍，而小角度随机摆动时则为 1.6 倍[5]。

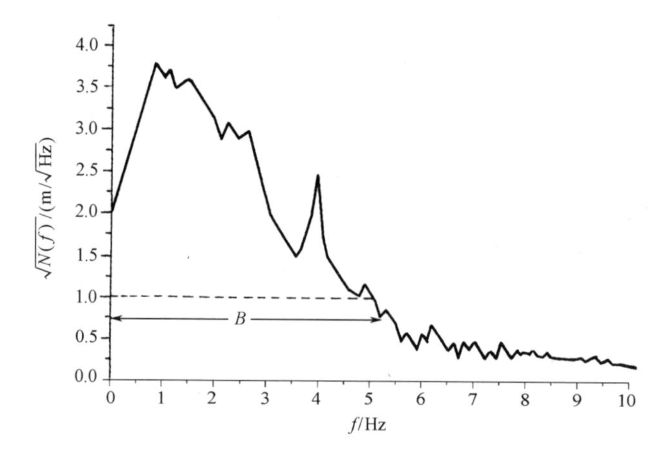

图 6.10　典型飞机角闪烁线偏差功率谱密度 $\sqrt{N(f)}$ 分布

对莱斯目标，稳定散射子的存在对角闪烁谱宽度几乎没有影响，仅降低了谱密度零值。

降低雷达角跟踪伺服带宽可以减小角闪烁噪声的影响。将角闪烁功率谱曲线下（纵坐标值平方）与雷达伺服带宽相对应的那块面积除以整个功率谱密度曲线下的总面积，其比值可估计出经伺服回路滤波后角闪烁噪声的减小量。

利用下式，可将角闪烁线偏差（单位为 m）化为雷达视线偏差的角度值（单位为 m rad 或 mil）

$$\varepsilon_\theta(\text{m rad或mil}) = \frac{\varepsilon(\text{m})}{R(\text{km})} \tag{6.7}$$

式（6.7）中，ε_θ 为角闪烁均方根角误差值，以 m rad 或 mil 为单位；ε 为角闪烁均方根线偏差值，以 m 为单位；R 为雷达与目标之间距离，以 km 为单位。

显然，角闪烁噪声所引起的角度误差与雷达工作距离成反比，所以它的影响主要在近距离和中距离上，尤其对导弹制导的导引头来说，角闪烁噪声是一项重要角误差源。

6.3.4　角闪烁与 RCS 的相关性

对角闪烁与 RCS（相当于回波幅度平方）的相关性问题，学术界曾经有过不同看法。一些人认为角闪烁与 RCS 是不相关的，但又不是独立的[12,14-15]；另一些人则认为两者有较强的负相关性[16-17]。下述两张图的解释可以令这两种不同看法取得统一意见。

RCS 与角闪烁之间瞬时对应关系如图 6.11 所示，该图为一大型飞机的实测 RCS 和角闪烁计算时间序列图[8]。由图 6.11（a）和图 6.11（b）比较可见：凡角闪烁线偏差（绝对值）出现大角闪烁值时，RCS 均处于起伏的谷处，说明大角闪烁值与 RCS 之间确实存在较强的负相关性。

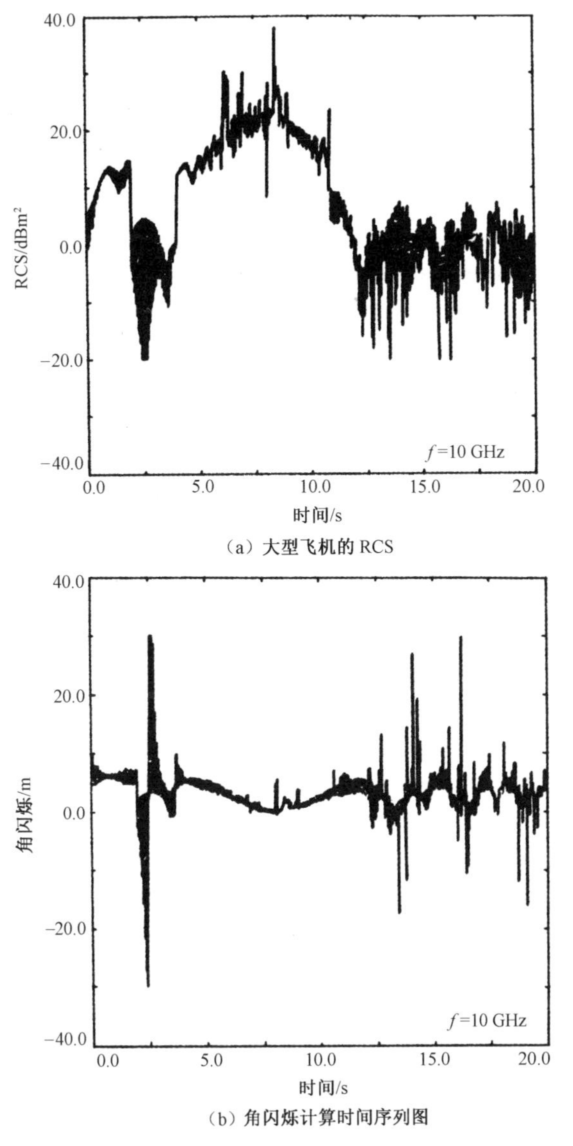

（a）大型飞机的 RCS

（b）角闪烁计算时间序列图

图 6.11　RCS 与角闪烁之间瞬时对应关系

但又如图 6.12 所示，就整个飞行时间段总体而言，角闪烁与 RCS 之间的相关系数范围为−0.20～−0.06（实线），角闪烁线偏差绝对值与 RCS 之间的相关系数范围为−0.24～−0.10（虚线），表明两者总体上具有较弱的负相关性。这说明角闪烁谱具有双尺度性，在图 6.10 中也可看到常有双峰出现。在时域可看到一些大角闪烁值之外，经常存在着一些小值于底部。

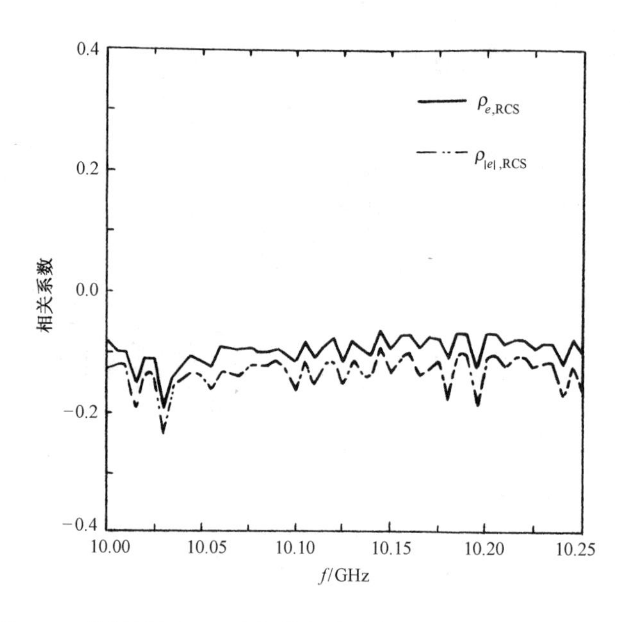

图 6.12　角闪烁与 RCS 之间的相关系数与雷达工作频率的关系

由此得出结论：在小 RCS 处，角闪烁与 RCS 之间的强负相关形式是存在的，具有普遍规律性；而以总体样本而言，这种负相关性并不十分明显。这一概念可以作为减小角闪烁误差措施的基础。以此为依据，不少雷达设计者就设置一定的 RCS 门限值，将低于门限值的回波消除，由此来降低角闪烁噪声。图 6.13 表明：对某一特定目标，如果归一化 RCS 门限值设置为−20dB，则角闪烁线偏差的均方根值可小于 2m，这是一个很有效的降低角噪声的办法，当然这样断续角跟踪目标的方法也要付出其他一些代价[5]。

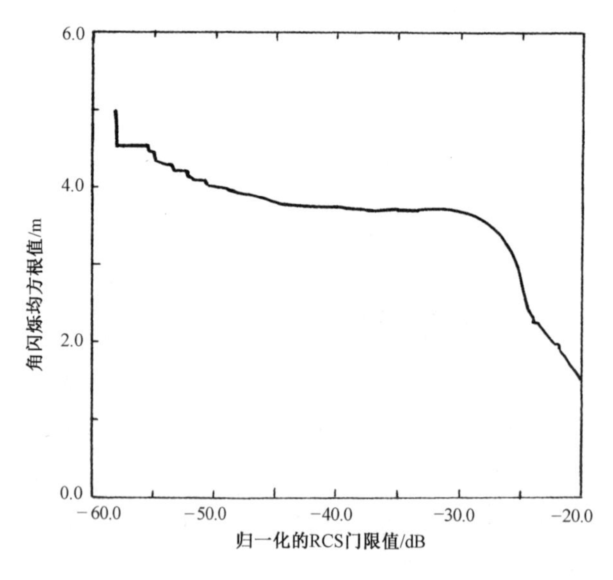

图 6.13　归一化 RCS 门限值与角闪烁均方根值的关系

6.4 多普勒噪声

任何一个具有径向运动的点目标，其雷达回波均会被多普勒频率调制，点目标相对雷达作非线性径向运动（如目标机动或加速度飞行），就会产生多普勒频率调制，雷达设计者对此可通过轨迹计算，求出多普勒调制解析式。对点目标的这种特性不属于本节讨论的范围。

本节讨论的噪声是指扩展目标所产生的多普勒噪声，它可分解为 3 部分：①由扩展目标回波的相位波前畸变所产生，它与角闪烁噪声紧密关联；②由目标上活动部件所产生；③由扩展目标回波幅度起伏调制所产生的成对多普勒谱线调制。由于雷达经常采用快速自动增益控制技术，消除了回波幅度起伏调制，因此本节重点讨论①和②两部分多普勒噪声。当然，点目标非线性径向运动会加大①和②两部分产生的多普勒噪声。

6.4.1 回波相位波前畸变效应

多普勒噪声是指扩展目标回波相位变化率相对于点目标回波相位变化率的差异所产生的随机量。因为相位变化率就是频率，因此它是多普勒频率上调制的噪声，即多普勒噪声。在 6.3.1 节中已阐述了角闪烁的物理概念，用相位波前畸变可表征为[5]

$$\varepsilon_\theta = \frac{\lambda}{4\pi} \cdot \frac{\partial \delta}{\partial \theta} \tag{6.8}$$

式（6.8）中，ε_θ 为角闪烁线偏差（m），λ 为工作波长（m），δ 为扩展目标回波相位项（rad），θ 为视线角（rad）。

多普勒调制频率可表达为[13]

$$f_{\mathrm{d}}(t) = \frac{\partial \delta}{\partial \theta} \cdot \frac{2\partial \theta}{\partial t} \tag{6.9}$$

式（6.9）中，$f_{\mathrm{d}}(t)$ 为瞬时多普勒调制频率（Hz）；$\partial\theta/\partial t$ 为视线角变化率，它是目标姿态角变化率的 2 倍（rad/s）。

在中等气流扰动下，轰炸机与战斗机作直线飞行时其偏航角随时间变化的曲线如图 6.14 所示。

当角闪烁和目标姿态角变化率的概率密度均为高斯分布时，由此产生的多普勒调制频率的概率密度函数 $p(f_{\mathrm{d}})$ 为修正的汉开尔函数[3]，即

$$p(f_{\mathrm{d}})=\frac{1}{2\pi\sigma_{\varepsilon}\sigma_{\theta}}\mathrm{K}_0\left(\frac{f}{2\sigma_{\varepsilon}\sigma_{\theta}}\right) \tag{6.10}$$

式（6.10）中，K_0 为修正的汉开尔函数；f 为平均多普勒频率偏离值（Hz）；σ_{ε} 为角闪烁均方根值（相位 rad/方向角 rad）[由式（6.8）有，$\sigma_{\varepsilon}=\frac{4\pi}{\lambda}\varepsilon_{\theta}$]；$\sigma_{\theta}$ 为视线角变化率均方根值（rad/s）。

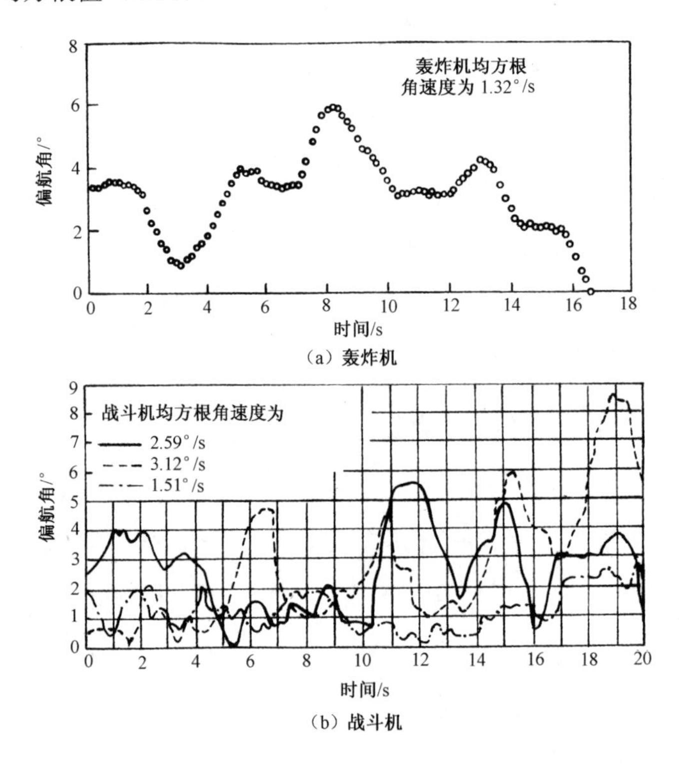

图 6.14　飞机作直线飞行时其偏航角随时间变化的曲线

概率密度函数 $p(f_{\mathrm{d}})$ 是以平均多普勒频率为基准，当 $f=0$ 即为被测目标平均多普勒频率处，此时修正的汉开尔函数 K_0 自变量趋于零，$p(f_{\mathrm{d}})$ 趋于无穷大，但因整个 f 值处于 $[-\infty\sim+\infty]$ 的总概率为 1，因此 $p(f_{\mathrm{d}})$ 在 $f_{\mathrm{d}}=0$ 处仍为有限值。

由式（6.10）经推导可得多普勒调制频率的均方根值，即 $\delta_f=2.72\sigma_{\varepsilon}\sigma_{\theta}$[13]。

以波音 707 客机为例，飞机翼展约 40m，$\varepsilon_{\theta}=0.18L=7.2\mathrm{m}$。当 $\lambda=0.03\mathrm{m}$ 时，$\sigma_{\varepsilon}=\frac{4\pi}{\lambda}\times7.2=960\pi$。设视线角变化率为 $0.8°/\mathrm{s}$，除以 $360°$，则 $\sigma_{\theta}\approx0.0022\,\mathrm{Hz}$，因而多普勒调制频率的均方根值为 $\delta_f=2.72\sigma_{\varepsilon}\sigma_{\theta}\approx18\mathrm{Hz}$。其概率密度分布示意图如图 6.15 所示[13]。

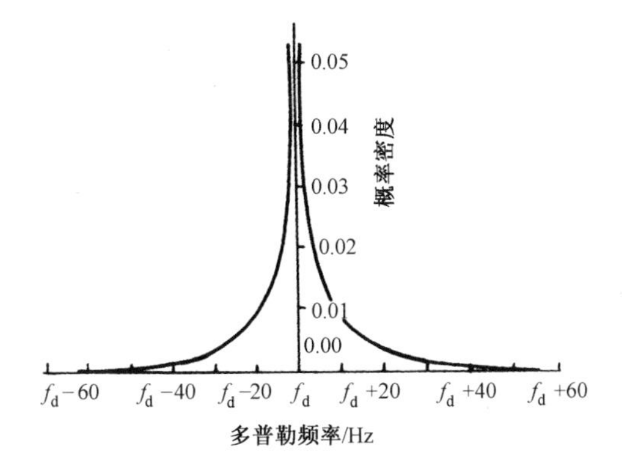

图 6.15　由角闪烁产生的波音 707 客机多普勒频率概率密度分布示意图

6.4.2　活动部件调制效应

与幅度起伏噪声类似，活动部件周期性旋转产生的调制谱分量同样是多普勒噪声的重要组成成分，像喷气式飞机的压气机或涡轮机叶片、螺旋桨飞机桨叶，以及直升飞机旋翼和尾桨叶片等，在目标飞行过程中，这些运动部件均处于周期性旋转状态下，因此，由这些活动部件等效而成的各散射中心强度以及它们之间的相对相位必将也呈周期性变化，并最终影响目标总散射回波也随时间周期性起伏。这种周期性回波起伏可以同时产生幅度调制和多普勒调制。由于回波起伏呈非正弦形，因此，幅度调制频谱和多普勒调制频谱均由一系列离散线谱组成，其调制基频分量频率或相邻两谱线之间的间隔取决于旋转叶片数 N_b 与叶片转速 f_{rot} 的乘积，即 $f_M = N_b \cdot f_{rot}$。典型情况下，喷气式飞机产生的多普勒调制频谱分布在几百赫兹至几十千赫兹的区域上；直升飞机和螺旋桨飞机由于叶片数少且转速较慢，其产生的多普勒调制频谱则分布在较低的频带上。

由活动部件引起的离散多普勒调制谱线在频率轴上的分布特点与运动部件旋转叶片结构、形状，以及目标相对于雷达视线姿态角等因素密切相关。多数情况下，离散多普勒调制谱线对称地分布于机体多普勒频率分量左右（两边调制分量幅度并不对称）。但在某些姿态下，可能会出现所有调制谱线均位于机体多普勒频率分量一侧的情况[18]，如图 6.16 所示。这可能是由于受叶片扭角影响，在一些特定姿态下出现了叶片上某窄小区域所散射的电磁波能量远远大于其他区域所散射电磁波能量之和所致。

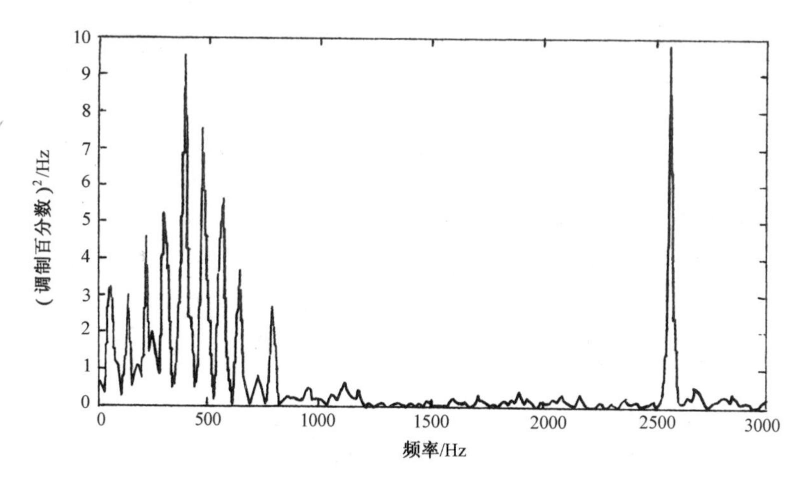

图 6.16　某螺旋桨飞机旋转桨叶引起的多普勒调制频谱分量均位于机体多普勒频率分量一侧的情况

6.5　距离噪声

雷达工作者都知道，雷达测距精度主要取决于发射波形带宽和工作信噪比。本节讨论的是扩展目标产生的距离噪声，它将影响精密跟踪雷达测距精度的极限值。扩展目标增加的距离噪声还将限制多普勒跟踪系统的谱线截获。而在宽带雷达中，由于时域的高分辨有可能大大地抑制距离噪声。本节将定量地给出以上这些内容的设计数据。

6.5.1　窄带雷达的目标距离噪声

经典的距离跟踪系统工作在视频脉冲状态。利用分裂双波门误差检测器可使跟踪点两侧回波脉冲下的面积相等，即跟踪于面积质心点。还有一种是利用回波相位测距（称为游标测距），它在理论上可得到半波长的测距精度，但它需要解距离模糊，因此需要在视频粗测距后再精测距。

对于扩展目标，假设目标沿视线方向的径向尺度为L'，窄带雷达的距离分辨率δ_r通常大于L'，则扩展目标的回波脉冲宽度τ_r为

$$\tau_r = \tau_0 + \frac{2L'}{c} \tag{6.11}$$

式（6.11）中，τ_r为回波脉冲宽度（μs）；τ_0为发射脉冲宽度（μs）；c为光速；L'为扩展目标径向长度（m）。

例如，F-117A 战斗机的机长为 20.1m，则正视目标观察时，回波将展宽 0.134μs，这对窄脉冲发射波形来说是个不小的数字。

由于扩展目标径向散射子分布为非对称目标，因此作者推荐距离噪声均方根的估值为 $0.3L'\sim0.5L'$，如果折合为时间单位则应除以 $\frac{c}{2}$。

经多次测量，典型飞机距离噪声功率谱密度［平方根 $\sqrt{N_{\mathrm{r}}(f)}$］分布如图 6.17 所示，它与角闪烁线偏差分布大致相似，但由于目标运动与姿态变化的纵摇通常比偏航横摇要小，因此距离噪声带宽 B' 要比角闪烁线偏差噪声带宽 B 值小，约为 $0.8B$。所以在 X 波段，小飞机的 B' 值约为 1.5Hz，大飞机的 B' 值约为 4.0Hz；其波长愈短，B' 值愈大。

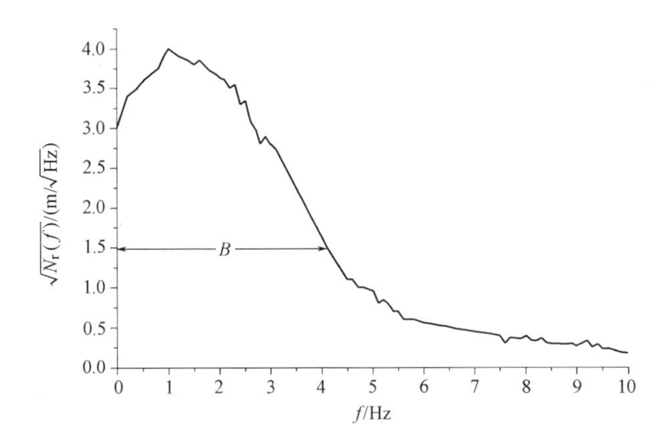

图 6.17　典型飞机距离噪声功率谱密度［平方根 $\sqrt{N_{\mathrm{r}}(f)}$］分布

6.5.2　宽带雷达的目标距离噪声

成像雷达和合成孔径雷达（SAR）的发展，都要求雷达发射波形的瞬时带宽很宽，雷达在径向距离上获得的高分辨率有可能将目标诸散射中心相隔离，从而产生高分辨距离像（High Resolution Range Profile，HRRP），HRRP 图像既有利于目标识别，也有利于对目标角度与距离的跟踪，其对降低目标跟踪时的距离噪声也非常有价值。典型飞机的高分辨距离像如图 6.18 所示。

高分辨距离像可以采用发射不同的宽带波形来获得，包括窄脉冲波形、宽带线性调频脉冲、阶跃变频波形等，不论哪一种波形，其径向距离分辨率在理论上仅取决于波形带宽，理论标称径向距离分辨率为

$$\delta_{\mathrm{r}}=\frac{c}{2B} \tag{6.12}$$

式（6.12）中，B 为发射信号瞬时带宽（Hz）；c 为电波传播速度（m/s）。

实际应用时，为了抑制距离旁瓣，要对回波加平滑窗后处理，因而实际分辨率比式（6.12）标称分辨率要大 1.5 倍左右。

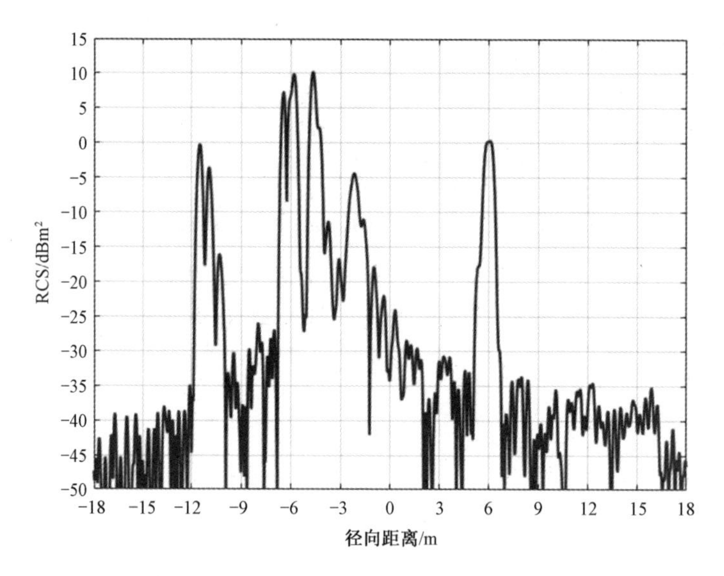

图 6.18　典型飞机的高分辨距离像

设计宽带雷达时，径向距离分辨率的选择一般取决于雷达目标的径向尺度和形状复杂程度。美国在弹道导弹防御系统中应用的地基宽带雷达（GBR）选择瞬时带宽为 1.3GHz，其实际径向距离分辨率为 0.18m 左右，而跟踪与识别的对象为弹道导弹的弹头，其径向尺度约为 1.5～2.5m，按电磁散射计算，弹头多散射中心数按径向分布约有 5～10 个，因此 0.18m 分辨率足以将多散射中心全部分隔开，这时的瞬时带宽可称为“临界宽带”。

经数字仿真统计，在临界宽带条件下，距离噪声均方根值在 0.1 L' 左右（L' 为扩展目标径向长度），它要比窄带雷达距离噪声均方根值有所改善，是窄带条件下的 1/5～1/3。折合为时间单位应除以 $\frac{c}{2}$ 。雷达目标其他宽带特性详见本书第 8 章。

参考文献

[1] SKOLNIK M I. Introduction to Radar System[M]. New York: McGraw-Hill Book Company, 1962.

[2] BARTON D K. Radar System Analysis[M]. New Jersey: Prentice-Hall, Inc., 1964: 280-290.

[3] DUNN J H, HOWARD D D. Radar Target Amplitude, Angle and Doppler Scintillation From Analysis of the Echo Signal Propagating in Space[J]. IEEE Transactions on Microwave Theory and Techniques, 1968, 16(9): 715-728.

[4] SKOLNIK M I. Radar Handbook[M]. New York: McGraw-Hill Book Company, 1970.

[5] 黄培康. 雷达目标特征信号[M]. 北京：宇航出版社, 1993.

[6] HOWARD D D. Radar Target Glint In Tracking and Guidance System Based on Echo Signal Phase Distortion[C]. Proceedings of the National Electronics Conference, 1959, (15): 840-849.

[7] LINDSAY J E. Angular Glint and the Moving, Rotating, Complex Radar Target[J]. IEEE Transactions on Aerospace and Electronic Systems, 1968, 4(2): 164-173.

[8] 黄培康，殷红成. 扩展目标的角闪烁[J]. 系统工程与电子技术, 1990, 12(12): 1-17.

[9] YIN H C, HUANG P K. Unification and Comparison Between Two Concepts of Radar Target Angular Glint[J]. IEEE Transactions on Aerospace and Electronic Systems, 1995, 31(2): 778-783.

[10] YIN H C, HUANG P K. Further Comparison Between Two Concepts of Radar Target Angular Glint[J]. IEEE Transactions on Aerospace and Electronic Systems, 2008, 44(1): 372-380.

[11] YIN H C, WANG C, HUANG P K. Inherent Relations Among The Three Representations of Radar Target Angular Glint[J]. Journal of Radars, 2014, 3(2): 119-128.

[12] OSTROVITYANOV R V, BASALOV F A. Statistical Theory of Extended Radar Targets[M]. Translated from the Russian Barton W F, Barton D K. Norwood: Artech House, 1985.

[13] SKOLNIK M I. Radar Handbook[M]. 2th Edition. Singapore: McGraw-Hill Company, 1990: 18.34-18.46.

[14] SANDHU G S, SAYLOR A V. A Real-Time Statistical Radar Target Model[J]. IEEE Transactions on Aerospace and Electronic Systems, 1985, 21(4): 490-507.

[15] JAIN A K. Generating Statistical Correlated Glint and RCS for Empirically Based RF Target Model[C]. IEEE Conference Proceedings Southeastcon, 1981: 873-875.

[16] SIMS R J, GRAF E R. The Reduction of Radar Glint by Diversity Techniques[J]. IEEE Transactions on Antennas and Propagation, 1971, 19(4): 462-468.

[17] 巢增明. 导引头角闪烁抑制方法探究[D]. 北京：航天工业部第二研究院 207 所, 1986.

[18] HYNES R, GARDNER R E. Doppler Spectra of S Band and X Band Signals[J]. IEEE Transactions on Aerospace and Electronic Systems, 1967, 3(6): 356-365.

第7章 雷达目标极化特性

RCS 是一个用于描述目标电磁波散射效率的量，它只是表征了雷达目标散射的幅度特性，缺乏对于诸如极化和相位特性之类目标特征的表征。为了完整地描述雷达目标电磁散射性能，需要引入极化散射矩阵（以下简称散射矩阵）的概念。一般来说，散射矩阵具有复数形式，它随工作频率与目标姿态而变化，对于给定的频率和目标姿态特定取向，散射矩阵表征了目标散射特性的全部信息。

本章简要介绍目标散射矩阵的概念、变换和测量方法，并给出了几种用于散射矩阵标定的简单目标的散射矩阵，探讨了一些典型目标的极化特性，研究了宽带极化散射矩阵的时域表征和随姿态变化的不敏感性问题，讨论了散射矩阵的极化不变性和目标分解定理，最后对极化检测和滤波也进行了简单的概括。

7.1　极化与极化散射矩阵的理论基础

本节给出极化和极化散射矩阵的定义，以及极化散射矩阵的变换公式，为后面的讨论提供理论基础。

7.1.1　电磁波的极化表征

电磁波的极化通常是用空间某一固定点上电场矢量 $\boldsymbol{E}$ 的空间取向随时间变化的方式来定义的。从空间中一固定观察点看，当 $\boldsymbol{E}$ 的矢端轨迹是直线时，则称这种波为线极化；当 $\boldsymbol{E}$ 的矢端轨迹是圆时，则称这种波为圆极化；当 $\boldsymbol{E}$ 的矢端轨迹是椭圆时，则称这种波为椭圆极化。线极化和圆极化是椭圆极化的特殊情况。对于圆极化和椭圆极化，$\boldsymbol{E}$ 的矢端可以按顺时针方向或逆时针方向运动。如果观察者沿传播方向看，$\boldsymbol{E}$ 的矢端顺时针方向运动，则称为右旋极化，反之则称为左旋极化。上述定义遵从 IEEE 的规定，有的书采用了与此相反的定义[1]。

对于平面电磁波，电磁场矢量总与传播方向垂直。任意极化的平面电磁波可以分解为两个相互正交的线极化波。当将电场矢量分解为两个相互正交的极化状态（称极化基）的分量时，就可以用所谓的琼斯（Jones）矢量的形式来描述某种极化状态。如图 7.1 所示，对于斜入射平面波，任意极化的入射波可以分解为电场垂直于入射面（入射线与边界法线构成的平面）的垂直线极化波和电场平行于入射面的平行线极化波，分别用 $\boldsymbol{E}_{\perp}$ 和 $\boldsymbol{E}_{/\!/}$ 表示，这是两个正交分量，在理论研究中常采用这种定义。而在实际测量中，则常根据电场矢量与地面平行的情况来定义水平极化（H），根据电场矢量与地面垂直的情况来定义垂直极化（V）。

一般地，任意极化的电场 $\boldsymbol{E}$ 都可以表示成为两个正交极化的叠加。如图 7.2 所示，$\boldsymbol{E}$ 可写成

$$\boldsymbol{E}=\boldsymbol{E}_{\perp}+\boldsymbol{E}_{/\!/}=E_{\perp}\hat{\perp}+E_{/\!/}\hat{/\!/}=E[\sin\psi\hat{\perp}+\cos\psi\exp(\mathrm{j}\delta)\hat{/\!/}] \tag{7.1}$$

式（7.1）中，$\hat{\perp}$ 和 $\hat{/\!/}$ 是由 $\hat{\perp}\times\hat{/\!/}=\hat{\boldsymbol{k}}$ 所定义的一组极化正交单位矢量；$\hat{\boldsymbol{k}}$ 是传播方向的单位矢量；δ 是 $E_{/\!/}$ 超前 $E_{\perp}$ 的时间相位角；ψ 是 $\boldsymbol{E}$ 与 $\hat{/\!/}$ 的夹角。

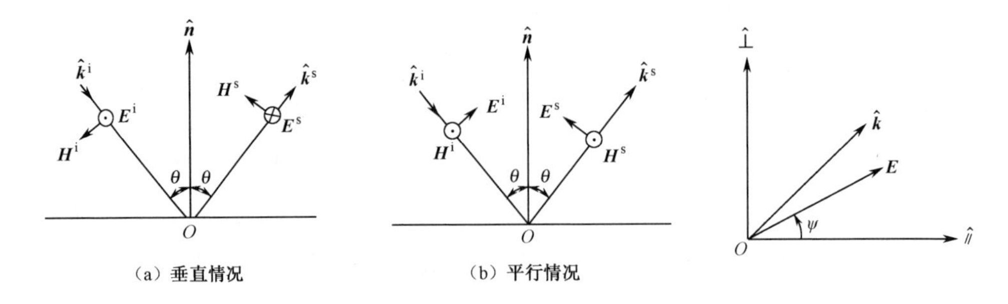

图 7.1　斜入射到导体平板上的平面电磁波　　　　图 7.2　场的极化分解

由式（7.1）可定义出表 7.1 所示的极化术语。

表 7.1　极化术语

极化比（两个极化分量之比）		$p=E_{/\!/}/E_{\perp}=\cot\psi\exp(\mathrm{j}\delta)$
线极化[①]		$\psi=0$或$\pi/2$
±45° 线极化		$\psi=\pm\pi/4$，$\delta=0$
椭圆极化	左旋	$0<\delta<\pi$
	右旋	$-\pi<\delta<0$
圆极化	左旋	$\psi=\pi/4$，$\delta=\pi/2$
	右旋	$\psi=\pi/4$，$\delta=-\pi/2$
① 线极化时 δ 可任意取值，一般取为零，$\psi=0$ 对应平行极化，$\psi=\pi/2$ 对应垂直极化。		

任意极化波也可以分解为两个正交圆极化波的矢量和，即

$$\boldsymbol{E}=\boldsymbol{E}_{\mathrm{R}}+\boldsymbol{E}_{\mathrm{L}}=E_{\mathrm{R}}\hat{\boldsymbol{R}}+E_{\mathrm{L}}\hat{\boldsymbol{L}} \tag{7.2}$$

式（7.2）中，E_{R} 和 E_{L} 分别是复右、左旋圆极化场分量；$\hat{\boldsymbol{R}}$ 和 $\hat{\boldsymbol{L}}$ 是与线极化单位矢量相关的单位矢量，满足

$$\begin{bmatrix}\hat{\boldsymbol{R}}\\ \hat{\boldsymbol{L}}\end{bmatrix}=\frac{1}{\sqrt{2}}\begin{bmatrix}1 & -\mathrm{j}\\ 1 & \mathrm{j}\end{bmatrix}\begin{bmatrix}\hat{\perp}\\ \hat{/\!/}\end{bmatrix} \tag{7.3}$$

令场的圆极化形式与线极化形式相等，可以得到圆极化分量与线极化分量的相互转换关系，用矩阵表示为

$$\begin{bmatrix}E_{\mathrm{R}}\\ E_{\mathrm{L}}\end{bmatrix}=\frac{1}{\sqrt{2}}\begin{bmatrix}1 & \mathrm{j}\\ 1 & -\mathrm{j}\end{bmatrix}\begin{bmatrix}E_{\perp}\\ E_{/\!/}\end{bmatrix}=\boldsymbol{T}\begin{bmatrix}E_{\perp}\\ E_{/\!/}\end{bmatrix} \tag{7.4}$$

或

$$\begin{bmatrix} E_{\perp} \\ E_{/\!/} \end{bmatrix} = \frac{1}{\sqrt{2}} \begin{bmatrix} 1 & 1 \\ -\mathrm{j} & \mathrm{j} \end{bmatrix} \begin{bmatrix} E_{\mathrm{R}} \\ E_{\mathrm{L}} \end{bmatrix} = \boldsymbol{T}^{-1} \begin{bmatrix} E_{\mathrm{R}} \\ E_{\mathrm{L}} \end{bmatrix} \tag{7.5}$$

上面介绍了采用线极化和圆极化两种正交矢量来表示任意极化波的方法，实际上也可以采用其他任意正交矢量来表示，但上述两种方法是最常用的。在文献[2-6]中，还介绍了其他的表示方法。

7.1.2 极化散射矩阵

绝大部分目标在任意姿态角下，对不同极化波的散射是不相同的，且对于大部分目标，散射场的极化不同于入射场的极化，这种现象称为退极化或交叉极化。按照 IEEE 的定义，“在一个包含参考极化椭圆的特定平面内，与这个参考极化正交的极化就称为交叉极化。”该参考极化称为同极化。目标的极化特性，指的就是目标对各种极化波的同极化和退极化作用。当目标受特定极化状态的入射波照射时，其散射波依赖于入射波的强度、极化状态和目标的极化特性。

虽然 RCS 是入射到目标上的电磁波极化状态的函数，但它只是作为一种表征目标散射波强度的标量被广泛地阐述和应用。作为对入射波和目标之间相互作用(即目标散射特性)的最一般性描述，极化散射矩阵 $\boldsymbol{S}$ 提供了一个很好的选择，将散射场 $\boldsymbol{E}^{\mathrm{s}}$ 各分量和入射场 $\boldsymbol{E}^{\mathrm{i}}$ 各分量联系起来，可表示为

$$\boldsymbol{E}^{\mathrm{s}} = \boldsymbol{S}\boldsymbol{E}^{\mathrm{i}} \tag{7.6}$$

如果雷达发射源和接收源离目标足够远，则到达目标处的入射波和到达接收源处的散射波都可看成是平面波，因此，$\boldsymbol{S}$ 是一个二阶矩阵，式（7.6）变成

$$\begin{bmatrix} E_1^{\mathrm{s}} \\ E_2^{\mathrm{s}} \end{bmatrix} = \frac{1}{\sqrt{4\pi r}} \begin{bmatrix} S_{11} & S_{12} \\ S_{21} & S_{22} \end{bmatrix} \begin{bmatrix} E_1^{\mathrm{i}} \\ E_2^{\mathrm{i}} \end{bmatrix} \tag{7.7}$$

式（7.7）中，下标“1”和“2”表示一组正交极化分量，按照“散射-入射”的顺序排列。$\boldsymbol{S}$ 的元素一般是复数，故又可写成

$$\boldsymbol{S} = \begin{bmatrix} |S_{11}|\exp(\mathrm{j}\varphi_{11}) & |S_{12}|\exp(\mathrm{j}\varphi_{12}) \\ |S_{21}|\exp(\mathrm{j}\varphi_{21}) & |S_{22}|\exp(\mathrm{j}\varphi_{22}) \end{bmatrix} \tag{7.8}$$

在散射矩阵的定义式（7.7）中，$\sqrt{4\pi r}$ 的使用并不普遍，这里遵从了辛克莱（Sinclair）[7]和科普兰（Copeland）[5]等人的论述。拉克（Ruck）[8]用

$$\begin{bmatrix} E_1^{\mathrm{s}} \\ E_2^{\mathrm{s}} \end{bmatrix} = \begin{bmatrix} S_{11} & S_{12} \\ S_{21} & S_{22} \end{bmatrix} \begin{bmatrix} E_1^{\mathrm{i}} \\ E_2^{\mathrm{i}} \end{bmatrix} \tag{7.9}$$

来表示散射矩阵，这种用法比较广泛。另外，需要指出的是，由于所选择的坐标系不同，散射矩阵可以有不同的形式，如直角坐标或球坐标形式等。在某些情况下，下标 1, 2 也由 // 和 ⊥（代表平行和垂直极化）或 H 和 V（代表水平和垂直极

化）代替。

拉克给出散射矩阵元素与 RCS 之间的关系为

$$\sigma_{ij} = 4\pi r^2 \left|S_{ij}\right|^2 \tag{7.10}$$

而式（7.7）给出它们的关系则避免了距离因子 r，可表示为

$$\sigma_{ij} = \left|S_{ij}\right|^2 \tag{7.11}$$

由极化散射矩阵，对规定的入射极化 j，可定义退极化系数为交叉极化分量与同极化分量幅度之比，即

$$c_{ij} = \frac{\left|S_{ij}\right|}{\left|S_{jj}\right|} \tag{7.12}$$

它用于描述目标退极化的幅度特性，这是在实际场合中常被用到的一个参量。

如果目标是线性散射体，那么，任意目标的单站（后向）散射矩阵是对称的，即

$$S_{12} = S_{21} \tag{7.13}$$

这种对称性可从互易定理证得。如果将发射天线和接收天线的作用互换，互易定理指出，从互换后的接收天线处感应的开路电压与原来的相同，相当于

$$\left[h_1^{\mathrm{r}}, h_2^{\mathrm{r}}\right] \begin{bmatrix} S_{11} & S_{12} \\ S_{21} & S_{22} \end{bmatrix} \begin{bmatrix} h_1^{\mathrm{i}} \\ h_2^{\mathrm{i}} \end{bmatrix} = \left[h_1^{\mathrm{i}}, h_2^{\mathrm{i}}\right] \begin{bmatrix} S_{11} & S_{12} \\ S_{21} & S_{22} \end{bmatrix} \begin{bmatrix} h_1^{\mathrm{r}} \\ h_2^{\mathrm{r}} \end{bmatrix} \tag{7.14}$$

式（7.14）中，h^{r} 和 h^{i} 分别表示接收天线和发射天线的极化。显然，只有当 $S_{12} = S_{21}$ 时，式（7.14）才能被满足。

如果目标关于包含从发射天线到目标的射线的平面对称，那么，可以选择适当的坐标系使 $S_{12} = 0$。例如，图 7.3 所示的两对角导线目标，从发射天线到目标的射线位于对称面上，与导线垂直，选择坐标系使 y 轴位于这个平面内。发射一仅有 y 分量的波 E_y^{i}，在某一瞬间，入射波将激励起图 7.3 所示的电流，当再一次辐射时，垂直分量将相互抵消，即 E_x^{s} 必须等于零，因此，$S_{xy} = 0$。

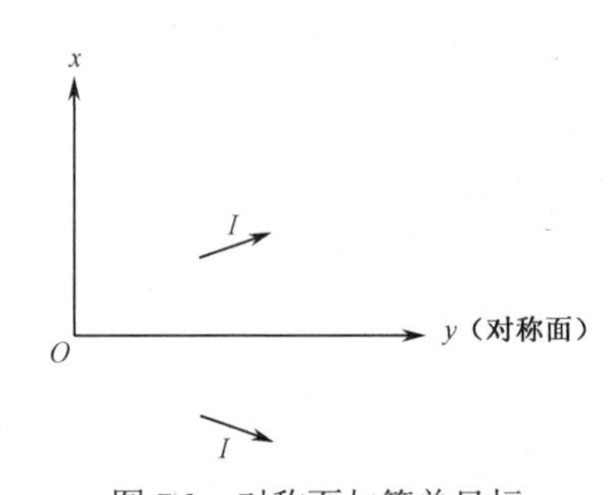

图 7.3 对称面与简单目标

一般来说，双站散射矩阵并不具有对称性，为了完整地表征 $\boldsymbol{S}$，需要求出 4 个振幅和 4 个相位。但是，在某些特殊情况下，双站 $\boldsymbol{S}$ 可以得到简化。顺便指出，以后如无特别说明，该矩阵均指的是后向散射矩阵。

表 7.2 示出了几种简单目标（假定这些目标具有比波长大得多的尺寸）的极

化后向散射矩阵。该表中的 $\boldsymbol{S}$ 只包含目标的极化特性，与实际值的差别是少乘了一个常数，这个常数就是各自的后向散射截面的平方根值，在许多有关介绍 RCS 的书籍[8]中都可找到。

表 7.2 几种简单目标的极化后向散射矩阵

目　　标	散射矩阵 $\boldsymbol{S}$	
	线极化 $\boldsymbol{S}_\mathrm{L}$	圆极化 $\boldsymbol{S}_\mathrm{C}$
E_T↑ E_R↓ 垂直偶极子	$\begin{bmatrix}0 & 0\\0 & -1\end{bmatrix}$	$\frac{1}{2}\begin{bmatrix}1 & -1\\-1 & 1\end{bmatrix}$
E_T↑ $E_\mathrm{R}=0$ 水平偶极子	$\begin{bmatrix}-1 & 0\\0 & 0\end{bmatrix}$	$\frac{1}{2}\begin{bmatrix}-1 & -1\\-1 & -1\end{bmatrix}$
E_T↑ E_R↓ 平板、圆盘或球	$\begin{bmatrix}-1 & 0\\0 & -1\end{bmatrix}$	$\begin{bmatrix}0 & -1\\-1 & 0\end{bmatrix}$
E_T↑ E_R↓ 二面角（偶次反射）	$\begin{bmatrix}1 & 0\\0 & -1\end{bmatrix}$	$\begin{bmatrix}1 & 0\\0 & 1\end{bmatrix}$
E_T↑ E_R← 二面角旋转45°	$\begin{bmatrix}0 & 1\\1 & 0\end{bmatrix}$	$\begin{bmatrix}-\mathrm{j} & 0\\0 & \mathrm{j}\end{bmatrix}$
E_T↑ E_R↑ 三面角（奇次反射）	$\begin{bmatrix}-1 & 0\\0 & -1\end{bmatrix}$	$\begin{bmatrix}0 & -1\\-1 & 0\end{bmatrix}$

上面都是从电场的角度描述极化散射矩阵（称电场型极化散射矩阵）的，实际情况中也有从电磁波功率密度的角度描述的，这就是功率型极化散射矩阵。例如，用功率形式来描述电磁波的极化状态，则要引入所谓的斯托克斯（Stokes）矢量 $\boldsymbol{T}=(T_0,T_1,T_2,T_3)^\mathrm{T}$，当以正交线极化 $(\hat{\boldsymbol{x}},\hat{\boldsymbol{y}})$ 为基时可表示为

$$\begin{cases} T_0 = E_x E_x^* + E_y^* E_y \\ T_1 = E_x E_x^* - E_y^* E_y \\ T_2 = E_x E_y^* + E_x^* E_y \\ T_3 = -j(E_x E_y^* - E_x^* E_y) \end{cases} \tag{7.15}$$

式（7.15）中，4 个参数只有 3 个是独立的，$T_0^2 = \sum_{i=1}^{3} T_i^2$，“*”表示复共轭。与琼斯矢量不同的是，斯托克斯矢量的元素都是实数。

最著名的功率型极化散射矩阵是 Müeller 矩阵（简称 $\boldsymbol{M}$ 矩阵），当用 $\boldsymbol{T}^{\mathrm{i}}$ 和 $\boldsymbol{T}^{\mathrm{s}}$ 分别表示入射波和散射波的斯托克斯矢量时，目标的极化过程可表示为

$$\boldsymbol{T}^{\mathrm{s}} = \boldsymbol{M}\boldsymbol{T}^{\mathrm{i}}$$

很显然，$\boldsymbol{M}$ 是一个 4×4 的矩阵，也完全代表了目标的极化散射特性。与 $\boldsymbol{S}$ 矩阵的区别是，$\boldsymbol{M}$ 矩阵中的每一个元素都是实数。在单基地雷达的情况下，$\boldsymbol{M}$ 也是对称矩阵，用 9 个参数就可确定，其中只有 5 个参数是独立的。

$\boldsymbol{M}$ 与 $\boldsymbol{S}$ 的相互关系为

$$\boldsymbol{M} = \boldsymbol{A}_{\mathrm{i}}^*(\boldsymbol{S} \odot \boldsymbol{S}^*)\boldsymbol{A}_{\mathrm{i}}^{-1} \tag{7.16}$$

式（7.16）中，算符“⊙”表示矩阵的克罗内克尔（Kronecker）乘积，$\boldsymbol{A}_{\mathrm{i}}$ 和 $\boldsymbol{A}_{\mathrm{i}}^{-1}$ 分别为

$$\boldsymbol{A}_{\mathrm{i}} = \begin{bmatrix} 1 & 0 & 0 & 1 \\ 1 & 0 & 0 & -1 \\ 0 & 1 & 1 & 0 \\ 0 & \mathrm{j} & -\mathrm{j} & 0 \end{bmatrix},\quad \boldsymbol{A}_{\mathrm{i}}^{-1} = \begin{bmatrix} 1 & 1 & 0 & 0 \\ 0 & 0 & 1 & \mathrm{j} \\ 0 & 0 & 1 & -\mathrm{j} \\ 1 & -1 & 0 & 0 \end{bmatrix}$$

还有一种称为 Graves 矩阵的功率型散射矩阵，这将在 7.5.1 节中介绍。

7.1.3 极化散射矩阵的变换

如前所述，任意极化的电磁波都可以按两个正交极化基（如 $\hat{\perp}$ 和 $\hat{/\!/}$ 或 $\hat{\boldsymbol{R}}$ 和 $\hat{\boldsymbol{L}}$）进行分解。那么，当已知一对正交极化基下的目标极化散射矩阵时，如何推算出另一对正交极化基下的目标极化散射矩阵？这是一个在实际应用中常要遇到的问题。为解决这一问题，需要用到极化基的变换算法。

以正交极化基 $(\hat{\boldsymbol{a}},\hat{\boldsymbol{b}})$ 表示的矢量 $\boldsymbol{E}_{\mathrm{ab}}$，可以用另一以正交极化基 $(\hat{\boldsymbol{x}},\hat{\boldsymbol{y}})$ 表示的矢量 $\boldsymbol{E}_{\mathrm{xy}}$ 表示，即

$$\boldsymbol{E}_{\mathrm{ab}} = \boldsymbol{U}\boldsymbol{E}_{\mathrm{xy}} \tag{7.17}$$

式（7.17）中，$\boldsymbol{U}$ 是一个酉矩阵，它的元素是以原来的极化基表示的。酉矩阵的特点是 $\boldsymbol{U}^{\mathrm{H}} = \boldsymbol{U}^{-1}$，上标“H”表示厄米特共轭，即转置后取共轭。例如，对线—圆极化基的变换，由式（7.4）有

$$U_{\text{c-1}}=\frac{1}{\sqrt{2}}\begin{bmatrix}1 & \text{j}\\ 1 & -\text{j}\end{bmatrix} \tag{7.18}$$

矩阵$\boldsymbol{U}$的一种可取的形式[9]是

$$\boldsymbol{U}=\frac{1}{\sqrt{1+|p|^2}}\begin{bmatrix}1 & -p^*\\ p & 1\end{bmatrix} \tag{7.19}$$

式(7.19)中，p是新的极化基中第一个基（如$\hat{\boldsymbol{a}}$）的以原来极化基为基的极化比。

若将以正交极化基$(\hat{\boldsymbol{a}},\hat{\boldsymbol{b}})$表示的散射矩阵$\boldsymbol{S}_{\text{ab}}$用另一以正交极化基$(\hat{\boldsymbol{x}},\hat{\boldsymbol{y}})$表示的散射矩阵$\boldsymbol{S}_{\text{xy}}$来表示，则两者之间的变换关系为

$$\boldsymbol{S}_{\text{ab}}=\boldsymbol{U}\boldsymbol{S}_{\text{xy}}\boldsymbol{U}^{-1} \tag{7.20}$$

上述矩阵变换具有下述性质：

（1）矩阵行列式的绝对值是不变的，即$\left|\det\boldsymbol{S}_{\text{ab}}\right|=\left|\det\boldsymbol{S}_{\text{xy}}\right|$。

（2）矩阵的共轭积的迹也是不变的，即$\text{tr}(\boldsymbol{S}_{\text{ab}}^*\boldsymbol{S}_{\text{ab}})=\text{tr}(\boldsymbol{S}_{\text{xy}}^*\boldsymbol{S}_{\text{xy}})$。

下面以线、圆极化散射矩阵为例，说明极化散射矩阵的变换。

圆极化分量的散射场可写成

$$\begin{bmatrix}E_{\text{R}}^{\text{s}}\\ E_{\text{L}}^{\text{s}}\end{bmatrix}=\begin{bmatrix}S_{\text{RR}} & S_{\text{RL}}\\ S_{\text{LR}} & S_{\text{LL}}\end{bmatrix}\begin{bmatrix}E_{\text{R}}^{\text{i}}\\ E_{\text{L}}^{\text{i}}\end{bmatrix} \tag{7.21}$$

由式（7.19）和式（7.20）可得

$$\begin{bmatrix}S_{\text{RR}} & S_{\text{RL}}\\ S_{\text{LR}} & S_{\text{LL}}\end{bmatrix}=\boldsymbol{U}_{\text{c-1}}\begin{bmatrix}1 & 0\\ 0 & -1\end{bmatrix}\begin{bmatrix}S_{\perp\perp} & S_{\perp//}\\ S_{//\perp} & S_{////}\end{bmatrix}\boldsymbol{U}_{\text{c-1}}^{-1} \tag{7.22}$$

于是，圆极化矩阵各元为

$$\begin{bmatrix}S_{\text{RR}}\\ S_{\text{RL}}\\ S_{\text{LR}}\\ S_{\text{LL}}\end{bmatrix}=\frac{1}{2}\begin{bmatrix}1 & -\text{j} & -\text{j} & -1\\ 1 & \text{j} & -\text{j} & 1\\ 1 & -\text{j} & \text{j} & 1\\ 1 & \text{j} & \text{j} & -1\end{bmatrix}\begin{bmatrix}S_{\perp\perp}\\ S_{\perp//}\\ S_{//\perp}\\ S_{////}\end{bmatrix} \tag{7.23}$$

反之，也可由圆极化矩阵元算出线极化矩阵元为

$$\begin{bmatrix}S_{\perp\perp}\\ S_{\perp//}\\ S_{//\perp}\\ S_{////}\end{bmatrix}=\frac{1}{2}\begin{bmatrix}1 & 1 & 1 & 1\\ \text{j} & -\text{j} & \text{j} & -\text{j}\\ \text{j} & \text{j} & -\text{j} & -\text{j}\\ -1 & 1 & 1 & -1\end{bmatrix}\begin{bmatrix}S_{\text{RR}}\\ S_{\text{RL}}\\ S_{\text{LR}}\\ S_{\text{LL}}\end{bmatrix} \tag{7.24}$$

由以上两式即可实现线一圆极化散射矩阵的变换。

当用线极化的单位矢量如$\hat{\perp}$和$\hat{//}$来描述极化状态时，必须注意由于目标的散射，坐标系改变了原来的 3 个正交分量的正交方式。例如，对于一按右手系$\hat{\perp}\times\hat{//}=\hat{\boldsymbol{k}}^{\text{i}}$传播的入射波，来自目标的散射波则是按左手系$\hat{\perp}\times\hat{//}=\hat{\boldsymbol{k}}^{\text{s}}$传播的。

为了使矩阵运算正确，必须回到右手系，以克服由于散射引起的变化，所以在式（7.22）中引入了一个附加矩阵。

对于具有对称面的目标，$S_{\perp //}=S_{//\perp}=0$，那么

$$S_{\mathrm{RR}}=S_{\mathrm{LL}}=\frac{1}{2}(S_{\perp\perp}-S_{////}) \tag{7.25a}$$

$$S_{\mathrm{RL}}=S_{\mathrm{LR}}=\frac{1}{2}(S_{\perp\perp}+S_{////}) \tag{7.25b}$$

显然，对称平面使得左旋圆极化回波和右旋圆极化回波是等价的。作为一个特例，考虑导电或均匀介质球目标，因为$S_{\perp\perp}=S_{////}$，所以式（7.25）简化为

$$S_{\mathrm{RR}}=S_{\mathrm{LL}}=0 \tag{7.26a}$$

$$S_{\mathrm{RL}}=S_{\mathrm{LR}}=S_{\perp\perp}\text{或}S_{////} \tag{7.26b}$$

这表明，对于入射到球上的圆极化波，其散射波的极化方向正交于入射波的极化方向。

7.2 定标体的极化散射矩阵

金属圆盘、矩形金属二面角反射器、菱形金属二面角反射器和金属螺旋体是常用于极化散射矩阵标定的 4 种定标体，本节给出它们的极化散射矩阵供标定使用。

7.2.1 金属圆盘

当金属圆盘被垂直入射的平面波照射时，将会产生很大的同极化后向 RCS，因此，常用作极化散射矩阵的定标体。对电小尺寸的金属圆盘，其 RCS 可用矩量法求解；对电大尺寸的金属圆盘，则可用高频方法（如 PO、GTD 等）求解。

设圆盘位于 xy 平面内，文献[10]给出偏离 z 轴 θ 角时电大尺寸金属圆盘的后向同极化散射分量为

$$S^{\mathrm{c}}_{\perp\perp,////}(\theta)=-\frac{\mathrm{j}a}{2}\left\{\frac{\mathrm{J}_1(2ka\sin\theta)}{\sin\theta}\pm\mathrm{j}\mathrm{J}_2(2ka\sin\theta)\right\}\pm\frac{1}{k}f_{\perp\perp,////}(ka,\phi) \tag{7.27}$$

式（7.27）中，a 为圆盘的半径；J_1、J_2 分别是第一类一阶和二阶贝塞尔函数；$k=2\pi/\lambda$ 为自由空间波数，且

$$f_{\perp\perp,////}(ka,0)=\mp\frac{1}{2}\sqrt{\frac{ka}{\pi}}\mathrm{e}^{-\mathrm{j}(2ka-\pi/4)}$$

$$f_{pp}(ka,\phi)\Big|_{\phi\neq 0}=\begin{cases}\dfrac{-\mathrm{j}\mathrm{e}^{-\mathrm{j}2ka\sqrt{1+\sin^2\phi}}}{\pi\sin\phi\sqrt{1+\sin^2\phi}}\cos^2\phi, & p=\perp\\[2ex] \dfrac{\mathrm{e}^{-\mathrm{j}2ka}}{\pi\sin\phi\cos\phi}, & p=//\end{cases}$$

由式（7.27）可得垂直入射下金属圆盘的后向极化散射矩阵为

$$\boldsymbol{S}_{\mathrm{c}}=\alpha\begin{bmatrix}1 & 0\\0 & 1\end{bmatrix} \tag{7.28}$$

式（7.28）中，$\alpha=-\frac{1}{2}\left[\mathrm{j}ka^2+\sqrt{\frac{a}{k\pi}}\mathrm{e}^{-\mathrm{j}(2ka-\pi/4)}\right]$。

图 7.4 给出了 $ka\leqslant 10$ 时，用矩量法计算的垂直入射下，金属圆盘归一化后的后向散射截面 $\sigma(0)/(\pi a^2)$ 和相位随 ka 的变化曲线。当 $ka>10$ 时，可直接按式（7.28）计算。

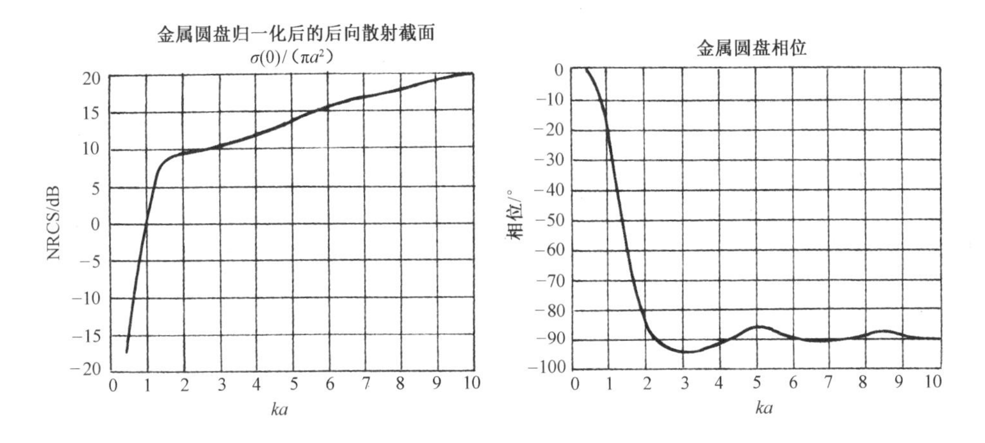

图 7.4　金属圆盘归一化后的后向散射截面 $\sigma(0)/(\pi a^2)$ 和相位随 ka 的变化曲线

7.2.2　矩形金属二面角反射器

矩形金属二面角反射器是将一块矩形金属平板对折成直角而形成的，它能在方位面上很宽的角度范围内提供较强的同极化后向 RCS，也常用作极化散射矩阵的定标体。对电小尺寸的金属二面角反射器，其 RCS 可用矩量法求解；对电大尺寸的金属二面角反射器，则可用高频方法（如 PO、GTD 等）求解。

矩形金属二面角反射器的几何结构如图 7.5 所示。对目前的问题，入射线限制在 xOy 平面内，如果入射电场垂直或平行于 xOy 面，那么，相应的极化称为垂直或平行极化。这里要计算 4 种散射机制的贡献：前两个是来自板 1 和板 2 的一次反射回波，第三个是离开板 1 到板 2，再到观察点的二次反射回波，第四个是离开板 2 到板 1，再到观察点的二次反射回波。根据文献[11]给出的用 PO+多次反射计算的结果（注意这里的极化定义与文献[11]相反），可得方位面内金属二面角反射器的后向极化散射矩阵各元素为

$$S_{\perp\perp}=-\frac{\mathrm{j}k}{2\pi}[V_1+V_2+\sin(\alpha-\phi)V_3+\sin(\alpha+\phi)V_4] \tag{7.29a}$$

$$S_{\perp//}=S_{//\perp}=0 \tag{7.29b}$$

$$S_{////}=-\frac{\mathrm{j}k}{2\pi}[V_1+V_2-\sin(\alpha-\phi)V_3-\sin(\alpha+\phi)V_4] \tag{7.29c}$$

式中，$\alpha=\pi/4$，$k=2\pi/\lambda$ 为自由空间波数，且

$$V_{1,2}=ba\sin(\alpha\pm\phi)\mathrm{e}^{\mathrm{j}ka\cos(\alpha\pm\phi)}\mathrm{sinc}[ka\cos(\alpha\pm\phi)]$$

$$V_{3,4}=-T_{3,4}b$$

$$T_3=\begin{cases}a\cot(\alpha-\phi) & -\alpha\leqslant\phi\leqslant 0\\ a & 0<\phi<\alpha\end{cases}$$

$$T_4=\begin{cases}a & -\alpha\leqslant\phi\leqslant 0\\ a\cot(\alpha+\phi) & 0<\phi<\alpha\end{cases}$$

$$\mathrm{sinc}(x)=\sin x/x$$

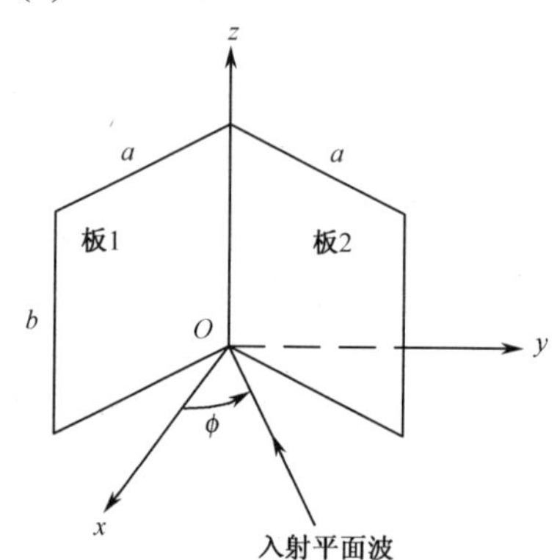

图 7.5　矩形金属二面角反射器的几何结构

当 $\phi=0°$ 时，式（7.29a）和式（7.29c）变成

$$S_{\perp\perp}=-\frac{\mathrm{j}k}{\sqrt{2}\pi}ab\left[\mathrm{e}^{\mathrm{j}ka/\sqrt{2}}\mathrm{sinc}(ka/\sqrt{2})-1\right] \tag{7.30a}$$

$$S_{////}=-\frac{\mathrm{j}k}{\sqrt{2}\pi}ab\left[\mathrm{e}^{\mathrm{j}ka/\sqrt{2}}\mathrm{sinc}(ka/\sqrt{2})+1\right] \tag{7.30b}$$

若 $ka\gg 1$，则上式简化为

$$S_{\perp\perp}=-S_{////}=\beta=\frac{\mathrm{j}\sqrt{2}ab}{\lambda} \tag{7.31}$$

因此，可得 $\phi=0°$ 时金属二面角反射器的极化散射矩阵为

$$\boldsymbol{S}_{\mathrm{d}}=\begin{bmatrix}S_{////} & S_{//\perp}\\ S_{\perp//} & S_{\perp\perp}\end{bmatrix}=\beta\begin{bmatrix}-1 & 0\\ 0 & 1\end{bmatrix} \tag{7.32}$$

这是众所周知的形式。式(7.32)表明，金属二面角反射器可用于散射矩阵的同极化分量标定。

另外，通过将二面角旋转 45°，它又可以用作散射矩阵的交叉极化分量的标定，在 9.4.4 节中就要用到金属二面角反射器的这一特性。下面从极化散射矩阵的形式说明这一点。

如图 7.6 所示，不失一般性，假定固定 x 轴，金属二面角的折线在 yOz 平面内顺时针旋转 θ 角。其目的是导出二面角旋转 θ 角后的散射矩阵。为此，定义一个新的坐标系 $y'Oz'$，此时金属二面角的折线应在 z' 坐标轴上。显然，在新坐标系中，式（7.32）仍是成立的，即

$$\boldsymbol{S}_{\mathrm{d}}' = \begin{bmatrix} S_{y'y'} & S_{y'z'} \\ S_{z'y'} & S_{z'z'} \end{bmatrix} = \beta \begin{bmatrix} -1 & 0 \\ 0 & 1 \end{bmatrix} \tag{7.33}$$

根据新、旧坐标系的下列坐标矢量关系有

$$\begin{bmatrix} \hat{\boldsymbol{y}}' \\ \hat{\boldsymbol{z}}' \end{bmatrix} = \boldsymbol{A} \begin{bmatrix} \hat{\boldsymbol{y}} \\ \hat{\boldsymbol{z}} \end{bmatrix} = \begin{bmatrix} \cos\theta & -\sin\theta \\ \sin\theta & \cos\theta \end{bmatrix} \begin{bmatrix} \hat{\boldsymbol{y}} \\ \hat{\boldsymbol{z}} \end{bmatrix} \tag{7.34}$$

由式（7.33），不难推得金属二面角旋转 θ 角后的散射矩阵为

$$\boldsymbol{S}_{\mathrm{d}}^{\theta} = \boldsymbol{A}^{-1} \boldsymbol{S}_{\mathrm{d}}' \boldsymbol{A} = \beta \begin{bmatrix} -\cos 2\theta & \sin 2\theta \\ \sin 2\theta & \cos 2\theta \end{bmatrix} \tag{7.35}$$

当 $\theta = 45^\circ$ 时，式（7.35）变成

$$\boldsymbol{S}_{\mathrm{d}}^{\theta}(\theta = 45^\circ) = \beta \begin{bmatrix} 0 & 1 \\ 1 & 0 \end{bmatrix} \tag{7.36}$$

这正是我们所期望的结果。

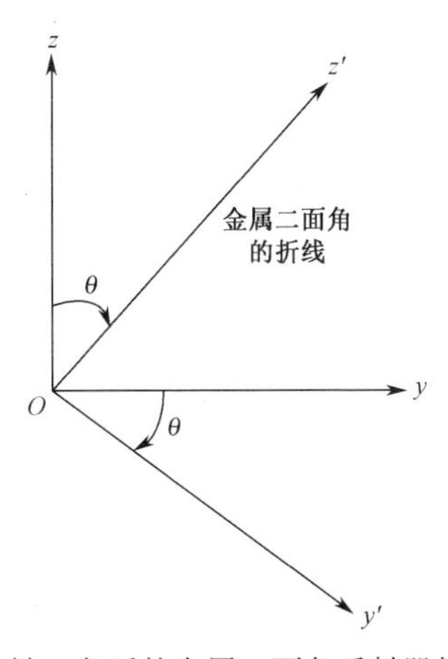

图 7.6　旋转 θ 角后的金属二面角反射器的坐标关系

7.2.3　菱形金属二面角反射器

在 9.4.5 节将要介绍的极化散射矩阵校准技术中，将如图 7.7 所示的菱形金属二面角反射器作为定标体，它是将一个菱形金属板沿其对角线轴弯成 90° 二面

角而成的。其中，平面波沿 z 轴入射，菱形金属二面角的折线垂直于入射线。定义横滚角 β 为在与入射方向垂直的平面内其二面角反射器的折线与水平面的垂线之间的夹角。由于二面角的对称性，当横滚角 $\beta=0^\circ$ 时，没有去极化效应。对任意横滚角 β，二面角的散射场可以用横滚角为 0° 时的同极化散射场表示[12]，即

$$\begin{cases} S_{xx}^{\text{dih}}(\beta)=S_{xx}^{\text{dih}}(0^\circ)\cos^2\beta+S_{yy}^{\text{dih}}(0^\circ)\sin^2\beta \\ S_{yy}^{\text{dih}}(\beta)=S_{xx}^{\text{dih}}(0^\circ)\sin^2\beta+S_{yy}^{\text{dih}}(0^\circ)\cos^2\beta \\ S_{xy}^{\text{dih}}(\beta)=S_{yx}^{\text{dih}}(\beta)=\sin\beta\cos\beta\left[S_{yy}^{\text{dih}}(0^\circ)-S_{xx}^{\text{dih}}(0^\circ)\right] \end{cases} \tag{7.37}$$

注意，横滚角的取向是绕视线方向进行的，因此在 β 旋转期间纵向距离是固定的。对折线长 25.4cm、边长 17.8cm 的菱形金属二面角反射器，图 7.8 示出了 $S_{xx}^{\text{dih}}(0^\circ)$ 和 $S_{yy}^{\text{dih}}(0^\circ)$ 的计算结果[13]，其中从 2～6GHz 是用矩量法计算的，对更高的频率，则是用 UTD/PO 混合法计算的。对频带内的大多数频率，两个同极化回波的幅度比较接近，而相位差将近180°。因此，由式（7.37），菱形金属二面角反射器在 $\beta=0^\circ$ 时有较强的同极化分量，而在 $\beta=45^\circ$ 时有较强的交叉极化分量。

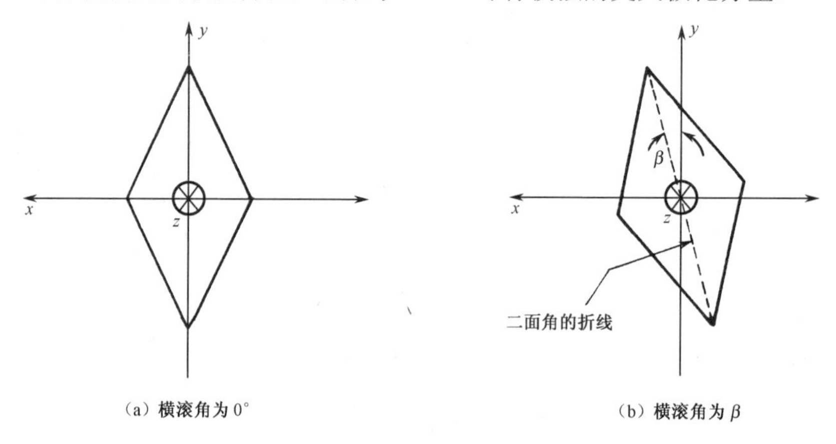

（a）横滚角为 0°　　（b）横滚角为 β

图 7.7　菱形金属二面角反射器在不同横滚角下的前视图

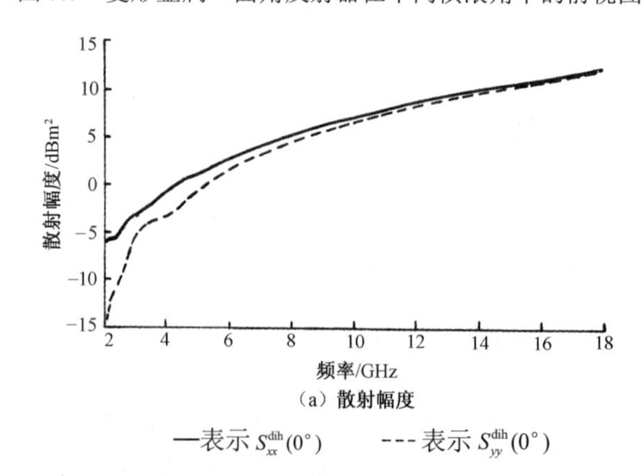

（a）散射幅度

—表示 $S_{xx}^{\text{dih}}(0^\circ)$　　--- 表示 $S_{yy}^{\text{dih}}(0^\circ)$

图 7.8　垂直入射下菱形金属二面角反射器的散射幅度和相位

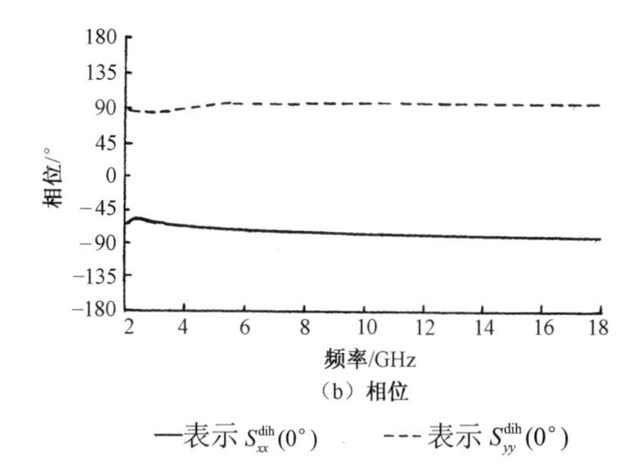

（b）相位

—表示 $S_{xx}^{\rm dih}(0°)$　　---表示 $S_{yy}^{\rm dih}(0°)$

图 7.8　垂直入射下菱形金属二面角反射器的散射幅度和相位（续）

7.2.4　金属螺旋体

虽然前述定标体均具有相对稳定的单站极化散射特性，但在双站条件下，它们的散射强度和极化特性会随双站角的变化而发生起伏振荡，严重影响极化标定精度。图 7.9 所示为 $ka = 25$ 的矩形金属二面角反射器绕正入射雷达视线滚转 22.5° 时，方位角 ϕ 方向上的双站极化散射分布特性曲线，从中可以看出二面角在较小的双站角范围内保持了稳定的同极化与交叉极化比值，因此仅适用于单站或准单站极化标定。

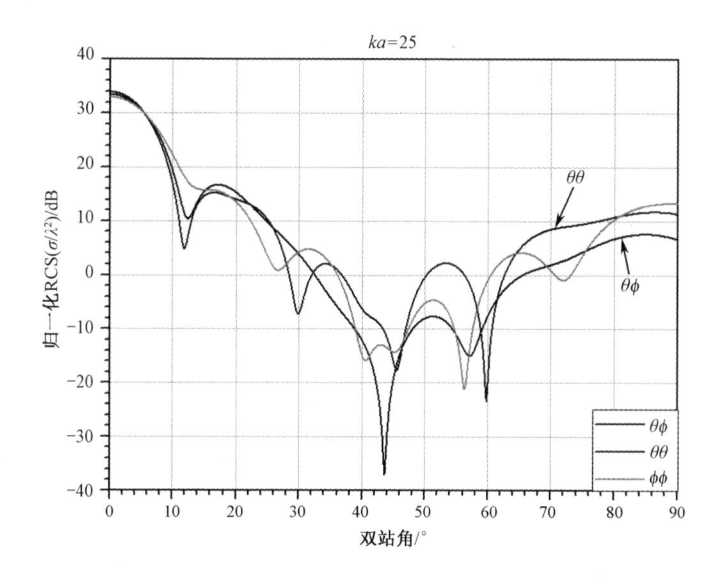

图 7.9　矩形金属二面角反射器的双站极化散射分布特性曲线（ $ka = 25$ ）

为了扩展无源极化定标体的可用双站角范围，可以采用如图 7.10 所示的金属螺旋体结构[14]，其外形为带螺旋槽的短粗柱形，其极化散射特性可以通过数值法进行计算分析。定义绕金属螺旋体轴线逆时针旋转为方位角 ϕ 的正方向，其在

$ka=25$ 时的变双站角归一化极化散射特性如图 7.11 所示[14]，按照球坐标系中角度坐标方向构成的标准正交基展开成线极化分量。

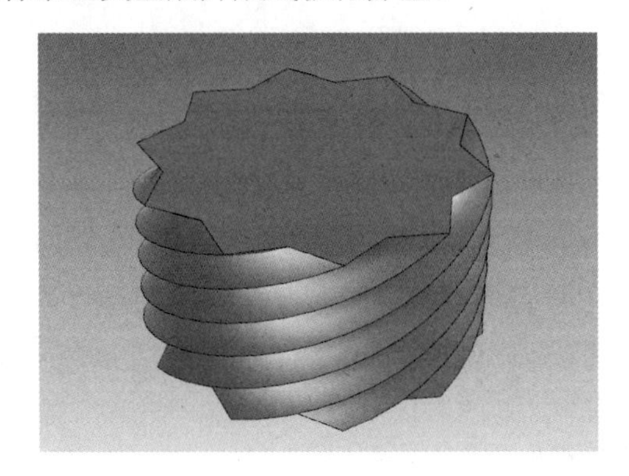

图 7.10　金属螺旋体外形示意图

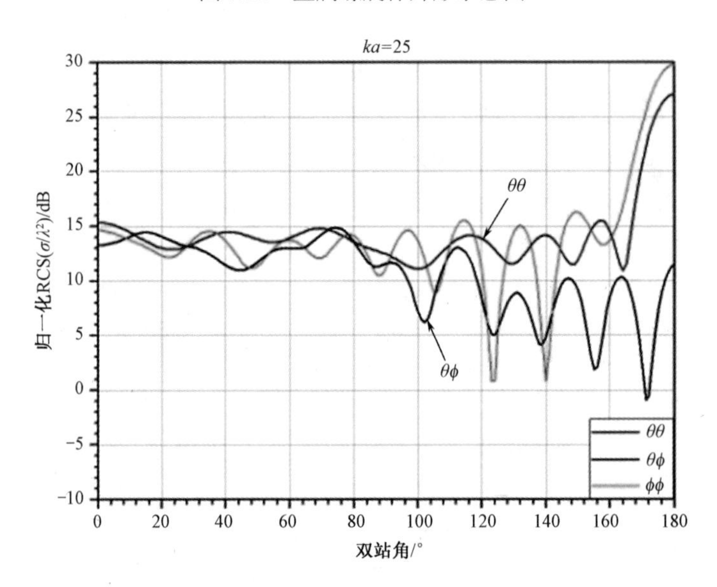

图 7.11　金属螺旋体的变双站角归一化极化散射特性曲线（$ka=25$）

由图 7.11 可知，在高频区且双站角不超过 95°时，金属螺旋体散射同极化分量与交叉极化分量在强度上具有相同的量级，且波动量随双站角变化不大，比较适合作为极化散射双站定标体。

7.3　典型目标的极化特性

以往雷达系统的设计人员和使用人员仅仅满足于雷达处理目标同极化回波的能力。由于目标上的形状、结构或材料的约束，或者目标的非对称性，都能使散射场产生退极化分量，因此，人们期望雷达回波的交叉极化分量比同极化回波包含更详细的和不同的目标信息。于是，在多种应用领域需要了解目标的交叉极化特性。例如，微波遥感和目标识别。现代雷达通常被要求具有极化测量能力，这就迫使预估目标散射的模型也能提供目标的退极化特性。

目标的同极化特性在以往的文献中已被广泛讨论，因此，本节将重点讨论与交叉极化现象以及预估目标交叉极化 RCS 的模型有关的一些内容。

在公开的文献中，关于雷达目标散射的退极化现象似乎没有多少完整的信息可以利用，文献[15]归纳了一些可供参考的结果。早期有关的理论工作是由 Knott 和 Senior[16-17]给出的，他们指出，导体目标复散射矩阵的平行（Parallel）（平行于入射面）和垂直（Perpendicular）部分可以表示为

$$
\begin{aligned}
S_{/\!/} &= \frac{1}{2}(S_{\rm V}+S_{\rm H})+\frac{1}{2}(S_{\rm V}-S_{\rm H})\cos 2\beta \\
S_{\perp} &= -\frac{1}{2}(S_{\rm V}-S_{\rm H})\sin 2\beta
\end{aligned}
\tag{7.38}
$$

式（7.38）中，β 是入射极化与垂直（Vertical）方向的夹角；$S_{\rm V}$ 和 $S_{\rm H}$ 分别是垂直和水平极化的复散射矩阵，可表示为

$$
\begin{aligned}
S_{\rm V} &= \frac{{\rm j}k^2\eta_0}{4\pi}\int_S \hat{\boldsymbol{y}}\cdot\boldsymbol{J}(\boldsymbol{r}')\,{\rm e}^{-{\rm j}k\hat{\boldsymbol{r}}\cdot\boldsymbol{r}'}{\rm d}s' \\
S_{\rm H} &= \frac{{\rm j}k^2\eta_0}{4\pi}\int_S \hat{\boldsymbol{r}}\cdot\hat{\boldsymbol{y}}\times\boldsymbol{J}(\boldsymbol{r}')\,{\rm e}^{-{\rm j}k\hat{\boldsymbol{r}}\cdot\boldsymbol{r}'}{\rm d}s'
\end{aligned}
\tag{7.39}
$$

式（7.39）中，$\hat{\boldsymbol{y}}$ 定义为垂直方向；$\hat{\boldsymbol{r}}$ 是场点方向上的单位矢量；$\boldsymbol{J}(\boldsymbol{r}')$ 是目标表面 S 上 $\boldsymbol{r}'$ 点处的表面电流，其他参数如图 2.20 所示。

一般来说，$S_{\rm V}$ 和 $S_{\rm H}$ 是不同的，因此由式（7.38）可知，对除 $\beta=0$ 和 $\pi/2$ 之外的所有 β，将产生退极化。也就是说，入射在散射体的对称面之外。注意，要从这些表达式中获得交叉极化特性，式（7.39）中的 $\boldsymbol{J}(\boldsymbol{r}')$ 必须是非 PO 电流，因为正如前面所指出的那样，PO 法不能预估退极化，即使入射在散射体的对称面之外也是一样。图 7.12 所示为按边缘贡献递减顺序的 4 种类型目标归一化的交叉极化 RCS 随 ka 的变化[16]。这 4 种目标是：薄圆盘、直角圆锥、棱边磨光的圆锥和锥球。该图上的值是对给定的 ka、最接近和在轴向入射一边的每种 RCS 峰值回波的平均。正如所预料的那样，薄圆盘和直角圆锥产生了最强的交叉极化 RCS。从图 7.12 还可以看到，对 $ka=20$，直角圆锥与锥球回波之间的差值达 30dB 之多。因此，在图 7.12 中考虑的 4 种情况中，锥球是最弱的退极化目标。

文献[18-19]讨论了圆极化平面波照射下，一个无限长导体圆柱的退极化特性。图 7.13 比较了垂直入射下由可变半径的无限长圆柱产生的复圆退极化系数的幅度 D 和相位 $\psi_{\rm R}-\psi_{\rm L}$ 的理论与实验结果。从该图观察到的一个重要结果是，在用圆柱作为参考标定圆极化雷达时必须格外仔细，因为复圆退极化系数的幅度和相

位在 $ka<0.1$ 时基本是常数，这里 a 是圆柱的半径。图 7.14 和图 7.15 所示分别为不同情况下的无限长导体圆柱的线和圆极化归一化雷达散射幅度及归一化场的相位。

文献[20-21]研究了金属圆盘的交叉极化散射。图 7.16 所示为受 45° 极化角的平面波照射的圆盘的交叉极化 RCS 的测量值和计算值。图 7.17 和图 7.18 给出了两种不同尺寸圆盘的交叉极化 RCS 的理论与测量比较[21]。

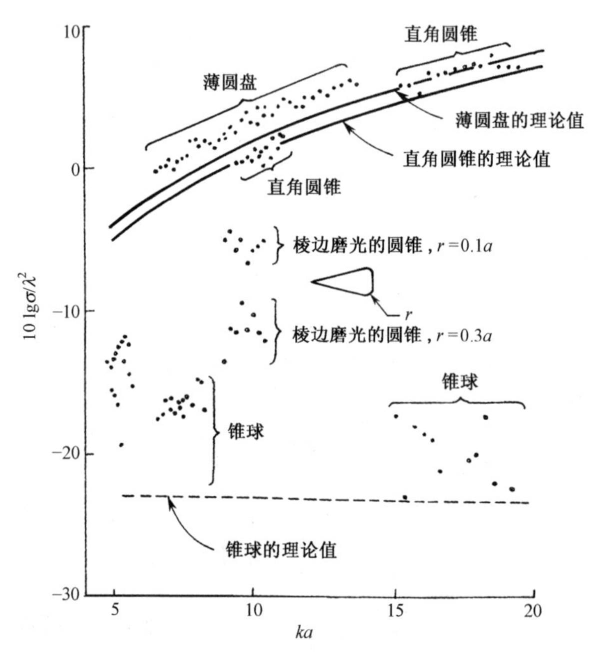

图 7.12　按边缘绕射递减顺序的不同目标归一化的交叉极化 RCS 随 ka 的变化

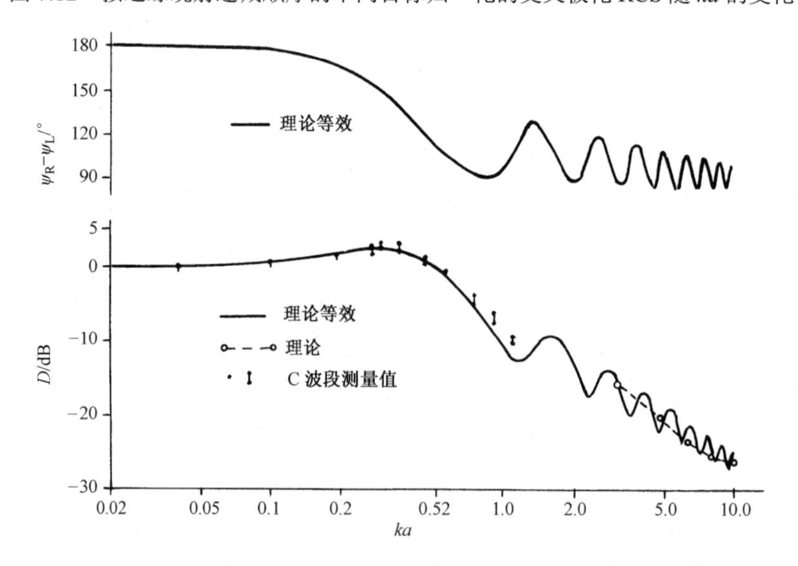

图 7.13　垂直入射下可变半径的无限长导体圆柱产生的复圆退极化系数的幅度 D 和相位 $\psi_R-\psi_L$

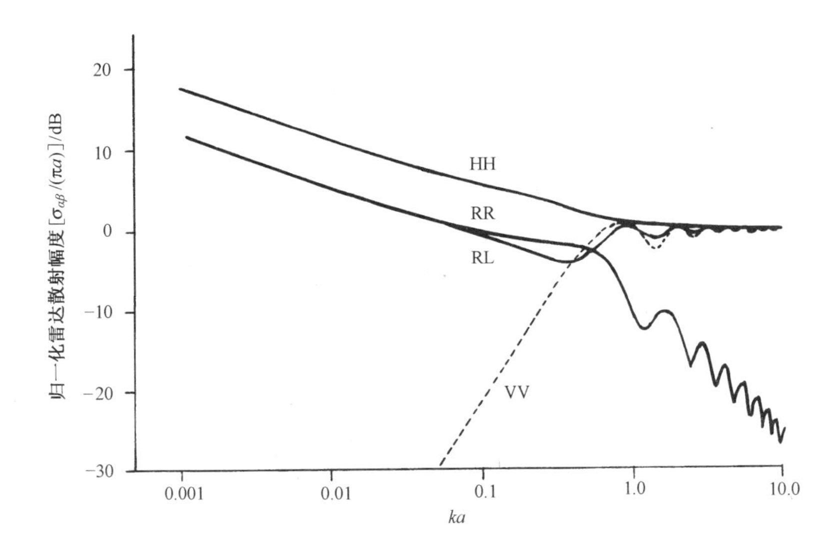

图 7.14　垂直入射下可变半径的无限长导体圆柱的线和圆极化归一化雷达散射幅度

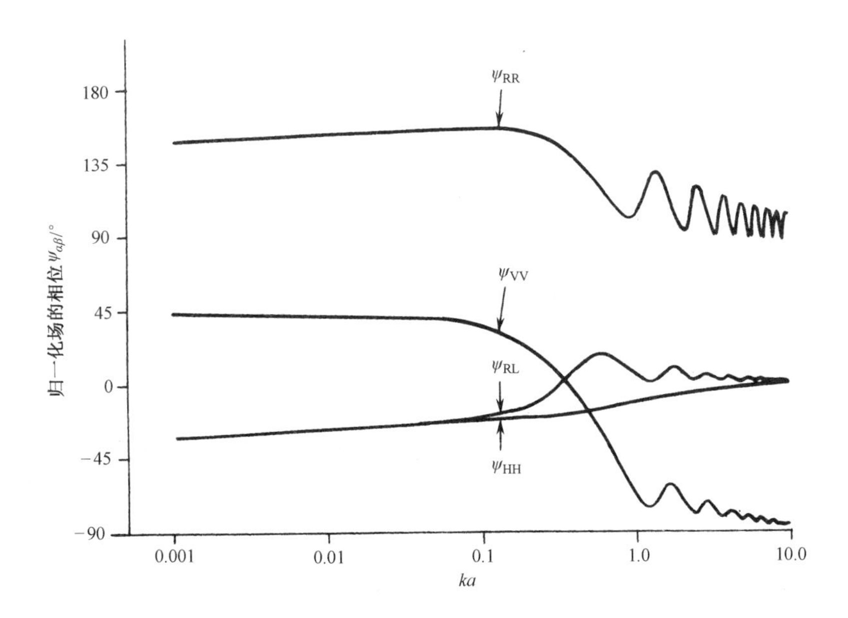

图 7.15　垂直入射下可变半径的无限长导体圆柱的线和圆极化归一化场的相位 $\psi_{\alpha\beta}$

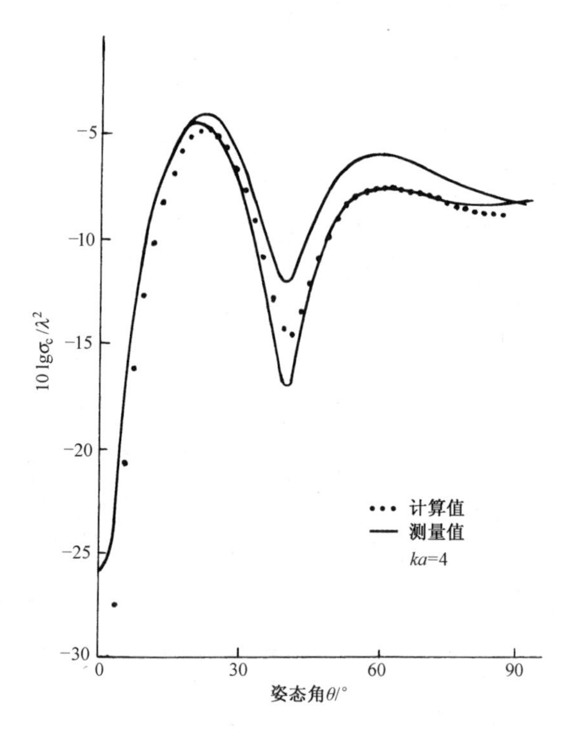

图 7.16　圆盘的交叉极化 RCS 的测量值和计算值

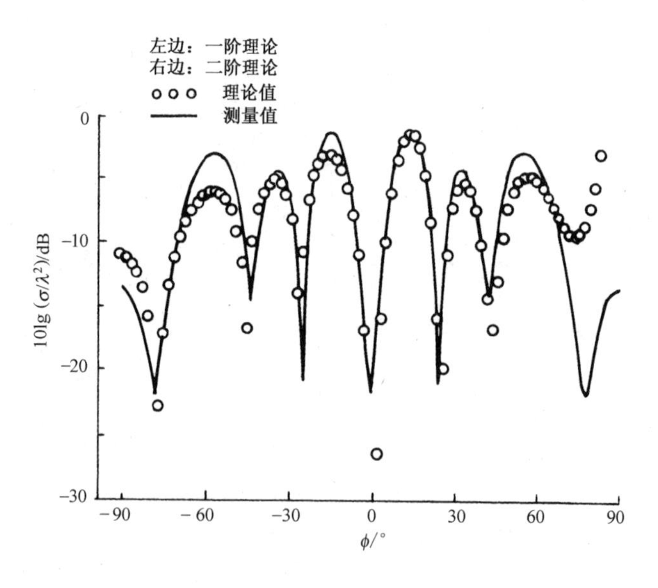

图 7.17　$ka = 6$ 的圆盘的交叉极化 RCS 的理论与测量比较

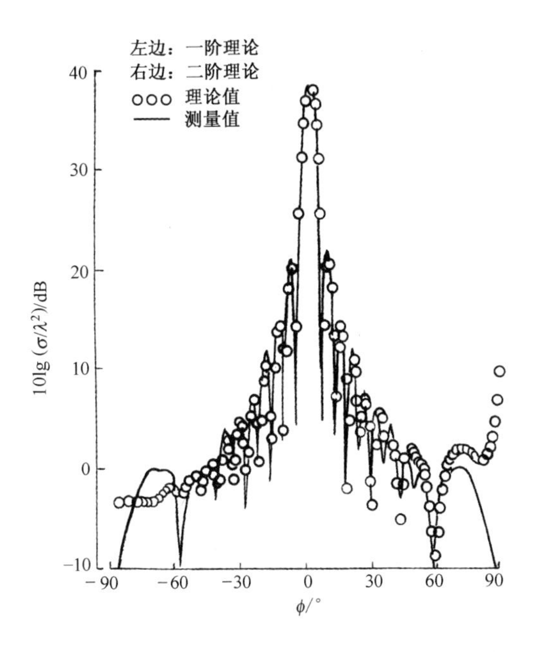

图 7.18　$ka_{\text{eff}}=17.155$ 的圆盘的交叉极化 RCS 的理论与测量比较

图 7.19（a）所示为带有遮挡面的立方体，图 7.19（b）则示出了带有遮挡面的立方体的交叉极化 RCS 的理论与测量结果[22]。

文献[23]报道了 Plessey 雷达公司在 X 波段对从小的单引擎轻型飞机到大的喷气式客机共 6 种飞机试验的结果。用线极化波照射飞机，同极化回波要比正交极化回波强 4～16dB（垂直极化发射时，同极化回波比正交极化回波平均强 9.3dB；水平极化发射时，同极化回波比正交极化回波平均强 9.9dB）；而用圆极化波（LC 或 RC）照射时，同极化回波要比正交极化回波弱约 1.6dB。对包括树林和城市的地杂波，发射线极化波时，同极化回波要比正交极化回波平均强 7.5dB；发射圆极化波时，同极化回波要比正交极化回波平均弱 1.8dB。

正如文献[23]指出的那样，在多数情况下，飞机目标线极化回波的同极化分量要强于交叉极化分量，可是，经过对几种飞机的金属缩比模型的测量结果表明，对常规飞机，特别是隐身飞机，也存在某些角度或频率范围交叉极化明显占优势的情况，有时甚至高达 20dB，这意味着利用交叉极化对隐身飞机的探测可能是有利的。图 7.20 和图 7.21 分别示出了 F-117A（1:13）和 B-2（1:35）缩比模型的同极化分量与交叉极化分量之比随频率的变化关系，图 7.22 和图 7.23 则分别示出了这两种缩比模型的同极化分量与交叉极化分量之比随方位角的变化关系。

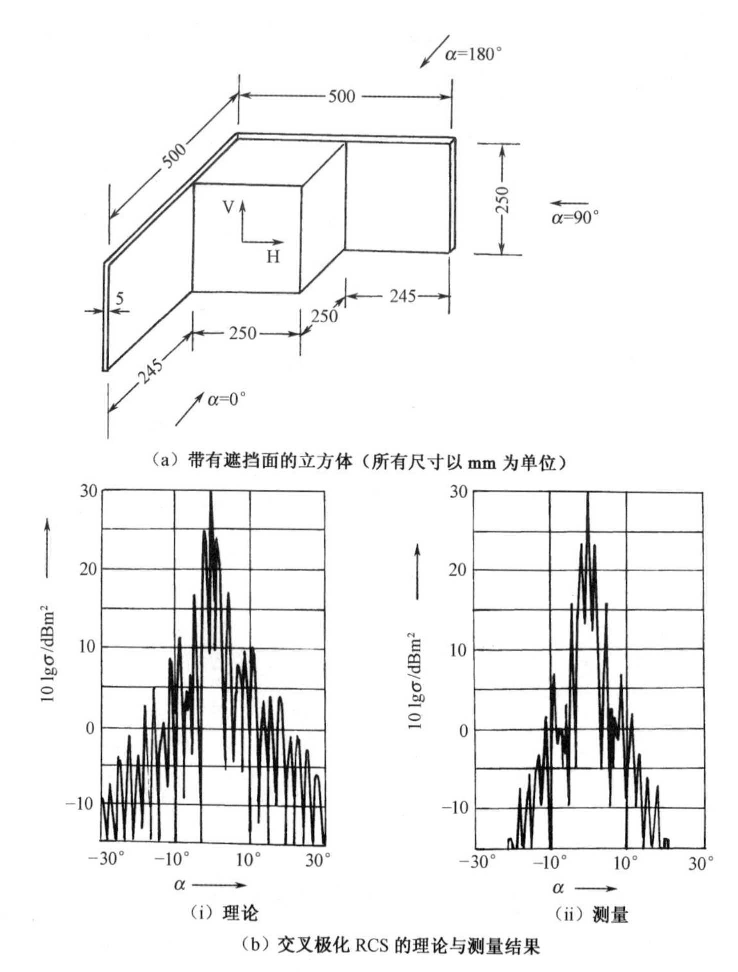

(a) 带有遮挡面的立方体（所有尺寸以 mm 为单位）

(b) 交叉极化 RCS 的理论与测量结果

图 7.19　带有遮挡面的立方体的交叉极化 RCS 的理论与测量结果

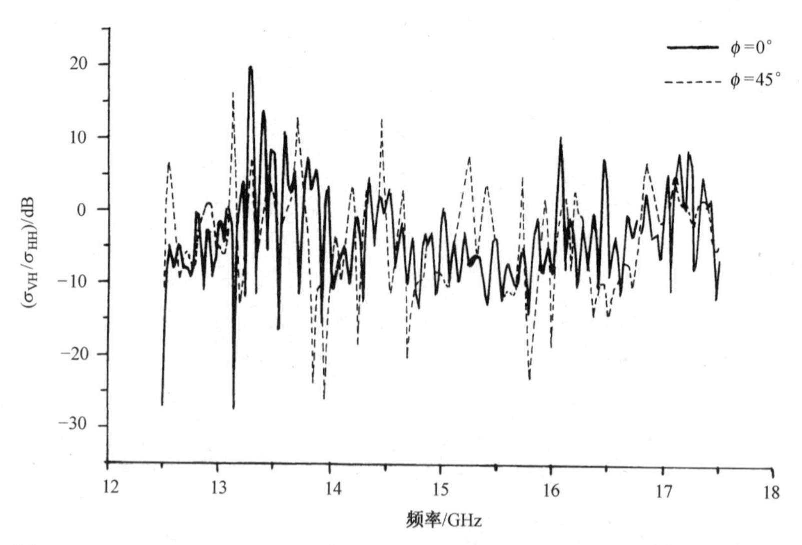

图 7.20　F-117A 缩比模型的同极化分量与交叉极化分量之比随频率的变化关系

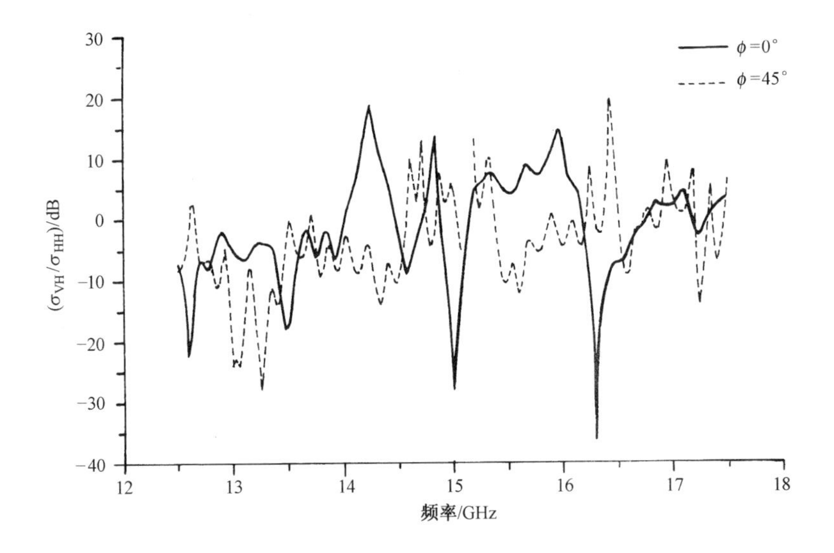

图 7.21 B-2 缩比模型的同极化分量与交叉极化分量之比随频率的变化关系

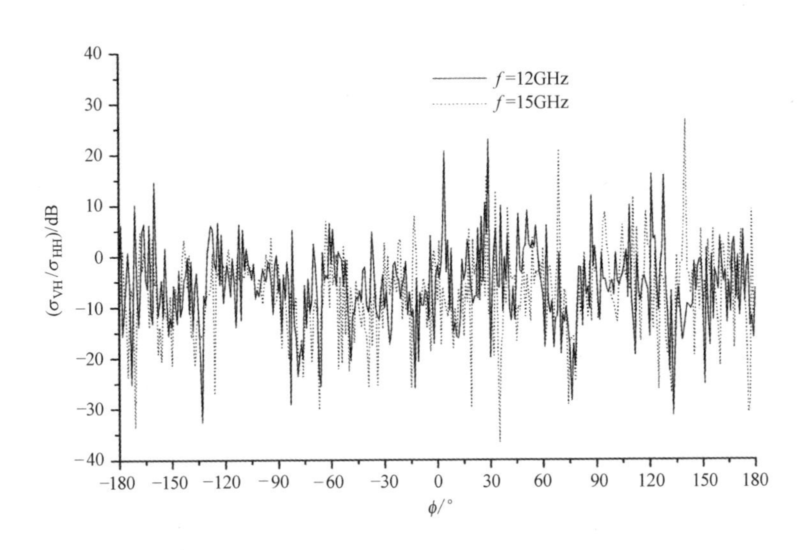

图 7.22 F-117A 缩比模型的同极化分量与交叉极化分量之比随方位角的变化关系

文献[24]报道了对海杂波极化状态的统计结果。当用水平极化波发射时，同极化回波（HH）比正交极化回波（HV）平均强 7dB，而 VV 同极化回波比 HH 同极化回波强很多，如在二级海情 1° 投射角时，VV 同极化回波比 HH 同极化回波强 18dB。

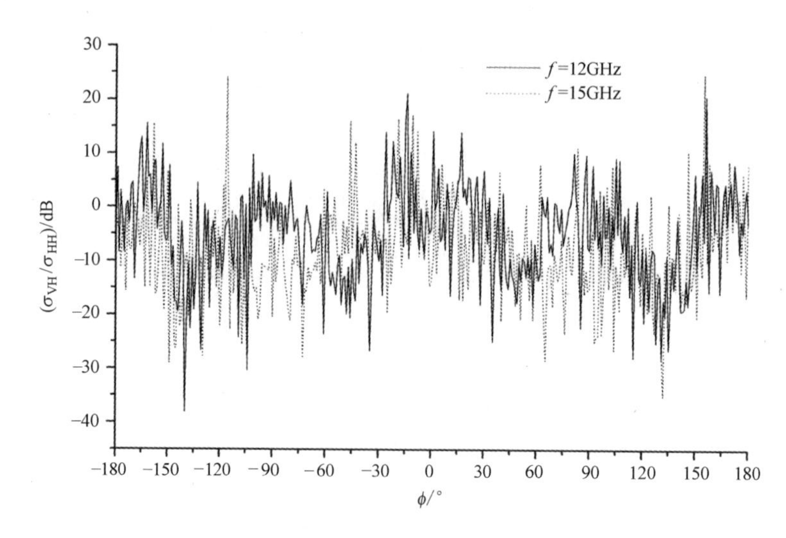

图 7.23　B-2 缩比模型的同极化分量与交叉极化分量之比随方位角的变化关系

7.4　目标宽带极化散射矩阵

本节阐述宽带情况下极化散射矩阵的表示，并讨论宽带极化散射矩阵对姿态角的不敏感性。

7.4.1　宽带极化散射矩阵的时域表征

对于具有低距离分辨率的窄带（准单色）信号，雷达目标散射的所有信息（如幅度、相位和极化）都可以用极化散射矩阵来完整地表示。在宽带或高距离分辨率的情况下，这些信息都是频率 ω 和姿态角 (θ,ϕ) 的函数，因此雷达目标散射特性可用具有脉冲特性的时域极化矩阵 $\boldsymbol{h}(t,\theta,\phi)=[h_{mn}(t,\theta,\phi)]$ 或频域极化矩阵 $\boldsymbol{H}(\mathrm{j}\omega,\theta,\phi)=[H_{mn}(\mathrm{j}\omega,\theta,\phi)]$ 来描述，其中

$$2\sqrt{\pi}R_{\mathrm{r}}e_{mn}^{\mathrm{s}}(t+R_{\mathrm{r}}/c,\theta,\phi)=\int_{-\infty}^{+\infty}h_{mn}(t-\tau,\theta,\phi)e_{n}^{\mathrm{i}}(\tau)\mathrm{d}\tau \tag{7.40}$$

$$H_{mn}(\mathrm{j}\omega,\theta,\phi)=2\sqrt{\pi}R_{\mathrm{r}}E_{mn}^{\mathrm{s}}(\mathrm{j}\omega,\theta,\phi)\exp(\mathrm{j}\omega R_{\mathrm{r}}/c)/E_{n}^{\mathrm{i}}(\mathrm{j}\omega,\theta,\phi)，\quad m,n=1,2 \tag{7.41}$$

式中，$e_{mn}^{\mathrm{s}}(t,\theta,\phi)$ 是对入射到目标上电场的第 n 个分量 $e_{n}^{\mathrm{i}}(t,\theta,\phi)=E_{0n}^{\mathrm{i}}(\theta,\phi)\delta(t)$ 在接收点处目标散射电场的第 m 个极化分量；$E_{mn}^{\mathrm{s}}(\mathrm{j}\omega,\theta,\phi)$ 和 $E_{n}^{\mathrm{i}}(\mathrm{j}\omega,\theta,\phi)$ 是对应于时间信号的傅里叶变换；R_{r} 是目标到接收点的距离；c 是光速。可以认为，时域极化矩阵 $\boldsymbol{h}(t,\theta,\phi)$ 与频域极化矩阵 $\boldsymbol{H}(\mathrm{j}\omega,\theta,\phi)$ 就是宽带情况下的极化散射矩阵的表示，它们之间构成傅里叶变换对的关系。对带宽内的每个点频，通过电磁散射的数值方法和/或高频方法可获得该频率下的 $\boldsymbol{H}(\mathrm{j}\omega,\theta,\phi)$，然后通过傅里叶逆变换就可导出 $\boldsymbol{h}(t,\theta,\phi)$；也可直接用时域方法（如 FDTD）导出 $\boldsymbol{h}(t,\theta,\phi)$，再通过傅里叶变换就能得到 $\boldsymbol{H}(\mathrm{j}\omega,\theta,\phi)$。当然，也可以通过扫频极化测量获得宽带极化

散射矩阵。

特别地，当目标处于光学区，且在高距离分辨率信号探测的情况下，目标的极化散射矩阵可以近似地表示成各个散射中心的极化散射矩阵之和，即

$$\boldsymbol{H}(\mathrm{j}\omega,\theta,\phi)=\sum_{m=1}^{M}\boldsymbol{H}_m(\mathrm{j}\omega,\theta,\phi) \tag{7.42}$$

式（7.42）中，$\boldsymbol{H}_m(\mathrm{j}\omega,\theta,\phi)$ 表示第 m 个散射中心的极化散射矩阵。只要知道各个散射中心的极化散射矩阵，就可以通过式（7.42）所示的相干迭加求得目标的极化散射矩阵。

7.4.2　宽带极化散射矩阵随姿态角的不敏感性

在基于高距离分辨像（HRRP）的雷达目标识别中，一个最基本的问题是在多大角度范围内，HRRP 对姿态角变化不敏感，这直接决定了 HRRP 能否作为雷达目标的一种特征信号用于雷达目标的可靠识别。虽然已有几位学者对这一问题进行了探讨，但仍存在争议，没有定论[25-27]。

作者对一些飞机缩比金属目标测量数据进行了分析，既考虑宽带极化散射矩阵的同极化分量，也考虑交叉极化分量。在下面涉及的测量数据中，将方位角 $\phi=0^\circ$ 定为鼻锥方向，目标的俯仰角和横滚角均定为 0°，而频率范围为 8.5～10GHz。

HRRP 对目标姿态角变化的敏感程度是一个很难定量描述的量，一种描述方式是用相关系数 $C_{12}(\Delta\phi)$ 来衡量两距离像之间的相似程度[25]。若以鼻锥方向为参考基准，以相关系数 $C_{12}(\Delta\phi)>0.9$ 为 HRRP 对姿态角不敏感的阈值，以表 7.3 的方式给出了 5 种飞机缩比模型的 HRRP 对姿态不敏感的角度范围 $\Delta\phi_{\mathrm{ns}}$（X 波段）。从这个表可以看出，$\Delta\phi_{\mathrm{ns}}$ 与极化是有关系的，在多数情况下，同极化的 $\Delta\phi_{\mathrm{ns}}$ 要好于交叉极化，但也有相反的情况，如 B-2 的情况。因此，如果对多种极化下的 HRRP 进行适当组合应该可以增加 $\Delta\phi_{\mathrm{ns}}$，这对目标识别是很有利的。图 7.24 和图 7.25 分别示出幻影 2000 和 F-117A 缩比模型的 $C_{12}(\Delta\phi)$ 随 $\Delta\phi$ 的变化曲线。

表 7.3　5 种飞机缩比模型的 HRRP 对姿态不敏感的角度范围 $\Delta\phi_{\mathrm{ns}}$（X 波段）

缩比模型	HRRP 对姿态不敏感的角度范围 $\Delta\phi_{\mathrm{ns}}$		
	HH	VH	VV
歼 6（1:8）	3°	2°	1.5°
幻影 2000（1:7.5）	3°	0.5°	2°
YB-47（1:35）	1.5°	1°	1.2°
F-117A（1:13）	2°	3°	6°
B-2（1:35）	1.5°	3°	0.7°

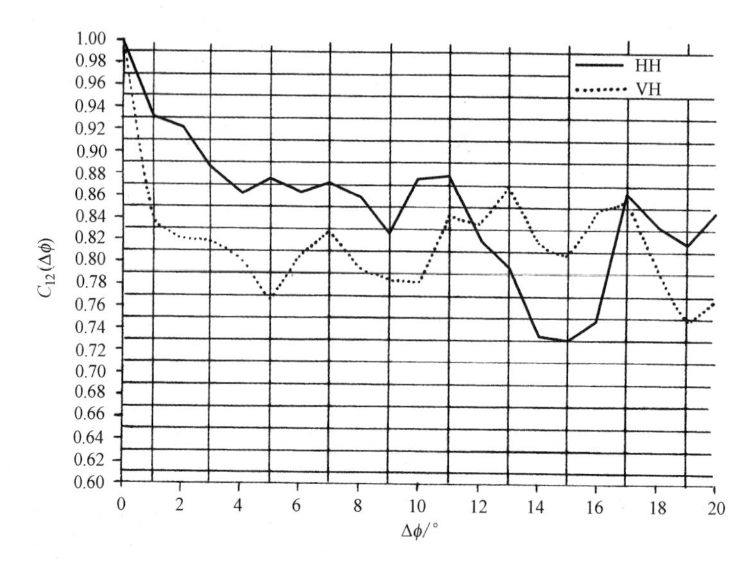

图 7.24　幻影 2000 缩比模型的 $C_{12}(\Delta\phi)$ 随 $\Delta\phi$ 的变化曲线

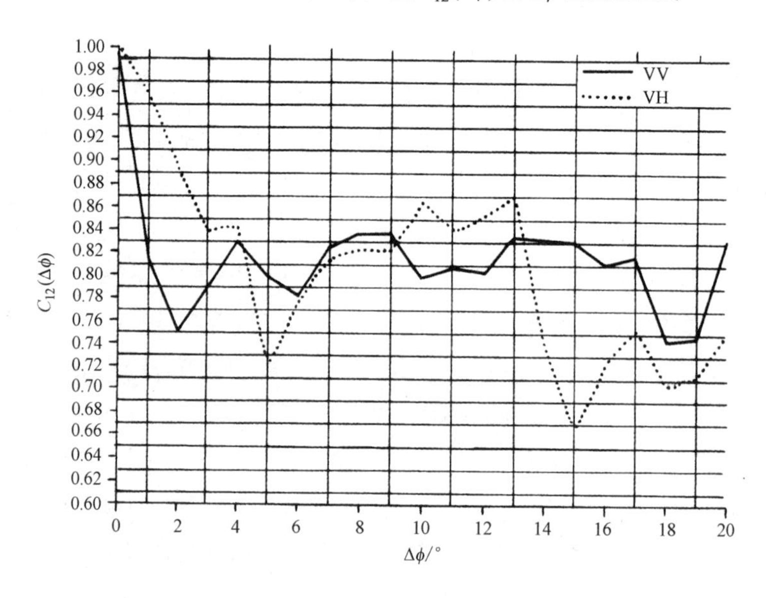

图 7.25　F-117A 缩比模型的 $C_{12}(\Delta\phi)$ 随 $\Delta\phi$ 的变化曲线

7.5　极化不变量和极化特征

本节给出与目标绕视线旋转和雷达极化基无关的 5 个极化不变量，以及在庞卡莱球上表示的极化特征，对目标分解定理的简要介绍。

7.5.1　目标的极化不变量

极化散射矩阵虽然表征了目标在给定取向上的目标散射特性，但是它随目标姿态角变化而变化，即使在给定取向上它还与所选的收/发天线极化基有关，使用很不方便。而对雷达观察者来说，雷达极化基改变，或者目标绕视线旋转，都不增加任何新的信息，因此人们企图消除目标三维姿态变化中的一维变化，寻找与目标绕视线旋转和雷达极化基无关的一组极化不变量作为目标特征信号。这组不变量是存在的，共有 5 个，它们是行列式值 Δ，功率矩阵迹 P_1，去极化系数 D，本征方向角 τ_d 和最大极化方向角 φ_d 等[12, 28-30]。下面进行逐一介绍。

目标姿态的分解如图 7.26 所示，其坐标系 xyz 的原点 O 选取在目标的几何中心上，选择 z 轴沿雷达视线方向，目标的姿态变化可以分解为绕三个轴的转动。目标绕视线的旋转称为“俯仰”(φ)运动，绕另两个垂直于视线轴的旋转分别称为“横滚”(ρ)和“偏航”(η)。φ,ρ 和 η 通称为欧拉角，任一个欧拉角的改变都会使目标极化散射矩阵随着改变。这里介绍不随俯仰角 φ 和雷达极化基改变的一组极化不变量。

设俯仰角为 φ，其相应的旋转矩阵为

$$\boldsymbol{R}(\varphi)=\begin{bmatrix}\cos\varphi & -\sin\varphi \\ \sin\varphi & \cos\varphi\end{bmatrix} \tag{7.43}$$

则雷达发射的椭圆极化波的轴线旋转 φ 角（如图 7.27 所示）。如果用

$$\boldsymbol{S}=\begin{bmatrix}S_{11} & S_{12} \\ S_{12} & S_{22}\end{bmatrix} \tag{7.44}$$

表示单站线极化散射矩阵，且用

$$S_1=S_{11}+S_{22} \tag{7.45}$$

和

$$S_2=S_{11}-S_{22} \tag{7.46}$$

分别表示散射矩阵 $\boldsymbol{S}$ 的迹（对角线元素之和）和反迹（对角线元素之差），这样，经过“俯仰”旋转后的散射矩阵 $\boldsymbol{S}'$ 为

$$\boldsymbol{S}'=\boldsymbol{R}(\varphi)^{\mathrm{T}}\boldsymbol{S}\boldsymbol{R}(\varphi)=$$
$$\begin{bmatrix}S_{11}\cos^2\varphi+S_{12}\sin 2\varphi+S_{22}\sin^2\varphi & S_{12}\cos 2\varphi-\dfrac{1}{2}S_2\sin 2\varphi \\ S_{12}\cos 2\varphi-\dfrac{1}{2}S_2\sin 2\varphi & S_{11}\sin^2\varphi-S_{12}\sin 2\varphi+S_{22}\cos^2\varphi\end{bmatrix} \tag{7.47}$$

且有

$$S_1'=S_1 \tag{7.48}$$

$$S_2'=S_2\cos 2\varphi+2S_{12}\sin 2\varphi \tag{7.49}$$

$$2S_{12}'=2S_{12}\cos 2\varphi-S_2\sin 2\varphi \tag{7.50}$$

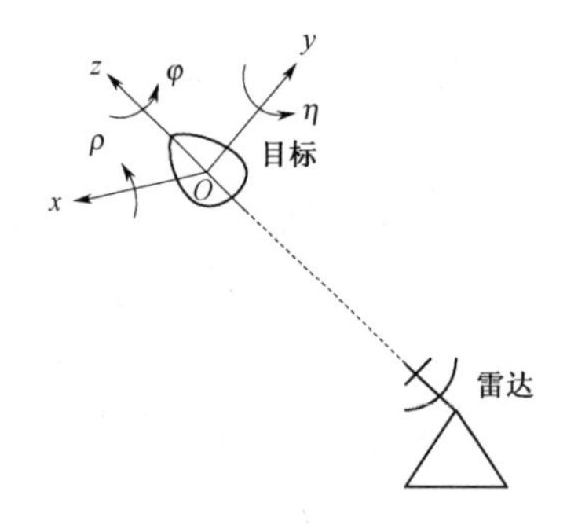

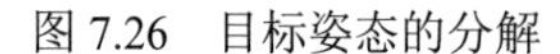
图 7.26　目标姿态的分解

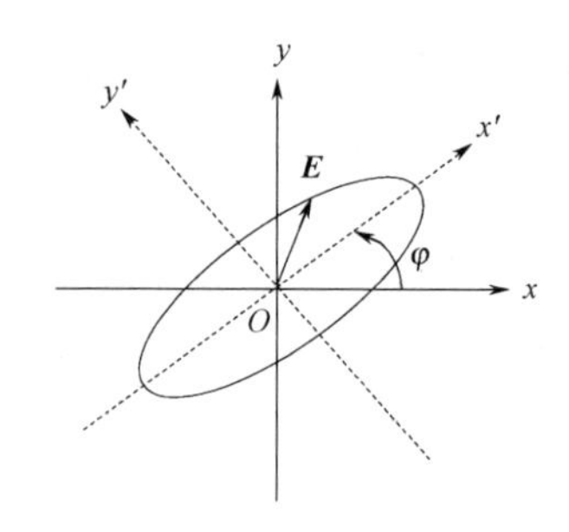

图 7.27　坐标轴（极化椭圆）的旋转

计算由式（7.47）确定的 $\boldsymbol{S}'$ 的行列式值，由于矩阵积的行列式值等于各矩阵行列式值的积，因此

$$\det\boldsymbol{S}' = \det\boldsymbol{R}(\varphi)^{\mathrm{T}}\det\boldsymbol{S}\det\boldsymbol{R}(\varphi)$$

且

$$\det\boldsymbol{R}(\varphi)^{\mathrm{T}} = \det\boldsymbol{R}(\varphi) = 1$$

这样

$$\det\boldsymbol{S}' = \det\boldsymbol{S} \tag{7.51}$$

上式说明，目标绕视线旋转或者目标不动、雷达绕视线旋转时，散射矩阵由式（7.44）变成式（7.47），但行列式的值保持不变。并由式（7.48）可知，散射矩阵的迹也不变。它的物理概念是：目标绕视线旋转不能瞒过雷达，但不带给雷达任何新的信息。

于是，可得第一个极化不变量为行列式值 $\varDelta$，即

$$\varDelta = \det\boldsymbol{S} = S_{11}S_{22} - S_{12}^2 \tag{7.52}$$

对于线目标，如金属细丝，$\varDelta = 0$；对各向同性目标，如金属球，$\varDelta = A^2$（A 为一实数）；对于对称目标，$\varDelta = S_{11}S_{22}$。形象地说，不变量 $\varDelta$ 粗略地反映了目标的粗细或“胖瘦”。

第二个不变量根据格雷夫斯（Graves）定义的功率散射矩阵求得，即

$$\boldsymbol{P} = \boldsymbol{S}^{*\mathrm{T}}\boldsymbol{S} \tag{7.53}$$

式中，“*”代表共轭，“T”代表转置。当俯仰旋转 φ 角时，$\boldsymbol{S}$ 变为 $\boldsymbol{S}'$，$\boldsymbol{P}$ 变为 $\boldsymbol{P}'$。由式（7.49）和式（7.53）可以证明，$\boldsymbol{P}$ 的迹 P_1 也是一个绕视线旋转不变的量，它代表了一对正交极化天线所接收到的总功率。将 P_1 用散射矩阵元素表示即为

$$P_1 = |S_{11}|^2 + |S_{22}|^2 + 2|S_{12}|^2 \tag{7.54}$$

P_1 表征了全极化下的目标 RCS 值，它大致反映了目标的大小。

第三个不变量称为“去极化系数”D，定义为

$$D = 1 - \frac{|S_1|^2}{2P_1} = \frac{\frac{1}{2}|S_2|^2 + 2|S_{12}|^2}{|S_{11}|^2 + |S_{22}|^2 + 2|S_{12}|^2} \tag{7.55}$$

由式（7.48）和式（7.54）知，S_1 和 P_1 都是极化不变量，因此，D 显然也是个不变量。但是，D 并不独立，因为它依赖于 S_1 和 P_1 这两个不变量。D 大致反映了目标散射中心的数量。表 7.4 所示为几种特殊 D 值的满足条件和目标实例。由这些例子可看出，对于孤立散射中心，D 可能小于 1/2，而大的 D 值 $(1/2 < D \leqslant 1)$ 往往对应多散射中心的组合体目标。

表 7.4　几种特殊 D 值的满足条件和目标实例

D	条件	目标实例
0	$S_{12}=0, S_2=0$	金属球
1/2	$\mathrm{Re}[S_{11}S_{22}^*]=\lvert S_{12}\rvert^2$	金属细丝
1	$S_1=0$	两根正交的细丝，且为沿视线相隔 1/4 波长的奇数倍的组合体

余下两个不变量与散射矩阵的本征值问题相关。所谓本征极化，就是能使输出与输入相一致的那个输入极化，这时的 $\boldsymbol{S}$ 称为目标本征极化散射矩阵 $\boldsymbol{S}_\mathrm{d}$，即

$$\boldsymbol{S}_\mathrm{d} = \begin{bmatrix} \lambda_1 & 0 \\ 0 & \lambda_2 \end{bmatrix} \tag{7.56}$$

式（7.56）中，λ_1 和 λ_2 称为本征值，它相当于使散射矩阵对角线化。本征值的物理意义是，任何一个目标，具有本征极化方向角和本征极化椭圆率。当发射极化与目标本征极化相匹配时，其回波极化的方向与发射极化方向一致（也可能差 π）。本征极化具有极值性质，即目标的 RCS 最大值和最小值分别对应于 λ_1 和 λ_2 值。

设目标绕视线旋转 φ，且

$$\varphi = \frac{1}{2}\arctan\frac{2S_{12}}{S_2} \tag{7.57}$$

时，代入式（7.47），可得对角线矩阵为

$$\boldsymbol{S}' = \begin{bmatrix} S'_{11} & 0 \\ 0 & S'_{22} \end{bmatrix} \tag{7.58}$$

注意，由式（7.57）定义的 φ 角，只有当 $S_{12}S_2^*$ 是实数时才有意义。当目标具有包含视线的对称面（称对称目标）时，则仅雷达发射极化基绕视线旋转就能满足；一般在非对称目标情况下，还必须附加改变发射波的椭圆率的条件。

为此，定义椭圆率算子矩阵为

$$\boldsymbol{H}(\tau) = \begin{bmatrix} \cos\tau & \mathrm{j}\sin\tau \\ \mathrm{j}\sin\tau & \cos\tau \end{bmatrix} \tag{7.59}$$

式(7.59)中，τ 称为椭圆率角，且 $-\pi/4 \leqslant \tau \leqslant \pi/4$。$\tau$ 等于椭圆极化波椭圆轴比的反正切，即

$$\tau = \arctan \frac{长轴}{短轴} \tag{7.60}$$

τ 为正值时，从雷达看出去，$\boldsymbol{E}$ 矢量的"走向"是逆时针的，而 τ 为负值时相反。$\tau = 0$ 时表示线极化，$\tau = \pm\pi/4$ 时表示圆极化。

根据式（7.47）和式（7.59），椭圆率变化和旋转变化的合成效果可表示成

$$\begin{aligned}\boldsymbol{S}'' &= \boldsymbol{H}(\tau)^{\mathrm{T}} \boldsymbol{R}(\varphi)^{\mathrm{T}} \boldsymbol{S}\boldsymbol{R}(\varphi)\boldsymbol{H}(\tau) \\ &= \begin{bmatrix} S'_{11}\cos^2\tau - S'_{22}\sin^2\tau + \mathrm{j}S'_{12}\sin 2\tau & S'_{12}\cos 2\tau + \mathrm{j}\dfrac{S_1}{2}\sin 2\tau \\ S'_{12}\cos 2\tau + \mathrm{j}\dfrac{S_1}{2}\sin 2\tau & S'_{22}\cos^2\tau - S'_{11}\sin^2\tau + \mathrm{j}S'_{12}\sin 2\tau \end{bmatrix}\end{aligned} \tag{7.61}$$

类似于式（7.45）和式（7.46），可得

$$S''_1 = S_1\cos 2\tau + \mathrm{j}2S'_{12}\sin 2\tau \tag{7.62}$$

$$S''_2 = S'_2 \tag{7.63}$$

$$2S''_{12} = 2S'_{12}\cos 2\tau + \mathrm{j}S_1\sin 2\tau \tag{7.64}$$

令 $S''_{12} = 0$，可找到满足本征问题解 τ_{d} 为

$$\tau_{\mathrm{d}} = \frac{1}{2}\arctan\frac{\mathrm{j}2S'_{12}}{S_1} \tag{7.65}$$

τ_{d} 称为本征极化椭圆率，显然，只有 τ_{d} 为实数时解才有意义，这要求

$$\mathrm{Re}\left[S'_{12}S_1^*\right] = 0 \tag{7.66}$$

由式（7.50）和式（7.66），得本征极化方向角 φ_{d} 为

$$\varphi_{\mathrm{d}} = \frac{1}{2}\arctan\frac{2\,\mathrm{Re}(S_1^*S_{12})}{\mathrm{Re}(S_1^*S_2)} \tag{7.67}$$

至此，求出了在给定取向下，目标的本征极化椭圆率 τ_{d} 和本征极化方向角 φ_{d}。因为本征值 λ_1 和 λ_2 不随目标绕视线旋转和雷达极化基的改变而改变，且目标本征极化特性也是不变的，因此 τ_{d} 和 φ_{d} 是不变量。而 φ_{d} 反映了目标极化方向，τ_{d} 反映了目标对称性差异。

如果 φ 满足式（7.67），则 S'_2 必定等于两本征值之差，即

$$S'_2 = \lambda_1 - \lambda_2 \tag{7.68}$$

且有

$$\Delta = \lambda_1\lambda_2 \tag{7.69}$$

和

$$P_1 = |\lambda_1|^2 + |\lambda_2|^2 \tag{7.70}$$

式（7.69）和式（7.70）表明，λ_1 和 λ_2 的幅度可由 P_1 和 $\varDelta$ 获得，它们之间的相对

相位可由式（7.68）和式（7.70）得到。

如果将线极化散射矩阵的极化不变性推广到圆极化情况，可以得到一些简单而有趣的结果。根据式（7.47）和式（7.59），令 $\tau=\frac{\pi}{4}$，得

$$C'_{11}=\mathrm{j}S'_{12}+\frac{1}{2}S'_2=C_{11}\exp(-\mathrm{j}2\varphi) \tag{7.71}$$

$$C'_{22}=\mathrm{j}S'_{12}-\frac{1}{2}S'_2=C_{22}\exp(\mathrm{j}2\varphi) \tag{7.72}$$

$$C'_{12}=\mathrm{j}\frac{1}{2}S'_1=C_{12} \tag{7.73}$$

式（7.73）表明，线极化 S'_1（矩阵迹）绕视线旋转的不变性，在圆极化下转变成为交叉项 C_{12} 的不变性；式（7.71）和式（7.72）则表明，圆极化散射矩阵元素的同极化项对目标绕视线的旋转而言是不变的，因此，在圆极化照射下，目标极化不变量能够简单而直接地推导出来，如表 7.5 所示。

表 7.5　圆极化下的 D,τ_{d} 和 φ_{d}

不变量	表　达　式
D	$\dfrac{\lvert C_{11}\rvert^2+\lvert C_{22}\rvert^2}{\lvert C_{11}\rvert^2+\lvert C_{22}\rvert^2+2\lvert C_{12}\rvert^2}$
τ_{d}	$\dfrac{1}{2}\arctan\dfrac{\lvert C_{11}\rvert^2-\lvert C_{22}\rvert^2}{2\lvert C_{12}\rvert\lvert C_{11}+C_{22}^*\rvert}$
φ_{d}	$\dfrac{1}{4}\left[\arg C'_{11}-\arg C'_{22}\right]-\varphi_0$ $\varphi_0=\dfrac{1}{2}\arg\left[\left(\dfrac{C_{11}C_{22}}{C_{12}C_{21}}\right)\lvert C_{22}\rvert+\left(\dfrac{C_{11}^*C_{22}^*}{C_{12}^*C_{21}^*}\right)\lvert C_{11}\rvert\right]$

概括地说，本节介绍的 5 个极化不变量 P_1、Δ、D、τ_{d} 和 φ_{d}，完整地确定了在给定取向下目标的后向散射特性，表明雷达从视线方向观察目标所能获得的最大目标信息，不随目标绕视线旋转或雷达极化基改变而改变。具体地说，无须考虑测量天线的极化就可以确定 P_1 和 Δ，P_1 和 Δ 大致反映了目标的大小和粗细；去极化系数 D 表明了目标散射中心的数量；而本征极化椭圆率 τ_{d} 是表征目标对称性的一个物理量，本征极化方向角 φ_{d} 则指示出测量天线与本征极化椭圆轴之间的相对取向，表征了目标特定的俯仰姿态。

极化信息应用于雷达目标识别主要有两种技术途径，一种是基于高分辨率获得对目标上多个散射中心空间分布的识别，另一种是基于目标回波极化特征的识别。无论何种识别途径，如何尽量降低甚至消除极化参数或特征对目标姿态的敏感性是一个关键问题。上面描述的 5 个极化不变量由于消除了目标三维姿态角中一维的影响，因此对于利用极化信息进行目标识别而需要建立的先验

数据库来说是非常有利的，可直接用于目标识别。例如，文献[31]利用了极化不变量之一的去极化系数对 5 种飞机目标进行识别实验，首先获得了目标去极化系数随探测信号频率变化的曲线，然后采用一种局部尺度而非相似测度的方法提取目标的特征量，并设计出逐级细化分类结构的目标识别器，取得良好的目标/分类识别效果。

将 5 种极化不变量构成一种极化参数集，即

$$F=(P_1,\varDelta,D,\tau_{\mathrm{d}},\varphi_{\mathrm{d}}) \tag{7.74}$$

用于描述目标的极化特征。通过测量或计算目标的极化参数集建立目标的极化特征库，当具体识别时将提取待识别目标的极化特征，并实时地与极化特征库进行比较，通过模式识别算法来确定待测目标的类别。

对于一些简单形体的目标，其极化参数集可以通过解析获得，但对于复杂目标，则需借助电磁散射的数值方法和高频近似方法获得，也可通过实际测量得到。

7.5.2　庞卡莱球特征

电磁波的极化状态常通过庞卡莱球（Poincaré sphere）进行几何描述，如图 7.28 所示。球心位于右旋坐标系的原点，球面上每一点对应于一种极化状态，点的经度代表极化椭圆的斜度，点的纬度代表极化椭圆的椭圆度。所有的线极化均位于赤道上，赤道与 X, Y 轴的交点分别代表了水平、45° 线、垂直和 135° 线极化。球的南、北极分别代表右旋圆极化 RC 和左旋圆极化 LC。所有右旋圆极化均在南半球，所有左旋圆极化均在北半球。

特定的雷达目标存在一组特征极化状态，在特征极化状态下，某一极化通道的接收功率或为零或为最大值，这样就组成了交叉零功率极化点、交叉最大功率极化点、同极化零功率点和同极化最大功率点共 4 种极化状态。可以证明，同极化最大功率与交叉零功率极化状态两个点中的一个重合。这组特征极化状态表示在庞卡莱球上很有规律：两个交叉极化零点 P_{e} 和 P_{e}' 的连线构成球的一条直径，两个交叉极化最大点 P_{x} 和 P_{x}' 的连线构成球的另一条直径，且与 $P_{\mathrm{e}}P_{\mathrm{e}}'$ 垂直，两个同极化零点 P_0 和 P_0' 位于 P_{e} 和 P_{e}' 连线的两侧，且平分 $\angle P_0OP_0'$。同极化最大点与 P_{e} 重合，它们在形状上构成一个叉状，称为极化叉，如图 7.28 所示。由于极化叉是针对目标特定姿态角而得到的，且随目标姿态的变化而改变，因此，这组极化状态对目标识别也不是很有利。

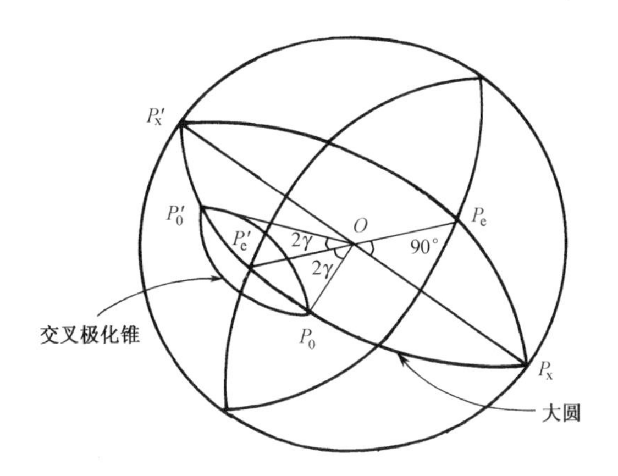

图 7.28　目标特征极化状态在庞卡莱球上的表示

图 7.29 所示为在庞卡莱球上表示的几种简单形体目标的特征极化和极化叉[9]。

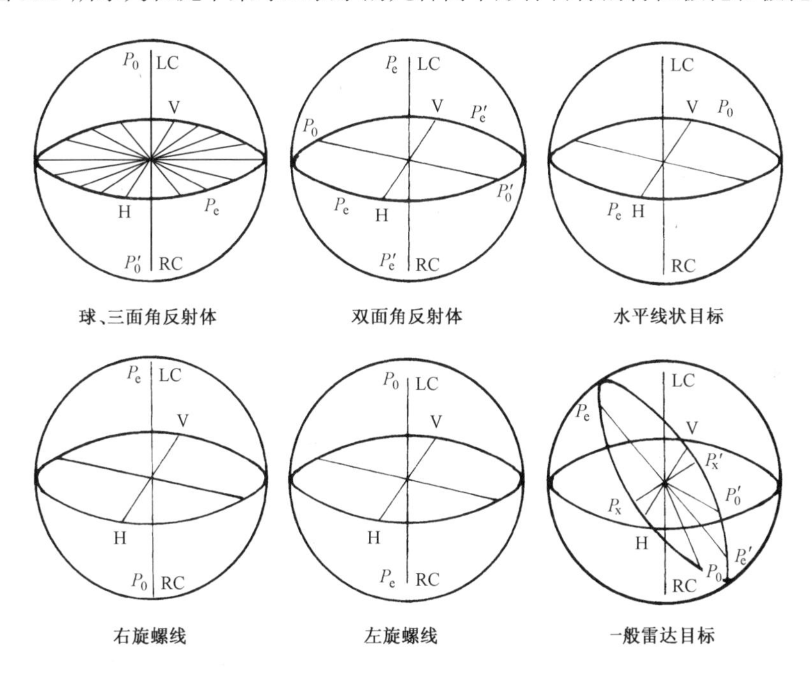

图 7.29　几种简单形体目标的特征极化和极化叉

7.5.3　目标分解定理

极化技术在雷达遥感、目标识别等方面有明显的实际应用。雷达系统测量的最重要的可观察量是 3×3 相关矩阵或等效 4×4 Müeller 矩阵，而在这些量中，感兴趣的目标信息通常是与噪声或杂波等无用信息混合在一起的，因此它们本身往往不能为使用者提供比较直观的有用信息。目标分解（Target Decomposition，TD）定理的一个重要目的就是从所观察到的表面和体结构的微波散射中提取直观的有明显约束的物理信息。例如，在雷达遥感中，由于相干斑点噪声以及表面和体目标的随机矢量散射效应，很多感兴趣的目标要求多元统计描述，而根据 TD 定理，对于这样的目标，应用不随波极化基改变的平均目标或显著散射机制的概念对目标分类或散射数据求逆是很有价值的。

目标分解（TD）定理首先被 Huynen[32]明确地阐述，但起源于 Chandrasekhar 对小各向异性微粒云的光散射研究工作[33]。自这一独创性的工作开展以来，已经提出了多种其他的分解方法。文献[34]对不同的分解方法及其算法的实现最关键的细节进行了一个完整的回顾。

为了使读者易于理解 TD 定理，有必要先简单介绍一下 Chandrasekhar 的研究结果。他考虑了小各向异性微粒云（如椭球体）的散射问题。在给定入射和散射的方向上，散射的相位矩阵可表示为

$$\boldsymbol{R}=\frac{3}{2(1+2\gamma)}\begin{bmatrix}\cos^2\theta+\gamma\sin^2\theta & \gamma & 0 & 0\\ \gamma & 1 & 0 & 0\\ 0 & 0 & (1-\gamma)\cos\theta & 0\\ 0 & 0 & 0 & (1-3\gamma)\cos\theta\end{bmatrix} \tag{7.75}$$

式（7.75）中，θ 是散射角，γ 是考虑微粒各向异性程度的一个参数（$\gamma=0$ 表示 Rayleigh 散射的情况，也是各向同性的情况）。然后，Chandrasekhar 指出这个矩阵可以分解为 3 个独立矩阵的和，即

$$\begin{aligned}\boldsymbol{R}=&\frac{3(1-\gamma)}{2(1+2\gamma)}\begin{bmatrix}\cos^2\theta & 0 & 0 & 0\\ 0 & 1 & 0 & 0\\ 0 & 0 & \cos\theta & 0\\ 0 & 0 & 0 & 0\end{bmatrix}+\\ &\frac{3\gamma}{2(1+2\gamma)}\begin{bmatrix}1 & 0 & 0 & 0\\ 0 & 1 & 0 & 0\\ 0 & 0 & 0 & 0\\ 0 & 0 & 0 & 0\end{bmatrix}+\frac{3(1-3\gamma)}{2(1+2\gamma)}\begin{bmatrix}0 & 0 & 0 & 0\\ 0 & 0 & 0 & 0\\ 0 & 0 & 0 & 0\\ 0 & 0 & 0 & \cos\theta\end{bmatrix}\end{aligned} \tag{7.76}$$

式（7.76）中，第三个分量是 Stokes 矢量中 V 参数的一种标量变换。可是，第一项和第二项包含了与该散射问题的极化部分有关的物理解释。第一个矩阵表示 Rayleigh 散射项，第二个矩阵是随机极化“噪声”项（这里“噪声”指的是由这一项产生的功率，它与波极化状态的选择无关）。注意对各向同性散射体（$\gamma=0$）的情况，“噪声”项消失。

在这种情况下，我们能将小各向异性微粒云的散射问题分解为传统的 Rayleigh 散射和附加的由微粒各向异性产生的“噪声”项。这个例子描述了 TD 定理后面隐含的主要思想，即将随机介质问题的平均散射矩阵表示成独立单元的叠

加，并把物理机制与每个分量联系起来。

这个例子是有关目标分解方法的第一个公开发表的例子，但这样一种方法能否推广到其他散射问题则是由 Huynen 在他的博士论文[32]中首先提出的。

按文献[34]的归纳，目标分解方法大致可分为 3 类：

第一类是 Huynen 型方法[32]，即从时变目标的平均 Müeller 矩阵中提取出平均意义下的非时变目标 Müeller 矩阵和噪声残余部分（称为噪目标）。这种分解可将时变目标中的扰动分量分离出来，保持与非时变目标相类似的特征，而被分离出的噪目标则反映了该目标的时变特点。Huynen 曾做了一个实验来说明目标分解的合理性。对 X 波段测量的树林回波数据，以及在树林中放置的一个三面角反射器的回波数据进行了处理，结果发现分解出来的树冠造成的起伏杂波几乎是相同的，而反射器的加入只改变了以树干为主的平均目标。

第二类是基于相关矩阵或协方差矩阵的本征矢量分解。通过本征分解，将这两种散射矩阵分解为统计独立的 3 个分量之和。Cloude[35]和 van Zyl[36]给出了基于这种分解的实例。由于本征值问题不敏感于基变换，因此这种分解已被认为是 Huynen 方法的另一种选择。但 Huynen 指出这类方法普遍具有物理意义不明确的缺点[37]。

第三类是相干分解定理，将散射矩阵 $\boldsymbol{S}$ 表示成一些基矩阵的复数和。其一种形式的基矩阵是在文献[34]中用到的 Pauli 矩阵。

基于 Pauli 矩阵的散射矩阵可分解为

$$\begin{aligned}\boldsymbol{S} &= \begin{bmatrix} a+b & c-\mathrm{j}d \\ c+\mathrm{j}d & a-b \end{bmatrix} \\ &= a\begin{bmatrix} 1 & 0 \\ 0 & 1 \end{bmatrix} + b\begin{bmatrix} 1 & 0 \\ 0 & -1 \end{bmatrix} + c\begin{bmatrix} 0 & 1 \\ 1 & 0 \end{bmatrix} + d\begin{bmatrix} 0 & -\mathrm{j} \\ \mathrm{j} & 0 \end{bmatrix}\end{aligned} \tag{7.77}$$

式（7.77）中，a、b、c 和 d 都是复数。很显然，在这种分解中，每一个基矩阵都与一种实际的散射机制相对应。第一种是平面的一次散射，第二种和第三种是有 45° 相对取向的二面角反射器的双平面散射，最后一种是矩阵 $\boldsymbol{S}$ 的所有反对称分量（对应于将每种入射极化转换成正交状态的散射体）。

作为这种相干目标分解方法的两个其他例子，必须提到 Krogager[38]和 Cameron[39]的工作，他们对 $\boldsymbol{S}$ 提出了具体的但又很不同的线性组合。在 Krogager 的方法中，一个对称矩阵 $\boldsymbol{S}_{\mathrm{A}}$ 被分解为 3 个相干分量，这 3 个相干分量基于双平面、球和螺旋状目标情况有相应物理解释，即

$$\boldsymbol{S} = \alpha \boldsymbol{S}_{\text{sphere}} + \mathrm{e}^{\mathrm{j}\phi}\mu \boldsymbol{S}_{\text{diplane}} + \mathrm{e}^{\mathrm{j}\phi}\eta \boldsymbol{S}_{\text{helix}} \tag{7.78}$$

这个分析被直接应用到复 $\boldsymbol{S}$ 矩阵像中，产生了基于球、双平面和螺旋状响应的 3 种图像所具有的特征。最终的颜色组合能根据这 3 种机制的相对贡献来对像素进

行分类。利用这种分解提取的图像显示了如文献[39-40]所给出的有趣的结构。

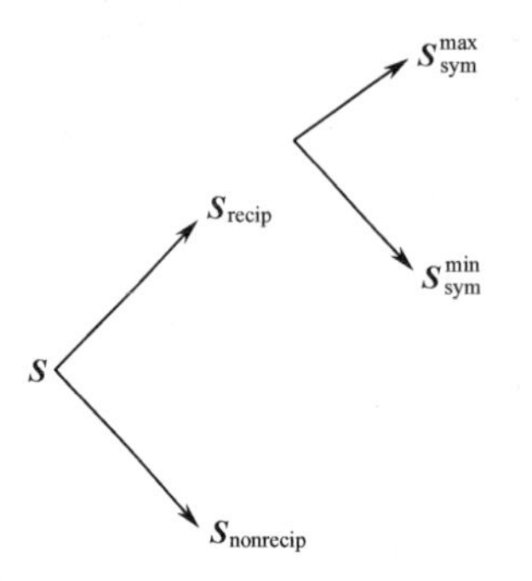

图 7.30　对 Cameron 的相干散射矩阵的分解

在 Cameron 的方法中，根据基不变目标特征 $\boldsymbol{S}_{\text{A}}$，再次用 Pauli 矩阵进行分解。Cameron 强调了这类对称目标的重要性，这些目标在庞卡莱球上具有线性本征极化[41-42]作用，并可用有约束的目标矢量参数化方法表示。这种分解可表示成如图 7.30 所示的形式。在数学上这种分解可表示为

$$\boldsymbol{S} = a\cos\theta\left(\cos\tau\boldsymbol{S}_{\text{sym}}^{\max} + \sin\tau\boldsymbol{S}_{\text{sym}}^{\min}\right) + \sin\theta\boldsymbol{S}_{\text{nonrecip}} \tag{7.79}$$

在该分解中，第一步将 $\boldsymbol{S}$ 分解为互易和非互易分量（通过将 $\boldsymbol{S}$ 投影到 Pauli 矩阵上，并通过角 θ 分离矩阵的对称和非对称分量）；第二步考虑将互易项（$\cos\theta$ 的系数）进一步分解为两个分量，它们都有线性本征极化，所以是对称的。

这两个例子突出了与相干分解有关的主要问题。当然，有多种无须先验信息的分解形式，随便给出非线性相关的矩阵分量，利用 Gram-Schmidt 正交化方法就可以生成一个正交分解基。可是，只有当分解分量对应一定的物理结构或反映一定的散射特性时，这种分解方法才有实用价值。

上述目标分解方法在 SAR 和 ISAR 目标成像[40,43]、低分辨率和遥感目标的识别[44]，以及宽带雷达目标识别[45-46]等方面得到了应用。

7.6　极化检测和极化滤波

极化信息可用于改善目标检测性能，也可用于进行杂波抑制。

7.6.1　极化检测

极化检测是利用雷达回波中的极化信息来改善目标检测和分辨系统的性能的。目前已经有包括最佳极化检测器、单位似然比检测器、白噪化极化滤波器等多种最佳和次最佳极化检测器。由于这些极化检测器在很多文献[9,47]中都做了很好的描述，因此本节仅对几种常见的极化检测器及其性能进行简要讨论。

1）最佳极化检测器（Optimal Polarimetric Detector，OPD）

OPD 仅仅是极化似然比检测，对中、低分辨率的雷达，可认为目标回波矢量和杂波矢量满足零均值的联合复数高斯型概率分布，此时 OPD 为二次方程式，即

$$X^{\mathrm{H}}(\boldsymbol{\Sigma}_{\mathrm{c}}^{-1}-\boldsymbol{\Sigma}_{\mathrm{t+c}}^{-1})X+\ln(|\boldsymbol{\Sigma}_{\mathrm{c}}|/|\boldsymbol{\Sigma}_{\mathrm{t+c}}|)>\ln T \tag{7.80}$$

式（7.80）中，$X=[X_{\mathrm{HH}},X_{\mathrm{HV}},X_{\mathrm{VH}}]^{\mathrm{T}}$ 是单基地雷达测量的回波复矢量；$\boldsymbol{\Sigma}_{\mathrm{t+c}}=\boldsymbol{\Sigma}_{\mathrm{t}}+\boldsymbol{\Sigma}_{\mathrm{c}}$，$\boldsymbol{\Sigma}_{\mathrm{t}}$ 和 $\boldsymbol{\Sigma}_{\mathrm{c}}$ 分别是目标和杂波的协方差矩阵；T 为检测门限。对高分辨率雷达，目标可看成是可被分辨的单个散射体，是确定的量。设其均值是 $\bar{X}_{\mathrm{t}}$，则有 $X_{\mathrm{t+c}}=\bar{X}_{\mathrm{t}}+X_{\mathrm{c}}$，$\boldsymbol{\Sigma}_{\mathrm{t+c}}=\boldsymbol{\Sigma}_{\mathrm{c}}$，此时 OPD 为线性检测，即

$$\mathrm{Re}(X^{\mathrm{H}}\boldsymbol{\Sigma}_{\mathrm{c}}^{-1}\bar{X}_{\mathrm{t}})>T \tag{7.81}$$

它仅仅是一个用于在相关的（非白）杂波中检测已知极化目标的匹配滤波器。

显然，这种检测器需要预先知道目标的平均值及目标和杂波的协方差矩阵，因此实现起来比较困难。

2）单位似然比检测器（Identity-Likelihood-Ratio-Test，ILRT）

De Graff[47]将 OPD 算法中目标协方差矩阵用单位矩阵标度，并假设 $\bar{X}_{\mathrm{t}}=0$，由此导出 ILRT 判决准则，即

$$X^{\mathrm{H}}\left\{\boldsymbol{\Sigma}_{\mathrm{c}}^{-1}-\left[\frac{1}{4}E[\mathrm{span}(X_{\mathrm{t}})]\boldsymbol{I}+\boldsymbol{\Sigma}_{\mathrm{c}}\right]^{-1}\right\}X>T \tag{7.82}$$

式（7.82）中，$\boldsymbol{I}$ 是一个 3×3 的单位矩阵。

ILRT 检测要求预先得知杂波的协方差矩阵和目标对杂波的比（以 $\frac{1}{4}E[\mathrm{span}(X_{\mathrm{t}})]$ 表示）。然而，它的优点是并不需要精确知道目标的平均值和协方差，并且对目标失配的影响也不用了解得很清楚（以 $\frac{1}{4}E[\mathrm{span}(X_{\mathrm{t}})]\boldsymbol{I}$ 代替了 $\boldsymbol{\Sigma}_{\mathrm{t}}$）。

3）白噪化极化滤波器（Polarimetric Whitening Filter，PWF）

PWF[48]是一个简单的平方律检波器，仅需预先知道杂波的协方差矩阵，其判决准则为

$$X^{\mathrm{H}}\boldsymbol{\Sigma}_{\mathrm{c}}^{-1}X>T \tag{7.83}$$

已经证明，PWF 可将合成孔径雷达图像中杂波背景的“斑点”或标准偏差对平均值之比降到最小，因此增强了检测目标的能力。对报道的杂波背景中装甲车目标的情况，PWF 的检测性能几乎与 OPD 的相同，这说明它的检测与是否知道目标的协方差矩阵关系不大。

4）单通道检测器（$|X_{\mathrm{HH}}|^2$）

单通道检测器只使用单极化通道，仅仅比较一下 HH 通道平方值和检测门限值 T 的大小，即

$$|X_{\mathrm{HH}}|^2>T \tag{7.84}$$

5）全通道检测器

全通道检测器也称张成检测器（Span Detector，SD），其应用比较广泛。它使

用了所有 3 个极化通道的加权非相干和，算法为

$$\left|X_{\mathrm{HH}}\right|^2+2\left|X_{\mathrm{HV}}\right|^2+\left|X_{\mathrm{VV}}\right|^2>T \tag{7.85}$$

由于全通道检测器利用了 3 个通道的信息，因此检测性能较单通道检测性能有很大的改进。该检测器不需要知道目标和杂波的统计信息。

6）功率最大综合（Power Maximization Synthesis，PMS）检测器

PMS 是为全通道检测的改进而提出的，其判决准则为

$$\begin{aligned}&\frac{1}{2}\left\{\left|X_{\mathrm{HH}}\right|^2+2\left|X_{\mathrm{HV}}\right|^2+\left|X_{\mathrm{VV}}\right|^2+\right.\\&\left.\left[\left(\left|X_{\mathrm{HH}}\right|^2-\left|X_{\mathrm{VV}}\right|^2\right)^2+4\left|X_{\mathrm{HH}}{}^*\cdot X_{\mathrm{HV}}+X_{\mathrm{VV}}\cdot X_{\mathrm{HV}}{}^*\right|^2\right]^{1/2}\right\}>T\end{aligned} \tag{7.86}$$

与全通道检测器类似，PMS 是测量矢量分量的函数，也不需要预先知道目标和杂波的统计信息。

图 7.31 至图 7.34 示出了当目标信杂比分别为 6dB 和 10dB 时，使用上面 6 种算法对草甸背景中装甲车和卡车的检测性能结果。由这些图可见，OPD, ILRT 和 PWF 的检测性能最佳，并且结果相近，PMS 和 SD 的检测性能次之，而单通道检测器的检测性能最差。例如，当虚警概率为 10^{-4}、信杂比为 6dB 时，使用 OPD 的检测概率为 0.62，而单通道检测器的检测概率仅为 0.15。

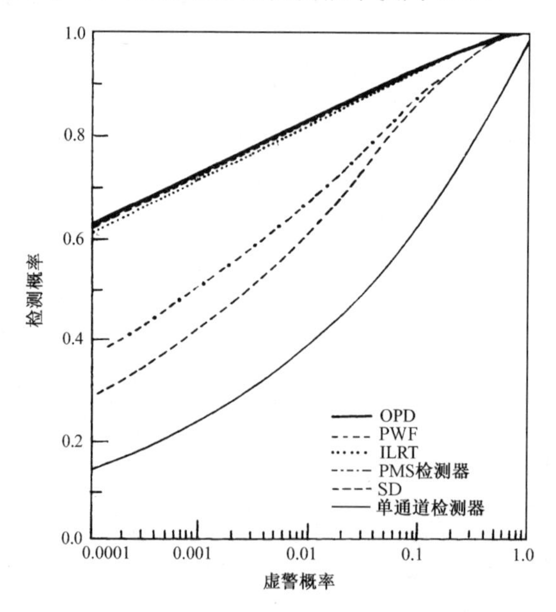

图 7.31　信杂比为 6dB 时对装甲车的检测性能结果

概括地讲，利用杂波的统计特性可大大提高检测性能，并且可以在检测过程中通过相应的计算进行估计，而目标的统计特性对检测性能仅有微小的改善，且

难获得。此外，只需知道杂波协方差的 PWF 的检测性能特别接近 OPD，而 ILRT 并不比 PWF 强多少，虽然它使用了更多的统计特性。有些情况下，ILRT 甚至还不如 PWF（如图 7.33 和图 7.34 所示）。SD, PMS 检测器和单通道检测器由于不使用目标和杂波统计特性，因此检测性能不如 PWF。据此，不少学者认为，如果在检测性能和所需的统计信息量进行折中的话，PWF 无疑是优选的一种极化检测器。

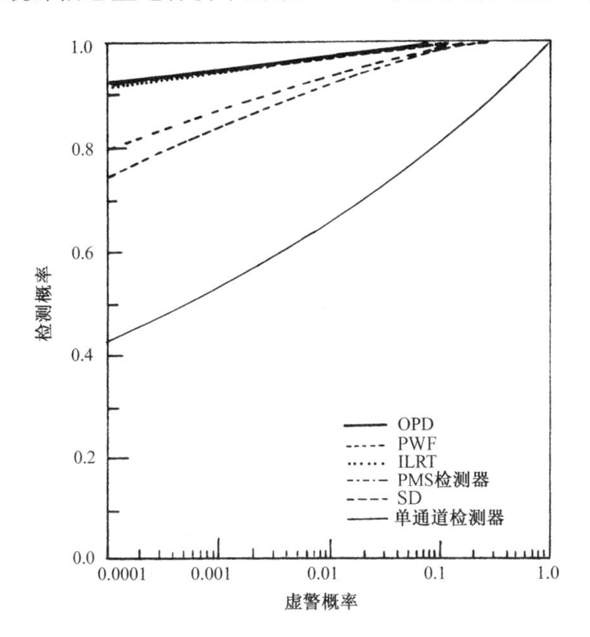

图 7.32　目标信杂比为 10dB 时对装甲车的检测性能结果

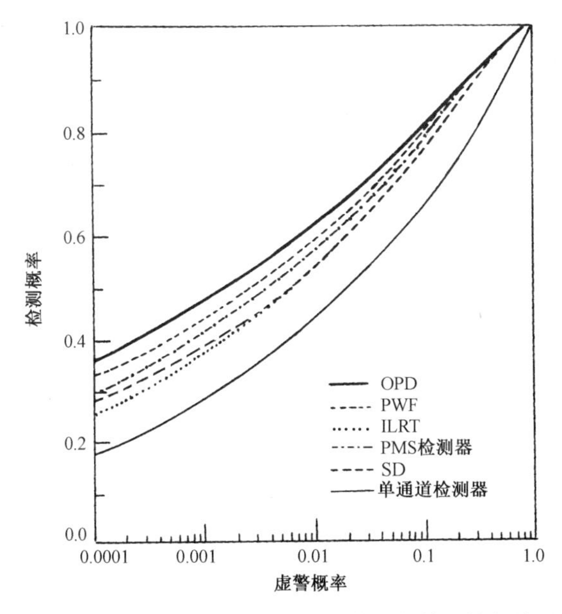

图 7.33　目标信杂比为 6dB 时对卡车的检测性能结果

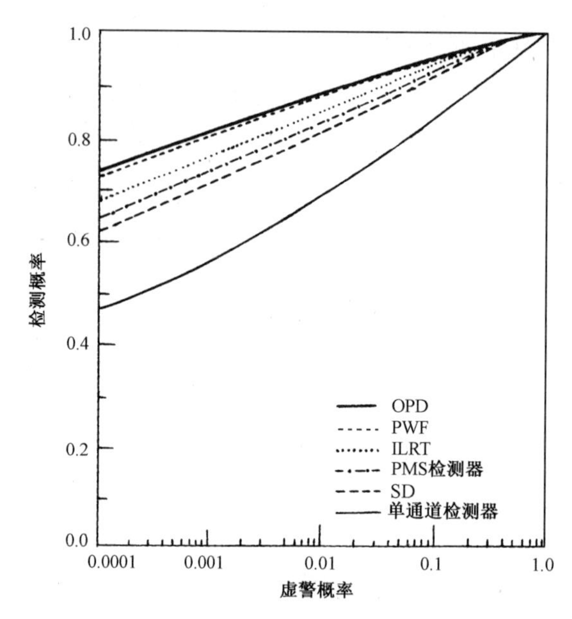

图 7.34　目标信杂比为 10dB 时对卡车的检测性能结果

7.6.2　极化滤波在杂波抑制中的应用

雷达系统中的极化滤波是通过合理地调整接收系统的极化方式，在极化域内有效地滤除干扰或杂波信号、增强目标回波信号，从而达到改善在不利环境中的目标检测性能的目的。本节以两个有代表性的极化滤波的例子来讨论极化滤波在杂波抑制中的应用，有关更深入的了解可参见文献[9]。

1）多凹口逻辑乘积滤波器

Poelman[50]于 1981 年提出的多凹口逻辑乘积（Multi-notch Logic-Product，MLP）滤波器是根据接收虚拟极化适配的原理，将入射矢量场样本并行地提供给极化抑制零点逐一有较小差别的单凹口极化滤波器组，并以逻辑乘电路选择各路输出中最小的进行后一步处理，这样就加宽了深抑制凹口的宽度。图 7.35 所示为多凹口 MLP 滤波器的框图，其典型的五凹口 MLP 滤波器的两种功率响应曲线如图 7.36 所示。Poelman[51]在 1984 年的文献中介绍了 MLP 滤波器的一个典型设计例子及其在雨杂波环境中的性能。结果表明，与只采用单凹口滤波器相比，采用 MLP 滤波器可以在平均的目标信号功率与平均的雨信号功率之比方面获得至少 13dB 的总改善。

2）自适应极化对消器（Adaptive Polarization Canceller，APC）

雨滴的后向散射常常会降低雷达最大限度检测目标的能力。Nathanson[52]提出了一种自适应极化对消器（APC）用于处理反雨杂波干扰。由于雷达采用圆极化发射、正交圆极化接收的方式，而雨滴不是完全的球形，使得其对雨杂波的抑制度有限。为此，可以设置与回波圆极化旋向“相同”（同极化）和“相反”（正交极化）的两个圆极化接收通道，对两个接收通道的信号进行自适应加权求和处理来进一步提高对雨杂波的抑制度。如图 7.37 所示，设 $s_1(t)$ 和 $s_2(t)$ 分别是同极化通道和正交极化通道接收的信号，APC 给出对消器的输出为

$$s(t)=s_1(t)-W(t)s_2(t) \tag{7.87}$$

式（7.87）中，$W(t)=\overline{s_2^*(t)s_1(t)}\Big/\overline{s_2^*(t)s_2(t)}$ 为权函数，“—”表示时平均。理想情况下，对杂波的抑制比为

$$c_{\mathrm{r}}=\frac{E\left[\left|s_1(t)\right|^2\right]}{E\left[\left|s(t)\right|^2\right]}=\frac{1}{1-\mu^2} \tag{7.88}$$

式（7.88）中，相关系数为

$$\mu=\frac{\left|E\left[s_1(t)s_2^*(t)\right]\right|}{\left\{E\left[\left|s_1(t)\right|^2\right]E\left[\left|s_2(t)\right|^2\right]\right\}^{1/2}} \tag{7.89}$$

对降雨速率为 2.5mm/h 的均匀雨的模拟结果表明，在 S 波段通过 APC 获得 9dB 的平均对消，使用圆极化可再增加 24dB 的平均对消。

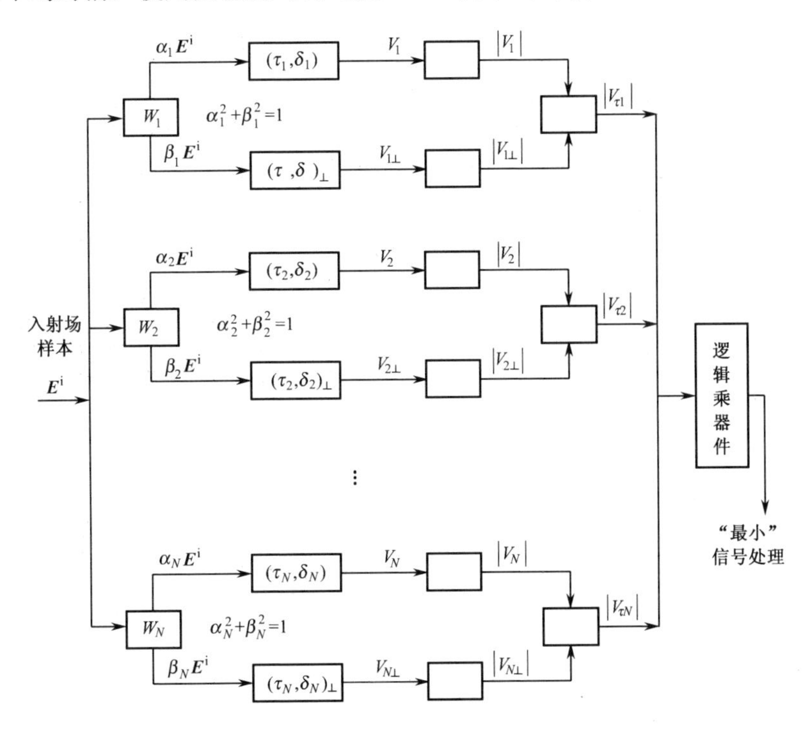

图 7.35　多凹口 MLP 滤波器框图

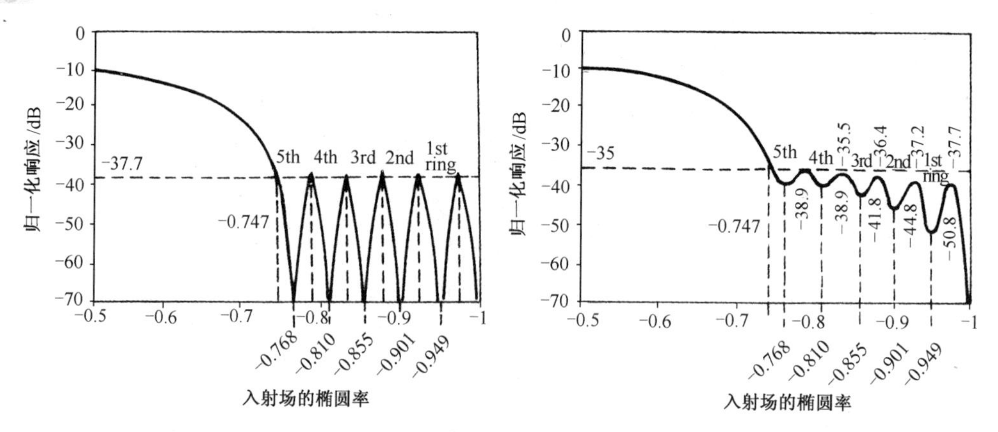

图 7.36 典型的五凹口 MLP 滤波器的两种功率响应曲线

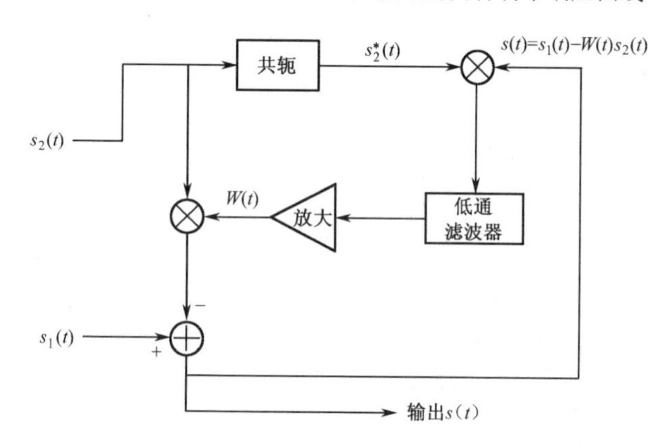

图 7.37 自适应极化对消器

参考文献

[1] NONE. IRE Standards on Radio Wave Propagation: Definitions of Terms[S]. Supplement to Proceedings of the IRE, 1942: 2.

[2] RUMSEY V H, DESCHAMPS G A, KALES M L, et al. Techniques for Handling Elliptically Polarized Waves with Special Reference to Antennas[C]. Proceedings of the IRE, 1951, 39(5): 533-534.

[3] MORGAN M G, EVANS W Jr. Synthesis and Analysis of Elliptic Polarization in Terms of Space-Quadrature Sinusoidal Components[C]. Proceedings of the IRE, 1951, 39(5): 552-556.

[4] CLAYTON L, HOLLIS S. Antenna Polarization Analysis by Amplitude Measurement of Multiple Components[J]. Microwave Journal, 1965, 8: 35-41.

[5] COPELAND J R. RADAR Target Classification by Polarization Properties[C].

Proceedings of the IRE, 1960, 48(7): 1290-1296.

[6] BARRICK D E. Summary of Concepts and Transformation Commonly Used in the Matrix Description of Polarized Waves[D]. Columbus: The Ohio State University, 1965.

[7] SINCLAIR G. The Transmission and Reception of Elliptically Polarized Waves[C]. Proceedings of the IRE, 1950, 38(2): 148-151.

[8] RUCK G T, BARRICK D E, STUART W D, et al. Radar Cross Section Handbook[M]. New York: Plenum Press, 1970.

[9] 王被德. 雷达极化理论和应用[R]. 南京：电子工业部第十四研究所, 1994.

[10] KNOTT E F, SENIOR T B A, USLENGHI P L E. High-Frequency Backscattering from a Metallic Disc[C]. Proceedings of IEE, 1971, 118(12): 1736-1742.

[11] 殷红成. 雷达目标相位特征的研究[D]. 北京：航天工业部第二研究院 207 所, 1989.

[12] LOWENSCHUSS O. Scattering Matrix Application[C]. Proceedings of IEEE, 1965, 53(8): 988-992.

[13] GAU J R J, BURNSIDE W D. New Polarimetric Calibration Technique Using a Single Calibration Dihedral[C]. IEE Proceedings-Microwave, Antennas and Propagation, 1995, 1(1): 19-25.

[14] BAI Y, YIN H C, DONG C Z. Computational Research on Calibration Target for Full-Polarimetric Scattering Measurement[C]. Proceedings of International Conference on Electromagnetics in Advanced Applications, Cairns, Australia, 2016: 516-518.

[15] BHATTACHARYYA A K, SENGUPTA D L. Radar Cross Section Analysis and Control[M]. Norwood: Artech House, 1991.

[16] KNOTT E F, SENIOR T B A. Polarization Characteristics of Scattered Fields[J]. Electronics Letters, 1971, 7(8): 183-184.

[17] KNOTT E F, SENIOR T B A. Cross Polarization Diagnostics[J]. IEEE Transactions on Antennas and Propagation, 1972, 20(2): 223-224.

[18] KAPLAN L J, ORMSBY J, FOWLE E N, et al. Radar Calibration Test Satellite[J]. IEEE Transactions on Aerospace and Electronic Systems, 1969, 5(4): 654-660.

[19] SIMTH T M, BORISON S L. Depolarization of a Circularly Polairzed Wave by an Infinite Cylinder[J]. IEEE Transactions on Antennas and Propagation, 1974, 22(6): 796-798.

[20] MATTSON G R. Backscattering from a Thin Metallic Disk[J]. IEEE Transactions on Antennas and Propagation, 1971, 19(1): 143-145.

[21] KNOTT E F, SENIOR T B A, USLENGHI P L E. High-Frequency Backscattering from a Metallic Disc[J]. Proceedings of IEE, 1971, 118(12): 1736-1742.

[22] KLEMENT D, PREISSNER J. Special Problems in Applying the Physical Optics Methods for Backscatter Computations of Complicated Objects[J]. IEEE Transactions on Antennas and Propagation, 1988, 36(2): 228-237.

[23] STEWART N A. Use of Crosspolar Returns to Enhance Target Detectability[C]. IEE Proceedings-Communications, Radar and Signal Processing, 1982, 129(2): 73-78.

[24] HAYKIN S, et al. Effect of Polarization on the Marine Radar Detection of Icebergs[C]. IEEE International Radar Conference, Arlington, VA, USA, 1985.

[25] RIHACZEK A W. Theory and Practice of Radar Target Identification[M]. Norwood: Artech House, 2000.

[26] LI H J, YANG S H. Using Range Profiles as Feature Vectors to Identify Aerospace Object[J]. IEEE Transactions on Antennas and Propagation, 1993, 41(3): 261-268.

[27] 闫锦. 基于高距离分辨像的雷达目标识别研究[D]. 北京：中国航天科工集团二院研究生院, 2003.

[28] BIKEL S H. Some Invariant Properties of the Polarization Scattering Matrix[C]. Proceedings of the IEEE, 1965, 53(8): 1070-1072.

[29] KUHL F P, PERRELLA A J. The Identification of Arbitrarily Shaped Targets with the Scattering Matrix: AD 712067[R]. Annapolis: Naval Academy, 1970.

[30] GRAVES C D. Radar Polarization Power Scattering Matrix[C]. Proceedings of the IRE, 1956, 44(2): 248-252.

[31] 肖顺平, 庄钊文, 王雪松. 基于极化不变量的飞机目标识别[J]. 红外与毫米波学报, 1996, 15(6): 439-444.

[32] HUYNEN J R. Phenomenological Theory of Radar Targets[D]. Delft: Delft University of Technology, 1970.

[33] CHANDRASEKHAR S. Radiative Transfer[M]. New York: Dover, 1960.

[34] CLOUDE S R, POTTIER E. A Review of Target Decomposition Theorems in Radar Polarimetry[J]. IEEE Transactions on Geoscience and Remote Sensing, 1996, 34(2): 498-518.

[35] CLOUDE S R. Radar Target Decomposition Theorems[J]. Electronics Letters, 1985, 12(1): 22-24.

[36] ZYL J J Van. Application of Cloude's Target Decomposition Theorem to Polarimetric Imaging Radar Data[J]. Proceedings of SPIE, 1992, 1748: 184-212.

[37] HUYNEN J R. Physical Reality of Radar Targets[J]. Proceedings of SPIE, 1992, 1748: 86-96.

[38] KROGAGER E. A New Decomposition of the Radar Target Scattering Matrix[J]. Electronics Letters, 1990, 26(18): 1525-1526.

[39] KROGAGER E. Properties of the Sphere, Diplane, Helix Decomposition[C]. Proceedings of 3rd International Workshop on Radar Polarimetry, University of Nantes, France, 1995: 106-114.

[40] CAMERON W L, LEUNG L K. Feature Motivated Polarization Scattering Matrix Decomposition[C]. IEEE International Radar Conference, Arlington, VA, USA, 1990: 549-557.

[41] BOERNER W M. Polarization Dependence in Electromagnetic Inverse Problems[J]. IEEE Transactions on Antennas and Propagation, 1981, 19(3): 262-274.

[42] MOTT H. Antennas for Radar and Communications[M]. New York: Wiely, 1992.

[43] KROGAGER E. Decomposition of the Radar Target Scattering Matrix with Application to High Resolution Target Imaging[C]. National TeleSystems Conference, Atlanta, 1991: 77-82.

[44] YAMAGUCHI N M. Real-Time and Full Polarimetric FM-CW Radar and Its Application to the Classification of Targets[J]. IEEE Transactions on Instrumentation and Measurement, 1998, 47(2): 572-576.

[45] 李盾，肖顺平．基于极化分解的目标识别方法研究[J]．国防科技大学学报，1999, 21(6): 44-47.

[46] 李莹．宽带雷达光学区目标识别的新方法[D]．北京：清华大学, 2002.

[47] CHANEY R D, BUD M C, NOVAK L M. On the Performance of Polarimetric Target Detection Algorithms[J]. IEEE Transactions on Aerospace and Electronic Systems, 1990, 5(11): 10-15.

[48] GRAFF S R De. SAR Image Enhancement via Adaptive Polarization Synthesis and Polarimetric Detection Performance[C]. Polarimetric Technology Workshop, Redstone Arsenal, AL, 1988.

[49] NOVAK L M, BURL M C. Optimal Speckle Reduction in POL-SAR Imagery and Its Effect on Target Detection[C]. SPIE Conference, Orlando, FL, 1989.

[50] POELMAN A J. Virtual Polarization Adaptation, a Method of Increasing the Detection Capabilities of a Radar System Though Polarization—Vector Processing[C]. IEE Proceedings-Communications, Radar and Signal Processing, 1981, 128(5): 261-270.

[51] POELMAN A J, GUY J R F. Multinotch Logic-Product Polarization Suppression Filter—a Typical Design Example and Its Performance in a Rain Clutter Environment[C]. IEE Proceedings-Communications, Radar and Signal Processing, 1984, 131(4): 383-396.

[52] NATHANSON F E. Adaptive Circular Polarization[C]. IEEE International Radar Conference, Arlington, VA, 1975: 221-225.

第 8 章
雷达目标宽带特性

理论计算和实验测量均表明，在高频区，目标总的电磁散射可以认为是由某些局部位置上的电磁散射所合成的，这些局部性的散射源通常被称为等效多散射中心，或简称多散射中心。目标散射中心是目标在高频区散射的基本特征之一。雷达技术的发展，使得人们能够利用宽带信号技术来获得目标散射中心在径向距离上的高分辨率；利用运动目标的多普勒信息，则可以获得散射中心在横向距离上的高分辨率。采用距离-多普勒成像原理，可以获得对目标的两维或三维分辨率，从而使目标散射中心的多维高分辨率成像得以实现。

8.1 目标多散射中心

在讨论高分辨率成像以前，本节先对目标上多散射中心的概念、类型以及解析表达式等进行简要讨论。

8.1.1 散射中心的概念

散射中心这一概念是在理论分析中产生的，迄今并没有严格的数学证明。但是，这并不意味着散射中心的概念是人为的结果。人们通过精确的测量，不仅观测到了多散射中心的两维或三维几何分布，而且这些多散射中心的矢量合成散射场和目标总 RCS 同理论计算得到的总散射场和 RCS 均吻合得很好。

根据电磁理论，每个散射中心都相当于斯特拉顿-朱（Stratton-chu）积分中的一个数字不连续处。从几何观点来分析，就是一些曲率不连续处与表面不连续处。但仅此还不足以全面地分析计算总的电磁场，还必须考虑镜面反射、蠕动波与行波效应引起的散射。为了分析的方便，人们把这些散射也等效为某种散射中心引起的散射。这样，散射中心的概念就被扩大了。

要从数学上严格证明散射中心的概念是非常困难的。然而，从已有的一些典型目标的近似解出发，散射中心的概念可以很容易地得到解释。从而也可以看出，在高频区，目标散射不是全部目标表面所贡献的，而是可以用多个孤立散射中心来完全表征的。下面来研究完纯导电圆柱体的物理光学后向散射。

如图 8.1（a）所示，假设有一平面波入射到完纯导电圆柱体上，入射磁场为

$$\boldsymbol{H}^{\mathrm{i}} = \hat{\phi} H_0 \exp(\mathrm{j}k\hat{\boldsymbol{r}} \cdot \boldsymbol{r}') \tag{8.1}$$

当散射体的尺寸相对于入射波长大许多倍时，用物理光学法可以足够精确地计算其后向散射场。略去时谐因子 $\mathrm{e}^{\mathrm{j}\omega t}$，物理光学法给出公式如下[1]

$$\boldsymbol{E}^{\mathrm{s}} = -\frac{\mathrm{j}k\eta_0}{4\pi}\frac{\exp(-\mathrm{j}kr)}{r}\hat{\boldsymbol{r}} \times \int_{S'} 2(\hat{\boldsymbol{n}} \times \boldsymbol{H}^{\mathrm{i}}) \times \hat{\boldsymbol{r}} \exp(\mathrm{j}k\hat{\boldsymbol{r}} \cdot \boldsymbol{r}')\mathrm{d}s' \tag{8.2}$$

式（8.2）中，$\hat{\boldsymbol{n}}$ 为表面向外的单位法矢量；$\boldsymbol{H}^{\mathrm{i}}$ 为表面上某点的入射磁场强度；$\boldsymbol{r}'$

为表面上从源点到积分点的径向矢量；$\int_{S'}$ 为对照明面的积分；$k = 2\pi/\lambda$ 为波数；η_0 为自由空间波阻抗；$\hat{\boldsymbol{r}}$ 为源点到场点的径向单位矢量，$\hat{\boldsymbol{r}} = \dfrac{\boldsymbol{r}}{r}$。

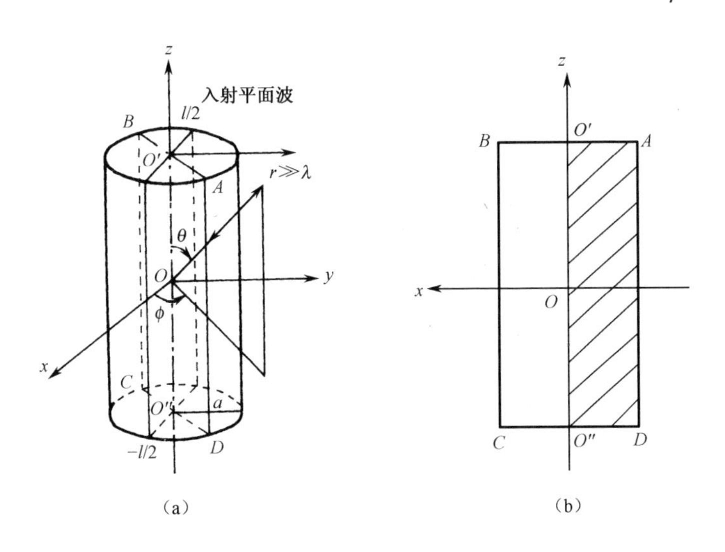

图 8.1　入射于完全导电圆柱体的平面波

根据式（8.2）可计算出圆柱体的后向散射场为[1]

$$\begin{aligned}\boldsymbol{E}^{\mathrm{s}} &= \frac{\mathrm{j}k_0\eta_0 H_0}{2\pi}\frac{\exp(-\mathrm{j}kr)}{r}\sin\theta\hat{\boldsymbol{\theta}}\int_{-\frac{l}{2}}^{\frac{l}{2}}\int_{\phi-\frac{\pi}{2}}^{\phi+\frac{\pi}{2}}\exp\{\mathrm{j}2k[a\sin\theta\cos(\phi-\phi')+z'\cos\theta]\}a\mathrm{d}\phi'\,\mathrm{d}z' \\ &= \frac{\eta_0 H_0 a\tan\theta}{4\pi}\frac{\exp(-\mathrm{j}kr)}{r}[\exp(\mathrm{j}kl\cos\theta)-\exp(-\mathrm{j}kl\cos\theta)]\times \\ &\quad \int_{\phi-\frac{\pi}{2}}^{\phi+\frac{\pi}{2}}\exp[\mathrm{j}2ka\sin\theta\cos(\phi-\phi')]\mathrm{d}\phi'\end{aligned} \tag{8.3}$$

式（8.3）中，右边沿圆周的积分不易计算，但可以利用驻相法来近似地计算。令

$$I = \int_{\phi-\pi/2}^{\phi+\pi/2}\exp[\mathrm{j}2ka\sin\theta\cos(\phi-\phi')]\mathrm{d}\phi' \tag{8.4}$$

并设 $x = \phi - \phi' + \pi/2$，则式（8.4）可化成下式

$$I = \int_0^{\pi}\exp(\mathrm{j}2ka\sin\theta\sin x)\mathrm{d}x \tag{8.5}$$

显然，式（8.5）中的驻相点为 $x_0 = \dfrac{\pi}{2}$，可利用驻相法积分公式得到

$$\int f(x)\exp[\mathrm{j}g(x)]\mathrm{d}x \approx \left[\frac{2\pi}{-\mathrm{j}g''(x_0)}\right]^{\frac{1}{2}} f(x_0)\exp[\mathrm{j}g(x_0)] \tag{8.6}$$

求得积分 I，近似为

$$I \approx \left(\frac{\pi}{\mathrm{j}ka\sin\theta} \right)^{\frac{1}{2}} \exp(\mathrm{j}2ka\sin\theta) \tag{8.7}$$

将式（8.7）代入式（8.3），最后得

$$\boldsymbol{E}^{\mathrm{s}} = \hat{\theta} \frac{E_0 a \tan\theta}{4\pi} \frac{\exp(-\mathrm{j}kr)}{r} \left(\frac{\pi}{\mathrm{j}ka\sin\theta} \right)^{\frac{1}{2}} \exp(\mathrm{j}2ka\sin\theta) \times \\ [\exp(\mathrm{j}kl\cos\theta) - \exp(-\mathrm{j}kl\cos\theta)] \tag{8.8}$$

式（8.8）中，$E_0 = \eta_0 H_0$ 为与入射场有关的幅度因子；a 为圆柱体的半径；l 为圆柱体的高；k 为波数。

由式（8.8）可见，圆柱体的后向散射场是以球面波 $\frac{\exp(-\mathrm{j}kr)}{r}$ 形式向外传播的，且该球面波由两部分组成。这两部分的相移都恰与圆柱体上的 A 和 D 两点与参考点 O' 和 O'' 的程差有关，其后向散射场可以看成是由 A 和 D 点处的点散射源所产生的，A 和 D 即为散射中心。

通过上面的例子，可以对散射中心的概念有一个基本而清楚的认识。虽然用物理光学法来做近似处理是比较粗糙的，然而，它却可以用数学解析式来说明散射中心的概念。如果结合几何绕射理论，则散射中心的概念将更加形象化。实际上，根据凯勒几何绕射理论的局部场原理，在高频极限情况下，绕射场只取决于绕射点附近很小一个区域内的物理性质和几何性质，而和距绕射点较远的物体的几何形状无关。这与等效多散射中心的概念也是一致的。

8.1.2 目标散射中心的主要类型

图 8.2 示出了典型飞机目标的主要散射现象[2]。根据目标电磁散射的特点，目标散射主要可分为以下类型：①镜面反射；②边缘（棱线）绕射；③尖端散射；④凹腔体散射；⑤行波及蠕动波散射；⑥天线型散射等。相应地，有以下几类散射中心：

1. 镜面散射中心

当一光滑的表面被电磁波照射时，若入射方向与表面法向的方向一致，则产生镜面反射。此时，在后向的散射就认为是这个散射中心产生的镜面反射。对于双站情况，即非后向散射的情况，若入射线与散射线的夹角的平分线与曲面的法线重合，则认为此散射中心产生于镜面反射。在大多数情况下，镜面反射点并不是一个固定的“点”，而是随入射的方位不同而滑动的。镜面反射点通常仅在某一有限的方位角范围内起作用。

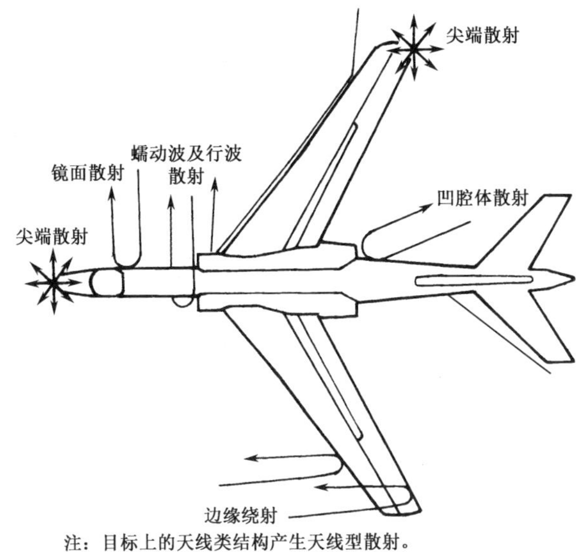

图 8.2　典型飞机目标的主要散射现象

2. 边缘（棱线）散射中心

尖劈的边缘、锥柱的底部边缘等都属于这一类型的散射中心。一般情况下，仅边缘上的一两个点起作用。特殊情况下，整个边缘都起作用。例如，锥体，当沿锥轴向入射时，底部边缘上的所有点都起作用，而当从其他方向入射时，仅一两个点起作用，这一两个点是由入射线与锥轴所构成的平面与锥底部边缘的交点。如前所述，镜面反射点仅在某一有限的方位范围内起作用，在其他大部分方位范围内对散射回波无重要贡献。而边缘散射点则相反，它在大部分方位角内对散射回波都有贡献，并且有时其值很大。

3. 尖端散射中心

尖锥或喇叭形目标的尖端散射都属于这一类情况。除非锥角很大，否则这种散射中心的散射场都比较小。对有些目标而言，其边缘或尖端可能是圆滑的而不是尖锐的，如果此时的曲率半径远小于雷达波长，一般可作为边缘或尖顶散射中心处理，反之，如果其曲率半径大于雷达波长，则在某些方位角产生镜面反射，除此之外，还产生二阶边缘绕射（即由表面一阶导数连续、二阶导数不连续造成的绕射），后者对散射的贡献一般很小。

4. 凹腔体散射中心

凹腔体散射中心包括各种飞行器喷口、进气道、开口的波导，以及角反射器等复杂的多次反射型散射。由于其散射结构十分复杂，除一些特殊的情况外，很难进行解析分析。

5. 行波及蠕动波散射中心

当电磁波从近轴向入射到细长目标时，若入射电磁场有一个平行于轴的分量，则会产生一种类似于行波的散射场，这种散射场仅当目标又细又长时才会产生一定的影响。

蠕动波又称为阴影散射波，就是入射波绕过目标的后部（即未被照射到的阴影部分），然后又传播到前面来而形成的散射。这种散射场在高频区对目标总的散射场有影响，主要是在轴向入射时。

6. 天线型散射中心

天线型散射或加载散射体的散射，实际上是同一问题的两种不同提法。所谓加载散射体，是指连接有一个或多个负载的连接端加上一定的电压和电流约束条件。因此，物体的散射场既依赖于物体的几何形状，也依赖于物体的负载。散射场的幅度和相位都会随负载而改变。因此，天线型散射也是一类复杂的散射问题。

从上述列举的散射中心可以看出，散射中心并不一定是一个“点”，如开口的腔体等，在实际应用中，通常把它们作为一个散射中心来处理，而事实上它们本身又可能包含多个散射中心。因此，在实际问题的分析处理中，散射中心的概念已经远远超出了“点”的范畴。

8.1.3 散射中心的解析近似

多散射中心概念的引入，使得极为复杂的电磁散射分析计算问题大为简化。把几乎算不出来的复杂积分简化为计算某些散射中心的散射场，而这些散射中心的散射场通常可以用物理光学或几何绕射理论计算出来。同时，对散射中心的深入研究，有助于进一步理解复杂目标的电磁散射机理。本节给出用各种理论对具体散射中心近似解析的一些结果。由于散射中心的近似解析问题本身非常复杂，以下仅给出几个基本结果，用以说明散射中心的频率特性与空间特性。

定义目标散射中心的传递函数 $G(k)$ 为[3]

$$\boldsymbol{E}^{\mathrm{s}} = \boldsymbol{E}^{\mathrm{i}} \frac{\exp(\mathrm{j}2\pi ft - \mathrm{j}kr)}{r} G(k) \tag{8.9}$$

式（8.9）中，$\boldsymbol{E}^{\mathrm{s}}$ 为散射电场；$\boldsymbol{E}^{\mathrm{i}}$ 为入射电场；r 为雷达到目标点的距离；f 为频率；t 为时间；k 为波数，$k = 2\pi/\lambda = 2\pi f/c$，$c$ 为光速。

注意，上述目标散射中心传递函数中引入了球面波传播因子，故该散射函数

是定义在目标的局部坐标系中的。根据这一定义，目标散射中心的 RCS 为

$$\mathrm{RCS} = 4\pi |G(k)|^2 \tag{8.10}$$

1. 镜面反射

考虑双曲面、单曲面和平板三类主要的镜面反射。它们的共同特征是：在后向散射情况下，对线极化无去极化作用，而对圆极化则使之反向旋转；在某些大双站角下，可能会使线极化完全去极化。这类散射中心一般可用物理光学的方法来近似。

1）双曲面

对于双曲面形镜面反射，将其物理光学积分式渐进展开，可得其传递函数为

$$G(k) = -0.5\sqrt{a_1 a_2} \tag{8.11}$$

式（8.11）中，a_1、a_2 为镜面反射点处曲面的曲率半径。当 $a_1 = a_2$ 时，可导出金属球面的散射传递函数为

$$G(k) = -0.5a \tag{8.12}$$

式（8.12）中，a 为金属球的半径。

对于球面散射这一特征，可以得到其传递函数更精确的表达式为

$$G(k) = -0.5a[1 + 0.5(ka)^{-4} + \mathrm{j}(2ka)^{-1}] \tag{8.13}$$

2）单曲面

对于像圆柱、锥一类单曲面形镜面反射，其传递函数为

$$G(k) = 0.5\sqrt{k/\pi}\exp\left(-\mathrm{j}\frac{3\pi}{4}\right)\int_0^L R^{0.5}\mathrm{d}z \tag{8.14}$$

式（8.14）中，z 为沿镜面反射线的坐标；L 为线长；R 为曲面的曲率半径。

3）平板

对于平板上的镜面反射，其传递函数为

$$G(k) = -\mathrm{j}kA/2\pi \tag{8.15}$$

式（8.15）中，A 为镜面反射区的面积。

2. 直劈绕射

完纯导体直劈对平面波的绕射是电磁散射中的典型问题。考虑二维问题，假设来自雷达发射机和到达接收机的射线均与直劈棱线垂直，对于平面波入射，库尤姆强和帕特霍克（Pathak）指出，其散射场可表示为

$$\begin{bmatrix} E_{//}^{\mathrm{s}} \\ E_{\perp}^{\mathrm{s}} \end{bmatrix} = \begin{bmatrix} E_{//}^{\mathrm{i}} & D_{\mathrm{s}} \\ E_{\perp}^{\mathrm{i}} & D_{\mathrm{h}} \end{bmatrix} \frac{\exp(\mathrm{j}2\pi ft - \mathrm{j}2kr)}{r} \tag{8.16}$$

式（8.16）中，下标 // 和 ⊥ 分别指入射电场向量与直劈棱线平行与垂直的情况，

上角标 i 和 s 分别指入射电场与散射电场。当 $\phi=\phi'$ 时即为后向散射。

对于大多数方位角 ϕ 和 ϕ'，D_{s} 和 D_{h} 可表示为

$$D_{\mathrm{h}}^{\mathrm{s}}=\frac{\sin\left(\frac{\pi}{n}\right)\exp\left(\mathrm{j}\frac{\pi}{4}\right)}{n\sqrt{2\pi k}}\left\{\left[\cos\left(\frac{\pi}{n}\right)-\cos\left(\frac{\phi-\phi'}{n}\right)\right]^{-1}\mp\left[\cos\left(\frac{\pi}{n}\right)-\cos\left(\frac{\phi+\phi'}{n}\right)\right]^{-1}\right\}$$

（8.17）

式（8.17）中，$n=2-\dfrac{\alpha}{\pi}$；α 为外劈角。

根据定义式（8.9）、式（8.16）和式（8.17），可求得其散射传递函数。

3. 曲劈绕射

对于曲劈造成的散射，当曲劈半径很小时，可当作直劈处理，并加入高阶修正项对结果进行修正；当曲劈半径较大时，可用物理光学方法处理。

当考虑由两个抛物柱体连接形成的二阶曲劈的绕射时，这两个抛物柱体的曲率半径分别为 $\dfrac{1}{a_1}$ 和 $\dfrac{1}{a_2}$。其绕射系数为

$$D_{\mathrm{h}}^{\mathrm{s}}=\left(\frac{2}{\pi k}\right)^{0.5}\exp\left(\mathrm{j}\frac{\pi}{4}\right)\left(\frac{a_2-a_1}{2k}\right)\left[\frac{\mp(1-\cos 2\phi)-2}{(2\sin\phi)^3}\right] \tag{8.18}$$

其散射场仍由式（8.16）决定，并可由此求得散射传递函数。

4. 尖顶与圆顶散射

对于圆锥尖顶散射，当方位角 ϕ 小于半锥角时，若入射电场向量与正交圆锥轴的平面平行时，其散射传递函数为

$$G(k)=\left(-\frac{\mathrm{j}}{k}\right)\left(\frac{a}{2}\right)^2\left(\frac{3+\cos^2\phi}{4\cos^3\phi}\right) \tag{8.19}$$

这一结果与物理光学方法处理的结果相符。

实际目标中，更多的则是圆顶情形，而且圆顶散射的贡献比尖顶散射的贡献要大得多。应用物理光学方法，其轴向散射传递函数为

$$G(k)=\left(-\frac{a}{2}-\frac{\mathrm{j}}{4k}\right)+\frac{\mathrm{j}}{4k\cos^2\alpha}\exp[-\mathrm{j}2ka(1-\sin\alpha)] \tag{8.20}$$

非轴向情况下的解析式要复杂得多，在此不多介绍。

对于凹腔体、行波和蠕动波一类散射中心，一般难以做近似解析，在实际问题分析中，必须加以简化。

8.2　宽带雷达目标特征与高分辨率距离像

当采用线性系统方法来分析雷达目标的散射特征信号，即把目标看成一线性系统时，雷达发射波形为该系统的输入，雷达接收机收到的目标回波为该系统的输出，目标可以用一个系统传输函数（冲激响应）来表示，如图 8.3 所示。从散射中心的概念来看，该目标的系统响应函数就是各单个目标散射中心传递函数的集合。

由于目标电磁散射的复杂性和多样性，从不同的物理观点出发，可以建立不同的目标响应模型。本节从目标散射特征信号的不同侧面，讨论基于瞬态响应理论和高分辨率距离像的两种常用的目标响应模型，并从这两种目标模型出发，讨论宽带雷达目标特征信号的几种表达方法，包括目标复自然谐振频率、目标冲激响应、斜升响应和目标高分辨率距离像等。对上述目标散射特征信号的表达方式的研究，有助于加深对从雷达波形设计到目标时域特征、频域特征、时-频联合特征的提取，以及分类器设计等与雷达目标识别相关问题的理解。

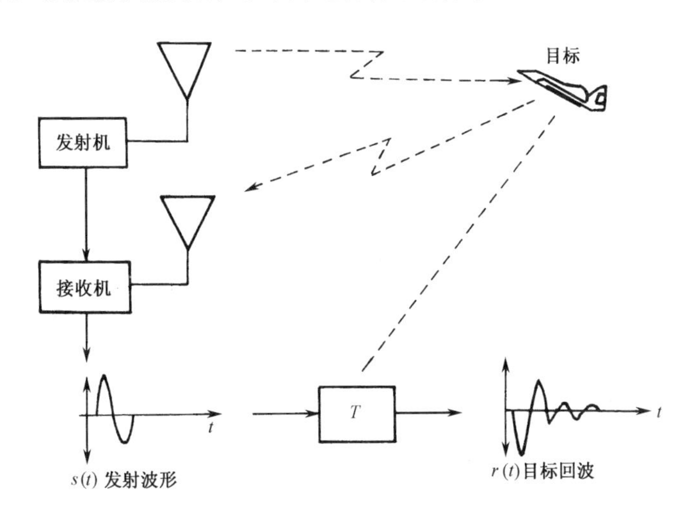

图 8.3　目标特征信号分析的线性系统方法

8.2.1　目标瞬态响应模型

根据瞬态电磁散射理论，任意目标的冲激响应可以由两部分不同的波形组成[4]：目标上的不连续边界产生冲激分量（早期响应分量），目标上的感应电流则在自然谐振频率点上形成辐射能量（后期响应分量），如图 8.4 所示。数学上则可表示为

$$h(t,p)=\sum_{l=1}^{L}a_l(p)\delta[t-T_l(p)]+\sum_{m=1}^{M}b_m(p)\exp\{s_m[t-T_m(p)]\}\cdot u[t-T_m(p)] \tag{8.21}$$

式（8.21）中，$\delta(t)$ 为 Dirac 单位冲激函数；L 为冲激分量的个数；$a_l(p)$ 为冲激分量的幅度，p 为与目标姿态有关的变量；$T_l(p)$ 为冲激分量的时延，也与目标姿态有关；M 为自然谐振模的个数；$b_m(p)$ 为自然谐振模的幅度，与目标姿态有关；$T_m(p)$ 为自然谐振模的时延，与目标姿态有关；s_m 为第 m 个自然模的谐振频率。

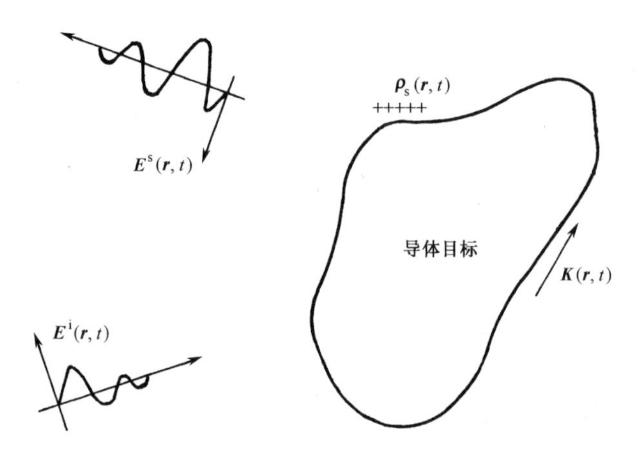

图 8.4　完纯导体的电磁散射

根据上述模型，当用一任意的雷达发射波形 $g(t)$ 对目标照射时，目标的回波响应可表示为

$$r(t,p)=\sum_{l=1}^{L}a_l(p)g[t-T_l(p)]+\sum_{m=1}^{M}b_m(p)\int_0^{\tau_m}g(\tau)\exp\{s_m[t-T_m(p)-\tau]\}\mathrm{d}\tau \tag{8.22}$$

式（8.22）中

$$\tau_m=\begin{cases}0 & t<T_m(p)\\ t-T_m(p) & T_m(p)<t<T_\mathrm{g}+T_m(p)\\ T_\mathrm{g} & t>T_\mathrm{g}+T_m(p)\end{cases}$$

T_g 为发射波形的持续时间。

式（8.22）中，第一项为目标的冲激响应分量，即

$$r_l(t,p)=\sum_{l=1}^{L}a_l(p)g[t-T_l(p)] \tag{8.23}$$

它不但与目标自身结构有关，还取决于目标姿态和发射波形及其激励频率。

第二项为目标的自然谐振分量。当 $t > T_l(p)+T_{\mathrm{g}}, t > T_m(p)+T_{\mathrm{g}}$ 时，有

$$\begin{aligned} r_m(t,p) &= \sum_{m=1}^{M} b_m(p)\int_0^{\tau_m} g(\tau)\exp\{s_m[t-T_m(p)-\tau]\}\mathrm{d}\tau \\ &= \sum_{m=1}^{M} c_m \exp\{s_m t\} \end{aligned} \tag{8.24}$$

式（8.24）中

$$c_m = b_m(p)\exp\left[-s_m T_m(p)\right]\int_0^{\tau_{\mathrm{m}}} g(\tau)\exp\left(-s_m\tau\right)\mathrm{d}\tau$$

可见，自然谐振分量与激励波形的频率无关，其自然谐振频率与目标姿态也无关。

因此，根据目标的瞬态响应模型，目标响应可以分为冲激分量（强制响应或早期响应分量）和自然谐振分量（后期响应分量）。对于目标识别来说，目标的自然谐振频率是理想的目标识别特征，因为它是激励波形频率和目标姿态的不变量。在时域和 Laplace 空间，目标的自然谐振响应表示为

$$r_m(t) = \sum_{m=1}^{M} c_m \exp(s_m t) \leftrightarrow R_m(s) = \sum_{m=1}^{M}\frac{C_m}{s-s_m} \tag{8.25}$$

基于瞬态响应的目标特征的提取和识别，主要有以下两条途径：

（1）目标极点的提取和识别[5-7]：从目标响应中直接提取目标的复自然谐振频率也即极点作为识别特征。

（2）波形综合技术[8-11]：其基本思路是根据特定目标的响应波形，综合出特定的雷达发射波形，当用该特定发射波形激励相同目标时，目标的响应波形持续时间最短（K 脉冲），或者其后期响应全等于零（E 脉冲）或只含有某单个谐振模（S 脉冲）。波形综合技术的主要特点是：使目标识别的多假设问题变为检测某特定目标的存在与否，后者为二元判决问题。

8.2.2 目标多散射中心距离像模型

描述目标散射特性随频率的变化，目标“冲激响应”可以由下述数学式表示为

$$x(t) = \sum_{p=1}^{P}\sum_{m=-M_1}^{M_2} x_{pm}\delta^{(-m)}(t-t_p) \tag{8.26}$$

式（8.26）中，$\delta^{(m)}(t)$ 表示对 $\delta(t)$ 的 m 阶微分（为负数时则表示积分）；P 为目标上散射中心的个数；M_1、M_2 分别为各散射中心的微分（随频率增大）和积分（随频率减小）阶数；x_{pm} 为各散射中心的幅度；t_p 为各散射中心的时延。

由于目标时延直接与目标径向距离成比例，因此，此“冲激响应”也即目标散射中心距离像，对应于 $x(t)$ 的目标频率响应为

$$X(\omega)=\sum_{p=1}^{P}\sum_{m=-M_1}^{M_2}x_{pm}(\mathrm{j}\omega)^{(-m)}\exp(-\mathrm{j}t_p\omega) \tag{8.27}$$

注意，式（8.26）与式（8.21）中第一部分所定义的目标冲激响应的细微差异：此处通过在时域引入 $\delta^{(m)}(t)$，从而对应地在频域表征了目标上各散射中心随频率的变化。可见，目标距离像模型不但可以描述目标各散射中心在一维距离上的分布特征，同时也较好地反映了单个散射中心及目标作为一个整体的频率响应特性。

8.2.3 低频区目标冲激响应和斜升响应

根据式（8.26），当用冲激脉冲 $\delta(t)$ 照射目标时，其回波就是目标的冲激响应，即

$$h(t)\leftrightarrow H(\mathrm{j}\omega)$$

同样，如果雷达发射阶跃波形（它是冲激脉冲的一阶积分）和斜升波形（它是冲激脉冲的二阶积分），则可分别得到目标的阶跃响应

$$h_{\mathrm{S}}(t)\leftrightarrow\frac{H(\mathrm{j}\omega)}{\mathrm{j}\omega}$$

和斜升响应

$$h_{\mathrm{R}}(t)\leftrightarrow\frac{H(\mathrm{j}\omega)}{-\mathrm{j}\omega^2}$$

在低频区（瑞利区），根据物理光学有如下关系

$$\begin{cases}h_{\mathrm{I}}(t)=-\dfrac{1}{\pi c^2}\dfrac{\mathrm{d}^2S_z}{\mathrm{d}t^2}\\ h_{\mathrm{R}}(t)=-\dfrac{1}{\pi c^2}S_z\end{cases} \tag{8.28}$$

式（8.28）中的有关符号可参见图 8.5。

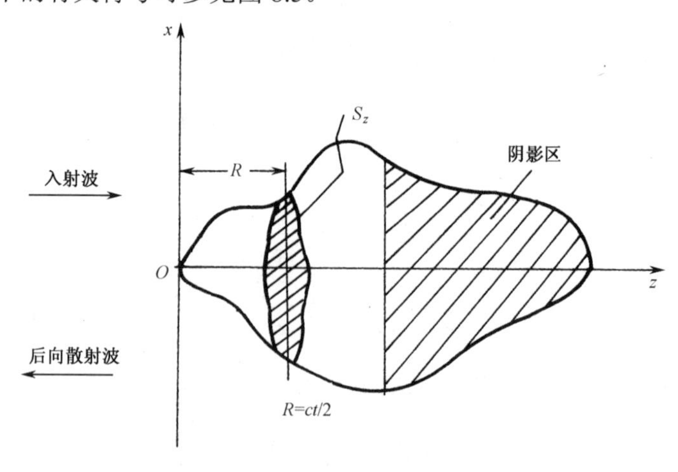

图 8.5 目标被照射区与阴影

式(8.28)表明了斜升响应与目标横截面的关系，测得目标的斜升响应，便可估计出目标在照射方向的截面沿径向距离的变化。更进一步地，当对多个方位下的目标斜升响应测量时，可以得到目标的三维横截面分布，从而估计出目标的三维形状。

需要指出的是，目标的斜升响应并不需要直接发射斜升波形来测量，而可以通过多频测量来获得，即有

$$h_{\mathrm{R}}(t)=\frac{1}{\pi\omega_0}\sum_{n=1}^{N}\frac{A_n}{n^2}\cos\left(n\omega_0 t+\phi_n\right) \tag{8.29}$$

这使得利用目标斜升响应对目标成像和识别成为可能。

8.2.4　目标高分辨率距离像的特性

前面已经讨论了超宽带条件下的目标瞬态响应、低频条件下的目标斜升响应和目标高分辨率距离像（HRRP）等目标宽带响应。其中在实际应用中，前两者的获得均需采用较低频段的超宽带雷达技术，而这类雷达技术目前并不十分成熟。与此相反，目标高分辨率距离像的获取仅需采用普通宽带相参雷达技术，而且这种宽带雷达技术已经相当成熟。因此，HRRP 作为目标检测、跟踪和识别的特征信号得到了广泛重视。

然而，由于获取目标 HRRP 的雷达一般工作在高频区（光学区），即雷达波长远远小于目标的尺寸。在光学区，目标的散射特征相对于雷达姿态角的变化非常敏感，这便引出了一个极具争议的问题：一维距离像究竟能否作为雷达目标识别的特征信号？

持否定观点者主要以 A. Rihaczek 为代表。Rihaczek 认为，仅依靠 HRRP 是不能实现可靠的目标识别的[12]，其根本原因是 HRRP 对姿态角的敏感性，这种敏感性是由位于相同距离单元但不同横向位置的各散射中心之间的相位干涉造成的。而且，距离像随姿态角的敏感程度是一个很难描述的量[13]。Rihaczek 以飞机目标为例，比较了带宽为 300MHz、600MHz 和 1200MHz 时目标 HRRP 对姿态角的敏感程度，并得出结论认为：雷达带宽在 300MHz 和 600MHz 时，方位角每变化 0.1° 就需用一个新的距离像来表征目标。带宽增至 1200MHz 时，方位角仅变化 0.2°，距离像的形状便开始出现显著变化。因此，他认为 1200MHz 带宽或许是将距离像对姿态角的敏感度减少到能够满足数据库构造要求所需的最小带宽。因此，HRRP 用于目标识别时，其姿态敏感性将导致大容量数据获取与存储问题。

以 Li 和 Yang 等为代表的支持者则认为，HRRP 可以作为雷达空中目标识别

的特征矢量[14]。首先，在高频区，当观测姿态角的变化较小时，目标散射中心的相对位置和散射强度是相当稳定的，且对雷达工作频率和目标运动的变化不太敏感。因此若发射信号的带宽保持常量，则对于给定姿态角下且具有较好分辨率的距离像来说，其形状对雷达的载频变化及所采用的波形不太敏感。其次，由于能够以一定的精度获得空中目标的头部方向及对轨迹的大致估计，因此可用于在庞大的数据库中选取距离像和检测距离像并加以比较，以缩小数据库中的搜索范围。Li 等分析了 5 种飞机模型目标 HRRP 对姿态角的敏感性，并采用匹配度来测量未知目标与数据库中已存储特征矢量的相似性[13]。在这里，匹配度定义为两距离像之间的最大相关系数，并将相同目标距离像之间的匹配度称为匹配相关，不同目标距离像之间的匹配度称为失配相关。对于仅利用距离像的幅度和位置信息的非相参匹配，在 10° 左右的角度范围内，匹配目标的匹配度一般都要高于失配目标的匹配度。也就是说，对于 5 类目标的分类识别问题，大约每 10° 的角度区间内采用一个特征模板便可实现有效识别。

还有其他一些研究者也认为，目标 HRRP 是目标识别的有效特征[14-18]。比较一致的观点是：由于高分辨距离像是目标散射中心沿雷达视线上的一维投影，距离像上各距离单元的幅度大小等于来自该距离单元内所有散射中心回波的相干求和，因此，当目标姿态相对于雷达视线的方向发生变化时，一维距离像便会出现幅度起伏。但是，如果对一定姿态角范围内的距离像进行非相关平均，则不仅可以提高 HRRP 的信噪比[19]，还可在一定程度上削弱干涉作用的影响，降低 HRRP 对姿态角的敏感度[20]。研究表明，当雷达带宽为 400MHz 时，非相关平均距离像可在大约 5° 的姿态角范围内基本保持不变[18]。

“目标电磁散射辐射”国家重点实验室利用微波暗室测量数据，针对 HRRP 特性的识别应用研究了以下几方面的问题[21]：①飞机目标的 HRRP 对姿态角的敏感程度；②载频变化对飞机目标 HRRP 姿态敏感性的影响；③目标识别概率与雷达带宽的关系。并得到了与大多数研究者相同的结论。

1. 飞机目标的 HRRP 对目标姿态角的敏感性

为了能够更加直观地比较飞机目标的 HRRP 随姿态角的变化程度，图 8.6 给出了飞机目标在 0.2° , 1.0° , 2.0° 和 5.0° 方位角下分别与 0° 方位角下 HRRP 的比较。

用相关系数来衡量两距离像之间的相似程度，其定义如下[13]：令 $\boldsymbol{R}_1(r,\theta_1)$ 和 $\boldsymbol{R}_2(r,\theta_2)$ 为两幅能量归一化后的目标距离像，则其相关系数 $C_{12}(\Delta\theta)$ 定义为

$$C_{12}(\Delta\theta)=\int \boldsymbol{R}_1(r,\theta_1)\boldsymbol{R}_2(r,\theta_2)\mathrm{d}r \tag{8.30}$$

式（8.30）中，$\Delta\theta=|\theta_2-\theta_1|$，$0\leqslant C_{12}(\Delta\theta)\leqslant 1$。

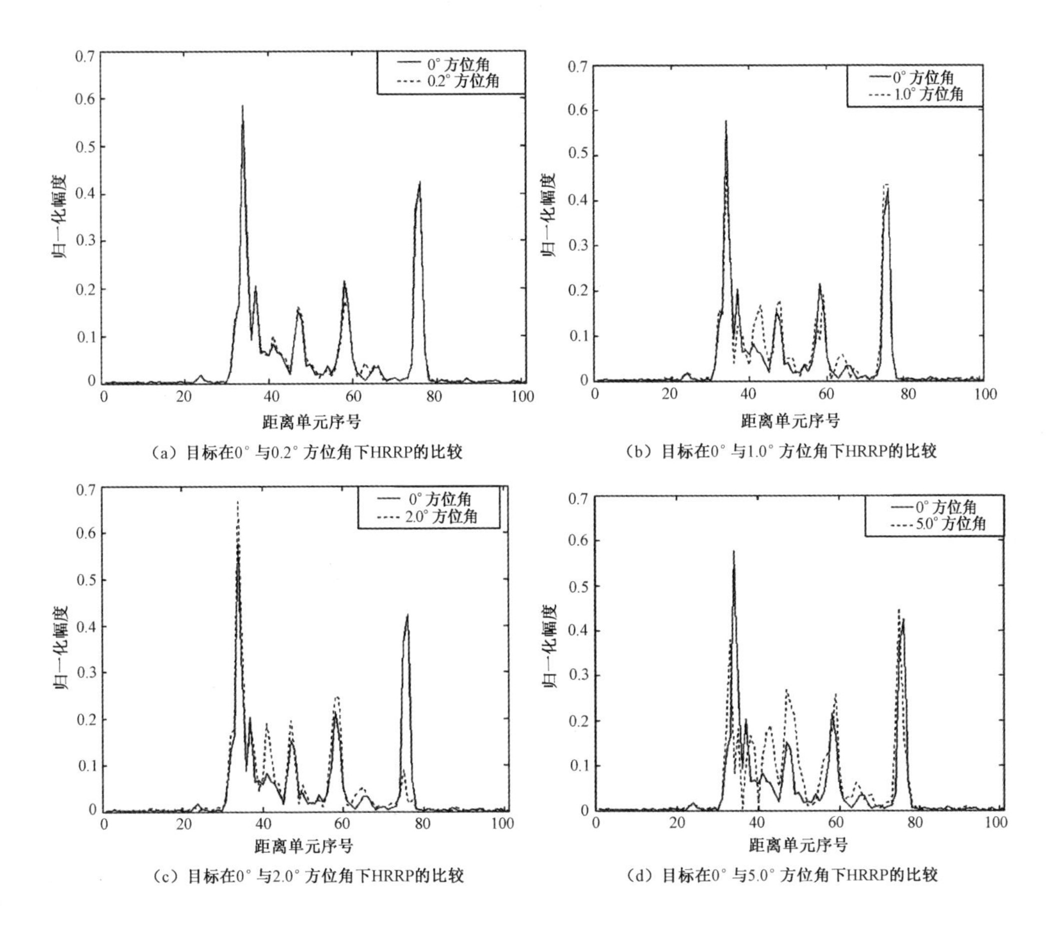

（a）目标在0°与0.2°方位角下HRRP的比较
（b）目标在0°与1.0°方位角下HRRP的比较
（c）目标在0°与2.0°方位角下HRRP的比较
（d）目标在0°与5.0°方位角下HRRP的比较

图 8.6　飞机目标与不同姿态角下 HRRP 的比较

对于给定的带宽，目标 T_i 和 T_j 且 $i \neq j$ 的两幅距离像分别用 $\boldsymbol{R}_i(r,\theta)$ 和 $\boldsymbol{R}_j(r,\theta)$ 表示，则 C_{ii} 表示第 i 类目标两幅距离像之间的类内匹配相关系数，C_{ij} 为第 i 类与第 j 类目标的两幅距离像之间的类间失配相关系数，$\overline{C_{i\cdot}}$ 表示第 i 类与其他所有目标类别之间的平均失配相关系数。

图 8.7（a）和图 8.7（b）中的实线为匹配目标分别在基准方位角为 0° 和 50° 时，距离像与方位角增量（角度间隔）$\Delta\theta$ 下的距离像之间的匹配相关系数，虚线为匹配目标在基准方位角为 0° 和 50° 时，距离像分别与其他 4 类失配目标在方位角增量为 $\Delta\theta$ 下的距离像之间的平均失配相关系数。

研究表明，对于飞机目标，同类目标的匹配相关系数一般在 3°～5° 方位角间隔内都能保持在 0.9 以上，同一目标在不同方位对 HRRP 的敏感度不尽相同，不同目标其 HRRP 对姿态角的敏感性也不一样。例如，靠近飞机头部方位的 HRRP 对姿态角的不敏感性比靠近机身方位的要好一些。这是由于机身属于一种长宽之比较大的细长形体，因此在大偏离目标鼻锥方向时，距离分辨率无法有效地将目标划分成多个分辨单元，因而每个分辨单元会包含有更多的散射中心，散射中心之间的干涉作用加强，从而使 HRRP 对姿态角的不敏感性减弱。可见，HRRP 对姿态角的敏感度不仅与目标类型有关，还与目标的方位有关，它是一个取值非固定、非均匀的多变量函数。

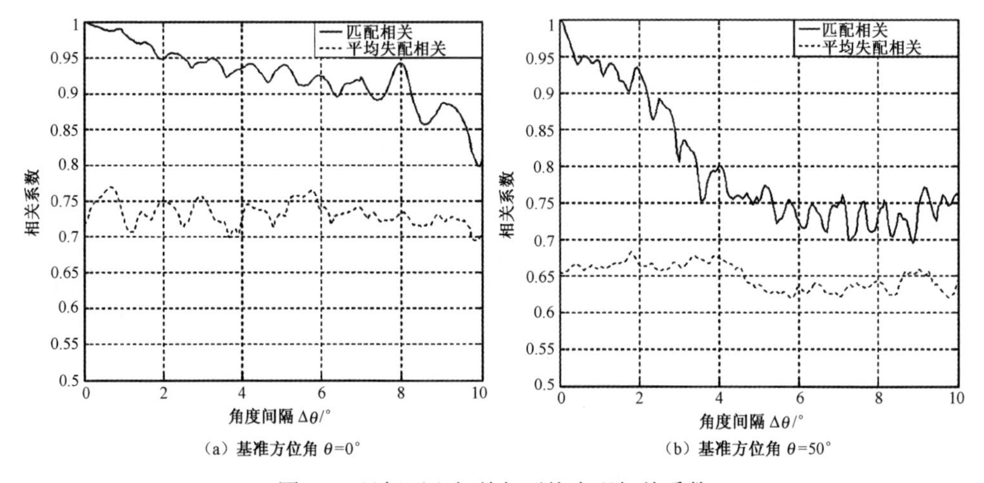

图 8.7　目标匹配相关与平均失配相关系数

2. 载频变化对飞机目标 HRRP 姿态敏感度的影响

图 8.8 给出了飞机目标在相同带宽不同载频下，目标鼻锥向方位 HRRP 相关系数的比较。研究表明，当处于高频散射区时，雷达载频变化对 HRRP 姿态角敏感度的影响与目标类型有关。但是，当雷达发射信号的带宽足够大时，HRRP 对目标姿态角的敏感性则不随载频变化而发生重大影响。随着带宽的增加，给定姿态角下具有不同载频的两个距离像会越来越相似。这是因为，在高频区尽管复杂目

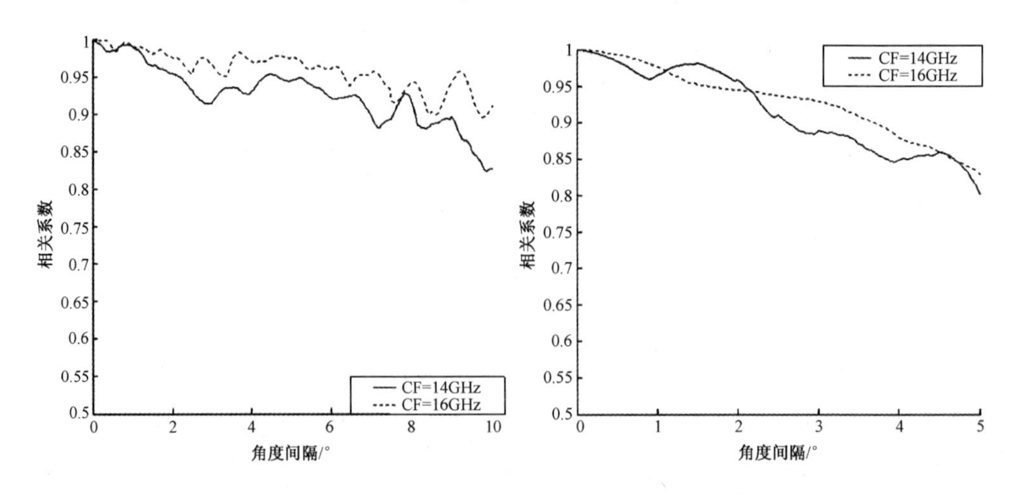

图 8.8　飞机目标在相同带宽不同载频下目标鼻锥向方位 HRRP 相关系数的比较

标的总散射场对载频的变化比较敏感，但在给定姿态角下，各散射中心的相对位置和相对强度却不敏感于载频的变化[13]。随着分辨率的提高，每个分辨单元散射中心的数目减少，各分辨单元的干涉作用减弱。当带宽增加到某一程度，使得每个分辨单元仅包含一个散射中心时，则各分辨单元不存在干涉现象，因而不同载频下的距离像形状表现得十分相似。这也间接验证了带宽越大，载频变化对目标 HRRP 姿态敏感性的影响越小的结论。

8.3　宽带雷达目标的检测与跟踪

宽带高分辨率雷达（HRR）的采用，给目标检测与跟踪均带来增益，这种增益与具体的目标有关，讨论如下。

8.3.1　最优 HRR 接收机与 HRR 检测信噪比增益

根据式（8.26）给出的目标高分辨率距离像模型，可以把目标看成由一组不起伏的点散射体组成，这些点散射体沿着径向距离分布，每个散射体都具有已知的稳定幅度和相位。

对一部具有合适的带宽、能够分辨目标上各单个散射体的高分辨率雷达，可设计使其发射机（选择合适的发射波形）和接收机（对收到的目标回波匹配滤波）与目标冲激响应 $h(t)$ 相匹配，从而使 HRR 的检测性能与把目标看成是单个散射体的低分辨率雷达（LRR）的相比，可以得到改善[23]。

这实质上可以认为是对发射机、天线、目标响应和接收机所形成的复合信道进行的一种最优均衡，如图 8.9 所示。理想情况下，要求当用一个具有给定能量的冲激脉冲激励发射机时，接收机将输出一个具有最佳能量转换的脉冲。

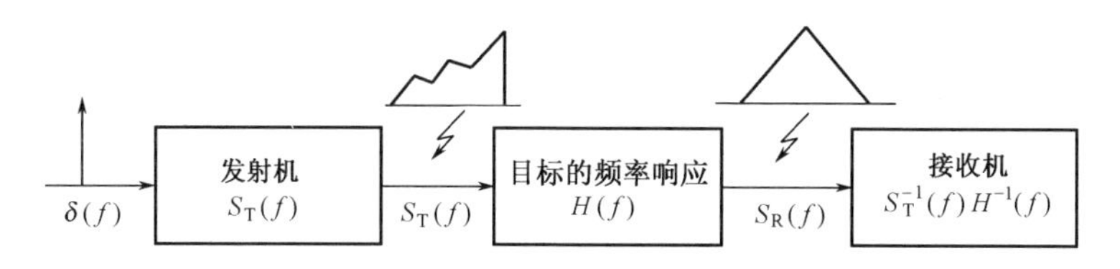

图 8.9　最优 HRR 的概念

数学上，若 $|S_T(f)|^2$ 表示发射波形的频谱，$H(f)$ 表示目标的频率响应，则最佳发射机应使

$$|S_T(f)|^2 = |H(f)|^2 \tag{8.31}$$

式（8.31）中，假定 $|S_T(f)|$ 在 $|H(f)|$ 的带宽上是一连续的正函数。例外的情况是，当允许发射波形为周期信号时（如简单的连续波），其最优发射频谱将为

$\left|S_{\mathrm{T}}(f)\right|^2=\delta(f-f_0)$，此处 f_0 为对应于 $|H(f)|$ 最大值的频率。注意，对于此种低分辨率波形，当雷达作用时间有限时，将会造成严重的性能下降。一般地，波形优化将受到幅度、持续时间和带宽等的限制。

按照最优接收机的设计准则，滤波器具有以下频率响应

$$S_{\mathrm{R}}(f)=\left[H(f)S_{\mathrm{T}}(f)\right]^*=\left|H(f)\right|^2 \tag{8.32}$$

与普通 LRR 相比，当用 HRR 波形激励目标时，能得到一个更高的平均目标 RCS 电平，这一信噪比（SNR）增益与特定的目标响应有关，且为

$$G_{\mathrm{SNR}}=\frac{(\mathrm{SNR})_{\mathrm{HRR}}}{(\mathrm{SNR})_{\mathrm{LRR}}}=\frac{\int\left|S_R(f)\right|^2\mathrm{d}f}{(\mathrm{RCS})_{\mathrm{LRR}}E_{\mathrm{T}}}=\frac{\int\left|H(f)\right|^4\mathrm{d}f}{\left[\int\left|H(f)\right|^2\mathrm{d}f\right]^2} \tag{8.33}$$

当目标由 N 个具有相等幅度和线性相位、在径向上以均匀间隔分布的散射中心组成时，由式（8.33）得到的 HRR 增益 G_{SNR} 随目标长度 N（即 N 个散射中的排列的长度）的变化如图 8.10 所示，其中雷达带宽假定为一常数。对于实际系统，匹配的 HRR 增益大致为理想增益的 2/3。注意，对于具有不规则距离分布图的真实目标，上述目标模型的结果给出了 HRR 增益的上限。

如果定义目标谱 $|H(f)|^2$ 的等效带宽为 B_{e}，则可进一步对式（8.33）做出有趣的物理解释：G_{SNR} 与目标谱等效带宽 B_{e} 成反比。如果目标是简单的单点目标，其 $H(f)$ 为一常数，等效带宽 B_{e} 则为无穷大，从而 $G_{\mathrm{SNR}}=1$，即没有 HRR 检测增益。当目标高度复杂时，其等效带宽 B_{e} 将变得很小（极限值为 0），此时的 G_{SNR} 趋于无穷大。注意 $B_{\mathrm{e}}=0$ 时意味着最优发射波形是连续波。

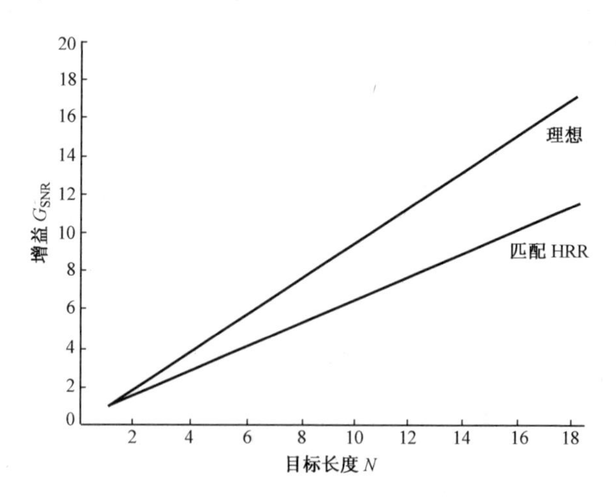

图 8.10　增益随目标长度的变化（各散射中心具有均匀幅度和线性相位）

8.3.2　交替自适应成像与检测

对于高分辨率雷达，可以通过自适应地调整发射机和接收机来改善目标检测性能，此时需要使用关于目标特征的先验知识和它的估计值。这实质上意味着已经建立了目标特征数据库，可以从该数据库中得到大量的候选目标特征信号的数据。这样，雷达可由一组并行的匹配滤波器组和发射波形组成，也可对各有关目标特征作序贯扫描来找到最优发射波形。

另一种更具吸引力的检测与处理技术是，在目标检测过程中，对目标特征信号进行在线实时估计，并根据这一估计结果来调整雷达收/发系统。一般地，可以采用以下两步自适应策略：首先发射一个高分辨率波形对环境进行搜索，并用去卷积算法处理接收信号以提取环境的响应信息，然后用这一响应信息来形成发射波形并匹配接收机以检测目标。这是一个交替搜索与检测的过程，其概念性流程图如图 8.11 所示。

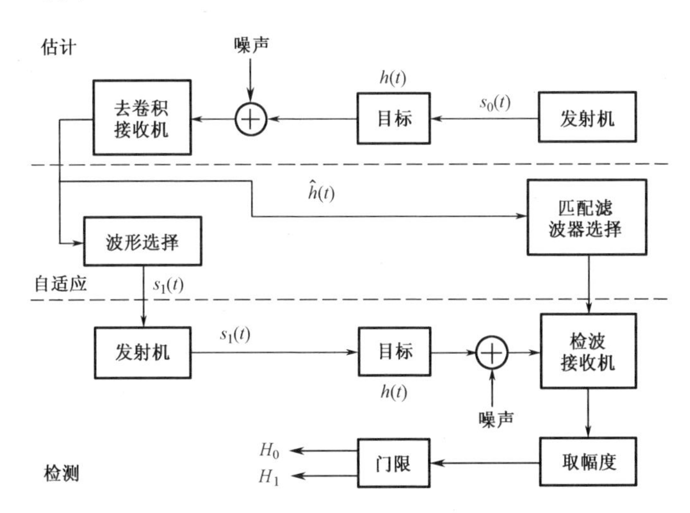

图 8.11　交替搜索与检测概念性流程图

在这里，检测是一个证实目标存在与否的过程，即根据估计过程所提供的低置信度结果是否超过门限来判定目标的存在与否。当只存在噪声时，估计器的输出完全是随机信号，故用于检测的波形和接收机函数也是完全随机的，结果没有足够的信号强度可越过门限电平。当存在目标时，去卷积算法的输出是目标响应的有噪估值 $\hat{h}(t)$，从而接收机可得到次最优输出峰值功率。搜索和估计过程的多次迭代有助于改善目标响应的估计质量，从而改善检测性能。上述自适应检测的详细概念如下所述。

1. 识别

发射一高分辨率相位编码脉冲波形 $s_0(t)$（例如，线性调频波、巴克码、伪随机二进制码等），以识别目标冲激响应 $h(t)$。

为了得到目标冲激响应的估计值，需要根据发射波形对含噪声的接收回波做去卷积处理，以提取冲激响应的估计值 $\hat{h}(t)$。这一估计过程是通过设计一个合适的去卷积滤波器 $g(t)$ 对接收回波做线性滤波来完成的，该滤波器只取决于发射波形和假设的噪声统计特性。

识别的全过程可以用同一部雷达的连续序列脉冲进行迭代，所用脉冲个数应在雷达时间-能量管理规则允许的范围内尽可能多，通过各独立取样的平均来改善对目标响应的估计。这一工作模式仅要求在雷达作用时间里目标冲激响应不发生变化，而该方法对散射中心在两次扫描间的慢起伏也是有效的。

波形选择和处理器设计准则如下。

（1）发射波形：脉冲宽度和幅度根据能量要求来选择，这一要求同目标冲激响应的估计精度有关。带宽根据分辨率要求来选择，如根据所要分辨的目标上散射中心的个数，也即所期望的检测增益来选择。波形编码则可根据旁瓣限制来选择（与距离上相距很近的多目标或邻近散射体之间的相互遮蔽有关）。

（2）接收机响应：接收机是一线性滤波器，其冲激响应应使所估计的目标响应具有最小的失真，可通过对整个系统（包括波形发生器和接收机）的等效冲激响应最窄化来实现这一目的。理想接收机的传递函数为冲激函数，其限制条件是输出噪声电平。

2. 检测证实

根据匹配 HRR 的概念，在估计的目标冲激响应基础上，设计一最优波形 $s_1(t)$及相应的匹配接收机用于对目标检测的证实。

文献[24]给出了通过计算机对上述概念进行仿真的例子，如图 8.12 所示。仿真中采用了巴克码波形搜索，然后用一串与估计的 $\hat{h}(t)$ 相匹配的脉冲串来检测。图 8.12 中实线为真实的目标响应，虚线则为估计得到的目标响应。据此，基于 LRR 和 HRR 的目标检测结果如图 8.13 所示，该图中给出了目标检测概率随时间（也即迭代次数）的变化，所用信噪比在 LRR 时等效为 SNR=10dB。从图 8.13 中可见，对于匹配的 HRR 而言，随着迭代次数的增加，其检测性能稳定改善且检测概率越来越趋近于 1。初始值设置为具有同样平均发射功率的 LRR 所能达到的检测概率值，它表示此时没有关于 $h(t)$ 的任何先验信息。相反，上限设置则代表了具有完整的 $h(t)$ 的先验知识的情况。

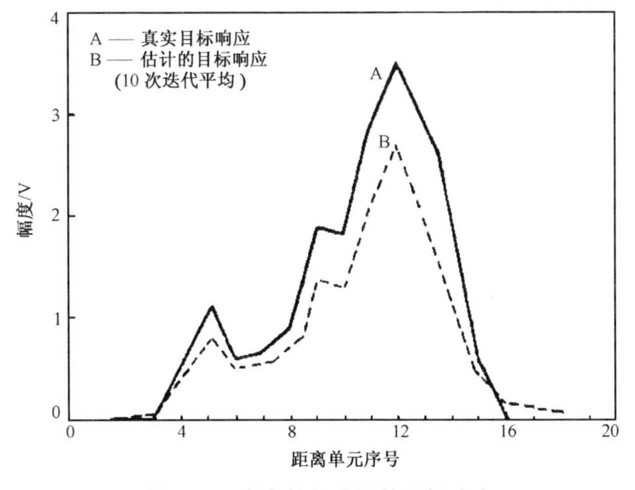

图 8.12　真实的和估计的目标响应

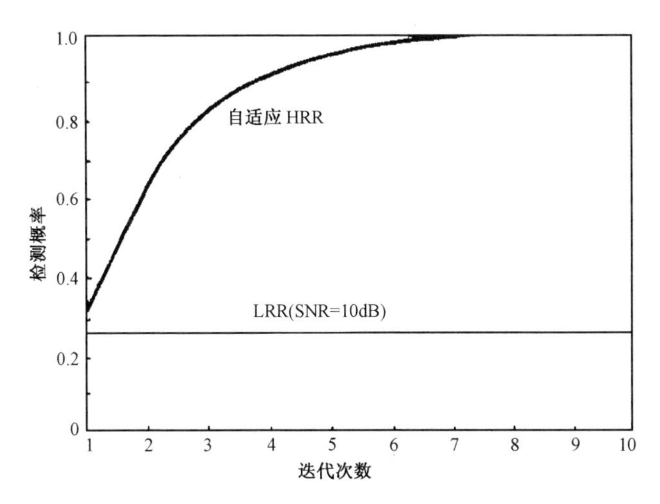

图 8.13　基于 LRR 和 HRR 的目标检测结果

8.3.3　随机目标的 HRR 设计准则与性能

当组成目标的各单个散射中心存在起伏时，目标冲激响应 $h(t)$ 可表示成零均值的复高斯分布随机过程[25]。如果目标由 N 个各不相同的散射中心阵列组成，则目标的全部统计信息都包括在冲激响应向量 $\boldsymbol{h}$ 的 N 维协方差矩阵 $\boldsymbol{B}$ 中。注意当各散射中心相互独立时，$\boldsymbol{B}$ 为一对角矩阵，对角元素的值代表了各散射体的平均 RCS 值。因此，目标回波可以模拟成高斯分布的随机时间序列 $\boldsymbol{Z}$，该序列具有零均值和协方差矩阵 $\boldsymbol{R}$，即

$$\boldsymbol{R} = \boldsymbol{SBS}^{\mathrm{H}} \tag{8.34}$$

式（8.34）中，$\boldsymbol{S}$ 是根据发射波形取样后适当构成的矩阵，H 表示复共轭转置。如果发射波形由 M 个子脉冲组成，回波向量 $\boldsymbol{Z}$ 及其协方差矩阵 $\boldsymbol{R}$ 都是 $M+N-1$ 维的。

上述目标模型在最优 HRR 发射机和接收机设计中有重要意义。下面讨论 HRR 接收机的设计。

根据似然比试验设计准则，对接收信号完成平方律检波后再加置门限的处理器为[6]

$$\boldsymbol{Z}^{\mathrm{H}}\boldsymbol{Q}\boldsymbol{Z} \underset{H_1}{\overset{H_0}{\gtrless}} T \tag{8.35}$$

式中 $\boldsymbol{Q}$ 的矩阵元素系数 $q_{ij}(i,j=1,2,\cdots,M+N-1)$ 取决于目标回波的协方差矩阵 $\boldsymbol{R}$ 和噪声的统计特性。这一结果不同于匹配滤波器接收机，后者用于确定性信号的检测。

最优 HRR 接收机处理器的流程如图 8.14 所示。它由一组线性滤波器对接收信号做相干处理，然后进行平方律检波、非相干加权积分计算以及门限设置。滤波系数和加权因子通过对矩阵 $\boldsymbol{Q}$ 的本征分析而导出，且取决于波形与目标特征。

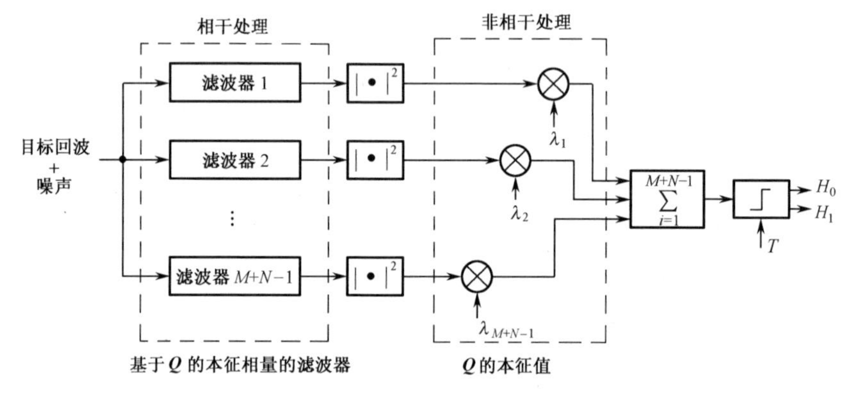

图 8.14 最优 HRR 接收机处理器的流程

图 8.15 示出了低 SNR、各单个散射中心相互独立（即 $\boldsymbol{B}$ 为对角阵）情况下的次最优处理方案。此时，相干处理器只是发射波形的匹配滤波器，再加一个时域距离门以便从 $N+2(M+1)$个采样中选取 N 个样本，然后沿径向距离平方律检波和进行非相干加权积分，最后设置门限。注意，在这一方案中，相干的部分只取决于发射波形，而非相干部分则与所期望的目标 RCS 距离像有关。

作为例子，图 8.16 给出了对一个由 10 个独立的随机散射中心组成的复杂目标的检测仿真试验结果，以比较 HRR 和 LRR 之间的检测性能差异。图 8.16（a）给出了所研究的 4 种不同的 HRR 编码波形，每种波形均由一串等幅、等间隔而脉冲相位不同的脉冲串组成。注意，此处的波形并非是经过优化处理得到的最优 HRR 波形；图 8.16（b）则示出了相对于 LRR 而言，在标称信噪比 SNR=13dB 的条件下，不同波形的检测概率 P_{d} 作为虚警概率 P_{fa} 的函数的变化曲线，即检测性能对比。结果表明：①当辐射能量相同时，所有 HRR 检测性能均比 LRR 的好；②当采用不同的相位编码 HRR 波形时，其检测概率 P_{d} 会有较大的变化，这种变化不容忽略；③对于随机目标模型，所期望的检测增益比确定性目标模型的要低，这是因为前者用到的目标先验知识（协方差矩阵 $\boldsymbol{B}$ ）比后者（目标冲激响应）的要少。

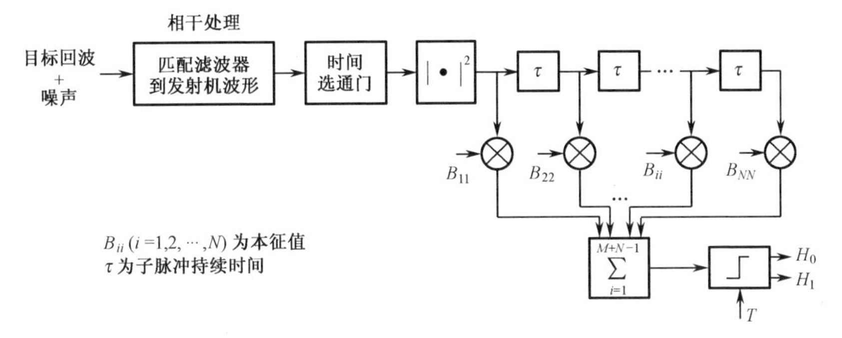

图 8.15 低 SNR、各单个散射中心相互独立情况下的次最优处理方案

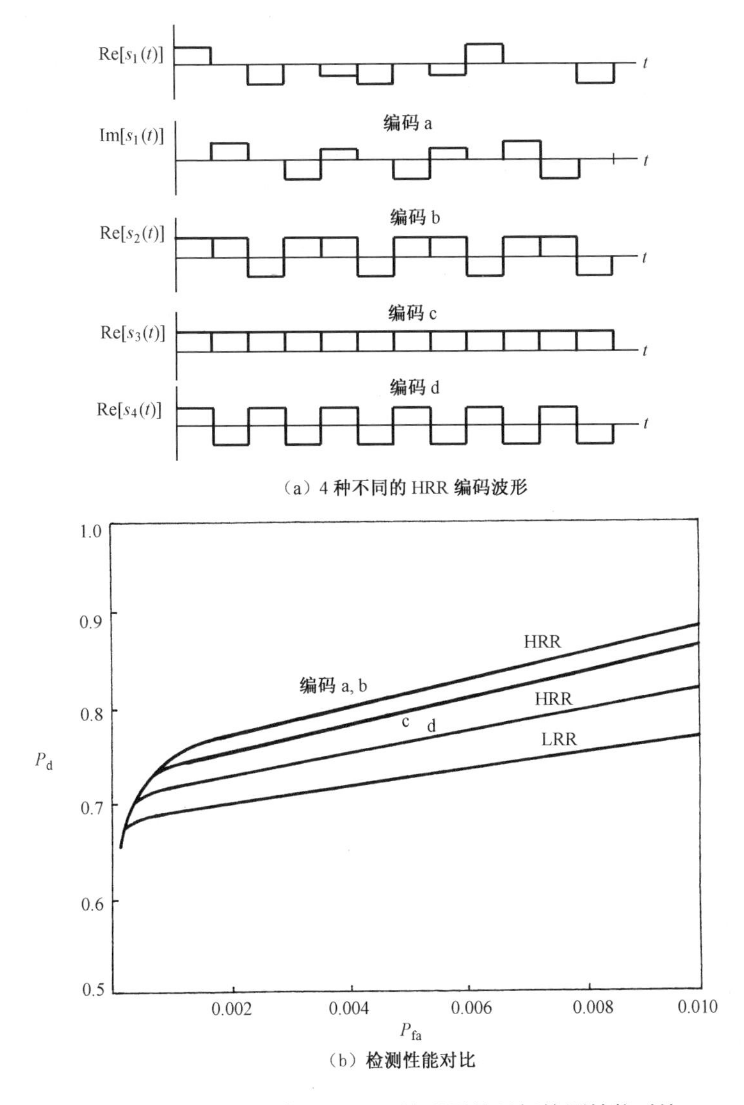

图 8.16 不同 HRR 波形和 LRR 波形雷达目标检测性能对比

8.3.4 宽带雷达目标跟踪

点目标的测距精度正比于雷达信号的带宽。当用窄带雷达对目标进行跟踪测距和测角时，扩展目标的距离、角度和多普勒闪烁噪声会对雷达的测距和测角精度产生严重的影响。各种仿真实验表明，当目标为扩展的复杂目标时，随着照射带宽的增加，雷达的测距精度会得到很大提高。测距精度的提高可以大大改善距离跟踪效果。

研究表明，当雷达带宽从 1MHz 增加到 80MHz 时，其测距精度将增加 2～4 倍（取决于 SNR 的高低）[26]。图 8.17 示出了当雷达信号带宽分别为 1MHz 和 80MHz 时，对飞机目标测距的概率分布图。从该图中可以得到以下结论：①采用宽带信号照射，可以提高雷达测距精度；②采用不同的距离估计算法对宽带测距精度具有很大的影响。例如，在本例中当采用输出信号中值来估计目标距离时，其测距精度比最大值估计方法提高了 2～3 倍。

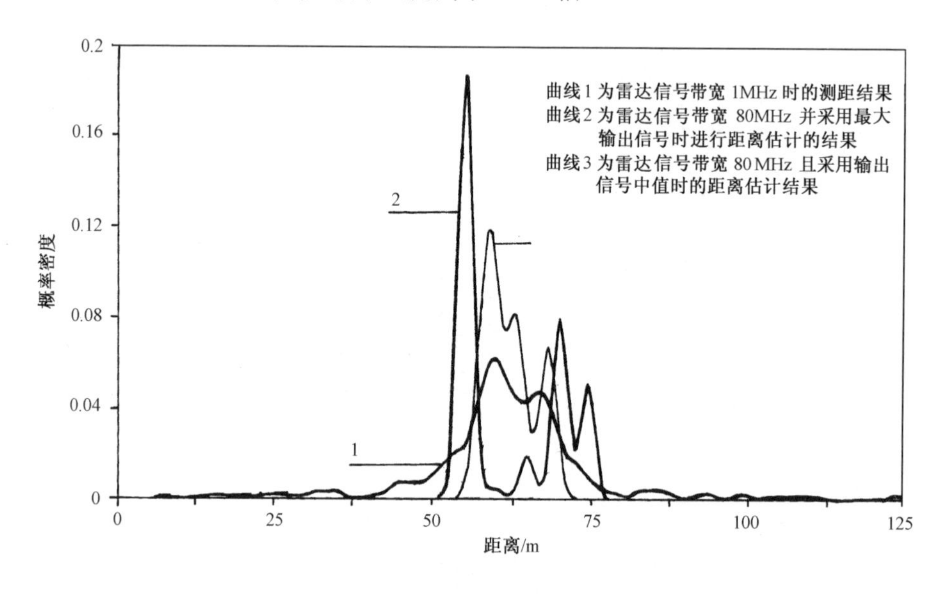

图 8.17 在雷达带宽不同时对飞机目标测距的概率分布图

目标的高分辨率和距离像的形成对角度测量也是极为有利的。在窄带雷达测角中，目标角闪烁造成回波的快速起伏，会对角度测量和跟踪产生严重的影响。相反，在宽带雷达中，接收机所接收的是一串“慢起伏”的宽带目标回波，消除了角闪烁对测角的不利影响，因此，目标角位置的测量精度得到极大改善。

研究表明，当雷达信号的带宽从 1MHz 增加到 100MHz 时，如果 SNR 足够高，则对于非单脉冲类型的搜索雷达而言，其测角精度可增加 1～6 倍[26]，这一增益是通过对各个距离单元的角位置估计值取平均而获得的。对于短距离工作的单脉冲雷达，其测角精度的改善也类似。

对于搜索雷达而言，宽带照射信号还提供了这样一种可能性，即天线只需做单次扫描，就可以通过估计连续得到的两幅高分辨率距离像之间的位移，精确地计算出目标的径向速度。此时的测速精度也高于普通窄带搜索雷达的跟踪测速，因为后者一般不具备不模糊多普勒跟踪测量的能力。

最后指出，与窄带雷达不同，宽带雷达还有一个重要的特性，即其测量精度不会受到目标机动的严重影响，因为原理上，用宽带雷达可以比窄带雷达更早检测到目标的机动。

8.4 宽带雷达目标识别

近年来，基于高分辨率雷达的目标识别技术得到了广泛的重视，这主要因为：第一，现代先进武器系统的发展和高技术战争条件下的复杂战场环境，对雷达目标的识别具有越来越强烈的需求；第二，由于信号处理和计算机技术的飞速发展，目标识别所要求的实时处理已成为可能；第三，随着宽带和超宽带雷达技术的不断发展，越来越多的宽带雷达已开始投入使用，宽带雷达可以对目标回波信号进行高分辨率时域分析，它大大减小了目标散射场随姿态、频率和极化等因素变化的复杂性，当雷达能够得到目标的一维、二维或三维电磁散射图像时，目标识别可以通过设计出简单的分类器来完成，从而使雷达目标识别问题得以简化。

尽管二维和三维成像可以对复杂目标更好地分辨，使得目标识别问题有可能转化为技术成熟的图像识别问题，然而，SAR/ISAR 成像技术用于目标识别也有其固有的缺陷：第一，用 SAR/ISAR 成像技术处理一幅目标二维图像需要较长的相干积累时间，还需要对目标做精确的运动补偿，在许多实际应用中，上述要求也许是不能容忍的。第二，由于在光学散射区，雷达图像不同于光学图像，光学图像可显示出目标比较完整的轮廓形状，而雷达图像则通常表现为目标上稀疏的散射中心分布，如用普通图像处理方法来识别目标的这种二维散射图像，存在一定的困难。第三，当来袭目标的航路捷径值很小时，难以得到二维成像所必需的目标姿态角的变化量，从而使图像的横向分辨率急剧恶化。因此，本节重点讨论基于目标 HRRP 的目标识别。

当然，对于利用目标一维距离像进行识别而言，也存在一些实际的问题：第一，特定姿态角下的单幅目标距离像所包含的目标特征信息十分有限；第二，当目标飞行过程中相对于雷达的方位发生变化时，各散射中心的相对距离也将产生变化，即产生所谓的距离游移，即使当目标方位的变化小到不足以产生距离游移时，各散射中心相对距离的变化所产生的干涉效应也将造成目标距离像的起伏。此外，目标上的运动部件也会造成距离像的起伏。因此，除非有足够的目标姿态信息，否则，仅利用目标一维距离像来完成复杂目标的识别同样也会存在一定的困难。

关于目标高分辨率距离像的上述变化特性已经在 8.2 节中有较详细的讨论。在利用高距离分辨率雷达进行目标识别时，为了提高正确识别概率，通常要采用更有效的信号处理技术，提取目标的精细特征。本节重点讨论几种宽带目标特征提取技术及分类模板构造技术，最后给出一些识别仿真实验的结果。

8.4.1 宽带目标特征提取和特征变换

尽管目标距离像本身就是目标识别的良好特征，并且可通过较简单的相关处理技术完成对目标的分类识别，但是，为了更全面地利用目标的宽带电磁散射信息，提高目标识别的正确率，在目标特征提取中，常常采用时-频分析、小波变换、高阶特征量提取等处理技术。

1. 短时傅里叶变换

这是最简单的目标高分辨率时-频特征分析技术。我们知道，对雷达获取的目标宽带频域数据做一维逆傅里叶变换，便得到目标的一维距离像，即

$$h(t)=\int_{-\infty}^{+\infty}H(\omega)\mathrm{e}^{\mathrm{j}\omega t}\mathrm{d}\omega \tag{8.36}$$

式（8.36）中，$H(\omega)$ 为目标的宽带频率响应。当对这一频率响应进行滑动窗短时逆傅里叶变换时，便得到目标的时-频分布图，即

$$h(\tau,\Omega)=\int_{\omega_{\min}}^{\omega_{\max}}H(\omega)W(\Omega-\omega)\mathrm{e}^{\mathrm{j}\omega\tau}\mathrm{d}\omega \tag{8.37}$$

式（8.37）中，$W(\omega)$ 为一窗函数，主要用于抑制普通矩形窗的高旁瓣电平。

上述方法可以推广到多维时-频处理。例如，当对二维数据进行时-频分析时，便得到了不同频率下的多幅二维图像，从而不但获得了目标的空间分布特征，同时也保留了原有频谱数据中的目标频率特征。

2. Wigner 分布

信号 $H(\omega)$ 的 Wigner 分布定义为

$$W_{\mathrm{g}}(\omega,\Omega)=2\int_{-\infty}^{+\infty}H(\omega+\tau)H(\omega-\tau)\mathrm{e}^{-\mathrm{j}2\Omega\tau}\mathrm{d}\tau \tag{8.38}$$

信号 $H(\omega)$ 的 Wigner 分布具有以下特点：①能保持信号的时间和频率能量边界的特性，即在特定时间点上对频率变量做 Wigner 分布积分（或在特定频率上对时间变量做 Wigner 分布积分），将得到该时间点上信号的瞬时功率（或该频率点

上的能量密度谱）；②具有将信号特征集中反映到二维时-频域的能力。

3. 小波变换

传统的短时傅里叶谱分析的主要缺点是，它在时域和频域上的两维分辨率是固定的，时-频分辨率不能兼顾。Wigner 分布可以避免上述缺陷，但是它会引入多余的交叉项，从而在时-频平面上产生虚假信号。相比而言，小波变换则可以较好地解决以上问题。

信号 $H(\omega)$的小波变换定义为

$$h_{\mathrm{g}}(\tau,\Omega)=\int_{-\infty}^{+\infty}H(\omega)\tau^{\frac{1}{2}}G[\tau(\omega-\Omega)]\mathrm{d}\omega \tag{8.39}$$

式（8.39）中，$G(\omega)$ 一般称为母波。式（8.39）可解释为将信号 $H(\omega)$分解为一簇经平移和缩小（或放大）了的小 $G[\tau(\omega-\Omega)]$。在每个频率 Ω 处，对应于不同的 τ，$G[\tau(\omega-\Omega)]$ 具有不同的宽度。对应于固定的 τ，平移 $G[\tau(\omega)]$，可以提取出目标散射中与 $1/\tau$ 有关的特征。反过来，在固定的频率 Ω 上，通过改变比例尺度 τ，则可以提取出信号中的散射多尺度特征。此即小波变换所谓的多分辨特性。

同样，小波变换不但可用于目标散射数据的一维时-频分析，它也可用于二维成像的时-频分析，关键是需要找到旁瓣较低而分辨率又较高的小波。

4. 双谱（Bispectrum）分析

平稳随机过程 $x(t)$ 的傅里叶谱（一阶谱）为

$$S_x(\omega)=\int_{-\infty}^{+\infty}c_{xx}(\tau)\mathrm{e}^{-\mathrm{j}\omega\tau}\mathrm{d}\tau \tag{8.40}$$

式（8.40）中，$c_{xx}(\tau)$ 为 $x(t)$ 的自协方差函数，即

$$c_{xx}(\tau)=E\{[x(t)-\mu][x(t-\tau)-\mu]\} \tag{8.41}$$

而 $x(t)$ 的双谱定义为

$$B_x(\omega_1,\omega_2)=\int_{-\infty}^{+\infty}\int_{-\infty}^{+\infty}c_{xxx}(\tau_1,\tau_2)\mathrm{e}^{-\mathrm{j}(\omega_1\tau_1+\omega_2\tau_2)}\mathrm{d}\tau_1\mathrm{d}\tau_2 \tag{8.42}$$

式（8.42）中，$c_{xxx}(\tau_1,\tau_2)$ 为 $x(t)$ 的三阶统计量，即

$$c_{xxx}x(\tau)=E\{[x(t)-\mu][x(t-\tau_1)-\mu][x(t-\tau_2)-\mu]\} \tag{8.43}$$

信号的双谱的重要特点是其很强的抗噪声能力。当对含噪声的信号

$$y(t)=x(t)+n(t) \tag{8.44}$$

分析时，有

$$\begin{cases}S_y(\omega)=S_x(\omega)+S_n(\omega)\\B_y(\omega_1,\omega_2)=B_x(\omega_1,\omega_2)+B_n(\omega_1,\omega_2)\end{cases} \tag{8.45}$$

对于具有对称特性的信号 $n(t)$（如高斯噪声、均匀分布噪声、正弦信号等），其双谱为零，即

$$B_n(\omega_1,\omega_2)=0 \tag{8.46}$$

5. 核函数（Kernel）分析技术

假设雷达发射信号波形为$s(t)$，目标回波波形为$r(t)$，当目标散射特征是线性的时，目标回波可用一阶核函数表示收/发信号之间的变换

$$r(t)=\int_{-\infty}^{t}k_1(\tau)s(t-\tau)\mathrm{d}\tau \tag{8.47}$$

当目标散射为非线性时，用高阶核函数表示收/发信号之间的变换。例如，二阶核函数可表示为

$$r(t)=\int_{-\infty}^{t}k_1(\tau)s(t-\tau)\mathrm{d}\tau+\int_{-\infty}^{t}\int_{-\infty}^{\tau_1}k_2(\tau_1,\tau_2)s(t-\tau_1)s(t-\tau_2)\mathrm{d}\tau_1\mathrm{d}\tau_2 \tag{8.48}$$

式（8.48）中，$k_2(\tau_1,\tau_2)$表征了目标的非线性散射。更进一步地，还可定义三阶和更高阶的核函数。此处不再赘述。

8.4.2 基于模糊推理和判决的目标识别

在标准集合理论中，一个元素确定地属于一个集合或不属于一个集合。因此，任一元素对任一集合的隶属值为 0 或 1。但是，在模糊集中，一个元素只在一定程度上隶属于一个集合，所以需要一个连续变化的值的范围，如用[0, 1]来表示一个元素在模糊集的隶属度。同样，在标准集合理论中，一个集合只能是或者不是另一个集合的子集，而一个模糊集可以部分是另一个模糊集的子集。模糊集理论提供一个度量来表示一个模糊集有多少包含在另一个模糊集中，或者有多少不包含在另一个模糊集中。

1. 模糊集合间的相似性度量

两个模糊子集之间的相似程度，通常可由它们之间的海明距离或贴近度[27]来度量。

1）海明距离

两个模糊子集A,B之间的海明距离定义为

$$d_{\mathrm{H}}(A,B)=\sum_{i=1}^{N}\left|\mu_{\boldsymbol{A}}(x_i)-\mu_{\boldsymbol{B}}(x_i)\right| \tag{8.49}$$

式（8.49）中，$\mu_{\boldsymbol{A}}(x_i)$、$\mu_{\boldsymbol{B}}(x_i)$分别为子集$A,B$的隶属度函数。两个模糊子集之间的海明距离越大，则两者的相似性越差。

除了上述定义，还可以定义其他形式的海明距离，如加权海明距离、归一化海明距离等[27]。

2）贴近度

设A,B为U上的两个模糊子集，A与B的内积为

$$A \cdot B = \vee\{\mu_A(x) \wedge \mu_B(x)\} \tag{8.50}$$

A 与 B 的外积为

$$A \times B = \wedge\{\mu_A(x) \vee \mu_B(x)\} \tag{8.51}$$

式中，$\wedge$ 和 $\vee$ 分别为求最小值和最大值运算，则 A 与 B 之间的贴近度定义为

$$N(A,B) = [A \cdot B + (1 - A \times B)]/2 \tag{8.52}$$

式（8.52）表征了两个模糊子集之间的相似程度。当 $N(A,B) \leqslant 1$，且 $N(A,B)$ 越接近于 1，则模糊子集 A 与 B 越相似。

除了上述贴近度的定义，还可定义海明贴近度为

$$N_{\mathrm{H}}(A,B) = 1 - d_{\mathrm{H}}(A,B) \tag{8.53}$$

式（8.53）中，$d_{\mathrm{H}}(A,B)$ 为子集 A, B 之间的海明距离。

2. 模糊分类原则

模糊识别中的分类判决准则一般可采用择近原则，即给定论域 U 上的 n 个模糊子集 $A_1, A_2, \cdots, A_n$，被识别对象也是 U 上的一个模糊子集 B，那么，应优先把 B 划分在使

$$N(B, A_i) = \max_{1 \leqslant j \leqslant n} \{N(B, A_j)\} \tag{8.54}$$

成立的 A_i 类中，此处 $N(B, A_i)$ 为某种贴近度。

3. 不同目标特征量的模糊识别结果

上述模糊分类判决准则既可以通过软件来实现，也可通过硬件处理器来直接实现，因而模糊分类技术具有极好的实时处理性能。例如，美国 Neura Logix 公司的 NLX110 模糊模式比较器（FPC），就可以用来作为目标特征信号分类识别的处理器硬件。下面介绍利用 NLX110 模糊处理器对 6 类飞机目标识别的结果。

分别将 6 类目标的 HRRP、短时傅里叶变换和子波变换所得到的目标时-频分布图作为目标识别特征量，并用 NLX10 模糊处理器硬件进行目标分类识别实验。为了研究回波信噪比对识别率的影响，可以假定实测数据为无噪的，并对原始测量数据按不同的 SNR 加入高斯噪声，即

$$\mathrm{SNR} = \frac{\max\limits_{i=1}^{M_0}\{F^2(\omega_i)\}}{\sigma^2} \tag{8.55}$$

式（8.55）中，$F(\omega_i)$ $(i = 1, 2, \cdots, M_0)$ 为原始测量数据；σ^2 为加性噪声的方差。

此外，尽管测量数据已经对目标的 RCS 值进行了标定，此处假定雷达的绝对标定信息是未知的。因此，对目标的距离像和时-频分布图做如下归一化

$$\left[\sum_{i=1}^{N_1}\sum_{j=1}^{N_2}S^2(r_i,\Omega_j)\right]^{\frac{1}{2}}=1 \tag{8.56}$$

式（8.56）中，$S(r_i,\Omega_j)$ 为目标的一维距离像或二维时-频分布图。这样，实际上，识别中只利用了不同目标距离像或时-频分布图的“形状”信息，而没有利用其雷达回波绝对值大小的信息。

目标测量是在微波暗室进行的，测试中心频率为 12GHz，带宽为 6GHz，频率间隔为 30MHz。每个目标模型的数据采集方位窗口为鼻锥向±10°，方位间隔为 0.5°，天线极化为 HH。分别将目标 HRRP、傅里叶时-频图和小波变换时-频图作为目标识别的特征量输入模糊分类器，其识别结果如图 8.18 所示。从该图可见，在所有 SNR 条件下，利用目标的小波变换特征总是具有最好的目标识别概率，而当采用短时傅里叶变换时-频特征时，仅在 SNR＞20dB 时才具有优越性。

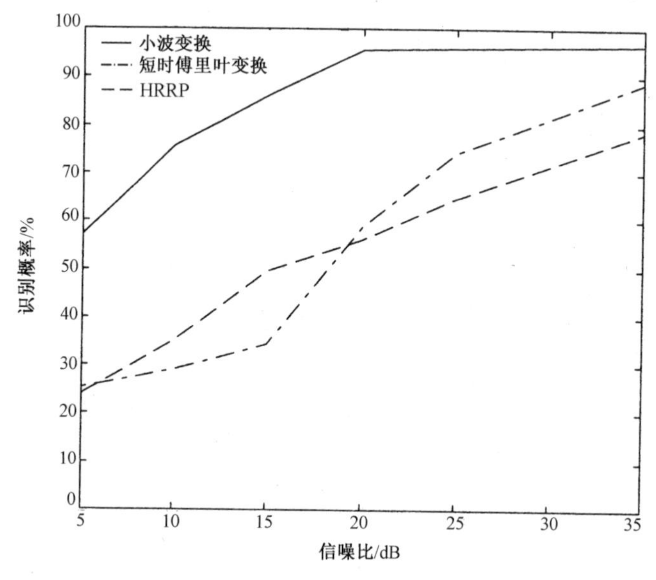

图 8.18　6 类飞机目标识别概率随 SNR 的变化

8.4.3　基于模型的目标识别

在宽带雷达目标识别中，由于不能精确估计目标的姿态，这就对用于目标分类的特征数据库提出了苛刻的要求：在建立目标特征数据库中，不但要对每一个可能的目标类型，也要对每一个可能的目标姿态，采用不同的特征信号来表示。例如，如果要对 25 类不同的目标进行识别，且每 $10°\times10°$ 的姿态角窗口内用一个特征模板来表示，则数据库大约需要存储 10^4 量级的模板数目。更进一步地，若目标数据库中包含有 200 个目标，由于目标数量的增加，为了保证高的识别概率，目标特征库中姿态角窗口需要减小，当每个目标需要 10^5 个特征信号模板来表示时，则全部目标数据库至少需要 10GB 的数据存储量用于后续的目标分类。即便是数据存储本身不成问题，数据获取、数据检索及分类识别算法的实时性所带来的困难仍然是无法回避的。

以基于目标 HRRP 的空中飞行器目标识别为例，典型的战技术指标要求是，必须建立所有要识别目标在±40°俯仰角、360°全方位范围内的 HRRP 数据库。一般情况下，要在测试场对单个目标在 20°俯仰角范围内的全方位 HRRP 进行测量，需要费时两周以上。这意味着要想完全靠实际测量来建立所有目标的一维 HRRP 数据库是不现实的。因此，获得现场测量所不可能完全得到的空中目标合成 HRRP 数据库，同时要求模型数据具有足够高的置信度以保证高的目标正确识别概率，便成为目标识别的主要技术难点之一。

基于模型的目标识别技术正是为了解决上述困难而产生的。图 8.19 示出了基于模型的雷达目标识别原理框图。在这里，目标数据库不是存储大量的目标特征模板，而是对每个待识别的目标，通过目标电磁散射建模技术建立其全方位下的精确电磁散射模型，并对目标的三维散射中心特征进行提取和处理，形成能实时生成目标不同姿态角下高分辨率特征的简化模型。上述工作均可通过非实时处理来完成。

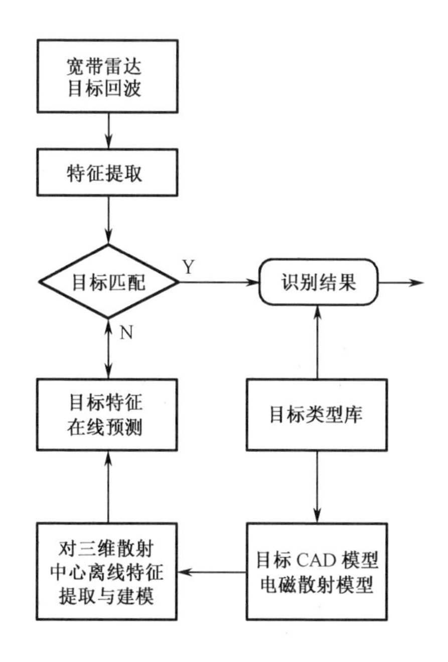

图 8.19　基于模型的雷达目标识别原理框图

在目标识别过程中，提供目标匹配所需的特征数据库则是通过实时在线预测来完成的，即用目标简化了的三维散射中心分布模型来实时计算目标的识别特征。因此，在这一技术中，用于推理判决的目标特征不是传统目标数据库的概念，而是用预先准备好的目标模型通过在线预测而产生的，其中的目标模型则是利用计算电磁学方法通过高分辨率电磁散射精确建模来实现的。这种基于模型的目标识别思路，从两个方面解决了利用高分辨率雷达进行目标识别的难题：①目标数据库是依靠二维和三维电磁散射建模来建立的，不必完全依赖于现场测量，因此，只要能建立目标的 CAD 模型，就可以得到目标任何姿态角下的宽带散射特征；②由于用于目标识别系统的目标模型是经过特征提取后的“三维散射中心分布”，极大地降低了目标识别系统目标匹配和推理过程中的运算量，使得雷达目标识别中的实时处理成为可能。

据报道，美国 MSTAR 计划中用这种基于模型的目标识别技术对 20 类地面目标 0.3m 分辨率的 SAR 图像进行识别，在简单背景条件下的识别概率可达 98%以上；初期在较复杂背景和存在各种变化（如擦地角、斜视角、目标部件及其位置变化、目标被部分遮挡等）时的识别概率达到 78%，后期更是达到 90%以上。由此可见，这种基于模型的目标识别技术具有较高的实用价值。实际上，基于模型的目标识别技术能否真正实用化，其关键是如何建立复杂目标与背景的高分辨率电磁散射模型，并且使这种模型的清晰度足够高。

8.4.4 雷达信号带宽对识别概率的影响

理论上，随着雷达信号带宽的增加，距离分辨率也随之提高，落入同一分辨单元的散射中心的数目减少，各散射中心之间的干涉作用亦随之减弱，因此，HRRP 对姿态角的不敏感度也会有所改善，从而改善目标识别性能。

但是，实际情况并不是这样。根据式(8.26)给定的目标模型，当带宽增加至无限大时，每个散射中心在距离上就会产生一个δ函数（或其微分/积分函数）。此时，目标姿态角稍有变化，单个散射中心所形成的距离脉冲峰之间便无法重叠，致使在目标匹配中，距离像之间的相关系数大大减小。此外，实际复杂目标的主要散射中心通常都是扩展的，当距离分辨单元小于散射中心的扩展尺寸时，还可能会出现一些伪响应。因此，根据上述分析，必定存在一个使 HRRP 具有最大不敏感度的最佳带宽，在此带宽下，目标识别概率达到最高且处于一种“饱和”状态，即进一步增加雷达带宽，识别率并不会随之提高，甚至有可能下降。

已有多个研究小组对这一问题进行了研究[21-22,26]，并得到了相同的结论。文献[22]利用 6 类全尺寸目标的频域测量数据比较了带宽从 25MHz（对应的径向标称距离分辨率为 6.0m）变化到 800MHz（对应的径向标称距离分辨率为 19cm）时，基于 HRRP 的 6 类目标的平均识别概率随带宽的变化情况。结果表明，带宽从 25MHz 变化到 200MHz 的过程中，识别概率与带宽呈单调递增的关系，而在带宽从 200MHz 变化到 800MHz 的过程中，识别概率几乎不受信号带宽的影响，呈现为一条平行于带宽轴的直线。

图 8.20 给出了目标识别概率随雷达带宽的变化曲线，它示出了利用目标电磁散射理论计算的数据，对 6 类和 11 类飞机目标进行的仿真识别的结果[26]。从该图可以得到以下结论：①当雷达带宽较小时，随着带宽的增加，目标识别概率与带宽呈单调递增，且这种递增变化曲线接近于对数关系，即当带宽较大后，识别概率增加越来越缓慢；②当雷达带宽到达某个量值后，识别概率几乎不再发生变化，因此，对于特定的目标类别，存在一个最佳识别雷达带宽；③目标类别数的增加，将导致最佳识别带宽的增大。

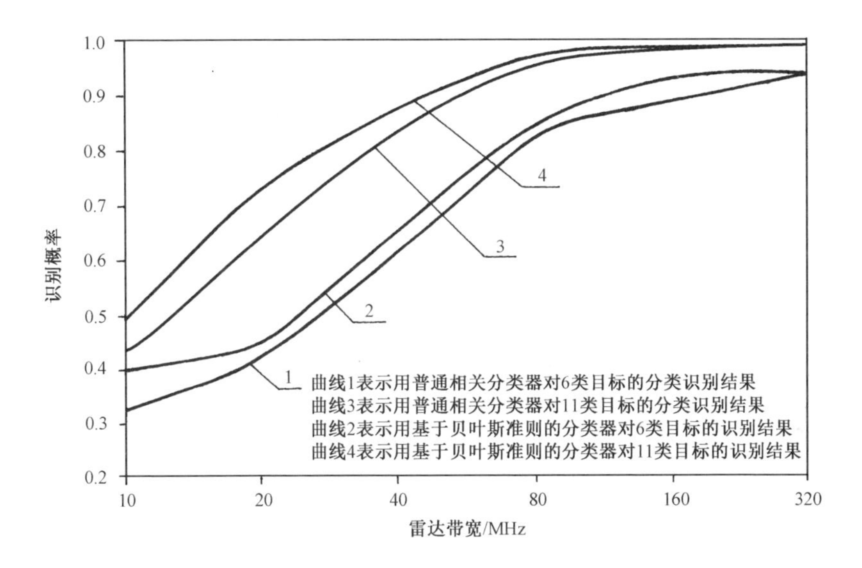

图 8.20　目标识别概率随雷达带宽的变化

参考文献

[1] 黄培康. 雷达目标特征信号[M]. 北京：宇航出版社，1993.

[2] SHIRMAN Y D, GORSHKOV S, LESHENKO S, et al. Computer Simulation of Aerial Target Radar Scattering, Recognition, Detection, and Tracking[J]. IEEE Transactions on Aerospace and Electronic Systems, 2003, 18(5): 40-43.

[3] BECHTEL M E. Short-Pulse Target Characteristics[C]. Atmospheric Effects on Radar Target Identification and Imaging, 1976: 3-53.

[4] KENNAUGH E M, MOFFATT D L. Transient and Impulse Response Approxmations[J]. Proceedings. of IEEE, 1965, 53(8): 893-901.

[5] BERNI A J. Target Identification by Natural Resonance Estimation[J]. IEEE Transactions on Aerospace and Electronic Systems, 1975, 11(2): 147-154.

[6] SMITH C R, GOGGANS P M. Radar Target Identification[J]. IEEE Antennas and Propagation Magazine, 1993, 35(2): 27-38.

[7] 许小剑，黄培康. 防空雷达中的目标识别技术[J]. 系统工程与电子技术，1995，17(5): 48-62.

[8] KENNAUGH E M. The K-Pulse Concept[J]. IEEE Transactions on Antennas and Propagation, 1983, 29(3): 327-331.

[9] CHEN K M. Radar Wave Synthesis Method—a New Radar Detection Scheme[J]. IEEE Transactions on Antennas and Propagation, 1981, 29(4): 553-565.

[10] CHEN K M, ROTHWELL E J, NYQUIST D P, et al. Ultra-Wideband/Short-Pulse Radar for Target Identification and Detection—Laboratory Study[C]. Alexandria: Proceedings of International Radar Conference, 1995.

[11] ILAVARASAN P. Performance of an Automated Radar Target Discrimination Scheme Using E Pulses and S Pulses[J]. IEEE Transactions on Antennas and Propagation, 1993, 41(5): 582-588.

[12] RIHACZEK A W. Theory and Practice of Radar Target Identification[M]. Norwood: Artech House, 2000.

[13] LI H J, WANG Y D, WANG L H. Matching Score Properties between Range Profiles of High-Resolution Radar Targets[J]. IEEE Transactions on Antennas and Propagation, 1996, 44(4): 444-452.

[14] LI H J, YANG S H. Using Range Profiles as Feature Vectors to Identify Aerospace Object[J]. IEEE Transactions on Antennas and Propagation, 1993, 41(3): 261-280.

[15] BORDEN B. Radar Imaging of Airborne Targets[M]. Boca Raton: Institute of Physics, 1999.

[16] COHEN M N. Variability of Ultra-High Range Resolution Radar Profiles and Some Implications for Target Recognition[C]. SPIE, 1992, 1699: 256-266.

[17] ING D, MORICI M. Quantitative Analysis of HRR NCTR Performance Drivers[C]. SPIE, 1996, 2747: 144-152.

[18] XING M D, ZHENG B. The Properties of Range Profile of Aircraft[C]. Beijing: IEEE International Radar Conference, 2001.

[19] ZYWECK A, BOGNER R E. Radar Target Classification of Commercial Aircraft[J]. IEEE Transactions on Aerospace and Electronic Systems, 1996, 32(2):

589-606.

[20] 鲜明. 雷达目标宽带信息处理与识别的理论和方法研究[D]. 长沙：国防科学技术大学，1998.

[21] 闫锦. 基于高距离分辨像的雷达目标识别研究[D]. 北京：航天科工集团二院，2003.

[22] ROSENBACH K H, SCHILLER J. Non Co-Operative Air Target Identification Using Radar Image: Identification Rate as a Function of Signal Bandwidth[C]. Alexandria: IEEE 2000 International Radar Conference, 2000.

[23] MORGAN L A, WEISBROD S. Adaptive Processing for Low-RCS Targets[R]. RADC TR-8l-2l6, 1991.

[24] MORGAN L A, WEISBROD S. Adaptive Processing for Low RCS Targets[R]. Teledyne Micronetics, San Diego, CA, 1981.

[25] FARINA A, STUDER F A. Detection with High Resolution Radar：Advanced Topics and Potential Applications[J]. Chinese Journal of Systems Engineering and Electronics, 1992, 3(1):14.

[26] VAN Trees H L. Detection, Estimation and Modulation Theory—III: Radar/Sonar Signal Processing and Gaussian Signals in Noise[M]. John Wiley, 1971.

[27] SHIRMAN Y D, LESHCHENKO S P, ORLENKO V M. Advantages and Problems of Wideband Radar[C]. Adelaide: Proc. of 2003 International Radar Conference, 2003.

[28] 黄克中，毛善培. 随机方法与模糊数学应用[M]. 上海：同济大学出版社，1987.

第 9 章
雷达目标特性测量

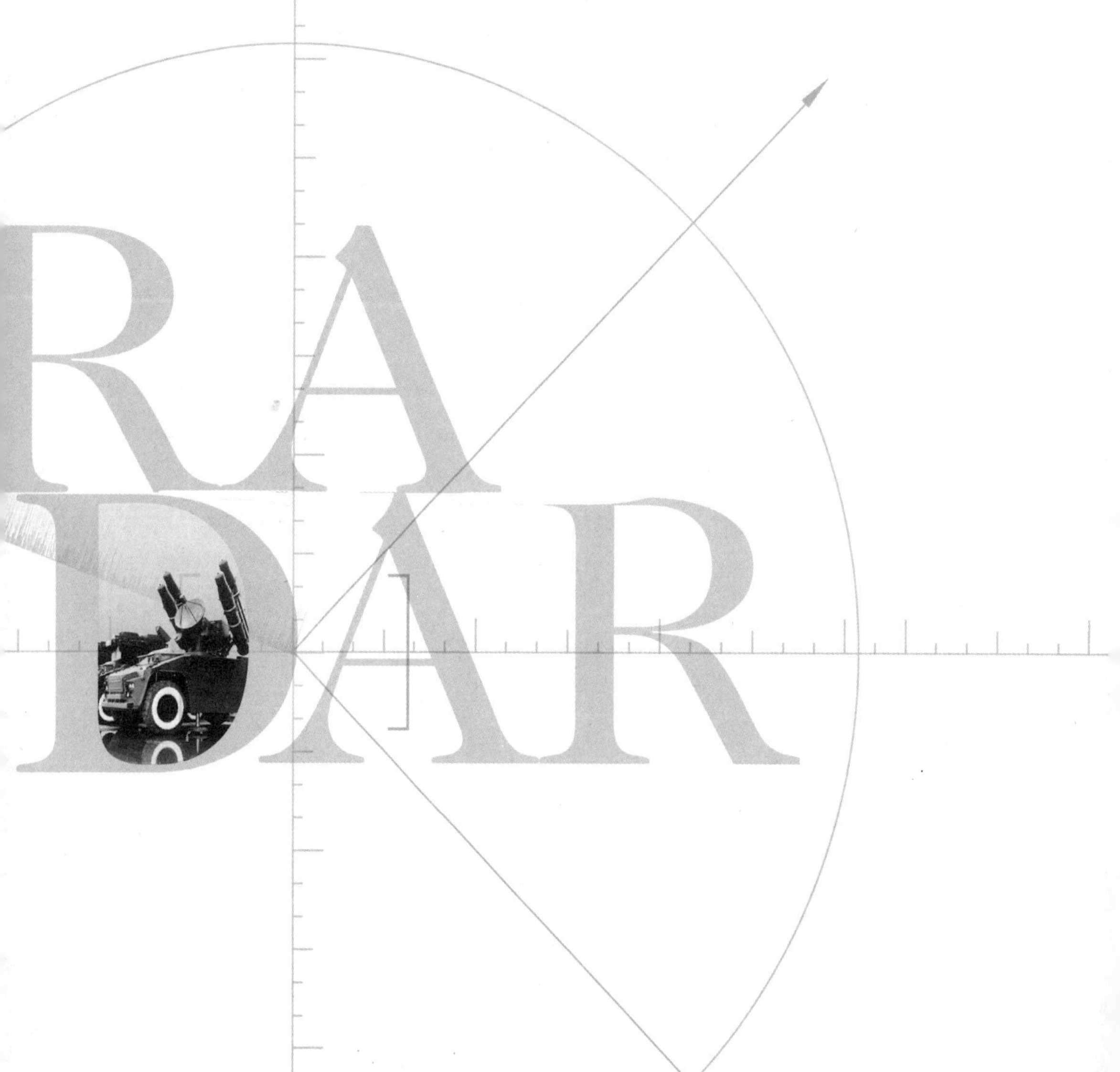

电磁散射特性建模与仿真、缩比目标测量和全尺寸目标测量并称为雷达目标特性研究的三大支柱，测量技术作为数据获取的主要手段之一，在雷达目标特性研究中具有极其重要的地位。测量数据不但用于特性模型的校核、验证和确认（Verificate、Validate and Accredit，VV&A），而且也是雷达目标特性的终极依据。本章重点阐述雷达目标测量的一些共性概念与技术，分析远场测量条件，总结雷达目标特性测量系统和测试场的功能、技术特点与应用范围，并且较为详细地讨论目标 RCS 测量、目标极化散射矩阵测量、高分辨目标诊断成像测量和扩展目标角闪烁测量的技术和方法，并在最后一节简要讨论影响雷达目标散射特性测量不确定度的主要因素和分析方法。

9.1　远场测量条件

根据 RCS 的定义式，要求雷达和目标之间的距离无限大，以排除测量距离不一样时对所测得 RCS 值的影响。这种限制实际上是要求到达目标的入射波和接收天线口径上的散射波均为均匀平面波，即在垂直于雷达视线的平面内，其幅度和相位处处相同，而沿着雷达视线的方向，只有相位的延迟，而无幅度的变化。

在实际 RCS 测量中，被测目标与测量雷达之间的距离总是有限的，入射波和散射波都是非均匀的近似球面波，其横向幅度和相位及纵向幅度都是变化的。随着距离的减小，该球面波相对于平面波的偏差越来越大，此时，对于简单形状的目标（如平板或圆柱），所测得的散射方向图的零点会逐步抬高，副瓣电平降低。随着测量距离的进一步减小，波瓣零点可能完全消失，副瓣蜕化成散射方向图上的台肩，同时主瓣幅度显著减小，过大的相位偏差甚至会导致主瓣分叉。而对于大而复杂的目标，由于不同散射中心间附加相位差的影响会导致散射波瓣位置的偏移。

那么应该在多远的距离上测量，才能达到与平面波足够近似，这就是远场测量条件问题。

9.1.1　经典远场条件

不同类型的散射测量对测量精度的要求是不同的，又由于不同频段采用的天线形式各式各样，被测目标的散射特性更是千差万别，因此远场条件问题的求解既复杂又多样[1-2]。本节从接收天线和发射天线（收/发天线）为点源或有限线度、目标为点源或有限线度的不同组合情况出发，推导各种基本的远场测量条件。

1. 收/发天线为点源

首先考察收/发天线为点源的最简单情形，研究仅目标为有限线度时对测量距离的要求，如图 9.1 所示。

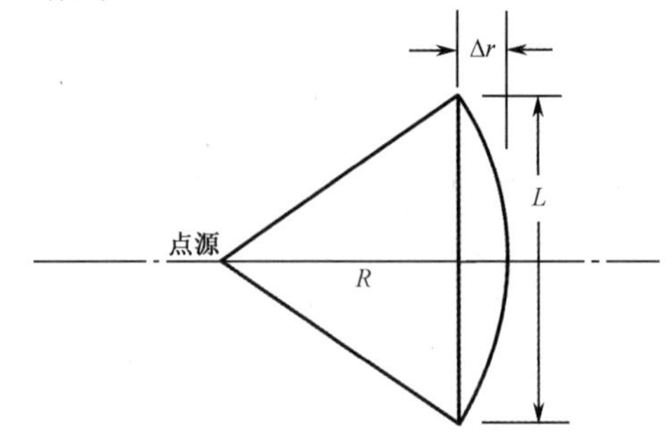

图 9.1　点源天线与有限线度目标的几何关系示意图

此时，可假设天线辐射出来的入射波为幅度均匀分布的球面波，因此只需要研究目标扩展面上的入射波相位偏差的影响，该相位偏差 $\Delta\varphi$ 可表示为

$$\Delta\varphi = \frac{2\pi}{\lambda}\Delta r \tag{9.1}$$

式（9.1）中，λ 为雷达波长，Δr 为球面波与平面波前之间的最大距离差，且

$$\Delta r = \sqrt{R^2 + \left(\frac{L}{2}\right)^2} - R \tag{9.2}$$

式（9.2）中，L 为目标线度，R 为测量距离。

当 $L \ll R$ 时，有

$$\Delta r \approx \frac{L^2}{8R} \tag{9.3}$$

因此，对于给定的相位偏差要求，所对应的最小测量距离要求可表示为

$$R_{\mathrm{m1}} = \frac{\pi L^2}{4\Delta\varphi\lambda} \tag{9.4}$$

习惯上将最大相位偏差 $\Delta\varphi$ 表示为 $\pi/4$ 的几分之一，即 $\Delta\varphi = \dfrac{\pi/4}{p}$，代入式（9.4），可得

$$R_{\mathrm{m1}} = p\frac{L^2}{\lambda} \tag{9.5}$$

这就是天线为点源、而目标为扩展目标时的最小距离条件。式（9.5）中 p 的选择（也就是 $\Delta\varphi$ 的确定）一般可按散射截面测量的要求而定，且与目标的散射特性有关。

当取 $\Delta\varphi = \dfrac{\pi}{8}$ 时，$p = 2$，有

$$R_{\mathrm{m0}} = \frac{2L^2}{\lambda} \tag{9.6}$$

此即各种参考文献中所常见，并且得到广泛应用的经典远场条件，也即瑞利远场条件[3-4]。

以上只考虑了入射波在横向上的相位偏差，对于方位或者俯仰向均适用。除此之外，还必须研究横向和纵向幅度偏差问题。关于入射波在横向上的幅度偏差的影响将在下一节讨论，此处先研究纵向上幅度偏差的影响。

在低频段，如果雷达波长与被测目标线度相当，特别地，当 $\lambda > L$ 时，按照式（9.6）计算得到的远场距离将与目标线度相当，甚至可能小于目标线度。出现这种不合理情况的原因在于，此时决定最小距离条件的主要矛盾不在于横向相位偏差，而在于纵向幅度偏差的影响。

设一个细长的目标沿着雷达视线的方向放置，如图 9.2 所示。令入射场强幅度沿目标的最大相对变化量为 ε，即

$$\varepsilon = \frac{E(R-L/2)-E(R+L/2)}{E(R)} \tag{9.7}$$

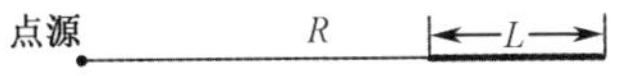

点源　R　L

图 9.2　点源天线与纵向有限线度目标的几何关系示意图

当目标位于天线的远区时，也即 $E(R)\propto \dfrac{1}{R}$，且 $L \ll R$ 时，由式（9.7）可得到以下近似关系式

$$R_{\mathrm{m2}} \approx \frac{L}{\varepsilon} \tag{9.8}$$

式（9.8）告诉我们，对于给定的场强幅度沿目标的最大相对变化量 ε，所需要的最小测量距离是多少。在许多应用中通常要求 $\varepsilon \leqslant 5\%$，此时有

$$R_{\mathrm{m2}} = 20L \tag{9.9}$$

这就是由纵向幅度偏差限定的最小距离条件。

2. 发射天线为有限线度

下面研究发射天线线度与测量距离的关系。

假定接收天线的线度近似为零，因而有 $l_{\mathrm{r}}=0$，$\Delta A_{\mathrm{r}}=1$，$\Delta\varphi_{\mathrm{r}}=0$，此处下标 r 代表“源点”。此时，入射波为幅度分布不均匀的近似球面波，需要同时考虑相位偏差 $\Delta\varphi$ 和幅度偏差 ΔA 的影响。然而，此时相位和幅度偏差的分布，是因天线口径形状和口面上的幅相分布而异的。

作为最经典的例子，R. G. 库尤姆强和 L. 彼得斯研究了一个正方形天线口径在目标区域产生的场及其与最小距离的关系[5]，该正方形天线边长为 $l_{\mathrm{r}}=l$，口径

场为均匀分布，此时的照射场表达式为[6-7]

$$A\mathrm{e}^{-\mathrm{j}\varphi}=\frac{E\left[(l-L)/\sqrt{2\lambda R}\right]+E\left[(l+L)/\sqrt{2\lambda R}\right]}{2E\left(l/\sqrt{2\lambda R}\right)} \tag{9.10}$$

式（9.10）中

$$E(t)=\int_0^t \mathrm{e}^{-\mathrm{j}(\pi/2)u^2}\mathrm{d}u=C(t)-\mathrm{j}s(t) \tag{9.11}$$

为复数菲涅耳积分。

当

$$R>\frac{0.4l^2}{\lambda} \tag{9.12}$$

时，将式（9.10）展开成$l/\sqrt{2\lambda R}$和$L/\sqrt{2\lambda R}$的级数，高阶时将$\pi L^2/4\lambda R$用$\Delta\varphi$表示，从而可导出以下近似式

$$R_{\mathrm{m}A}\approx\frac{\pi}{\sqrt{24(1-\Delta A)}}\left(\frac{l}{L}\right)\frac{L^2}{\lambda} \tag{9.13}$$

以及

$$R_{\mathrm{m}\varphi}\approx\frac{\pi}{4\Delta\varphi}\left\{1-\frac{\Delta\varphi^2}{3}\left[\left(\frac{l}{L}\right)^2+\frac{1}{3}\left(\frac{l}{L}\right)^4\right]\right\}\frac{L^2}{\lambda} \tag{9.14}$$

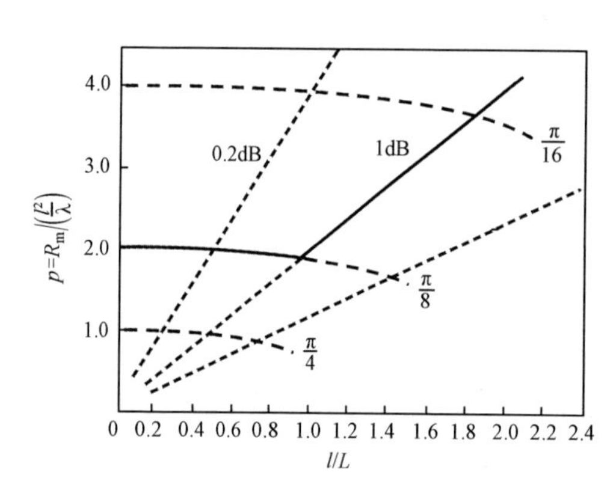

图 9.3　方形均布口径天线的最小距离图

根据式（9.13）和式（9.14），图 9.3 给出了不同相位偏差$\Delta\varphi$和幅度偏差ΔA值时，方形均布口径天线的最小距离图，从中可以看出发射天线口径大小对最小距离选择的影响。

注意图中横坐标为l/L，也即天线口径与目标线度之比，参变量为相位偏差$\Delta\varphi$和幅度偏差ΔA。图 9.3 中纵坐标为$p=\dfrac{R_{\mathrm{m}}}{l^2/\lambda}$。根据式（9.13）和式（9.14）可知

$$p_A=\frac{\pi}{\sqrt{24(1-\Delta A)}}\left(\frac{l}{L}\right) \tag{9.15}$$

$$p_\varphi=\frac{\pi}{4\Delta\varphi}\left\{1-\frac{\Delta\varphi^2}{3}\left[\left(\frac{l}{L}\right)^2+\frac{1}{3}\left(\frac{l}{L}\right)^4\right]\right\} \tag{9.16}$$

假设要求幅度偏差$\Delta A=0.9(1\mathrm{dB})$，相位偏差$\Delta\varphi=\dfrac{\pi}{8}$，由式（9.13）和式（9.14）可

知，当$l/L > 0.95$时，有$R_{mA} > R_{m\varphi}$；当$l/L < 0.95$时，则有$R_{m\varphi} > R_{mA}$。因此

$$R_m\left(\Delta A = 0.9, \Delta\varphi = \frac{\pi}{8}\right) = \begin{cases} R_{mA} & l/L > 0.95 \\ R_{m\varphi} & l/L < 0.95 \end{cases} \tag{9.17}$$

式（9.17）表明，当发射天线口径大于目标线度时，照射场的幅度锥削是导致散射截面测量误差的主要因素，最小测量距离R_m由幅度偏差限定，且随l/L的增加而增加。另外，当发射天线口径小于目标线度（$l/L = 0 \sim 0.95$）时，目标上入射场的幅度分布均匀，最小距离由相位偏差所决定，其值接近于$2L^2/\lambda$。

当天线口径l趋于零时，有

$$\lim_{l\to 0} R_{m\varphi} = \frac{\pi}{4\Delta\varphi}\frac{L^2}{\lambda} = R_{m1} \tag{9.18}$$

这正是稍早在讨论发射天线为点源时所导出的结果。

3. 接收天线为有限线度

前面研究了入射波场强在目标扩展面上的横向相位偏差、纵向幅度偏差及横向幅度偏差与测试距离的关系，得出了两个基本的最小距离条件为

$$\begin{cases} R_{m1} = p\dfrac{L^2}{\lambda} \\ R_{m2} = \dfrac{L}{\varepsilon} \end{cases} \tag{9.19}$$

由此，人们易认为远场测量条件仅与目标的扩展线度有关，只要在目标扩展面上入射波满足平面波近似就可以了。但是，当目标线度远小于天线线度时，按式（9.19）计算可得$\lim\limits_{L\to 0} R_{m1} = \lim\limits_{L\to 0} R_{m2} = 0$，从而得出任何测量距离都满足远场条件的结论，这显然是错误的。很明显，此时接收天线的线度已成为决定测量距离的主要矛盾。

为了讨论接收天线线度与最小距离的关系，假定目标为点散射体，这是目标线度远小于天线线度的极限情形。当$L = 0$时，不管发射天线如何，恒有$\Delta A_i = 1$，$\Delta\varphi_i = 0$成立，此处下标 i 表示到达目标区的“入射波”。此时，到达接收天线的散射波是均匀球面波，这同按互易原理测量天线方向图的配置情况是相似的。

根据天线测量理论，参照式(9.3)的推导，由天线口面上的允许相位偏差$\Delta\varphi_s$确定的远场条件为

$$R_{mr} = \frac{\pi l_r^2}{4\Delta\varphi_s\lambda} \tag{9.20}$$

式（9.20）中，$\Delta\varphi_s$的大小应根据接收天线类型及散射截面测量精度的要求选定。习惯上取$\pi/4$的整数倍，即

$$\Delta\varphi_{s}=\frac{\pi/4}{q} \tag{9.21}$$

因此有

$$R_{mr}=q\frac{l_{r}^{2}}{\lambda} \tag{9.22}$$

以上分析表明，当目标线度小于天线口径时，测试距离主要取决于接收天线口径上的散射波相位偏差。当所测目标属于小尺寸目标时，或者采用大型聚焦天线来进行目标 RCS 测量时，这一点值得特别注意。

4. 目标与天线均为有限线度

由前述讨论可知，当仅考虑目标为有限线度时，有

$$R_{m1}=p\frac{L^{2}}{\lambda} \tag{9.23}$$

当仅考虑接收天线为有限线度时，则有

$$R_{mr}=q\frac{l^{2}}{\lambda} \tag{9.24}$$

式（9.23）和式（9.24）中，L 为目标横向线度；l 为天线口径（对于后向散射，$l_{r}=l_{t}$，故用 l 表示）；p 由目标上的允许相位偏差 $\Delta\varphi_{i}$ 所决定；q 取决于接收天线口径上允许的相位偏差 $\Delta\varphi_{s}$。p 与 q（也即 $\Delta\varphi_{i}$ 与 $\Delta\varphi_{s}$）主要由 RCS 测量精度要求所决定，同时还各自与目标的散射特性以及天线口径场分布类型有关。

另外，当天线与目标均为有限线度时，所选择的最小距离应同时保证目标处入射波为平面波和接收天线处散射波满足平面波近似，也即同时满足式（9.23）和式（9.24），因此可取其中的大值，即

$$R_{m3}=\max\left\{p\frac{L^{2}}{\lambda},q\frac{l^{2}}{\lambda}\right\} \tag{9.25}$$

图 9.4 所示为最大相位偏差示意图，严格的最小距离条件可从该图中的最大相位偏差导出，即有

$$\Delta\varphi_{\max}=\frac{2\pi}{r}\Delta r_{m} \tag{9.26}$$

$$\Delta r_{\max}=\sqrt{R^{2}+\left(\frac{L+l}{2}\right)^{2}}-R \tag{9.27}$$

当 $l+L\ll R$ 时，有

$$R_{m4}=\frac{\pi(l+L)^{2}}{4\lambda\Delta\varphi_{\max}}=p\frac{(l+L)^{2}}{\lambda} \tag{9.28}$$

式（9.28）中，$p=\dfrac{\pi/4}{\Delta\varphi_{\max}}$。

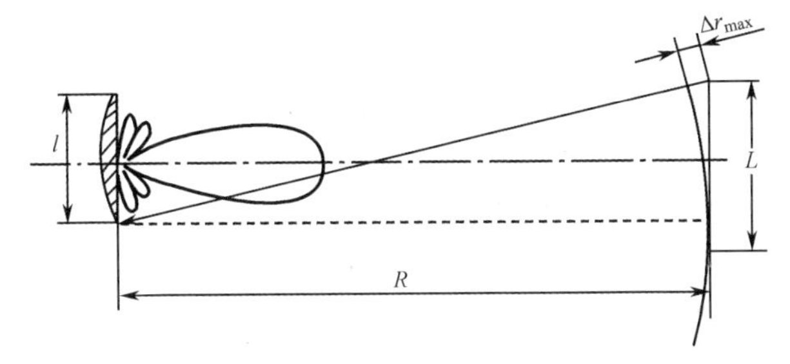

图 9.4 最大相位偏差示意图

注意，R_{m1}、R_{m3}和R_{m4}这 3 个最小距离条件一个比一个苛刻，即它们满足不等式

$$R_{\mathrm{m1}} \leqslant R_{\mathrm{m3}} \leqslant R_{\mathrm{m4}} \tag{9.29}$$

式（9.29）中等号在$l/L \to 0$时成立。

9.1.2 准远场条件

按照经典的瑞利远场条件，一个横向扩展为10m的目标，工作频率为10GHz（波长 3cm）时的测试距离应为 6.6km，这已经超过了绝大多数实际测试场地的尺寸。例如，测试频率再进一步升高，尤其是对于毫米波频段，测量距离不够的矛盾会更加突出。因此，站在实际工程应用的角度，人们无疑希望能在比经典远场条件近一些的某个准远场距离上进行测量。

其实，追根究底，之所以产生所谓的远场条件问题，就在于 RCS 定义中要求距离趋于无穷大。而这一要求的根本目的仅仅在于消除 R 的影响，使 RCS 与距离无关。对于任何一个特定的目标，只要不断地增加测试距离直至测得的RCS与测量距离无关就可以。换言之，对于给定的 RCS 误差量$\Delta\sigma$，当R增大到测得的 RCS 随距离的变化量开始小于$\Delta\sigma$的那个距离，便是给定条件下的最小距离。

1954 年，科恩（Cohen）[8]就曾对飞机模型在不同距离进行了重复测量，测得的 RCS 数据按2°方位角窗口求取中值。处理后的结果表明，对在$p=0.63$和$p=0.25$两个距离上的 RCS 处理数据，其结果看不出显著差异。

上述尝试表明，对于由多个部件组成的复杂目标，在比经典远场条件近得多的距离上进行测量还是可行的。尤其是对于雷达与武器系统设计等许多实际工程问题，有时最关心的并不是目标在某个特定姿态下的 RCS，而是它在某一段姿态角窗口上的统计平均值或中值，因而在一定的统计意义下，放宽对最小距离的要求也是允许的。多年来，人们一直在寻求各种各样的放宽条件及其相应的处理方法。

1987 年，梅林（Melin）提出了实现近距离测量的低频滤波法[9]，该方法引起了各国研究人员的兴趣。

对于由多个部件组成的大型复杂目标，其每一部件的线度都可能满足经典的远场条件，如果可以忽略各散射中心之间的耦合影响，则复杂目标可以表示成由 N 个点散射体组成的复合目标，如图 9.5（a）所示。

当一个均匀平面波 $(R=\infty)$ 沿 y 轴正方向照射目标时，该复合目标的合成 RCS 为

$$\sigma=\left|\sum_{\nu=1}^{N}\sqrt{\sigma_\nu}\exp(-\mathrm{j}2ky_\nu)\right|^2 \tag{9.30}$$

任意两个点散射体间的波程差为 $\delta_\infty=R_\nu(\infty)-R_\mu(\infty)$，如图 9.5（b）所示，当目标围绕垂直于雷达视线的 z 轴旋转时，δ_∞ 随视角而变化，波程差的改变引起散射回波相位的相对变化，使得整个复合目标的总散射方向图随转角急剧起伏变化，如图 9.6 中的粗实线所示。

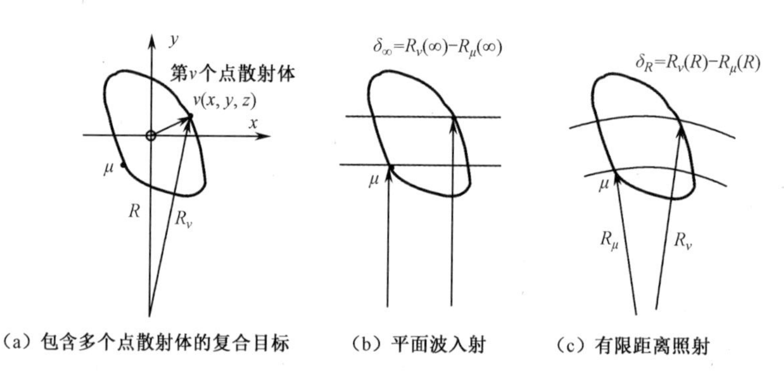

（a）包含多个点散射体的复合目标　（b）平面波入射　（c）有限距离照射

图 9.5　复合目标及波程示意图

当测试天线在有限距离 R 时，相应的散射截面可表示为

$$\sigma_R=\left|\sum_{\nu=1}^{N}\left(\frac{R}{R_\nu}\right)^2\sqrt{\sigma_\nu}\exp[-\mathrm{j}2k(R_\nu-R)]\right|^2 \tag{9.31}$$

式（9.31）中，$R_\nu=|R+r_\nu|$。由图 9.5（c）所示，由于任意两个点散射间的相对波程差变为

$$\delta_R=R_\nu(R)-R_\mu(R) \tag{9.32}$$

所以测得的散射方向图也发生了变化，如图 9.6 中虚线所示。图 9.6 中所给出的是对一个由 50 个各向同性点散射体构成的复合目标进行计算机仿真的结果，仿真参数为：雷达波长 $\lambda=0.03\mathrm{m}$，目标上 50 个各向同性点散射体随机分布在

$z_v = 0$ 的一个直径为 1m 的圆内，$\sqrt{\sigma_v} = |a_v + \mathrm{j}b_v|$，其中 a_v 和 b_v 在 ±0.5 之间随机产生。所有位置和幅度的随机变量都是相互独立的，50 个点散射源组成的复合目标的分布如图 9.7 所示，其中虚线大圆代表目标尺寸，每个实线小圆圈代表一个散射点，各个小圆圈的直径正比于 $\sqrt{\sigma_v}$。此外，仿真的有限测量距离等于经典远场距离的 1/3。

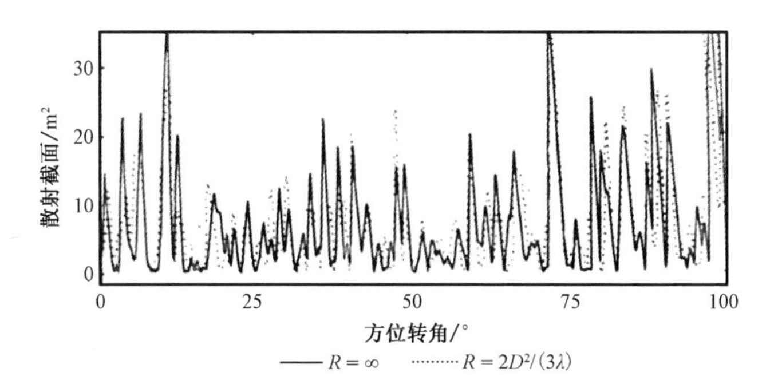

图 9.6　复合目标的散射截面（滤波前）

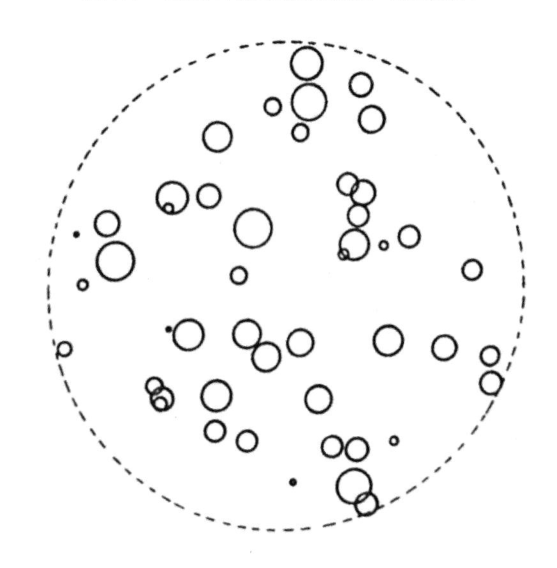

图 9.7　50 个点散射源组成复合目标分布图

对于一个最大横向扩展线度 D 远大于波长 λ，能够用 N 个各方向性点散射体表示的复合目标，其测量距离问题可采用以下两种方式进行探讨。

（1）要求每个点散射体的回波截面相对于复合目标中心处的相位偏差小于 $\pi/4$，也即

$$2k\left(R_v - R\right) < \frac{\pi}{4},\ \ v = 1,2,3,\cdots \tag{9.33}$$

式（9.33）等价于

$$R_v - R < \frac{\lambda}{16}, \quad v = 1,2,3,\cdots \tag{9.34}$$

也就是说，这与要求单程相位差$k\left(R_v - R\right) < \frac{\pi}{8} = \frac{\pi/4}{2}$，即与本节前面所讨论的$p = 2$的情况是等价的。在$R \gg x_v, z_v$的条件下，对式（9.34）做泰勒（Taylor）展开并略去高阶项，可得

$$\frac{x_v^2 + z_v^2}{2R} < \frac{\lambda}{16}, \quad v = 1,2,3,\cdots \tag{9.35}$$

可以发现，在下列条件下上述不等式成立，即

$$R > \frac{2D^2}{\lambda} \text{ 且 } \sqrt{x_v^2 + z_v^2} < \frac{D}{2}, \quad v = 1,2,3,\cdots \tag{9.36}$$

这与经典的瑞利远场条件是完全符合的。

（2）用梅林采用的低通滤波法。将式（9.31）展开，得

$$\sigma_R = \sum_{v=1}^{N}\left(\frac{R}{R_v}\right)^4 \sigma_v + \sum_{v=1}^{N}\sum_{\mu=v+1}^{N} \frac{2R^4}{R_v^2 R_\mu^2}\sqrt{\sigma_v \sigma_\mu}\cos[2k(R_v - R_\mu)] \tag{9.37}$$

要求式（9.37）中各项的最大相位误差小于$\pi/4$，也即限定任意两个点散射体间波程差δ_R相对$R = \infty$时的波程差δ_∞的最大变化量不大于$\lambda/16$，有

$$\delta = \left|\left[R_v(R) - R_\mu(R)\right] - \left[(R_v(\infty) - R_\mu(\infty)\right]\right|, \quad v = 1,2,3,\cdots; \ \mu = 1,2,3,\cdots \tag{9.38}$$

略去三次及更高次项，可得

$$\left|\frac{x_v^2 + z_v^2}{2R} - \frac{x_\mu^2 + z_\mu^2}{2R}\right| < \frac{\lambda}{16}, \quad v = 1,2,3,\cdots; \ \mu = 1,2,3,\cdots \tag{9.39}$$

在静态测量时，目标是围绕垂直于雷达视线的z轴旋转的，因此 RCS 随方位转角ϕ的变化而变化。假设目标上各散射中心位置矢量$\boldsymbol{r}_v$与z轴的夹角为ψ_v，其在xy平面上的投影与$-\boldsymbol{R}$的夹角为ϕ_v，则当目标做方位转动时，有

$$\begin{cases} \psi_v(\phi) \cong \psi_v \\ \phi_v(\phi) = \phi + \phi_v \end{cases} \tag{9.40}$$

且有

$$\begin{cases} x_v = r_v \sin(\phi + \phi_v)\sin\psi_v \\ y_v = -r_v \cos(\phi + \phi_v)\sin\psi_v \end{cases} \tag{9.41}$$

对R_v和R_μ做泰勒展开并略去高次项，可得

$$R_v - R_\mu = -\boldsymbol{r}_v \cos(\phi + \phi_v)\sin\psi_v + \boldsymbol{r}_\mu \cos(\phi + \phi_\mu)\sin\psi_\mu \tag{9.42}$$

当物体旋转时，上式中的“cos”项为相位调制的信号，其角频率可由式（9.42）求得，即

$$\omega_{\nu\mu}=\frac{\mathrm{d}}{\mathrm{d}\phi}\left[2k(R_{\nu}-R_{\mu})\right]=2k(x_{\nu}-x_{\mu}) \tag{9.43}$$

相应的角周期为$\dfrac{2\pi}{\omega_{\nu\mu}}$。

如果对测得的雷达 RCS 随旋转角的变化曲线$\sigma(\phi)$进行截止周期为ϕ_{c}（rad）的低通滤波，那么只有满足下列不等式的项（下角标为$\nu\mu$的项）才能通过滤波器，即

$$\left|\omega_{\nu\mu}\right|=zk(x_{\nu}-x_{\mu})<\frac{2\pi}{\phi_{\mathrm{c}}} \tag{9.44}$$

对于一个$z_{\nu}=0$且$\left|x_{\nu}\right|<\dfrac{D_x}{2}$的二维目标，联立不等式（9.39）和式（9.44）求解，可以得出满足这两个条件的最小距离为

$$R>\frac{4D_x}{\phi_{\mathrm{c}}}\left(1-\frac{\lambda}{2\phi_{\mathrm{c}}D_x}\right),\quad \phi_{\mathrm{c}}>\frac{\lambda}{D_x} \tag{9.45}$$

和

$$R>\frac{2D_x^2}{\lambda},\quad \phi_{\mathrm{c}}<\frac{\lambda}{D_x} \tag{9.46}$$

式（9.45）就是梅林导出的准远场条件，式（9.46）则为经典的瑞利远场条件。

如图 9.7 所示，以由 50 个随机点散射体组成的复合目标为例，对不等式（9.45）说明如下：当距离分别为无穷大及经典远场距离的 1/3 时，其散射截面曲线如图 9.6 中的实线和虚线所示。对比可以发现，在个别方位角下两者的差别是十分明显的。图 9.8 给出了上述仿真 RCS 数据经过截止周期为 9.5° 的低通滤波后的结果。从图 9.8 可知，实线$(R=\infty)$和虚线$(R=2D^2/(3\lambda))$已经非常接近，归一化的 RCS 均方根误差（均方根误差与平均雷达散射截面之比）从原来的-1.2dB 下降到-10.8dB，改善了 9.6dB。

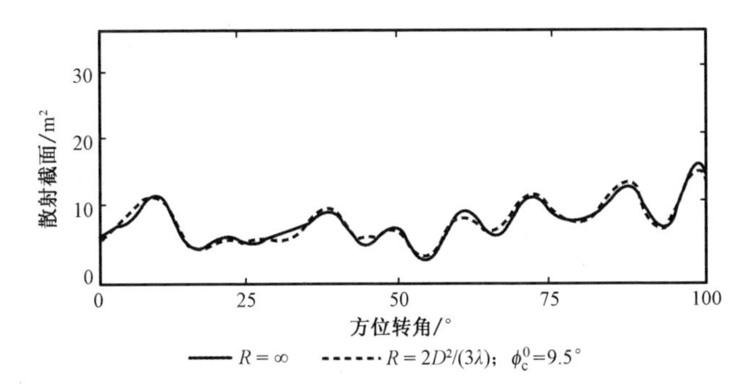

图 9.8　复合目标 RCS 曲线（截止周期 9.5° 低通滤波后）

如若距离 R 进一步减小到经典远场的 1/10，$\sigma_R(\phi)$ 与 $\sigma_\infty(\phi)$ 的差别更为明显，如图 9.9 所示，RCS 均方根误差甚至已超出平均散射截面 0.7dB，但是只要经过较大截止周期的低通滤波后（$\phi_c^0=33°$），如图 9.10 所示，仍可得到很一致的结果。此时，归一化的 RCS 均方根误差已下降到-11.7dB，即改善了 12.4dB。

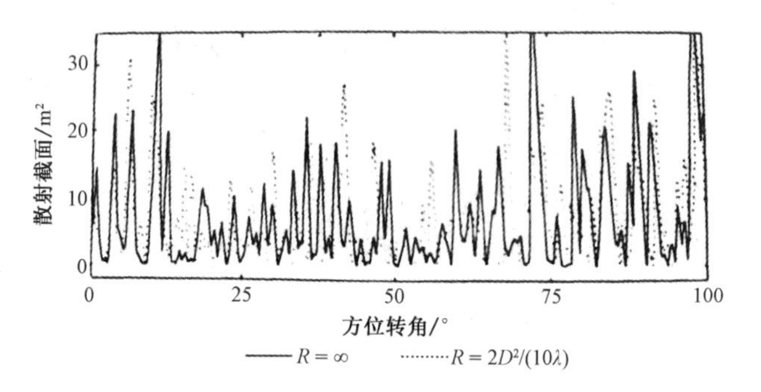

图 9.9　复合目标 RCS 曲线（滤波前）

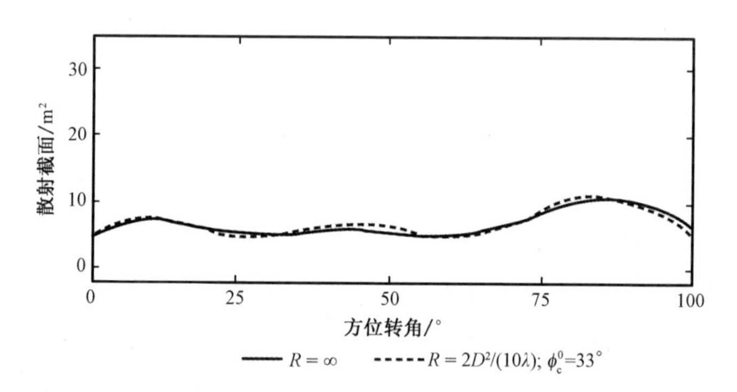

图 9.10　复合目标 RCS 曲线（截止周期 33° 低通滤波后）

由上述推证和示例可以得到以下结论：在比经典远场条件距离小得多的近距离上测得的 RCS 随方位角的变化曲线 $\sigma_R(\phi)$，经过一定截止周期 ϕ_c 的低通滤波后，与在 $R=\infty$ 时测得的 $\sigma_\infty(\phi)$ 也经 ϕ_c 低通滤波后的结果几乎是完全相同的。用这种方法滤去式（9.37）中相对波程差变化所产生的高频调制分量，保留低频部分，可以减小归一化的 RCS 均方根误差。从本质上讲，这种滤波方法是以牺牲分辨率为代价来换取测量距离的减小的。

对于给定的 R、λ 和 ϕ_c，由式（9.45）和式（9.46）可以导出最大可测目标的横向线度为

$$D_x < \frac{\phi_c R}{4} + \frac{\lambda}{2\phi_c}, \quad \phi_c > \frac{\lambda}{D_x} \tag{9.47}$$

以及

$$D_x < \sqrt{\frac{R\lambda}{2}}, \quad \phi_c < \frac{\lambda}{D_x} \tag{9.48}$$

对于 $z_v \neq 0$ 的三维目标，可以推导出目标在 xz 平面内允许扩展的范围为由两条抛物线和一个圆所限定的区域，如图 9.11 所示。其中，两条抛物线为

$$z^2 \pm x\frac{\lambda}{\phi_c} = \frac{\lambda R}{8} + \frac{\lambda^2}{4\phi_c^2}, \quad |x| > \frac{\lambda}{2\phi_c} \tag{9.49}$$

圆的曲线方程则为

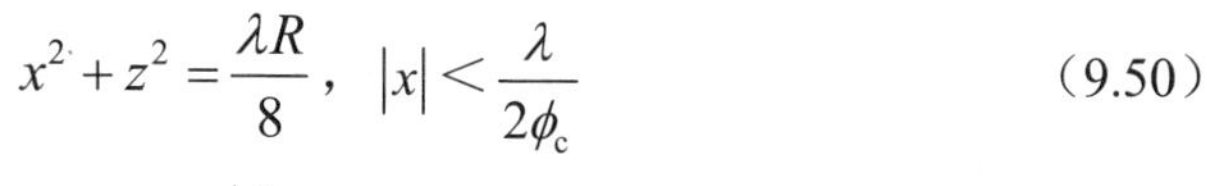

$$x^2 + z^2 = \frac{\lambda R}{8}, \quad |x| < \frac{\lambda}{2\phi_c} \tag{9.50}$$

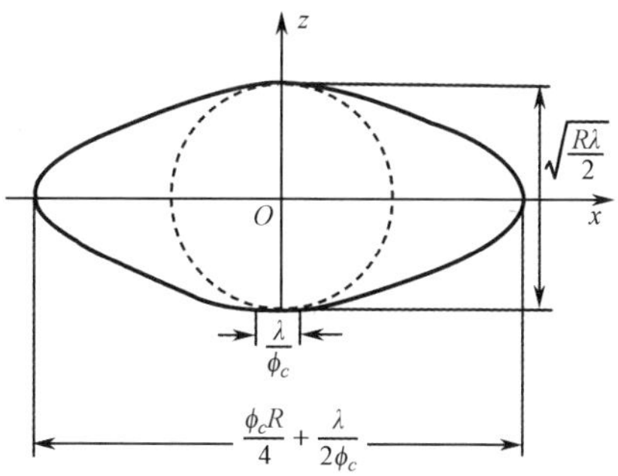

图 9.11　绕 z 轴旋转时复合目标的 ϕ_c（rad）

上述方程所限定的扁平区域在垂直于雷达视线和目标旋转轴的方向（沿 x 轴）上，由于低通滤波的作用，最大可测目标线度可以扩展到式（9.47）所限定的值。而在旋转轴方向（沿 z 轴）上，由于没有低通滤波的作用，导出的最大可测目标线度仍为 $\sqrt{\frac{R\lambda}{2}}$，这正是经典远场条件的要求。

当测量为了获得锥面切割的数据，假设目标不是绕 z 轴旋转，而是把转台的旋转轴朝雷达方向倾斜一个 θ 角，此时用 $\phi_c \cos\theta$ 替换 ϕ_c，则上述计算方程仍然有效。

当给定测试距离 R、工作波长 λ 和目标横向线度 D_x 时，截止周期 ϕ_c（单位为 rad）由下式确定，即

$$\phi_c > \phi_1 = \frac{4D_x}{R}\left(\frac{1}{2} + \frac{1}{2}\sqrt{1 - \frac{\lambda R}{2D_x}}\right) \tag{9.51}$$

注意当 $\phi_c > \frac{\lambda}{D_x}$ 时，式（9.51）与式（9.45）是等价的。

如果已知的是雷达工作频率 f（单位为 GHz），待求截止周期 ϕ_c^0（单位为°），长度单位为 m，则上述公式可写为

$$R > \frac{720D_x}{\pi\phi_c^0}\left(1-\frac{27}{\pi\phi_c^0 fD_x}\right) \tag{9.52}$$

$$\phi_c^0 > \frac{360D_x}{\pi R}\left(1+\sqrt{1-\frac{3R}{20fD_x^2}}\right) \tag{9.53}$$

上述两式成立的条件为

$$\pi fD_x\phi_c^0 > 54 \tag{9.54}$$

9.2 雷达目标特性测量系统与测试场

测量系统与测试场是实现雷达目标特性测量的硬件基础，在不同的实施条件和多种要求的限制下，需要采用不同的测量系统和场地设计，以保证被测目标的电磁散射响应能与试验条件实现更好匹配，具体表现则为多种类型的雷达目标特性测量系统与测试场。

9.2.1 典型测量雷达系统

1. 连续波（CW）测量系统

在早期雷达目标特性测量中，连续波测量系统得到较为广泛的使用，特别是在微波暗室中进行电磁散射特性测量时，通常会优先选用工作在连续波体制下的测量系统，主要原因是其系统接收机所需要的带宽通常较小，因此具有较高的灵敏度。但是，当工作在某一频率时，连续波测量系统是没有距离分辨率的，且此类系统因无法直接区分待测目标散射信号、系统泄漏信号和环境中杂波信号，会造成测量误差乃至错误的结果，这也是连续波测量系统最大的缺点。在实际使用中，为了克服上述缺点，连续波测量系统需要增加杂波与发射信号泄漏的消隐方法。传统的方法是采用收/发分离的双天线，并在系统发射支路和接收支路间增加“调零”支路，通过调节发射支路耦合信号幅度和相位并注入接收机，达到缩减系统泄漏和背景杂波的目的。图9.12为采用收/发分离的双天线方式构成“调零”式连续波测量系统的原理示意图[10]。

这种“调零”式结构很难适应较宽的测试频率范围，且容易受环境变化和目标散射空间分布特性的影响，信号重复性较差。为了提高对被测目标，特别是低散射目标的测试精度，现代连续波测量系统通常会结合时域选通技术和矢量背景对消技术一起使用，这就需要对系统进行改进，如增加外部时间选通电路，或采用能够进行相位测量的相参雷达体制。在新型的测量暗室中，前述这些改进通常可以通过使用一体化矢量网络分析仪，配合一些脉冲调制功能部件来直接实现。

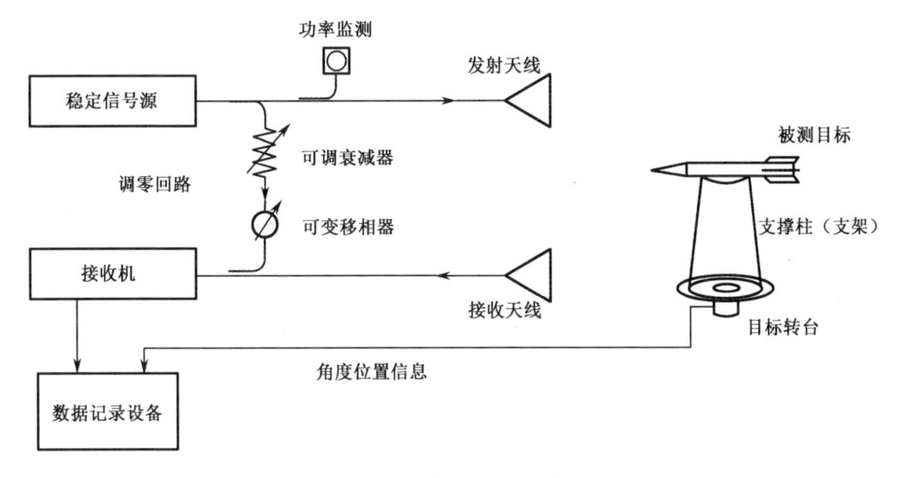

图 9.12　“调零”式连续波测量系统原理示意图

矢量背景对消技术建立在测量系统能够稳定测得测试环境杂波信号的幅度和相位的基础之上，且所关注的环境影响信号本身不应有快速时变特征，这一技术的原理与实现方法将在 9.3 节中详细介绍。

时域选通技术又称为距离门选通技术，其通过截取特定时间段的信号进行测量，达到抑制杂波信号的目的。由于选通技术带来了时间或者距离上的分辨能力，在抑制杂波信号的同时，还可以通过使用多个接收选通，对同一次传播过程不同时刻的信息进行分别测量。例如，将不同距离上的目标对同一照射信号的散射回波分别测量，可以支撑异地实时定标的实现；又如，通过极窄的距离门选通信号照射扩展目标，可以实现对目标局部散射的高分辨测量。根据实现方法的不同，时域选通技术又包括硬件选通和软件选通两种方式。

1）硬件选通

硬件选通是通过在测量系统收/发支路中增设具有通断选择功能的调制器来实现的，通常使用一个可变脉冲周期、宽度和延时的多路脉冲发生器对收/发支路调制器进行协同控制，接收机所在支路的接通时间脉冲就构成了“距离门”。硬件选通系统的结构如图 9.13 所示，其发射、接收双天线可由图 9.13 中虚线框标出的收/发单天线和方向性器件替代。

由于硬件选通使测量系统具有收/发分时工作的特性，发射信号不会直接泄漏到接收机中造成接收系统饱和或损坏，因此系统具备了单天线工作的能力，从而降低了一些需要使用大型天线的测量系统的设计与实现难度，如米波段测量系统，同时也为一些单、双站散射变化敏感的目标提供了测量系统解决方案。

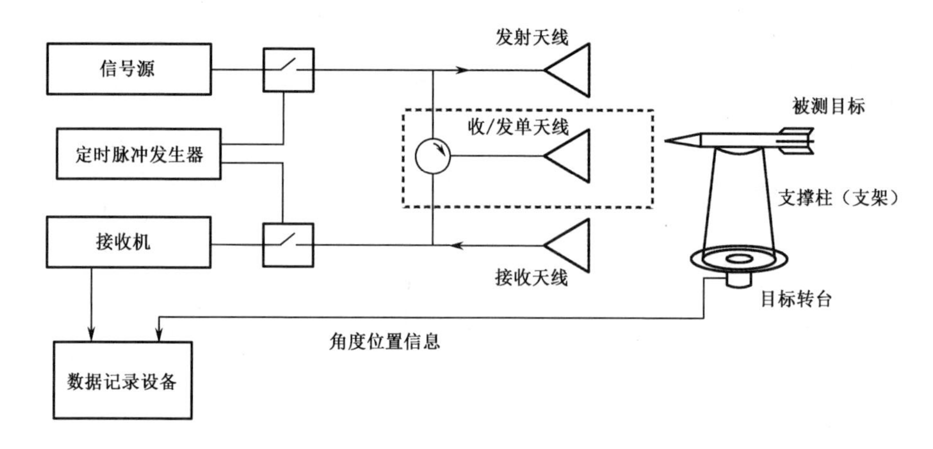

图 9.13 硬件选通测量系统的结构示意图

采用硬件选通技术时，需要根据实验室和被测目标的情况设计选通调制器及调制信号，需要关注的重点性能指标通常包括：

（1）距离门宽与延时关系，它决定了测量目标区域的尺寸大小和距离位置。

（2）隔离度或通断比，用于描述距离门关断时对传输信号阻隔的能力，它决定了杂波信号滤除效果的好坏。

（3）选通性能，用于描述距离门接通和关断状态建立的时间，一般由调制信号和硬件性能非理想所产生，它决定了阻隔测量区域邻近位置杂散信号的能力。

运用硬件选通技术后，测量系统已经具备了一定的脉冲系统属性，如选通距离门的宽度选择要按照对目标的有效连续照射和稳态响应获取来设计，通常会要求距离门不能窄于目标最大距离线度双程的 1.5～2 倍，这一点会在脉冲测量系统中进一步讨论。同时，单纯的硬件选通技术并非必须遵循严格的信源调制关系和带宽匹配关系，如在紧缩场微波暗室中通过矢量网络分析仪进行的目标散射测量，静区尺寸一般为几米至十余米，对应的距离门宽度在几十至百余纳秒（ns），调制脉冲带宽为几兆赫兹至数十兆赫兹，而矢量网络分析仪的单次点频测量时间一般为微秒（μs）量级，测量中带宽可以根据需要设置为几十赫兹至数千赫兹，且不要求调制脉冲与仪表的跳频和测量过程具有同步性，但这并不影响硬件选通的实现和信号的稳定测量。

如果单纯关注被测目标的散射回波信号，由于硬件选通技术在原有辐射信号的基础上引入了远小于 100%的占空比，这就使得接收到的目标散射信号平均功率相应下降，加之接收机瞬时带宽的限制，采用硬件选通后的测量信号与传统的连续波测量系统相比，其信噪比是下降的。但是，从目标散射测量所面对的整体杂波环境角度考虑，硬件选通技术的应用可极大降低目标区外强杂波信号对测量系统的影响，本质上是极大减小了测量系统接收传递函数与杂波自相关函数的积分值，由此提高了测量系统的信杂比/信噪比。

2）软件选通

软件选通是对散射测量数据通过时域处理方法提取目标散射信号，滤除杂散回波，从而提高目标散射特性测量精度的技术。由于软件选通是直接对测量数据进行数字信号处理来实现时域（距离）选通的，因此不需要改进连续波测量系统的结构形式，但需要进行宽带扫频测量，通过对宽带多频点测量数据在数据域和时域之间的变换来滤除杂散信号，并由此提高目标散射特性测量数据精度。软件选通技术同接收机硬件距离门技术是相对应的，只不过一个是通过软件处理来实现（所以也成为软件距离门），另一个则通过硬件调制来实现。

在获得宽带散射幅相测量数据后，一般可以通过快速逆傅里叶变换（IFFT）算法合成目标的一维高分辨距离像，然后将一维高分辨距离像与距离选通门函数相乘，抑制目标区之外的杂波信号，再进行快速傅里叶变换（FFT）即可得到经软件选通处理后的频域散射测量数据。为了详细说明软件选通的实现过程，下面以双柱面紧缩场暗室中金属圆柱测量的软件选通处理为例进行介绍，如图 9.14 所示。

采用宽带扫频连续波测量系统获得的频域散射数据（未定标）如图 9.14（a）所示，经 IFFT 处理得到散射测量数据的时域一维高分辨距离像如图 9.14（b）所示。从该图可以看出，除目标区散射之外，还包含了诸多杂波源的散射信息，主要包括系统泄漏、紧缩场天线系统的散射、目标支架散射、暗室背墙反射等信息。选择合适的时域选通函数构成软件距离门，如图 9.14（c）所示，将其与图 9.14（b）所示的数据进行乘积运算，得到加门处理后的一维高分辨距离像数据，可以看到目标区域以外的杂散得到了明显抑制。最后，经 FFT 运算，得到软件选通处理后的目标宽带扫频测量数据，如图 9.14（e）所示。可以看到，经软件选通处理后，频域测量数据较处理之前有明显降低，这是大量强杂波信号被抑制而主要保留了目标区散射信号的缘故。

在软件选通处理过程中，有以下 4 方面技术要点需要关注：

（1）用于软件选通处理的测量数据应具有足够大的带宽，可以获得足够的距离分辨率，能够支撑对目标区散射和杂波散射的有效区分。

（2）扫频测量应当采集足够多的频点数，即有足够密集的频率采样间隔，满足离散信号采样定理，确保在时、频域之间进行变换处理时不会造成目标区外的杂散信号因距离模糊而在目标区产生混叠信号，否则软件选通无法滤除这种混叠到目标区的杂散信号，造成测量结果错误。

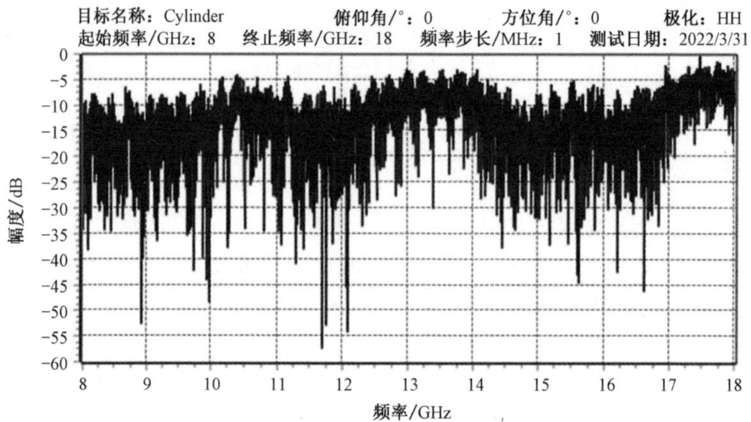

（a）采用宽带扫频连续波测量系统获得的频域散射数据（未定标）

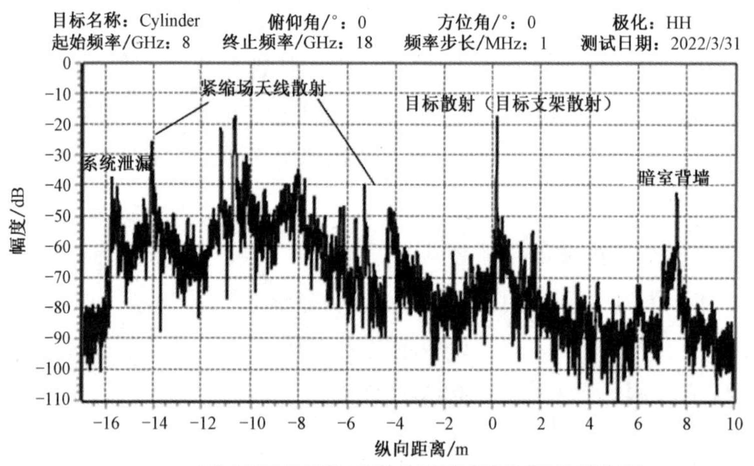

（b）经IFFT处理得到的散射测量数据的时域高分辨距离像

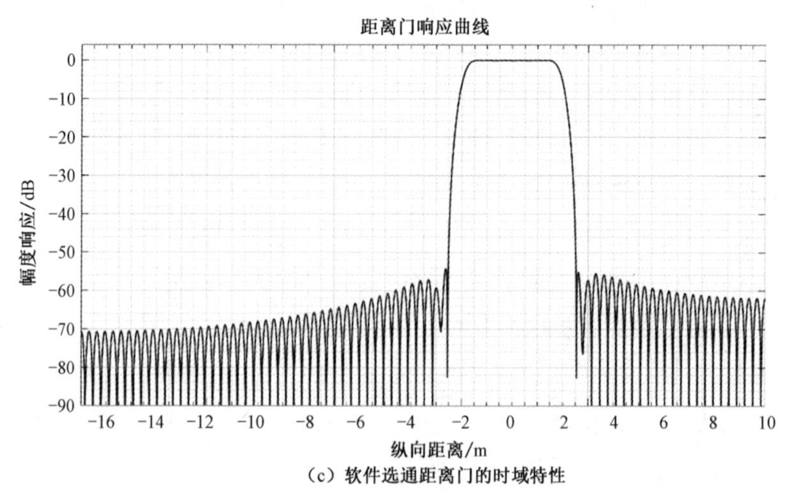

（c）软件选通距离门的时域特性

图 9.14 连续波系统散射测量的软件选通处理（用对数表示）

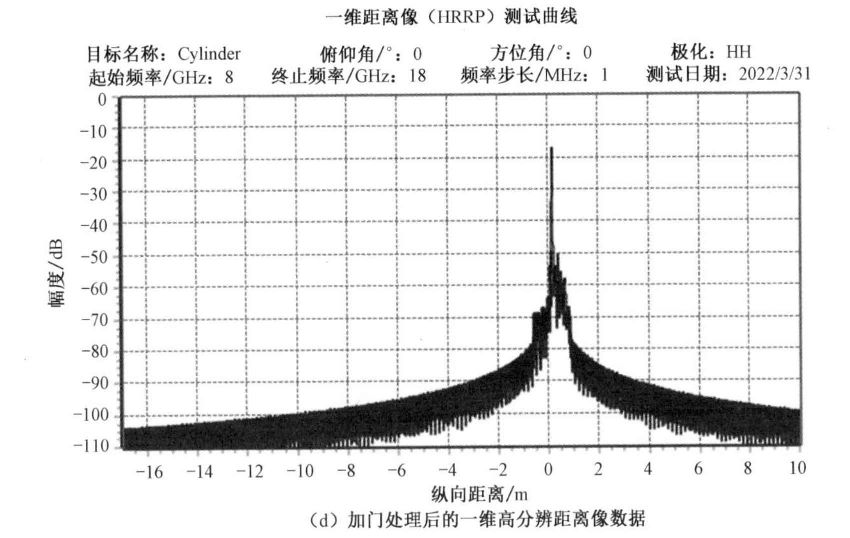

（d）加门处理后的一维高分辨距离像数据

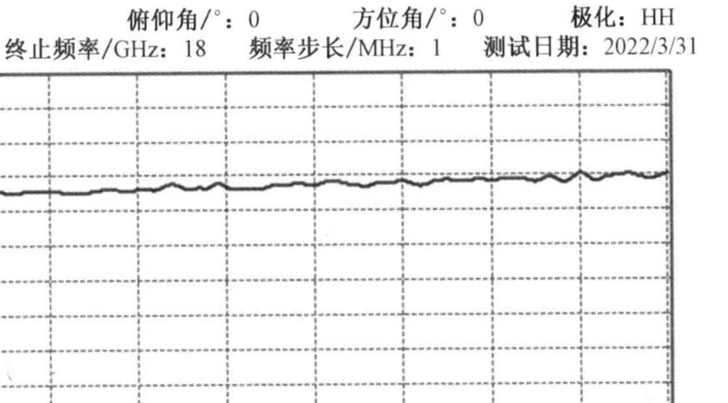

（e）软件选通处理后的目标宽带扫频测量数据

图 9.14　连续波系统散射测量的软件选通处理（用对数表示）（续）

（3）所选取的软件选通距离门的时域特性一般不应是一个理想的矩形窗函数，而应是通过数字带通滤波器设计所形成的响应函数，这样做是为了避免在时域选通后数据变换回到频域时，由于理想矩形选通门引入的高频域旁瓣导致各频点间的能量泄漏，造成频点测量误差。

（4）在单独使用占空比较小的窄距离门进行软件时域选通时，应注意对选通距离门时域特性的正确设计，避免造成软件距离选通加门后的频域数据出现边缘效应[11]。

由于软件选通技术需要宽带扫频测量的支持，因而在测量距离比较远时，为了保证不发生距离模糊，要求频率采样间隔很小，由此产生大量的数据，并导致测量效率的明显降低。硬件选通同时可以适应点频和宽带测量的要求，因此在实际应用中可以将硬件选通和软件选通结合使用。但无论哪种时域选通方式都只能对在径向距离上目标区之外的杂波形成抑制作用，而对目标区距离范围内的杂波信号是没有作用的，对这部分杂波往往需要使用矢量对消或者高维空间滤波等技术来加以抑制。

2. 脉冲测量系统

脉冲测量系统是另一类常见的测量系统体制，其系统原理框图如图 9.15 所示。同样，脉冲测量系统也可以采用图9.13所示的单天线方式，但此时通常需要为接收机支路增加具有功率限幅功能的保护电路，避免因发射支路的高功率发射信号泄漏到接收支路而损坏接收机。

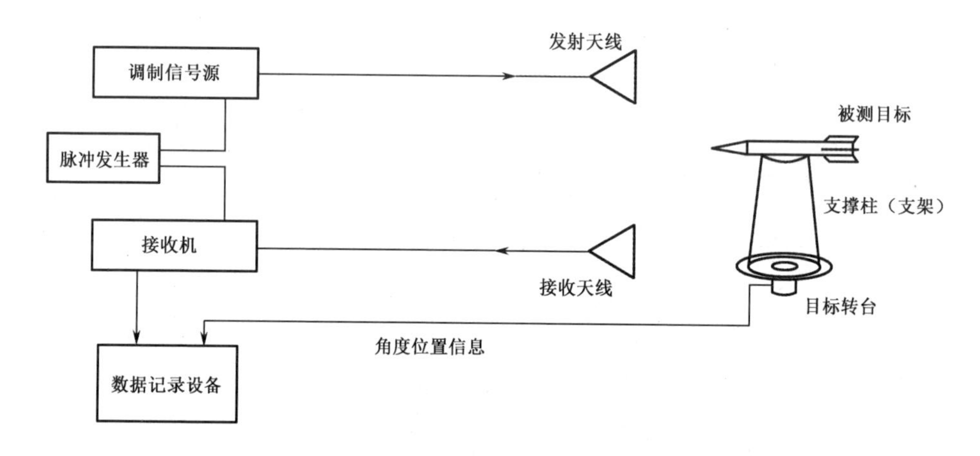

图 9.15　脉冲测量系统原理框图

脉冲测量系统的距离分辨率为

$$\Delta R = \frac{1}{2}c\tau = \frac{c}{2B} \tag{9.55}$$

式（9.55）中，τ 为脉冲宽度；c 为空间中的光速；$B = \frac{1}{\tau}$ 为信号带宽。

为了获得距离上的高分辨率，可以采用较窄的脉冲宽度 τ，但这与接收机高信噪比要求相矛盾。首先，脉冲宽度与脉冲重复周期之比称为占空比，它也等于脉冲平均功率与脉冲峰值功率之比，对于RCS测量雷达，该占空比通常为0.05～0.1 量级，故采用脉冲方式工作时，接收的脉冲平均功率只有其峰值功率的0.05～0.1，与连续波测量系统相比将带来接收损失，降低了接收机灵敏度；其次，由于实际接收机的带通滤波器并不是理想匹配滤波器，因此抑制了脉冲选通射频信号的谐波分量，从而降低了实际接收的平均功率及接收机的灵敏度。为了补偿这种损失，脉冲测量系统通常要使用高功率发射机，提高辐射信号的峰值功率，并在接收机变频之前增加高增益的低噪声放大器。采取这两项措施后，可以有效补偿脉冲工作方式所造成的接收机灵敏度下降。

脉冲测量系统的收/发调制脉冲需要与测量距离和目标区尺寸相匹配，此处的目标区可以是包含被测目标整体散射效应的空间区域，也可以是关注的目标局部散射信息。为了保证测量过程中获得目标散射信号的完整性，发射脉冲的宽度应当对目标区形成有效覆盖，这就要求发射脉冲的时间宽度（记为τ）至少不小于目标区长度值的 2 倍，这样才能保证目标区所有的散射源同时被照射并形成整体散射。考虑到大多数复杂目标存在多次散射机理，如腔体、角反射器、表面波等散射现象，并且脉冲调制实际产生的是非理想脉冲波形，因此通常要求发射调制脉宽 $c\tau$ 要达到 1.5～2 倍的双程目标长度。如果将测量系统天线到目标区最近端的距离定义为 R，则发射脉冲发出后经过延时约 $2R/c$，系统可以打开接收距离门。为了从回波信号中获取完整散射信息，应当设置接收距离门对目标区形成的稳态响应进行测量[12]。同样，为了获得目标区的整体散射信息，距离门长度 $c\gamma$ 应为 1.5～2 倍的双程目标长度。在测量中，脉冲测量系统收/发脉冲时序关系示意图如图 9.16 所示。

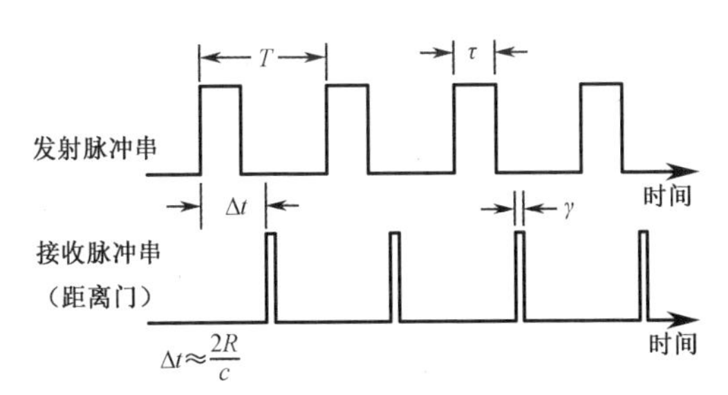

图 9.16　脉冲测量系统收/发脉冲时序关系示意图

目标散射的稳态响应是发射脉冲在对扩展目标区进行全照射时形成的，其过程如图 9.17 所示。脉冲信号在开始照射目标时，回波为目标区局部的散射；当脉冲信号覆盖全部目标长度时，形成目标区整体的稳态响应；当脉冲信号逐渐离开目标区时，回波再次变为目标区局部的散射。

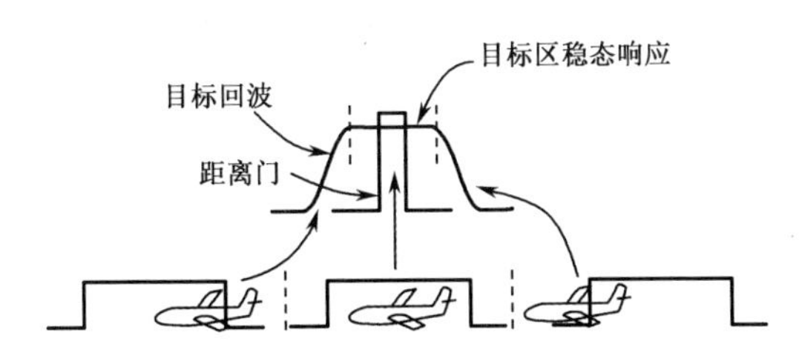

图 9.17　目标区稳态响应过程示意图

此外，鉴于脉冲信号本身具有一定的带宽，当系统脉冲宽度远小于目标物理尺寸时（通常为 ns 级），可以利用脉冲前沿丰富的宽带频谱分量构成高分辨率，从而获得目标局部响应的一维距离高分辨结果，这是高分辨宽带窄脉冲测量系统，或时域高分辨脉冲测量系统的工作原理[1]。

3. 线性调频测量系统（LFM）

连续波体制的测量系统的最大缺点是没有距离分辨率；同时，没有像脉冲波那样的距离门，能将目标区之外的杂波消除，而在径向所有距离上的杂波都有可能进入接收机，并与目标回波相混叠；而且，收/发之间的功率耦合比较严重，也会同目标回波相混淆。上述缺点可用频率调制，简称调频的波形来克服，最常见的即为线性频率调制（LFM，简称调频）波形。线性调频连续波测量系统简化结构如图 9.18 所示，其收/发频率与时间的关系如图 9.19 所示。

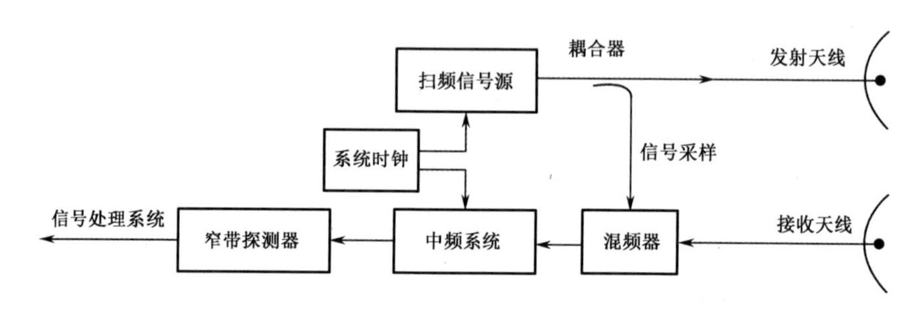

图 9.18　线性调频测量系统的简化结构示意图

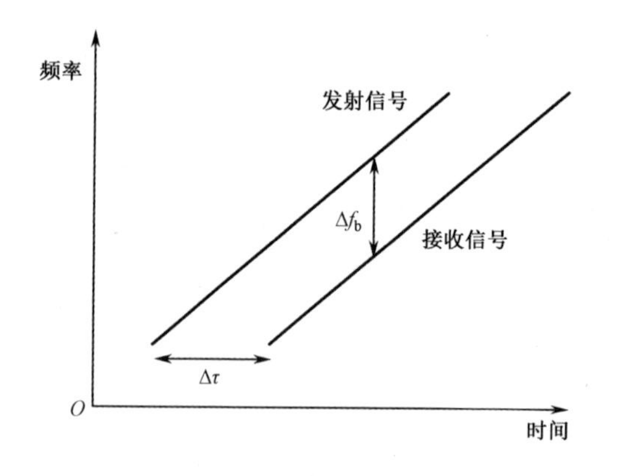

图 9.19　线性调频测量系统收/发频率与时间的关系

设调频斜率为

$$k = \frac{B}{T} \tag{9.56}$$

式（9.56）中，B 为信号调频带宽；T 为信号调频持续时间。

距离 R 处的点目标产生的瞬时频率为

$$f_{\mathrm{b}} = k\tau = \frac{B}{T}\frac{2R}{c} \tag{9.57}$$

由式（9.57）差分可得时域与频域分辨率之间的关系为

$$\Delta\tau = \frac{\Delta f_{\mathrm{b}}}{k} \tag{9.58}$$

距离分辨率可表示为

$$\Delta R = \frac{1}{2}\Delta\tau c \tag{9.59}$$

如果调频信号持续时间 T 比点目标回波时延 $\Delta\tau$ 大许多，即 $T \gg \Delta\tau$，则频域分辨率取决于观测数据长度，即

$$\Delta f_{\mathrm{b}} = \frac{1}{T} \tag{9.60}$$

从而有

$$\Delta R = \frac{c}{2B} \tag{9.61}$$

式（9.61）在形式上与式（9.55）相同。因而，可以得出这样的结论：线性调频测量系统的距离分辨率由信号的调制带宽所决定，而与信号的调制形式无关。

式（9.57）表明，LFM 系统回波信号输出频率等于双程时延内发射频率的变化量，由此建立了目标距离与输出信号频率之间的线性关系，作为这一线性关系的结果，对输出信号进行谱分析就能得到目标散射特性的距离分布图，也即目标高分辨距离像（HRRP）。

衡量目标距离与频率之间的线性调频将在其调频时间内产生一个具有固定频率的输出信号，对这一信号做谱分析，得到的距离分辨率与信号持续时间的倒数成正比。这同样也确定了式(9.61)所给出的基本距离分辨率。如果发射信号的调频是非线性的，则输出信号的瞬时频率将不固定，对其做谱分析的结果就会产生频率模糊，换句话说，即产生距离模糊。因此，最佳距离分辨率 $\Delta R = c/(2B)$ 仅当调频绝对线性时才能达到，调频中的非线性将使距离分辨率下降。下面比较详细地分析 LFM 对调频线性度的要求。

LFM 信号在数学上可表示为

$$e_T(t) = u(t)\exp(\mathrm{j}2\pi f_0 t) \quad (0 \leqslant t < T) \tag{9.62}$$

式（9.62）中，$u(t) = \frac{1}{\sqrt{T}}\mathrm{rect}\left(\frac{t}{T}\right)\exp(\mathrm{j}2\pi k t^2/2)$，$\mathrm{rect}(\cdot)$ 是矩形函数。信号的瞬时频率是相位的微分，即

$$f_t = \frac{1}{2\pi}\frac{\mathrm{d}\varphi}{\mathrm{d}t} = f_0 + kt \quad (0 \leqslant t < T) \tag{9.63}$$

式（9.63）中，$\varphi = 2\pi(f_0 t + kt^2/2)$。

时延为τ的点目标的回波信号可表示为

$$e_R(t) = \frac{B}{\sqrt{T}}\mathrm{rect}\left(\frac{t-\tau}{T-\tau}\right)\exp\{\mathrm{j}2\pi[f_0(t-\tau) + k(t-\tau)^2/2]\} \quad (0 \leqslant t < T) \tag{9.64}$$

由于$T \gg \tau$，则$\frac{t-\tau}{T-\tau} \approx \frac{t}{T}$，故混频器输出信号可表示为

$$e_0(t) = \frac{B}{T}\mathrm{rect}\left(\frac{t}{T}\right)\exp\left[\mathrm{j}\left(2\pi f_0\tau + 2\pi k\tau t - \pi k\tau^2\right)\right], \quad (0 \leqslant t < T) \tag{9.65}$$

因为$T \gg \tau$，相对于第一项，可以忽略式（9.65）指数项中第三项。其差额角频率为

$$\omega_{\mathrm{b}} = \frac{\mathrm{d}\varphi}{\mathrm{d}t} = 2\pi k\tau = 2\pi\frac{2BR}{Tc} \tag{9.66}$$

固定相位项为

$$\varphi_0 = 2\pi f_0\tau = 2\pi f_0\frac{2R}{c} \tag{9.67}$$

此时，混频后的频率和相位是距离R的线性函数，对于点目标来说，距离一定时的ω_{b}和φ_0为常数。这是调频斜率 k 为常数的情况下得出的结果，如果不是这样，设$r(t)$为调频持续时间T内慢变化的相对斜率误差项（%），可得

$$k = k_0\left[1 + \frac{r(t)}{100}\right] \tag{9.68}$$

则有

$$\omega_{\mathrm{b}} = 2\pi k\tau = 2\pi k_0\tau\left[1 + \frac{r(t)}{100}\right] \tag{9.69}$$

差频误差项为

$$\Delta f_{\mathrm{b}} = \frac{1}{2\pi}\Delta\omega_{\mathrm{b}} = k_0\tau\frac{r(t)}{100} \tag{9.70}$$

因此，混频后的信号频率除了有距离R的线性函数项，还增加了非线性项。如果非线性项满足以下条件

$$\Delta f_{\max} < \frac{1}{T} \tag{9.71}$$

即非线性项小于频率分辨率，它的存在对距离分辨率并没有多大影响。此时要求满足如下条件

$$r_{\max} < \frac{100}{k_0\tau T}(\%) \quad 或 \quad r_{\max} < \frac{100}{B\tau}(\%) \tag{9.72}$$

式（9.72）中，$B = kT \approx k_0 T$，$r_{\max}$为调频信号的调频斜率最大相对误差。由式（9.68）

可得

$$\Delta k_{\max} = k_0 r_{\max} / 100 \tag{9.73}$$

如果定义 ΔB 为信号调频持续时间 T 内偏离理想线性的最大频率偏差（简称最大频偏)的话，则关系式 $\Delta k_{\max} = \dfrac{\Delta B}{T}$ 成立。因而 $\Delta B = \Delta k_{\max} T = k_0 T r_{\max} / 100 \approx B r_{\max} / 100$。

如果定义调频信号频偏线性度 η 为最大频偏与调频带宽之比，即

$$\eta = \frac{\Delta B}{B} = \frac{r_{\max}}{100} = \frac{1}{B\tau} \tag{9.74}$$

由此，满足式（9.72）的条件变为

$$\eta < \frac{1}{B\tau} \tag{9.75}$$

例如，如果用 1GHz 带宽的线性调频测量系统能够分辨距离 30m 处相距 0.15m 的两个点目标的话，根据式（9.72）和式（9.75），此时允许的调频线性度上限为 0.5%。以上结论仅是从谱线分离的观点得出的，而没有考虑非线性调频项引起的谱线的具体位置和量级大小。为此，做如下分析。

通常情况下 VCO 的调频斜率呈现 S 形，不失一般性，假设信号调频误差斜率依余弦规律变化[12]。误差斜率可以表示为

$$r(t) = r_{\max} \cos(2\pi f_{\mathrm{m}} t) \quad (0 \leqslant t < T) \tag{9.76}$$

由式（9.70）得

$$\Delta f_{\mathrm{b}} = \frac{k_0 \tau}{100} r_{\max} \cos(2\pi f_{\mathrm{m}} t) \quad (0 \leqslant t < T) \tag{9.77}$$

频率变化的积分是相位调制，得

$$\Delta\varphi(t) = 2\pi \int \Delta f_{\mathrm{b}} \mathrm{d}t = \frac{k_0 \tau}{100 f_{\mathrm{m}}} r_{\max} \sin(2\pi f_{\mathrm{m}} t) \quad (0 \leqslant t < T) \tag{9.78}$$

利用关系式 $n = f_{\mathrm{m}} T$（n 为斜率误差频率在调制周期 T 内的变化的周期数），则有

$$\Delta\varphi(t) = \frac{B\tau}{100n} r_{\max} \sin\left(\frac{2\pi n t}{T}\right) \quad (0 \leqslant t < T) \tag{9.79}$$

此时，式（9.62）可改写为

$$\begin{aligned} e_T(t) &= \frac{1}{\sqrt{T}} \mathrm{rect}\left(\frac{t}{T}\right) \exp\left\{\mathrm{j}[2\pi f_0 t + 2\pi k_0 t^2 / 2 + \Delta\varphi(t)]\right\} \\ &= E(t) \exp\left[\mathrm{j} b \sin\left(\frac{2\pi n t}{T}\right)\right] \quad (0 \leqslant t < T) \end{aligned} \tag{9.80}$$

式（9.80）中

$$\begin{cases} E(t) = \dfrac{1}{\sqrt{T}} \mathrm{rect}\left(\dfrac{t}{T}\right) \exp[\mathrm{j}2\pi(f_0 t + k_0 t^2 / 2)] \\ b = \dfrac{B\tau}{100n} r_{\max} \end{cases} \tag{9.81}$$

式（9.81）中，$E(t)$为理想线性的调频函数。

式（9.80）表明，由于非线性调制，调频信号增加了非线性相位项$\Delta\varphi(t)$，最大相位误差为b（rad）。根据成对回波理论[13]，这种非线性相位将在所希望谱线的上下边带$\frac{n}{T}$处产生相对于主瓣振幅有$\frac{b}{2}$的旁瓣电平。当$n=1$时，旁瓣恰好位于偏离主谱线附近的一个分辨单元的位置上。这样，若不对旁瓣电平加以说明，就难以断定在此位置上的谱线是调频非线性引起的，还是邻近的小目标或另一散射中心引起的。

令s表示旁瓣电平，旁瓣电平和调频线性度的关系可以表示为

$$s=\frac{b}{2}=\frac{B\tau}{200n}r_{\max} \tag{9.82}$$

这时，对旁瓣电平需要加以说明的线性度条件为

$$r_{\max}\leqslant\frac{200ns}{B\tau}(\%) \tag{9.83}$$

也即

$$\eta\leqslant\frac{2ns}{B\tau} \tag{9.84}$$

对于前面例子中的假设（$B=1\text{GHz}$，$R=30\text{m}$，$\Delta R=0.15\text{m}$），若要求旁瓣电平$s\leqslant-30\text{dB}$，则调频线性度要满足$\eta\leqslant0.0316\%$，这比仅从谱线分离的线性度要求要苛刻得多。式（9.84）表明，η为常数时，s反比于n，因此增加信号的误差调制数可以降低旁瓣电平，或者在旁瓣电平满足要求的情况下，附加一有规律的误差调制信号于调频调制电压上，由此降低对信号调频线性度的要求。对于大带宽高线性度调频信号的产生方法，限于篇幅此处不赘述，具体可以参考文献[5]。

以上主要讨论了3类典型测量系统体制和信号特点，除此以外，实际测量中常用的测量系统还包括脉冲阶跃变频系统、连续波阶跃变频系统和数字编码多通道系统等类型，其基本的系统结构与这3类系统在相当程度上是的相似的，感兴趣的读者可以参阅相关文献资料。

9.2.2 目标支撑机构

目标支撑机构用于在测量中支持被测目标，并调整目标同测量系统之间的角度和位置等关系。根据实现方式的不同，通常采用泡沫塑料支架、悬线吊挂（本书不做介绍）和低散射金属支架3种目标支撑机构，讨论如下。

1. 泡沫塑料支架

泡沫塑料支架广泛用于雷达目标特性的测量支撑，其材质大多选用聚苯乙烯

或聚氨酯，经发泡成型加工而成。泡沫塑料支架的散射通常认为来自两方面：一方面是其表面引起的散射，另一方面是其内部单元微结构散射组成的体散射[14-15]。泡沫塑料支架表面功率反射系数γ正比于$\left[\dfrac{(n-1)}{(n+1)}\right]^2$，即

$$\gamma \propto \left[\frac{(n-1)}{(n+1)}\right]^2 \tag{9.85}$$

式（9.85）中，n是介质的折射系数，等于介质介电常数的平方根。

当折射系数n趋近于 1 时，功率反射系数γ趋近于 0。实际使用的泡沫塑料材料相对介电常数为1.02左右，其反射系数比相同尺寸的金属结构低约46dB[5]。功率反射系数还与泡沫塑料支架的表面形状和表面面积有关，因此通常将泡沫塑料支架制成具有一定锥度的圆锥台或棱台形状，如图 9.20 所示，以便使电波入射方向与泡沫塑料支架表面不垂直，从而降低泡沫塑料支架的后向散射。

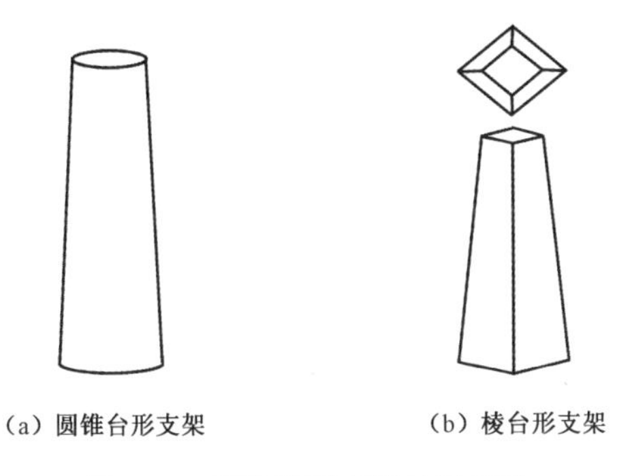

（a）圆锥台形支架　　（b）棱台形支架

图 9.20　泡沫塑料支架外形示意

泡沫塑料支架的体散射可以通过一个与形状无关的公式来估计[10]，即

$$\sigma = \frac{\pi}{2} V k^4 a^3 \left(\overline{t/a}\right)^2 (\varepsilon_r - 1)^2 \tag{9.86}$$

式（9.86）中，V是支架的体积；a是发泡单元的平均半径；t是发泡单元的平均壁厚；ε_r是泡沫塑料的相对介电常数。

理论上，在不考虑支架外形的情况下，泡沫塑料支架内部单元构成的非相干体散射回波随测量频率的 4 次方而升高。虽然受外形影响明显，使得通过式（9.86）一般不能估算出泡沫塑料支架的实际散射电平，但此式告诉我们，选择轻质、发泡单元较小且均匀的泡沫塑料制作支架，有利于降低泡沫支架的散射电平。

泡沫塑料支架容易制造、价格低廉，对被测目标连接结构没有特殊要求。由于测量时泡沫塑料支架与目标一起转动，泡沫塑料支架的非圆对称会造成泡沫塑料支架回波的起伏，采用空支架背景全方位测量和背景对消技术能进行部分补偿，但残余部分的影响在低 RCS 测量时不能被忽略。同时，安装目标后，泡沫

塑料支架受压所产生的支架形变也会导致支架背景散射的变化，进而降低背景抵消技术的效果。泡沫塑料强度较小，对于测量大而重的目标，必须将泡沫塑料支架做得足够大，且一般俯仰大于 20° 时，用泡沫塑料支架就很难完成对目标的架设了。

2. 低散射金属支架

当需要对质量很大的目标进行测量时，类似泡沫塑料支架的承载能力和强度难以满足使用要求。为此，研究人员提出了采用金属材料设计特殊形状目标支架的方法。为了使本身具有较强散射的金属结构尽量不影响目标测量，金属支架通常要在以下 3 方面开展低后向散射的设计：①具有低散射特征的截面外形（赋形设计）；②合适的支架倾斜角度；③合理运用吸波材料。典型的低散射金属支架外形结构如图 9.21 所示。

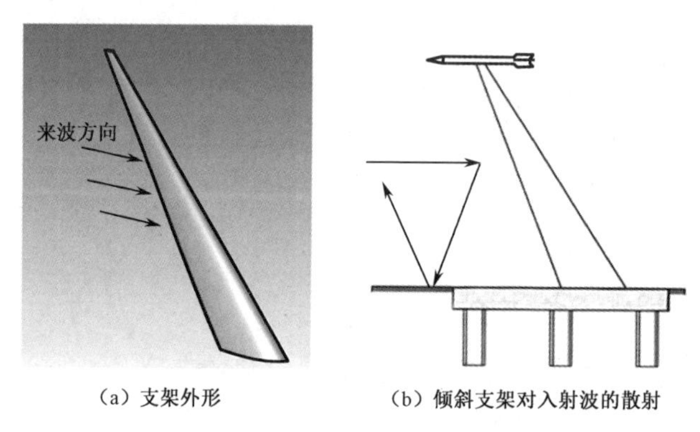

（a）支架外形　　（b）倾斜支架对入射波的散射

图 9.21　典型低散射金属支架的外形结构示意图

为了获得较低的后向散射，金属支架通常采用类似于橄榄体、杏仁体等低散射形体的轮廓线作为其截面形线。经过赋形设计后的金属支架一般都有尖锐的前后边缘，并整体向来波方向倾斜。由 Keller 散射锥的原理知前倾角的增加可使支架后向散射减小，并避免其双站散射波照射到目标上。

然而，橄榄体、杏仁体等低散射形体的轮廓线解析形式复杂，较难将其散射性能与形状参数建立直接联系。因此，传统上，在实际工程应用中的许多设计都采用对称的两段或者四段圆弧来构成橄榄体截面，其主要缺点是：由此设计的截面外形其前缘尖劈的内劈角难以做小，而前缘尖劈的绕射又是金属支架后向散射的主要分量，且与其内劈角成正比，这使得所要求的支架散射电平越低，则支架必须设计得越扁，进而导致支架尺寸越大。为了解决这个矛盾，文献[16]中提出一种采用多段余弦指数曲线的截面外形对金属支架进行赋形设计，通过调节余弦函数的指数因子，可以独立控制支架前缘尖劈的内劈角，从而较好地解决了上述问题。

为了定性说明金属支架的散射电平，假设对目标金属支架进行单独照射，因为到金属支架上的场接近基部时逐渐降到零，所以仅需要考虑金属支架的上部。可以采用尖劈的绕射场进行分析，对垂直极化而言，金属支架散射与倾斜角的关系可表示为[17]

$$\sigma_{\mathrm{sp}} = \frac{\lambda^2}{16\pi^3}\cot^2\theta \tag{9.87}$$

式（9.87）中，θ 为金属支架前边缘倾斜角。

金属支架端接到自由空间时，不同频段金属支架散射与倾斜角的关系如图 9.22 所示，其中包含了金属支架断面的散射贡献。在实际使用中，金属支架的端面是被连接机构和目标包裹的，加之赋形设计的贡献，实际测得的高频段散射一般会再降低一个数量级左右，但在低频段的散射没有这么乐观。

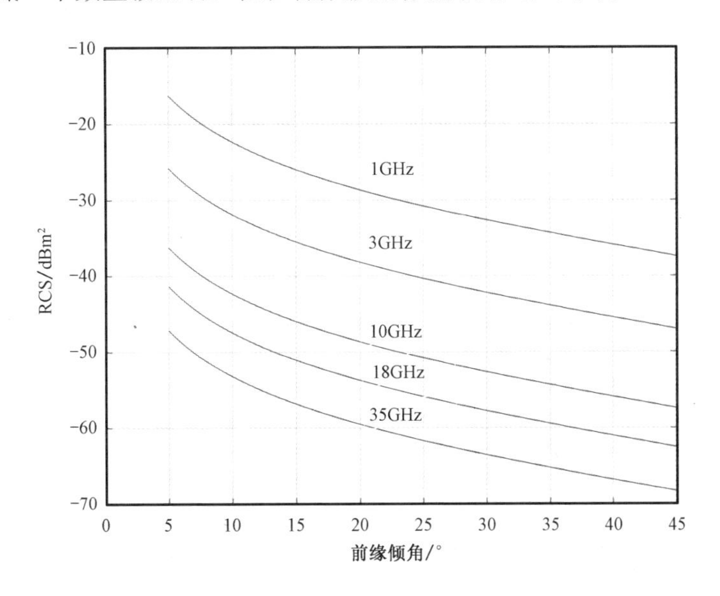

图 9.22　不同频段金属支架散射与倾斜角关系

从图 9.22 可见，金属支架倾角越大，其 RCS 电平越低。但是，在实际工程设计中，低散射金属支架结构的倾角选择必须综合考虑金属支架强度和电磁性能两方面的因素，并在此基础上根据需求综合采用其他可能的措施以进一步减小后向散射波。例如，在金属支架前缘甚至整个金属支架表面涂覆电波吸收材料，前者为降低垂直极化时前缘的后向散射，后者为减小水平极化时的表面波效应。此外，在金属支架顶端靠近目标连接部位涂覆电波吸收材料，可在一定程度上抑制目标与金属支架间的耦合散射效应。

低散射金属支架非常适合用于飞行器类目标的测量支撑，此时在金属支架顶端通常会设计有二维运动转顶装置，用于带动目标做方位向转动和对目标俯仰角进行调整，以模拟飞行器在空中飞行时的姿态角。低散射金属支架上的二维运动转顶可以是外置式或者内嵌式的，其典型结构如图 9.23（a）和图 9.23（b）所示[18]。一般地，外置式转顶具有较大的体积尺寸，但载荷能力强；内嵌式转顶尺寸可以做得较小，但载荷能力较弱。

（a）典型外置式转顶

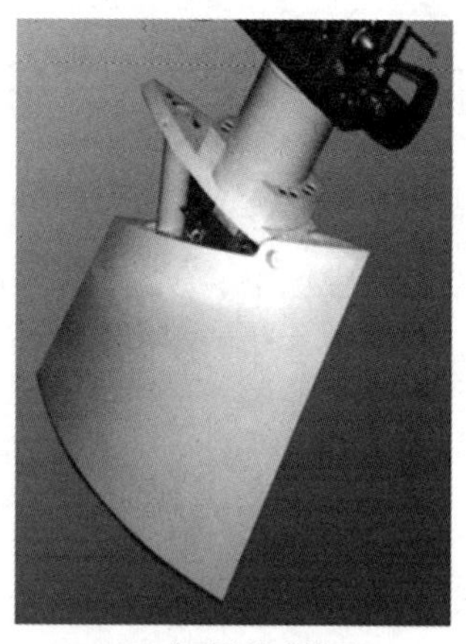

（b）典型内嵌式转顶

图 9.23　低散射金属支架上的二维运动转顶

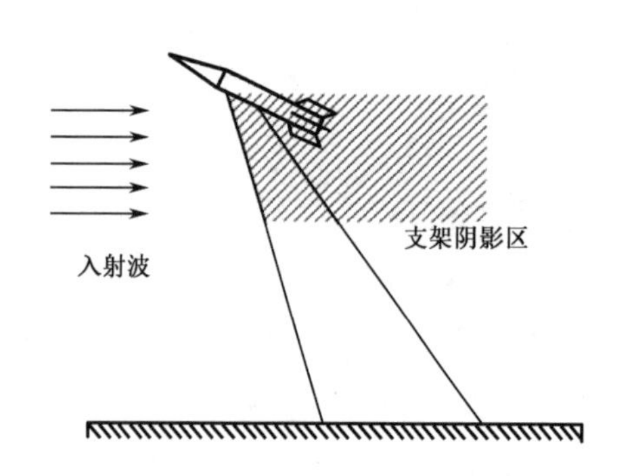

图 9.24　目标上仰状态下金属支架形成的目标照射“阴影区”

当目标在低散射金属支架上做上仰测量时，金属支架本身会对被测目标体形成一定的照射“阴影区”，影响目标散射测量结果，如图 9.24 所示。通常对于散射中心不很明显的飞机目标而言，这种遮挡现象对目标的整体散射特性获取的影响一般并不十分显著。解决这一问题的有效方法是改变目标的支撑连接方式，即通过改变背、腹支撑形式，利用背部支撑并采用下俯状态测量来实现正常的上仰姿态测试，但这会使目标付出较大的结构改装代价，因为需要在被测目标背部增加一个目标-转顶适配安装孔。

9.2.3　室内静态测试场

雷达目标散射特性测试场的性能一般可用下列参数表征：

（1）目标特征：包括最大尺寸、最大质量、目标种类、最小可测 RCS、动态范围等；

（2）测试场的工作参数和性能：包括频率范围、极化组合、极化纯度、幅度和相位测量精度、微波暗室背景电平、目标位置精度、目标姿态角定位精度等。

优良的雷达目标散射特性测量一般应具有如下特点：

（1）提供目标姿态角和距离校准后的 RCS 数据；

（2）具有足够高的数据率以完整保留目标的闪烁信息；

（3）能在所有感兴趣的频率和极化状态下进行测量；

（4）在测量最小 RCS 时有足够的精度；

（5）具有保留幅度信息所需的动态范围；

（6）具有实时监测、判断数据质量的能力；

（7）具有足够的数据容量，以及对记录数据进行实时和事后处理的能力。

室内静态测试场具有不受天气条件影响、可避免外部电子干扰、物理上及视觉上安全等优点[8]，大体上可分为紧缩场暗室和非紧缩场暗室两大类。紧缩场暗室通过紧缩场天线系统（简称“紧缩场”），在近距离内，将天线馈源产生的球面波转换为平面波，形成幅度和相位分布接近理想平面波的照射区域，即测试静区，从而使测量满足远场条件要求。非紧缩场暗室则是利用天线馈源辐射的球面波对目标进行直接照射，所使用的天线系统通常要比紧缩场小得多，其测量能否满足远场条件主要由被测目标的尺寸决定。在现代非紧缩场暗室中，当测量距离无法满足目标远场条件时，可以通过近场的方法对部分类型的散射特性进行间接测量。本节主要关注基于紧缩场构建的满足远场条件要求的室内静态测试场。

1. 紧缩场

根据紧缩场的工作原理差异，可将其分为反射型和透射型两种基本类型。反射型紧缩场的提出较早，是目前技术成熟度最高、应用最广的一类紧缩场，它由美国佐治亚理工学院 R. C. Johnson 首次提出[19]。最基本的反射型紧缩场，采用常规旋转抛物面作为反射面天线，将点源馈源放置在抛物面焦点，由馈源辐射出的球面波经反射面天线反射至目标测试区。按照几何光学原理，只要焦点至反射面竖直口面上各点的路径长度相等，即紧缩场天线口面的辐射场应满足等相位条件，就可实现向测试静区的单一平面波照射，达到等效于远场条件的测量要求。抛物面天线构成的单反射面紧缩场结构如图 9.25 所示[20]。

透射型紧缩场工作原理如图 9.26 所示[21]。它利用透射装置件作为校准单元，使馈源辐射的球面波经过透射装置以后，被校正为平面波照向目标测试区。早期的透射装置为电介质透镜，最初被用来校正小型天线的波前，后来被用于 RCS 测量中校准天线波束。其准直过程为：点源辐射的球面波入射至透镜的前表面发生折射，透过电介质镜，由透镜后表面出射的电磁波变为平行波，从而实现单一平面照射静区。

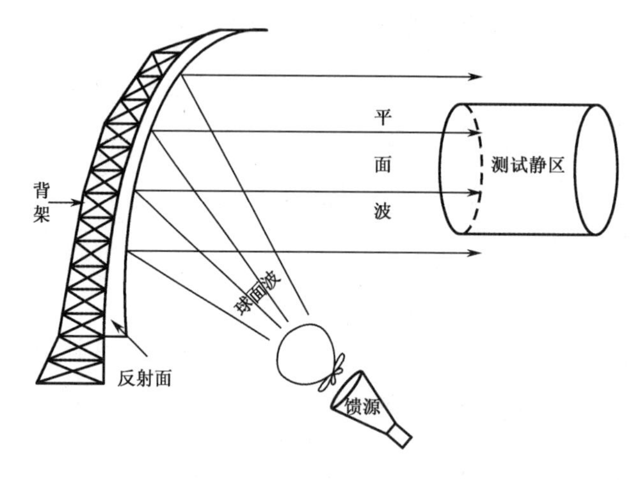

图 9.25　抛物面天线构成的单反射面紧缩场结构

一般而言，目标散射场的方向会朝向四面八方，不同方向的散射场到达校正单元后，只有与入射方向一致的散射回波才能被聚焦到馈源处，并被有效接收。因此，紧缩场在较短距离内实现了远场 RCS 测量所要求的单一平面波照射与接收这一条件。

下面介绍几类典型的常用紧缩场结构。

1）偏馈单反射面紧缩场

偏馈单反射面紧缩场是将馈源置于旋转抛物反射面的焦点上，其结构布局与工作原理如图 9.27 所示，根据几何光学原理，反射面将馈源辐射的球面波按照等长路径转换成平面波（图 9.27 中点画线为平面 S）。为减小馈源的遮挡，通常将反射面下边缘的高度设计得比馈源抬高 H，因此，单反射面紧缩场通常也称偏馈紧缩场。

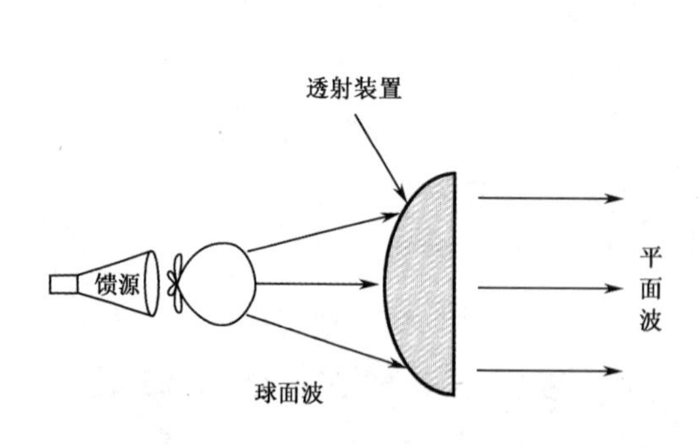

图 9.26　透射型紧缩场工作原理

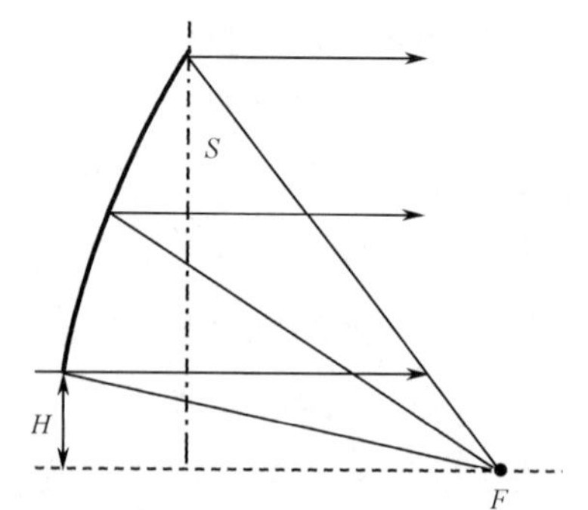

图 9.27　偏馈单反射面紧缩场结构布局与工作原理

为了抑制如图 9.28 中所示的紧缩场反射面边缘所产生的绕射场，避免目标区场分布产生的快起伏波纹影响辐射场质量，通常会采用锯齿加载、弯卷等反射面边缘处理技术。图 9.29 所示为北京环境特性研究所研制的 ERI-2.5C-SE 型偏馈单反射面紧缩场的反射面，其静区截面尺寸为 2.5m（水平轴）× 2.5m（竖直轴）（P 波段 1.8m）的圆柱形区域，为了保证辐射场的波纹性能（特别是低频段）达到使用要求，该反射面使用了尺寸较大的锯齿形边缘来抑制绕射效应。其静区性能检测结果如图 9.30 所示，它的照射场分布在典型频点 10.3GHz 处。

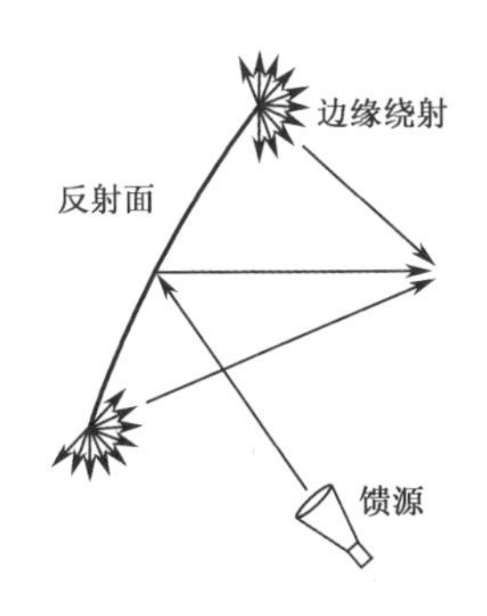

图 9.28　紧缩场反射面的边缘绕射示意图

图 9.29　ERI-2.5C-SE 型偏馈单反射面的紧缩场反射面

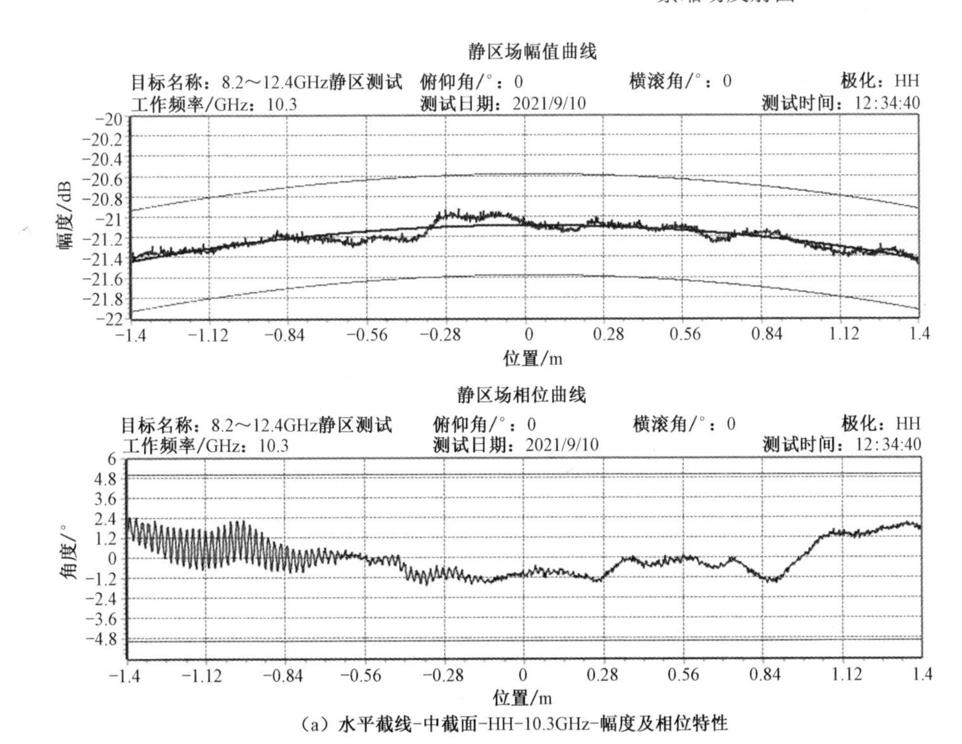

（a）水平截线-中截面-HH-10.3GHz-幅度及相位特性

图 9.30　ERI-2.5C-SE 型偏馈单反射面紧缩场静区性能检测结果

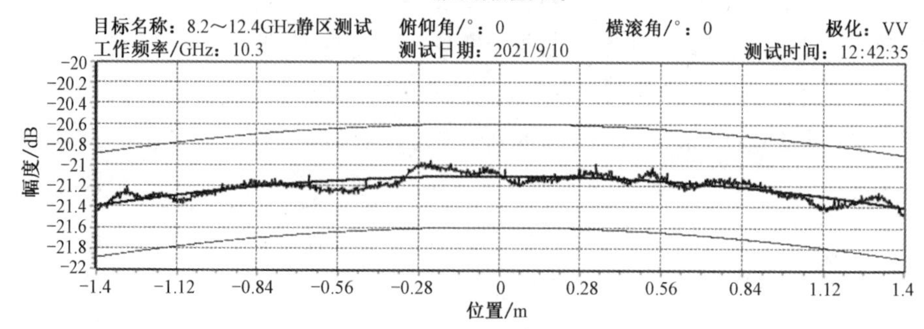

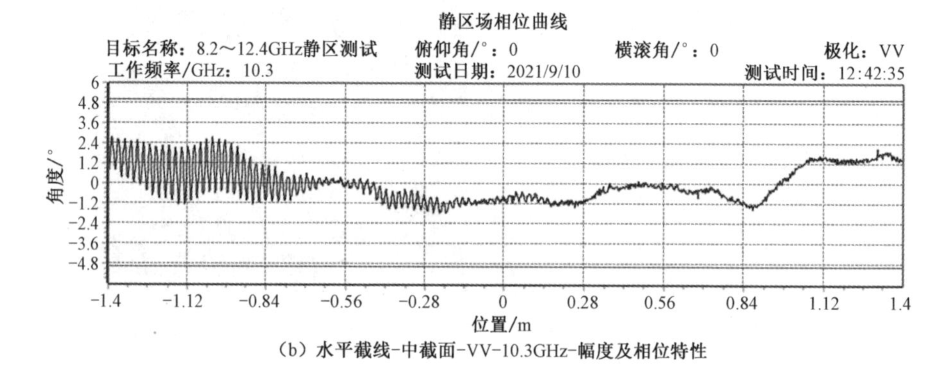

（b）水平截线-中截面-VV-10.3GHz-幅度及相位特性

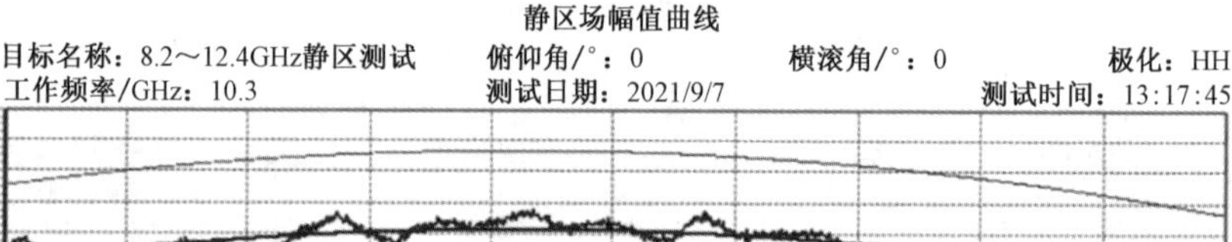

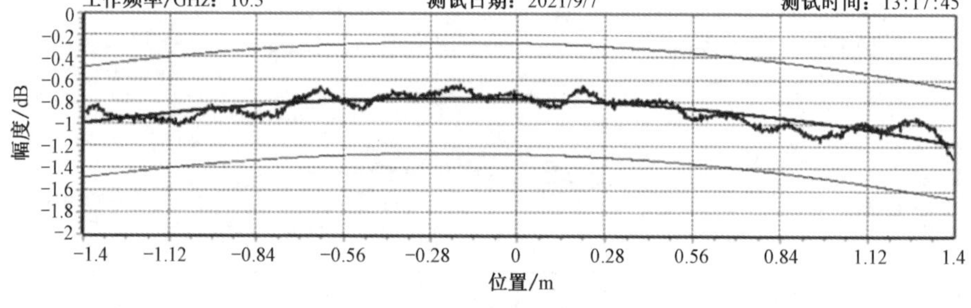

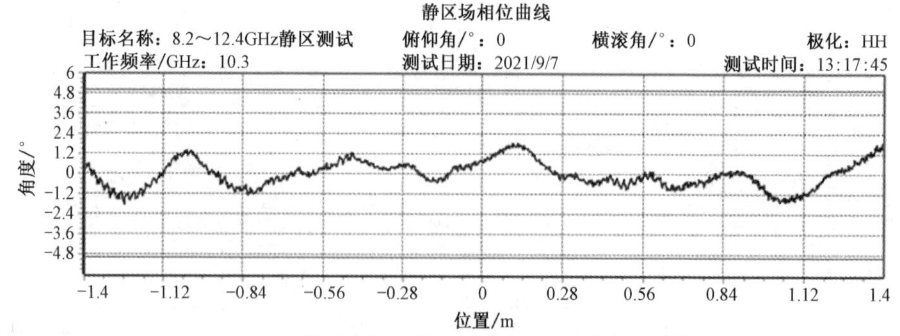

（c）竖直截线-中截面-HH-10.3GHz-幅度及相位特性

图 9.30　ERI-2.5C-SE 型偏馈单反射面紧缩场静区性能检测结果（续）

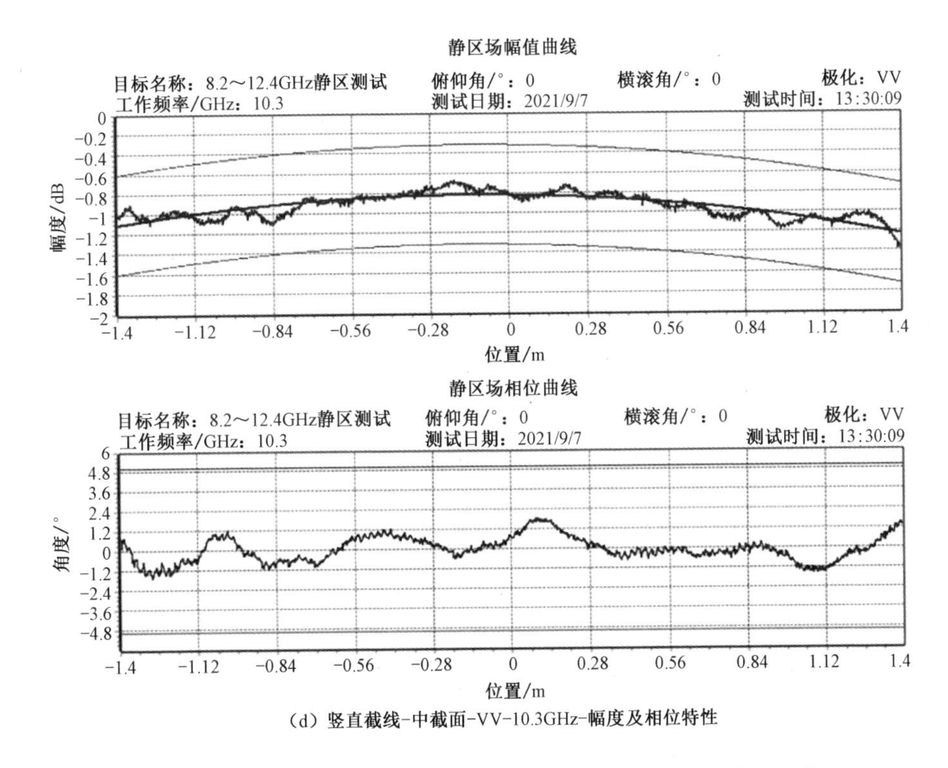

（d）竖直截线-中截面-VV-10.3GHz-幅度及相位特性

图 9.30　ERI-2.5C-SE 型偏馈单反射面紧缩场静区性能检测结果（续）

对紧缩场反射面的另一种边缘处理方式是弯卷边缘技术，将反射面的边缘连续、平滑地过渡到椭圆曲面或其他类型的曲面，并向反射面的背面弯卷，如图 9.31 所示。反射面的表面电流从反射面引向弯曲卷边，卷边的镜面反射场偏离了目标区，不影响目标区的场分布。在反射面与卷边连接处，一阶导数连续，二阶导数不连续。二阶导数不连续引起的绕射场比抛物反射面边缘的绕射场小得多，但在反射面附近，受到弯卷边缘镜面反射波直接照射的墙壁，必须有更好的吸收性能，以避免由于墙壁的多次反射影响测试场静区的性能。

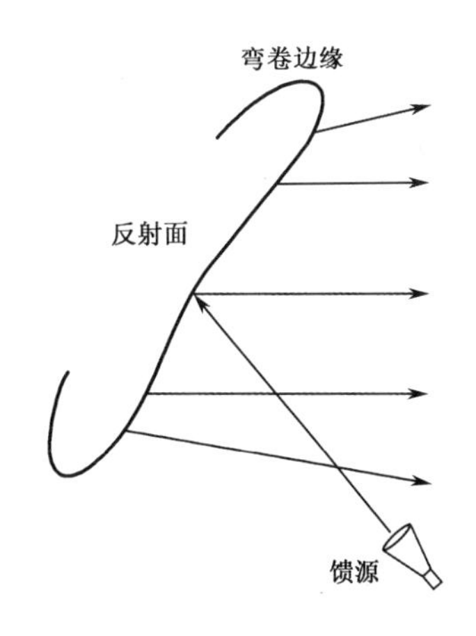

图 9.31　紧缩场反射面弯卷边缘技术示意图

偏馈单反射面紧缩场存在天线口径利用率较低、交叉极化特性差等缺点，国内外学者相继提出了多种新型的双反射面紧缩场方案，比较典型的有：双柱面紧缩场[23]、卡塞格伦（Cassegrain）双反射面紧缩场[24]、格利高里（Gregorian）双反射面紧缩场等[25]，在一定程度上克服了偏馈单反射面紧缩场存在的缺点。

2）双柱面紧缩场

双柱面紧缩场结构布局与工作原理如图 9.32 所示。双柱面紧缩场由主反射面、副反射面和馈源组成，主、副反射面为一对相互正交的抛物柱面，馈源位于副反射面的焦线上。其工作原理为：焦点 F 处馈源产生的球面波经过副反射面反射后，等效为焦点 F 关于副反射面的镜像位置存在一个产生柱面波的线源，该线源的位置就在主反射面的焦线 F' 上，等效线源辐射的柱面波经过主反射面反射后，变换为平面波照射至测试静区。

双柱面紧缩场的主要优点有：①在暗室内的布置合理，馈源与副反射面在暗室的横方向上，减小了对目标区的影响；②副反射面的焦距可选得较长，对减小交叉极化有利；③由于两个反射面都是单曲率的抛物柱面，比双曲率的反射面更易于加工；④口面利用率也比单反射面紧缩场高。它的主要缺点有：①主、副两个反射面的边缘绕射对静区均有影响；②每个反射面的加工精度要求比单反射面的要高；③紧缩场的机械和电调试难度较大；④要求暗室的横向尺寸更宽。

3）卡塞格伦双反射面紧缩场

与双柱面紧缩场十分相似，卡塞格伦双反射面紧缩场也是由主反射面、副反射面和馈源组成。主反射面为旋转抛物面，副反射面为旋转双曲面，馈源位于副反射面的一个焦点上，如图 9.33 所示。其工作原理为：F 处点源产生的球面波经副反射面反射后，等效为在 F' 处存在一个产生球面波的点源，该点源位置就是主反射面的焦点，等效点源产生的球面波经主反射面反射后，转换为平面波照射至测试静区。

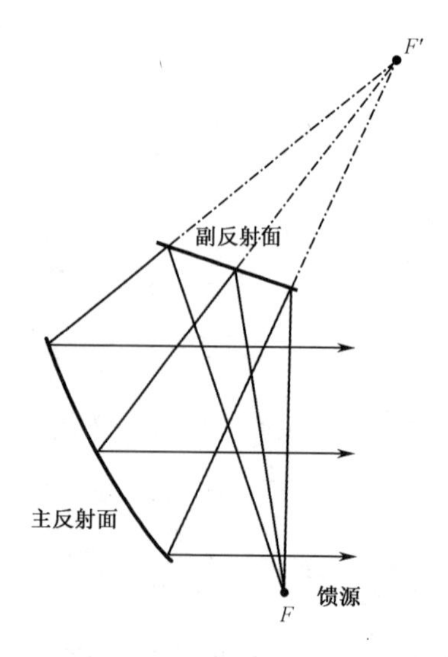

图 9.32　双柱面紧缩场结构布局与工作原理

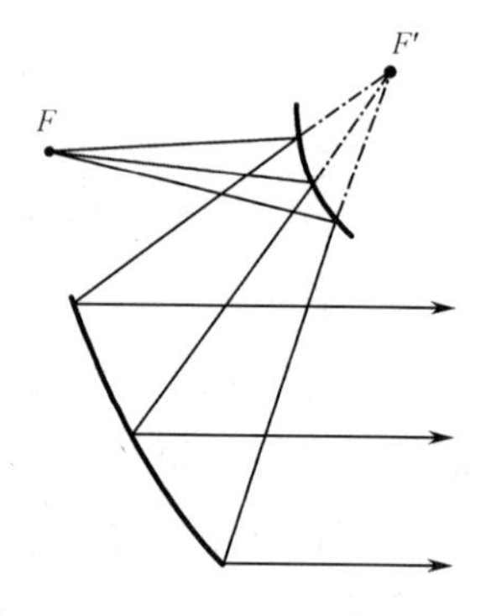

图 9.33　卡塞格伦双反射面紧缩场

卡塞格伦双反射面紧缩场的主要优点有：①口面利用率较高；②通过赋形设计，使主反射面边缘的照射电平比中心处小很多，减小了边缘绕射对目标区的影响；③馈源辐射的能量大部分进入目标区，有较高的能量利用率，降低了暗室背景回波，使最小可测的 RCS 电平更低。它的主要缺点有：①主、副反射面的加工难度大；②对馈源和两个反射面的相对位置和指向要求严格；③安装、调试费时；④由于馈源指向目标静区方向，易对目标静区场分布产生影响。

4）格利高里双反射面紧缩场

格利高里双反射面紧缩场的组成与卡塞格伦双反射面紧缩场相同，主要差别在于采用格利高里天线原理制造的主、副反射面都为内凹面，如图 9.34 所示。其工作原理如下：F 处点源产生的球面波经副反射面反射后，等效为在 F' 处存在一个产生球面波的点源，该点源的位置就是主反射面的焦点，等效点源产生的球面波经主反射面反射后，转换为平面波照射至测试静区。

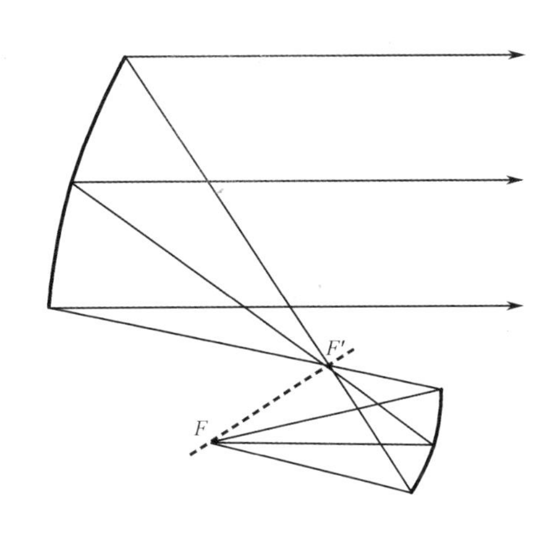

图 9.34　格利高里双反射面紧缩场工作原理

格利高里双反射面紧缩场的优、缺点与卡塞格伦双反射面紧缩场的优、缺点类似，区别在于其馈源对主反射面形成的等效焦点位置位于主、副反射面之间，从而使遮挡效应最小化。若设计合理，该类紧缩场具有极化补偿效应，副反射面产生的交叉极化被主反射面产生的交叉极化补偿，因此可获得比前述三类紧缩场更好的交叉极化性能。

除了以上所讨论的，对于上述后两种双反射面紧缩场而言，在实际应用中还可以采用双暗室结构，将馈源与副反射面安装在一个独立的小型微波暗室空间中，由此减小了照射引起的杂散电平，有助于改善静区辐射场性能。作为例子，格利高里双反射面紧缩场的双暗室结构的典型布局如图 9.35 所示。

5）全息紧缩场

透射型紧缩场利用介质材料或结构的透射、折射现象进行辐射场的平面波化校正，由于材料折射率的色散特性在微波波段宽带覆盖时需要适应较大的相对带宽，因此较难实现对透镜的有效设计。而反射型紧缩场对反射面表面的加工精度通常要求是最短工作波长的 1%，在微波、毫米波段，这种精度要求是比较容易实现的，且宽带适用性好，因此成为首选的紧缩场形式；但在面向大口径亚毫米波、太赫兹波段测量应用时，传统机械加工方式就难以满足加工精度要求，使得反射型紧缩场的实现难度变大。由于在相同绝对带宽情况下，亚毫米波、太赫兹波段的相对带宽较小，这使得基于透射型紧缩场原理的全息紧缩场可引入到紧缩场测量中[21]。全息紧缩场也属于一种透射型紧缩场，它利用全息光栅对馈源喇叭辐射的球面波的幅度和相位进行调制，将球面波转换为平面波，从而实现单一平面波照射静区。

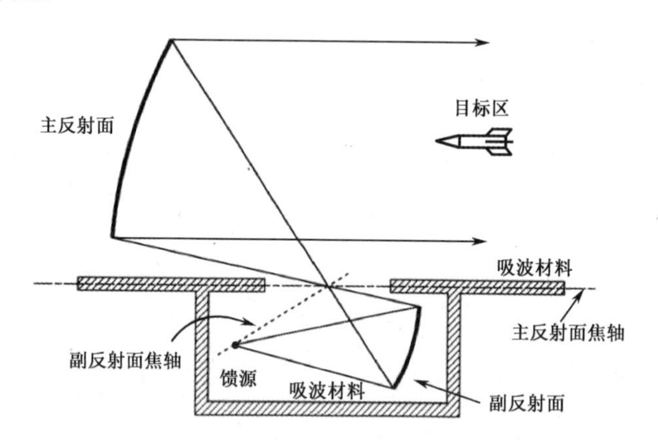

图 9.35　格利高里双反射面紧缩场的双暗室结构布局

全息紧缩场基于数字全息概念而生，其工作原理示意图如图 9.36 所示，其中的核心部件为全息光栅，它是一块可透射电磁波的介质板。全息光栅的物理作用为对入射球面波的幅度和相位进行调制，以获得理想的平面波透射场。全息紧缩场的实现原理为：以全息理论和电磁场理论为基础，将馈源辐射球面波和静区所需平面波，在全息口径面内由计算机虚拟出数字干涉条纹图样；然后将干涉条纹图样编码设计，加工制成全息口面；由馈源辐射球面波照射全息口径，使全息再现平面波。

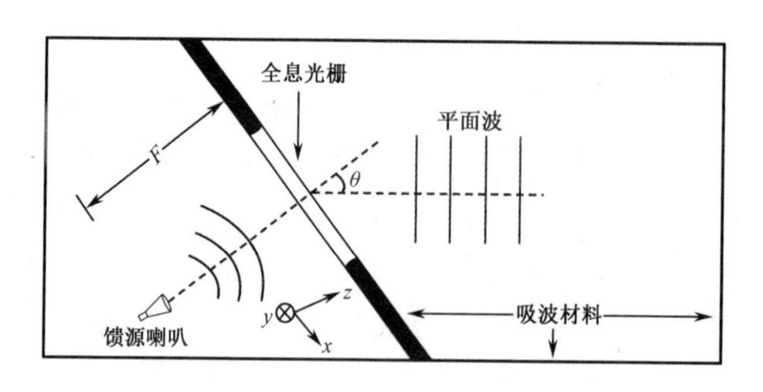

图 9.36　全息紧缩场工作原理示意图

2. 微波暗室

微波暗室是指内壁用吸波材料覆盖的室内空间，用它模拟没有杂波干扰的自由空间测试环境，是天线和雷达目标特性实验研究的重要场所[5]。雷达隐身、反隐身及识别、反识别技术的发展对微波暗室的性能提出了更高的要求，尤其在当今极其复杂的电磁环境中，微波暗室成为获得良好测量环境的理想场所之一。

1）微波暗室的结构

微波暗室有矩形、锥形、孔径形、纵向隔板形、横向隔板形、半圆形、柱形、（双）喇叭形等多种形式的结构，主要目的是通过外形结构来减少墙壁朝向静区的反射，提高微波暗室静区的性能。随着吸波材料性能的不断提高，目前大部分雷达目标特性测量暗室会选择矩形结构，少数会选用锥形结构，其他结构形式则非常少见。

矩形暗室的优点是具有良好的通用性和较强的功能扩展性，是室内测试场中最为常用的一种结构。这类暗室通常宽与高近似相等，即横截面呈近似正方形，此时暗室的两个侧墙、地面与天花板均有对称的反射点。如果对应的反射波满足幅度相等、相位相反的条件，暗室中心轴线上的反射波就可以相互抵消。矩形暗室的宽和高应大于静区尺寸的 3 倍。考虑大入射角时，吸波材料性能明显下降，暗室的长宽比（及长高比）通常在 2:1 与 3:1 之间。安装了紧缩场的矩形暗室，宽和高一般应大于静区尺寸的 3 倍，长大于静区尺寸的 5 倍。根据几何光学理论，矩形暗室的侧墙、天花板、地面的镜面反射是干扰目标测试的重要误差来源，如图 9.37 所示。

锥形暗室的几何结构如图 9.38 所示，它可分为测试区和过渡区。测试区域为矩形区域，占暗室长度的 1/3～1/2，测试目标静区位于此区域内；过渡区呈现金字塔形，该区域四周墙壁均贴附吸波材料，靠近金字塔顶端位置为馈源安装位置。本质上，锥形暗室的锥形部分相当于一个内壁贴附吸波材料的巨型喇叭，覆盖吸波材料的侧壁为馈源提供了良好的匹配特性，降低了侧壁的反射作用。

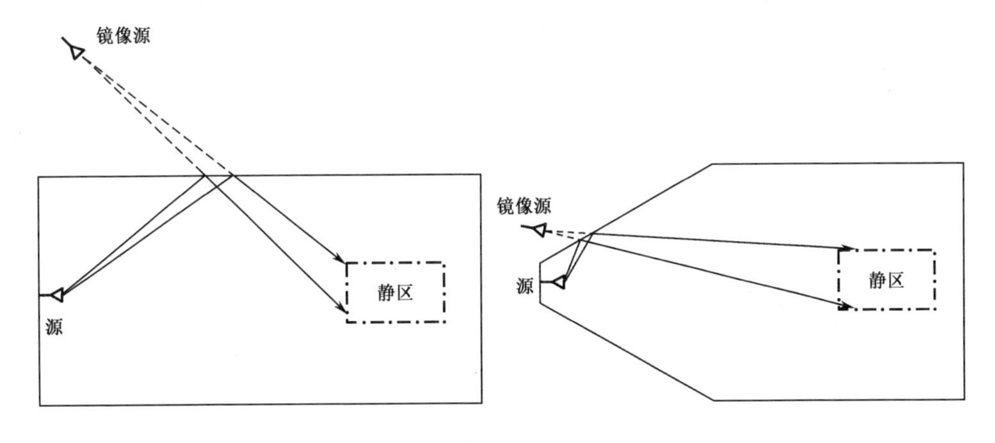

图 9.37　矩形暗室与内部多径杂散反射　　图 9.38　锥形暗室的几何结构

在高频频段，矩形暗室和锥形暗室中电波传播方向相近，所获得的静区性能也类似。但在低频频段，锥形暗室特殊的结构对减小侧墙的反射有明显效果，因此，锥形暗室一般比矩形暗室具有更好的低频性能。

2）微波暗室的评价指标

微波暗室的主要性能指标是静区内杂散电平的大小，即静区的“纯洁度”或“无回波度”，常用反射率（R）和背景等效 RCS（σ_0）两个参数作为微波暗室的评价指标。

（1）反射率。在暗室中进行天线测量时，待测天线置于静区内，用作接收天线，它不但接收来自发射天线的入射场，而且接收暗室内其他方向来的干扰反射场，此时静区内的反射率是微波暗室最重要的指标，把它定义为

$$R = 20\lg\frac{E_{\mathrm{r}}}{E_{\mathrm{i}}} = 10\lg\frac{P_{\mathrm{r}}}{P_{\mathrm{i}}}\ (\mathrm{dB}) \tag{9.88}$$

式（9.88）中，E_{i}和E_{r}分别为入射波与反射波电场强度的振幅；P_{i}和P_{r}分别为入射波与反射波的功率。$E_{\mathrm{i}}, E_{\mathrm{r}}$（或$P_{\mathrm{i}}, P_{\mathrm{r}}$）均随静区中的位置而变化。

（2）背景等效 RCS。在暗室中进行 RCS 测量时，待测目标置于静区。不但静区内的干扰反射场经目标散射后进入接收天线，而且暗室内的反射场直接被接收天线所接收。因此，暗室的指标除包含静区的反射率外，还有背景等效 RCS（也称为等效 RCS、背景 RCS、视在 RCS）。

室内场的背景等效 RCS 系指在没有被测目标存在的情况下，微波暗室环境设施、目标支撑机构和测量系统泄漏、噪声等产生的信号，可等效为在目标区域的一个假想目标所产生的散射。根据 RCS 定义和定标原理，可以得到上述背景等效 RCS 的测量值。显然，背景等效 RCS 电平越低，目标散射特性的测量精度就越高，暗室等能达到的最低可测 RCS 值越小。

9.2.4 室外静态测试场

雷达目标特性室外静态测试场采用专门设计的场地和支撑设施，模拟类似天空环境的背景条件，具备对导弹、飞机、航天飞行器及战车等大型全尺寸目标散射特性进行直接测量的能力。全尺寸目标的静态测量无须对被测目标进行跟踪，因而大大降低了测量系统的造价和试验费用，且具有较高的测量精度。在静态测量情况下，可控制目标围绕其中心沿 3 个欧拉角姿态变化，实现 360° 全方位的测量，姿态控制精度较高（0.01°～0.1°），可复现性好。静态测量系统的工作频率、调制波形、极化方式和双站角等都较易调整，因而可获取各种目标在极宽频带、可变双站角、不同波形、不同极化等条件下的全方位散射特性。此外，现代化装备大量使用非金属材料、涂料和复杂的微结构部件，导致难以通过缩比测量

方法获取全尺寸装备的散射特性，因为前者依赖的理论基础对于缩比测量的要求在实际工程应用中很难实现。因此，在缩比测试理论和测量方法取得更多、更大的突破前，对全尺寸目标开展测量依旧是获取装备真实、准确雷达目标特性的唯一手段，而室外静态测试场发挥了不可替代的作用。

室外静态测试场在设计和类型选择时须考虑如下因素[5]：

（1）场地环境对散射测量的影响小；

（2）能完成对重大目标的安全稳定支撑以及目标姿态的精确控制；

（3）目标支撑设施的散射低，对被测目标的散射影响小，且同目标之间的耦合散射效应不显著；

（4）有利于提高测量系统的灵敏度，以实现对低散射目标的测量；

（5）便于目标的吊装、存储和保密。

由此可知，室外测试场地的设计与目标支撑方式的选择是密不可分的，目标支撑方式基本上有自下支撑和从上吊挂两种。运用吊挂方式时，目标可以吊得较高，因此称为吊挂倾斜场；采用支撑方式时，目标支离地面比较低，故称地面场。根据对地面多径反射的不同处理，地面场又分为利用地面反射波的地面平面场和消除地面反射波的自由空间场。

1. 吊挂倾斜场

吊挂倾斜场的布局形式与结构形式如图 9.39 所示。当被测目标吊挂在高处，而测量雷达置于低处时，测量过程中天线波束倾斜向上，故地面反射波的影响很小，且因背景就是天空，所以具有低散射的特点。如能配以窄波束和窄脉冲，对吊挂机构实行角分辨和距离分辨，上述优点会更为突出。20 世纪 60 年代，曾有若干机构在室外建立吊挂倾斜场，也有采用 3 个吊塔的方式[22]。

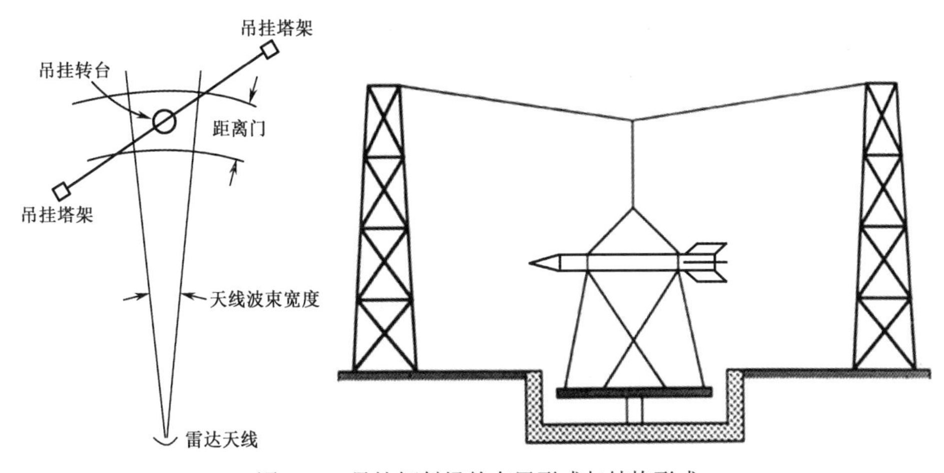

图 9.39　吊挂倾斜场的布局形式与结构形式

倾斜吊挂场存在的主要问题是，随着目标越来越大，要测量的工作频率越来越高，因而要求目标到雷达天线的距离越来越远。在满足远场条件下，要把目标周围各散射源（包括吊塔、吊索、吊盘、吊绳、姿态控制绳等）的回波全都限制在波束之外或波门之外，其实际上已经无法实现。

2. 地面平面场

1）实现原理

地面平面场是利用地面反射波的一种场地设施，其布局示意图如图 9.40 所示。图 9.40 中，天线高度为h_a，目标高度为h_t，目标与天线之间的地面距离为r，直射波的路径为r_d，反射波的路径为$r_i = r_1 + r_2$，擦地角为ψ。

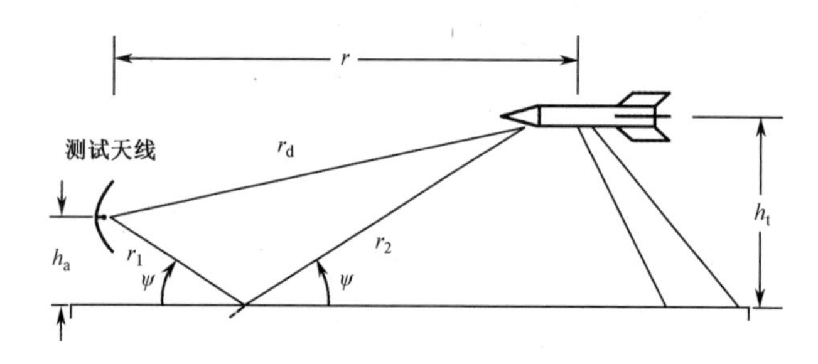

图 9.40　地面平面场布局示意图

设直射波电场为

$$E_d = \frac{E_0}{r_d} \exp[j(\omega t + kr_d)] \tag{9.89}$$

则地面反射波电场可表示为

$$E_r = R\frac{E_0}{r_i} \exp[j(\omega t + kr_i + \varphi)] \tag{9.90}$$

式（9.90）中，R为地面反射系数的模值，φ为地面反射系数的相位。目标处的合成电场为

$$E = E_d + E_r = \left\{1 + R\frac{r_d}{r_i}\exp[j(kr_i - kr_d + \varphi)]\right\}\frac{E_0}{r_d}\exp[j(\omega t + kr_d)] \tag{9.91}$$

由于$h_a, h_t \ll r$，故有$\frac{r_d}{r_i} \approx 1$，且

$$r_i - r_d = \sqrt{(h_t + h_a)^2 + r^2} - \sqrt{(h_t - h_a)^2 + r^2} \approx \frac{2h_a h_t}{r} \tag{9.92}$$

以$\varDelta$表示路程差引起的相位差$k(r_i - r_d)$，由式（9.92）得

$$\varDelta = \frac{4\pi h_a h_t}{r\lambda} \tag{9.93}$$

代入式（9.91）得

$$E \approx \{1 + R \cdot \exp[\mathrm{j}(\varDelta + \varphi)]\} \frac{E_0}{r_\mathrm{d}} \exp[\mathrm{j}(\omega t + k r_\mathrm{d})] \tag{9.94}$$

用比值 E/E_d 表示因地面反射场存在所引起的目标处电场相对于自由空间电场的变化，该比值称为传播因子，即

$$F = E/E_\mathrm{d} = 1 + R \cdot \exp[\mathrm{j}(\varDelta + \varphi)] \tag{9.95}$$

功率与电场强度的平方成正比，因此目标处的入射功率提高了 $|F|^2$；同理，由于地面反射的存在使得散射回波功率也改变了 $|F|^2$ 倍。因此，对于散射测量这样的双向传播过程，当有地面反射存在时，测得的回波功率与自由空间测得的回波功率之比为[26]

$$\frac{P}{P_0} = |F|^4 \tag{9.96}$$

对于理想光滑地平面，有 $R=1$，$\varphi = 180^\circ$，因此

$$|F| = 2|\sin(\varDelta/2)| \tag{9.97}$$

$$\frac{P}{P_0} = 16\sin^4(\varDelta/2) \tag{9.98}$$

当 $\dfrac{2\pi h_\mathrm{a} h_\mathrm{t}}{r\lambda} = m\dfrac{\pi}{2}\ (m = 1,3,5,\cdots)$ 时，$\dfrac{P}{P_0}$ 可达到最大值。

为了减小支架的反射和便于目标吊装，在允许的情况下，力求降低目标架高的高度。一般将目标架设在第一波瓣的最大值处，即 $m=1$，$\varDelta = \pi$，此时

$$h_1 = \frac{r\lambda}{4h_\mathrm{a}} \tag{9.99}$$

代入式（9.98），可得点散射目标相对回波功率随高度的变化关系为

$$\frac{P}{P_0} = 16\sin^4\left(\frac{\pi h}{2h_1}\right)$$

图 9.41 所示为地面平面场上铅垂面场强分布所致的相对回波功率增益 $\left(\dfrac{P}{P_0}\right)$ 随相对高度（采用目标架设高度归一化）$\left(\dfrac{h}{h_1}\right)$ 的变化曲线。

由于地面反射波的干涉作用，使得目标处的场强增大，理想情况下，在目标架设高度位置处接收回波功率是自由空间功率的 16 倍，相当于系统灵敏度提高了 12dB。换言之，在地面平面场条件下，采用相同的测量系统在相同的距离上能检测到比在自由空间时低 12dB 的目标 RCS，这是地面平面场理想合成增益极限值。由于场强的瓣形结构，贴近地面处的照射场强很小，因而抑制了临近地表

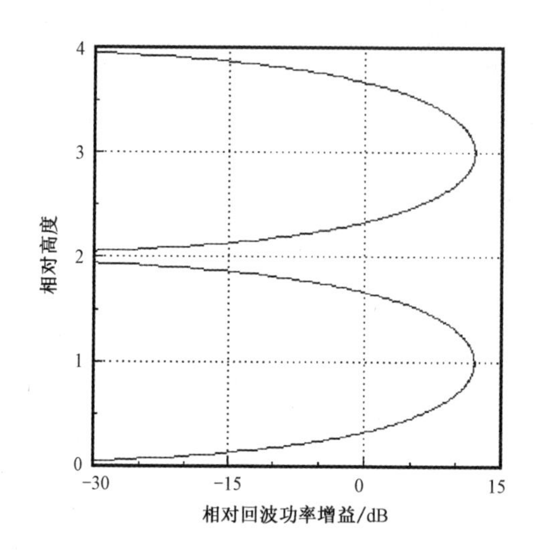

图 9.41　地面平面场相对回波功率增益与相对高度的变化曲线

处其他物体的回波，利于降低杂波背景，实现低 RCS 测量。地面平面场的另一个特点是易于实现多波段同时测量的布站和变双站角的非后向散射测量。

上述讨论为基于地面是理想全反射表面，而辐射天线是理想点源天线进行的，未考虑实际地面反射系数的变化和天线的辐射方向性。在实际应用中，由于地面可能存在反射系数变化，且测试天线具有方向性，因此需要对天线指向进行调整，并对目标区场强分布进行检测，以使地面平面场达到最佳增益和场强分布状态。

2）地面平面场中雷达目标特性测量原理[5]

第 2 章中 RCS 的定义是目标在自由空间的雷达散射截面，在地面平面场中，由于地面反射波的存在，需证明仍可通过定标原理测得目标在自由空间的 RCS。已知理想光滑地平面的反射系数是

$$R_{\mathrm{H}}\mathrm{e}^{\mathrm{j}\varphi_{\mathrm{H}}}=\frac{\sin\psi-\sqrt{(k_1/k_0)^2-\cos^2\psi}}{\sin\psi+\sqrt{(k_1/k_0)-\cos^2\psi}} \tag{9.101}$$

$$R_{\mathrm{V}}\mathrm{e}^{\mathrm{j}\varphi_{\mathrm{V}}}=\frac{(k_1/k_0)^2\sin\psi-\sqrt{(k_1/k_0)^2-\cos^2\psi}}{(k_1/k_0)^2\sin\psi+\sqrt{(k_1/k_0)^2-\cos^2\psi}} \tag{9.102}$$

式中，R_{H} 和 R_{V} 分别表示水平和垂直极化下地面反射系数的幅度；φ_{H} 和 φ_{V} 分别表示水平和垂直极化下地面反射系数的相位；ψ 为擦地角；k_0,k_1 分别为自由空间与地面介质中的波数。

为了便于分析地面对测量的影响，将式（9.101）、式（9.102）代入式（9.95），并把复数传播因子写成模和幅角的形式，即

$$F_{\mathrm{H}}\exp(\mathrm{j}\xi_{\mathrm{H}})=1+R_{\mathrm{H}}\exp[\mathrm{j}(\Delta+\varphi_{\mathrm{H}})] \tag{9.103}$$

$$F_{\mathrm{V}}\exp(\mathrm{j}\xi_{\mathrm{V}})=1+R_{\mathrm{V}}\exp[\mathrm{j}(\Delta+\varphi_{\mathrm{V}})] \tag{9.104}$$

这样，地平面的极化矩阵可表示为

$$\boldsymbol{T}=\begin{bmatrix}F_{\mathrm{H}}\exp(\mathrm{j}\xi_{\mathrm{H}}) & 0\\ 0 & F_{\mathrm{V}}\exp(\mathrm{j}\xi_{\mathrm{V}})\end{bmatrix} \tag{9.105}$$

因此，在地面平面场条件下测得的 RCS 可写成

$$\sigma^{\hat{p}\hat{q}} = \left|\hat{\boldsymbol{p}}\boldsymbol{TST}\hat{\boldsymbol{q}}\right|^2 \tag{9.106}$$

式（9.106）中，发射矩阵为

$$\hat{\boldsymbol{q}} = \begin{bmatrix} \cos r_{\mathrm{t}} \\ \sin r_{\mathrm{t}} \exp(\mathrm{j}\delta_{\mathrm{t}}) \end{bmatrix} \tag{9.107}$$

接收矩阵的转置为

$$\hat{\boldsymbol{p}} = \begin{bmatrix} \cos r_{\mathrm{r}} & \sin r_{\mathrm{r}} \exp(\mathrm{j}\delta_{\mathrm{r}}) \end{bmatrix} \tag{9.108}$$

目标的后向散射矩阵为

$$\boldsymbol{S} = \exp(\mathrm{j}\varphi_{11}) \begin{bmatrix} a_{11} & a_{12}\exp(\mathrm{j}\theta_{\mathrm{s}}) \\ a_{12}\exp(\mathrm{j}\theta_{\mathrm{s}}) & a_{22}\exp(\mathrm{j}\varphi_{\mathrm{s}}) \end{bmatrix} \tag{9.109}$$

将式（9.105）及式（9.107）至式（9.109）代入式（9.106），得

$$\sigma^{\hat{p}\hat{q}} = \left| \begin{array}{l} a_{11}F_{\mathrm{H}}^2 \cos r_{\mathrm{t}} \cos r_{\mathrm{r}} \exp(2\mathrm{j}\xi_{\mathrm{H}}) + \\ a_{22}F_{\mathrm{V}}^2 \sin r_{\mathrm{t}} \sin r_{\mathrm{r}} \exp(2\mathrm{j}\xi_{\mathrm{V}}) \exp[\mathrm{j}(\delta_{\mathrm{t}} + \delta_{\mathrm{r}})] \exp(\mathrm{j}\varphi_{\mathrm{s}}) + \\ a_{12}F_{\mathrm{H}}F_{\mathrm{V}} \exp[\mathrm{j}(\xi_{\mathrm{H}} + \xi_{\mathrm{V}})] \exp(\mathrm{j}\theta_{\mathrm{s}}) \times \\ [\sin r_{\mathrm{t}} \cos r_{\mathrm{r}} \exp(\mathrm{j}\delta_{\mathrm{t}}) + \cos r_{\mathrm{t}} \sin r_{\mathrm{r}} \exp(\mathrm{j}\delta_{\mathrm{r}})] \end{array} \right|^2 \tag{9.110}$$

将自由空间目标和定标体的 RCS 分别记为 σ_{T} 和 σ_{s}，地面平面场条件下对应测得的 RCS 为 $(\sigma_{\mathrm{T}})_{\mathrm{F}}$ 和 $(\sigma_{\mathrm{s}})_{\mathrm{F}}$，对于不同的发射和接收极化组合，其结果如下：

（1）水平发射-水平接收为（$r_{\mathrm{t}} = r_{\mathrm{r}} = \dfrac{\pi}{2}$；$\delta_{\mathrm{t}} = \delta_{\mathrm{r}} = 0$）

$$(\sigma^{\mathrm{HH}})_{\mathrm{F}} = \left|a_{11}F_{\mathrm{H}}^2 \exp(2\mathrm{j}\xi_{\mathrm{H}})\right|^2 \tag{9.111}$$

$$\frac{(\sigma_{\mathrm{T}}^{\mathrm{HH}})_{\mathrm{F}}}{(\sigma_{\mathrm{s}}^{\mathrm{HH}})_{\mathrm{F}}} = \left|\frac{a_{11\mathrm{T}}F_{\mathrm{H}}^2 \exp(2\mathrm{j}\xi_{\mathrm{H}})}{a_{11\mathrm{s}}F_{\mathrm{H}}^2 \exp(2\mathrm{j}\xi_{\mathrm{H}})}\right|^2 = \left|\frac{a_{11\mathrm{T}}}{a_{11\mathrm{s}}}\right|^2 = \frac{\sigma_{\mathrm{T}}}{\sigma_{\mathrm{s}}} \tag{9.112}$$

（2）垂直发射-垂直接收为（$r_{\mathrm{t}} = r_{\mathrm{r}} = \dfrac{\pi}{2}$；$\delta_{\mathrm{t}} = \delta_{\mathrm{r}} = 0$）

$$(\sigma^{\mathrm{VV}})_{\mathrm{F}} = \left|a_{22}F_{\mathrm{V}}^2 \exp(2\mathrm{j}\xi_{\mathrm{V}}) \exp(\mathrm{j}\varphi_{\mathrm{s}})\right|^2 \tag{9.113}$$

$$\frac{(\sigma_{\mathrm{T}}^{\mathrm{VV}})_{\mathrm{F}}}{(\sigma_{\mathrm{s}}^{\mathrm{VV}})_{\mathrm{F}}} = \left|\frac{a_{22\mathrm{T}} \exp(\mathrm{j}\varphi_{\mathrm{s}})_{\mathrm{T}} F_{\mathrm{V}}^2 \exp(2\mathrm{j}\xi_{\mathrm{V}})}{a_{22\mathrm{s}} \exp(\mathrm{j}\varphi_{\mathrm{s}})_{\mathrm{s}} F_{\mathrm{V}}^2 \exp(2\mathrm{j}\xi_{\mathrm{V}})}\right|^2 = \left|\frac{a_{22\mathrm{T}}}{a_{22\mathrm{s}}}\right|^2 = \frac{\sigma_{\mathrm{T}}}{\sigma_{\mathrm{s}}} \tag{9.114}$$

（3）垂直发射-水平接收或水平发射-垂直接收为

$$(\sigma^{\mathrm{HV}})_{\mathrm{F}} = \left|a_{12}\exp(\mathrm{j}\theta_{\mathrm{s}}) F_{\mathrm{H}}F_{\mathrm{V}} \exp[\mathrm{j}(\xi_{\mathrm{V}} + \xi_{\mathrm{H}})]\right|^2 \tag{9.115}$$

$$(\sigma^{\mathrm{VH}})_{\mathrm{F}} = \left|a_{12}\exp(\mathrm{j}\theta_{\mathrm{s}}) F_{\mathrm{V}}F_{\mathrm{H}} \exp[\mathrm{j}(\xi_{\mathrm{H}} + \xi_{\mathrm{V}})]\right|^2 \tag{9.116}$$

由于传统的金属球或金属圆柱等定标体没有退极化效应，即 $a_{12} = a_{21} = 0$，

故交叉极化时不可能用此类定标体的交叉极化响应来定标，但可以考虑使用金属二面角等定标体，或使用金属球和金属圆柱的两个主极化 RCS 来定标，即有

$$\begin{aligned}
&\frac{\left(\sigma_{\mathrm{T}}^{\mathrm{HV/VH}}\right)_{\mathrm{F}}}{\left(\sqrt{\sigma_{\mathrm{s}}^{\mathrm{HH}}}\sqrt{\sigma_{\mathrm{s}}^{\mathrm{VV}}}\right)_{\mathrm{F}}} \\
&=\left|\frac{a_{12\mathrm{T}}\exp(\mathrm{j}\theta_{\mathrm{s}})_{\mathrm{T}}F_{\mathrm{H}}F_{\mathrm{V}}\exp[\mathrm{j}(\xi_{\mathrm{H}}+\xi_{\mathrm{V}})]}{\sqrt{a_{11\mathrm{s}}F_{\mathrm{H}}^{2}\exp(2\mathrm{j}\xi_{\mathrm{H}})}\sqrt{a_{22\mathrm{s}}\exp(\mathrm{j}\phi_{\mathrm{s}})_{\mathrm{s}}F_{\mathrm{V}}^{2}\exp(2\mathrm{j}\xi_{\mathrm{V}})}}\right|^{2} \\
&=\left|\frac{a_{12\mathrm{T}}\exp(\mathrm{j}\theta_{\mathrm{s}})_{\mathrm{T}}}{\sqrt{a_{11\mathrm{s}}a_{22\mathrm{s}}}\exp(\mathrm{j}\varphi_{\mathrm{s}}/2)_{\mathrm{s}}}\right|^{2} \\
&=\frac{\sigma_{\mathrm{T}}}{\sqrt{\sigma_{\mathrm{s}}^{\mathrm{HH}}\sigma_{\mathrm{s}}^{\mathrm{VV}}}} \\
&=\frac{\sigma_{\mathrm{T}}}{\sigma_{\mathrm{s}}}
\end{aligned} \tag{9.117}$$

式（9.112）、式（9.114）和式（9.117）表明，在地面平面场条件下采用相对定标法测量和定标处理，可以测出目标自由空间的RCS，其前提条件是地面的反射系数稳定不变。为此，要求地面的电参数在定标和测试期间保持稳定一致，最好的方法则是采用异地同步定标法。

必须特别注意，这里的讨论没有考虑测量系统的极化串扰等对于各极化通道测量的影响，关于此时的极化校准将在本章 9.4 节进一步讨论。

3）*场地布局*

地面平面场的场地布局示意图如图 9.42 所示，可分为主区、副区和清扫区。

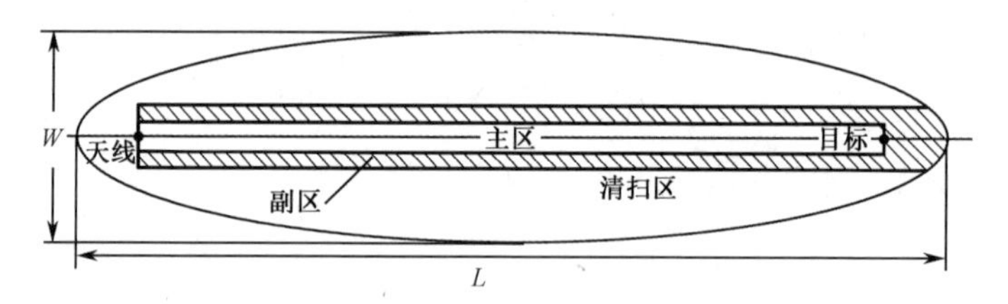

图 9.42　地面平面场的场地布局示意图

一般要求主区宽度应包括第 20 个菲涅耳区，其宽度可由式（9.118）求出，即

$$W_N = R\left[\left(F_1^2-1\right)\left(1+F_2^2-2F_3\right)\right]^{\frac{1}{2}} \tag{9.118}$$

式（9.118）中

$$\begin{cases} F_1 = \dfrac{N\lambda}{2R} + \sec\psi \\ F_2 = \dfrac{h_T^2 - h_A^2}{\left(F_2^2 - 1\right)R^2} \\ F_3 = \dfrac{h_T^2 + h_A^2}{\left(F_2^2 - 1\right)R^2} \\ \psi = \arctan\left(\dfrac{h_T + h_A}{R}\right) \end{cases} \tag{9.119}$$

上两式中，N 为菲涅耳区的数目；W_N 为第 N 个菲涅耳区的宽度；R 为测试距离；h_T 为目标高度；h_A 为天线高度，副区宽度为主区宽度的 2 倍。

清扫区多路径椭圆的范围由下式求出，即

$$L = R + nc\tau \tag{9.120}$$

$$W = nc\tau\left(1 + \frac{2R}{nc\tau}\right)^{\frac{1}{2}} \tag{9.121}$$

式中，L 为清扫区椭圆长轴；W 为清扫区椭圆短轴；n 为常数，一般取 $n = 1.5$～2；c 为光速；τ 为脉冲宽度。

3. 地面自由空间场

地面自由空间场一般采用同地面平面场相同的目标支撑结构，但在场地设计中消除而不是利用地面反射的影响。消除地面反射波的常用方法是在沿电波传播路径的横向设置多道雷达反射屏，如图 9.43 所示；或沿电波传播的纵向构筑倒 V 形脊道，如图 9.44 所示，两者都是把投向地面的电磁波反射到别的方向，从而在目标区形成自由空间场。

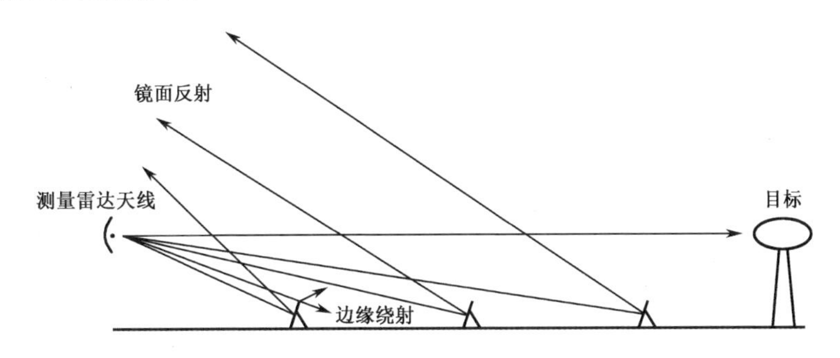

图 9.43 雷达反射屏自由空间场示意图

地面自由空间场的优点是，目标区铅垂面场强分布窗口较宽，目标在铅垂面内的照射均匀，并且天线高度和目标高度不必随频率的变化而调整，因而特别适合于宽频带测试需求。但是，均匀的铅垂面场强分布对实现低 RCS 测量不利，因为贴近地面处的入射场强就是自由空间的场强，故地物杂波干扰电平比地面平面场要高。此外，由于不再利用地面反射波，使得自由空间场功率增益明显低于地面平面场，从而影响测试信噪比。

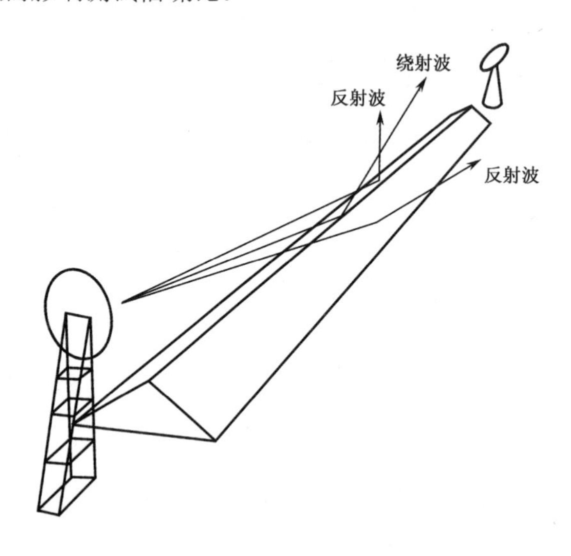

图 9.44　倒 V 形自由空间场示意图

地面自由空间场要求天线必须架设在雷达反射屏或倒 V 形脊道的对称平面内，使得辐射场区不能在水平面内横向移动，因此它不易于实现多波段同时测量和变双站角的非后向散射测量。此外，雷达反射屏的顶部不可避免地会对投射到其上的入射波能量和散射波能量产生绕射波，这种绕射波既会向目标区传播，也会向雷达传播，由此造成对目标区和天线口面上场强分布的干扰，且使测试场背景电平升高。

9.3 目标 RCS 测量

RCS 是最重要的一种雷达目标特性元，绝大多数特性测量实验都是针对目标 RCS 而开展的，待测目标 RCS 的量值大小、起伏特性、频率特性等技术指标很大程度上决定了对测试场和测量系统的选择。雷达目标 RCS 测量中涉及 RCS 测量定标、背景杂波与噪声抑制及 RCS 测量数据处理 3 方面的关键技术，下面对这些关键技术进行详细阐述。

9.3.1 RCS 测量定标

目标 RCS 的测量定标是通过测量系统获得的信号，求解被测目标定量 RCS

幅/相值的过程，根据前述内容的介绍可知，测量系统工作的基本原理是雷达方程，因此需要确定各变量或其之间的关系进而求解RCS。从实现方法上，RCS测量定标包括相对定标法和绝对定标法两种方法。

1. 相对定标法

相对定标法是通过测量 RCS 已知的参考目标（定标体）和被测目标的回波信息，然后通过相对比值求解被测目标 RCS 的方法。本书第 2 章中介绍了金属导体球（简称金属球）、短粗金属圆柱体、金属平板和角反射器等常用定标体，都较为适合在相对定标法中作为参考目标使用。

根据雷达方程

$$R^4 = \frac{P_t G_t G_r \lambda^2 \sigma}{(4\pi)^3 P_r (S/N) L} \tag{9.122}$$

式（9.122）中，R 为雷达作用距离；P_t 为发射机功率；G_r 和 G_t 分别为收/发天线增益；P_r 为接收机灵敏度；S/N 为信噪比（如果杂波起主要作用，则为信杂比）；$P_r(S/N)$ 表示接收机输入端信号功率；λ 为雷达波长；L 为各种传输损耗；σ 为目标 RCS。

采用相对定标法，并计入雷达工作状态后，待测目标的 RCS 表达式为

$$\sigma_T = \frac{(S/N)_T (\mathrm{PGC})_c}{(S/N)_c (\mathrm{PGC})_T} \left(\frac{R_T}{R_c} \right)^4 \sigma_c \tag{9.123}$$

式（9.123）中，下标 T 表示测量目标获取的数据；下标 c 表示测量定标体获取的数据；PGC 为测试增益控制，包括为了保证线性度而调整的链路衰减值。

由式（9.123）可知，理论上，进行相对定标时，在系统增益状态设置和测试距离确定后，任务的重点是完成目标与定标体回波的信噪比测试，但这在实际测试中并不十分方便，需要在测试前获得接收机输入功率与输出信噪比或输出电压的校正曲线。但在满足以下条件时上述定标公式可以得到简化：①测试中背景杂波电平很低，影响输出信号的因素主要为信噪比；②现代接收机系统或矢量网络分析仪在出厂前会进行校准并形成内部校准数据，在测量过程中可以直接给出接收信号的功率值（或者信号电压值）。此时，可采用测量系统输出响应代替信噪比直接计算被测目标的 RCS 值，即有

$$\sigma_T = \frac{P_{rT}}{P_{rc}} \left(\frac{R_T}{R_c} \right)^4 \sigma_c \tag{9.124}$$

式（9.124）中，P_{rT} 和 P_{rc} 分别代表接收机给出的被测目标与定标体的回波功率表示数。

当定标体和被测目标处于同一位置时，式（9.123）中距离比值项可以进一步简化，其中隐含的前提条件是测量系统的发射功率和测试传输环境在两次测试间不能有明显差异。这一条件在微波暗室内，且测量系统具备发射参考比对功能时比较容易达到，但在使用较大功率发射机的室外测试场则可能存在较大测量误差。为此，室外静态测试场通常采用异地同步定标法来提高相对定标测量精度，地面平面场异地同步定标测量示意图如图 9.45 所示。

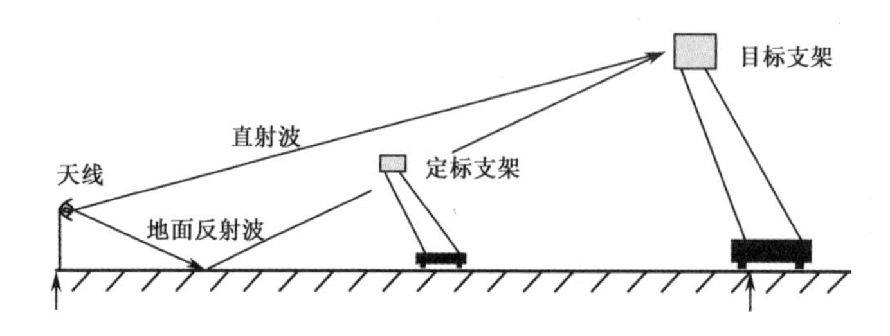

图 9.45　地面平面场异地同步定标测量示意图

当采用异地同步定标测量时，测量系统在同一个发射脉冲周期中，利用两个距离门分别接收定标体和被测目标的散射回波信号，并通过式（9.123）或式（9.124）求解被测目标 RCS 值。

对于采用相参雷达进行幅相测量的测试场，可以采用复数场量替代功率量，导出以下定标方程[8]，即

$$\sqrt{\sigma}\,\mathrm{e}^{\mathrm{j}\varphi}=\frac{|\boldsymbol{E}_{\mathrm{T}}|}{|\boldsymbol{E}_{\mathrm{c}}|}\cdot\left(\frac{R_{\mathrm{T}}}{R_{\mathrm{c}}}\right)^{2}\cdot\mathrm{e}^{\mathrm{j}4\pi(R_{\mathrm{T}}-R_{\mathrm{c}})}\cdot C_{\mathrm{c}} \tag{9.125}$$

式（9.125）中，$\sqrt{\sigma}$ 表示目标复 RCS 幅值；φ 为固有散射相位；$\boldsymbol{E}_{\mathrm{T}}$ 为目标散射场频响（频率响应）；$\boldsymbol{E}_{\mathrm{c}}$ 为定标体散射场频响；R_{T} 为目标距离；R_{c} 为定标体距离；C_{c} 为定标体复 RCS 理论值。

通过式（9.125），可以校正异地定标引起的目标复 RCS 相位偏差，达到相位定标的目的，这一过程对准确测得目标散射的幅度和相位特征信号是至关重要的。例如，对于二维成像测量，只有准确获得以目标中心为参考的目标散射幅度和相位，才能在二维高分辨成像中实现对目标散射图像的正确聚焦。

在推导式（9.123）至式（9.125）的过程中，隐含了假设条件，即认为定标体和被测目标相对于测量系统具有相同的大气空间与高频传输损耗，以及场照射均匀性。而在工程实践中需要额外考虑这两项误差因素，则式（9.124）改写为

$$\sigma_{\mathrm{T}}=\frac{K_{\mathrm{c}}}{K_{\mathrm{T}}}\frac{P_{\mathrm{rT}}}{P_{\mathrm{rc}}}\left(\frac{R_{\mathrm{T}}}{R_{\mathrm{c}}}\right)^{4}\frac{L_{\mathrm{T}}}{L_{\mathrm{c}}}\sigma_{\mathrm{c}} \tag{9.126}$$

式（9.126）中，$\dfrac{K_c}{K_T}$ 为照射场非均匀性比例因子；$\dfrac{L_T}{L_c}$ 为传输路径差异造成的传输衰减比例因子。

必须注意，一方面，照射场非均匀性比例因子是由目标尺寸、位置和测量照射场分布特性共同决定的，在地面平面场中，重点受不同位置多径合成增益差别的影响，因此必须根据 9.2 节中式（9.99）和式（9.100）的关系，以及定标体所在距离位置按比例准确地设置异地定标时的定标体高度。另一方面，传输路径差异造成的传输衰减比例因子主要由测量过程中目标和定标体位置不同所引起的传输衰减差异造成，无论是自由空间场还是地面平面场，只有采用异地同时定标测量就会存在这样一个因子，通常将此项视为已知量。

2. 绝对定标法

绝对定标法常用于大型动态测量雷达，一般在距离雷达几千米远处设立标校塔，通过标校塔接收的雷达发射功率及雷达接收标校塔上发射的标准功率之间的替代关系，换算出辐射到目标上的功率密度，进而求得待测目标的 RCS 值。绝对定标法的基本原理如下。

将雷达方程改写为

$$P_r(S/N)=\frac{P_tG_t}{4\pi R^2}\frac{\sigma}{4\pi}\frac{A_r}{R^2}\frac{1}{L} \tag{9.127}$$

式（9.127）中，A_r 为接收天线有效面积且 $A_r=\dfrac{G_r\lambda^2}{4\pi}$，其他符号定义同式（9.122）。式（9.127）中等号右边第 1 项代表入射到目标上的功率密度。

标校塔从被“锁定”方向的发射天线处接收到的信号功率为

$$P_B=A_H\frac{P_{to}G_t}{4\pi R_B^2} \tag{9.128}$$

式（9.128）中，P_B 为标校塔接收到的功率；P_{to} 为标定期间雷达发射峰值功率；R_B 为标校塔到雷达的直线距离；A_H 为标校塔上喇叭天线的有效面积。

由式（9.128）可得

$$G_t=\frac{P_B}{P_{to}}\frac{4\pi R_B^2}{A_H} \tag{9.129}$$

将 G_t 值代入式（9.127）等号右边的第 1 项后，得到入射到目标上的功率密度为

$$\frac{P_tG_t}{4\pi R^2}=\frac{P_t}{P_{to}}\frac{P_B}{A_H}\left(\frac{R_B}{R}\right)^2 \tag{9.130}$$

当从标校塔上信号发生器发射一个信号时，雷达接收到标校塔上发射信号的功率为

$$P_{\rm r}\left(\frac{S}{N}\right)_{\rm o}=A_{\rm r}\frac{P_{\rm H}G_{\rm H}}{4\pi R_{\rm B}^2}\frac{1}{L} \tag{9.131}$$

式（9.131）中，$P_{\rm H}$ 为标校塔发射功率；$G_{\rm H}$ 为标校塔上喇叭天线的有效增益。

将式（9.130）和式（9.131）代入式（9.127），整理后得

$$\begin{aligned}\sigma&=\left(\frac{A_{\rm H}G_{\rm H}}{R_{\rm B}^4}\right)\left(\frac{P_{\rm to}}{P_{\rm t}}\right)\frac{S/N}{(S/N)_{\rm o}}\left(\frac{P_{\rm H}}{P_{\rm B}}\right)R^4\\&=K\frac{P_{\rm to}}{P_{\rm t}}\frac{S/N}{(S/N)_{\rm o}}\frac{P_{\rm H}}{P_{\rm B}}R^4\end{aligned} \tag{9.132}$$

式（9.132）中，K 为标校塔设备的标校参数。

对于高质量的标校塔系统而言，标校参数 K 近似为时不变量，可以由 $A_{\rm H},G_{\rm H}$ 与 $R_{\rm B}$ 的直接测量值求得，也可用定标体来标定，这时 σ 为已知值，由式（9.132）即可反推算出 k 值。

9.3.2 背景杂波与噪声抑制

1. 背景杂波与矢量对消技术

在微波暗室中测量目标的 RCS 时，由暗室的后墙、侧墙、目标支架等引起的反射回波统称为背景回波。背景回波与目标散射信号一起进入接收机，影响测量精度。但考虑到目标环境基本是不变的，绝大部分回波稳定地重复出现，即测量结果中含有稳定的背景回波的贡献，因此可以采用矢量对消技术减小或消除它，其基本原理如下。

首先，将定标体（如定标球或金属板）置于定标支架上并测量其反射回波 $\boldsymbol{E}_{\rm c}$；接着从定标支架上取走定标体，再测量暗室和定标支架的反射回波 $\boldsymbol{E}_1$；之后，将被测目标置于目标支架上，测量目标的散射回波 $\boldsymbol{E}_{\rm T}$；最后，将目标从目标支架上移除，测量暗室和目标支架的反射回波 $\boldsymbol{E}_2$。如此，则被测目标的 RCS 为

$$\sigma_{\rm T}=20\lg\frac{|\boldsymbol{E}_{\rm T}-\boldsymbol{E}_2|}{|\boldsymbol{E}_{\rm c}-\boldsymbol{E}_1|}+\sigma_{\rm c}({\rm dBm}^2) \tag{9.133}$$

式（9.133）中，$\sigma_{\rm c}({\rm dBm}^2)$ 为定标体的 RCS 的理论值。

由上述测量过程可见，由于目标回波和定标体回波中均包含背景回波，可通过复数（矢量）信号处理，把背景回波从目标回波和定标体回波中减去，从而实现背景矢量对消。

应说明的是，矢量对消技术成立的前提条件是，认为暗室内各类杂波与目标散射信号是同频矢量叠加的。在实际测量过程中，当在暗室中放置目标（或定标体）后，由于目标对杂波源的遮挡、目标与支架之间电磁场的多次反射、目标表面波效应引起对支架照射场的变化、目标质量使支架变形等，使得背景回波也发

生变化。如果这类变化很明显且不能忽略，则矢量对消技术的效果就会相应受到影响。

2. 测量系统噪声与脉冲积累

由式（9.122）可知，接收机端的信噪比是影响最小可测 RCS 的重要因素。在室外静态测试场进行低散射目标测量时，由于测试距离较远，距离因子 R^4 通常会带来较大的功率密度衰减，在有限发射机功率的前提下，系统接收信号的信噪比会明显下降。这通常有两种解决方法，一是提高接收支路增益放大目标散射信号；二是通过脉冲积累提高信噪比，增大系统动态范围。

脉冲积累利用了目标散射信号的规律性和系统噪声信号的随机性特征，在某一固定角度用脉冲信号照射目标时，产生的目标回波瞬时幅度是时间的确定性函数。系统噪声在时间上则是完全随机且是白色的。若此时对 n 个脉冲进行相参积累，对于目标回波信号，可认为是电压同相相加，由此获得相较于单脉冲 n^2 倍的功率增益；而对于随机噪声，则是功率相加，可获得相较于单脉冲 n 倍的功率增益。于是有

$$\frac{S}{N}=\frac{n^2 S_0}{nN_0}=n\frac{S_0}{N_0} \tag{9.134}$$

式（9.134）中，S_0 和 N_0 分别为单个脉冲的接收信号功率和噪声功率。

定义积累改善因子为

$$I(n)=\frac{S/N}{S_0/N_0}=n \tag{9.135}$$

结合式（9.122）可知，测试系统的最小可测试 RCS 电平相应降低了 $10\lg(n)(\mathrm{dB})$。

上述对积累改善效果的讨论属于理想情况。在实际测量中，由于受到相参系统性能、目标的转动等因素影响，通常不能长时间地保证脉冲积累的相参性，因此积累次数增加到一定程度后，对信噪比的改善效果就不再明显了。

9.3.3　RCS 测量数据处理[27]

1. 数据统计方法

1）概率密度和累积分布

测量数据的概率 P 可按下列公式计算，即

$$P[\sigma_0 \leqslant \sigma \leqslant (\sigma_0+\mathrm{d}\sigma)]=\int_{\sigma_0}^{\sigma_0+\mathrm{d}\sigma}\mathrm{PDF}(\sigma)\,\mathrm{d}\sigma \tag{9.136}$$

$$\mathrm{CDF}(\sigma)=\int_{-\infty}^{\sigma}\mathrm{PDF}(\sigma)\,\mathrm{d}\sigma \tag{9.137}$$

式中，PDF 为概率密度函数；CDF 为累积分布函数。

由于 RCS 测试数据多为关于角度或频率的离散采样点，离散的物理量数据可按下列公式计算概率密度函数 $\text{PDF}(\sigma_{\min}+m\Delta)$ 和累积分布函数 $\text{CDF}(\sigma_{\min}+m\Delta)$ ，即

$$\text{PDF}(\sigma_{\min}+m\Delta)=\frac{I_m}{\Delta\times J_M} \tag{9.138}$$

$$\text{CDF}(\sigma_{\min}+m\Delta)=\frac{I_m}{J_M} \tag{9.139}$$

$$\Delta=\frac{\sigma_{\max}-\sigma_{\min}}{M} \tag{9.140}$$

$$J_m=\sum_{j=1}^{m}I_j \tag{9.141}$$

$$J_M=\sum_{j=1}^{M}I_j \tag{9.142}$$

式中，$\sigma_{\min}$ 为物理量数据最小值；Δ 为等分值段长度；I_m 为第 m 个值段中的数据个数；J_M 为物理量数据个数总和；$\sigma_{\max}$ 为物理量数据最大值；M 为值段等分个数；J_m 为从第一个值段到第 m 个值段中累积物理量的数据个数。

2）平均值

物理量数据的平均值 $\bar{\sigma}$ 按下式计算，即

$$\bar{\sigma}=\frac{1}{N}\sum_{i=1}^{N}\sigma_i \tag{9.143}$$

式（9.143）中，σ_i 为第 i 个测量样本；N 为测量样本总数。

3）中值与分位数

中值即50%概率值，记作 $\sigma_{50\%}$。中值可以用两种方法计算，一种是排序法，将物理量数据从小到大排序，然后选择其中间值作为中值；另一种方法是取累积分布函数 $\text{CDF}=0.5$ ，计算方式为

$$\text{CDF}\left(\sigma_{50\%}\right)=\int_{-\infty}^{\sigma_{50\%}}\text{PDF}\left(\sigma\right)\mathrm{d}\sigma=0.5 \tag{9.144}$$

m%分位数 $\sigma_{m\%}$ 相应的累积分布函数计算方式为

$$\text{CDF}\left(\sigma_{m\%}\right)=\int_{-\infty}^{\sigma_{m\%}}\text{PDF}\left(\sigma\right)\mathrm{d}\sigma=m\% \tag{9.145}$$

4）标准差

物理量数据的标准偏差 STD 的计算方式为

$$\text{STD}=\sqrt{\frac{1}{N-1}\sum_{i=1}^{N}(\sigma_i-\bar{\sigma})^2} \tag{9.146}$$

2. 对 RCS 测量结果的常用统计处理

1）极值与动态范围

极值是样本数据的最大值 $\sigma_{\max}$ 和最小值 $\sigma_{\min}$ ，实际工程中常用 95%概率值和

5%概率值代替，即$\sigma_{95\%}$和$\sigma_{5\%}$。

动态范围用来表征样本数据的动态起伏范围，计算方式为

$$D = \sigma_{\max} / \sigma_{\min} \tag{9.147}$$

2）算术平均值

根据实际情况，可对统计窗口或统计扇区范围内的 RCS 数据进行预处理，按前一段的方法计算 RCS 数据极值，此处所得的极值实际为 RCS 数据的某一分位数（如$\sigma_{95\%}$和$\sigma_{5\%}$），之后剔除统计窗口或统计扇区内超出极值范围的数据后再进行算术平均值计算。采用这种预处理方式，可以避免因出现在极小角度范围内偶尔出现的散射峰值影响整体散射均值的统计结果，更符合雷达探测目标时大概率可获取其散射信号强度的真实情况。

用统计窗口或统计扇区范围内的 RCS 算术值式（9.143）求算术平均值$\bar{\sigma}$，再转换成对数值$\bar{\sigma}_{\mathrm{dB}}$；将统计窗口或统计扇区范围内 RCS 的对数值转换为算术值后求算术平均值，再转换成对数值$\bar{\sigma}_{\mathrm{dB}}$，计算方式为

$$\bar{\sigma}_{\mathrm{dB}} = 10\lg\left[\frac{1}{N}\sum_{i=1}^{N}10^{\frac{\sigma_{\mathrm{dB}i}}{10}}\right] \tag{9.148}$$

式（9.148）中，N 为统计窗口或统计扇区范围内 RCS 数据的总数。

3）几何平均值

统计窗口或统计扇区范围内的 RCS 数据的几何平均值$\bar{\sigma}_{\mathrm{GdB}}$的计算方式为

$$\bar{\sigma}_{\mathrm{GdB}} = \frac{1}{N}\sum_{i=1}^{N}\sigma_{\mathrm{dB}i} \tag{9.149}$$

式（9.149）中，N 为统计窗口或统计扇区范围内 RCS 数据的总数。

3. RCS 数据平滑

复杂目标的 RCS 测量数据随频率或角度参数的变化通常会表现出复杂的起伏特征，为了方便对数据图表进行观察和分析，研究目标散射相关性变化规律，通常会使用平滑处理。

平滑处理的窗口宽度与雷达频段及被测目标尺寸等有关，需根据实际情况选定，推荐值为±1°，±1.5°，±2°，±2.5°，±3°，±4°，±5°，海上目标可加大到±10°。

（1）对于非周期数据，当窗口宽度靠近数据两端边界时，超出边界的数据不计入平滑处理；

（2）对于周期数据（如 0°～360°），超出边界的数据需根据周期性补齐数据后进行平滑处理；

（3）方位向和俯仰向二维平滑时，两个方向的窗口宽度选择视具体情况可以不同。

此外，滑动步长小于或等于窗口宽度时，可根据实际问题选定，推荐值为1°～5°。方位向和俯仰向二维平滑时，依次在两个方向上进行滑动，两个方向的滑动步长视具体情况可以不同。

1）按均值平滑

根据实际情况，可对平滑窗口内的 RCS 数据进行预处理。先求解 RCS 数据的极值，剔除平滑窗内超出极值范围的数据后再进行平均值计算。

按平均值平滑处理方法如下：

（1）算术平均，对平滑窗口内 RCS 数据按式（9.148）计算算术平均值。

（2）加权平均，将平滑窗口两端点数据权值取 1/2，非端点数据权值取 1，计算式为

$$\bar{\sigma}_{\mathrm{dB}}=10\lg\left[\frac{1}{N-1}\left(\frac{1}{2}\cdot\sigma_1+\sum_{i=2}^{N-1}\sigma_i+\frac{1}{2}\cdot\sigma_N\right)\right] \tag{9.150}$$

$$\bar{\sigma}_{\mathrm{dB}}=10\lg\left[\frac{1}{N-1}\left(\frac{1}{2}\cdot 10^{\frac{\sigma_{\mathrm{dB1}}}{10}}+\sum_{i=2}^{N-1}10^{\frac{\sigma_{\mathrm{dB}i}}{10}}+\frac{1}{2}\cdot 10^{\frac{\sigma_{\mathrm{dB}N}}{10}}\right)\right] \tag{9.151}$$

式中，N 为平滑窗口内 RCS 数据的总数。

2）按分位数平滑

对平滑窗口内的 RCS 数据，按式（9.144）、式（9.145）的方法求取不同分位数的 RCS 值。实际工程中，经常使用 50%概率值平滑，其他常用的概率值还有5%, 10%, 20%, 80%, 90%和 95%等。

9.4 目标极化散射矩阵测量

目标极化散射矩阵（Polarization Scattering Matrix，PSM）包含了目标散射的全部信息，其测量过程需要完成同一目标 4 个不同极化组合下散射信号的获取和标定，这就需要用到具备极化多通道能力的测量系统，并采用适合的极化定标体及复杂的标定算法。迄今为止，各国学者已提出了多种测量误差模型与标定方法，本节分别对极化散射矩阵测量系统、测量方法及标定方法进行介绍。

9.4.1 目标极化散射测量系统

目标极化散射测量系统通常需要完成4种极化收/发组合下对目标散射信号的获取，因此具备多通道能力是此类系统的最显著特征，而多通道能力既指具备物理上完全独立的通道，也指逻辑上利用选通实现的。本节以水平（H）和垂直（V）线极化的 4 种极化组合 HH, HV, VH 和 VV 为例进行讨论。图 9.46 所示为采用选通方式形成的“单发双收”极化散射测量系统前端结构，对应的系统测量工作时

序示意图如图 9.47 所示。

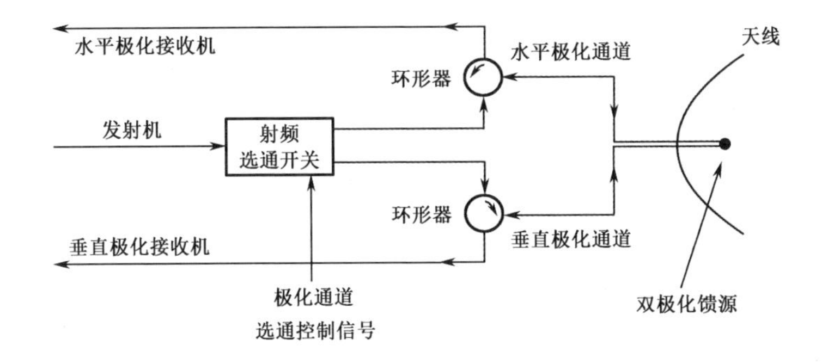

图 9.46 “单发双收”极化散射测量系统前端结构示意图

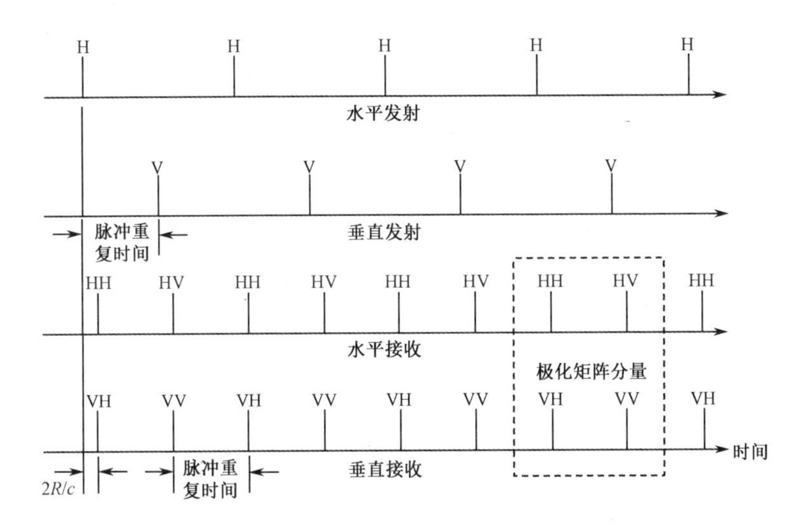

图 9.47 “单发双收”极化散射测量系统工作时序示意图

测量天线作为系统的极化空间选通装置，其自身的极化纯度是有限的，每个极化通道接收的信号中，都包含了另一个极化分量的一部分能量，如在用水平极化接收通道测量目标的 HV 散射分量时，VV 散射分量的部分信号也会被同时接收。因此，除完成目标回波的各极化分量组合信号的采集外，还需要对定标体进行测量并完成极化定标处理，才能获得目标的极化散射矩阵。

9.4.2 相对相位测量法

相对相位测量法是一种直接方法，通过交替地发射两个正交极化的脉冲信号，对每个极化的回波信号，同时用一对正交极化进行幅度和相对相位测量。由于中频测相技术的发展，当正交分离信号送数字接收机后，完全可以由数字接收机变相而实现接收机极化变换。因此，国内外大都采用这种方法。这种方

法要求发射机变极化次数少，测量速度快，比纯幅度测量法精确度高。定义 $a_{mn}=|S_{mn}|\ (m,n=1,2)$，$\theta=\varphi_{12}-\varphi_{11}=\varphi_{21}-\varphi_{11}$，$\varphi=\varphi_{22}-\varphi_{11}$，表 9.1 所示为相对相位测量法测量的具体步骤[28]。

表 9.1　相对相位测量法测量的具体步骤

步骤	发射极化	接收极化	被测参数	备注
1	H	H	a_{11}	相位由 1, 2 步同时获得
2	H	V	a_{12},θ	
3	V	H	a_{12}	相位由 3, 4 步同时获得
4	V	V	a_{22},φ	
5	45°线	V	$a_{22}/\sqrt{2}$	当 $a_{12}\exp(\mathrm{j}\theta)=0$ 时，用 5, 6 步，而不用 3, 4 步获得
6	45°线	H	$a_{11}/\sqrt{2},\varphi$	

9.4.3　纯幅度测量法

纯幅度测量法是一种间接方法，单纯采用幅度测量来代替相位测量。由于这种方法主要用于无测相能力的场合，而现代测量雷达一般均具备精确测量幅度和相位的能力，因此这种测量方法现在已很少被采用，但为了叙述的完整性，这里对此方法也做简单介绍。

纯幅度测量法需要进行 5 次幅度测量，再加上 2 次相角符号的判断，原理上需要进行 7 次纯幅度测量才能得到完整的矩阵元素。选择收/发极化波形可以有多种，通常采用标准极化。另外，要力求减少低信噪比的交叉极化项，以保证精度。纯幅度测量法的优点在于避免了相位测量，但速度较慢。表 9.2 所示为采用标准极化的纯幅度测量法的具体步骤[29]。

表 9.2　采用标准极化的纯幅度测量法的具体步骤

步骤	发射极化	接收极化	被测参数	计算参数	备注
1	H	H	a_{11}	—	当 $a_{12}=0$ 时，用 8, 9 步，而不用 3, 4 步获得
2	H	V	a_{12}	—	
3	H	45°线	$(a_{11}^2+a_{12}^2+2a_{11}a_{12}\cos\theta)/\sqrt{2}$	$\cos\theta$	
4	H	右圆	$(a_{11}^2+a_{12}^2+2a_{11}a_{12}\sin\theta)/\sqrt{2}$	$\sin\theta$	
5	V	V	a_{22}	—	
6	V	右圆	$[a_{12}^2+a_{22}^2+2a_{12}a_{22}\sin(\varphi-\theta)]/\sqrt{2}$	$\sin(\varphi-\theta)$	
7	V	45°线	$[a_{12}^2+a_{22}^2+2a_{12}a_{22}\cos(\varphi-\theta)]/\sqrt{2}$	$\cos(\varphi-\theta)$	
8	45°线	45°线	$(a_{11}^2+a_{22}^2+2a_{11}a_{22}\cos\varphi)/2$	$\cos\varphi$	
9	45°线	右圆	$(a_{11}^2+a_{22}^2+2a_{11}a_{22}\sin\varphi)/2$	$\sin\varphi$	

文献[29]指出，采用标准极化的纯幅度测量法，由回波信号幅度计算出的相

位 θ 和 φ 误差可能比较大。对参数 a_{22} 和 φ，采用圆极化或±45°线极化作为发射极化，测量精度要比采用垂直极化测量精度高，但相位 φ 的估计精度受 θ 值的影响；而采用垂直极化则没有这一影响。一般为简单起见，宜用垂直极化作为第二次发射极化。

9.4.4　利用三个定标体的校准测量法

鉴于一般测量系统的极化纯度在 25dB 左右，而目标交叉极化分量通常比同极化分量小两个量级，由极化耦合引起的交叉极化分量测量误差太大，因此测量极化散射矩阵的关键问题是如何提高交叉极化测量精度。本节从如何提高交叉极化纯度和频域响应的角度简要介绍一种利用 3 个定标体的极化散射矩阵校准测量方法[30-31]，此方法也是一种直接方法。

在后向散射情况下，选择水平极化 H（电场矢量平行于水平面）和垂直极化 V（电场矢量垂直于水平面）为一组正交极化基，极化散射矩阵 $\boldsymbol{S}$ 定义为

$$\begin{bmatrix} E_{\mathrm{H}}^{\mathrm{s}} \\ E_{\mathrm{V}}^{\mathrm{s}} \end{bmatrix} = \frac{1}{\sqrt{4\pi r}} \begin{bmatrix} S_{\mathrm{HH}} & S_{\mathrm{HV}} \\ S_{\mathrm{VH}} & S_{\mathrm{VV}} \end{bmatrix} \begin{bmatrix} E_{\mathrm{H}}^{\mathrm{i}} \\ E_{\mathrm{V}}^{\mathrm{i}} \end{bmatrix} \tag{9.152}$$

式（9.152）中，下标“H”和“V”分别表示接收极化与发射极化的组合，如 S_{HV} 表示接收 H 极化、发射 V 极化的组合。

根据对极化散射矩阵测量系统误差来源的分析，可以建立如下系统误差模型，即

$$\boldsymbol{S}^{\mathrm{m}} = \boldsymbol{I} + \boldsymbol{R}\boldsymbol{S}^{\mathrm{c}}\boldsymbol{T} \tag{9.153}$$

式（9.153）中，$\boldsymbol{S}^{\mathrm{m}}$ 为目标测量的散射矩阵；$\boldsymbol{I}$ 为加性误差矩阵，其他含馈源耦合、目标支架反射和微波暗室残余反射等；$\boldsymbol{T}$ 为发射路径的乘性误差，其他含频响误差和交叉极化耦合误差；$\boldsymbol{R}$ 为接收路径的乘性误差，含频响误差和交叉极化耦合误差；$\boldsymbol{S}^{\mathrm{c}}$ 为目标真实的散射矩阵。这些矩阵均为 2×2 阶矩阵。

式（9.153）的展开式为

$$\begin{bmatrix} S_{\mathrm{HH}}^{\mathrm{m}} & S_{\mathrm{HV}}^{\mathrm{m}} \\ S_{\mathrm{VH}}^{\mathrm{m}} & S_{\mathrm{VV}}^{\mathrm{m}} \end{bmatrix} = \begin{bmatrix} I_{\mathrm{HH}} & I_{\mathrm{HV}} \\ I_{\mathrm{VH}} & I_{\mathrm{VV}} \end{bmatrix} + \begin{bmatrix} R_{\mathrm{HH}} & R_{\mathrm{HV}} \\ R_{\mathrm{VH}} & R_{\mathrm{VV}} \end{bmatrix} \begin{bmatrix} S_{\mathrm{HH}}^{\mathrm{c}} & S_{\mathrm{HV}}^{\mathrm{c}} \\ S_{\mathrm{VH}}^{\mathrm{c}} & S_{\mathrm{VV}}^{\mathrm{c}} \end{bmatrix} \begin{bmatrix} T_{\mathrm{HH}} & T_{\mathrm{HV}} \\ T_{\mathrm{VH}} & T_{\mathrm{VV}} \end{bmatrix} \tag{9.154}$$

可见，目标真实的极化散射矩阵 $\boldsymbol{S}^{\mathrm{c}}$ 的测量受 $\boldsymbol{I}, \boldsymbol{T}, \boldsymbol{R}$ 的 12 项误差系数的影响，对极化散射矩阵进行校准测量就是要确定这些误差系数，以便由测量矩阵 $\boldsymbol{S}^{\mathrm{m}}$ 准确地估算出 $\boldsymbol{S}^{\mathrm{c}}$。

加性误差矩阵 $\boldsymbol{I}$ 可以通过测量无目标空暗室并采用背景矢量相减技术来获得，而乘性误差矩阵 $\boldsymbol{T}, \boldsymbol{R}$ 则通过测量 3 种极化散射矩阵已知的精密金属标准体，再借助一定的校准算法来确定。

对式（9.153）求逆可得目标真实的极化散射矩阵为

$$\boldsymbol{S}^{\mathrm{c}}=\boldsymbol{R}^{-1}[\boldsymbol{S}^{\mathrm{m}}-\boldsymbol{I}]\boldsymbol{T}^{-1} \tag{9.155}$$

例如，选用以下 3 种精密金属标准体时，其标准极化散射矩阵分别如下。

（1）圆盘，即

$$\alpha\boldsymbol{S}_1=\alpha\begin{bmatrix}1 & 0\\ 0 & 1\end{bmatrix}$$

（2）0° 时的直角二面角反射器，即

$$\beta\boldsymbol{S}_2=\beta\begin{bmatrix}-1 & 0\\ 0 & 1\end{bmatrix}$$

（3）θ 角时的直角二面角反射器，即

$$\gamma\boldsymbol{S}_3=\gamma\begin{bmatrix}-\cos 2\theta & \sin 2\theta\\ \sin 2\theta & \cos 2\theta\end{bmatrix}$$

式中，α, β, γ 由标准体的复 RCS 因子决定。θ 角是指在与入射方向垂直的平面内，二面角反射器的折线与水平面的垂线之间的夹角，而入射方向是与二面角反射器的折线垂直的方向。

校准算法是由测量响应获得正确的目标极化散射矩阵的关键因素，可归纳为

$$\begin{cases}\boldsymbol{R}=\dfrac{1}{\alpha}(\boldsymbol{S}_1^{\mathrm{m}}-\boldsymbol{I}_1)\boldsymbol{T}^{-1}\\ \boldsymbol{T}(\boldsymbol{S}_1^{\mathrm{m}}-\boldsymbol{I}_1)^{-1}(\boldsymbol{S}_2^{\mathrm{m}}-\boldsymbol{I}_2)=\dfrac{\beta}{\alpha}\begin{bmatrix}-1 & 0\\ 0 & 1\end{bmatrix}\boldsymbol{T}\\ \boldsymbol{T}(\boldsymbol{S}_1^{\mathrm{m}}-\boldsymbol{I}_1)^{-1}(\boldsymbol{S}_3^{\mathrm{m}}-\boldsymbol{I}_3)=\dfrac{\gamma}{\alpha}\begin{bmatrix}-\cos 2\theta & \sin 2\theta\\ \sin 2\theta & \cos 2\theta\end{bmatrix}\boldsymbol{T}\end{cases} \tag{9.156}$$

对该校准算法进行详细推演和分析，可以发现：

（1）校准算法提供了一个自相容参数（即第 3 个标准体的旋转角 θ）。进行极化校准测量时，只需知道 θ 的大概范围（基于接收机信杂比考虑，θ 取 22.5° 左右为宜）即可，从而免除了需要精确求得 θ 值的麻烦。

（2）第 2 个和第 3 个标准体的复 RCS 因子 β 和 γ 对 $\boldsymbol{S}^{\mathrm{c}}$ 的影响可以被消除。这表明，对目标真实的极化散射矩阵进行绝对标定时，只需第一个标准体的复 RCS 因子 α，从而避免了要求精确测定 3 个标准体放置位置的麻烦。

图 9.48 是对边长为 0.18m、厚为 5mm 的方形金属平板进行极化测量和校准的例子，其中测量雷达频率 10GHz。可以看出，正入射时，同极化 RCS 为 11.66dBm^2，交叉极化 RCS 小于−38dBm^2，极化纯度接近 50dB。

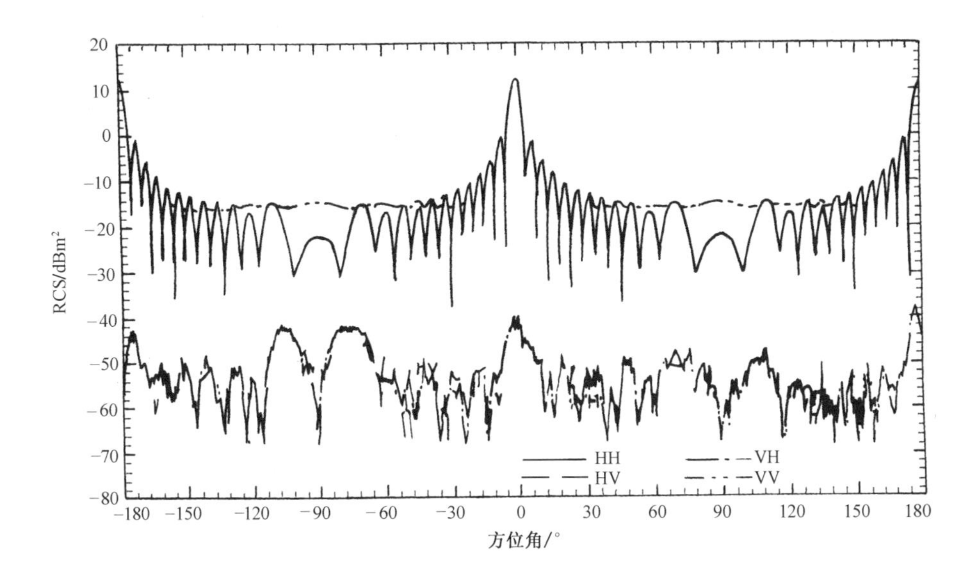

图 9.48　测量的方形金属平板在测量雷达频率为 10GHz 时的点频极化散射矩阵

9.4.5　仅利用一个定标体的校准技术

用 3 个定标体进行极化校准，由前后摆放位置的不同所引起的相位误差是一个重要的误差源，特别是在高频情况下，即使定标体的摆放位置有一点差异，都会引起回波相位的显著变化，这就要求摆放定标体时需要格外小心。而如果在校准过程中只用到一个定标体，则可以避免由位置摆放而引起的相位误差。下面介绍一种仅用一个定标体的极化散射矩阵校准技术[32-33]。

将式（9.153）或式（9.154）中等号右边的加性误差矩阵 $\boldsymbol{I}$ 移至等号左边，可得去掉加性误差之后的极化散射矩阵 $\boldsymbol{M}=\boldsymbol{S}^{\mathrm{m}}-\boldsymbol{I}$，即

$$\boldsymbol{M}=\begin{bmatrix} M_{\mathrm{HH}} & M_{\mathrm{HV}} \\ M_{\mathrm{VH}} & M_{\mathrm{VV}} \end{bmatrix}=\begin{bmatrix} R_{\mathrm{HH}} & R_{\mathrm{HV}} \\ R_{\mathrm{VH}} & R_{\mathrm{VV}} \end{bmatrix}\begin{bmatrix} S_{\mathrm{HH}}^{\mathrm{c}} & S_{\mathrm{HV}}^{\mathrm{c}} \\ S_{\mathrm{VH}}^{\mathrm{c}} & S_{\mathrm{VV}}^{\mathrm{c}} \end{bmatrix}\begin{bmatrix} T_{\mathrm{HH}} & T_{\mathrm{HV}} \\ T_{\mathrm{VH}} & T_{\mathrm{VV}} \end{bmatrix} \tag{9.157}$$

展开式(9.157)，令 $A_{\mathrm{HH}}^{-1}=R_{\mathrm{HH}}T_{\mathrm{HH}}$，$A_{\mathrm{HV}}^{-1}=R_{\mathrm{HH}}T_{\mathrm{VV}}$，$A_{\mathrm{VH}}^{-1}=R_{\mathrm{VV}}T_{\mathrm{HH}}$，$A_{\mathrm{VV}}^{-1}=R_{\mathrm{VV}}T_{\mathrm{VV}}$，$\delta_{\mathrm{V}}=R_{\mathrm{HV}}/R_{\mathrm{HH}}$，$\delta_{\mathrm{H}}=R_{\mathrm{VH}}/R_{\mathrm{VV}}$，且考虑单站情况下，有 $T_{\mathrm{VH}}/T_{\mathrm{HH}}=R_{\mathrm{HV}}/R_{\mathrm{HH}}=\delta_{\mathrm{V}}$，$T_{\mathrm{HV}}/T_{\mathrm{VV}}=R_{\mathrm{VH}}/R_{\mathrm{VV}}=\delta_{\mathrm{H}}$，则式（9.157）可写成

$$\begin{cases} M_{\mathrm{HH}}=A_{\mathrm{HH}}^{-1}(S_{\mathrm{HH}}^{\mathrm{c}}+\delta_{\mathrm{V}}S_{\mathrm{HV}}^{\mathrm{c}}+\delta_{\mathrm{V}}S_{\mathrm{VH}}^{\mathrm{c}}+\delta_{\mathrm{V}}\delta_{\mathrm{V}}S_{\mathrm{VV}}^{\mathrm{c}}) \\ M_{\mathrm{HV}}=A_{\mathrm{HV}}^{-1}(\delta_{\mathrm{H}}S_{\mathrm{HH}}^{\mathrm{c}}+S_{\mathrm{HV}}^{\mathrm{c}}+\delta_{\mathrm{V}}\delta_{\mathrm{H}}S_{\mathrm{VH}}^{\mathrm{c}}+\delta_{\mathrm{V}}S_{\mathrm{VV}}^{\mathrm{c}}) \\ M_{\mathrm{VH}}=A_{\mathrm{VH}}^{-1}(\delta_{\mathrm{H}}S_{\mathrm{HH}}^{\mathrm{c}}+\delta_{\mathrm{H}}\delta_{\mathrm{V}}S_{\mathrm{HV}}^{\mathrm{c}}+S_{\mathrm{VH}}^{\mathrm{c}}+\delta_{\mathrm{V}}S_{\mathrm{VV}}^{\mathrm{c}}) \\ M_{\mathrm{VV}}=A_{\mathrm{VV}}^{-1}(\delta_{\mathrm{H}}\delta_{\mathrm{H}}S_{\mathrm{HH}}^{\mathrm{c}}+\delta_{\mathrm{H}}S_{\mathrm{HV}}^{\mathrm{c}}+\delta_{\mathrm{H}}S_{\mathrm{VH}}^{\mathrm{c}}+S_{\mathrm{VV}}^{\mathrm{c}}) \end{cases} \tag{9.158}$$

式（9.158）中，δ_{H} 和 δ_{V} 为归一化交叉极化分量，表示目标照射时的交叉极化误差。式（9.158）写成矩阵形式为

$$\begin{bmatrix} A_{\mathrm{HH}}M_{\mathrm{HH}} & A_{\mathrm{HV}}M_{\mathrm{HV}} \\ A_{\mathrm{VH}}M_{\mathrm{VH}} & A_{\mathrm{VV}}M_{\mathrm{VV}} \end{bmatrix} = \begin{bmatrix} 1 & \delta_{\mathrm{V}} \\ \delta_{\mathrm{H}} & 1 \end{bmatrix} \begin{bmatrix} S_{\mathrm{HH}}^{\mathrm{c}} & S_{\mathrm{HV}}^{\mathrm{c}} \\ S_{\mathrm{VH}}^{\mathrm{c}} & S_{\mathrm{VV}}^{\mathrm{c}} \end{bmatrix} \begin{bmatrix} 1 & \delta_{\mathrm{H}} \\ \delta_{\mathrm{V}} & 1 \end{bmatrix} \tag{9.159}$$

式（9.159）中，$\begin{bmatrix} 1 & \delta_{\mathrm{V}} \\ \delta_{\mathrm{H}} & 1 \end{bmatrix}$和$\begin{bmatrix} 1 & \delta_{\mathrm{H}} \\ \delta_{\mathrm{V}} & 1 \end{bmatrix}$分别表示目标照射极化特性的归一化发射和接收误差矩阵，单站条件下互为转置；$A_{pq}(p,q=\mathrm{H}$ 或 $\mathrm{V})$是描述测量通道频响效应的 4 个独立参量。

注意 A_{pq} 包含了信号路径和可能的非互易微波电路的影响，通道频响效应通常包含在误差矩阵之中，而在式（9.159）中却被分离出来并移到等式的左边。这样，由于互易性，标定参数的数量从 8 个减至 6 个。还应该注意，接收信号 M_{pq} 是相互耦合的，它们中的每一个不仅与希望得到的散射元素有关，而且还通过交叉极化误差项与另外 3 个散射元素有关。这些误差项以不同的形式同希望得到的散射元素相互作用，取决于目标的散射特性和馈源的辐射特性。无论如何，为了最大限度地减少不希望的交叉极化误差因素的影响，对于一个好的测试系统来说，δ_{H} 和 δ_{V} 应该是比较小的，比如低于-20dB。这样，包含两个交叉极化误差的项是可以忽略的，且对于 M_{HH} 和 M_{VV}，起主要作用的交叉极化误差项分别是 $2\delta_{\mathrm{V}}S_{\mathrm{HV}}^{\mathrm{c}}$ 和 $2\delta_{\mathrm{H}}S_{\mathrm{HV}}^{\mathrm{c}}$，而对 M_{HV} 和 M_{VH} 则是 $\delta_{\mathrm{H}}S_{\mathrm{HH}}^{\mathrm{c}}+\delta_{\mathrm{V}}S_{\mathrm{VV}}^{\mathrm{c}}$。

从上面的表达式可看出，对不敏感于交叉极化误差的测量，与所希望的散射场相比，不同极化的散射场应该是很小的。换句话说，对传统的不考虑交叉极化误差（假定 $\delta_{\mathrm{H}}=\delta_{\mathrm{V}}=0$）的校准处理方法，当校准同极化分量时，要求定标体的同极化回波占主导作用；当校准交叉极化分量时，要求交叉极化回波占主导作用。另外，对于一个完整的标定程序，需要一个能关注每一个交叉极化误差项的定标体。这样的定标体应该既能提供较强的同极化回波，又能提供较强的交叉极化回波。例如，7.2.3 节给出的三角板二面角反射器，就可以满足全极化校准的需要。下面基于三角板二面角反射器讨论极化散射矩阵的校准。

根据方程式（9.158），极化校准需要通过定标体测量要确定 6 个未知数，即 4 个 A_{pq} 及 δ_{H} 和 δ_{V}。具体校准测量过程可归纳为

$$A_{\mathrm{HH}} = \frac{S_{\mathrm{HH}}^{\mathrm{dih}}(0^\circ)}{M_{\mathrm{HH}}^{\mathrm{dih}}(0^\circ)} \tag{9.160}$$

$$A_{\mathrm{VV}} = \frac{S_{\mathrm{VV}}^{\mathrm{dih}}(0^\circ)}{M_{\mathrm{VV}}^{\mathrm{dih}}(0^\circ)} \tag{9.161}$$

$$\delta_{\mathrm{V}} = \frac{A_{\mathrm{HH}}M_{\mathrm{HH}}^{\mathrm{dih}}(\beta_{\mathrm{c}}) - S_{\mathrm{HH}}^{\mathrm{dih}}(\beta_{\mathrm{c}})}{2S_{\mathrm{HV}}^{\mathrm{dih}}(\beta_{\mathrm{c}})} \tag{9.162}$$

$$\delta_{\mathrm{H}} = \frac{A_{\mathrm{VV}}M_{\mathrm{VV}}^{\mathrm{dih}}(\beta_{\mathrm{c}}) - S_{\mathrm{VV}}^{\mathrm{dih}}(\beta_{\mathrm{c}})}{2S_{\mathrm{HV}}^{\mathrm{dih}}(\beta_{\mathrm{c}})} \tag{9.163}$$

$$A_{\mathrm{HV}}=\frac{1}{M_{\mathrm{HV}}^{\mathrm{dih}}(\beta_{\mathrm{c}})}\left[\delta_{\mathrm{H}}S_{\mathrm{HH}}^{\mathrm{dih}}(\beta_{\mathrm{c}})+S_{\mathrm{HV}}^{\mathrm{dih}}(\beta_{\mathrm{c}})+\delta_{\mathrm{V}}S_{\mathrm{VV}}^{\mathrm{dih}}(\beta_{\mathrm{c}})\right] \tag{9.164}$$

$$A_{\mathrm{VH}}=\frac{1}{M_{\mathrm{VH}}^{\mathrm{dih}}(\beta_{\mathrm{c}})}\left[\delta_{\mathrm{H}}S_{\mathrm{HH}}^{\mathrm{dih}}(\beta_{\mathrm{c}})+S_{\mathrm{VH}}^{\mathrm{dih}}(\beta_{\mathrm{c}})+\delta_{\mathrm{V}}S_{\mathrm{VV}}^{\mathrm{dih}}(\beta_{\mathrm{c}})\right] \tag{9.165}$$

式中，$\boldsymbol{S}^{\mathrm{dih}}$ 和 $\boldsymbol{M}^{\mathrm{dih}}$ 的各个矩阵元素分别为通过计算和测量，然后得到的三角板二面角反射器的极化散射矩阵。

为了得到比较好的标定性能，三角板二面角反射器的横滚角一般取 $15^\circ<\beta_{\mathrm{c}}<75^\circ$。若用 $\boldsymbol{M}^{\mathrm{tar}}$ 表示测量得到的待测目标的极化散射矩阵，则由式（9.159）可得校准后目标的散射矩阵 $\boldsymbol{S}^{\mathrm{c}}$ 为

$$\begin{bmatrix} S_{\mathrm{HH}}^{\mathrm{c}} & S_{\mathrm{HV}}^{\mathrm{c}} \\ S_{\mathrm{VH}}^{\mathrm{c}} & S_{\mathrm{VV}}^{\mathrm{c}} \end{bmatrix}=\begin{bmatrix} 1 & \delta_{\mathrm{V}} \\ \delta_{\mathrm{H}} & 1 \end{bmatrix}^{-1}\begin{bmatrix} M_{\mathrm{HH}}^{\mathrm{tar}}A_{\mathrm{HH}} & M_{\mathrm{HV}}^{\mathrm{tar}}A_{\mathrm{HV}} \\ M_{\mathrm{VH}}^{\mathrm{tar}}A_{\mathrm{VH}} & M_{\mathrm{VV}}^{\mathrm{tar}}A_{\mathrm{VV}} \end{bmatrix}\begin{bmatrix} 1 & \delta_{\mathrm{H}} \\ \delta_{\mathrm{V}} & 1 \end{bmatrix}^{-1} \tag{9.166}$$

这种校准方法适用于任何单站和准单站极化测量雷达系统，有以下 5 个方面的特点：①仅需对一个二面角反射器校准体进行两个姿态的散射矩阵测量；②辐射极化效应和 4 个测量通道是分离的；③将 4 个测量通道的频率响应模化为相互独立的形式，因此对测量系统中的信号路径和非互易特性不需要采取特殊的处理；④利用交叉极化项的值一般很小的特点，简化了校准程序，不涉及复杂的矩阵运算；⑤校准过程同样适用于宽带情况，因为此处对定标体的理论值没有做任何假设。

另外，注意上述校准测量和求解过程时，在做了互易性假设之后，未知量才由 8 个降为 6 个，因此仅能用于互易系统。

作为例子，文献[33]给出了垂直入射下对一直径为 178mm 的圆盘分别在校准前、后的极化散射矩阵的测量结果，如图 9.49 和图 9.50 所示。由图可以看出，校准后较校准前的极化纯度提高了大约 10dB。

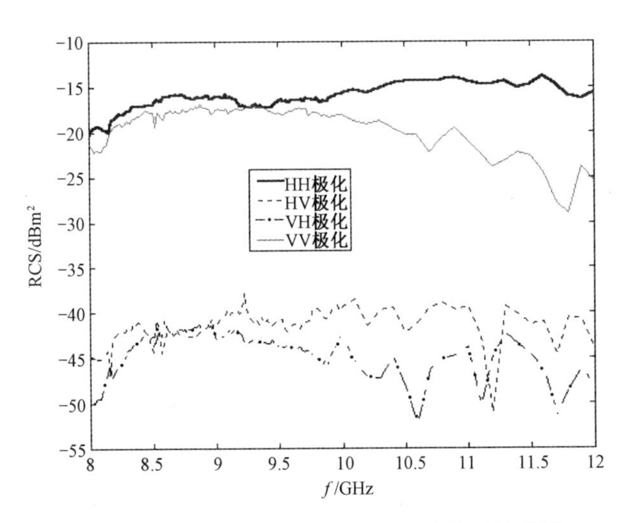

图 9.49　圆盘校准前的极化散射矩阵的测量结果

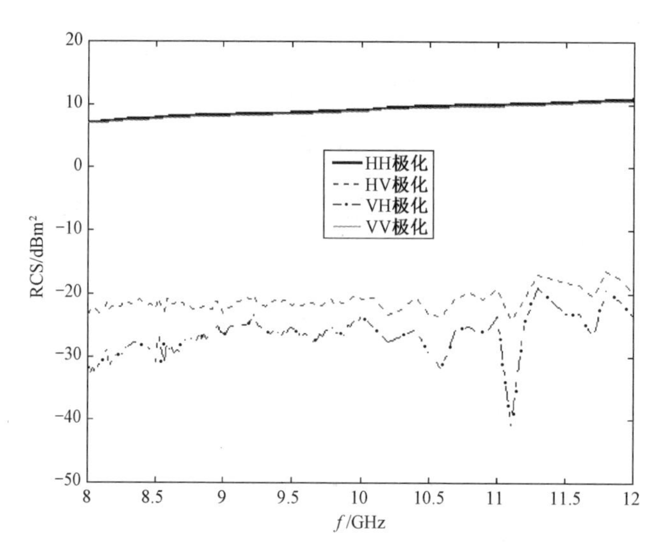

图 9.50　圆盘校准后的极化散射矩阵的测量结果

此外，还值得一提的是，9.4.4 节和 9.4.5 节所讨论的都是基于式（9.153）所示误差模型的极化散射矩阵校准技术，该模型隐含了 4 个雷达接收通道的增益因子可以合并在 $\boldsymbol{R}$ 矩阵和 $\boldsymbol{T}$ 矩阵之中的假设。Welsh 等人[34]研究了更一般的情况，即雷达接收通道的增益因子不能合并在 $\boldsymbol{R}$ 和 $\boldsymbol{T}$ 之中。在这种情况下，式（9.153）应修正为

$$\boldsymbol{S}^{\mathrm{m}} = \boldsymbol{I} + \boldsymbol{G} \odot [\boldsymbol{R}\boldsymbol{S}^{\mathrm{c}}\boldsymbol{T}] \tag{9.167}$$

式（9.167）中，$\boldsymbol{G}$ 是一个 2×2 的增益矩阵，其各元素分别对应 4 种极化测量时相应各接收通道的增益，符号“⊙”表示 Hadamard 积（点乘），其他量同式（9.153）。一旦求得 $\boldsymbol{I}$，$\boldsymbol{G}$，$\boldsymbol{R}$，$\boldsymbol{T}$，则可获得目标的真实极化散射矩阵为

$$\boldsymbol{S}^{\mathrm{c}} = \boldsymbol{R}^{-1}\left[\frac{\boldsymbol{S}^{\mathrm{m}} - \boldsymbol{I}}{\boldsymbol{G}}\right]\boldsymbol{T}^{-1} \tag{9.168}$$

式（9.168）中，矩阵相除表示 Hadamard 除（点除）。

基于式（9.167）的极化散射矩阵校准技术的具体实现与本节前面描述的方法类似，需分 3 步对 3 种定标体进行测量：①对一个已知散射响应又无交叉极化的目标进行测量；②对零交叉极化取向的角反射器进行测量；③对非零交叉极化取向的角反射器（绕视线轴旋转 θ 角的角反射器）进行测量。Welsh 选择了圆柱和三面角反射器作为定标体。有关校准技术的细节可参考 Welsh 的论文[34]，这里仅概括该文得到的两点定量结论：

（1）对隔离度较差（$\boldsymbol{R}$ 或 $\boldsymbol{T}$ 的非对角元素比对角元素约低 10dB）的天线，传统的标定方法（忽略天线交叉极化耦合，或者假定 $\boldsymbol{R}$ 或 $\boldsymbol{T}$ 是对角阵）对退极化目标和比目标的散射低 20dB 的杂波将产生大于 2～3dB 的不确定性；若利用全极化

标定，这种不确定性则可减小到 1dB 以下。

（2）对中等隔离度（$\boldsymbol{R}$ 或 $\boldsymbol{T}$ 的非对角元素比对角元素约低 20dB）的天线，传统的标定方法对退极化目标和比目标的散射低 20dB 的杂波将产生 1dB 左右的不确定性；若利用全极化标定，这种不确定性则可下降到零点几分贝（～0.1dB）。

9.4.6　宽带成像极化散射测量

前面所讨论的 RST 极化校准信号模型既适用于点频测量，也适用于宽带扫频极化测量时的极化校准，在后一种情况下，只需将式（9.153）中的信号模型修改为形如 $\boldsymbol{S}^{\mathrm{m}}(f)=\boldsymbol{I}(f)+\boldsymbol{R}(f)\boldsymbol{S}^{\mathrm{c}}(f)\boldsymbol{T}(f)$ 与频率有关的形式，对每个测量频点的数据求解即可。本节讨论宽带成像测量时的极化校准模型，主要为了增加对扩展目标的极化散射图像特性的理解。

在任意站角条件下，典型的目标宽带极化散射测试场景如图 9.51 所示。

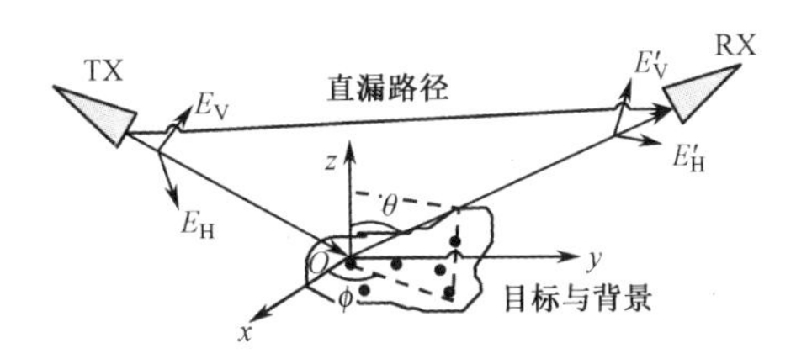

图 9.51　宽带极化散射测试场景示意图

单、双站条件下，基于目标宽带散射中心的全极化测量信号模型可表示为

$$\boldsymbol{S}^{\mathrm{m}}=\boldsymbol{I}+\boldsymbol{R}\left[\sum_{n=1}^{N}\boldsymbol{A}_{\mathrm{R}n}\left(\boldsymbol{S}_n^{\mathrm{c}}+\boldsymbol{S}^{\mathrm{E}}\right)\boldsymbol{A}_{\mathrm{T}n}\frac{\mathrm{e}^{\mathrm{j}\frac{2\pi}{\lambda}\left(R_{\mathrm{T}n}-R_{\mathrm{T}0}\right)}}{\dfrac{R_{\mathrm{T}n}R_{\mathrm{R}n}}{R_{\mathrm{T}0}R_{\mathrm{R}0}}}\right]\boldsymbol{T} \tag{9.169}$$

可以看出，式（9.169）是在式（9.153）基础上应用散射中心合成理论构造的测量模型，各变量的定义与式（9.153）相同；式（9.169）中下标 n 代表第 n 个散射中心；$\boldsymbol{S}^{\mathrm{E}}$ 表示环境散射，对于互易系统可以合并到 $\boldsymbol{I}$ 中；$\boldsymbol{A}_{\mathrm{R}n}$ 和 $\boldsymbol{A}_{\mathrm{T}n}$ 分别表示第 n 个散射中心，以及接收和发射天线形成的照射场空间极化特性分布矩阵。

将式（9.169）拆解为单个散射中心的全极化散射响应，其中第 n 个散射中心对应的测试系统响应可表示为

$$\begin{aligned}\begin{bmatrix}S_{\mathrm{VV}}^{\mathrm{m}} & S_{\mathrm{VH}}^{\mathrm{m}}\\ S_{\mathrm{HV}}^{\mathrm{m}} & S_{\mathrm{HH}}^{\mathrm{m}}\end{bmatrix}=&\begin{bmatrix}R_{\mathrm{VV}} & R_{\mathrm{VH}}\\ R_{\mathrm{HV}} & R_{\mathrm{HH}}\end{bmatrix}\begin{bmatrix}A_{\mathrm{VV}}^{\mathrm{R}} & A_{\mathrm{VH}}^{\mathrm{R}}\\ A_{\mathrm{HV}}^{\mathrm{R}} & A_{\mathrm{HH}}^{\mathrm{R}}\end{bmatrix}_{\phi\theta n}\left(\begin{bmatrix}S_{\mathrm{VV}}^{\mathrm{t}} & S_{\mathrm{VH}}^{\mathrm{t}}\\ S_{\mathrm{HV}}^{\mathrm{t}} & S_{\mathrm{HH}}^{\mathrm{t}}\end{bmatrix}_n+\begin{bmatrix}S_{\mathrm{VV}}^{\mathrm{E}} & S_{\mathrm{VH}}^{\mathrm{E}}\\ S_{\mathrm{HV}}^{\mathrm{E}} & S_{\mathrm{HH}}^{\mathrm{E}}\end{bmatrix}\right)\\ &\begin{bmatrix}A_{\mathrm{VV}}^{\mathrm{T}} & A_{\mathrm{VH}}^{\mathrm{T}}\\ A_{\mathrm{HV}}^{\mathrm{T}} & A_{\mathrm{HH}}^{\mathrm{T}}\end{bmatrix}_{\phi\theta n}\begin{bmatrix}T_{\mathrm{VV}} & T_{\mathrm{VH}}\\ T_{\mathrm{HV}} & T_{\mathrm{HH}}\end{bmatrix}\frac{\mathrm{e}^{\mathrm{j}\frac{2\pi}{\lambda}\left(R_{\mathrm{T}n}-R_{\mathrm{T}0}\right)}}{\dfrac{R_{\mathrm{T}n}R_{\mathrm{R}n}}{R_{\mathrm{T}0}R_{\mathrm{R}0}}}\end{aligned} \tag{9.170}$$

由于天线的辐射特性在不同空间位置表现的极化特征有所不同，当目标等效为多散射中心组合目标时，不同散射中心对应的天线辐射极化特征信息会有不同，是散射中心与天线相位中心连线与口面法向夹角 $(\phi,\theta)_n$ 的函数；当目标为单

一点目标或测试距离足够远时，可认为天线照射目标的正交极化差异为一固定值，且ϕ与θ趋近于 0 时，可尽量接近口面法向的极化特征。因此，在满足远场区测试时，第n个目标散射中心对应系统的响应可表示为

$$\begin{aligned}\begin{bmatrix} M_{\mathrm{VV}} & M_{\mathrm{VH}} \\ M_{\mathrm{HV}} & M_{\mathrm{HH}} \end{bmatrix} &= \begin{bmatrix} R_{\mathrm{VV}} & R_{\mathrm{VH}} \\ R_{\mathrm{HV}} & R_{\mathrm{HH}} \end{bmatrix}\begin{bmatrix} A_{\mathrm{VV}}^{\mathrm{R}} & A_{\mathrm{VH}}^{\mathrm{R}} \\ A_{\mathrm{HV}}^{\mathrm{R}} & A_{\mathrm{HH}}^{\mathrm{R}} \end{bmatrix}\begin{bmatrix} S_{\mathrm{VV}}^{\mathrm{t}} & S_{\mathrm{VH}}^{\mathrm{t}} \\ S_{\mathrm{HV}}^{\mathrm{t}} & S_{\mathrm{HH}}^{\mathrm{t}} \end{bmatrix}_n \begin{bmatrix} A_{\mathrm{VV}}^{\mathrm{T}} & A_{\mathrm{VH}}^{\mathrm{T}} \\ A_{\mathrm{HV}}^{\mathrm{T}} & A_{\mathrm{HH}}^{\mathrm{T}} \end{bmatrix}\begin{bmatrix} T_{\mathrm{VV}} & T_{\mathrm{VH}} \\ T_{\mathrm{HV}} & T_{\mathrm{HH}} \end{bmatrix} \\ &= \begin{bmatrix} r_{\mathrm{VV}} & r_{\mathrm{VH}} \\ r_{\mathrm{HV}} & r_{\mathrm{HH}} \end{bmatrix}\begin{bmatrix} S_{\mathrm{VV}}^{\mathrm{t}} & S_{\mathrm{VH}}^{\mathrm{t}} \\ S_{\mathrm{HV}}^{\mathrm{t}} & S_{\mathrm{HH}}^{\mathrm{t}} \end{bmatrix}_n \begin{bmatrix} t_{\mathrm{VV}} & t_{\mathrm{VH}} \\ t_{\mathrm{HV}} & t_{\mathrm{HH}} \end{bmatrix}\end{aligned} \tag{9.171}$$

式（9.171）中，各矩阵元素满足$\boldsymbol{M}=\boldsymbol{S}^{\mathrm{m}}-\boldsymbol{I}$，且

$$\begin{cases} \begin{bmatrix} r_{\mathrm{VV}} & r_{\mathrm{VH}} \\ r_{\mathrm{HV}} & r_{\mathrm{HH}} \end{bmatrix} = \begin{bmatrix} R_{\mathrm{VV}} & R_{\mathrm{VH}} \\ R_{\mathrm{HV}} & R_{\mathrm{HH}} \end{bmatrix}\begin{bmatrix} A_{\mathrm{VV}}^{\mathrm{R}} & A_{\mathrm{VH}}^{\mathrm{R}} \\ A_{\mathrm{HV}}^{\mathrm{R}} & A_{\mathrm{HH}}^{\mathrm{R}} \end{bmatrix} \\ \begin{bmatrix} t_{\mathrm{VV}} & t_{\mathrm{VH}} \\ t_{\mathrm{HV}} & t_{\mathrm{HH}} \end{bmatrix} = \begin{bmatrix} A_{\mathrm{VV}}^{\mathrm{T}} & A_{\mathrm{VH}}^{\mathrm{T}} \\ A_{\mathrm{HV}}^{\mathrm{T}} & A_{\mathrm{HH}}^{\mathrm{T}} \end{bmatrix}\begin{bmatrix} T_{\mathrm{VV}} & T_{\mathrm{VH}} \\ T_{\mathrm{HV}} & T_{\mathrm{HH}} \end{bmatrix} \end{cases} \tag{9.172}$$

当测量系统为时不变系统时，式（9.172）中的两组矩阵是不变量，但并不互易。式（9.171）与式（9.157）有相同的形式，因此可以采用前面已经讨论过的类似测量和处理方法进行宽带极化校准，但是应注意根据测试布站几何关系的变化选择适合的定标体。

9.5 高分辨目标诊断成像测量

高分辨率雷达诊断成像是目标电磁散射特性研究的重要手段。雷达成像是通过测量并处理一定雷达频带和观测角范围内的散射数据，实现对目标散射分布函数的高分辨率重构。高分辨率成像所需信息反映了所接收目标散射回波的复信号幅度和相位差异，这种差异体现在目标 RCS 随雷达频率和姿态角等的变化特性上。宏观上，目标回波幅度决定了目标散射特征的强度，而回波相位则反映了扩展目标散射特征的空间分布关系。

9.5.1 转台目标二维成像

美国学者 D. L. Mensa 曾经指出[35]，当目标旋转 360° 成像时，可以达到极高的二维名义分辨率（达到几分之一个雷达波长），获得这一极高分辨率的条件是要求被成像目标上多散射中心为各向同性，且散射中心无迁移现象，从而可在 360° 范围内均匀合成雷达孔径。然而，以下两个原因决定了小角度旋转成像更具有实用价值。

（1）实际的复杂雷达目标常常不可能满足各向同性且无迁移现象这一限制，因此，事实上一般得不到理论推导出的名义分辨率，而且目标旋转 360° 成像所要

求的数据采集和处理量均十分庞大。

（2）随着宽带雷达技术的飞速发展，利用雷达发射宽带信号和距离压缩处理，就可以得到对目标的径向距离高分辨率，而横向距离高分辨率一般只要求有一个较小的目标转角。

因此，近几十年来，小角度旋转目标成像技术在目标散射特性诊断成像中得到了广泛的应用。下面简要讨论转台目标小角度旋转成像的原理及其二维分辨率。

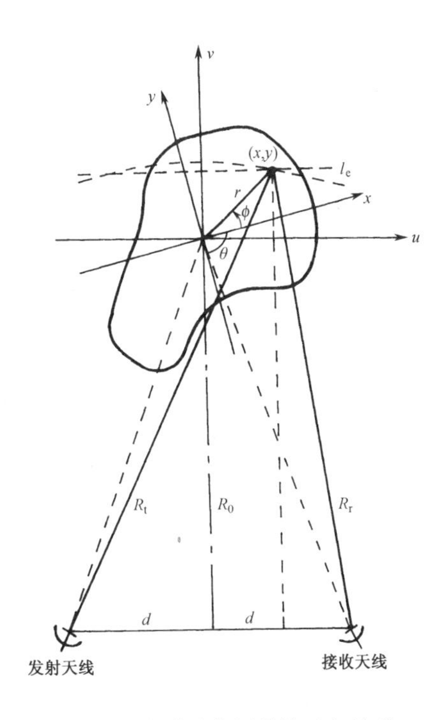

图 9.52　微波成像测量的几何关系

1. 成像分辨率

考虑双站测量的一般情况，对置于目标转台上的一个刚性目标进行双站成像测量，微波成像测量的几何关系如图 9.52 所示[36-37]，其二维高分辨率主要应用了距离多普勒分辨原理。

对目标的径向距离维高分辨率是通过雷达发射信号满足下述条件而达到的：①大的瞬时带宽的信号（如极窄的雷达脉冲）；②大的合成带宽信号（如频率编码的脉冲串）；③使用大量的并行窄带发射/接收通道来达到。径向距离分辨率δ_y与雷达发射信号的带宽 B 成反比，即

$$\delta_y = \frac{c}{2B} \tag{9.173}$$

式（9.173）中，B 是雷达发射和接收信号的带宽；c 为传播速度。

对目标的横向距离高分辨率，则通过目标与雷达之间在方位向的相对运动所产生的多普勒频率变化、进而通过相参处理形成合成圆孔径来达到。横向距离分辨率 δ_x 与该圆孔径的张角 $\Delta\theta$ 成反比，即

$$\delta_x = \frac{\lambda}{2\Delta\theta} \tag{9.174}$$

式（9.174）中，λ 为雷达波长；$\Delta\theta$ 是转台目标方位旋转合成圆孔径所对应的张角。

应该指出，在雷达成像中，除常规处理可获得上述二维分辨率外，还可采用现代谱估计、稀疏成像等超分辨率处理技术。所谓超分辨率处理是指：在测量条

件不变时，通过信号处理技术，使最终得到的目标图像分辨率超出上述常规处理的分辨率限制，同时，成像动态范围（即图像的二维旁瓣电平）不会明显变劣[37-38]。

2. 成像算法

根据图 9.52 所示微波成像测量的几何关系，其目标坐标系为(x,y)，雷达坐标系为(u,v)。由文献[5,35]，在极坐标下（即 $x=r\cos\phi$，$y=r\sin\phi$），旋转目标的回波信号数学表达式可表示为

$$F(k,\theta)=\int_0^{2\pi}\int_{-\infty}^{+\infty}f(r,\phi)\exp\{-\mathrm{j}2\pi k[(R_\mathrm{t}+R_\mathrm{r}-2R_0)/2]\}r\mathrm{d}r\mathrm{d}\phi \tag{9.175}$$

式（9.175）中，$F(k,\theta)$为目标回波；$f(r,\phi)$为目标二维散射函数；R_0为目标旋转中心到雷达发射机与接收机连线的距离；R_t和R_r分别为目标到雷达发射机和接收机的距离。式（9.175）中，指数项中的距离部分可表示为

$$\begin{aligned}L_\mathrm{e}&=\frac{1}{2}(R_\mathrm{t}+R_\mathrm{r}-2R_0)\\&=\frac{1}{2}\Big\{\sqrt{R_0^2+r^2+d^2+2r[R_0\sin(\phi-\theta)+d\cos(\phi-\theta)]}+\\&\quad\sqrt{R_0^2+r^2+d^2+2r[R_0\sin(\phi-\theta)-d\cos(\phi-\theta)]}-2R_0\Big\}\end{aligned} \tag{9.176}$$

式（9.176）描述了成像测量的积分路径。根据解析几何知识可知，该式所描述的是一簇椭圆轨迹。如果成像中对目标的测量为单站测量，即图 9.52 中的$d=0$，则式（9.176）变为

$$L_\mathrm{e}=\sqrt{R_0^2+r^2+2rR_0\sin(\phi-\theta)}-R_0 \tag{9.177}$$

它所描述的是一簇圆。就是说，单站测量时，目标测量中的投影积分轨迹为圆弧曲线。

更进一步，当测量中的雷达距离满足$R_0\gg r$，即通常所说的满足远场测量条件时，则有

$$L_\mathrm{e}\approx r\sin(\phi-\theta) \tag{9.178}$$

式（9.178）描述的是一直线，它适合于远场成像（平面波前）情况。

据此，以极坐标格式表达的重建目标图像可以表示为

$$\hat{f}(r,\phi)=\int_{-\frac{\Delta\theta}{2}}^{+\frac{\Delta\theta}{2}}\int_{k_{\min}}^{k_{\max}}F(k,\theta)\exp(\mathrm{j}2\pi kL_\mathrm{e})k\mathrm{d}k\mathrm{d}\theta \tag{9.179}$$

式（9.179）中。$\hat{f}(r,\phi)$表示利用有限频带和有限方位角测量数据再现的目标图像；$\Delta\theta$为目标的最大旋转角；$k_{\min}=\dfrac{2f_{\min}}{c}$，$k_{\max}=\dfrac{2f_{\max}}{c}$分别对应于雷达最低和最高频率$f_{\min}$和$f_{\max}$；$c$为光在自由空间中的传播速度。

根据成像公式（9.176）至式（9.179）可设计出各种图像重建算法，如基于快速傅里叶变换（FFT）的算法、滤波逆投影法等。

早期受到计算机运算速度的限制，成像中多采用极坐标-直角坐标网格插值与二维 FFT 处理相结合的图像重建算法。随着计算机技术的飞速发展，现阶段滤波-逆投影等更为精确的图像重建处理已经完全不是问题。因此，对于雷达目标高分辨率诊断成像，目前多采用滤波-逆投影成像算法，该算法可直接用极坐标格式数据重建被测目标图像，具有更高的精度和更广的适用性。

具体地，当采用滤波-逆投影算法实现目标图像重建时，图像重建式（9.179）可分解为如下两个步骤来实现。

第一步：滤波-径向距离压缩，即

$$P_\theta(L_{\mathrm{e}}) = \int_0^{k_{\max}-k_{\min}} (k-k_{\min}) F(k+k_{\min},\theta) \exp(\mathrm{j}2\pi k L_{\mathrm{e}}) \mathrm{d}k \tag{9.180}$$

第二步：逆投影，即

$$\hat{f}(r,\phi) = \int_{-\frac{\Delta\theta}{2}}^{+\frac{\Delta\theta}{2}} P_\theta(L_{\mathrm{e}}) \exp(\mathrm{j}2\pi k_{\min} L_{\mathrm{e}}) \mathrm{d}\theta \tag{9.181}$$

式中，L_{e} 由式（9.176）和式（9.177）或式（9.178）所决定。

从式（9.180）和式（9.181）可见，滤波-逆投影处理的第一步是在空间波数域对成像数据进行相位解调滤波和径向距离压缩，得到随方位变化的高分辨率距离像（也即目标在各方位下雷达视线上的“投影”）；第二步针对每个方位下的“投影”沿测量几何关系完全相同的积分路径，将高分辨率距离像“逆投影”到二维目标空间，经相干积分聚焦处理得到目标的重建图像。

采用滤波-逆投影算法可实现目标精密成像，易于完成近场-远场修正[5,36]，特别适合于实验室条件下对复杂目标散射中心做精密诊断成像的处理。注意在式（9.179）的推导中，并不要求雷达发射波为平面电磁波前，因此所导出的图像重建算法适用于单站、双站、远场和近场测量等各种不同条件下的成像处理，只需在处理中根据成像几何关系引入适当的近场修正。

3. 图像旁瓣抑制

在旋转目标成像中，其所获取的数据支撑集呈现为扇形波数谱，如图 9.53 所示，其方位和频率向的频谱截断，决定了成像系统点扩展函数（Point Spread Function，PSF）具有很高的图像旁瓣。点扩展函数的峰值旁瓣电平（Peak Sidelobe Level，PSL）和积分旁瓣比（Integrate the Sidelobe Ratio，ISLR）是衡量图像质量的重要技术指标[37-38]。

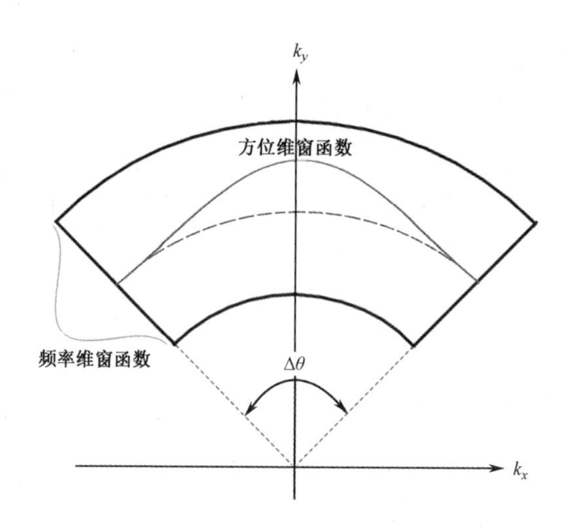

图 9.53　大转角成像扇形测量数据域的加窗方法示意图

作为例子，表 9.3 给出了不同成像条件下，成像点扩展函数的主瓣宽度和旁瓣特性。作为对比，该表中还同时给出了几种常见窗函数对应的成像点扩展函数 PSL 和 ISLR 的参考值[39]。

表 9.3　不同成像条件下成像点扩展函数的主瓣宽度和旁瓣特性

成像谱窗	主瓣宽度（过零点）	峰值旁瓣电平（PSL）/dB	积分旁瓣比（ISLR）/dB
矩形（边长 k_B）	$1/k_B$	−13	−5
线圆（半径 k_0）	$0.4/k_0$	−8	−2
圆盘（半径 k_B）	$1.2/k_B$	−17	−11
Hann（边长 k_B）	$2.0/k_B$	−31	−31
Hamming（边长 k_B）	$2.0/k_B$	−43	−22
Blackman（边长 k_B）	$3.0/k_B$	−58	−52

对于超宽带、大转角成像，由于没有简单的解析公式可用，一般认为即使成像转角达到数十度时，其 PSF 特性仍与矩形窗所对应的 sinc 核函数相当接近，仅当目标转角非常大时，两者之间才存在显著差异，而后者在工程应用中并不常见。经验表明，只要成像转角不超过 90°，方位向旁瓣依然可通过采用锥形窗加权得到较好抑制[16]。应该注意的是，在大角度成像中，无论采用什么成像算法，抑制旁瓣的锥形窗加权处理都应该分别沿成像处理数据支撑域的频率维和方位角维进行（而不是由极坐标数据插值到直角坐标系后再在矩形数据域加窗！），如图 9.53 大转角成像扇形测量数据域的加窗方法示意图中所示出的那样。特殊情况下，当进行 360° 全方位旋转成像处理时，可以采用变迹滤波技术来抑制图像旁瓣[39-40]，在此不赘述。

9.5.2　目标三维诊断成像

根据 9.5.1 节的讨论，在 RCS 二维成像中，横向距离/方位分辨率是通过转台旋转的合成圆孔径来得到的。类似地，当对目标进行三维成像时，其高度/俯仰维的分辨率是依靠沿俯仰方向的合成孔径来获得的。事实上，三维空间分辨率可以通过波数空间来描述。图 9.54 所示的旋转目标 RCS 成像的三维空间谱域示意图，表示转台目标成像时，宽带扫频-方位-俯仰旋转三维数据获取测量时所对应的波数空间关系，该图中标示的 Keystone 形立体区域即为三维成像的数据样本空间。通过处理旋转目标宽带扫频-方位-俯仰三维数据的后向散射信号采样，得到目标 RCS 图像的三维空间分辨率。其中，径向距离分辨率由式（9.173）决定，方位向分辨率由式（9.174）决定。不难理解，俯仰向分辨率具有与式（9.174）相类似的公式，只不过此时的转角范围 $\Delta\theta$ 表示的是俯仰向的转角范围而已。

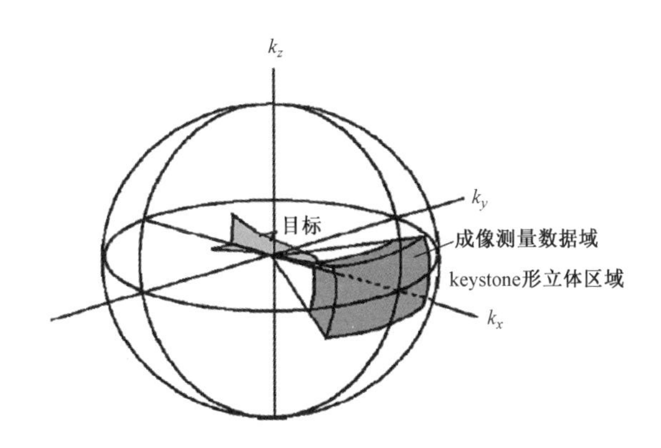

图 9.54　旋转目标 RCS 成像的三维空间谱域示意图

尽管从理论上讲，雷达目标三维成像可以通过前面所讨论的方法来获取目标的频率-方位-俯仰三维波数空间谱，进而实现目标三维图像的重构，但是这种方法在实际工程应用中受到限制，主要原因是它所要求获取的关于目标三维波数空间谱的测量数据量太大，即使测试设备不难实现，测量的时间代价也仍然太大，除非必须，否则一般不进行此类三维成像的测量。由此可见，目标 RCS 三维成像实用化的关键在于如何简化数据获取要求，以最少的观测数据重建目标的三维成像散射信息。因此，在许多实际工程应用中，人们采用在俯仰维只需要两条基线或者少数几条基线的三维干涉成像技术，这类技术可以极大地减小数据采集量和缩短成像测量时间，具体讨论如下。

9.5.3　目标三维诊断干涉成像

目标三维干涉成像技术利用在不同天线高度上得到的两幅二维复图像，通过相位干涉成像处理获得目标的三维散射中心图像。当然，由于此处目标高度信息是通过相位干涉得到的，故不存在所谓的“俯仰向分辨率”，仅具“测高”能力，也就是说，干涉三维成像不能对同一个距离-方位分辨单元内存在多个分布的不同高度上的散射中心进行分辨。

1. 干涉成像的几何关系

如图 9.55 所示[41]，假设发射天线置于距离目标旋转中心 O 点的 R_{t} 远处，其坐标位置为$(R_{\mathrm{t0}}\sin\frac{\beta}{2},R_{\mathrm{t0}}\cos\frac{\beta}{2},h_{\mathrm{t}})$，其中$\beta$为发射与接收天线之间的双站角；两个接收天线的位置分别为$(-R_{\mathrm{r0}}\sin\frac{\beta}{2},-R_{\mathrm{r0}}\cos\frac{\beta}{2},h_1)$和$(-R_{\mathrm{r0}}\sin\frac{\beta}{2},-R_{\mathrm{r0}}\cos\frac{\beta}{2},h_2)$。假设所有天线的方向图均能保证对目标区均匀照射，故天线方向图的影响可以忽略。目标三维散射函数记为$\boldsymbol{\Gamma}(x,y,z)$，它是一个向量。

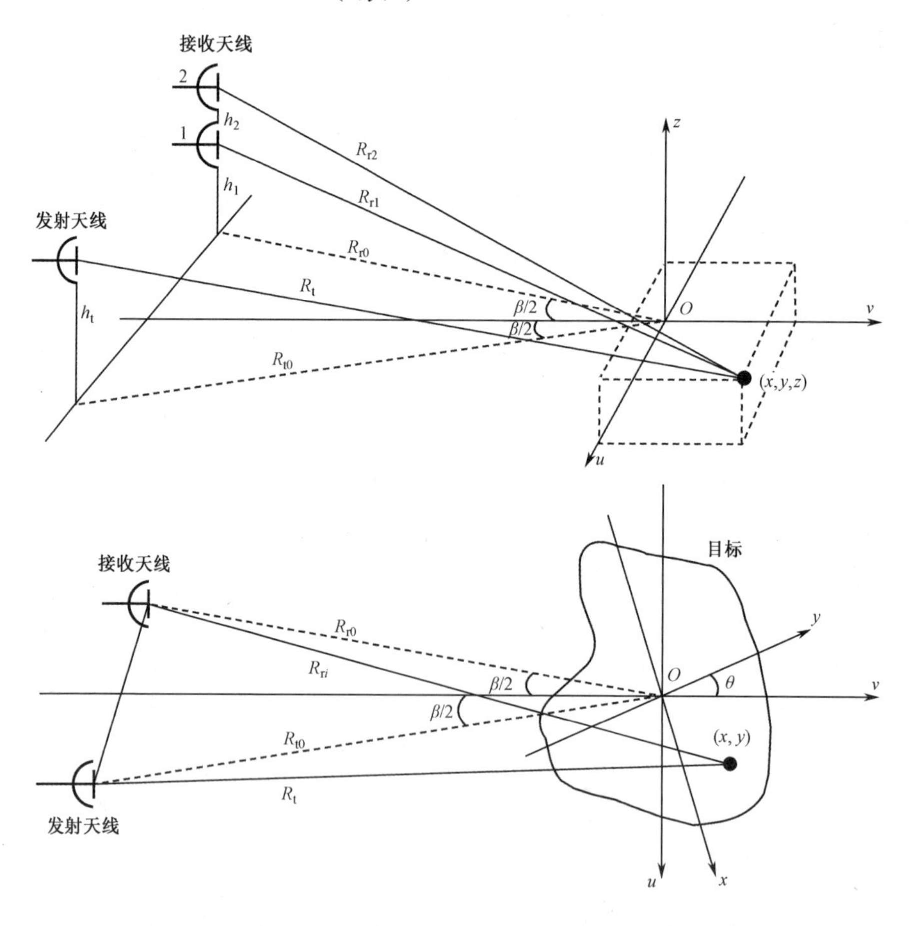

图 9.55　雷达双天线与目标之间的三维干涉成像的几何关系

第 i 个接收天线收到的目标回波信号可表示为[42-43]

$$\boldsymbol{S}_{\mathrm{r}i}(f,\theta)=C_0\iiint_{D^3}\boldsymbol{\Gamma}(x,y,z)\exp\left[-\mathrm{j}\frac{2\pi}{\lambda}(R_{\mathrm{t}}+R_{\mathrm{r}i})\right]\mathrm{d}x\mathrm{d}y\mathrm{d}z \tag{9.182}$$

式（9.182）中，$i=1,2$，C_0 为复常数，D^3 为目标的三维尺度。且有

$$R_{\mathrm{t}}(x,y,z,\theta)=\sqrt{\left(u-R_{\mathrm{t0}}\sin\frac{\beta}{2}\right)^2+\left(v+R_{\mathrm{t0}}\cos\frac{\beta}{2}\right)^2+(z-h_{\mathrm{t}})^2} \tag{9.183}$$

$$R_{\mathrm{r}i}(x,y,z,\theta)=\sqrt{\left(u-R_{\mathrm{r0}}\sin\frac{\beta}{2}\right)^2+\left(v+R_{\mathrm{r0}}\cos\frac{\beta}{2}\right)^2+(z-h_i)^2} \tag{9.184}$$

以及

$$u=x\cos\theta+y\sin\theta \tag{9.185}$$

$$v=y\cos\theta-x\sin\theta \tag{9.186}$$

由式（9.183）～式（9.186）有

$$R_{\mathrm{t}}(x,y,z,\theta)=\sqrt{R_{\mathrm{t0}}^2+x^2+y^2+(z-h_{\mathrm{t}})^2-2R_{\mathrm{t0}}\left[x\sin\left(\theta+\frac{\beta}{2}\right)-y\cos\left(\theta+\frac{\beta}{2}\right)\right]} \tag{9.187}$$

$$R_{\mathrm{r}i}(x,y,z,\theta)=\sqrt{R_{\mathrm{r0}}^2+x^2+y^2+(z-h_i)^2-2R_{\mathrm{r0}}\left[x\sin\left(\theta-\frac{\beta}{2}\right)-y\cos\left(\theta-\frac{\beta}{2}\right)\right]} \tag{9.188}$$

2. 二维图像重建

假设目标二维散射分布函数 $\boldsymbol{\Gamma}_z(x,y)$ 可认为是三维散射分布函数 $\boldsymbol{\Gamma}(x,y,z)$ 在 $z=0$ 平面上的积分投影，即

$$\boldsymbol{\Gamma}_z(x,y)=\iint_D\boldsymbol{\Gamma}(x,y,z)\mathrm{d}z \tag{9.189}$$

对于单个接收天线，二维成像测量的回波信号可表示为

$$\boldsymbol{E}_{\mathrm{s}i}(f,\theta)=\iint_{D^2}\boldsymbol{\Gamma}_z(x,y)g_i(f,\theta,x,y)\mathrm{d}x\mathrm{d}y \tag{9.190}$$

式（9.190）中

$$g_i(f,\theta,x,y)=\exp\left\{-\mathrm{j}\frac{2\pi}{\lambda}[R_{\mathrm{t}}(x,y,0,\theta)+R_{\mathrm{r}i}(x,y,0,\theta)]\right\} \tag{9.191}$$

因此，目标二维散射分布函数的重建关系式为

$$\boldsymbol{\Gamma}_{zi}(x,y)=\iint_{\kappa^2}\boldsymbol{S}_{\mathrm{r}i}(f,\theta)g_i^*(f,\theta,x,y)\mathrm{d}f\mathrm{d}\theta \tag{9.192}$$

式（9.192）中，积分限 κ^2 表示目标二维成像测量波数空间谱的支撑域；上标*表示复共轭。

当目标成像测量数据在 $f_{\min}\leqslant f\leqslant f_{\max},-\dfrac{\Delta\theta}{2}\leqslant\theta\leqslant+\dfrac{\Delta\theta}{2}$ 支撑域内时，重建

的目标二维图像为

$$\hat{\boldsymbol{\Gamma}}_{zi}(x,y)=\int_{f_{\min}}^{f_{\max}}\int_{-\Delta\theta/2}^{+\Delta\theta/2}\boldsymbol{S}_{\mathrm{r}i}(f,\theta)g_i^*(f,\theta,x,y)\mathrm{d}f\mathrm{d}\theta \tag{9.193}$$

3. 三维诊断干涉成像处理

如前所述，小角度旋转目标雷达成像系统是根据距离-多普勒原理设计的相干成像系统。当目标相对雷达做小角度旋转时，雷达回波中产生多普勒频率变化信息，它经过对接收信号的相干处理，可以得到对目标的横向分辨率，利用宽带雷达信号可以获得目标的径向分辨率，同时保留波程所对应的相对相位信息。单幅二维图像的相位信息并没有多大用处，但是对在高度方向上位置有微小差别的两副天线所测得的两幅二维图像进行相位干涉处理，就可获得关于目标的高度维信息。下面推导高度-相位差函数。

参考图 9.55 中的几何关系，两幅二维 ISAR 图像之间的相位差可表示为

$$\Delta\varphi(x,y,z,\alpha_1,\alpha_2)=\frac{2\pi}{\lambda}[R_{\mathrm{r}1}(x,y,z,0)-R_{\mathrm{r}2}(x,y,z,0)] \tag{9.194}$$

式（9.194）中，$R_{\mathrm{r}1}(x,y,z,0),R_{\mathrm{r}2}(x,y,z,0)$ 分别为在转角 $0°$ 时，目标到接收天线 1 和接收天线 2 的距离为

$$\alpha_i=\arctan\left(\frac{h_i}{R_{\mathrm{r}0}}\right),\quad i=1,2 \tag{9.195}$$

且有

$$R_{\mathrm{r}i}(x,y,z,0)=\sqrt{\frac{R_{\mathrm{r}0}^2}{\cos^2\alpha_i}+x^2+y^2+z^2+2R_{\mathrm{r}0}\left(x\sin\frac{\beta}{2}+y\cos\frac{\beta}{2}-z\tan\alpha_i\right)} \tag{9.196}$$

对式（9.196）做泰勒展开，对于典型成像测量条件，有 $\frac{D}{R_{\mathrm{r}0}}\ll 1$，故在后续推导中，可仅保留所有 $\left(\frac{D}{R_{\mathrm{r}0}}\right)^2$ 项，忽略更高阶小量，从而有

$$R_{\mathrm{r}i}(x,y,z,0)\approx\frac{\cos^3\alpha_i}{2R_{\mathrm{r}0}}z^2+\sin\alpha_i\left(\frac{x\sin\frac{\beta}{2}+y\cos\frac{\beta}{2}}{R_{\mathrm{r}0}}\cos^2\alpha_i-1\right)z+\frac{R_{\mathrm{r}0}}{\cos\alpha_i}+\\ \left(x\sin\frac{\beta}{2}+y\cos\frac{\beta}{2}\right)\cos\alpha_i+\frac{(x^2+y^2)\cos\alpha_i-\left(x\sin\frac{\beta}{2}+y\cos\frac{\beta}{2}\right)^2\cos^3\alpha_i}{2R_{\mathrm{r}0}} \tag{9.197}$$

将式（9.197）代入式（9.194），有

$$\Delta\varphi(x,y,z,\alpha_1,\alpha_2)=\frac{2\pi}{\lambda}\Big[A(\alpha_1,\alpha_2)z^2+B(x,y,\alpha_1,\alpha_2)z+C(x,y,\alpha_1,\alpha_2)\Big] \tag{9.198}$$

式（9.198）中

$$A(\alpha_1,\alpha_2)=\frac{1}{2R_{r0}}k_1(\alpha_1,\alpha_2) \tag{9.199}$$

$$B(x,y,\alpha_1,\alpha_2)=(\sin\alpha_2-\sin\alpha_1)\left[1-\frac{x\sin\dfrac{\beta}{2}+y\cos\dfrac{\beta}{2}}{R_{r0}}k_2(\alpha_1,\alpha_2)\right] \tag{9.200}$$

$$C(x,y,\alpha_1,\alpha_2)=\left[\frac{R_{r0}}{\cos\alpha_1\cos\alpha_2}-x\sin\frac{\beta}{2}-y\cos\frac{\beta}{2}-\frac{x^2+y^2}{2R_{r0}}+\frac{\left(x\sin\dfrac{\beta}{2}+y\cos\dfrac{\beta}{2}\right)^2}{2R_{r0}}k_3(\alpha_1,\alpha_2)\right](\cos\alpha_2-\cos\alpha_1) \tag{9.201}$$

$$k_1(\alpha_1,\alpha_2)=\cos^3\alpha_1-\cos^3\alpha_2 \tag{9.202}$$

$$k_2(\alpha_1,\alpha_2)=1-\sin^2\alpha_2-\sin^2\alpha_1-\sin\alpha_2\sin\alpha_1 \tag{9.203}$$

$$k_3(\alpha_1,\alpha_2)=\cos^2\alpha_1+\cos\alpha_1\cos\alpha_2+\cos^2\alpha_2 \tag{9.204}$$

由此，解下列方程，可以得到高度值 $z(x,y)$，即

$$A(\alpha_1,\alpha_2)z^2+B(x,y,\alpha_1,\alpha_2)z+C'(x,y,\alpha_1,\alpha_2)=0 \tag{9.205}$$

式（9.205）中

$$C'(x,y,\alpha_1,\alpha_2)=C(x,y,\alpha_1,\alpha_2)-\frac{\Delta\varphi(x,y,z,\alpha_1,\alpha_2)}{2\pi}\lambda \tag{9.206}$$

式（9.205）的解为

$$z(x,y)=\frac{-B+\sqrt{B^2-4AC'}}{2A} \tag{9.207}$$

式（9.207）中，A,B 和 C 由式（9.199）～式（9.201）确定。

1）远场成像

在三维诊断干涉成像中，有 $\alpha_2=\alpha_1+\Delta\alpha$，其中 $\Delta\alpha$ 是一个小角度，根据奈奎斯特采样定理，必须满足 $\Delta\alpha\leqslant\dfrac{\lambda}{2D}$。不难证明，在式（9.202）～式（9.204）中，有

$$\left|k_1(\alpha_1,\alpha_1+\Delta\alpha)\right|\leqslant\frac{2}{\sqrt{3}}\Delta\alpha \tag{9.208}$$

$$-2 \leqslant k_2(\alpha_1, \alpha_1 + \Delta\alpha) \leqslant 1 \tag{9.209}$$

$$0 \leqslant k_3(\alpha_1, \alpha_1 + \Delta\alpha) \leqslant 3 \tag{9.210}$$

当满足远场测量条件时，即有

$$\frac{D^2}{R_{r0}} \leqslant \frac{\lambda}{2} \tag{9.211}$$

在式(9.199)～式(9.201)中，所有包含$\dfrac{1}{R_{r0}}$的项均可忽略而不会引起大的误差。此时

$$z_f(x,y) \approx \frac{1}{B_f(\alpha_1,\alpha_2)}\left[\frac{\lambda}{2\pi}\Delta\varphi(x,y,\alpha_1,\alpha_2) - C_f(x,y,\alpha_1,\alpha_2)\right] \tag{9.212}$$

式（9.212）中

$$B_f(\alpha_1,\alpha_2) = \sin\alpha_2 - \sin\alpha_1 \tag{9.213}$$

$$C_f(x,y,\alpha_1,\alpha_2) \approx \left(\frac{R_{r0}}{\cos\alpha_1\cos\alpha_2} - x\sin\frac{\beta}{2} - y\cos\frac{\beta}{2}\right)(\cos\alpha_2 - \cos\alpha_1) \tag{9.214}$$

2）地平面成像

此时，测量几何关系满足$\alpha_2 = -\alpha_1 = \alpha$，$A(\alpha_1,\alpha_2)=0$，$C(x,y,\alpha_1,\alpha_2)=0$，有

$$z_g(x,y) \approx \frac{\lambda}{2\pi}\frac{\Delta\varphi(x,y,\alpha)}{B_g(x,y,\alpha)} \tag{9.215}$$

式（9.215）中

$$B_g(x,y,\alpha) = \left(2 - \frac{x\sin\dfrac{\beta}{2} + y\cos\dfrac{\beta}{2}}{R_{r0}}\cos^2\alpha\right)\sin\alpha \tag{9.216}$$

对于远场地平面成像，有

$$B_g(x,y,\alpha) \approx 2\sin\alpha \tag{9.217}$$

3）单天线成像

当采用单天线成像时，双站角为$\beta=0$，且发射和接收共用同一天线，因此在两次二维成像测量中，发射天线的高度也是变化的，有$R_{t1}=R_{r1}$，$R_{t2}=R_{r2}$，因此式（9.194）变为

$$\begin{aligned}\Delta\varphi(x,y,z,\alpha_1,\alpha_2) &= \frac{2\pi}{\lambda}(R_{r1} - R_{r2} + R_{t1} - R_{t2}) \\ &= \frac{4\pi}{\lambda}[R_{r1}(x,y,z,0) - R_{r2}(x,y,z,0)]\end{aligned} \tag{9.218}$$

相应地，式（9.206）变为

$$C'(x,y,\alpha_1,\alpha_2) = C(x,y,\alpha_1,\alpha_2) - \frac{\Delta\varphi(x,y,z,\alpha_1,\alpha_2)}{4\pi}\lambda \tag{9.219}$$

有

$$z_{\rm f}(x,y)\approx\frac{1}{B_{\rm f}(\alpha_1,\alpha_2)}\left[\frac{\lambda}{4\pi}\Delta\varphi(x,y,\alpha_1,\alpha_2)-C_{\rm f}(x,y,\alpha_1,\alpha_2)\right] \tag{9.220}$$

$$z_{\rm g}(x,y)\approx\frac{\lambda}{4\pi}\frac{\Delta\varphi(x,y,\alpha)}{B_{\rm g}(x,y,\alpha)} \tag{9.221}$$

必须注意，在三维诊断干涉成像测量中，为避免相位折叠模糊，要求接收天线之间在高度方向上的间隔满足以下条件，即

$$\alpha=\arctan\frac{h_2}{R_{\rm r0}}-\arctan\frac{h_1}{R_{\rm r0}}\leqslant\frac{\lambda_{\min}}{2D} \tag{9.222}$$

式（9.222）中，$\lambda_{\min}$ 为最短雷达波长；D 为目标在高度方向的最大尺寸。

4. 同一分辨单元内存在多个散射中心时的影响

应该指出，目标 RCS 三维诊断干涉成像采用的是相位干涉“测高”原理，得到目标上各散射中心的高度位置，不是“真三维”成像。三维相位干涉成像只能测出二维图像中当前分辨单元内散射体的“高度”，其假设前提条件是该分辨单元只存在有一个散射中心，因此只要测出该散射中心的高度，结合二维 ISAR 图像已经在径向距离和方位向上得到了该散射中心的位置估计，由此便实现了目标散射中心的三维位置估计，也即得到了目标的干涉三维像。

上述假设意味着，如果在用于相位干涉处理的二维 ISAR 图像中，单个距离-横向距离分辨单元内，目标在高度方向上存在多个散射中心时，但在二维图像中又没有被分辨开，如图 9.56 所示，则违背了三维诊断干涉成像的前提条件。现在来讨论由此造成的对诊断干涉成像的影响。

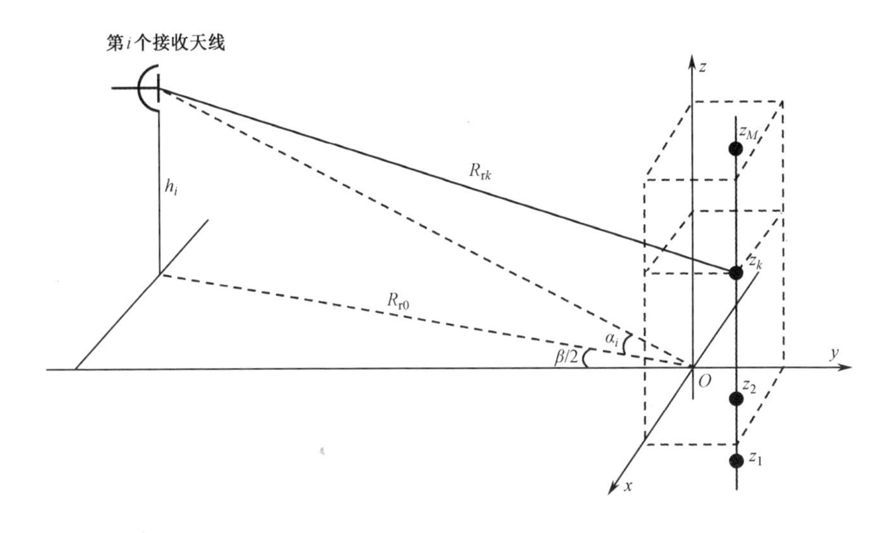

图 9.56　同一单元内存在多个散射中心示意图

如图 9.56 所示，假设在二维 ISAR 成像的分辨单元(x,y)上存在 M 个分布在不同高度上的散射中心，第 k 个散射中心的散射幅度、固有相位和高度位置分别用σ_k,δ_k,z_k表示。

在推导诊断干涉成像回波相位关系中，假定用于三维相位干涉处理的每幅二维 ISAR 成像$\hat{\boldsymbol{\Gamma}}_z(x,y)$代表了目标三维散射分布函数$\boldsymbol{\Gamma}(x,y,z)$沿高度维方向的积分投影。为简单且不失一般性，下面讨论远场测量成像的情况。

根据图 9.55 和图 9.56，第 i 个接收天线到第 k 个散射中心的距离可表示为

$$R_{ik} \approx \frac{R_{\text{r}0}}{\cos\alpha_i} - \left(x\sin\frac{\beta}{2} - y\cos\frac{\beta}{2}\right)\cos\alpha_i - z_k\sin\alpha_i \tag{9.223}$$

因此，分布在不同高度上的 M 个散射中心沿 z 轴在二维平面上的积分散射函数可表示为

$$\boldsymbol{\Gamma}_z(x,y) = \sum_{k=1}^{M}\sigma_k \exp\left(\text{j}\frac{2\pi}{\lambda}R_{ik} + \delta_k\right) = \sigma_{\text{e}i}\exp(\text{j}\varsigma_{\text{e}i}) \tag{9.224}$$

式（9.224）意味着同一距离–方位分辨单元内，沿高度维方向分布的 M 个散射中心，在二维 ISAR 成像中表现为存在单个等效的散射中心，该等效散射中心的幅度和相位分别为

$$\sigma_{\text{e}i} = \sqrt{\sum_{k=1}^{M}\sum_{l=1}^{M}\sigma_k\sigma_l\cos\left[\frac{2\pi}{\lambda}(z_k - z_l)\cos\alpha_i + \delta_k - \delta_l\right]} \tag{9.225}$$

$$\varsigma_{\text{e}i} = \frac{2\pi}{\lambda}\left[\frac{R_{\text{r}0}}{\cos\alpha_i} - \left(x\sin\frac{\beta}{2} - y\cos\frac{\beta}{2}\right)\cos\alpha_i\right] - \arctan\frac{V_{Mi}}{U_{Mi}} \tag{9.226}$$

式中

$$U_{Mi} = \sum_{k=1}^{M}\sigma_k\cos\left(\frac{2\pi}{\lambda}z_k\sin\alpha_i - \delta_k\right) \tag{9.227}$$

$$V_{Mi} = \sum_{k=1}^{M}\sigma_k\sin\left(\frac{2\pi}{\lambda}z_k\sin\alpha_i - \delta_k\right) \tag{9.228}$$

可见，等效散射中心的散射幅度取决于σ_k,δ_k,z_k及观测角α_i；等效散射中心相位的第一项与是否存在多个散射中心无关，仅第二项与 M 个散射中心有关。将等效相位的第二项表示为

$$\varsigma_i = \arctan\frac{V_{Mi}}{U_{Mi}} \tag{9.229}$$

可以把它看成是在二维像分辨单元(x,y)处等效散射中心的“固有相位”。

在三维诊断干涉成像中，可以通过两幅图像的相位差导出散射中心的高度估计值，其中假设单个分辨单元散射中心的“固有相位”是不随观测角变化的。但是，式（9.226）告诉我们，若同一分辨单元在高度方向存在多个散射中心，则其等效散射中心的“固有相位”是随观测角变化的！因此，必然会对相位干涉处理

带来不利影响。

为了分析这一影响，对式（9.226）中的等效散射中心固有相位对观测角进行偏微分，即

$$\frac{\partial \varsigma_i}{\partial \alpha_i}=\frac{\dfrac{2\pi}{\lambda}\sum_{k=1}^{M}\sum_{l=1}^{M} z_l \cos\alpha_i \cdot \sigma_k \sigma_l \cos\left[\dfrac{2\pi}{\lambda}(z_k-z_l)\cos\alpha_i+\delta_k-\delta_l\right]}{\sigma_{ei}^2} \tag{9.230}$$

式（9.230）说明：等效散射中心的固有相位随观测角的变化快慢，在很大程度上取决于该等效散射中心的散射幅度的大小。如果等效散射中心的散射幅度很大，则其固有相位随观测角呈现慢变化；反之，若等效散射幅度很小，则固有相位随观测角的变化呈现快变化。这正是人们常说的目标角闪烁现象。可见，二维图像单个分辨单元存在多散射中心，进而引起的相位闪烁是影响三维诊断干涉成像的重要因素。

不过，以下几点原因使得目标三维诊断干涉成像仍然具有重要的工程应用价值。

（1）在目标 RCS 三维诊断干涉成像中，人们通常只关注那些存在强散射中心的分辨单元，因此在进行相位干涉处理前，可对用于干涉处理的两幅二维图像进行阈值处理，通过设定一定的门限电平，滤除那些散射很小的单元，使其不参与相位干涉处理，从而大大减小相位闪烁的影响。

（2）Borden 已经证明[44-45]，单个二维分辨单元的相位闪烁与该分辨单元在高度维的尺度成正比。在三维诊断干涉成像中，用于相位干涉处理的是两幅高分辨率的二维散射图像，而二维散射图像的获得是通过处理频率-方位测量数据得到的，二维散射成像处理本身相当于是一个“加权分集”处理的过程。通过加权分集处理，已经使得目标散射中心相位闪烁的影响大大减小。因此，如果同一个二维分辨单元内存在多个散射中心，通过干涉处理，仍可望获得有效高度值，它反映的是等效散射中心的高度位置。

（3）许多人造目标（如飞机），其在同一个二维分辨单元内出现高度维的多个强散射中心的概率不是很高，这降低了相位闪烁影响三维干涉成像质量的可能性。

（4）三维诊断干涉成像只需测得两幅二维图像，并通过相位干涉处理即可得到散射中心的高度位置，而真三维成像则需要在第三维（俯仰维）进行大量的数据采集，无论是测量时间还是处理数据量都是巨大的，这在很多实际应用中甚至是不现实的。

9.5.4　多输入多输出雷达近场成像测量

多输入多输出（MIMO）雷达采用相对较少的收/发天线阵元构建稀疏阵列，

利用单、双站等效定理和分集技术，能够引入远多于收/发阵元数目的目标观测通道和空间自由度。此外，MIMO 雷达利用单次快拍数据即可进行成像而无须时间积累，因此可大大提高成像测量效率。MIMO 雷达诊断干涉成像的主要缺陷是其横向分辨率受到 MIMO 阵列实际尺寸的限制，因此多用于近场测量成像。

1. MIMO 雷达成像的分辨原理

MIMO 雷达成像的径向距离分辨率仍由雷达发射信号带宽所决定，而 MIMO 阵列的尺寸决定了成像方位向的分辨率，阵元间距决定了成像的栅瓣位置进而影响成像视场，阵元数量影响系统复杂度。由于 MIMO 等效阵列非均匀时雷达的合成波束具有较高的旁瓣，不利于对高质量雷达图像的获得，因此主要考虑等效阵列为均匀间隔的 MIMO 线性阵列。

Kell 提出的单、双站等效定理为 MIMO 雷达阵列进行虚拟阵元等效，合成较大的虚拟孔径提供了理论支撑[46]。根据单、双站等效定理，如果目标 RCS 可由一组离散散射中心的 RCS 来表征，且各散射中心的幅度和相位对于小范围的双站角 β 不敏感，则目标以频率 f 测得的双站 RCS，等效于沿着双站角平分线以频率 $f\cos(\beta/2)$ 作为单站测量时的 RCS。在小双站角情况下，β 对于频率改变的影响非常小（例如，10° 的双站角所产生的频率变化小于 0.5%）。对于线性 MIMO 雷达阵列，不同的收/发阵元组合涉及多组不同的双站角度，每个双站组合可以等效成不同的虚拟阵元，全部虚拟阵元的组合构成一个虚拟孔径阵列，进而可以实现横向距离的高分辨率。

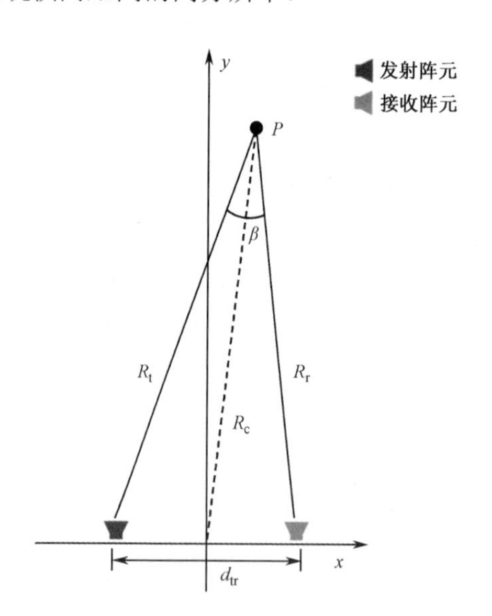

图 9.57　MIMO 雷达等效虚拟阵元的合成示意图

MIMO 雷达等效虚拟阵元的合成示意图如图 9.57 所示，其中 R_t 和 R_r 分别为发射阵元和接收阵元到目标的距离，R_c 是目标到发射阵元和接收阵元中点的距离。对于上述收/发阵元对，信号由发射阵元发出后经由路径 R_t 和 R_r 到达接收阵元，当满足远场条件时，可以等效为一个位于收/发阵元中心处的虚拟阵元经由 R_c 双程传播所采集的信号。注意在近场的应用场景中，必须考虑原始收/发阵元进行虚拟阵元等效所带来的波程差。

根据上述讨论，可以对 MIMO 雷达进行阵列设计，将收/发单元进行线性排列，从而合成一个较大的由虚拟阵元组成的虚拟孔径，实现较高的分辨率[47-48]。

设发射阵元间距和接收阵元间距分别为 d_t 和 d_r，发射阵元与接收阵元的间隔为 d_{tr}，其两端发射中间接收的 MIMO 阵列如图 9.58 所示。该图中的 4 发 2 收 MIMO 阵列虚拟阵元间的间隔为 $d_t/2$, $(d_r-d_t)/2$ 和 d_{tr} 三者之一，当满足 $d_r = 2d_t = 4d_{tr}$ 时，等虚拟阵元是均匀排布的，孔径利用率 $\eta=7d_{vir}/(2d_t + 2d_{tr} + d_r)$为 0.7。当接收阵元数增多时，孔径利用率可以进一步提高。

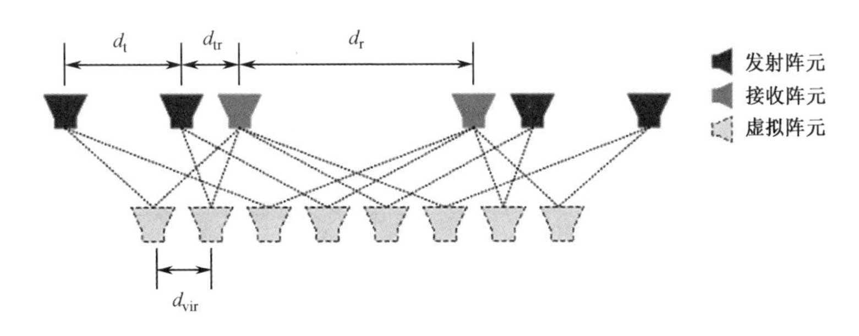

图 9.58　两端发射中间接收的 MIMO 阵列

2. MIMO 近场成像的几何关系

当 MIMO 雷达的阵列尺寸和发射波长确定时，雷达的横向分辨率随着目标中心到阵列中心距离 R_0 的增长而下降。因此，对于用于诊断成像为目的的小型 MIMO 阵列，为了获得较高的横向分辨率，通常采用近场测量成像。

MIMO 雷达近场测量成像的几何关系[48]如图 9.59 所示。假设阵列具有 M 个发射阵元，N 个接收阵元，发射阵元位于接收阵元两端。以目标中心为参考建立坐标系，MIMO 雷达阵列平行于 x 轴，目标中心到阵列中心的距离为 R_0。R_{tm} 和 R_{tm0} 分别为第 m 个发射阵元到目标和目标中心的距离，R_{rn} 和 R_{rn0} 分别为第 n 个接收阵元到目标和目标中心的距离。当阵元的距离关系满足 $d_t = 2d_{tr}$ 与 $d_r = M/2d_t$ 时，可以合成 $M \times N$ 个无冗余均匀排布的虚拟阵元。

3. MIMO 雷达图像重建模型

与传统 ISAR 成像一样，根据瑞利分辨准则，为了获得较高的径向距离分辨率，要求发射波形具有大的信号带宽。在实际雷达成像系统中，为了增大雷达系统的发射能量，提高信噪比，通常选取适合脉冲压缩的信号，如线性调频（LFM）波形、步进频波形（SFW）和相位编码脉冲波形等来获得时宽带宽积较大的信号。下面以频率步进的矩形脉冲为例对 MIMO 雷达成像回波信号模型做简要推导。

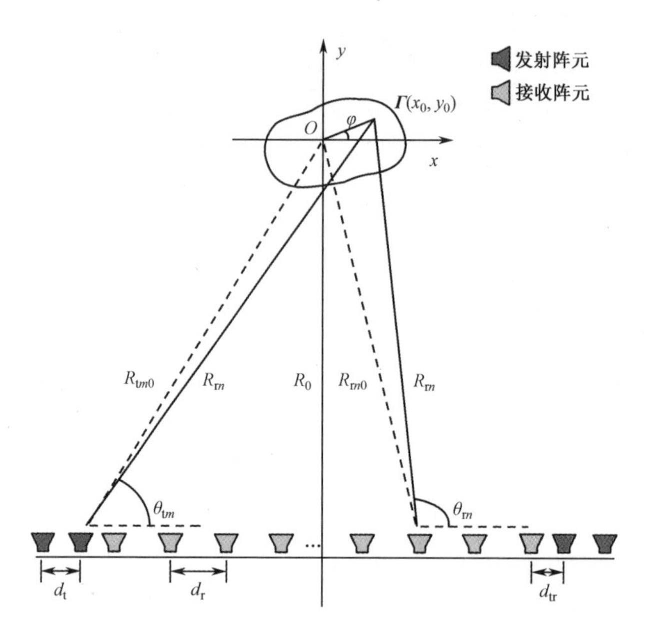

图 9.59　MIMO 雷达近场测量成像的几何关系

将 MIMO 阵列第 m 个发射阵元发射的第 i 个脉冲信号记为

$$\boldsymbol{s}_m(t)=u(t-iT_{\mathrm{r}})\mathrm{e}^{\mathrm{j}2\pi f_i t} \tag{9.231}$$

式（9.231）中，f_i 为第 i 个脉冲的载频，T_{r} 为脉冲重复周期，$u(t)$ 为矩形脉冲，即

$$u(t)=\begin{cases}1, & 0\leqslant t\leqslant t_{\mathrm{p}}\\ 0, & 其他\end{cases} \tag{9.232}$$

式（9.232）中，t_{p} 为脉冲宽度。

雷达发射的电磁波从第 m 个发射阵元照射到目标，经过目标散射返回至第 n 个接收阵元的传播时延为

$$\tau_{mn}=\frac{R_{\mathrm{t}m}+R_{\mathrm{r}n}}{c} \tag{9.233}$$

式（9.233）中，$R_{\mathrm{t}m}$ 和 $R_{\mathrm{r}n}$ 分别为目标上 (x,y) 处散射中心到发射阵元和接收阵元的距离，有

$$R_{\mathrm{t}m}=\sqrt{(x-x_{\mathrm{t}m})^2+(y+R_0)^2} \tag{9.234}$$

$$R_{\mathrm{r}n}=\sqrt{(x-x_{\mathrm{r}n})^2+(y+R_0)^2} \tag{9.235}$$

式中，$x_{\mathrm{t}m}$ 和 $x_{\mathrm{r}n}$ 分别为发射和接收阵元在 x 轴上的坐标。

若忽略电磁波的传播衰减与阵列方向图的影响，则第 n 个接收阵元采集到的第 i 个脉冲回波为

$$\begin{aligned}\boldsymbol{s}_{mn}(t)&=\boldsymbol{s}_m(t-\tau_{mn})\\&=\boldsymbol{\Gamma}(x,y)u(t-iT_{\mathrm{r}}-\tau_{mn})\mathrm{e}^{\mathrm{j}2\pi f_i(t-\tau_{mn})}\end{aligned} \tag{9.236}$$

式（9.236）中，$\Gamma(x,y)$ 为目标二维散射分布函数。

雷达接收机中第 i 个脉冲的参考信号为

$$\boldsymbol{s}_m(t-\tau_0)=u(t-iT_\mathrm{r}-\tau_0)\mathrm{e}^{\mathrm{j}2\pi f_i(t-\tau_0)} \tag{9.237}$$

式（9.237）中，$\tau_0=2R_0/c$ 为目标中心到阵列中心的双程时延。

将接收信号和参考信号共轭相乘，可得该通道的频域采样数据为

$$\boldsymbol{s}_{mn}(f_i)=\boldsymbol{s}_{mn}(t)s_m^*(t-\tau_0)=\Gamma(x,y)\mathrm{e}^{-\mathrm{j}\frac{4\pi f_i}{c}\left(\frac{R_{\mathrm{t}n}+R_{\mathrm{r}n}}{2}-R_0\right)} \tag{9.238}$$

对于复杂目标，总散射回波为各局部散射中心所产生散射场的相干求和，即

$$\boldsymbol{s}_{mn}(f_i)=\iint_D\Gamma(x,y)\mathrm{e}^{-\mathrm{j}\frac{4\pi f_i}{c}\left(\frac{R_{\mathrm{t}n}+R_{\mathrm{r}n}}{2}-R_0\right)}\mathrm{d}x\mathrm{d}y \tag{9.239}$$

式（9.239）中，D 为成像区域。

在获得原始的频域回波信号后，可以选取合适的成像算法，对回波信号进行相干处理，即可得到目标的散射分布函数。对于 MIMO 雷达目标近场成像诊断测量，滤波-逆投影算法依然是最常用的图像重建算法，在此不再赘述。

9.5.5　扩展目标散射中心成像结果

本节给出扩展目标高分辨率散射中心成像的一些典型结果。

图 9.60 所示为微波暗室对隐身飞机 1:8 缩比模型的二维散射中心成像结果，该图中的成像条件如下：雷达中心频率为 10.0GHz，带宽为 4.0GHz，目标旋转角为 25°，天线极化为 HH。当等效到全尺寸目标时，相当于用带宽为 500MHz 的雷达对其照射。注意，图 9.60 中最低 RCS 电平为-71dBm^2，且图像动态范围达到 42dB。对于这样一个具有极低 RCS 电平的目标，在微波暗室测量条件下，却可以将其上的各单个散射中心很好地分辨开。

图 9.61 所示为外场静态测试条件下对靶机的高分辨率散射中心二维诊断成像结果，该图中成像条件如下：中心频率为 8.5GHz，带宽为 1.0GHz，目标方位转角为 30°，天线极化为 HH。从图中可以看到，靶机上散射增强部位各个强散射源清晰可辨。

作为超分辨成像的例子，图 9.62 给出了某飞机 1:5 模型的超分辨率成像处理结果。图 9.62（a）为利用传统滤波-逆投影算法的成像结果，图 9.62（b）为二维最大熵算法的数据外推成像结果，图 9.62（c）则为在径向距离向采用最大熵处理，在方位维采用人工神经网络处理的混合算法的成像结果。可见，超分辨率处理方法利用较窄的带宽和较少的方位采样数据，就可以获取比传统成像技术更具有高分辨率的目标散射中心图像，且有助于目标的多维散射中心的诊断。

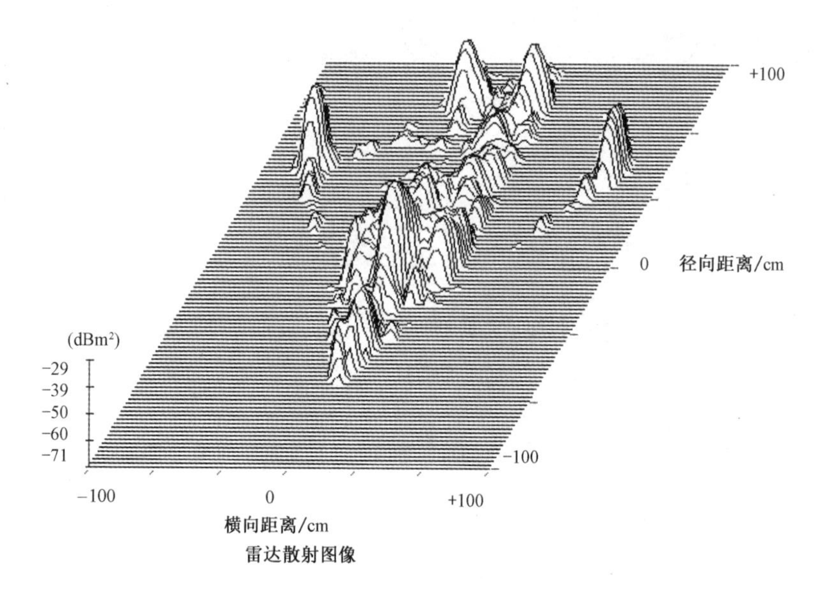

图 9.60　微波暗室对隐身飞机模型二维散射中心的成像结果

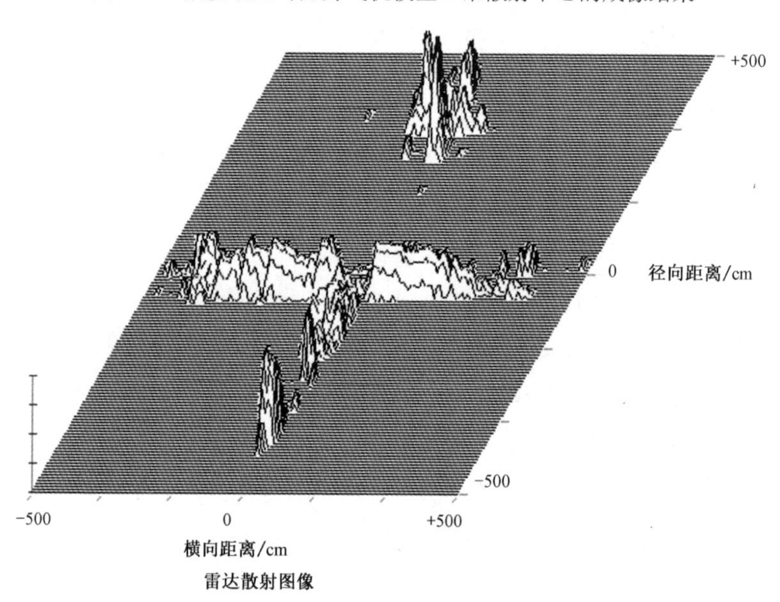

图 9.61　外场静态测试条件下对靶机的高分辨散射中心二维诊断成像结果

作为三维干涉成像的第一个例子，图 9.63 给出了某飞机模型二维和三维散射中心图像。这是关于双天线平面成像几何关系的例子。其成像测量和处理采用一高一低两副天线，两者之间夹角为0.2°，其等效雷达视线与地面平行；测量雷达中心频率为 9.25GHz，带宽为 1.8GHz，方位转角为 12°，测量距离为 12m。该图是飞机模型的微波暗室成像结果，其中图 9.63（a）和图 9.63（b）为两幅不同天线高度下的二维散射中心分布图像，图 9.63（c）为从这两幅二维图像导出的目标散射中心的高度分布，即其三维像（三维干涉 ISAR 图像）。由于可以得到目标散射中心的三维分布情况，因此，该目标在测量过程中并不是完全水平放置的，而是有一个横滚角，这在二维散射中心分布图像中是无法看出来的。因此，就目标散射中心精密诊断而言，三维散射成像是非常必要的。

为了减小同一分辨单元多个散射中心相位闪烁的影响，需要尽量提高二维成像的分辨率。在测量条件受限时，也可通过超分辨成像技术首先对二维图像数据进行超分辨处理，再对超分辨二维图像进行三维干涉成像处理[43]。某飞机模型二维和三维超分辨成像如图 9.64 所示，它是以图 9.63 中相同的测量数据先进行二维超分辨成像，再进行三维干涉成像后的结果。从该图中可见，超分辨成像有助于获得更好的三维成像效果。

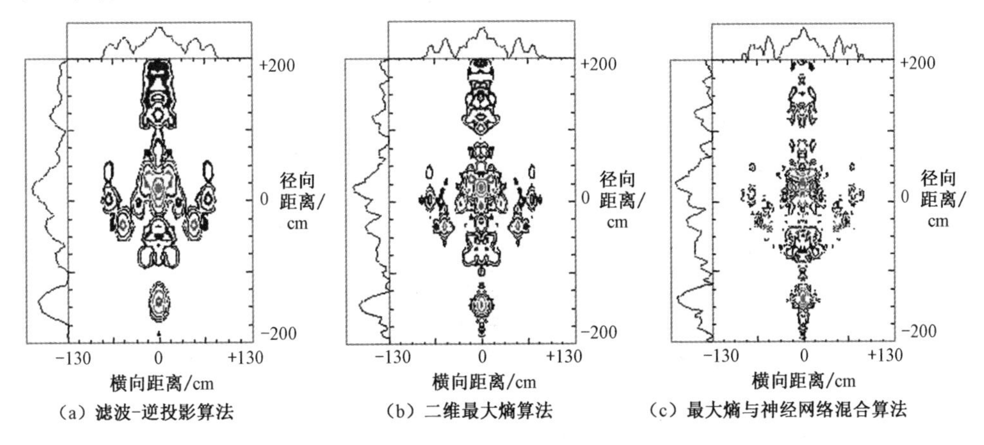

图 9.62　某飞机模型超分辨率成像处理结果

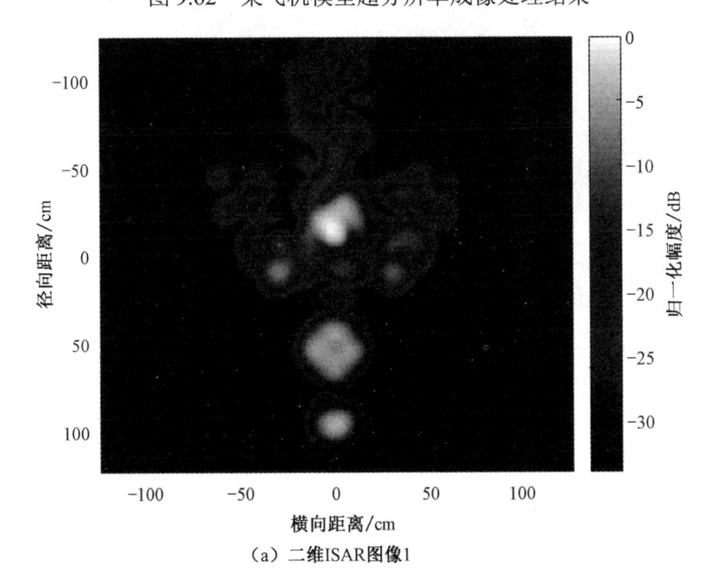

图 9.63　某飞机模型二维和三维散射中心图像

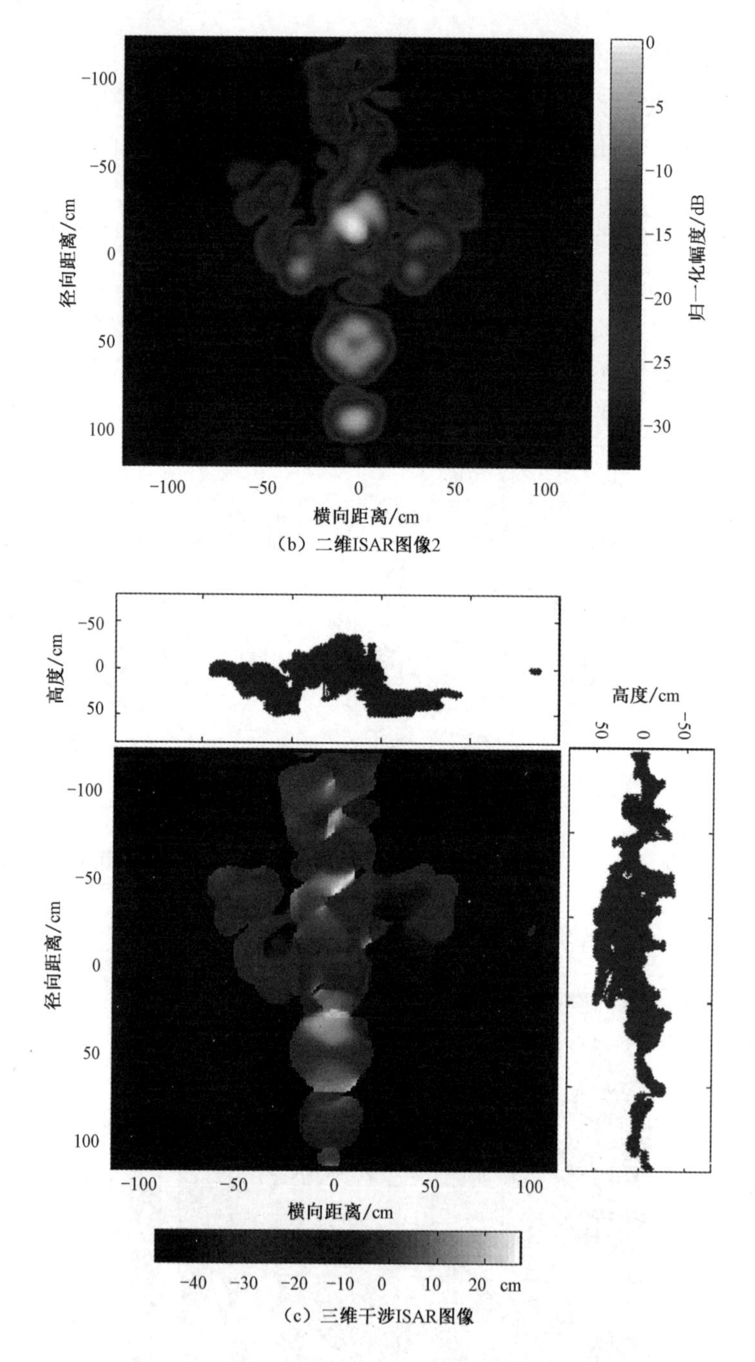

（b）二维ISAR图像2

（c）三维干涉ISAR图像

图 9.63 某飞机模型二维和三维散射中心图像（续）

作为三维成像的第二个例子，图 9.65 给出了 T55 坦克缩比模型全极化三维成像结果，它是马萨诸塞大学罗威尔分校亚毫米波技术实验室（Submillimeter-Wave Technology Laboratory, University of Massachusetts Lowell）采用 1.56THz 波对 T55 坦克 1:16 缩比模型的真三维 ISAR 和三维 ISAR 干涉全极化成像结果，其成像带宽为 8GHz[49-50]，显示出了 HH、VH、HV 和 VV 这 4 种线极化组合下该坦克模型的真三维 ISAR 成像。

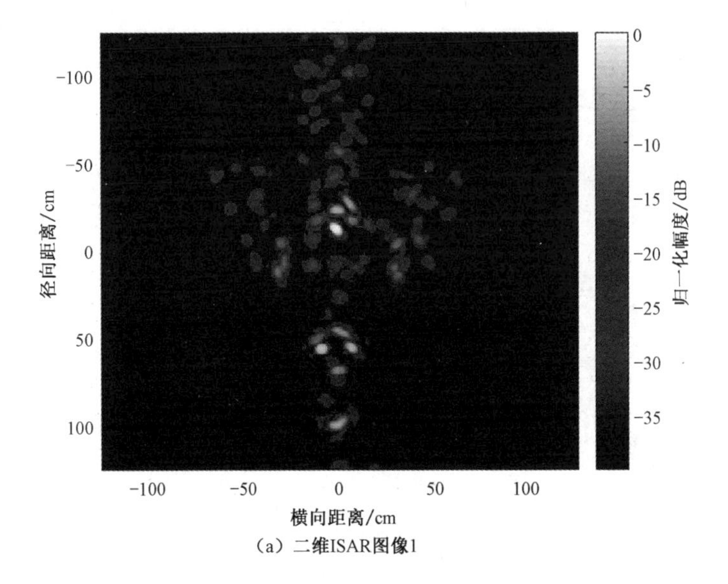

（a）二维ISAR图像1

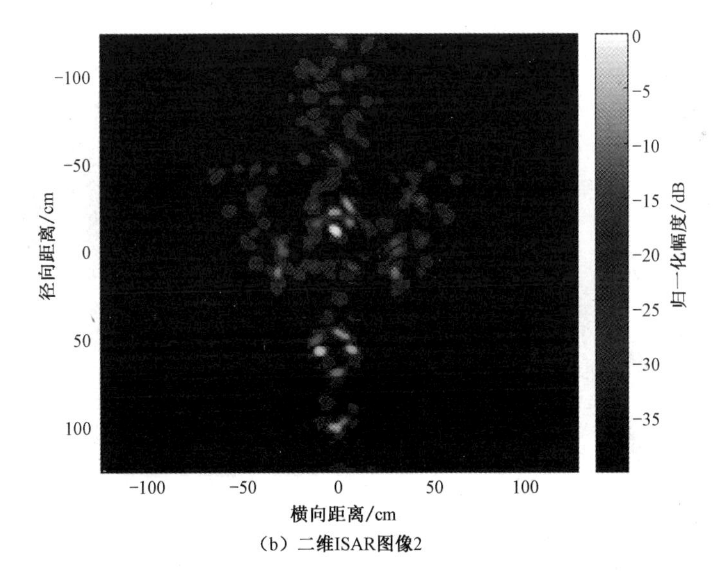

（b）二维ISAR图像2

图 9.64　某飞机模型二维和三维超分辨成像结果

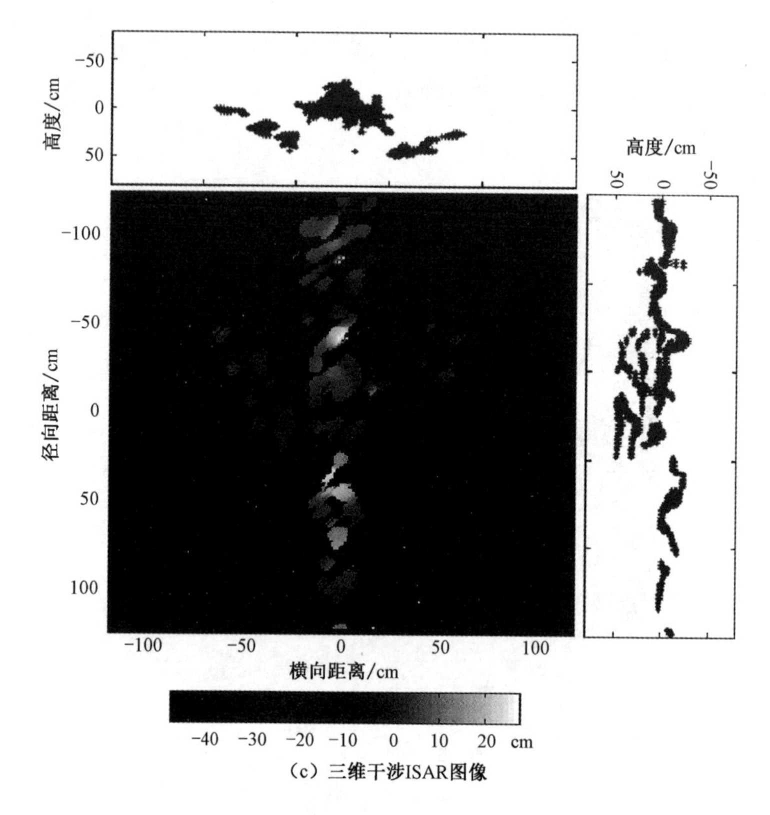

（c）三维干涉ISAR图像

图 9.64 某飞机模型二维和三维超分辨成像结果（续）

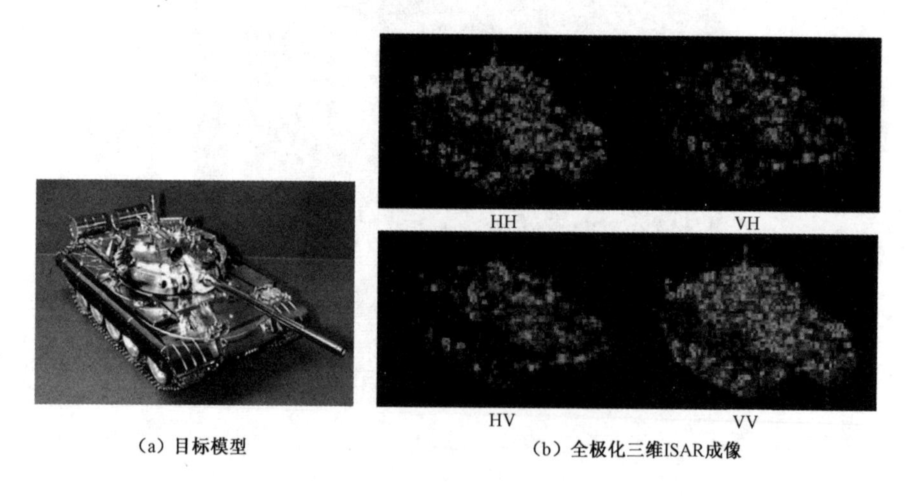

（a）目标模型　　（b）全极化三维ISAR成像

图 9.65 T55 坦克缩比模型全极化三维成像结果

我们知道，真三维 ISAR 成像是通过在目标俯仰（高度）维一系列的角采样，实现了对高度方向散射中心分布的高分辨率，而三维干涉 ISAR 成像只采用两个具有不同高度的天线测量，通过相位干涉实现对“目标高度”的测量。根据前面的讨论，前者数据获取工作量很大，但可以分辨相同距离-方位单元内的多个散射中心；而后者数据获取工作量很少，但不能分辨同一距离-方位单元内的多个散射中心，只能得到一个“等效散射中心”的高度。那么，对于一个复杂目标，其三维干涉 ISAR 图像与真三维 ISAR 图像之间究竟会有多大的差异呢？这自然是所有 RCS 测量工程师和目标特性研究人员所关心的问题。作为例子，图 9.66 示出了 T55 坦克缩比模型其三维 ISAR 图像与三维干涉图像结果的对比，较好地显示了马萨诸塞大学罗威尔分校亚毫米波技术实验室的实验结果，该图给出的是与图 9.65（a）中同一 T55 坦克的目标模型，在不同视角下的对比[50]。如前所述，由于三维干涉图像受同一距离-方位单元内的散射幅度和相位闪烁的影响，在三维干涉图像处理前一般应先做图像门限处理，把低于一定门限值的像素剔除，不参与干涉处理。本例中图像动态范围取为 20dB，图中分别列出了前视、斜平面视和侧视三种情况下的三维图像对比。

从图 9.66 可见，即使对于坦克这样的复杂模型，两种三维图像之间仍然具有很好的相似性。当然，在有些分辨单元，也存在明显的差异，这主要是因为三维干涉 ISAR 图像不能分辨同一距离-方位单元内多个高度不同的散射中心，只能得到一个“等效散射中心”的高度值。在实际工程应用中，通过目标-图像之间的关联分析，多数情况下一般都可以比较容易地对这种情况做出正确分析和判断。

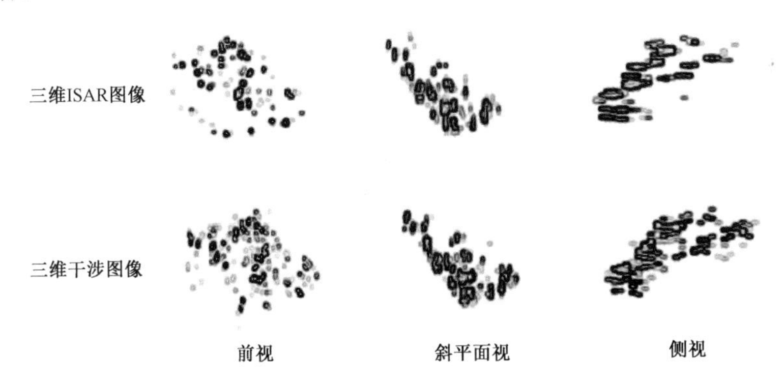

图 9.66　T55 坦克缩比模型真三维 ISAR 图像与三维干涉图像结果的对比

鉴于三维干涉图像只需通过双天线测量得到两幅二维 ISAR 图像并进行相位干涉处理，可大大减少数据获取工作量和 RCS 测量的时间，可见三维干涉 ISAR 图像应该可以作为目标成像诊断的重要测量手段之一，尤其是当地面存在耦合、杂波等影响时，它可以作为很好地识别这类特殊散射分量的测量和分析工具。

最后，图 9.67 所示为同一飞机目标模型的 ISAR 成像与 MIMO 雷达成像的对比，即对同一个飞机模型，在相同频段和相同极化下，将采用转台 ISAR 成像和

MIMO 雷达成像的结果进行对比。两组数据的获取均采用了北京航空航天大学研制的转台成像和 MIMO 雷达成像测量系统，图像重建算法采用带近场修正的滤波逆投影算法。由该图可以发现，对于复杂目标上的大多数散射机理，其 MIMO 雷达成像与 ISAR 成像之间的差异甚小。同时也说明，对于角形反射器、凹腔体等一类具有多次反射机理的比较特殊的散射结构，其 MIMO 雷达成像与 ISAR 成像之间的差异明显，这主要是因为在近场测量条件下，MIMO 雷达中部分虚拟阵列单元对应的收/发组合存在较大的双站角，因此对于双站效应敏感的散射结构，其图像会产生散焦现象。

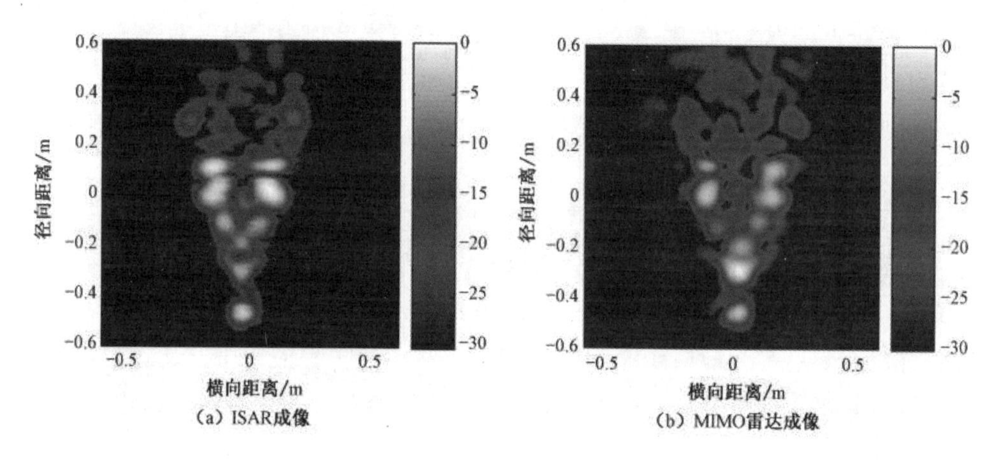

图 9.67　同一飞机目标模型的 ISAR 成像同 MIMO 雷达成像的对比（归一化幅度/dB）

9.6　扩展目标角闪烁测量

目标角闪烁是由复杂目标上同一分辨单元内多个散射中心相互干涉所导致的相位波前畸变效应。角闪烁测量本质上是如何实现对目标相位随姿态/位置的变化率的精确测量，而相位对于目标姿态/位置的微小变化都极其敏感，因此，扩展目标角闪烁的测量历来是目标特征信号测量领域的技术难题，目前常见的技术和方法包括馈源摄动法、后向散射相对相位测量法及单脉冲测角法等。

9.6.1　馈源摄动法

馈源摄动法[51]测量角闪烁的理论依据是角闪烁的相位波前畸变概念，即通过测量回波相位波前对视线角的导数，获得目标的角闪烁线偏差。实现这种方法的关键是如何获得回波相位对视线角的导数。

在紧缩场后向 RCS 测量系统中，由于信号的发射与接收是通过发射馈源和接收馈源独立完成的，因此为得到回波相位对视线角的导数，至少需要在两个相隔很小的角度上接收回波信号。最直接的做法是设置一个馈源发射、另两个馈源同时接收的形式。然而，受馈源本身尺寸的限制，接收馈源之间的距离无法足够小，因此可采用变通的馈源精密摄动方法，达到双馈源接收的效果。

图 9.68 所示为馈源摄动法测量角闪烁的系统框图，图中馈源摄动是其最为关键的装置之一，将馈源摄动的分辨率控制在 0.001mm 以内，以便实现精确的角度增量控制。

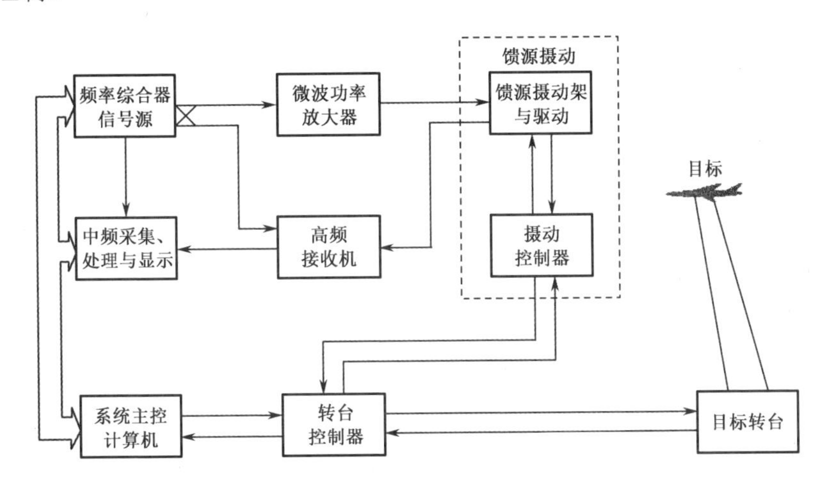

图 9.68　馈源摄动法测量角闪烁的系统框图

如图 9.69 所示，设馈源在俯仰面内移动，A 点为发射馈源，B 点为接收馈源位置 1，C 点为接收馈源摄动后的接收馈源位置 2，则可获得俯仰面内的角闪烁线偏差为

$$e_{\theta}=\frac{\lambda}{4\pi}\cdot\frac{1}{\sin\theta}\cdot\frac{\Phi_2-\Phi_1}{\Delta\theta} \tag{9.240}$$

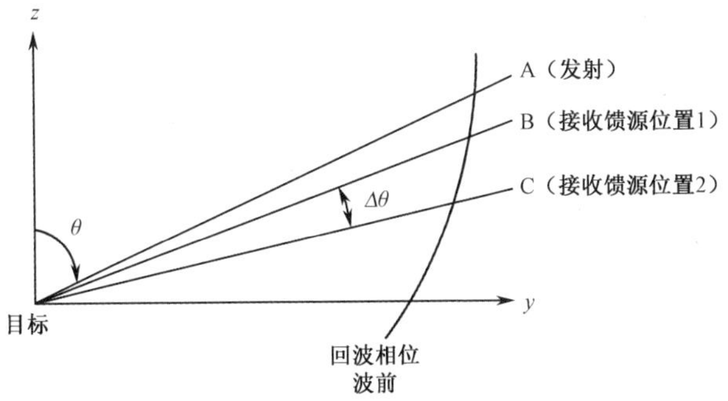

图 9.69　在俯仰面内馈源摄动测量示意图

式（9.240）中，Φ_1 和 Φ_2 分别为在不同俯仰接收馈源位置 1 和接收馈源位置 2 处接收到的回波相位，$\Delta\theta$ 为接收馈源在俯仰面内摄动前后的夹角增量，λ 为雷达波长。

同样，如果将馈源支架旋转 90°，使接收馈源在方位面内移动采样，如图 9.70 所示，则可获得方位面内的角闪烁线偏差，可表示为

$$e_\phi = \frac{\lambda}{4\pi} \cdot \frac{\Phi_2 - \Phi_1}{\Delta\phi} \tag{9.241}$$

式（9.241）中，Φ_1 和 Φ_2 分别为在不同方位接收馈源位置 1 和接收馈源位置 2 处接收到的回波相位，$\Delta\phi$ 为接收馈源在方位面内摄动前后的夹角增量。

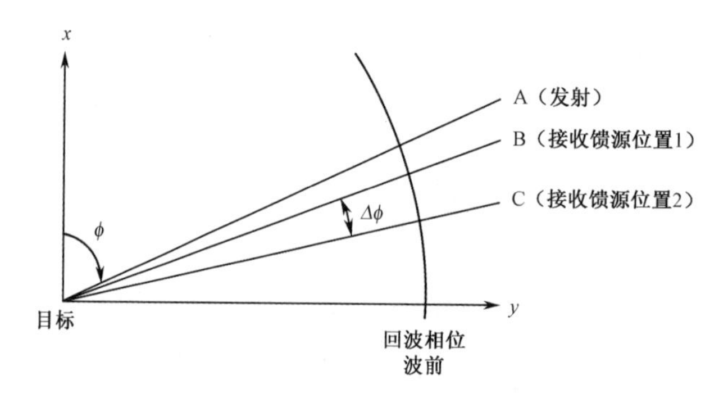

图 9.70　在方位面内馈源摄动测量示意图

实际使用式（9.240）和式（9.241）时，对接收馈源摄动夹角增量 $\Delta\theta$ 或 $\Delta\phi$ 的计算由下式确定，即

$$\Delta\theta \text{ 或 } \Delta\phi \approx \frac{D}{R} \tag{9.242}$$

式（9.242）中，R 是目标至接收天线馈源的距离，D 是馈源摄动的精密距离，且 $D \ll R$。

注意，角闪烁测量精度取决于两个不模糊相位的相位差同摄动夹角增量之间的比值是否准确，因此既要求高信噪比/信杂比，也要求馈源摄动夹角增量 $\Delta\theta$ 或 $\Delta\phi$ 必须远小于不模糊采样间隔。只有同时满足这两个条件，才可能准确地求出回波相位波前对视线角的导数。

作为例子，图 9.71 给出了用馈源摄动法测量的直线排列的三球目标的角闪烁线偏差曲线，从图中可以发现，对三球目标的角闪烁线偏差测量结果与其理论计算能很好地吻合，验证了馈源摄动法在目标角闪烁线偏差测量中的有效性。

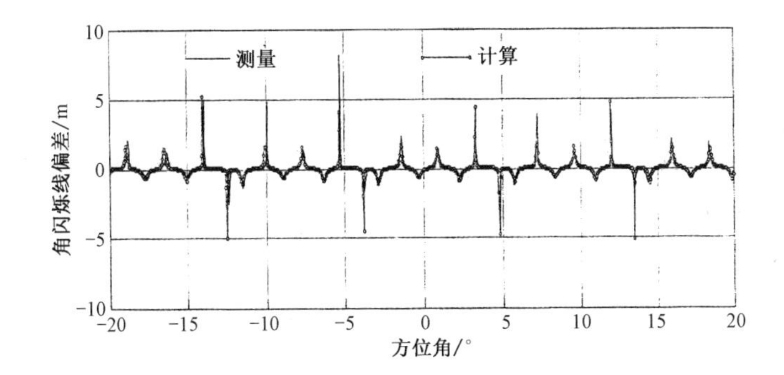

图 9.71 用馈源摄动法测量的直线排列的三球目标的角闪烁线偏差曲线

9.6.2 后向散射相对相位测量法

由角闪烁的相位波前畸变表征可知，在任何观察方向，为了由散射回波相位测量目标的角闪烁，一般都需要计算散射回波相位函数对散射角的偏导数，这意味着角闪烁的测量要求微波暗室具有双站测试能力。对于只能进行后向散射测量的微波暗室，文献[52]根据一个具有典型意义的各向异性矢量 N 点目标模型，从理论上证明了在一定的条件下，后向角闪烁与后向散射回波相对相位，对入射角的导数之间存在等效性。当目标散射满足这样的条件时，无须进行严格的双站测量，仅通过对后向散射相对相位的测量，就可求得目标在后向散射方向的角闪烁，即

$$\begin{cases} e_\theta = \dfrac{\lambda}{4\pi}\cdot\dfrac{1}{\sin\theta^{\mathrm{i}}}\cdot\left.\dfrac{\Delta\varPhi^{\mathrm{b}}}{\Delta\theta^{\mathrm{i}}}\right|_{\varphi^{\mathrm{i}}=\text{常数}} \\ e_\phi = \dfrac{\lambda}{4\pi}\cdot\left.\dfrac{\Delta\varPhi^{\mathrm{b}}}{\Delta\phi^{\mathrm{i}}}\right|_{\theta^{\mathrm{i}}=\text{常数}} \end{cases} \tag{9.243}$$

式(9.243)中，$\Delta\varPhi^{\mathrm{b}}$ 为随入射角变化的后向散射回波相位的变化增量；$\Delta\theta^{\mathrm{i}}$ 和 $\Delta\phi^{\mathrm{i}}$ 为入射角的变化增量；λ 为波长。

式（9.243）成立的条件为

$$\begin{cases} \left.\dfrac{\partial F_{mn}}{\partial\tau}\right|_{(\theta^{\mathrm{i}},\phi^{\mathrm{i}})} = \dfrac{1}{2}\left.\dfrac{\partial F_{mn}^{\mathrm{b}}}{\partial v}\right|_{(\theta^{\mathrm{i}},\phi^{\mathrm{i}})} \\ \left.\dfrac{\partial G_{mn}}{\partial\tau}\right|_{(\theta^{\mathrm{i}},\phi^{\mathrm{i}})} = \dfrac{1}{2}\left.\dfrac{\partial G_{mn}^{\mathrm{b}}}{\partial v}\right|_{(\theta^{\mathrm{i}},\phi^{\mathrm{i}})} \end{cases},(\tau=\theta^{\mathrm{s}},v=\theta^{\mathrm{i}})\text{或}(\tau=\phi^{\mathrm{s}},v=\phi^{\mathrm{i}}) \tag{9.244}$$

式（9.244）中，$F_{mn}(\theta^{\mathrm{s}},\phi^{\mathrm{s}};\theta^{\mathrm{i}},\phi^{\mathrm{i}};k)$ 和 $G_{mn}(\theta^{\mathrm{s}},\phi^{\mathrm{s}};\theta^{\mathrm{i}},\phi^{\mathrm{i}};k)$ 分别是在目标坐标系中表示的第 n 个点散射单元的散射幅度和相对相位；$F_{mn}^{\mathrm{b}}(\theta^{\mathrm{i}},\phi^{\mathrm{i}};\theta^{\mathrm{i}},\phi^{\mathrm{i}};k)$ 和 $G_{mn}^{\mathrm{b}}(\theta^{\mathrm{i}},\phi^{\mathrm{i}};\theta^{\mathrm{i}},\phi^{\mathrm{i}};k)$ 分别是在目标坐标系中表示的第 n 个点散射单元的后向散射幅度和相对相位；$(\theta^{\mathrm{i}},\phi^{\mathrm{i}})$ 表示入射角，$(\theta^{\mathrm{s}},\phi^{\mathrm{s}})$ 表示散射角；k 是自由空间波数。

上述条件要求在后向散射方向上，N 点目标中的每个点散射单元的散射幅度和相对相位对散射角的偏导数，应该等于相应的后向散射幅度和相对相位对入射角偏导数的 1/2。

根据雷达目标电磁散射的特点，散射中心主要有镜面散射中心、边缘散射中心、尖顶散射中心、行波与蠕动波、凹腔体和天线型散射等不同散射类型。一般来说，这些散射中心的幅度和相对相位是关于入射波的频率、方向和极化及散射波方向和极化的复杂函数，有些甚至难以解析表达，因此，条件式（9.244）是比较苛刻的，通常难以满足。然而，针对一些特定的情况，条件式（9.244）还是有可能满足的。以镜面散射中心为例，通过物理光学近似计算可以发现，如果远场接收机的电极化单位矢量与入射波的磁极化单位矢量的矢量积不随入射角和散射角的变化而变化，那么，镜面散射中心的幅度和相对相位与入射角和散射角的关系始终是通过 $(\hat{\boldsymbol{s}}-\hat{\boldsymbol{i}})\cdot\hat{\boldsymbol{a}}$ 的关系来表示的，这里 $\hat{\boldsymbol{a}}$ 是任意一个与入射角和散射角无关的矢量，等效条件是可以得到满足的。

9.6.3 单脉冲测角法

单脉冲测角法常用于对目标角闪烁线偏差的远场静态测量，其依据的原理类似于传统的单脉冲雷达测角，即利用高角灵敏度的单脉冲天线接收目标信号，通过和差信号比幅归一化输出来确定角偏差，进一步求解线偏差，单脉冲和差通道比幅法高分辨距离像测角原理示意图如图 9.72 所示。

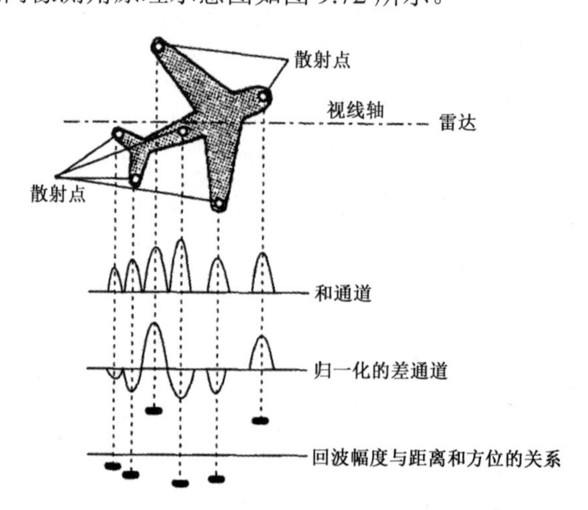

图 9.72 单脉冲和差通道比幅法高分辨距离像测角原理示意图

考虑一个角坐标的情况，振幅和差式单脉冲天线波束示意图如图 9.73 所示。设波束方向函数为 $F(\theta)$，波束偏角为 θ_0，目标偏离角度为 $\Delta\theta$，E_m 为雷达方程

决定的常数，两波束的接收信号为

$$\begin{cases} E_1 = E_m F(\theta_0 - \Delta\theta) \\ E_2 = E_m F(\theta_0 + \Delta\theta) \end{cases} \tag{9.245}$$

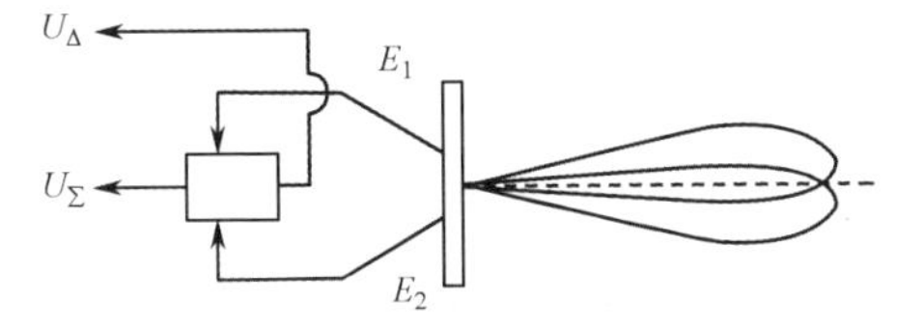

图 9.73　振幅和差式单脉冲天线波束示意图

由于$\Delta\theta$通常很小，所以俯仰面内天线接收方向图函数可近似为[53]

$$F(\theta_0 \pm \Delta\theta) = F(\theta_0)\left(1 \pm \mu\Delta\theta\right) \tag{9.246}$$

式（9.246）中，μ为波束方向函数的斜率。于是有

$$\begin{cases} E_1 \approx E_m F(\theta_0)(1 - \mu \cdot \Delta\theta) \\ E_2 \approx E_m F(\theta_0)(1 + \mu \cdot \Delta\theta) \end{cases} \tag{9.247}$$

得和差通道的接收信号为

$$\begin{cases} U_\Sigma = E_1 + E_2 \approx 2E_m F(\theta_0) \\ U_\Delta = E_2 - E_1 \approx 2\mu E_m F(\theta_0) \cdot \Delta\theta \end{cases} \tag{9.248}$$

接收信号经变频、放大、自动增益控制后，输入鉴相器。若考虑和差接收通道的幅度和相位的不一致性，则鉴相器输出可表示为

$$S = \frac{\tilde{U}_\Delta}{\tilde{U}_\Sigma} = \mu \cdot \Delta\theta \frac{K_\Delta}{K_\Sigma} \cos(\varphi_\Sigma - \varphi_\Delta) \tag{9.249}$$

令

$$K = \mu \cdot \frac{K_\Delta}{K_\Sigma} \cos(\varphi_\Sigma - \varphi_\Delta) \tag{9.250}$$

则有

$$S = K \cdot \Delta\theta \tag{9.251}$$

式中，K_Δ、K_Σ表示差通道、和通道的中频增益系数；φ_Δ和φ_Σ分别表示差通道、和通道的绝对相位。

由式（9.249）可知，单脉冲天线的鉴相器输出与目标的角偏差为线性关系，通过S容易推算出目标偏离波束中心的角度。

和差支路校准后$K_\Delta \approx K_\Sigma$，因此，式（9.250）可简化为

$$K = \mu \cdot \cos(\varphi_\Sigma - \varphi_\Delta) \tag{9.252}$$

由式（9.251）可知，将天线轴对准目标时，$\Delta\theta = 0$，$S = 0$，但由于目标散射回波存在角闪烁效应，雷达观测的目标视在中心与目标真实物理中心存在偏差，即使

天线轴对准目标的物理中心，鉴相器仍有输出。根据鉴相器输出得到此时的角偏差$\Delta\tilde{\theta}$，即可得到目标该姿态下的角闪烁线偏差为

$$e_{\theta} = r\tan(\Delta\tilde{\theta}) \approx r \cdot \Delta\tilde{\theta} \tag{9.253}$$

式（9.253）中，r为目标到单脉冲天线的距离。

综合上式（9.251）和式（9.253），可得到单脉冲天线测量目标角闪烁线偏差的表达式为

$$\tilde{e}_{\theta} = \tilde{r}\frac{\tilde{S}}{K} \tag{9.254}$$

式（9.254）中，$\tilde{S}$为天线对准目标时鉴相器输出的电压比值；K为鉴相器的工作斜率；$\tilde{r}$为目标距离。

注意，对于角闪烁线偏差的精确测量，需要准确知道鉴相器的工作斜率K，而后者是由单脉冲天线的性能所决定的，必须通过实验手段进行精确标定，也即精确标定单脉冲天线的所谓“S”形测角曲线。

9.7 雷达目标散射特性测量不确定度分析

雷达目标特性的测量结果是否可信，获取的数据与真实值存在多大偏差，重复测量的过程是否可靠等问题都需要通过不确定度分析来解答。本节将介绍雷达目标散射特性测量不确定度的基本概念、来源与影响、合成分析方法及重复性评价等内容。

9.7.1 基本概念

任何测量的过程都会产生不确定性，雷达目标散射特性的测量也不例外，因此在完成雷达目标散射特性的测量后，需要对测量结果进行不确定度分析，评判测量结果的精确程度。有效的测量不确定度分析，需给出分析说明和定量评估结果，对其分析理解时常用以下7个概念。

1. 测得值

测得值是直接测量获取的值，通常测量结果是以“测得值±不确定度”的形式来表示的，例如，RCS测量结果可表示为

$$\sigma(\text{dBm}^2) = \sigma^{\text{m}}(\text{dBm}^2) \pm \Delta\sigma(\text{dB}) \tag{9.255}$$

式（9.254）中，σ^{m}为RCS测得值；$\Delta\sigma$为RCS不确定度。

2. 真值

被测量的客观真实值（真值）（如目标RCS），在测量中通常是无法获知的，

只能通过各种手段提高测量精度，使测得值尽可能地接近真值。例如，对于式（9.255），此时的目标真值很大概率就在以σ^{m}为中心、$\Delta\sigma$为边界的封闭区间中，而这个概率究竟多大，则需要在分析获得$\Delta\sigma$的过程中确定。

3. 接受值

接受值指测量中为了判定某种可达性，人为设置的一个用于比较的定值。接受值有时是为了检验测量的准确度是否够用，如对标准金属球的 RCS 值测量，就可以将理论计算值作为接受值，用来判断测量结果的准确度；有时是为了判断被测目标的 RCS 是否达到要求，这种测得值与接受值之间的比较在工程中会经常用到。

举例而言，可将一个目标低散射设计结果的接受值设定为σ^{o}，A、B、C 这 3 个采样点的测得值分别为σ^{A}、σ^{B}、σ^{C}，且其各自都有不确定度分析结果$\Delta\sigma^{A}$、$\Delta\sigma^{B}$、$\Delta\sigma^{C}$，则它与接受值的比较关系如图 9.74 所示。

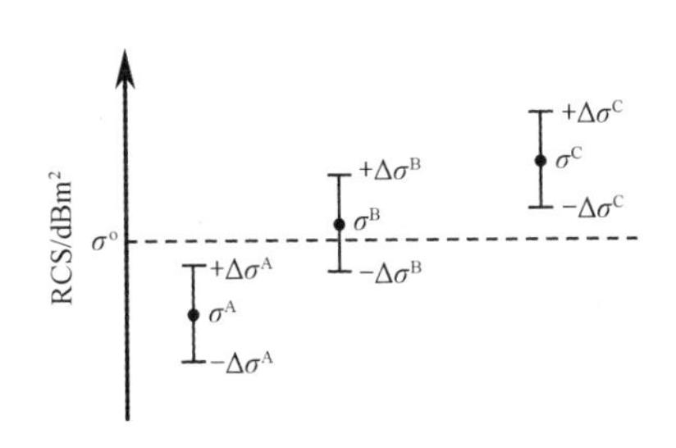

图 9.74　RCS 接受值与测得值之间的比较示意图

在本例中，由于要求是低散射设计，因此希望目标的 RCS 能够达到或小于σ^{o}。在此前提下，对图 9.74 中的测量和不确定度分析结果可解释如下：对于 A 点，可以认为目标 RCS 真值很大概率上已经低于接受值，因此认为此处达到了设计目的；对于 B 点，虽然测得值大于接受值，但是不确定度区间已经涵盖了接受值，此时认为此处也基本达到了设计目的，但是存在风险；对于 C 点，可以认为目标 RCS 真值很大概率上是大于接受值的，没有达到设计目的。

4. 有效数字

有效数字的使用规则是表述不确定度准确性的重要内容。在高精度 RCS 测量中，当 RCS 值以分贝数形式表示时（单位为 dBm^2），不确定度通常可以以两位有效数字给出。但是，为了便于实际工程中的分析和应用，RCS 不确定度表述的有效数字应当与测得值相匹配，一般应遵循以下两条规则[55]：

（1）以 dBm^2 为单位时的 RCS 不确定度几乎总是应当归整至一位有效数字；

（2）任何表述结果的最后一位有效数字，通常与不确定度表述具有相同的量级，即相同的十进制位。

例外的情况主要发生在不确定度有效数字第一位比较小（1 或 2），或者测得值的数值比较小，此时应适当地扩展其有效数字。

5. 比值不确定度

由式（9.255）可知，在以对数形式表示 RCS 时，$\Delta\sigma$ 是一个无量纲量，表达的是测量不确定度在测得值中的占比（以分贝数表示），属于比值不确定度。有量纲表达的不确定度为绝对不确定度，此处记作 $\delta\sigma$，则

$$\Delta\sigma(\mathrm{dB}) = 10\lg\left[1 - \frac{\delta\sigma(\mathrm{m}^2)}{\sigma^{\mathrm{m}}(\mathrm{m}^2)}\right] \tag{9.256}$$

式（9.256）为常用的 RCS 测量比值不确定度的对数表达形式。

由于真实目标 RCS 数值的变化范围很大，通常可在万分之一平方米（$-40\mathrm{dBm}^2$）至十万平方米（$+50\mathrm{dBm}^2$）量级变化，采用绝对不确定度很难一致性地表达测量的可靠性和精度情况，而一个量的有效数字是其比值不确定度的近似指标[54]，所以采用比值方式可以更好地解决前述问题。此外，结合测量原理和散射测量系统的特点，采用比值不确定度一般也可以更方便地表达 RCS 测量结果的可靠性。

6. 偏差

偏差是指同一个量的两次测得值之间的差值。在对雷达目标散射特性测量时，通常会通过重复性或复现性测量，求取测量结果的偏差，以此可分析测量及不确定度分析的可靠性。

注意此处重复性与复现性是有所差别的：重复性是指对同一目标在相对较短的时间内，在同一测量场地、测量系统和参数设定等完全一致的测量条件下开展的测量；复现性是指对同一目标在相隔相对较长的时间后，利用相同或者不同测量系统与测量场地开展的测量。

7. 测量不确定度与误差

测量不确定度与误差都常被用来表述目标 RCS 测得值的可靠性，以及同真值之间可能的偏差，但两者是有所区别的：误差指测得值与真值之间的差值，不确定度则表示误差可能的范围[54]。

9.7.2 散射测量标准不确定度的分析方法

实际工程应用中，每一处雷达目标散射特性测试场及测量系统都具有自身技术性能特点，因此，无法采用统一的量值规范和评定程序覆盖所有 RCS 测量的不确定度水平，但可以通过主要误差因素分析和合成计算对测量结果不确定度进

行分析。对此，《IEEE STD 1502–2020 雷达散射截面测试程序推荐实施通则》（简称 IEEE STD 1502–2020 标准）标准文件给出了完整的 RCS 测量不确定度分析的方法，并在其首个版本[4]（2007 版）的基础上做了若干调整[4,54]。本节参考这两个标准文件，给出一种分析方法的原理性讨论，可作为 RCS 测量不确定度分析的基础。应该指出，在应用于某类特定测试场时，仅靠这些原理性的讨论是不够的，一般还需要做出针对性的调整。

为了方便讨论，对基于雷达方程的 RCS 相对定标公式做必要改写，将待测目标与定标体 RCS 的比值表示为

$$\frac{\sigma}{\sigma_{\mathrm{c}}}=\left(\frac{R}{R_{\mathrm{c}}}\right)^{4}\left(\frac{G_{\mathrm{c}}}{G}\right)^{2}\left(\frac{f}{f_{\mathrm{c}}}\right)^{2}\frac{P_{\mathrm{ct}}}{P_{\mathrm{t}}}\frac{P_{\mathrm{r}}}{P_{\mathrm{cr}}} \tag{9.257}$$

式（9.257）中，σ 为 RCS（m^2）；R 为测试距离（m）；G 为方向性增益；f 为频率（Hz）；P_{t} 为发射功率（W）；P_{r} 为接收功率（W）；其中增加了下标 c 的量表示与定标体测试相关的量。对于紧缩场的测量，式（9.257）距离与方向性增益的分析方式一般应做相应改变。

IEEE STD 1502–2020 标准将 RCS 不确定度的来源归结为 13 类，如表 9-4 所列的前 13 类，被测目标 RCS 的测量合成不确定度的 13 项分量分别为：辐照均匀度、背景–目标相互作用、交叉极化、幅度漂移、频率偏差、运动积累、I–Q 失衡、近场、噪声–背景、非线性、距离、目标指向、参考目标（定标体）RCS。该表前 13 项分别给出了其不确定度的每一个可能来源（不确定度分量），最后的第 14 项给出了由这些分量合成的不确定度估计值。表 9.4 中的不确定度用对数表示，“neg.”表示该项不确定度分量可以忽略不计（本例中为低于 0.1dB 的分量）；“n.a.”表示在当前分析中不考虑该因素（如对于静态目标 RCS 测量，可以不考虑积累误差对不确定度的影响）。

必须说明，RCS 相对定标测量中对目标 RCS 测量值的标定，是以参考目标 RCS 为基准的，而参考目标 RCS 的测量同样也会引入上述 13 项不确定度分量。因此，表中的参考目标 RCS 的不确定度是下一个层次的合成不确定度，其计算方法与目标 RCS 的不确定度类似，在此不再赘述。

表 9.4　RCS 测量的不确定度示例——被测目标

序号	被测目标的不确定度的来源	不确定度/dB
1	辐照均匀度	0.4
2	背景–目标相互作用	0.1
3	交叉极化	0.6
4	幅度漂移	1.0

续表

序号	被测目标的不确定度的来源	不确定度/dB
5	频率偏差	neg.
6	运动积累	neg.
7	*I*-*Q* 失衡	neg.
8	近场	1.0
9	噪声-背景	0.9
10	非线性	1.0
11	距离	neg.
12	目标指向	n.a.
13	参考目标（定标体）RCS	0.9
14	合成不确定度（RSS）	+1.7/－2.7

为便于讨论，本书采用$\Delta\sigma'$表示不确定度的一般分量（标准不确定度分量），即各误差因素分量，并且采用一级近似。

1. 辐照均匀度

辐照均匀度分量指被测目标与定标体之间由于辐照场分布均匀度差异而产生的不确定度，指向误差导致增益衰减而产生 RCS 的不确定度。

假设天线方向图特性符合余弦函数 $\cos^2$，其最大增益为G_0。天线增益衰减因子可表示为

$$\frac{G}{G_0}=\cos^2\left(\frac{\pi\theta}{4\theta_0}\right) \tag{9.258}$$

式(9.258)中，θ_0是天线 3dB 波束宽度的 1/2；θ是最坏情况下的指向误差；G/G_0是增益衰减因子。

由式(9.258)可得由天线增益衰减导致的指向误差所造成的 RCS 测量不确定度为

$$\Delta\sigma'(\text{dB})=-40\lg\left[\cos\left(\frac{\pi\theta}{4\theta_0}\right)\right] \tag{9.259}$$

式（9.259）中，假设目标处于最佳对准状态。

对于紧缩场等静态测试，辐照均匀度体现的是照射到测试目标上的场分布并不均匀。可以假设照射场为一个理想的平面波加上剩余的不均匀分量，对于G_c/G的不确定度估计可表示为

$$\Delta\sigma'(\text{dB})=-20\lg\frac{G_c}{G} \tag{9.260}$$

由此，0.1dB 的辐照不均匀会产生一个不确定度分量$\Delta\sigma'\approx 0.2\text{dB}$。对于静态定标体，可将其照射场平均增益作为参考，使对应的不确定度分量为 0。

注意，式（9.257）是基于点目标而构建的，对于复杂扩展目标测量，由于辐射场对目标形成一定范围内的照射，因此较难给出照射不均匀的具体数值，此时可通过场强分布检测结果给出辐射场的最大不均匀性，并按照某种统计分布估计不确定度区间宽度。一般选用均匀分布求解标准不确定度，取置信因子 $k=\sqrt{3}$，置信度水平为 100%。

2. 背景-目标相互作用

背景-目标相互作用来自目标的散射场经过背景中其他结构的再散射对最终目标散射回波的影响。在静态测试场中，该影响主要是目标与支架间相互作用引起的，不能用完全解析的方法来表征这种相互作用，可以通过实验测量各种目标支架的等效 RCS 来研究这类相互作用。目前，这类影响的不确定度估计仍是难点问题，因此应在测量中尽量优化支撑结构和杂波环境，减小其与目标发生相互作用并影响接收信号的可能性。

3. 交叉极化

交叉极化造成的 RCS 测量不确定度主要源于实际天线极化性能的不理想，并受到测量时天线极化方向对准的影响。理论上，交叉极化误差可以采用全极化测量进行修正[54]。

参照 9.4 节极化散射测量的系统误差模型，在不考虑其他因素的加性误差的情况下，关于接收信号有如下关系，即

$$s \propto R_{\mathrm{V}}S_{\mathrm{VV}}T_{\mathrm{V}} + R_{\mathrm{V}}S_{\mathrm{VH}}T_{\mathrm{H}} + R_{\mathrm{H}}S_{\mathrm{HV}}T_{\mathrm{V}} + R_{\mathrm{H}}S_{\mathrm{HH}}T_{\mathrm{H}} \tag{9.261}$$

式（9.261）中，s 为散射响应信号；R_* 和 T_* 分别表示收/发天线输出信号在各正交极化方向的分量。对于互易的单站测量系统，有

$$s \propto R_{\mathrm{V}}S_{\mathrm{VV}}R_{\mathrm{V}} + 2R_{\mathrm{V}}S_{\mathrm{VH}}R_{\mathrm{H}} + R_{\mathrm{H}}S_{\mathrm{HH}}R_{\mathrm{H}} \tag{9.262}$$

若为垂直极化的天线，则 $R_{\mathrm{V}} \gg R_{\mathrm{H}}$。式（9.262）中 $\propto$ 号右边的第一项为需要的极化响应（vv），第二项（vh）为一阶误差，第三项（hh）为二阶误差。

对于退极化效应明显的目标，有 $S_{\mathrm{VV}} \approx S_{\mathrm{HH}} \approx S_{\mathrm{HV}}$，则

$$\left|\frac{\Delta s}{s}\right| \approx 2\left|\frac{R_{\mathrm{H}}}{R_{\mathrm{V}}}\right| \tag{9.263}$$

因此有

$$\Delta\sigma'(\mathrm{dB}) = -20\lg\left(1 - 2\times 10^{-\varepsilon_{\mathrm{p}}/20}\right) \tag{9.264}$$

式（9.264）中，ε_{p} 为天线极化隔离度；$\varepsilon_{\mathrm{p}} = 20\lg(R_{\mathrm{V}}/R_{\mathrm{H}})$。

根据式（9.264），天线极化隔离度为 30dB 时，交叉极化的不确定度分量为 0.6dB。对于常用定标体，如金属球，不存在去极化，$S_{\mathrm{VV}} \approx S_{\mathrm{HH}}$，$S_{\mathrm{HV}} \approx 0$，于

是对于 VV 或 HH 分量的测量，式（9.263）变为

$$\left|\frac{\Delta s}{s}\right| \approx \left|\frac{R_{\mathrm{H}}}{R_{\mathrm{V}}}\right|^2 \tag{9.265}$$

从而有

$$\Delta\sigma'(\mathrm{dB}) = -20\lg\left(1-10^{-\varepsilon_{\mathrm{p}}/10}\right) \tag{9.266}$$

根据式(9.266)，天线极化隔离度为 30dB 时，交叉极化的不确定度分量为 0.01dB。

4. 幅度漂移

所有测量系统的幅度响应都存在不稳定性，可以通过长时间观察一个固定目标来确定幅度漂移不确定度。在测量过程中，可以通过重复测量特定目标的固定方向来检查幅度漂移，基于每次幅度漂移检查结果调整系统增益部分纠正幅度漂移，且将测量过程中两次连续标定点之间的幅度漂移量作为该项不确定度分量。

例如，如图 9.75 所示[55]，通过对半径 22.86cm、高 10.67cm 的短粗圆柱体做长时间重复测量统计，可以近似得到测量系统在 8000s 内的最大幅度漂移不超过 0.1dB，则约 1h 内的幅度漂移不确定度估计可定为 0.05dB。

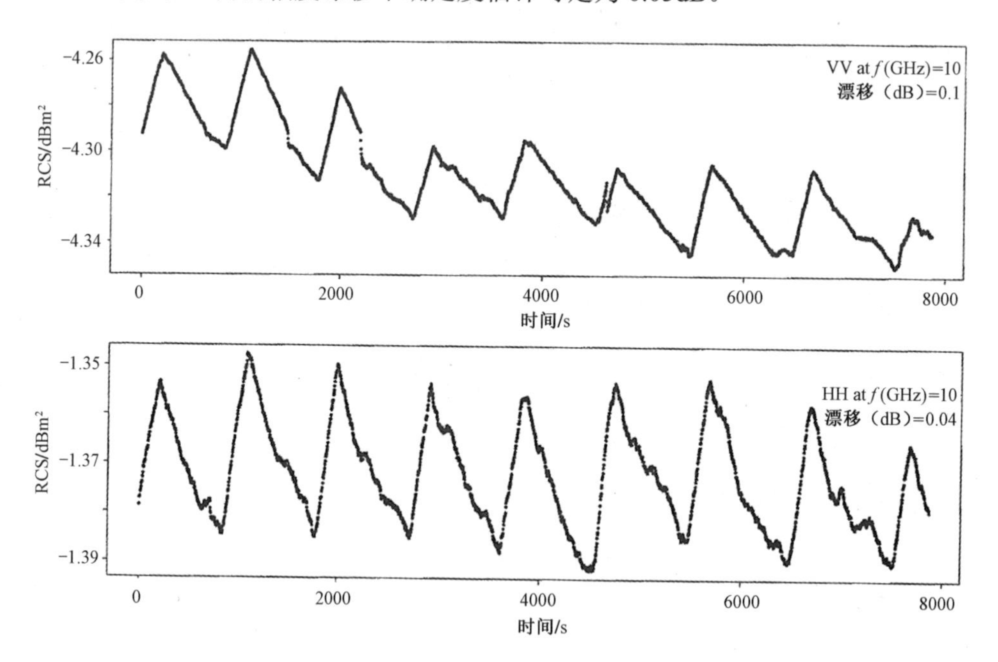

图 9.75　短粗圆柱体长时间重复测试结果

需要指出的是，当通过特定目标进行幅度漂移测量时，系统中其他不确定度因素也会影响统计结果，因此可采用闭环方式进一步检测系统的固有幅度漂移，按照测量不确定度的 B 类评定方法进行幅度漂移不确定度评估，这种方法在实际

测量中也经常被采用。

5. 频率偏差

根据式（9.257），可以得出 RCS 不确定度中的频率不确定度为

$$\Delta\sigma'(\mathrm{dB}) = -20\lg\left(1-\frac{\Delta f}{f}\right) \tag{9.267}$$

式（9.267）中，Δf 为系统的有效测量带宽，即发射带宽和接收带宽的最小值。

例如，测量频率 f 为 10GHz，测量带宽为 20MHz（等效为脉宽 50ns）时，$\Delta\sigma' = 0.02\mathrm{dB}$。需要说明的是，此处对带宽的考虑，也应包含通过数字滤波器实现的测量带宽，如基于矢量网络分析仪构建的连续波测量系统的中频带宽。

对于已广泛使用的数字化测量系统，频率误差造成的不确定度已经可以得到很好的控制，多数情况下可以忽略不计。但对于频率漂移较大的测量系统，除利用式（9.267）进行估计外，还需要考虑被测目标与定标体 RCS 的频响特性，以及测量系统增益的频响特性等对测量不确定度的影响。

6. 运动积累

运动积累不确定度源于测量过程中目标自身运动引起的散射特性变化。静态测试场可以通过低速或停止目标旋转或减少脉冲积累来减少运动积累误差；动态测试场由于目标运动的复杂性，运动积累误差的控制则相对比较困难，需要通过开展综合分析来确定。

7. *I-Q* 失衡

I-Q 失衡现象在采用正交解调方式的相参接收系统中普遍存在，接收系统对于接入的测试信号响应 $\cos(\omega t+\varphi)$，其幅度和相位失衡分别以 α 和 β 表示，则有

$$\begin{cases} I = \kappa\cos(\varphi) \\ Q = \alpha\kappa\sin(\varphi-\beta) \end{cases} \tag{9.268}$$

式（9.268）中，κ 为常数，由定标确定。

对于 *I-Q* 失衡不确定度的分析可采用如下两种方法。

（1）通过改变输入相位进行估计。当存在 *I-Q* 失衡时，信号幅度测量结果是输入相位的函数，可向接收系统输入相位 φ 为 0°～360° 变化的信号，测量功率值并进行统计，以得到该项不确定度的估计结果。幅度 0.1dB 的峰-峰变化可以产生大约 0.05dB 的 RCS 不确定度。

（2）通过改变输入幅值进行估计。被测信号的 *I-Q* 形式可在复数坐标系中表示成一个理想的圆，当系统存在 *I-Q* 失衡时，信号 *I-Q* 的圆图可能会出现偏差，

这可以通过参数估计拟合获得一个新圆。与理想信号 $I\text{-}Q$ 圆图相比，新圆表现为两个误差分量：①圆心偏差代表的直流偏置，记为 $\sqrt{I_0^2+Q_0^2}$；②半径 r_0 的误差为 δr。此时 $I\text{-}Q$ 失衡的不确定度为

$$\varDelta_{IQ}^2 = I_0^2 + Q_0^2 + \delta r^2 \tag{9.269}$$

利用不同的相参积累次数和不同输入衰减量的信号测量，可以获得不同的 $I\text{-}Q$ 圆图，如图 9.76 所示[55]。A 和 B 两项为某信号分别相干积累 2 次和 8 次的 $I\text{-}Q$ 圆图及拟合圆，C 和 D 两项为该信号衰减 50dB 后，分别相干积累 2 次和 8 次的 $I\text{-}Q$ 圆图及拟合圆，其中测量数据以虚线表示，拟合圆以实线表示。利用测量的统计平方公差（RSS），求测得数据 $I\text{-}Q$ 失衡直流偏置和半径偏差的 RSS 值 $\varDelta_{IQ}$（数据平方和的平方根），可得到此项不确定度为

$$\Delta\sigma'(\text{dB}) = 20\lg\left(1-\frac{\varDelta_{IQ}}{r_0}\right) \tag{9.270}$$

根据式（9.270），图 9.76 所示数据的 $I\text{-}Q$ 失衡不确定度评估结果 $\Delta\sigma' = 0.1\text{dB}$。

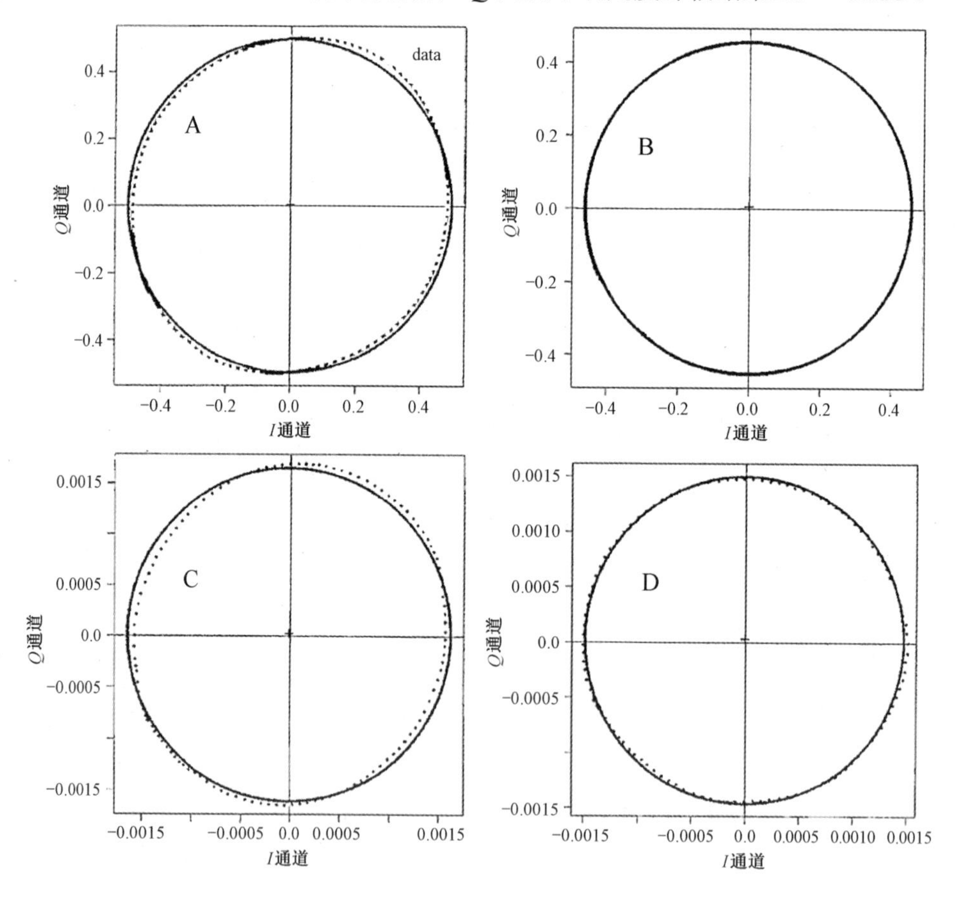

图 9.76　不同积累次数和输入衰减信号的 $I\text{-}Q$ 圆图

8. 近场

式（9.257）是基于点目标在平面波照射下得到的，在实际测量中，各类测试场包括紧缩场在内都存在照射场幅度和相位的偏差与起伏，采用目标体上各方向幅度变化的“峰-峰”值是一种简略的估计方法，即 0.5dB 的偏差将产生 0.5dB 的 RCS 不确定度分量。实际测量中，多散射中心目标受到均匀照射时，可相应减小不确定度，此时可参考均匀分布进行分析估计。

用于 RCS 测量定标的定标体，由于其尺寸一般相对较小，故通常可忽略近场效应引起的不确定度。

9. 噪声-背景

噪声-背景的影响包含接收机噪声和测试场设施环境对目标散射信号测量的误差源，可以通过无目标状态直接测量等效 RCS 值来进行估计，其矢量背景对消、加距离门处理和多测量值积累平均法可以减小噪声-背景的不确定度。采用测得的最坏信号噪声 N 来限定观测到的剩余噪声-背景的边界，对目标散射信号 S 估算，不确定度为

$$\Delta\sigma'(\mathrm{dB}) = -20\lg\left(1-10^{-\varepsilon_{\mathrm{n}}/20}\right) \tag{9.271}$$

式（9.271）中，信噪比 $\varepsilon_{\mathrm{n}} = 20\lg|S/N|$。

不难发现，当信噪比 $\varepsilon_{\mathrm{n}} = 20\mathrm{dB}$ 时，$\Delta\sigma' \approx 1\mathrm{dB}$。此外，可分别估计杂波和噪声引起的不确定度，并计算二者的合成不确定度（RSS）作为此项不确定度分量。实际工程应用中，对信噪比的要求一般可通过增加天线增益、提高雷达发射功率、选择性能更好的接收机等来加以满足，而背景杂波往往成为影响最终不确定度的主要因素。

注意如果测量不确定度要求已定，则所要求的最低信杂比是确定的，这个信杂比也称为精度需要量。表 9.5 列出了与测量不确定度要求相对应的精度需要量[16]。

表 9.5　与测量不确定度要求相对应的精度需要量

测量不确定度要求/dB	0.2	0.5	1.0	1.5	2.0
精度需要量/dB	33	25	19	16	14

10. 非线性

当去除测量系统天线，将发射信号闭环注入接收系统，可以方便地对接收线性度进行测量。对于不包含在接收系统中的非线性不确定度主要来源，需要另行估计。

当注入接收系统的复信号为$s = x + \mathrm{j}y$时，其响应表示为

$$s_{\mathrm{m}} = K_x(x,y)x + \mathrm{j}K_y(x,y)y + b \tag{9.272}$$

当$K_x \neq K_y$时，系统正交失衡；当$b \neq 0$时，系统存在偏置；当K_x和K_y与输入信号的x和y相关时，系统是非线性的。评估时，假设接收系统是近似理想的，且平衡、偏置和非线性之间的耦合作用可以忽略不计。

采用精密衰减器可以改变给定测量系统的功率参考信号，可以测试并计算系统线性度偏差，进而估计非线性不确定度。此时，宜采用定标体的回波信号作为功率参考信号，且精密衰减器的标定不确定度应优于系统非线性不确定度。将定标体散射信号作为静态测量的功率参考信号时，非线性不确定度可以取为0。

11. 距离

根据式（9.257），距离不确定度可表示为

$$\Delta\sigma'(\mathrm{dB}) = -40\lg\left(1 - \frac{\Delta R}{R}\right) \tag{9.273}$$

在实际测量中，当目标距离精确测得时，可对此次项误差进行修正，不确定度通常很小；紧缩场中则通常不考虑距离不确定度。

12. 目标指向

测量中的目标指向不确定度可能导致结果的较大误差，特别是对于电大尺寸目标而言，该不确定度可表示为

$$\Delta\sigma'(\mathrm{dB}) = -10\lg\left(1 - \frac{\partial\sigma}{\partial\theta}\frac{\Delta\theta}{\sigma}\right) \tag{9.274}$$

式（9.274）中，σ为目标RCS，可以通过预测或测量得到；θ为目标角度变量，$\Delta\theta$为目标指向角的不确定度。

如果只需要测量RCS峰值与旁瓣包络电平，则可以不考虑该项的不确定度。当目标指向误差很大时，可以采用角度窗口均值平滑处理法减小误差分量，滑动窗口范围应大于指向度的不确定度。

13. 参考目标 RCS

对于被测目标而言，参考目标RCS的不确定度与定标体RCS参考值及其散射测量值相关。定标体RCS参考值的获得方法如下：

（1）基本标准。针对RCS可理论求解的目标，其误差来自RCS值的计算偏

差，或用于测量的实际加工定标体与理论定标体的形态不一致、参数存在偏差等，不确定度估计的范围为可忽略（精密金属球）至十分之几分贝（平板和角反射器）。

（2）传递标准。针对不易求解获得其理论值的定标体，其 RCS 值可通过与另一定标体参考目标 RCS 的比较而获得，不确定度估计应包含测量过程引入的误差。

通常在可靠的测量中，参考目标 RCS 引入的标准不确定度值约为 0.1dB。

9.7.3　合成不确定度分析

测量结果的合成标准不确定度是 IEEE STD 1502—2020 标准归结的 13 项不确定度分量的统计平方公差（RSS），其公式为

$$\frac{\delta\sigma}{\sigma}=\sqrt{\sum_{i=1}^{13}\left(\frac{\delta\sigma_i}{\sigma}\right)^2} \tag{9.275}$$

式（9.275）中，$\frac{\delta\sigma_i}{\sigma}$ 为各不确定度分量的线性比值，其与对数形式的不确定度分量的一般分量 $\Delta\sigma'$ 之间的运算关系参见式（9.256），获得的合成标准不确定度表示为 u_c。

1. 扩展不确定度

扩展不确定度也称为拓展不确定度、延伸不确定度或范围不确定度，由合成标准不确定度的倍数表示，是表征测量结果区间的量，合理赋予被测量值分布的大部分可望含于此区间内[56]。

扩展不确定度是标准不确定度与置信度因子的乘积，表示为

$$U_c = ku_c \tag{9.276}$$

式（9.276）中，k 为置信度因子；u_c 为合成标准不确定度。

根据雷达散射测量受较多随机误差源和较小的系统误差源影响这一特点，目标散射真值满足以测得值为中心的正态分布（高斯分布）[57]，常取 $k=2$，即 2σ 准则，此时扩展不确定度估计区间的置信度水平约为 95.4%。

2. 重复测量的不确定度评价

当进行重复测量时，每次独立测量结果各有其不确定度分析结果，可通过一致性检验来评价测量的稳定性和可靠性。

假设两次重复测量的测得值分别为 σ_A 和 σ_B，对应的合成标准不确定度为 u_{cA} 和 u_{cB}，定义归一化偏差

$$r = \frac{|\sigma_A - \sigma_B|}{\sqrt{u_{cA}^2 + u_{cB}^2}} \tag{9.277}$$

当求得的 r 小于或等于 1 时，说明两次测量的一致性较为显著，可靠性好；反之，测量结果及其不确定度可靠性存在风险。

参考文献

[1] KOUYOUMJIAN R G, PETERS L. Range Requirements in Radar Cross-Section Measurements[C]. Proceedings of the IEEE, 1965, 53(8): 920-928.

[2] KNOTT E F, SENIOR T B. How far is far?[J]. IEEE Transactions on Antennas and Propagation, 1974, 22(5): 732-734.

[3] 克劳斯, 等. 天线[M]. 章文勋, 译. 3 版. 北京: 电子工业出版社, 2006.

[4] WALTON E K. IEEE Recommended Practice for Radar Cross-Section Test Procedures: IEEE Std. 1502™-2007[S]. New York: The Institute of Electrical and Electronics Engineers, 2007.

[5] 黄培康. 雷达目标特征信号[M]. 北京: 宇航出版社, 1993.

[6] SCHELKUNOFF S A. Electromagnetic Waves[M]. New York: Van Nostrand, 1943: 365-367.

[7] HANSEN R C. Microwave Scaterring Antennas[M]. New York: Academic Press, 1964, 1: 30-33.

[8] COHEN M H. An Evaluation of Some Aspects of Static Model Radar Echo Measurements: Report 475-17[R]. Columbus: Antenna Laboratory, The Ohio State University, 1954.

[9] MELIN J O. Measuring Radar Cross Section At Short Distance[J]. IEEE Transactions on Antennas and Propagation, 1987, 35(8): 991-996.

[10] KNOTT E F. Radar Cross Section Measurement[M]. New York: International Thomson Publishing, 1993.

[11] SHOULDERS B, BETTS L. Advancements in Millimeter Wave Gated RCS Measurements[C]. Antenna Measurements Techniques Association 38th Meeting and Symposium, Austin, Texas, 2016.

[12] VENIER G O, CROSS F R. An Airborn Linear-Sweep FM Radar System for Measuring Ice Thinkness: N76-31379 [R]. Washington D C: NASA, 1975.

[13] COOK C. Transmitter Phase Modulation Errors and Pulse Compression Waveform Distortion[M]. Barton D K. Radars: vol. 3. Dedham: Artech House, 1975: 91-97.

[14] KNOTT E F, SCHAEFFER J F, TULLEY M T. Radar Cross Section[M]. 2nd Edition. Raleigh, NC: SciTech Publishing, 2004.
[15] 克拉特, 等. 雷达散射截面: 预估, 测量和缩减[M]. 阮颖铮, 等译. 北京: 电子工业出版社, 1988.
[16] 许小剑. 雷达目标散射特性测量与处理新技术[M]. 北京: 国防工业出版社, 2017.
[17] 雷达目标特征信号的测量与分析（专辑）[R]. 北京: 北京环境特性研究所, 1988.
[18] RCS products, www.orbitfr.com [EB]. Orbit/FR 公司网站, 2004.
[19] JOHNSON R C, ECKER H A, MOORE R A. Compact Range Techniques and Measurements[J]. IEEE Transactionson Antennas and Propagation, 1969, 17(5): 568-576.
[20] 陈晓盼, 孙辉, 白杨, 等. 国外目标与环境电磁散射特性测量技术与设备[M]. 北京: 国防工业出版社, 2019.
[21] CHUANG C W, MOFFATT D L. Natural Resonances of Radar Target via Prony's Method and Target Discrimination[J]. IEEE Transactions on Aerospace and Electronic Systems, 1976, 12(5): 583-589.
[22] KENNAUGH E M, COSGRIFF R L. The Use of Impulse Response in Electromagnetic Scattering Problems[C]. IRE National Conference Record, 1: 1958.
[23] VOKURKA V J. Seeing Double Improves Indoor Range[J]. Microwaves and RF, 1985, 24(2): 71-73.
[24] PHELAM H R. Model 1640—The Harris Large Compact Range[C]. Antennas and Propagation Society International Symposium Proceedings, 1987.
[25] PISTORIUS C W I, et al. A Dula Chamber Range Configuration[C]. Antennas and Propagation Society International Symposium Proceedings, 1987.
[26] LONG M W. Radar Reflectivity of Land and Sea[M]. Dedham: Artech House, 1983.
[27] 王超, 等. 目标电磁散射特性数据处理与格式要求: GJB 3838A—2017[S]. 北京: 中国标准出版社, 2017.
[28] 黄培康. 雷达发展的一个分支——特征信号测量[J]. 国外电子技术, 1979, (3): 29-38.
[29] 郝建. 纯幅度法测定目标散射矩阵的研究[D]. 长沙: 国防科学技术大学, 1985.
[30] WIESBECK W, RIEGGER S. A Complete Error Model for Free Space Polarimetric

Measurements[J]. IEEE Transactions on Antennas and Propagation, 1991, 39(8): 1105-1111.

[31] 肖志河, 巢增明. 雷达目标极化散射矩阵测量技术[J]. 系统工程与电子技术, 1996, 18(3): 23-32.

[32] GAU J R J, BURNSIDE W D. New Polarimetric Calibration Technique Using a Single Calibration Dihedral[J]. IEE Proceedings Microwave, Antennas and Propagation, 1995, 142(1): 19-25.

[33] 任红梅. 极化散射矩阵的误差校准技术[D]. 北京: 航天科工集团 207 所, 2001.

[34] WELSH B M, KENT B M, BUTERBAUGH A L. Full Polarimetric Calibration for Radar Cross-Section Measurements: Performance Analysis[J]. IEEE Transactions on Antennas and Propagation, 2004, 52(9): 2357-2365.

[35] MENSA D L. High Resolution Radar Imaging[M]. Boston: Artech House, 1981.

[36] 黄培康, 许小剑, 巢增明, 等. 小角度旋转目标微波成像[J]. 电子学报, 1992, 20(6): 54-60.

[37] 许小剑, 黄培康. 目标散射中心的超分辨力诊断成像[J]. 宇航学报, 1993, 14(4): 1-7.

[38] DEGRAAF S R. SAR Imaging Via Modern 2-D Spectral Estimation Methods[J]. IEEE Transactions on Image Processing, 1998, 7(5): 729-761.

[39] HARRIS F J. On the Use of Windows for Harmonic Analysis with the Discrete Fourier Transform[C]. Proceedings of the IEEE, 1978, 66(1): 51-83.

[40] 黄培康, 许小剑. 旋转目标微波成像中的旁瓣抑制研究[J]. 宇航学报, 1988, 9(4): 24-31.

[41] XU X J, NARAYANAN R M. Range Sidelobe Suppression Technique for Coherent Ultra-Wideband Random Noise Radar Imaging[J]. IEEE Transactions on Antennas and Propagation, 2001, 49(12): 1836-1842.

[42] XU X J, NARAYANAN R M. Three-Dimensional Interferometric ISAR Imaging for Target Scattering Diagnosis and Modeling[J]. IEEE Transactions on Image Processing, 2001, 10(7): 1094-1102.

[43] XU X J, XIAO Z H, LUO H, et al. Three-Dimensional Interferometric ISAR Imaging with Applications to the Scattering Diagnosis of Complex Radar Targets[C]. Proceedings of SPIE on Sensor Technology IV, 1999, 3704: 208-214.

[44] BORDEN B H. Requirements for Optimal Glint Reduction by Diversity

Methods[J]. IEEE Transactions on Aerospace and Electronic Systems, 1994, 30(4): 1108-1114.

[45] BORDEN B H. High-Frequency Statistical Classification of Complex Targets Using Severely Aspect-Limited Data[J]. IEEE Transactions on Antennas and Propagation, 1996, 34(12): 1455-1459.

[46] KELL R E. On the Derivation of Bistatic RCS from Monostatic Measurements[C]. Proceedings of the IEEE, 1965, 53(8): 983-988.

[47] LIU Y Z, XU X J, XU G Y. MIMO Radar Calibration and Imagery for Near-Field Scattering Diagnosis[J]. IEEE Transactions on Aerospace and Electronic Systems, 2018, 54(1): 442-452.

[48] 刘永泽. MIMO 雷达近场高分辨力成像技术研究[D]. 北京: 北京航空航天大学, 2018.

[49] GOYETTE T M, DICKINSON J C, WALDMANA J, et al. 1.56THz Compact Range for W-Band Imagery of Scale-Model Tactical Targets[C]. Proceedings of SPIE, 2000, 4053: 615-622.

[50] GOYETTE T M, DICKINSON J C, WALDMANA J, et al. Three Dimensional Fully Polarimetric W-Band ISAR Imagery of Scale Model Tactical Targets Using A 1.56THz Compact Range[J]. Proceedings of SPIE, 2003, 5095: 66-74.

[51] 巢增明. 目标角闪烁测试技术[J]. 目标与环境特性研究, 1997, 1(1): 21-31.

[52] 殷红成. 利用后向散射回波相对相位计算角闪烁的条件[J]. 电子学报, 1996, 24(9): 36-40.

[53] 王超. 高频电磁散射建模方法及工程应用[D]. 北京: 中国传媒大学, 2009.

[54] MOKOLE E, et al. IEEE Recommended Practice for Radar Cross-Section Test Procedures: IEEE Std. 1502TM-2020[S]. New York: The Institute of Electrical and Electronics Engineers, 2020.

[55] MUTH L A, DIAMOND D M, LELIS J A. Uncertainty Analysis of Radar Cross Section Calibrations at Etcheron Valley Range: NIST Technical Note 1534[R]. Gaithersburg: National Institute of Standards and Technology, 2004.

[56] 叶德培. 通用计量术语定义: JJF 1001-2011[S]. 北京: 中国质检出版社, 2012.

[57] TAYLOR J R, THOMPSON W. An Introduction to Error Analysis: The Study of Uncertainties in Physical Measurements[M]. Sausalito, California: University Science Books, 1997.

第 10 章 雷达目标仿真

目标与环境特性仿真是雷达系统、导弹系统等仿真的一个重要基础和前提条件。对雷达系统、导弹系统等仿真置信度的评价，在一定程度上取决于目标与环境模型的置信度，也即取决于对模型物理复现的逼真度。在导弹系统仿真中，目标与环境是系统的输入信号；在雷达仿真与抗干扰仿真中，目标与环境本身就是系统的一个环节，目标介于雷达收/发系统之间。本章首先介绍雷达目标模拟器的一般结构，这种结构的模拟器既可以输出雷达目标仿真的数字信号，也可以输出视频、中频或射频模拟信号；然后重点介绍几种目标与环境的数字仿真技术。

10.1 雷达目标模拟器的一般结构

能输出数字信号、视频/中频/射频模拟信号的多功能雷达目标模拟器及其与武器系统雷达的接口和用户控制接口如图 10.1 所示。

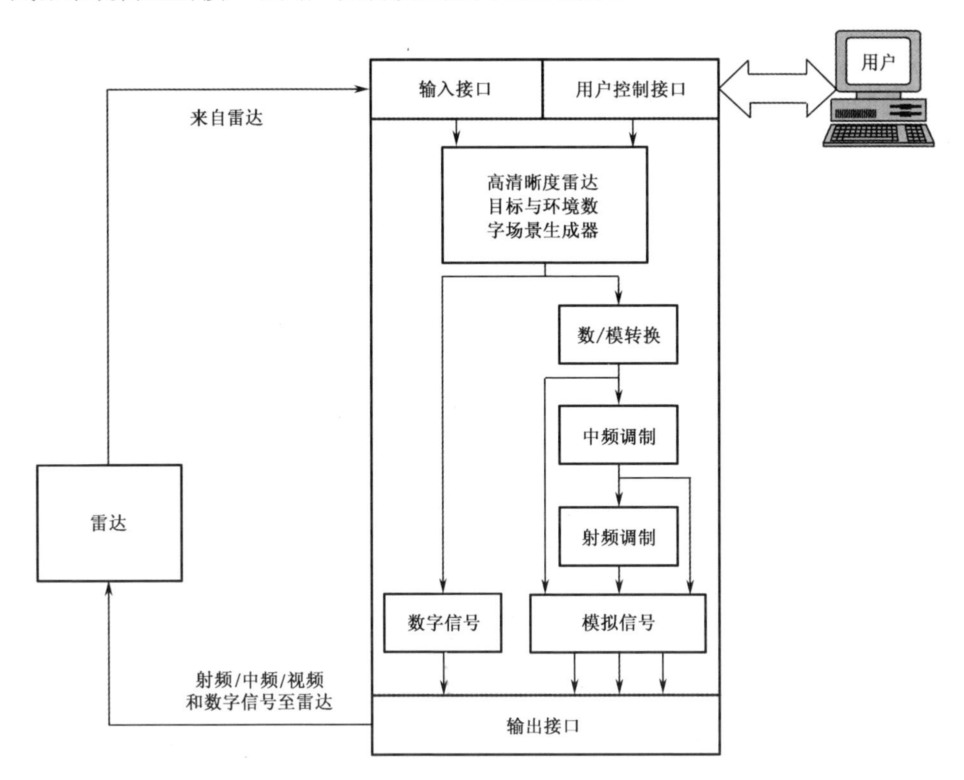

图 10.1 雷达目标模拟器及其与武器系统的仿真接口

雷达视频信号的模拟器现在大多采用数字方法实现，利用现代先进计算机的强大计算能力和良好的人机接口界面，完成多种目标信号、杂波、干扰等数据的参数设置和数字场景生成。因此，现代目标模拟器的核心部分是图 10.1 所示的高清晰度雷达目标与环境数字场景生成器，它通过建立高清晰度的目标与环境特性模型，由高速计算机直接产生目标仿真所需的数字场景信号。所输出的数字信号既可直接用于数字仿真，也可通过高速数/模（D/A）转换变成视频模拟信号，在此基础上，将该视频信号经一次和二次调制，亦可得到系统仿真应用所需的中频信号和射频信号。

因此，以下各节将重点放在目标与环境的数字仿真方面。

10.2 基于经典统计模型的目标回波数字仿真

常用的目标RCS统计模型包括非起伏模型和斯威林Ⅰ～Ⅳ等5种经典模型、χ^2模型、对数正态模型、Rice模型等，其中χ^2模型可以包括斯威林Ⅰ～Ⅳ，对数正态模型特别适合于大而光滑的目标，Rice模型则是精确的稳定反射体加瑞利分布（许多均匀散射体）的组合目标模型。各种目标RCS统计模型与目标物理特征的关系如表10.1所列[1]。

表10.1 目标RCS统计模型与目标物理特征的关系

目标模型	物理特征
非起伏模型	单个的、各向同性的散射体，如角反射体或球体等
瑞利模型	粗糙表面或大量的随机散射体
Rice模型	大型的、起主要作用的散射体，加上大量的、较小的随机散射体
对数正态模型	光滑平面、镜面型散射体

当目标的RCS可以用上述经典统计模型来表示时，目标回波的数字仿真便可通过直接生成符合相应统计分布的随机时间序列来完成。然而，在工程应用中，对于目标RCS的统计复现还常常存在以下问题：

（1）利用传统目标模型拟合RCS统计分布时，在许多情况下，其拟合精度不高，很难找到一个比较理想的简单统计分布模型来描述目标的RCS起伏特性，由此复现的RCS序列与目标真正的RCS序列之间有较大差异，不能满足工程应用精度要求。

（2）利用非参数法建模[2]可以高精度地逼近真实目标的RCS分布，但由于其解析式十分复杂，很难进行快速随机抽样，一般只能采取舍选抽样技术，其效率很低，因而不能满足实时仿真的要求。

为了解决上述矛盾，可以采用利用人工神经网络的目标RCS统计再现技术[3-4]，其原理框图如图10.2所示。

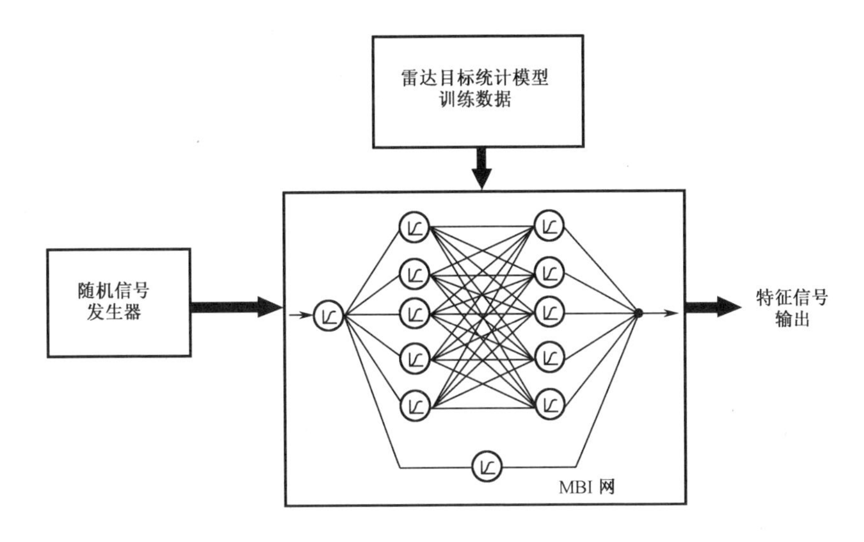

图 10.2　目标电磁散射特征信号的统计复现原理框图

这种统计复现方法的基本思想是：用目标特征信号的统计概率分布函数 $F(x)$ 对一改进的 BI（Back Impedance）人工神经网络进行训练，形成反函数发生器，然后采用直接抽样技术完成特征信号的统计复现。当给定目标统计模型的概率分布解析表达式或其离散样本时，可直接求取其反函数样本对神经网进行训练。当给定的是目标 RCS 序列的高阶矩时，可先由 RCS 的各阶中心矩（若给定的为高阶原点矩，可转换成高阶中心矩）和 Legendre 多项式重构其概率分布函数，然后求取该概率分布函数的反函数样本对神经网络进行训练，从而形成所需的目标 RCS 统计复现神经网络。

当已知目标 RCS 的高阶中心矩时，根据非参数建模技术，可用 Legendre 多项式构建目标 RCS 的统计概率密度模型如下

$$p_\sigma(\sigma)=\frac{1}{\sigma_{\mathrm{L}}}\sum_{n=0}^{\infty}a_n L_n\left(\frac{\sigma-\bar{\sigma}}{\sigma_{\mathrm{L}}}\right) \tag{10.1}$$

式（10.1）中

$$a_n=\frac{2n+1}{2}\sum_{k=0}^{n/2}\frac{(-1)^k(2n-2k)!}{2^n k!(n-k)!(n-2k)!}\frac{M_\sigma^{(n-2k)}}{\sigma_{\mathrm{L}}^{n-2k}} \tag{10.2}$$

$$L_n(t)=\sum_{k=0}^{n/2}\frac{(-1)^k(2n-2k)!}{2^n k!(n-k)!(n-2k)!}t^{n-2k} \tag{10.3}$$

式（10.2）中的 $M_\sigma^{(k)}$ 为目标 RCS 的 k 阶中心矩，式（10.1）中的 σ_{L} 和 $\bar{\sigma}$ 分别为已知目标 RCS 序列的极差和均值。

目标 RCS 时间序列统计复现的过程如下：

（1）根据给定的或重构的 RCS 概率分布函数样本 $F(x_i)$（$i=0,1,2,\cdots,M_0$），通

过插值方法求取其反函数样本$F^{-1}(y_j)$（$j=0,1,\cdots,M_0$）。

（2）用$F^{-1}(y_j)$（$j=0,1,\cdots,M_0$）对神经网络进行训练，直到学习精度满足给定的误差限。

（3）通过训练好的神经网络直接抽样，即用[0, 1]上均匀分布的随机数作为网络的输入，并对其输出η_k（$k=0,1,\cdots,K_0$）做线性变换

$$\xi_k=\sigma_{\mathrm{L}}\eta_k+\sigma_{\min} \tag{10.4}$$

式（10.4）中，σ_{L}和$\sigma_{\min}$分别为欲复现序列的极差和极小值。则所得时间序列ξ_k（$k=0,1,\cdots,K_0$）就是所要复现的随机过程样本序列，它符合给定的目标统计模型。

10.3 目标 RCS 和角闪烁联合统计仿真

注意到 10.2 节中提出的方法，仿真得到的目标 RCS 时间序列只在其统计概率密度分布上满足特定的目标模型，而对目标 RCS 的功率谱密度分布特性则没有做任何限制，因为该序列在时间上是两两互不相关的。

众所周知，在单脉冲跟踪雷达系统中，雷达是通过指向目标散射波阵面的法线方向来确定目标位置的。对于点散射体，这种方法是精确的，因为散射波的波前是球面波，其梯度方向指向与目标到雷达的径向方向相同。但是，对于扩展的复杂目标，因为各个单个散射中心的球面波前的相干叠加将产生相互干涉，因而目标总的回波信号的相位θ一般不再是与姿态角ψ无关的常数。

这就是说，对于单脉冲雷达应用而言，在对目标的模拟中，不但要考虑复杂目标的 RCS 起伏特性，还要模拟目标的相位起伏特性，也即目标的角闪烁特性。特别地，扩展目标的相位梯度向量中与径向正交的分量具有重要意义，因为这个分量是跟踪误差的量度，正是这种误差形成了角闪烁。

在极坐标下，角闪烁可简单表示为θ相对于ψ的偏导数，即

$$g=\frac{\lambda}{2\pi}\frac{\partial\theta}{\partial\psi} \tag{10.5}$$

式（10.5）中，λ为雷达波长。

以往已经有许多文献对 RCS 和角闪烁的统计模型以及两者之间的相关特性进行了研究[5-8]。本节以 B. H. Borden 等人的工作为基础[9]，讨论目标角闪烁和 RCS 联合统计仿真，并且仿真所得到的目标 RCS 和角闪烁符合特定功率谱密度特性。这里提出的仿真模型具有以下特点：

（1）正确的角闪烁概率密度函数（即t分布）。

（2）正确的 RCS 与闪烁的时间相关（即功率谱）特性。

（3）正确的 RCS 与角闪烁间的互相关（是一种负相关）特性。

用本节所述方法可以产生目标精确的时间相关信号，该信号可模拟旋转机动目标的 RCS 和角闪烁线偏差。当结合特定平台的运动特性模型时，其应用可以得到进一步的扩展。

为数学上的简便，在以下的讨论中，采用由 N 个离散的散射中心组成的目标模型，这一模型可以直接推广到更复杂的目标情形。例如，当采用二维或三维高分辨率成像时，可以从目标的二维或三维图像中抽取出该目标的二维或三维散射中心分布，并由此组成更为实际的二维或三维扩展目标模型。

10.3.1 目标角闪烁的多普勒表示

假设目标模型由 N 个散射体组成，这 N 个散射体位于长度为 L 的线段上，该线段在观察者平面内绕其中心旋转。从这一线目标（即一维扩展目标）返回的信号 E 可表示为

$$
\begin{aligned}
E &= \sum_{i=1}^{N} A_i \exp\left[\mathrm{j}(kr_i + \phi_i - \omega t)\right] \\
&= \exp(-\mathrm{j}\omega t)\sum_{i=1}^{N} A_i \exp\left[\mathrm{j}(kr_i + \phi_i)\right] \\
&= A\exp(-\mathrm{j}\omega t)\exp(\mathrm{j}\theta)
\end{aligned}
\tag{10.6}
$$

式（10.6）中，A_i 和 ϕ_i 分别是第 i 个散射体的振幅和回波信号相位；r_i 是雷达到第 i 个散射体的双程距离；$k=\dfrac{2\pi}{\lambda}$ 为波数；ω 为雷达角频率，在后面的讨论中，将不计 $\exp(-\mathrm{j}\omega t)$ 这一时谐分量的影响。由式（10.6），回波信号的总相位 θ 可表示为

$$
\theta = \arctan\frac{\sum_{i=1}^{N} A_i \sin(kr_i + \phi_i)}{\sum_{i=1}^{N} A_i \cos(kr_i + \phi_i)}
\tag{10.7}
$$

由于双程距离 r_i 随目标姿态角而变化，即有 $r_i = r_i[\psi(t)]$，式（10.5）变为

$$
\begin{aligned}
kg(t) &= \frac{\mathrm{d}\theta[\psi(t)]}{\mathrm{d}\psi(t)} \\
&= k\frac{\sum_{i=1}^{N}\sum_{l=1}^{N} A_i A_l \dfrac{\mathrm{d}r_i}{\mathrm{d}\psi}\cos[k(r_i - r_l) + (\phi_i - \phi_l)]}{\sum_{i=1}^{N}\sum_{l=1}^{N} A_i A_l \cos[k(r_i - r_l) + (\phi_i - \phi_l)]}
\end{aligned}
\tag{10.8}
$$

式中，R 表示雷达到目标中心的距离，$\Omega(t)$ 为目标旋转的速度，x_i 为目标中心到第 i 个散射体的距离，并假设 $\psi(0)=0$，则有

$$
r_i = 2R + 2x_i \sin\psi(t) = 2R + 2x_i \sin\left[\int_0^t \Omega(\tau)\mathrm{d}\tau\right]
\tag{10.9}
$$

根据雷达-目标间的几何关系有

$$\hat{\boldsymbol{n}} \cdot \boldsymbol{v}_i = x_i \frac{\mathrm{d}}{\mathrm{d}t} \sin\left[\int_0^t \Omega(\tau)\mathrm{d}\tau\right] = -x_i \Omega(t) \cos\left[\int_0^t \Omega(\tau)\mathrm{d}\tau\right] \tag{10.10}$$

式（10.10）中，$\hat{\boldsymbol{n}}$ 为雷达与目标之间的视线方向；$\boldsymbol{v}_i$ 为第 i 个散射体的旋转运动所具有的线速度。第 i 个散射体信号频率的多普勒频移为

$$\frac{\Delta\omega_i}{\omega} = 2\frac{\hat{\boldsymbol{n}} \cdot \boldsymbol{v}_i}{c} \tag{10.11}$$

式（10.11）中，c 为波传播速度。

将式（10.10）和式（10.11）合并后可得

$$2kx_i = -\frac{\Delta\omega_i}{\Omega(t)} \cos\psi(t) \tag{10.12}$$

从而有

$$k\frac{\mathrm{d}r_i}{\mathrm{d}\psi} = 2kx_i \cos\psi(t) = -\frac{\Delta\omega_i}{\Omega(t)} \tag{10.13}$$

因此，式（10.8）可写成

$$kg(t) = \frac{\sum\limits_{i=1}^{N}\sum\limits_{l=1}^{N} A_i A_l u_i \cos[s(u_i - u_l) + (\phi_i - \phi_l)]}{\sum\limits_{i=1}^{N}\sum\limits_{l=1}^{N} A_i A_l \cos[s(u_i - u_l) + (\phi_i - \phi_l)]} \tag{10.14}$$

式（10.15）中，$u_i = -\dfrac{\Delta\omega_i}{\Omega(t)}$，$s = \tan\left[\int_0^t \Omega(\tau)\mathrm{d}\tau\right]$。定义

$$\begin{cases} x = \sum\limits_{i=1}^{N} A_i \cos(su_i + \phi_i) \\ y = \sum\limits_{i=1}^{N} A_i \sin(su_i + \phi_i) \\ w = \sum\limits_{i=1}^{N} A_i u_i \cos(su_i + \phi_i) \\ z = \sum\limits_{i=1}^{N} A_i u_i \sin(su_i + \phi_i) \end{cases} \tag{10.15}$$

则式（10.14）写成

$$kg(t) = \frac{xw + yz}{x^2 + y^2} \tag{10.16}$$

由此可见，如果 A_i, x_i, ϕ_i 和 $\Omega(t)$ 已知，则目标的角闪烁是确定的，也即 $g(t)$ 是确定的。因此，如果目标的散射中心分布随姿态角的变化为已知时，用式（10.6）和式（10.16）可以很容易地模拟目标的 RCS 和角闪烁特性随时间的变化。但是，在典型的雷达应用中，这些量通常是未知的，此时必须通过统计建模来解决。也就是说，可假定 $\Omega(t)$ 为已知，通过给定 A_i, x_i 和 ϕ_i 三者的统计分布来进行目标 RCS 和角闪烁的仿真。

10.3.2　信号的产生

对目标散射参数 A_i, x_i 和 ϕ_i 的统计分布形式作特定假设时，由式（10.14）可以得到角闪烁的统计特性。按照这一方法，Delano[6]经过深入的研究后认为，长为 L 的非旋转目标，其角闪烁 $g(t)$ 符合自由度为 2 的 t 分布，即

$$f(kg) = \frac{1/(2\xi)}{\left[1+(kg)^2/\xi^2\right]^{\frac{3}{2}}} \tag{10.17}$$

式（10.17）中，$\xi = kL\cos\psi/\sqrt{3}$。

因此，为了统计产生目标角闪烁信号，可以通过均匀随机信号产生 t 分布的信号。但是，这样产生的信号必然是时间不相关的，因此它不能真实地代表一个实际目标。

根据信号 $s(t)$的自相关函数的定义[10]

$$\langle s(t)s(t+\tau)\rangle = \int_{-\infty}^{+\infty} s_1 s_2 f(s_1, s_2, t, t+\tau)\mathrm{d}s_1\mathrm{d}s_2 \tag{10.18}$$

这种信号的相关特性，可以通过对互不相关的信号时间序列的数字滤波来实现。为了更好地理解这一点，可以研究 $\langle s(t)s(t+\tau)\rangle$ 的傅里叶变换，即 $s(t)$ 的功率谱

$$S_{\mathrm{s}}(\nu) = \int_{-\infty}^{+\infty} \langle s(t)s(t+\tau)\rangle \exp(-\mathrm{j}\nu\tau)\mathrm{d}\tau \tag{10.19}$$

高斯随机信号（白噪声）的功率谱是一个与 ν 无关的常数，但将这一“白”噪声信号通过一个具有特定频率响应的滤波器，就能得到一个与 $s(t)$ 的功率谱相同的新信号。因为自相关函数是功率谱的逆傅里叶变换，因此，经滤波得到的信号 $s(t)$ 是相关的。

根据以上分析，理论上只要取 $s(t) = g(t)$，按式（10.18）和式（10.19）构成一个滤波器，便能将随机的 t 分布信号处理成所需要的功率谱信号。然而在实现中，还存在一些实际问题：①要先依据式（10.18）得到相关函数，并由式（10.19）得到功率谱；②为实现这一信号发生器，还需要一个容易产生的 t 分布信号，以作为滤波器的输入信号。

一个更有效的产生互相关 RCS 的方法是把式（10.16）中的 4 项当作要分别产生的信号，然后将它们合并起来，产生一个与 $g(t)$ 相关的信号。

10.3.3　各分量的谱

假设 $\{A_i\}$ 是一组具有相同分布的独立随机变量，$\{u_i\}$ 是一组在区间 $(-a, a)$ 上均匀分布的独立随机变量，且对所有 k 与 A_k 相互独立。严格地说，这一目标模型要求对所有的 i, k，有 $\phi_i = \phi_k$（假设目标所有散射中心是各向同性的）。如果采用更多的物理假设，如目标在长度垂直的方向有一定尺度，解的形式将大大简化。因此，假设 $\{\phi_i\}$ 为一组在$(0, 2\pi)$之间均匀分布的且对所有 k 与 u_k 和 A_k 独立

的随机变量。

在上述假设条件下，容易证明，式（10.16）中的 w,x,y 与 z 是互不相关的，并且当 N 很大时服从正态分布（因此，它们也是相互独立的）[10]。

考虑 $\Omega(t)=\Omega_0=$ 常数的情况，此时由式（10.18）有[10]

$$\langle x(t)x(t+\tau)\rangle=\langle y(t)y(t+\tau)\rangle=\frac{\sin\zeta}{\zeta} \tag{10.20}$$

和

$$\langle z(t)z(t+\tau)\rangle=\langle w(t)w(t+\tau)\rangle=3a^2\left(\frac{\sin\zeta}{\zeta}+\frac{2\cos\zeta}{\zeta^2}-\frac{2\sin\zeta}{\zeta^3}\right) \tag{10.21}$$

式中，$\zeta=(\tilde{s}-s)a=[s(t+\tau)-s(t)]a$。

假设运动是周期性的（周期为 T）且 $\Omega_0 T$ 为小量，则用有限傅里叶变换代替式（10.19）计算得到功率谱为

$$S_x(\nu)=S_y(\nu)=\frac{1}{bT}\left\{\mathrm{Si}\left[\left(\nu+\frac{b}{2}\right)T\right]-\mathrm{Si}\left[\left(\nu-\frac{b}{2}\right)\right]\right\} \tag{10.22}$$

和

$$S_w(\nu)=S_z(\nu)=\frac{3a^2T}{b}\nu^2\left\{\mathrm{Si}\left[\left(\nu+\frac{b}{2}\right)T\right]-\mathrm{Si}\left[\left(\nu-\frac{b}{2}\right)\right]\right\} \tag{10.23}$$

式中，$\mathrm{Si}(x)$ 为正弦积分，$\mathrm{Si}(x)=\int_0^x\frac{\sin t}{t}\mathrm{d}t$。

10.3.4 滤波器的设计与实现

将高斯随机过程 $e(t)$ 输入到一阶滤波器系统

$$H(s)=\frac{x(s)}{e(s)}=\frac{\pi}{bT}\frac{bK_1}{2s+b} \tag{10.24}$$

式（10.24）中，s 为拉普拉斯变换的复变量，则该滤波器的输出可以模拟信号 $x(t)$ 和 $y(t)$。$x(t)$ 和 $y(t)$ 满足下述微分方程，即

$$\frac{\mathrm{d}x(t)}{\mathrm{d}t}=\frac{(K_1\pi/T)e(t)-bx(t)}{2}\qquad x(0)=0 \tag{10.25}$$

假设输入功率谱在带宽 $(-\nu_\mathrm{m},\nu_\mathrm{m})$ 上为常数，其他区域为零，则当 $\frac{2\nu_\mathrm{m}}{b}\gg 0$ 时，有[10]

$$\frac{K_1\pi}{T}\approx\sqrt{\frac{4b\nu_\mathrm{m}}{\pi}} \tag{10.26}$$

同样地，可将 $z(t)$ 和 $w(t)$ 模拟成下述二阶滤波器系统的输出，即

$$H(s)=\frac{z(s)}{e(s)}=\frac{3a^2T\pi K_2}{b}\frac{b^2s}{(2s+b)^2} \tag{10.27}$$

则 $z(t)$ 和 $w(t)$ 满足

$$\frac{\mathrm{d}z(t)}{\mathrm{d}t}=\frac{1}{4}\left[(3a^2bT\pi K_2)e(t)-4bz(t)-b^2h(t)\right]\quad z(0)=0 \tag{10.28}$$

式（10.28）中，$h(t)$ 满足 $\frac{\mathrm{d}h(t)}{\mathrm{d}t}=z(t)$，且当 $\frac{2\nu_\mathrm{m}}{b}\gg 0$ 时，有

$$3a^2bT\pi K_2\approx 2\sqrt{3}a\sqrt{\frac{4b\nu_\mathrm{m}}{\pi}} \tag{10.29}$$

根据 x,y,w 和 z 这 4 个信号分量，目标 RCS 和角闪烁的联合统计模型可用图 10.3 所示的方案来实现，该图中一阶和二阶滤波器的带宽均为 $\frac{b}{2}=\Delta\omega_{\max}=\frac{\Omega_0 L\omega}{c}$，增益则分别为 $k_\mathrm{d}=1$ 和 $k_\mathrm{n}=\frac{b}{\Omega}$。

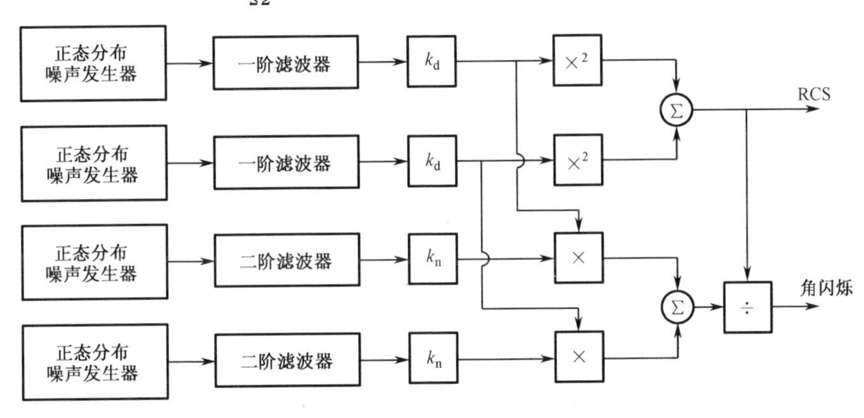

图 10.3　目标 RCS 和角闪烁的联合统计模型的数字实现

作为例子，图 10.4 示出了利用本节的方法所产生的目标 RCS 时间序列和对应的目标角闪烁时间序列。除与跟踪数据有关的典型的闪烁“尖峰”外，这些结果还清晰地显示出目标 RCS 与角闪烁之间的负相关特性。而且，所得到的角闪烁数据具有明显的非高斯性质。

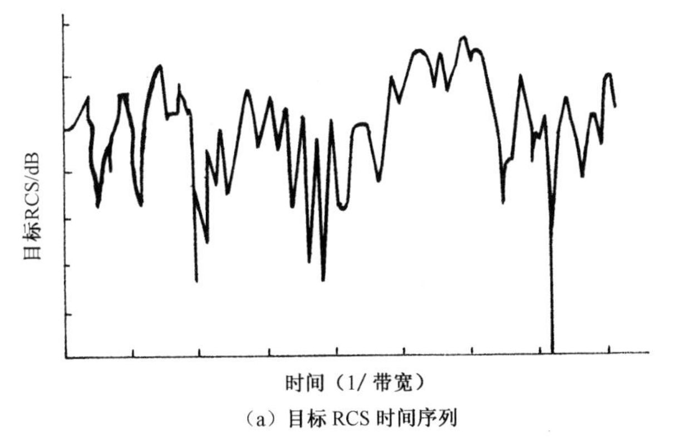

（a）目标 RCS 时间序列

图 10.4　由数字方法产生的目标 RCS 和角闪烁随时间变化的信号

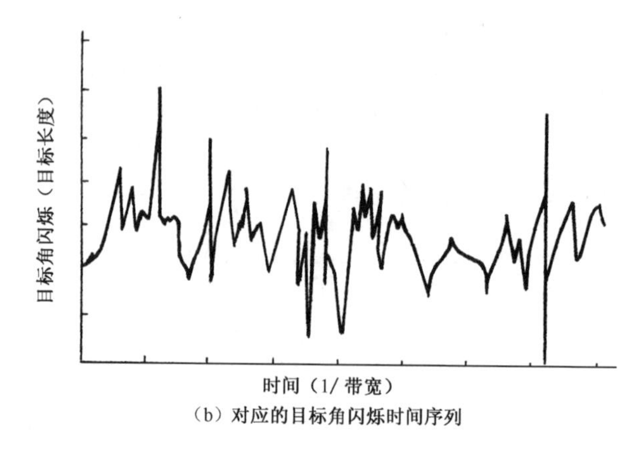

（b）对应的目标角闪烁时间序列

图 10.4　由数字方法产生的目标 RCS 和角闪烁随时间变化的信号（续）

10.4　机载脉冲多普勒雷达杂波建模与仿真

在机载雷达杂波环境仿真中，地（海）杂波波谱与地形（海情）、雷达-目标区之间的几何关系，以及雷达本身参数等有着极为复杂的关系。因此，机载雷达系统仿真的逼真度强烈地依赖于杂波的建模和仿真。

杂波散射通常采用微分散射截面来描述，这是因为杂波功率主要来自大量具有随机相位的散射元回波非相干叠加的结果。但是，由于平台的运动，使得每个散射元都呈现一个多普勒频移，因此在雷达接收机中，杂波功率是以频道方式出现的，当采用多普勒处理技术提取信息时，该杂波频谱会形成严重的干扰。

杂波仿真的最终目的，是要把杂波信号模拟得与雷达系统在实战环境中所遇到的信号没有区别。毫无疑问，微分面元选择得越小，仿真结果的清晰度就越高。理论上，在建立杂波模型时，可以把散射面元分得很小，即对雷达照射区所划分的散射元的数量没有限制。但实际应用中，则必须在计算的复杂性和模型的逼真度之间进行折中选择，因此实际上对散射元的划分是有限制的，在实时仿真中尤其如此。

10.4.1　机载雷达杂波仿真模型

一般地，机载雷达的地、海杂波波谱主要归结为雷达系统、雷达-目标区之间的几何关系以及地形（海况）这 3 个分系统作用的结果。因此，杂波功率谱可表示为

$$
\begin{aligned}
P(f) &= F(R,G,T) \\
&= F[R(P_{\mathrm{T}},\mathrm{PRF},\tau,\lambda,\Delta v,\Delta r,\chi(\tau),g(\alpha_0,\beta_0)),G(r,V,\theta,\beta,\phi,\delta,\omega),T(\phi,\sigma_0)]
\end{aligned}
\tag{10.30}
$$

式（10.30）中，$R(\cdot)$ 表示脉冲多普勒雷达系统的函数，其主要参数包括：P_T 为发射机功率；PRF 为脉冲重复频率；τ 为脉冲宽度；λ 为雷达波长；Δv 为多普勒分辨率；Δr 为距离分辨率；$\chi(\tau)$ 为距离门响应（雷达波形和接收机信号处理特性的函数）；$g(\alpha_0,\beta_0)$ 为天线方向图增益，其中 α_0,β_0 分别是雷达天线视线相对于地面的方位角和高低角。

$G(\cdot)$ 表示雷达-目标区之间的几何位置函数，它主要由以下实时参数给定：r 为到特定距离门的雷达距离，V 为载机平台速度，θ 为雷达相对地面的方位角，β 为雷达相对地面的高低角，ϕ 为到特定距离门的擦地角，δ,ω 分别为雷达的俯冲角和滚角。

$T(\phi,\sigma_0)$ 为地形函数，它是擦地角 ϕ 和地面后向散射系数 σ_0 的函数。其中擦地角随着特定距离环内地面的高度变化而改变，后向散射系数 σ_0 则是地形散射特征、擦地角 ϕ 以及雷达系统参数的复杂函数。

根据式（10.30）计算杂波功率谱 $P(f)$ 的方法一般有两种：一种是地面网格划分方法，另一种是等多普勒线网格划分方法。

地面网格划分方法是在地面上确定一个小的网格，计算其中心点的多普勒频率和总的反射功率，如图 10.5（a）所示。对距离环内所绘制的全部网格重复此过程，然后把这些网格对每个多普勒接收器所贡献的功率加在一起，便得到所需的离散功率谱。

等多普勒线网格划分方法则是在距离环内，绘制等多普勒线，即具有相同多普勒频率的源点所连成之曲线。然后沿每条等多普勒线对反射功率进行积分，便可算出杂波功率谱，如图 10.5（b）所示。

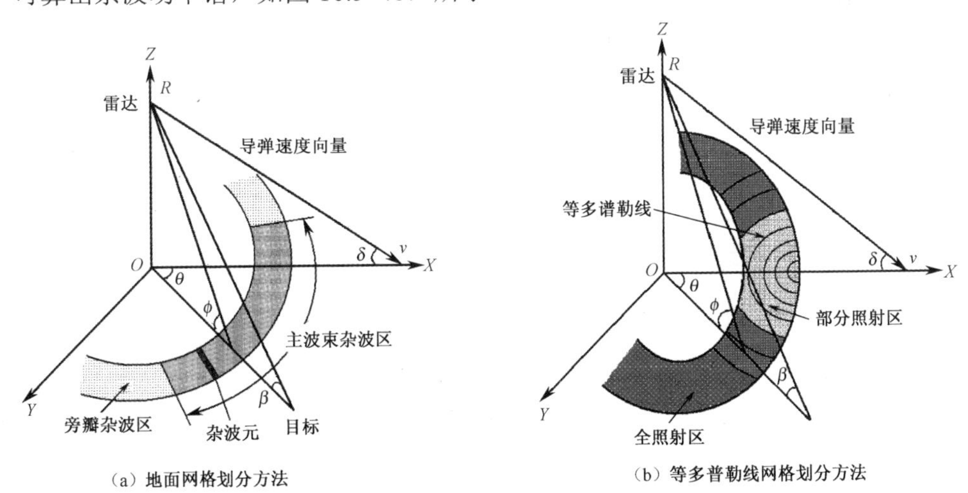

（a）地面网格划分方法　　（b）等多普勒线网格划分方法

图 10.5　计算杂波多普勒谱的两种基本网格划分方法

必须指出，就实时杂波仿真而言，上述两种方法所需要的计算资源都已超出实时仿真硬件所具备的计算能力。如果在每次仿真前，事先非实时地算出这些杂波谱，并把这些杂波谱以表格形式存入计算机。在每次仿真时，再以仿真的输入参数作为查表参数，重现出这些杂波。这种方法可以部分解决实时仿真的问题，但在实际实现中，仍然存在一些问题。

首先，根据式（10.30），对一次飞行仿真实验有 7 个非实时参数$(r,V,\theta,\beta,\phi,\delta,\omega)$，而在每次更新交会的几何位置时，则有 5 个非实时参数（假定在此距离环内，距离和速度保持不变）。因此，每次更新时，可以组合出数百种不同的波谱。例如，当仿真系统的更新速度为 10Hz 时，即使仅仿真 1～2s 的飞行时间，对于每个距离门也会有几千条波谱。而事实上，为减小折叠误差造成的距离模糊，通常还需把上述 10Hz 的刷新速度提高一个量级。由此可见，在此情况下想用查表方式来真实地复现杂波波谱，即便不是不可能，也是不切实际的。

通常，解决该问题的办法之一是采用近似方法，即把那些变化对波谱影响小的非实时参数集中起来，而这种处理，并无严格的数学方法或逻辑方法可循，往往是通过直观检查，消去杂波波谱中大多数相重复的部分。在某些情况下，可采用小角度近似，然后用简单多项式对数量上已经减少了的谱分量做进一步近似，最后把多项式的系数作为表格存储起来。在仿真实验中，为了复现这些谱，可以实时查表读出这些数据，并通过快速傅里叶变换的方法，计算出相应的时间序列。

上述这种传统的基于表格的建模与仿真方法，有两个主要缺点：①由于地杂波波谱函数十分复杂，在产生表格数据时所做的种种近似，使得仿真结果的有效性难以得到保障；②表格建模的过程不仅对每个不同雷达系统需要重复，而且对每一条飞行轨迹也需要重复进行，这种重复工作，必将造成极大的浪费，从而违背仿真实验的初衷。

下面以 Sandhu 等人的工作为基础[11]，讨论机载脉冲多普勒雷达杂波的实时建模与仿真技术，它通过建立更为合理的模型，可以实时地直接产生杂波波谱，从而克服上述两个方面的缺点。

10.4.2 杂波实时仿真模型

为了导出杂波功率谱的一般表达式，我们定义地面上的微分面元ΔA。根据雷达方程[6]，其相应的杂波功率谱为ΔP，即

$$\Delta P=\frac{P_{\mathrm{T}}g^{2}(\alpha_{0},\beta_{0})\lambda^{2}\sigma_{0}(\phi)}{16\pi^{3}r^{4}}\Delta A \tag{10.31}$$

或

$$\Delta P=\frac{P_{\mathrm{T}}g^{2}(\alpha_{0},\beta_{0})\lambda^{2}\sigma_{0}(\phi)}{16\pi^{3}r^{4}}\Delta r\Delta\theta \tag{10.32}$$

机载雷达视线的方位角 α_0 和高低角 β_0 可通过下述关系，从变换矩阵 $\boldsymbol{T}$ 导出

$$\begin{bmatrix} x_0 \\ y_0 \\ z_0 \end{bmatrix} = \boldsymbol{T} \begin{bmatrix} 1 \\ 0 \\ 0 \end{bmatrix} \tag{10.33}$$

$$\alpha_0 = \arctan \frac{x_0}{y_0} \tag{10.34}$$

$$\beta_0 = \arcsin z_0 \tag{10.35}$$

$$\boldsymbol{T} = \boldsymbol{\phi}_0 \boldsymbol{\theta}_0 \boldsymbol{\omega} \boldsymbol{\delta} \boldsymbol{\theta} \boldsymbol{\phi} \tag{10.36}$$

式中

$$\boldsymbol{\phi}_0 = \begin{bmatrix} 1 & 0 & 0 \\ 0 & \cos\phi_0 & \sin\phi_0 \\ 0 & -\sin\phi_0 & \cos\phi_0 \end{bmatrix} \tag{10.37}$$

$$\boldsymbol{\theta}_0 = \begin{bmatrix} \cos\theta_0 & -\sin\theta_0 & 0 \\ \sin\theta_0 & \cos\theta_0 & 0 \\ 0 & 0 & 1 \end{bmatrix} \tag{10.38}$$

$$\boldsymbol{\omega} = \begin{bmatrix} \cos\omega & 0 & \sin\omega \\ 0 & 1 & 0 \\ -\sin\omega & 0 & \cos\omega \end{bmatrix} \tag{10.39}$$

$$\boldsymbol{\delta} = \begin{bmatrix} 1 & 0 & 0 \\ 0 & -\cos\delta & \sin\delta \\ 0 & \sin\delta & \cos\delta \end{bmatrix} \tag{10.40}$$

$$\boldsymbol{\theta} = \begin{bmatrix} \cos\theta & -\sin\theta & 0 \\ \sin\theta & \cos\theta & 0 \\ 0 & 0 & 1 \end{bmatrix} \tag{10.41}$$

$$\boldsymbol{\phi} = \begin{bmatrix} \cos\phi & 0 & \sin\phi \\ 0 & 1 & 0 \\ -\sin\phi & 0 & \cos\phi \end{bmatrix} \tag{10.42}$$

式中，$\boldsymbol{\theta}_0$ 和 $\boldsymbol{\phi}_0$ 是机载雷达天线视线相对于天线坐标系的方位角和高低角。

如果机载平台的运动取在 XZ 面内（参见图 10.5），则 ΔA 所产生的雷达回波信号的双程多普勒频率为

$$f = \frac{2V}{\lambda}(\cos\phi\cos\delta\cos\theta + \sin\phi\sin\delta) \tag{10.43}$$

在小角度近似下，式（10.43）可简化为

$$f \approx f_{\mathrm{m}} \cos(\phi - \delta)\cos\theta \tag{10.44}$$

式（10.44）中，$f_{\mathrm{m}} = \dfrac{2V}{\lambda}$ 为沿平台速度方向的最大多普勒频率。由式（10.32）和

式（10.43），把(r,θ)空间变换到(r,f)空间有

$$\Delta P=\frac{P_{\mathrm{T}}g^2(\alpha_0,\beta_0)\lambda^2\sigma_0(\phi)}{16\pi^3r^3f_{\mathrm{m}}\sqrt{\cos^2\phi\cos^2\delta-(f/f_{\mathrm{m}}-\sin\phi\sin\delta)^2}} \tag{10.45}$$

式中

$$\theta=\arccos\left(\frac{f/f_{\mathrm{m}}-\sin\phi\sin\delta}{\cos\delta\cos\phi}\right) \tag{10.46}$$

注意，必须满足当$\cos^2\phi\cos^2\delta-(f/f_{\mathrm{m}}-\sin\phi\sin\delta)^2<0$时，有$\Delta P=0$。因此，对式（10.45）中杂波功率谱的限制条件为

$$-\cos(\phi+\delta)\leqslant\frac{f}{f_{\mathrm{m}}}\leqslant\cos(\phi-\delta) \tag{10.47}$$

为了利用地面网格划分方法计算杂波功率谱，需要对所有可能的$\Delta r\Delta\theta$值，以及同每个$\Delta r\Delta\theta$相对应的多普勒频移［由式（10.43）决定］代入式（10.32）并积分。对θ和 r 空间采样，使得所选取的地面微分面元$\Delta A=\Delta r\Delta\theta$在多普勒意义下，是不可分辨的。把所有地面网格所贡献的功率谱在多普勒接收机滤波器组内求和，便得到离散的功率谱分布。

为了利用等多普勒线绘制法计算杂波功率谱，首先把式（10.43）改写为

$$\frac{r_{\mathrm{g}}}{h}=\frac{(f_{\mathrm{m}}/f)\sin\delta}{\sqrt{1+(h/r_{\mathrm{g}})^2}-(f_{\mathrm{m}}/f)\cos\delta\cos\theta} \tag{10.48}$$

式（10.48）中，r_{g}为地面距离。当$h/r_{\mathrm{g}}\ll1$时，式（10.48）可简化为

$$\frac{r_{\mathrm{g}}}{h}\approx\frac{(f_{\mathrm{m}}/f)\sin\delta}{1-(f_{\mathrm{m}}/f)\cos\delta\cos\theta} \tag{10.49}$$

这是一个准线为$D=\tan\delta$，偏心率为$\varepsilon=(f_{\mathrm{m}}/f)\cos\delta$的共面二次曲线方程。偏心率是多普勒频率$f$的函数。因此，等多普勒线可归结为以下图形：

（1）当$(f_{\mathrm{m}}/f)\cos\delta<1$时，等多普勒线为椭圆；

（2）当$(f_{\mathrm{m}}/f)\cos\delta=1$时，等多普勒线为抛物线；

（3）当$(f_{\mathrm{m}}/f)\cos\delta>1$时，等多普勒线为双曲线。

图 10.6 给出了由式（10.48）所绘出的第一象限内的等多普勒线，注意等多普勒线对称于 Y 轴，表明具有同样频率的正、负多普勒频移。沿地面距离的多普勒变化为

$$\frac{\mathrm{d}f}{\mathrm{d}\phi}=f_{\mathrm{m}}(\cos\phi\sin\delta-\sin\phi\cos\delta\cos\theta) \tag{10.50}$$

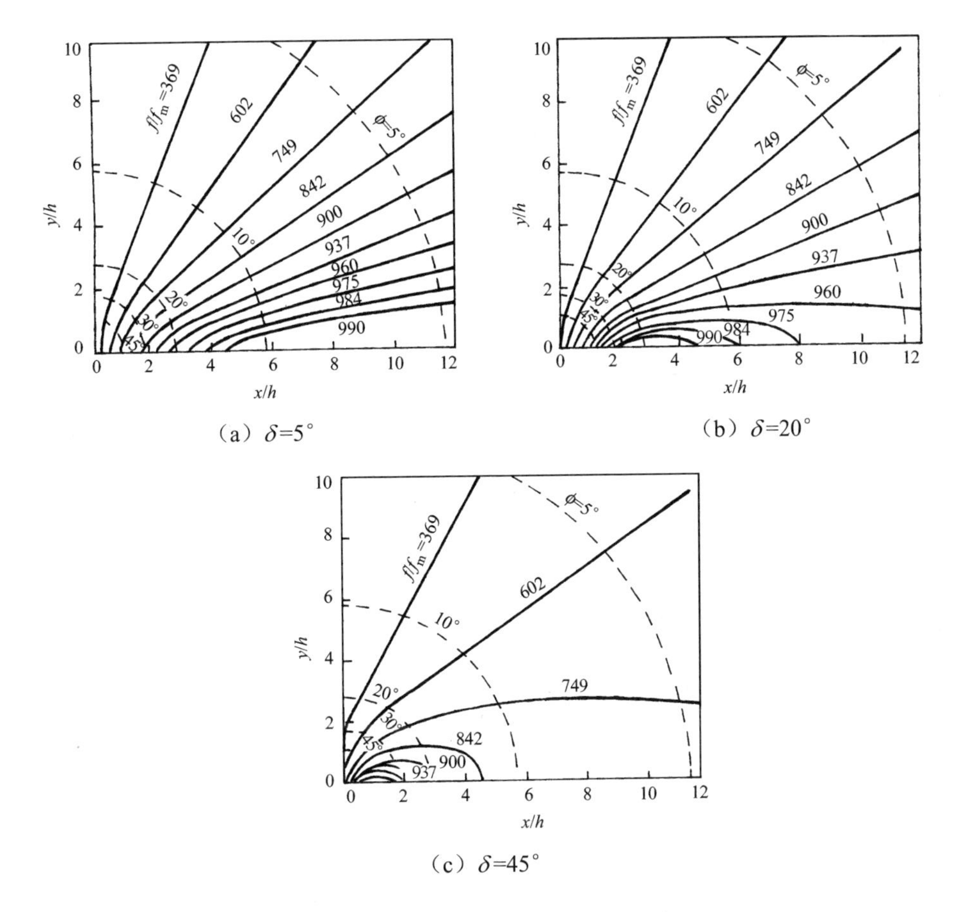

（a）δ=5°　　（b）δ=20°

（c）δ=45°

图 10.6　不同俯冲角下的等多普勒线

所以在距离环内，沿地面距离 r_{g} 的多普勒频率为

$$\Delta f_{\Delta r}=\Delta r_{\mathrm{n}}\tan\phi\sin\phi\frac{\mathrm{d}f}{\mathrm{d}\phi} \tag{10.51}$$

式（10.51）中，$\Delta r_{\mathrm{n}}=\dfrac{c\tau}{2h}$ 是用高度 h 归一化后的距离分辨率；τ 为脉冲宽度。

图 10.7 给出了 $\dfrac{\Delta f_{\Delta r}}{\Delta r_{\mathrm{n}}}$ 与归一化地面距离 $\dfrac{r_{\mathrm{g}}}{h}$ 之间的函数关系。值得注意的是，仅在高度回波区附近，等多普勒线才呈现明显的非线性变化。这个区域有时又称为部分照明区[12]。在此区域内，后向散射系数 σ_0 也呈非线性变化。高度回波将产生一个完全不同的模型。

为了计算杂波功率，据给定的多普勒分辨率，在 (r,θ) 空间内绘制等多普勒线，然后沿每条等多普勒线进行距离积分，便得到多普勒接收机内的相应功率，从而产生一条离散的功率谱。

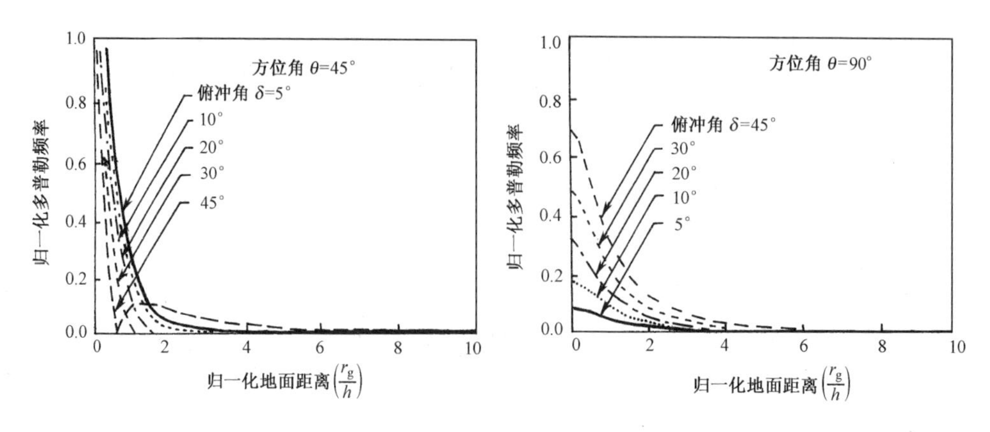

图 10.7 $\dfrac{\Delta f_{\Delta r}}{\Delta r_{\rm n}}$ 与归一化地面距离 $\dfrac{r_{\rm g}}{h}$ 之间的函数关系

无论是地面网格绘制法还是等多普勒线绘制法，计算与每个微分面元 ΔA 相应的变换矩阵 $\boldsymbol{T}$，是实时杂波模型的主要限制。因此，实时杂波模拟问题简化为：①选择最优的面元大小使其既保持多普勒分辨率不变，又把特定距离环内的杂波元个数减到最少；②选择一种计算变换矩阵 $\boldsymbol{T}$ 的有效方法。

为了选择最优的 ΔA，采样 θ 和 r 空间的准则是：在每个空间内的杂波线源在多普勒意义下，基本上是不可分辨的。在 θ 向（方位向），根据式（10.44）对 θ 微分可得

$$\Delta f_\theta = -f_{\rm m}\cos(\phi-\delta)\sin\theta\Delta\theta \tag{10.52}$$

这表明，当 $\theta=\pi/2$ 时，多普勒变化达到最大。在该点，多普勒分辨率 Δf 要求

$$\Delta\theta \leqslant \frac{\Delta f}{f_{\rm m}}\left|\cos(\phi-\delta)\right| \tag{10.53}$$

因此，在距离环周围，对应的杂波线源总数为

$$N_\theta \geqslant 4\pi N \tag{10.54}$$

式（10.54）中，$N_\theta = 2\pi/\Delta\theta$，$2N$ 为 $f_{\rm m}\cos(\phi-\delta)$ 内的样本数。注意这里的 N_θ 关系式中，假定脉冲重复频率 PRF 等于最大的多普勒频移 $f_{\rm m}$。更为通用的形式应该为

$$N_\theta \geqslant 4\pi N\frac{f_{\rm m}\left|\cos(\phi-\delta)\right|}{\rm PRF} \tag{10.55}$$

为了对 r 方向（高低向）采样，可以计算距离环内，沿地面距离 $r_{\rm g}$ 方向的微分多普勒频率。式（10.44）对 r 的微分为

$$\Delta f_{\rm r} = \frac{\Delta r}{r}[f_{\rm m}\sin(\phi-\delta)\cos\theta] \tag{10.56}$$

这与方位扫描在 $\theta=\pi/2$ 时呈现最大的多普勒频移变化的情况相反，高低向扫描

是在$\theta=0$时出现最大多普勒频移变化。所以，高低扫描时的多普勒分辨率Δf要求

$$\Delta f \geqslant \frac{\Delta r}{r} f_{\mathrm{m}} \left|\sin(\phi-\delta)\right| \tag{10.57}$$

或

$$N \leqslant \frac{\Delta r}{r} \left|\cos(\phi-\delta)\right| \tag{10.58}$$

至此，已经形成了一个杂波元，其方位扫描受式（10.55）限制，高低扫描则受式（10.58）的限制。可以看出，在高低扫描时，除非横向距离r很小，否则几乎对于任何实际情况均满足不等式（10.58），图 10.6 和图 10.7 中所给出的等多普勒线及其相应的距离变化图，也说明了这一点。从图中可见，在每一个距离环内，仅在高度回波区附近，等多普勒线才呈现出明显的非线性变化。因此，对于不包括高度回波区的杂波模型而言，杂波元的总数主要是由方位样本数N_θ决定的。

式（10.55）和式（10.58）所限定的杂波单元，虽然保证了多普勒分辨率，但这种采样方式还不是最优的，因为它仅对应于接近垂射（$\theta=\pi/2$）时的多普勒分辨率，而对于接近端射（$\theta=0$）的杂波单元，其分辨率要远大于垂射的多普勒分辨率。解决杂波单元大小寻优的一种显而易见的方法，就是在方位扫描上对距离环进行非均匀采样，使得在接近垂射时，杂波单元的尺寸最小，而沿端射方向则依照$\sin\theta$函数增大其单元尺寸。这实际上与在(r,f)空间的采样相对应。

为了实现这样的非均匀采样，首先用一个点散射体代替距离环内地面距离四周的等多普勒线，然后利用式（10.45）和式（10.46）计算其散射功率。因为距离-多普勒轨迹有两重交点，因此，每个频率须附带有两个点散射体，即每个方位象限中一个。在此情况下，所绘制的杂波单元总数应该为

$$N_{\mathrm{v}} \geqslant 2N \frac{f_{\mathrm{m}} \left|\cos(\phi-\delta)\right|}{\mathrm{PRF}} \tag{10.59}$$

实质上，这种以非均匀网格采样计算杂波波谱的方法是把 10.4.1 节中所描述的地面网格划分和等多普勒线网格划分两种方法结合而成的。这种方法具有下述明显的优点，即在一个距离环内所绘制的杂波单元总数仅为原来的 1/2π，同时，与基本网格绘制法相比，其多普勒分辨率则保持不变。而且计算变换矩阵$\boldsymbol{T}$时所需要的函数$\sin\theta,\cos\theta$是通过式（10.45）和式（10.46）的乘积而得到的，即

$$\cos\theta = \frac{f/f_{\mathrm{m}} - \sin\phi\cos\delta}{\cos\phi\cos\delta} \tag{10.60}$$

$$\sin\theta = \frac{\sqrt{\cos^2\phi\cos^2\delta - (f/f_{\mathrm{m}} - \sin\phi\cos\delta)^2}}{\cos\phi\cos\delta} \tag{10.61}$$

因此，对沿方位扫描的每个非均匀杂波单元，***T*** 的计算仅需要加法和乘法，消除了由于计算正弦函数和余弦函数所耗费的计算时间。最后，因为每个杂波单元对应一个多普勒接收机，因此，也就无须对每个多普勒接收机内有多少个杂波单元做繁复的计算[1]。

作为例子，图 10.8 给出了利用前述非实时方法与实时仿真方法的归一化杂波功率谱的比较结果。实验统计结果表明，用实时仿真模型后其平均计算时间可以减小至少一个数量级，而与非实时方法相比，其平均误差大约只高出 2dB[11]。由此可见，这种机载杂波的实时仿真方法具有相当高的仿真精度，可以满足实时杂波仿真的要求。

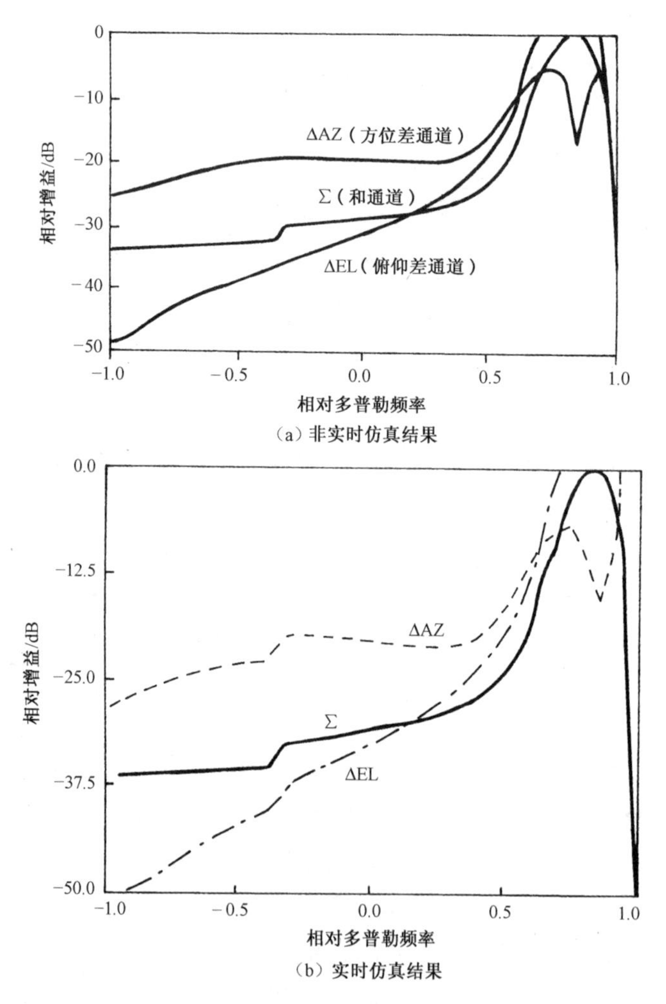

（a）非实时仿真结果

（b）实时仿真结果

图 10.8　非实时和实时仿真的归一化杂波功率谱比较

最后指出，本节所讨论的实时杂波仿真方法可直接推广到连续波雷达情形。此时，因没有距离模糊问题，所以可按照式（10.51）或式（10.58），把高低方向的视场非线性地采样为若干个方位上的距离环，然后进行连续的高低向扫描，这样便可得到连续波雷达完整的杂波波谱。

10.5　时-空相关的非高斯雷达海杂波仿真

在采用时域或空域处理算法（如空时自适应处理，STAP）的雷达信号处理中，基于单点统计特性的海杂波模型并不适用。所以为了雷达的性能检测、参数优化以及算法最优化（如 CFAR 检测中阈值的设定），必须考虑海杂波的时域和空域相关特性。本节讨论相关非高斯雷达海杂波的统计建模与仿真，所产生的复随机序列是在雷达系统中经过正交检波后，海杂波回波视频信号的同相和正交分量，其包络概率统计特性服从 K 分布，且联合概率密度满足给定的时域和空域相关特性。

10.5.1　海杂波的 K 分布幅度模型

K 分布幅度模型包括两个分量：慢变化量和快变化量[12-14]，慢变化量也即调制过程服从广义 χ 分布，即

$$f(y)=\frac{2d^{2v}y^{2v-1}}{\Gamma(v)}\exp(-d^2y^2) \tag{10.62}$$

式中，$\Gamma(\cdot)$为伽马（gamma）函数，d为尺度参数，v为形状参数。对于大多数杂波，形状参数v的取值范围为$0.1<v<\infty$。当$v\to\infty$时，杂波的分布趋于瑞利分布。对于高分辨率低擦地角的海杂波，v的取值范围为 0.1～3。

慢变化量与海表面的总体波浪轮廓的各个散射体与局部表面斜坡的倾斜度有关，它有较长的时域去相关时间，而且不受频率捷变的影响。所以在距离分辨单元之间的调制过程的相关程度依赖于海表面的空域相关性，即其去相关的距离大小与海面的去相关的距离大小相一致。

快变化量也即所谓的“斑点”（speckle），其幅度服从瑞利分布，即

$$f(a|y)=\frac{a\pi}{2y^2}\exp\left(-\frac{a^2\pi}{4y^2}\right) \tag{10.63}$$

快变化量与每个分辨单元内的多个散射体有关。根据中心极限定理，其幅度服从瑞利分布。快变化量有较短的时域去相关时间，而且能够通过频率捷变在发射脉冲之间完全去相关。所以当每个距离单元杂波回波信号的观测和相干处理时间与调制过程的平均去相关时间相比很小时，海杂波总的时域相关特性与快变化量的相关特性相一致。

根据全概率定理，总的杂波幅度服从 K 分布，即

$$f_A(a) = \int_0^\infty f(a|y)f(y)\mathrm{d}y = \frac{2b}{\Gamma(v)}\left(\frac{ba}{2}\right)^v \mathrm{K}_{v-1}(ba)U(a) \tag{10.64}$$

式（10.64）中，$\mathrm{K}_{v-1}(\cdot)$ 为第二类 $v-1$ 阶修正的贝塞尔（Bessel）函数；$U(\cdot)$ 为阶跃函数；b 为尺度参数，且 $b=\sqrt{\pi}d$；v 为形状参数。

由此可见，K 分布中包含两个参数：形状参数 v 和尺度参数 b。对于形状参数 v 的估计可以采用 Ward、Watts 和 Ryan 等的经验模型[16-18]。然后利用 SIT、GIT、TSC、HYB[15,19-20]的模型估计平均杂波反射率，辅以雷达方程便可计算出尺度参数 b。

K 分布是一种受调制的广义高斯分布，即瑞利幅度高斯随机过程被幅度概率密度服从广义 χ 分布的随机过程（电压调制过程）所调制。在平方律检波器中，这也等价于服从指数分布的随机过程被服从伽马分布的随机过程（功率调制过程）所调制。当应用雷达海杂波情况时，K 分布说明在一给定的距离单元内杂波幅度体现了快速的瑞利波动，而其平均功率在时间上慢变化，且从一个距离单元到下一个距离单元按照伽马分布变化。

10.5.2 海杂波的时域相关特性模型

产生相关非高斯离散随机序列主要有两种方法：零记忆非线性转变（ZMNL）和球不变随机过程（SIRP）方法。

零记忆非线性转变早期主要用来模拟仿真对数-正态分布和威布尔分布的雷达海杂波，它主要对相关的高斯序列进行非线性转变以此来获得相关的非高斯序列。但由于在转变时非高斯序列与高斯序列之间协方差矩阵转变的复杂性，非线性变换对输出谱的平滑展宽，非线性变换并不能独立控制多元变量的边缘概率密度函数和相关函数，以及输入端协方差矩阵的非负定性并不能保证[18]等缺点，在产生服从 K 分布的多元相关变量时通常采用球不变随机过程方法。

球不变随机过程是外因乘积模型的特殊情况。外因乘积模型符合服从 K 分布幅度的海杂波的合成散射原理，它是海杂波建模为零均值的相关复高斯随机过程与实的、非负的、平稳非高斯随机过程（调制过程）的乘积，而且两者独立，从而产生相关非高斯复随机过程。

在实际的雷达信号处理中，每个距离单元内杂波回波信号观测和相干处理时间与调制过程的平均去相关时间相比很小，则海杂波总的模型可以看成是零均值相关复高斯随机过程与实的、非负的、随机变量的乘积，此时外因乘积模型便退化为一个 SIRP。

复 SIRP $x(k)$ 的多元概率密度函数为[15]

$$f_{\boldsymbol{x}}(\boldsymbol{x})=(2\pi)^{-N}\left|\boldsymbol{M}\right|^{-\frac{1}{2}}\int_0^{\infty}y^{-2N}\exp\left[\frac{-(\boldsymbol{x}-\boldsymbol{m})^{\mathrm{T}}\boldsymbol{M}^{-1}(\boldsymbol{x}-\boldsymbol{m})}{2y^2}\right]f(y)\mathrm{d}y \quad (10.65)$$

式（10.65）中，$\boldsymbol{x}=(x_{c1},\cdots,x_{cN},x_{s1},\cdots,x_{sN})^{\mathrm{T}}$ 是 $2N$ 维随机向量，其元素为杂波回波信号同相和正交分量的 N 个采样，$\boldsymbol{m}$ 和 $\boldsymbol{M}$ 分别为 $\boldsymbol{x}$ 的均值向量和协方差矩阵，y 为随机变量。在 K 分布中，y 的概率密度 $f(y)$ 服从广义 χ 分布，即满足式（10.62）。

由此可见，通过采样 SIRP 得到的 SIRV $\boldsymbol{x}$ 的联合概率密度函数由均值向量 $\boldsymbol{m}$、协方差矩阵 $\boldsymbol{M}$ 及一阶概率密度函数 $f(y)$ 唯一确定。所以，SIRP 模型可以独立控制多元变量的边缘概率密度函数和相关特性。产生时域相关 K 分布复随机序列的 SIRP 模型如图 10.9 所示。

图 10.9 中，$w(k)$ 为复高斯白噪声序列，$h(k,m)$ 为线性滤波器的冲激响应，以此来产生相关性，v 为服从广义 χ 分布的随机变量。该图中的箭头方向代表复数数据流向。

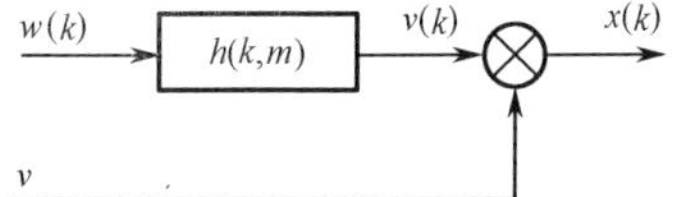

图 10.9　时域相关 K 分布复随机序列的 SIRP 模型

10.5.3　空域相关特性模型

如前所述，海杂波建模为零均值相关复高斯随机过程与服从广义 χ 分布的调制过程的乘积，而且两者独立。海杂波回波信号的空域相关性广泛存在，所以有必要产生服从伽马分布的任意空域相关特性的功率调制过程。

设 τ 为以形状参数 v 为内部参数的伽马分布的随机变量。若 v 为整数或半整数，则 τ 退化为具有自由度 $n=2v$ 的 χ^2 分布的随机变量。由概率知识可知，τ 可由 n 个独立的服从标准正态分布的随机变量的平方和产生，则调制过程的相关特性便可以引入其对应的高斯过程中，然后相关的调制过程便可由相对应的各个高斯分量（具有相同自相关函数）的平方和产生，即

$$\rho_{\tau\tau}(k)=R_{\mathrm{gg}}^2(k) \quad (10.66)$$

式（10.66）中，$\rho_{\tau\tau}(k)$ 为调制过程的相关系数；$R_{\mathrm{gg}}(k)$ 为高斯分量的自相关函数。

若形状参数 v 为任意正实数，首先需要产生作为两个独立的零均值高斯过程的平方和的调制过程 τ，此时这两个高斯过程的自相关函数仍由式（10.66）决定。然后求解如下方程，产生最终的调制过程 τ''，即

$$\tau=-2\ln\left[1-\frac{1}{\Gamma(v)}\gamma\left(v,\frac{\tau''}{b}\right)\right] \quad (10.67)$$

式（10.67）中，$\gamma(\cdot)$ 为不完全伽马函数；b 为 K 分布中的尺度参数。

最后，为产生 K 分布幅度统计特性，要对τ''做平方根处理，以生成电压调制过程。

由上述过程便可以产生时空相关的K分布海杂波原始模拟数据。最后，考虑雷达接收机热噪声的影响，可根据杂波噪声比 CNR 值把复高斯白噪声加入已经生成的杂波复数数据中。

10.5.4 仿真示例及结果分析

具有任意时域和空域相关特性，并服从K分布幅度特性的海杂波生成流程如图 10.10 所示。在仿真实验中，雷达参数设定如下：载频为 10GHz，试验距离窗选为 900m，内有 300 个连续的距离单元，同时每个距离单元进行 100 次采样，脉冲重复频率为 333.3Hz，即相干处理时间为 0.3s。

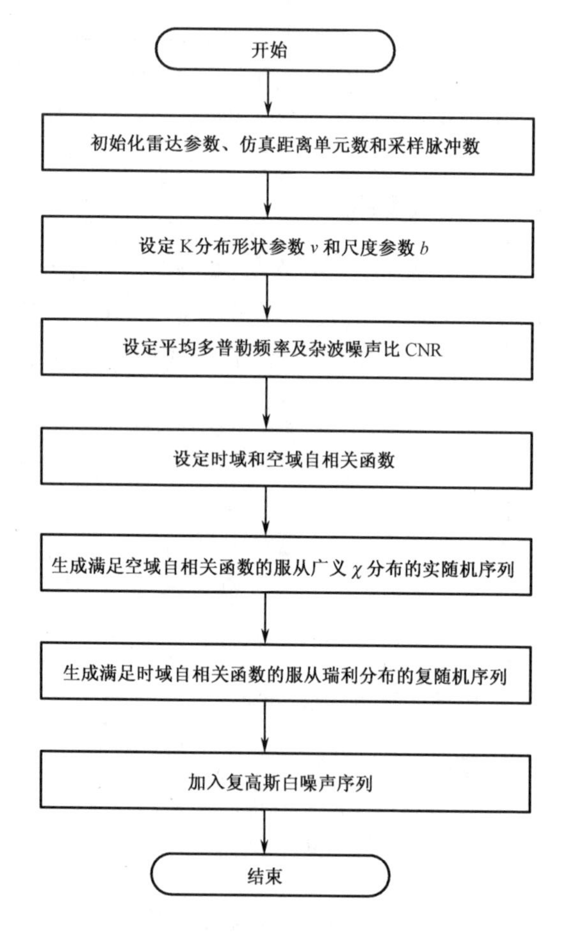

图 10.10 具有任意时域和空域相关特性并服从 K 分布幅度特性的海杂波生成流程图

取 K 分布形状参数 $v=0.74$，尺度参数 $b=1.72$，平均多普勒频率 $f_{\mathrm{d}}=65\mathrm{Hz}$，杂波噪声比 CNR 为 10.7dB，且时域自相关函数为

$$\mathrm{TACF}(\tau)=\rho_{\mathrm{t}}^{\left(\frac{\tau}{\Delta t}\right)^2}\exp(\mathrm{j}\omega_{\mathrm{d}}\tau) \tag{10.68}$$

式（10.68）中，ρ_{t} 为时域一步相关系数，取为 0.87；ω_{d} 为平均角多普勒频率；Δt 为采样间隔时间，取为 3ms。

设空域自相关函数为

$$\mathrm{SACF}(r)=\rho_{\mathrm{r}}^{\left|\frac{r}{\Delta r}\right|} \tag{10.69}$$

式（10.69）中，ρ_{r} 为空域一步相关系数，取为 0.56；Δr 为距离分辨率，取为 4.5m。

图 10.11 和图 10.12 分别给出了平均时域和平均空域自相关函数，是对一组仿真生成的海杂波数据统计特性分析的结果。其中图 10.11（a）和图 10.11（b）分别为仿真得到的回波数据的平均时域自相关函数和截取的部分平均时域自相关函数。由图 10.11 可以看出，海杂波时域自相关函数起始有快速衰减，然后做缓慢的周期性衰减。这与 K 分布合成散射机理相吻合。同时，图 10.11（b）中虚部的自相关函数从原点到第二个零点的时间长度的倒数可近似作为多普勒频率。从该图中可以看出其时间跨度约为 15ms，则对应的多普勒频移为 66.7Hz，而试验采用的多普勒频移为 65Hz，试验结果与实际情况基本相符。

图 10.12（a）和图 10.12（b）分别为平均空域自相关函数和截取的部分平均空域自相关函数。由图 10.11（b）可见，时域自相关函数从 1 下降到 $1/e=0.37$ 时大约需要 6ms，即一个距离单元内时域相关时间约为 6ms。从图 10.12（b）可以看出，其空域相关长度约为 6m。

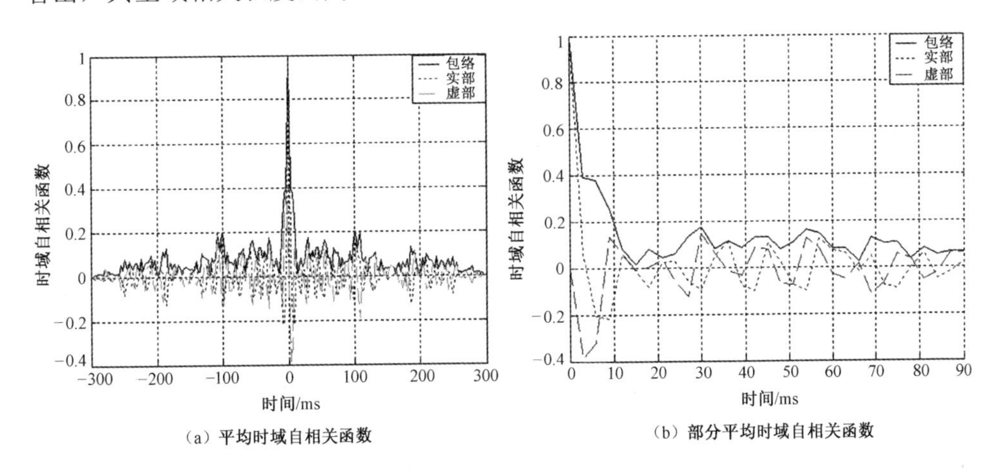

（a）平均时域自相关函数　　（b）部分平均时域自相关函数

图 10.11　平均时域自相关函数

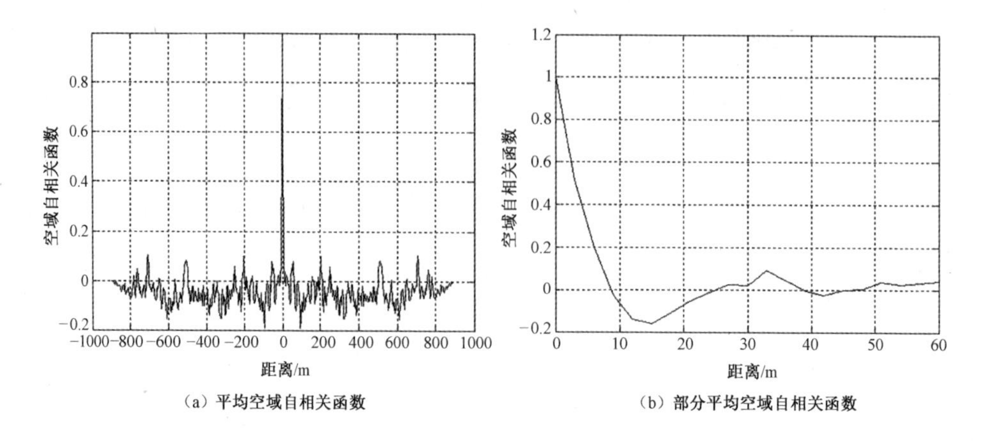

（a）平均空域自相关函数

（b）部分平均空域自相关函数

图 10.12　平均空域自相关函数

利用周期图法对回波数据中最大幅度值所对应的距离单元进行功率谱估计，结果如图 10.13 所示。由该图可知，其多普勒频率 f_{d} 约为 75Hz，同时由 $f_{\mathrm{d}}=2v/\lambda$，$v$ 为海面波浪与雷达径向相对速度，λ 为载波波长，可以得出海面波浪与雷达径向相对速度 $v=f_{\mathrm{d}}\lambda/2=75\times3\times10^{8}/(10\times10^{9}\times2)\approx1.1\mathrm{m/s}$。

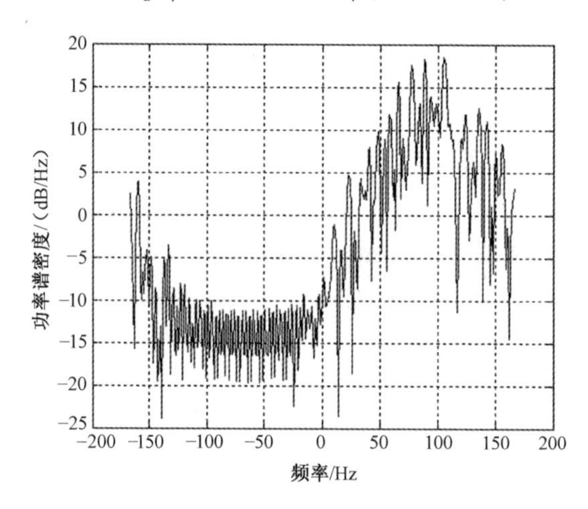

图 10.13　最大回波幅值所对应的距离单元的功率谱分析

下面进一步分析模拟海杂波的幅度分布特性。由式（10.64）可得，服从 K 分布的变量 A 的数学期望为

$$m_1=E(A)=\int_{-\infty}^{+\infty}xf_A(x)\mathrm{d}x=\frac{2\Gamma(0.5+v)\Gamma(1.5)}{b\Gamma(v)} \tag{10.70}$$

均方值则为

$$m_2=E(A^2)=\int_{-\infty}^{+\infty}x^2f_A(x)\mathrm{d}x=\frac{4v}{b^2} \tag{10.71}$$

所以，其一阶、二阶矩的比值为

$$k=\frac{m_2}{m_1^{\ 2}}=\frac{v\Gamma(v)^2}{\Gamma(1.5)^2\Gamma(v+0.5)^2} \tag{10.72}$$

在得到的仿真数据中，利用 $m_\alpha=\frac{1}{N}\sum_{i=1}^{N}X_i^{\alpha}$（$X_i$ 为回波数据，N 为采样点数，$\alpha=1,2$），可以算出 $m_2=0.728$，$k=1.646$。把 k 代入式（10.72），解出 $v=0.936$，再把 v 和 m_2 代入式（10.71）得出 $b=2.017$。求得的 v 和 b 值与试验用的 $v=0.74$ 和 $b=1.72$ 所对应的 K 分布概率密度函数如图 10.14 所示。由该图可以看出，理论与实验回波幅度概率密度函数基本相符。实验中取 $v=0.74$，此时对应初始时概率分布有尖峰情况，且有较大的拖尾现象。

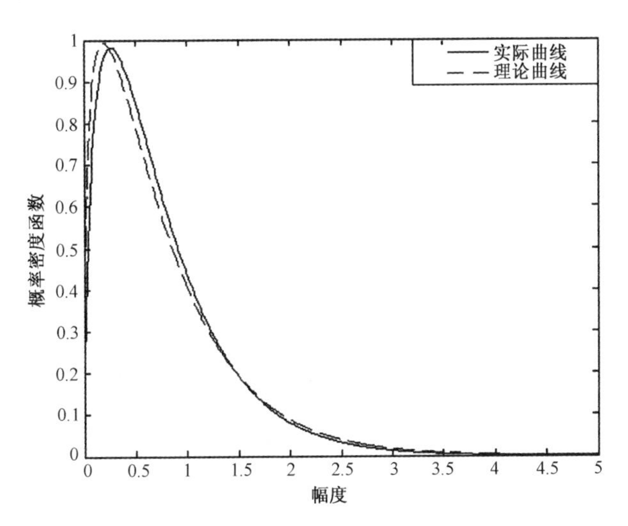

图 10.14　仿真实验与理论 K 分布概率密度的比较

10.6　雷达导引头多目标跟踪的射频仿真

导弹武器系统研制试验中，为了仿真多目标环境中导弹对目标的跟踪和拦截，通常可采用半实物仿真（即仿真回路中包含部分实物）的设备系统。本节以 Snyder 等人的工作为基础[21]，介绍一种在微波暗室中安装的“多目标射频仿真器”，它可仿真待试导弹（MUT）雷达导引头跟踪所需的多目标射频回波。

10.6.1　系统组成

图 10.15 示出了雷达导引头多目标跟踪射频仿真设备的系统框图，该系统在微波暗室中的布局示于图 10.16 中。在这里，全套系统安装在一个微波暗室中。微波暗室的一端安装发射天线，另一端则安装三轴平台，并将 MUT 安装到该平台上。其中，射频信号的发射可由一个圆形或十字形目标射频仿真器来完成，它

产生 MUT 导引头所需的目标射频回波，这里主要讨论十字形目标射频仿真器的情况。

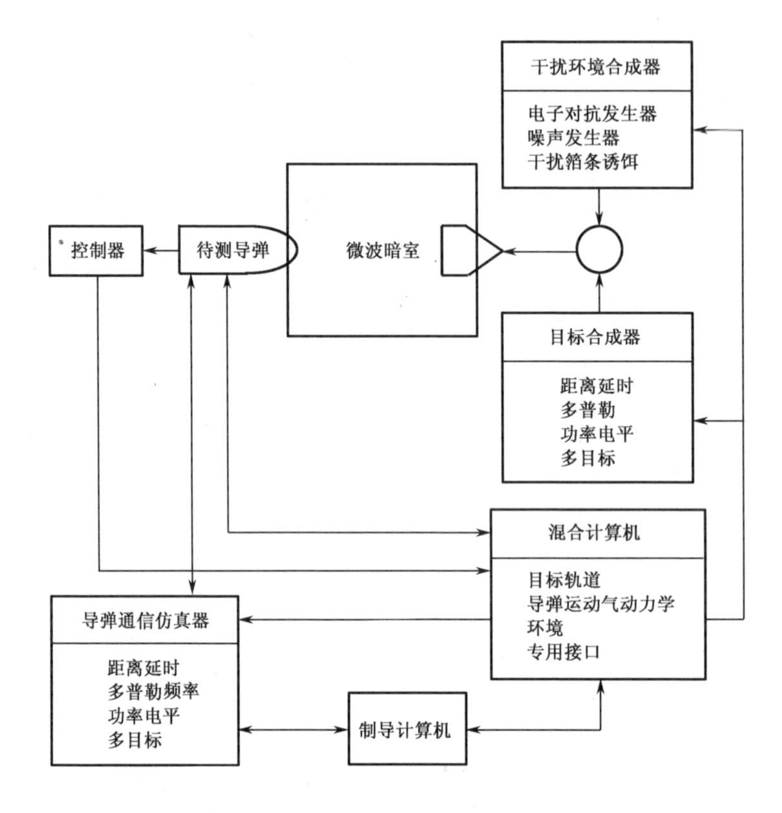

图 10.15　雷达导引头多目标跟踪射频仿真设备的系统框图

MUT 中用于跟踪一个或多个目标的设备是一个空间稳定的寻的器，它接收从多目标仿真器的十字臂上发射出的目标射频信号。微波暗室中的设备仅能模拟目标与导弹之间的相对运动，它利用目标与导弹之间的视线率来驱动 MUT 上的寻的器。寻的器对制导计算机发出的寻的器速率指令做出响应，同时也对混合计算机发出的视线变化率强制函数做出响应，由此模拟导弹与目标之间的相对运动。

图 10.16　仿真系统在微波暗室中的布局

混合计算机计算导弹与目标之间的旋转与平移状态，并控制目标合成器、干扰环境合成器及导弹通信仿真器。此外，混合计算机也仿真地面监控雷达并把监控信息发送给制导计算机。

10.6.2　固定基准坐标系目标仿真

由于微波暗室本身通常是固定的，不能相对于 MUT 做任意转动，因此，这类系统只能模拟目标与拦截导弹之间的相对运动，而不能模拟目标相对于导弹的空间旋转。具体地说，它是通过 MUT 制导计算机算出的实际寻的器指令速率减去几何视线运动，以此来模拟寻的器与目标间的相对运动。这一几何视线率又称为视线强制函数。对于单目标拦截情况，暗室中发射仿真目标回波的信号源一般定义为一组点源的中心，该点称为“暗室基准点”（CRP）。利用单个点源与强制函数可以精确模拟对单一目标拦截的场景。对于多目标情况，强制函数则一般定义为导弹与目标编队中某固定点（称为目标编队基准点，TFRP）之间的视线率。

当仿真到导弹接近拦截目标时，各个单个目标将从代表目标编队基准点的暗室基准点上分辨开。于是，寻的器与暗室基准点之间的视线及寻的器与暗室中各单个点源之间的视线两者之间的夹角，直接对应于实际寻的器至目标编队基准点视线与至各独立目标视线的实际夹角，如图 10.17 中的β和α角。这种在固定的目标编队基准点周围模拟各反射回波的方法称为固定基准坐标系（FRF）。

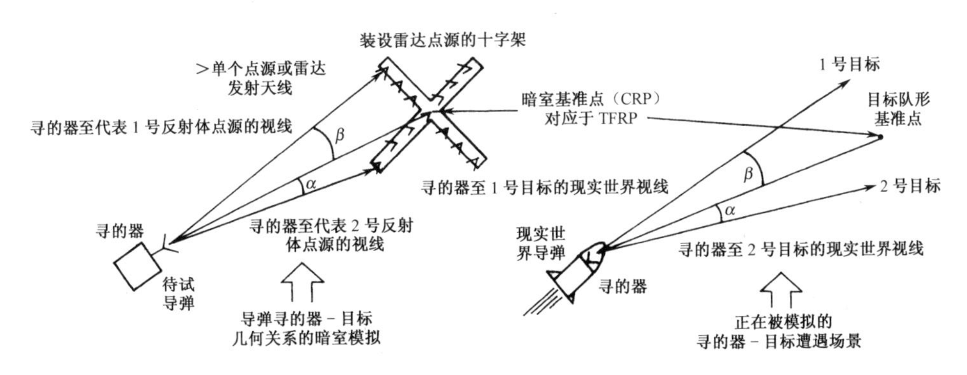

图 10.17　固定基准坐标系中的几何关系

在固定基准坐标系中，确定了一个相对斜距坐标系，称为 N 坐标系（N 表示多反射体）。导弹到目标编队基准点的视线定义了该坐标系的 $\overline{\mathbf{UN}1}$ 坐标轴，如果利用地球的垂直轴 $\overline{\mathbf{UE}2}$，则 N 坐标系的定义方法如下

$$\overline{\mathbf{UN}1} = \overline{\mathbf{URTM}} \tag{10.73}$$

$$\overline{\mathbf{UN}3} = U(\overline{\mathbf{UN}1} \times \overline{\mathbf{UE}2}) \tag{10.74}$$

$$\overline{\mathbf{UN}2} = \overline{\mathbf{UN}3} \times \overline{\mathbf{UN}1} \tag{10.75}$$

式中

$\overline{\mathbf{URTM}}$ 为地球坐标系中导弹至目标编队基准点的单位向量；

$\overline{\mathbf{UE}2}$ 为地球垂直轴 $=(0,1,0)^{\mathrm{T}}$；

U表示向量的单位化算子。

惯性空间坐标系（地球坐标系）中得到的相对斜距向量，可以通过前乘地球坐标系向N坐标系的变换矩阵$\boldsymbol{N}_{\mathrm{E}}$而得到$N$坐标系中的相对斜距向量，即

$$\overline{\mathbf{URFM}}(N)=\boldsymbol{N}_{\mathrm{E}}\overline{\mathbf{URFM}_{\mathrm{E}}}(N) \tag{10.76}$$

式（10.76）中

$\overline{\mathbf{URFM}_{\mathrm{E}}}$为地球坐标系中导弹至反射体的斜距向量；$N$为反射体数目（$N$=1～4）。

根据定义，$\overline{\mathbf{UN}2}$与$\overline{\mathbf{UN}3}$定义的平面即为各点源所在的平面，这些点源既可用圆形也可用十字形射频天线阵来产生。因此，$\overline{\mathbf{URFM}}(N)$的$\overline{\mathbf{UN}2}$与$\overline{\mathbf{UN}3}$分量可以映射到多目标仿真器上，使相应的点源通电而发射出模拟反射体回波。

这种固定基准坐标系在多目标仿真中存在缺陷。如果被跟踪的反射体（RUT）在模拟中接近拦截，则视线强制函数需要另行定义为从寻的器至RUT；否则，代表RUT的点源所要求的位置可能超出暗室中全部可用点源所能达到的角位移。因此，此时一般把视线重新定义为从实际导弹指向RUT，这样将限制暗室中对应的RUT点源的进一步运动，并且把这一点源定义为新的“暗室基准点”。此后，代表其他反射体的点源运动也将是相对于新的“暗室基准点”的运动。由于对视线原来的定义是从导弹至TFRP，而现在突然又定义为从导弹到RUT，这就造成了强制函数的间断。这种间断将造成寻的器跟踪中的跳变，从而使导弹系统响应出错。这种错误对于多目标跟踪仿真是不可接受的。

为了克服上述缺陷，在多目标跟踪射频仿真中，一般采用可变基准坐标系。

10.6.3 可变基准坐标系

在可变基准坐标系（VRF）中，所采用的不是从实际导弹到TFRP之间的视线，而是定义为从导弹出发的一条线，称为VRF视线，它的方向由3个欧拉角确定。这样，在多目标仿真中，只需要模拟相对于VRF视线的运动，如图10.18所示。

驱动欧拉角变化的角速度使VRF视线对准实际寻的器的轴向，也就是说，在图10.18中，γ是一个小量。因此代表RUT的点源始终保持在CRP附近，这样就可以避免在接近拦截时重新定义CRP的视线向量。驱动欧拉角变化的角速度也是强制函数，因此固定基准坐标系中CRP的视线向量基在重新定义时固有的强制函数间断问题，在这种可变基准坐标系中可得以避免。

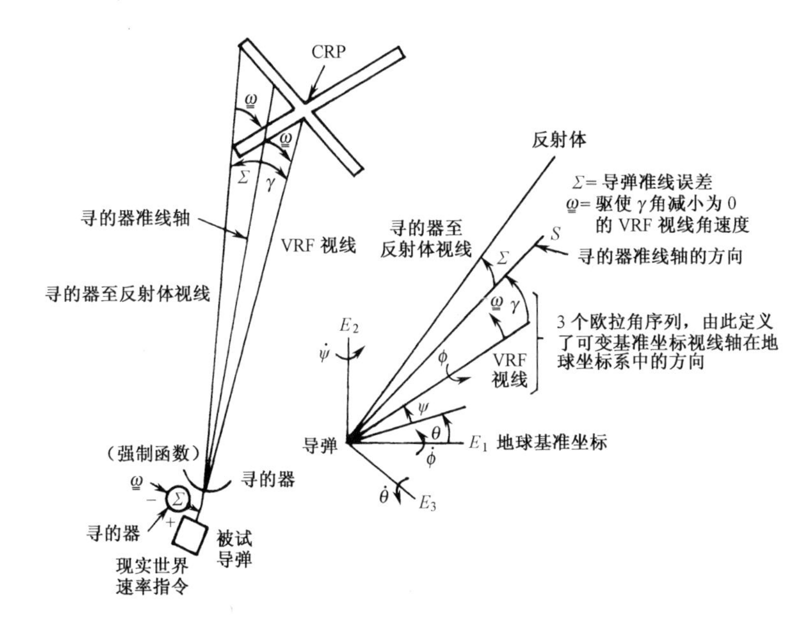

图 10.18　可变基准坐标系中的几何关系

可变基准坐标系 VRF 的 3 个欧拉角定义了一个与固定基准坐标系中类似的 N 坐标系，但是注意这两个 N 坐标系并不重合。VRF 中的 N 坐标系为

$$\boldsymbol{N}_{\mathrm{E}} = \boldsymbol{\phi}\,\boldsymbol{\theta}\,\boldsymbol{\psi} \tag{10.77}$$

$$\boldsymbol{N}_{\mathrm{E}} = [\overline{\mathbf{UN}}1, \overline{\mathbf{UN}}2, \overline{\mathbf{UN}}3] \tag{10.78}$$

式中，$\boldsymbol{\phi}$ 为偏航角矩阵；$\boldsymbol{\theta}$ 为俯仰角矩阵；$\boldsymbol{\psi}$ 为滚动角矩阵。欧拉角速度率为

$$\dot{\boldsymbol{\theta}} = \boldsymbol{W}(2)\sin\phi + \boldsymbol{W}(3)\cos\phi \tag{10.79}$$

$$\dot{\boldsymbol{\psi}} = \frac{1}{\cos\theta}[\boldsymbol{W}(2)\cos\phi - \boldsymbol{W}(3)\sin\phi] \tag{10.80}$$

$$\dot{\boldsymbol{\phi}} = \boldsymbol{W}(1) - \dot{\psi}\sin\theta \tag{10.81}$$

式中

$$\boldsymbol{W} = \overline{\mathbf{USN}} \times [K \cdot (0, -\mathbf{USN}(3), \mathbf{USN}(2))^{\mathrm{T}}] \times \overline{\mathbf{USN}} \tag{10.82}$$

为 N 坐标系旋转角速度向量，$\boldsymbol{W} = (W(1), W(2), W(3))^{\mathrm{T}}$；$K$ 为增益常数；$\overline{\mathbf{USN}}$ 是 N 坐标系中寻的器准线单位向量

$$\overline{\mathbf{USN}} = \left(\mathbf{USN}(1), \mathbf{USN}(2), \mathbf{USN}(3)\right)^{\mathrm{T}} \tag{10.83}$$

用 $\overline{\mathbf{USN}}$ 前乘与后乘的目的是为了保证 $\boldsymbol{W}$ 以及强制函数正交于寻的器轴。

K 的选择如下：K 值必须充分大，以使得欧拉角跟踪寻的器的方向（在图 10.18 中 γ 为小量）；但 K 值也不能太大，以免在强制函数中出现过多的噪声。这种权衡对制导和混合计算机的采样率很敏感。

10.6.4 在有限射频天线阵仿真应用中的约束条件

上述 VRF 概念可直接应用于具有圆形射频天线阵的多目标仿真。但当用于十字形射频天线阵时，还需要做出附加的条件限制。

首先，注意到十字形状天线的主要约束是反射器不能在臂外分辨。这里的“臂”是指点源所在的 4 条直线。这一约束规定了反射器队形只含两个反射体，并要求导弹与反射体之间的相对速度向量对于垂直方向分离的反射体来说，在 $\overline{\mathbf{UN1}}$-$\overline{\mathbf{UN2}}$ 平面内；而对于水平方向分离的反射体来说，则在 $\overline{\mathbf{UN1}}$-$\overline{\mathbf{UN3}}$ 平面内。因此，对于十字形有限射频天线阵，VRF 概念还需附加两个约束条件，这是由于寻的器一般没有直接对准反射器造成的。寻的器的瞄准轴一般不同于寻的器至 RUT 的连线，两者之间有一个小误差，这一误差即为瞄准误差。这种约束是在射频天线阵的两根正交轴（**UN2-UN3**）上实现的，称为“出面约束”和“交臂约束”。

“出面约束”是为了防止反射体的分辨偏出臂边之外。为了消除“出面”误差，需要把 RUT 的臂外分量 **SNB3** 从寻的器方向向量中减掉，这样驱动欧拉角使面外分量为零。如前所述，由寻的器方向引起的出面误差与某种反射体队形产生的出面误差相同。

反射体从一臂移到另一臂称为“交臂”。“交臂约束”就是为了防止反射体从一臂转移到另一臂，这是由仿真硬件方面的约束所决定的，因为十字形天线的每条臂上只能一次模拟一个反射体，不能同时模拟多个反射体。“交臂约束”避免了一个反射体从一臂到另一臂的转移，而此时这后一臂正用于模拟另一个反射体。

如果导弹视线与两个反射体形成的弧线中，一个反射体被寻的器看偏，此时将出现“交臂”误差。也就是说，如果寻的器方向向量不再在两个反射体的弧线内，则当 VRF 视线与寻的器方向对准时，两个反射器将出现在同一臂上。从寻的器方向向量减去一个非线性约束项，使 VRF 视线保持在两个反射体之间，可以避免“交臂误差”。约束项 **SNB2** 是这样一个变量的函数，此变量选择臂上的点源。由于这一变量选择靠近 CRP 的点源，因此约束项阻止反射体向 CRP 的进一步运动。

对于两个垂直分离的反射体，式（10.82）的约束形式为

$$\boldsymbol{W} = \overline{\mathbf{USN}} \times [K_1 \cdot (0, \mathbf{USN}(3) + \mathbf{SNB3}, \mathbf{USN}(2) + \mathbf{SNB2})^{\mathrm{T}}] \times \overline{\mathbf{USN}} \tag{10.84}$$

式（10.84）中，**SNB3** 使“出面”误差最小，**SNB2** 防止“交臂”误差，且有

$$\mathbf{SNB3} = \mathbf{URFM}(3, N) \tag{10.85}$$

式（10.85）中，$\mathbf{URFM}(3, N)$ 是 RUT 的 $\overline{\mathbf{URFM}}$ 的“出面”分量（$\overline{\mathbf{UN3}}$），（N=1 或 2）。

$$\begin{aligned}\mathbf{SNB}2 = &\max\{[\mathbf{SA}_{\min} + \mathbf{URFM}(2,2)]/\left|\mathbf{URFM}(2,2)\right|, 0.0\} \\ &\max\{[\mathbf{SA}_{\min} - \mathbf{URFM}(2,1)]/\left|\mathbf{URFM}(2,1)\right|, 0.0\}\end{aligned} \tag{10.86}$$

式（10.86）中，$\max\{A,B\}$ 表示取 A 和 B 中最大者，$\mathbf{URFM}(2,N)$ 是两个反射体（N=1,2）$\overline{\mathbf{URFM}}$ 的 $\overline{\mathbf{UN}2}$ 分量，$\mathbf{SA}_{\min}$ 是反射体离开 CRP 所需的最小角度。注意 $\mathbf{SNB}2$ 是非线性的，它能产生越来越大的偏置量，从而可以防止 $\mathbf{URFM}(2,N)$ 趋于零。

参考文献

[1] MITCHELL R L. Radar Signal Simulation[M]. Norwood: Artech House, 1978.

[2] XU X, HUANG P K. A New RCS Statistical Model of Radar Targets[J]. IEEE Transactions on Aerospace and Electronic Systems, 1997, 33(2): 710-714.

[3] 许小剑，黄培康. 目标电磁散射特征信号的统计复现[J]. 系统工程与电子技术，1994，16(8): 21-27.

[4] XU X, HUANG P K. Statistical Reconstruction of Radar Target Signatures by Neural Networks[C]. Beijing: Proceedings of International. Conference on Computational Electromagnetics and Its Applications, 1994.

[5] DELANO R H. A Theory of Target Glint or Angular Scintillation in Radar Tracking[J]. Proceedings of the IRE, 1953, 41(12): 1778-1784.

[6] SKOLNIK M I. Radar Handbook[M]. New York: McGraw-Hill Book Company, 1970.

[7] GUBOLIN N S. Fluctuation of the Phase Front of the Wave Reflected from a Complex Target[J]. Radio Engineering and Electronic Physics, 1965, 10(5): 718.

[8] MUCHMORE R B. Aircraft Scintillation Spectra[J]. IRE Transactions on Antennas and Propagation, 1960, 8(2): 201.

[9] BORDEN B H, MUMFORD M L. A Statistical Glint/Radar Cross Section Target Model[J]. IEEE Transactions on Aerospace and Electronic Systems, 1983, 19(5): 781-785.

[10] PAPOULIS A. Probability, Random Variables, and Stochastic Processes[M]. 3th Ed. Singapore: McGraw Hill Company, 1991.

[11] SANDHU G S. A Real-Time Clutter Model for an Airborne Pulse Doppler Radar[C]. IEE Proceedings SECON, 1982: 316-321.

[12] FRIEDLANDER A L, GREENSTEIN L J. Generalized Clutter Computation Procedure for Airborne Pulse Doppler Radars[J]. IEEE Transactions on Aerospace

and Electronic Systems, 1970, 6(1): 51-61.

[13] BAKER C J. Coherent Properties of K-Distributed Sea Clutter[C]. 1986 16th European Microwave Conference. Dublin: 1986, 311-316.

[14] NOHARA T J, HAYKIN S. Canadian East Coast Radar Trial and the K-Distribution[J]. IEE Proceedings, 1991, 38(2): 80-88.

[15] ANTIPOV I. Simulation of Sea Clutter Returns[R]. DSTO Electronic and Surveillance Research Laboratory, 1998, 1(1): 1-71.

[16] WARD K D, BAKER C J, WATTES S. Hybrid SAR-ISAR Imaging of Ships[C]. IEEE International Conference on Radar. Arlington: 1990, 64-69.

[17] WATTS S, WICKS D C. Empirical Models for Prediction in K-Distribution Sea Clutter[C]. Arlington: IEEE International Radar Conference, 1990.

[18] RYAN J, JOHNSON M. Radar Performance Prediction for Target Detection at Sea[C]. 1992 International Conference on Radar. Brighton: 1992, 53-17.

[19] SITTROP H. On the Sea-Clutter Dependency on Wind Speed[C]. London: IEE Conference Proceedings, 1977.

[20] LEONARD T P, ANTIPOV I, Ward K D. A Comparison of radar Sea Clutter Models[C]. RADAR 2002. Edinburgh: 2002, 429-433.

[21] SNYDER H. Improved Multiple Target Capability for a Guidance Test Simulation Facility[C]. Proceedings SCS Conference, 1983.

[22] 高梅国，韩月秋. 多功能雷达视频信号模拟器[J]. 系统工程与电子技术，2000, 22(2): 38-40.

[23] SZABO A P. Clutter Simulation for Airborne Pulse-Doppler Radar[C]. 2003 Proceedings of the International Conference on Radar. Adelaide: 2003, 608-613. IEE International Conference Proceedings, 2003.

附录 A 计算一致性绕射系数式（2.61）的 FORTRAN 程序

```
      COMPLEX DS,DH
      WRITE(*,*)'INPUT R,PH,PHP,BO,FN'
      READ(*,*)R,PH,PHP,BO,FN
      CALL DW(DS,DH,R,PH,PHP,BO,FN)
      WRITE(*,*)DS,DH
      STOP
      END

      SUBROUTINE DW(DS,DH,R,PH,PHP,BO,FN)
C   ***   WEDGE DIFFRACTION COEFFICIENT ***
C   ***   FOR THE SOFT AND FARD B.C. ***
      COMPLEX DIN,DIP,DS,DH
      BETN=PH-PHP
      CALL DI(DIN,R,BETN,BO,FN)
      IF(ABS(PHP).GT.2.5E-4.AND.ABS(PHP).LT.(FN*180.-2.5E-4)) GO TO 10
      DH=DIN
      DS=(0.,0.)
      RETURN
10    CONTINUE
      BETP=PH+PHP
      CALL DI(DIP,R,BETP,BO,FN)
      DS=DIN-DIP
      DH=DIN+DIP
      RETURN
      END

      SUBROUTINE DI(DIR,R,BET,BO,FN)
C ***  INCIDENT (BET=PH-PHP) OR REFLECTED (BET=PH+PHP) ***
C ***  PART OF WEDGE DIFFRACTION COEFFICIENT ***
      COMPLEX TOP,COM,EX,UPPI,UNPI,FA,DIR
      DATA PI,TPI,DPR/3.14159265,6.2831853,57.29577958/
      ANG=BET/DPR
      TOP=-CEXP(CMPLX(0.,-PI/4.))
      DEM=2.*TPI*FN*SIN(BO/DPR)
      COM=TOP/DEM
      SQR=SQRT(TPI*R)
      DNS=(PI+ANG)/(2.0*FN*PI)
      SGN=SIGN(1.,DNS)
      N=IFIX(ABS(DNS)+0.5)
```

```
      DN=SGN*N
      A=ABS(1.0+COS(ANG-2.0*FN*PI*DN))
      BOTL=2.0*SQRT(ABS(R*A))
      EX=CEXP(CMPLX(0.0,TPI*R*A))
      CALL FRNELS(C,S,BOTL)
      C=SQRT(PI/2.0)*(0.5-C)
      S=SQRT(PI/2.0)*(S-0.5)
      FA=CMPLX(0.,2.)*SQR*EX*CMPLX(C,S)
      RAG=(PI+ANG)/(2.0*FN)
      TSIN=SIN(RAG)
      TS=ABS(TSIN)
      IF(TS.GT.1.E-5) GO TO 442
      COTA=-SQRT(2.0)*FN*SIN(ANG/2.0-FN*PI*DN)
      GO TO 443
442   COTA=SQRT(A)*COS(RAG)/TSIN
443   UPPI=COM*COTA*FA
      DNS=(-PI+ANG)/(2.0*FN*PI)
      SGN=SIGN(1.,DNS)
      N=IFIX(ABS(DNS)+0.5)
      DN=SGN*N
      A=ABS(1.0+COS(ANG-2.0*FN*PI*DN))
      BOTL=2.0*SQRT(ABS(R*A))
      EX=CEXP(CMPLX(0.0,TPI*R*A))
      CALL FRNELS(C,S,BOTL)
      C=SQRT(PI/2.0)*(0.5-C)
      S=SQRT(PI/2.0)*(S-0.5)
      FA=CMPLX(0.,2.)*SQR*EX*CMPLX(C,S)
      RAG=(PI-ANG)/(2.0*FN)
      TSIN=SIN(RAG)
      TS=ABS(TSIN)
      IF(TS.GT.1.E-5) GO TO 542
      COTA=SQRT(2.0)*FN*SIN(ANG/2.0-FN*PI*DN)
      IF(COS(ANG/2.0-FN*PI*DN).LT.0.0) COTA=-COTA
      GO TO 123
542   COTA=SQRT(A)*COS(RAG)/TSIN
123   UNPI=COM*COTA*FA
      DIR=UPPI+UNPI
      RETURN
      END
```

```
      SUBROUTINE FRNELS(C,S,XS)
C     THIS IS THE FRESNEL INTEGRAL SUBROUTINE WHERE THE INTEGRAL IS
FROM
C     U=0 TO XS, THE INTEGRAND IS EXP(-J*PI/2.*U*U), AND THE OUTPUT IS
C     C(XS)-J*S(XS).
      DIMENSION A(12),B(12),CC(12),D(12)
      DATA A/1.595769140,-0.000001702,-6.808568854,-0.000576361,6.920691902,
     * -0.016898657,-3.050485660,-0.075752419,0.850663781,-0.02563901,
     * -0.150230960,0.034404779/
      DATA B/-0.000000033,4.255387524,-0.000092810,-7.780020400,-0.009520895,
     * 5.075161298,-0.138341947,-1.363729124,-0.403349276,0.70222206,
     * -0.216195929,0.019547031/
      DATA CC/0.,-0.024933975,0.000003936,0.005770956,0.000689892,-0.009497136,
     * 0.011948809,-0.006748873,0.000246420,0.002102967,-0.00121730,
     * 0.000233939/
      DATA D/0.199471140,0.000000023,-0.009351341,0.000023006,0.004851466,
     * 0.001903218,-0.017122914,0.029064067,-0.027928955,0.016497308,
     * -.005598515,0.000838386/
      DATA PI/3.14159265/
      IF(XS.LE.0.0) GO TO 414
      X=XS
      X=PI*X*X/2.0
      FR=0.0
      FI=0.0
      K=13
      IF(X-4.0) 10,40,40
10    Y=X/4.0
20    K=K-1
      FR=(FR+A(K))*Y
      FI=(FI+B(K))*Y
      IF(K-2) 30,30,20
30    FR=FR+A(1)
      FI=FI+B(1)
      C=(FR*COS(X)+FI*SIN(X))*SQRT(Y)
      S=(FR*SIN(X)-FI*COS(X))*SQRT(Y)
      RETURN
40    Y=4.0/X
50    K=K-1
```

```
      FR=(FR+CC(K))*Y
      FI=(FI+D(K))*Y
      IF(K-2) 60,60,50
60    FR=FR+CC(1)
      FI=FI+D(1)
      C=0.5+(FR*COS(X)+FI*SIN(X))*SQRT(Y)
      S=0.5+(FR*SIN(X)-FI*COS(X))*SQRT(Y)
      RETURN
414   C=-0.0
      S=-0.0
      RETURN
      END
```

附录 B
金属导电球后向 RCS 数据表

ka	NRCS	*ka*	NRCS	*ka*	NRCS
.02	.000001	.66	1.459222	1.30	2.454299
.04	.000023	.68	1.612061	1.32	2.312157
.06	.000117	.70	1.770665	1.34	2.168460
.08	.000368	.72	1.933703	1.36	2.024190
.10	.000898	.74	2.099613	1.38	1.880308
.12	.001861	.76	2.266622	1.40	1.737741
.14	.003445	.78	2.432786	1.42	1.597396
.16	.005870	.80	2.596026	1.44	1.460156
.18	.009391	.82	2.754189	1.46	1.326887
.20	.014293	.84	2.905106	1.48	1.198430
.22	.020894	.86	3.046662	1.50	1.075609
.24	.029540	.88	3.176869	1.52	.959219
.26	.040609	.90	3.293917	1.54	.850027
.28	.054505	.92	3.396245	1.56	.748761
.30	.071659	.94	3.482575	1.58	.656107
.32	.092527	.96	3.551939	1.60	.572697
.34	.117585	.98	3.603706	1.62	.499103
.36	.147328	1.00	3.637567	1.64	.435823
.38	.182265	1.02	3.653526	1.66	.383270
.40	.222913	1.04	3.651877	1.68	.341767
.42	.269793	1.06	3.633162	1.70	.311534
.44	.323416	1.08	3.598139	1.72	.292677
.46	.384282	1.10	3.547738	1.74	.285189
.48	.452859	1.12	3.483015	1.76	.288940
.50	.529576	1.14	3.405122	1.78	.303673
.52	.614803	1.16	3.315270	1.80	.329013
.54	.708834	1.18	3.214694	1.82	.364460
.56	.811866	1.20	3.104639	1.84	.409402
.58	.923975	1.22	2.986339	1.86	.463120
.60	1.045095	1.24	2.861001	1.88	.524803
.62	1.174993	1.26	2.729797	1.90	.593554
.64	1.313246	1.28	2.593865	1.92	.668410

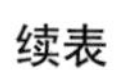
续表

ka	NRCS	ka	NRCS	ka	NRCS
1.94	.748357	2.68	1.094430	3.42	1.465682
1.96	.832344	2.70	1.022735	3.44	1.498543
1.98	.919298	2.72	.953366	3.46	1.526641
2.00	1.008143	2.74	.887027	3.48	1.549714
2.02	1.097813	2.76	.824383	3.50	1.567556
2.04	1.187267	2.78	.766050	3.52	1.580019
2.06	1.275498	2.80	.712593	3.54	1.587011
2.08	1.361549	2.82	.664514	3.56	1.588500
2.10	1.444515	2.84	.622246	3.58	1.584512
2.12	1.523560	2.86	.586154	3.60	1.575134
2.14	1.597912	2.88	.556524	3.62	1.560509
2.16	1.666877	2.90	.533568	3.64	1.540838
2.18	1.729837	2.92	.517417	3.66	1.516375
2.20	1.786250	2.94	.508124	3.68	1.487425
2.22	1.835661	2.96	.505663	3.70	1.454340
2.24	1.877687	2.98	.509935	3.72	1.417515
2.26	1.912033	3.00	.520766	3.74	1.377383
2.28	1.938478	3.02	.537913	3.76	1.334411
2.30	1.956879	3.04	.561072	3.78	1.289091
2.32	1.967174	3.06	.589878	3.80	1.241938
2.34	1.969373	3.08	.623913	3.82	1.193482
2.36	1.963560	3.10	.662710	3.84	1.144259
2.38	1.949890	3.12	.705765	3.86	1.094809
2.40	1.928589	3.14	.752535	3.88	1.045668
2.42	1.899946	3.16	.802454	3.90	.997363
2.44	1.864320	3.18	.854929	3.92	.950401
2.46	1.822132	3.20	.909353	3.94	.905273
2.48	1.773857	3.22	.965114	3.96	.862437
2.50	1.720027	3.24	1.021589	3.98	.822325
2.52	1.661226	3.26	1.078165	4.00	.785329
2.54	1.598086	3.28	1.134233	4.02	.751805
2.56	1.531276	3.30	1.189200	4.04	.722064
2.58	1.461503	3.32	1.242492	4.06	.696374
2.60	1.389499	3.34	1.293558	4.08	.674954
2.62	1.316020	3.36	1.341878	4.10	.657976
2.64	1.241834	3.38	1.386965	4.12	.645562
2.66	1.167715	3.40	1.428368	4.14	.637782

续表

ka	NRCS	*ka*	NRCS	*ka*	NRCS
4.16	.634661	4.90	1.320364	5.64	.976594
4.18	.636168	4.92	1.294372	5.66	1.007565
4.20	.642230	4.94	1.265883	5.68	1.038525
4.22	.652725	4.96	1.235228	5.70	1.069135
4.24	.667484	4.98	1.202757	5.72	1.099061
4.26	.686298	5.00	1.168837	5.74	1.127981
4.28	.708917	5.02	1.133847	5.76	1.155583
4.30	.735054	5.04	1.098171	5.78	1.181576
4.32	.764387	5.06	1.062201	5.80	1.205689
4.34	.796566	5.08	1.026321	5.82	1.227671
4.36	.831213	5.10	.990914	5.84	1.247300
4.38	.867926	5.12	.956358	5.86	1.264379
4.40	.906288	5.14	.923008	5.88	1.278743
4.42	.945864	5.16	.891211	5.90	1.290256
4.44	.986214	5.18	.861291	5.92	1.298815
4.46	1.026889	5.20	.833547	5.94	1.304355
4.48	1.067444	5.22	.808256	5.96	1.306834
4.50	1.107436	5.24	.785665	5.98	1.306250
4.52	1.146433	5.26	.765988	6.00	1.302637
4.54	1.184015	5.28	.749408	6.02	1.296056
4.56	1.219782	5.30	.736074	6.04	1.286601
4.58	1.253358	5.32	.726099	6.06	1.274398
4.60	1.284390	5.34	.719557	6.08	1.259599
4.62	1.312560	5.36	.716487	6.10	1.242383
4.64	1.337580	5.38	.716891	6.12	1.222956
4.66	1.359200	5.40	.720733	6.14	1.201544
4.68	1.377213	5.42	.727939	6.16	1.178388
4.70	1.391449	5.44	.738402	6.18	1.153755
4.72	1.401782	5.46	.751979	6.20	1.127920
4.74	1.408133	5.48	.768496	6.22	1.101167
4.76	1.410464	5.50	.787746	6.24	1.073791
4.78	1.408785	5.52	.809496	6.26	1.046093
4.80	1.403147	5.54	.833487	6.28	1.018374
4.82	1.393648	5.56	.859435	6.30	.990919
4.84	1.380424	5.58	.887044	6.32	.964035
4.86	1.363654	5.60	.915994	6.34	.938003
4.88	1.343550	5.62	.945955	6.36	.913094

续表

ka	NRCS	ka	NRCS	ka	NRCS
6.38	.889570	7.12	1.232357	7.86	.832726
6.40	.867671	7.14	1.237323	7.88	.842543
6.42	.847622	7.16	1.239869	7.90	.854154
6.44	.829625	7.18	1.239988	7.92	.867419
6.46	.813859	7.20	1.237693	7.94	.882182
6.48	.800475	7.22	1.233022	7.96	.898272
6.50	.789602	7.24	1.226043	7.98	.915504
6.52	.781336	7.26	1.216847	8.00	.933684
6.54	.775747	7.28	1.205546	8.02	.952608
6.56	.772874	7.30	1.192277	8.04	.972064
6.58	.772728	7.32	1.177194	8.06	.991838
6.60	.775288	7.34	1.160473	8.08	1.011713
6.62	.780504	7.36	1.142304	8.10	1.031472
6.64	.788299	7.38	1.122892	8.12	1.050902
6.66	.798567	7.40	1.102457	8.14	1.069794
6.68	.811176	7.42	1.081225	8.16	1.087945
6.70	.825969	7.44	1.059430	8.18	1.105164
6.72	.842769	7.46	1.037309	8.20	1.121269
6.74	.861375	7.48	1.015107	8.22	1.136093
6.76	.881569	7.50	.993063	8.24	1.149483
6.78	.903117	7.52	.971412	8.26	1.161301
6.80	.925775	7.54	.950390	8.28	1.171429
6.82	.949286	7.56	.930215	8.30	1.179768
6.84	.973386	7.58	.911104	8.32	1.186237
6.86	.997807	7.60	.893253	8.34	1.190777
6.88	1.022279	7.62	.876847	8.36	1.193351
6.90	1.046536	7.64	.862055	8.38	1.193942
6.92	1.070315	7.66	.849026	8.40	1.192553
6.94	1.093359	7.68	.837886	8.42	1.189216
6.96	1.115424	7.70	.828743	8.44	1.183972
6.98	1.136276	7.72	.821684	8.46	1.176893
7.00	1.155696	7.74	.816767	8.48	1.168066
7.02	1.173485	7.76	.814033	8.50	1.157596
7.04	1.189459	7.78	.813493	8.52	1.145605
7.06	1.203460	7.80	.815138	8.54	1.132234
7.08	1.215349	7.82	.818932	8.56	1.117635
7.10	1.225011	7.84	.824822	8.58	1.101973

续表

ka	NRCS	*ka*	NRCS	*ka*	NRCS
8.60	1.085424	9.34	1.052792	10.08	.888781
8.62	1.068172	9.36	1.068045	10.10	.881775
8.64	1.050409	9.38	1.082568	10.12	.876169
8.66	1.032330	9.40	1.096208	10.14	.872013
8.68	1.014132	9.42	1.108820	10.16	.869347
8.70	.996013	9.44	1.120291	10.18	.868189
8.72	.978169	9.46	1.130473	10.20	.868545
8.74	.960789	9.48	1.139281	10.22	.870400
8.76	.944060	9.50	1.146626	10.24	.873726
8.78	.928160	9.52	1.152427	10.26	.878480
8.80	.913249	9.54	1.156640	10.28	.884600
8.82	.899490	9.56	1.159225	10.30	.892013
8.84	.887020	9.58	1.160161	10.32	.900632
8.86	.875964	9.60	1.159447	10.34	.910356
8.88	.866434	9.62	1.157101	10.36	.921076
8.90	.858524	9.64	1.153159	10.38	.932665
8.92	.852307	9.66	1.147669	10.40	.944997
8.94	.847841	9.68	1.140701	10.42	.957932
8.96	.845161	9.70	1.132339	10.44	.971328
8.98	.844285	9.72	1.122679	10.46	.985034
9.00	.845211	9.74	1.111837	10.48	.998903
9.02	.847916	9.76	1.099932	10.50	1.012782
9.04	.852361	9.78	1.087103	10.52	1.026521
9.06	.858484	9.80	1.073491	10.54	1.039971
9.08	.866211	9.82	1.059249	10.56	1.052986
9.10	.875446	9.84	1.044534	10.58	1.065432
9.12	.886081	9.86	1.029507	10.60	1.077172
9.14	.897990	9.88	1.014333	10.62	1.088084
9.16	.911038	9.90	.999176	10.64	1.098054
9.18	.925076	9.92	.984199	10.66	1.106979
9.20	.939945	9.94	.969564	10.68	1.114768
9.22	.955480	9.96	.955425	10.70	1.121344
9.24	.971505	9.98	.941934	10.72	1.126638
9.26	.987848	10.00	.929230	10.74	1.130603
9.28	1.004326	10.02	.917447	10.76	1.133203
9.30	1.020762	10.04	.906708	10.78	1.134414
9.32	1.036976	10.06	.897120	10.80	1.134233

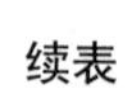

续表

ka	NRCS	*ka*	NRCS	*ka*	NRCS
10.82	1.132668	11.56	.929161	12.30	1.004916
10.84	1.129742	11.58	.938819	12.32	.993931
10.86	1.125497	11.60	.949144	12.34	.983111
10.88	1.119983	11.62	.960025	12.36	.972575
10.90	1.113266	11.64	.971338	12.38	.962436
10.92	1.105427	11.66	.982960	12.40	.952799
10.94	1.096555	11.68	.994763	12.42	.943764
10.96	1.086751	11.70	1.006618	12.44	.935430
10.98	1.076126	11.72	1.018398	12.46	.927881
11.00	1.064798	11.74	1.029973	12.48	.921195
11.02	1.052895	11.76	1.041218	12.50	.915440
11.04	1.040546	11.78	1.052017	12.52	.910674
11.06	1.027889	11.80	1.062253	12.54	.906941
11.08	1.015060	11.82	1.071818	12.56	.904287
11.10	1.002198	11.84	1.080611	12.58	.902710
11.12	.989443	11.86	1.088543	12.60	.902244
11.14	.976933	11.88	1.095530	12.62	.902884
11.16	.964800	11.90	1.101503	12.64	.904616
11.18	.953173	11.92	1.106401	12.66	.907414
11.20	.942174	11.94	1.110177	12.68	.911246
11.22	.931921	11.96	1.112795	12.70	.916062
11.24	.922518	11.98	1.114234	12.72	.921807
11.26	.914064	12.00	1.114482	12.74	.928413
11.28	.906643	12.02	1.113542	12.76	.935806
11.30	.900332	12.04	1.111431	12.78	.943901
11.32	.895192	12.06	1.108178	12.80	.952606
11.34	.891272	12.08	1.103822	12.82	.961826
11.36	.888608	12.10	1.098418	12.84	.971458
11.38	.887223	12.12	1.092025	12.86	.981396
11.40	.887125	12.14	1.084720	12.88	.991530
11.42	.888308	12.16	1.076584	12.90	1.001751
11.44	.890751	12.18	1.067713	12.92	1.011946
11.46	.894423	12.20	1.058202	12.94	1.022007
11.48	.899277	12.22	1.048156	12.96	1.031826
11.50	.905254	12.24	1.037691	12.98	1.041295
11.52	.912282	12.26	1.026914	13.00	1.050316
11.54	.920283	12.28	1.015950	13.02	1.058792

续表

ka	NRCS	*ka*	NRCS	*ka*	NRCS
13.04	1.066636	13.78	.915522	14.52	1.072530
13.06	1.073765	13.80	.914757	14.54	1.067539
13.08	1.080104	13.82	.914953	14.56	1.061872
13.10	1.085590	13.84	.916101	14.58	1.055592
13.12	1.090167	13.86	.918186	14.60	1.048772
13.14	1.093789	13.88	.921178	14.62	1.041485
13.16	1.096423	13.90	.925044	14.64	1.033811
13.18	1.098042	13.92	.929735	14.66	1.025838
13.20	1.098637	13.94	.935199	14.68	1.017649
13.22	1.098201	13.96	.941373	14.70	1.009337
13.24	1.096748	13.98	.948185	14.72	1.000991
13.26	1.094295	14.00	.955563	14.74	.992699
13.28	1.090876	14.02	.963420	14.76	.984552
13.30	1.086529	14.04	.971672	14.78	.976637
13.32	1.081310	14.06	.980224	14.80	.969037
13.34	1.075274	14.08	.988989	14.82	.961834
13.36	1.068491	14.10	.997866	14.84	.955104
13.38	1.061039	14.12	1.006760	14.86	.948915
13.40	1.053001	14.14	1.015574	14.88	.943334
13.42	1.044464	14.16	1.024216	14.90	.938417
13.44	1.035527	14.18	1.032591	14.92	.934214
13.46	1.026283	14.20	1.040610	14.94	.930770
13.48	1.016838	14.22	1.048188	14.96	.928113
13.50	1.007293	14.24	1.055245	14.98	.926273
13.52	.997748	14.26	1.061709	15.00	.925264
13.54	.988309	14.28	1.067510	15.02	.925095
13.56	.979081	14.30	1.072588	15.04	.925762
13.58	.970154	14.32	1.076894	15.06	.927254
13.60	.961628	14.34	1.080384	15.08	.929555
13.62	.953593	14.36	1.083021	15.10	.932634
13.64	.946134	14.38	1.084785	15.12	.936453
13.66	.939326	14.40	1.085654	15.14	.940970
13.68	.933242	14.42	1.085630	15.16	.946131
13.70	.927941	14.44	1.084713	15.18	.951881
13.72	.923480	14.46	1.082916	15.20	.958151
13.74	.919902	14.48	1.080263	15.22	.964873
13.76	.917241	14.50	1.076788	15.24	.971976

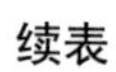

续表

ka	NRCS	ka	NRCS	ka	NRCS
15.26	.979376	16.00	.975295	16.74	1.059835
15.28	.986996	16.02	.968796	16.76	1.062454
15.30	.994748	16.04	.962686	16.78	1.064411
15.32	1.002554	16.06	.957024	16.80	1.065688
15.34	1.010328	16.08	.951874	16.82	1.066273
15.36	1.017981	16.10	.947286	16.84	1.066161
15.38	1.025436	16.12	.943309	16.86	1.065359
15.40	1.032612	16.14	.939983	16.88	1.063877
15.42	1.039432	16.16	.937339	16.90	1.061731
15.44	1.045825	16.18	.935407	16.92	1.058949
15.46	1.051724	16.20	.934202	16.94	1.055565
15.48	1.057063	16.22	.933732	16.96	1.051616
15.50	1.061795	16.24	.934002	16.98	1.047145
15.52	1.065865	16.26	.935006	17.00	1.042205
15.54	1.069234	16.28	.936729	17.02	1.036848
15.56	1.071866	16.30	.939150	17.04	1.031141
15.58	1.073740	16.32	.942240	17.06	1.025137
15.60	1.074836	16.34	.945962	17.08	1.018904
15.62	1.075144	16.36	.950275	17.10	1.012515
15.64	1.074671	16.38	.955129	17.12	1.006033
15.66	1.073414	16.40	.960468	17.14	.999533
15.68	1.071399	16.42	.966235	17.16	.993084
15.70	1.068647	16.44	.972365	17.18	.986751
15.72	1.065186	16.46	.978790	17.20	.980608
15.74	1.061072	16.48	.985440	17.22	.974717
15.76	1.056336	16.50	.992242	17.24	.969141
15.78	1.051038	16.52	.999125	17.26	.963938
15.80	1.045237	16.54	1.006007	17.28	.959165
15.82	1.038996	16.56	1.012822	17.30	.954867
15.84	1.032384	16.58	1.019493	17.32	.951093
15.86	1.025476	16.60	1.025947	17.34	.947878
15.88	1.018346	16.62	1.032117	17.36	.945258
15.90	1.011071	16.64	1.037939	17.38	.943255
15.92	1.003731	16.66	1.043350	17.40	.941893
15.94	.996407	16.68	1.048295	17.42	.941179
15.96	.989174	16.70	1.052719	17.44	.941120
15.98	.982113	16.72	1.056578	17.46	.941715

续表

ka	NRCS	*ka*	NRCS	*ka*	NRCS
17.48	.942955	18.22	1.034946	18.96	1.004930
17.50	.944822	18.24	1.030005	18.98	1.010329
17.52	.947296	18.26	1.024780	19.00	1.015611
17.54	.950347	18.28	1.019323	19.02	1.020722
17.56	.953939	18.30	1.013692	19.04	1.025606
17.58	.958032	18.32	1.007953	19.06	1.030212
17.60	.962579	18.34	1.002167	19.08	1.034491
17.62	.967530	18.36	.996392	19.10	1.038395
17.64	.972832	18.38	.990698	19.12	1.041889
17.66	.978422	18.40	.985141	19.14	1.044933
17.68	.984242	18.42	.979780	19.16	1.047499
17.70	.990228	18.44	.974674	19.18	1.049558
17.72	.996314	18.46	.969875	19.20	1.051091
17.74	1.002435	18.48	.965434	19.22	1.052082
17.76	1.008524	18.50	.961400	19.24	1.052524
17.78	1.014516	18.52	.957812	19.26	1.052413
17.80	1.020346	18.54	.954704	19.28	1.051752
17.82	1.025953	18.56	.952115	19.30	1.050553
17.84	1.031276	18.58	.950067	19.32	1.048828
17.86	1.036261	18.60	.948577	19.34	1.046599
17.88	1.040854	18.62	.947664	19.36	1.043889
17.90	1.045006	18.64	.947331	19.38	1.040730
17.92	1.048677	18.66	.947586	19.40	1.037158
17.94	1.051825	18.68	.948418	19.42	1.033215
17.96	1.054423	18.70	.949818	19.44	1.028942
17.98	1.056442	18.72	.951767	19.46	1.024387
18.00	1.057860	18.74	.954244	19.48	1.019601
18.02	1.058669	18.76	.957222	19.50	1.014634
18.04	1.058861	18.78	.960663	19.52	1.009541
18.06	1.058436	18.80	.964530	19.54	1.004377
18.08	1.057399	18.82	.968780	19.56	.999200
18.10	1.055766	18.84	.973367	19.58	.994063
18.12	1.053556	18.86	.978238	19.60	.989023
18.14	1.050795	18.88	.983342	19.62	.984132
18.16	1.047512	18.90	.988619	19.64	.979443
18.18	1.043747	18.92	.994015	19.66	.975006
18.20	1.039545	18.94	.999471	19.68	.970866

续表

ka	NRCS	*ka*	NRCS	*ka*	NRCS
19.70	.967069	19.82	.953363	19.94	.957749
19.72	.963651	19.84	.952803	19.96	.960197
19.74	.960655	19.86	.952772	19.98	.963077
19.76	.958102	19.88	.953257	20.00	.966359
19.78	.956023	19.90	.954260		
19.80	.954437	19.92	.955764		

附录 C 求解金属球的后向 RCS 和相位的 FORTRAN 程序

```
C-------------------------------------------------------------------------------------------
C                  MAIN PROGRAM
C-------------------------------------------------------------------------------------------
          REAL KA
          OPEN(6,FILE=' ',STATUS='NEW')
          DO 10 I=1,60
          KA=FLOAT(I)*0.5
          CALL SBRCS(KA,SIGMA,PHASE)
          WRITE(*,20) KA,SIGMA,PHASE
          WRITE(6,20) KA,SIGMA,PHASE
10        CONTINUE
          CLOSE(6)
20        FORMAT(2X,F6.2,2X,F12.6,2X,F12.6)
          STOP
          END

          SUBROUTINE SBRCS(KA,SIGMA,PHASE)
C-------------------------------------------------------------------------------------------
C       TO COMPUTE BACKSCATTERING OF CONDUCTING SPHERE
C           KA = 2*PI*A/WAVE
C           PI = 3.1415926536
C           A = RADIUS OF SPHERE
C           WAVE = WAVELENGTH OF INCIDENT WAVE
C           SIGMA = RCS/ (PI*A**2)
C           PHASE = PHASE OF BACKSCATTERING FIELD (DEG)
C-------------------------------------------------------------------------------------------
          COMPLEX HAN0,HAN1,SG,AN,BN,SG0
          REAL KA
          PI=3.1415926536
          SG=(0.,0.)
          N=1
5         CALL SHANKL(KA,AJ0,Y0,N-1)
          CALL SHANKL(KA,AJ1,Y1,N)
          HAN0=CMPLX(AJ0,Y0)
          HAN1=CMPLX(AJ1,Y1)
          AN=AJ1/HAN1
          BN=(KA*AJ0-N*AJ1)/(KA*HAN0-N*HAN1)
          SG0=(-1)**N*(N+0.5)*(BN-AN)
          SG=SG+SG0
          EPS=CABS(SG0)/(1.+CABS(SG))
          IF(EPS.LT.1E-12) GO TO 10
```

```
      N=N+1
      IF(N.GE.1000) STOP 1111
      GO TO 5
10    SIGMA=(2./KA*CABS(SG))**2
      PHASE=ATAN2(REAL(SG),AIMAG(SG))*180./PI
      RETURN
      END

      SUBROUTINE SHANKL(X,AJ,Y,N)
C----------------------------------------------------------------------------------------
C     TO COMPUTE SPHERICAL BESSEL FUNCTIONS
C----------------------------------------------------------------------------------------
      DIMENSION B(1000)
      IF(X.GE.10.) GO TO 12
      M=2.5*X+13.
      GO TO 15
12    IF(X.GE.45.) GO TO 13
      M=1.4*X+25.
      GO TO 15
13    IF(X.GE.250.) GO TO 14
      M=1.1*X+40.
      GO TO 15
14    M=1.03*X+65.
15    AM=M
      A=SIN(X)
      IF(A.EQ.0.) GO TO 16
      M1=0
      GO TO 17
16    A=COS(X)
      M1=-1
17    Y1=0.
      Y2=1.E-12
19    IF(M.LT.1000) B(M+1)=Y2
      Y3=(2.*AM+1.)*Y2/X-Y1
      M=M-1
      AM=M
      Y1=Y2
      Y2=Y3
      IF(M.GT.M1) GO TO 19
      IF(M1.EQ.0) B(1)=Y2
      DO 20 I=1,1000
20    B(I)=B(I)*A/(Y2*X)
```

```
      Y=-COS(X)/X
      Y2=Y
      IF(N.EQ.0) GO TO 24
      M=0
      AM=0.
      Y1=SIN(X)/X
21    Y=Y2*(2.*AM+1.)/X-Y1
      M=M+1
      AM=M
      Y1=Y2
      Y2=Y
      IF(N.GT.M) GO TO 21
24    AJ=B(N+1)
      RETURN
      END
C-------------------------------------------------------------------------------------------
C              PROGRAM END
C-------------------------------------------------------------------------------------------
C    EXAMPLE:
C      KA          SIGMA          PHASE
C      2.00        1.008143       89.037960
C     14.00        0.955562       -11.550500
C-------------------------------------------------------------------------------------------
```

附录 D 短粗金属圆柱定标体散射 CE 模型计算 MATLAB 代码

```
function [sig_hh, sig_vv] = cylRCS_CE(diam,freq)
%===========================================================================
% MATLAB code used to calculate the complex radar cross section
% of a set of squat cylinder calibrators with a height-to-diameter ratio
% (HDR) being 7 to 15 (or 0.4667)
%
% Reference:
%   Xu X. J., Xie Z. J., He F. Y., Fast and accurate RCS calculation for squat cylinder
%   calibrators [J]. IEEE Antennas and Propagation Magazine, 2015, 57(1), pp.33-41.
%
% Input:
%     diam -- Diameter of the cylinder (inches)
%     freq -- Array for frequency vector (Hz)
%
% Output:
%     sig_vv -- Array for complex RCS for VV polarization (m)
%     sig_hh -- Array for complex RCS for HH polarization (m)
%
% Example:
%     [sig_hh, sig_vv] = cylRCS_CE(3.75, 1.0e+9:1.0e+7:40.0e+9)
%       calculates complex RCS of squat cylinder with diameter 3.75 inches
%       over frequency band of 1GHz ~ 40GHz with a frequency step 10MHz
%
% Authored by X. Xu, Beihang University, Beijing, 100191, China
% Dated by: 12-25-2014
%===========================================================================
% CE model parameters derived from MoM data of a 9-inch cylinder
amp_hh=[ 5.088008 + 0.263441i   -3.138755 + 0.936001i ...
         -1.213322 - 0.854809i   -0.744264 - 0.677331i ...
          0.507787 + 0.678201i    0.187016 - 0.374488i ...
         -0.320356 - 0.052467i   -0.190035 - 0.035972i ...
         -0.185182 + 0.039992i    0.059794 - 0.030789i ...
         -0.044036 + 0.002216i   -0.017029 - 0.003870i ...
          0.009448 + 0.001175i ];

alpha_hh=[ 0.622635    0.221793    0.262890    0.000048 ...
           0.617831    0.378986    0.069427    0.380319 ...
           0.049187    0.457331    0.026572    0.074940 ...
           0.046933 ];

tau_hh=[ 0.021932    0.125481   -0.062185   -0.076286 ...
         0.293373   -0.113635    0.129852    0.386375 ...
```

```
            -0.073705     0.492165     0.123353     0.092168 ...
             0.146207 ];

amp_vv=[-2.654485 + 0.013402i     1.414747 + 1.579053i ...
             0.490294 - 0.957650i   -0.706286 - 0.712004i ...
             0.940357 - 0.019474i   -0.098352 + 0.543523i ...
             0.224461 + 0.120938i     0.046234 - 0.152983i ...
             0.126885 + 0.031795i     0.015151 + 0.064458i ...
             0.031515 + 0.050911i     0.055374 + 0.020293i ...
            -0.057805 + 0.003642i     0.042547 + 0.033591i ...
             0.026356 + 0.032443i     0.022668 + 0.031320i ...
            -0.008689 - 0.033677i     0.033039 + 0.002159i ...
            -0.021825 + 0.021693i     0.013298 + 0.018491i ...
            -0.000504 + 0.020983i   -0.000625 + 0.001014i ];

alpha_vv=[ 0.152558     0.275408     0.505746     0.000014 ...
               0.736560     0.110239     0.081152     0.083825 ...
               0.093636     0.038305     0.465767     0.475081 ...
               0.019076     0.011440     0.381882     0.382022 ...
               0.035323     0.419197     0.225547     0.298607 ...
               0.014739     0.013849 ];

tau_vv=[ 0.123639     0.160736   -0.049204   -0.076248 ...
             0.253641   -0.037697     0.076067   -0.074546 ...
            -0.025135     0.125967     0.802483     0.890164 ...
             0.111715     0.076098     0.592555     0.696051 ...
             0.145402     0.988162     0.314152     0.497528 ...
            -0.040586   -0.009382 ];

alpha_hh=alpha_hh*1e-8;
tau_hh=tau_hh*1e-8;

alpha_vv=alpha_vv*1e-8;
tau_vv=tau_vv*1e-8;

% PO calculation
Nf = length(freq);
k =2*pi*freq/3.0e+8;          % wavenumber
a=diam*2.54/200;              % cylinder radius,inch to meter
h=0.466667*a*2;               % cylinder height (m)
```

```
ka=k*a;
amp_PO=sqrt(ka)*h;

% Frequency scaled to 9-inch cylinder
fL_ce=freq(1)/(9/diam);
fH_ce=freq(Nf)/(9/diam);
fk=linspace(fL_ce,fH_ce,Nf);

% Complex RCS calculation using CE model
for jj =1:Nf,
    yk_hh(jj) = sum(amp_hh.*exp(-(alpha_hh + 1.0i*2*pi*tau_hh)*fk(jj)));
    yk_vv(jj) = sum(amp_vv.*exp(-(alpha_vv + 1.0i*2*pi*tau_vv)*fk(jj)));
    if ka(jj)>33.6
        yk_hh(jj)=yk_hh(jj)/abs(yk_hh(jj));
    end
    if ka(jj)>73.1
        yk_vv(jj)=yk_vv(jj)/abs(yk_vv(jj));
    end
end

% Final complex RCS
sig_vv = yk_vv.*amp_PO;
sig_hh = yk_hh.*amp_PO;

% Graphics
figure    %RCS maglitude
RCS_vv=20*log10(abs(sig_vv));
RCS_hh=20*log10(abs(sig_hh));
plot(freq/1e+9,RCS_vv,'r--','linewidth',1.5);
hold on
plot(freq/1e+9,RCS_hh,'b-','linewidth',1.5);
set(gca,'FontName', 'Arial', 'FontSize',12);
title(['RCS of Squat Cylinder, Diameter= ',num2str(diam),' Inches']);
xlabel('Frequency (GHz)'); ylabel('RCS (dBsm)');
grid on
legend('VV','HH','Location','SouthEast');
axis([freq(1)/1e+9 freq(length(RCS_vv))/1e+9 min(RCS_vv)-2 max(RCS_hh)+2]);

figure    %RCS phase
```

```
Phase_vv=angle(sig_vv);
Phase_hh=angle(sig_hh);
plot(freq/1e+9,Phase_vv,'r--','linewidth',1.5);
hold on
plot(freq/1e+9,Phase_hh,'b-','linewidth',1.5);
set(gca,'FontName', 'Arial', 'FontSize',12);
title(['RCS of Squat Cylinder, Diameter= ',num2str(diam), ' Inches']);
xlabel('Frequency (GHz)'); ylabel('Phase (rad.)');
legend('VV','HH','Location','SouthEast');
grid on
axis([freq(1)/1e+9 freq(length(RCS_vv))/1e+9 -1.1*pi 1.1*pi]);
% End
```

反侵权盗版声明

举报电话：（010）88254396；（010）88258888

传　　真：（010）88254397

E-mail：　dbqq@phei.com.cn

通信地址：北京市万寿路 173 信箱

　　　　　电子工业出版社总编办公室

邮　　编：100036